【张宇数学教育系列丛书】

张宇带你学

高等数学

同济七版 （下册） 主编○张宇

北京理工大学出版社
BEIJING INSTITUTE OF TECHNOLOGY PRESS

图书在版编目(CIP)数据

张宇带你学高等数学：同济七版．下册／张宇主编．—北京：北京理工大学出版社，2018.9
ISBN 978-7-5682-6331-3

Ⅰ．①张…　Ⅱ．①张…　Ⅲ．①高等数学-研究生-入学考试-自学参考资料　Ⅳ．①O13

中国版本图书馆 CIP 数据核字(2018)第 210765 号

出版发行／北京理工大学出版社有限责任公司
社　　址／北京市海淀区中关村南大街 5 号
邮　　编／100081
电　　话／(010)68914775(总编室)
　　　　　(010)82562903(教材售后服务热线)
　　　　　(010)68948351(其他图书服务热线)
网　　址／http://www.bitpress.com.cn
经　　销／全国各地新华书店
印　　刷／三河市鑫鑫科达彩色印刷包装有限公司
开　　本／787 毫米×1092 毫米　1/16
印　　张／16.5
字　　数／412 千字
版　　次／2018 年 9 月第 1 版　2018 年 9 月第 1 次印刷
定　　价／39.80 元

责任编辑／王玲玲
文案编辑／王玲玲
责任校对／周瑞红
责任印制／边心超

刚开始准备考研数学复习的同学通常都会面临两个重要问题:基础复习阶段看什么教材?怎么看?

先说第一个问题——看什么教材?虽然考研数学没有指定教材,全国各高校的大学教材又是五花八门,但特别值得关注的一套教材是同济大学数学系编写的《高等数学(第七版)》《线性代数(第六版)》、浙江大学编写的《概率论与数理统计(第四版)》。这套教材是全国首批示范性教材,是众多高校教学专家集体智慧的结晶,我建议同学们把这套教材作为考研基础复习阶段的资料。

再说第二个问题——怎么看这套教材?看什么,一句话就能说清楚;怎么看,才是学问。这里有两个关键点。

第一,这套教材是按照教育部的《本科教学大纲》编写的,而考研试题是按照教育部的《全国硕士研究生招生考试数学考试大纲》命制的,这两个大纲不完全一样。比如说,高等数学第一章用极限的定义求函数极限可能在本科阶段就是同学们首先遇到的一个难以理解的问题,甚至很多人看到那里就已经在心里深深地埋下了一种可怕的恐惧感,但事实上,这个问题于考研基本是不作要求的;再如斜渐近线的问题在本科阶段基本不作为重点内容考查,但在考研大纲里却是命题人手里的"香饽饽",类似问题还有很多。第二,针对考研,这套教材里的例题与习题有重点、非重点,也有难点、非难点。有些知识点配备的例题与习题重复了,有些知识点配备的例题与习题还不够。

"张宇带你学系列丛书"就是为了让同学们读好这套教材而编写的。细致说来,其有如下四个版块。

一、章节同步导学。本书在每一章开篇给同学们列出了此章每一节的教材内容与相应的考研要求。用以体现本科教学要求与考研要求的差异,同时精要地指出每一节及章末必做的例题和习题,可针对性地增强重点内容的复习。

二、知识结构网图。本部分列出了本章学习的知识体系。宏观上把握各知识点的内容与联系,同时简明扼要地指出了本章学习的重点与难点。

三、课后习题全解。这一部分主要是为同学们做习题提供一个参照与提示。本部分给出了课后习题的全面解析,其中有的解答方法是我们众多老师在辅导过程中自己总结归纳的,具有灵活性与新颖性。但我还是建议同学们先自己认真独立思考习题,再去翻看解答,以作对比或提示之用。

四、经典例题选讲。每章节的最后一部分都配有不同数量的经典例题，这部分例题较之课后习题不论在综合性上还是灵活性上都有所提高，目的也正如上面所谈及的，让同学们慢慢了解考研类试题的特点与深度。本部分例题及部分理论的说明等内容希望同学们认真体会并化为己有。

需要指出的是，考研大纲和本科教学大纲均不作要求的章节，本书也未收录。

总之，本书作为"张宇考研数学系列丛书"的基础篇，既可作为大学本科学习的一个重要参考，也是架起教材与《张宇高等数学18讲》《张宇线性代数9讲》《张宇概率论与数理统计9讲》，以及后续书籍的一座重要"桥梁"。我深信，认真研读学习本书的同学在基础阶段的复习必会事半功倍。

张宇

2018年8月　于北京

第八章　向量代数与空间解析几何（仅数学一要求）

章节同步导学

章节	教材内容	考纲要求	必做例题	必做习题
§8.1 向量及其线性运算	向量的概念 空间直角坐标系	理解	例 1～9	P13 习题 8－1： 13，15，19
	向量的线性运算	掌握		
	利用坐标作向量 的线性运算	掌握		
	向量的模、方向角、投影	理解		
§8.2 数量积 向量积 *混合积	数量积、向量积、混合积的概念、性质、运算规律、物理意义	掌握	例 2～5	P23 习题 8－2： 1，3，7，9，10
	两向量平行、垂直的充要条件	了解		
§8.3 平面及其方程	曲面方程与空间曲线 方程的概念	了解	例 1～7	P29 习题 8－3： 2，3，5，6，9
	平面的点法式方程、一般方程	掌握		
	两平面的夹角，两平面垂直、 平行或重合的充要条件	会		
§8.4 空间直线及其方程	空间直线的一般方程、 对称式方程、参数方程	掌握	例 1～7	P36 习题 8－4： 3，4，5，8，9，14
	两直线的夹角，两直线垂直、 平行或重合的充要条件	会		
	直线与平面的夹角，直线与平面垂直、平行的充要条件			
	平面束	掌握		
§8.5 曲面及其方程	曲面研究的基本问题	了解	例 1～4	P44 习题 8－5： 1，2，7，10(2)(4)， 11(2)，12
	旋转曲面的概念，旋转轴为 坐标轴的旋转曲面的方程	会		
	柱面方程			
	二次曲面方程及其图形 （锥面、椭球面、双曲面、抛物面）	了解		
§8.6 空间曲线及其方程	空间曲线的一般 方程、参数方程	了解	例 1～5	P51 习题 8－6： 3，4，5(2)，8
	空间曲线在坐标面上 的投影曲线方程	会		
总习题八	总结归纳本章的基本概念、 基本定理、基本 公式、基本方法			P51 总习题八： 1，2，8，9，11，13， 14，15，16，19

知识结构网图

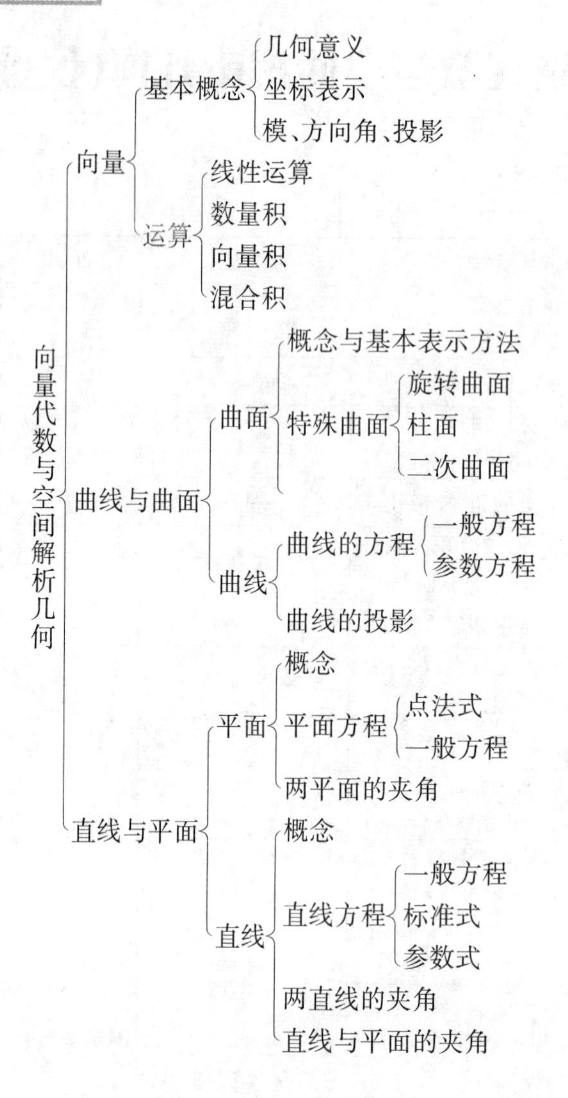

本章主要学习三维空间中点、直线、平面、曲线以及曲面的性质与表示方法，是整个多元函数微积分学的基础.

课后习题全解

习题 8－1 向量及其线性运算

1. 设 $\boldsymbol{u}=\boldsymbol{a}-\boldsymbol{b}+2\boldsymbol{c}$，$\boldsymbol{v}=-\boldsymbol{a}+3\boldsymbol{b}-\boldsymbol{c}$. 试用 $\boldsymbol{a}$、$\boldsymbol{b}$、$\boldsymbol{c}$ 表示 $2\boldsymbol{u}-3\boldsymbol{v}$.

【解析】 $2\boldsymbol{u}-3\boldsymbol{v}=2(\boldsymbol{a}-\boldsymbol{b}+2\boldsymbol{c})-3(-\boldsymbol{a}+3\boldsymbol{b}-\boldsymbol{c})$

$=5\boldsymbol{a}-11\boldsymbol{b}+7\boldsymbol{c}$.

2. 如果平面上一个四边形的对角线互相平分，试用向量证明它是平行四边形.

【证明】 设四边形 $ABCD$ 的两条对角线 AC 与 BD 交于 M 点（如图 8－1 所示）. 依题意有

$$\overrightarrow{AM}=\overrightarrow{MC},\overrightarrow{DM}=\overrightarrow{MB}.$$

因为
$$\overrightarrow{AB}=\overrightarrow{AM}+\overrightarrow{MB}=\overrightarrow{MC}+\overrightarrow{DM}=\overrightarrow{DM}+\overrightarrow{MC}=\overrightarrow{DC},$$
$$\overrightarrow{AD}=\overrightarrow{AM}-\overrightarrow{DM}=\overrightarrow{MC}-\overrightarrow{MB}=\overrightarrow{BC}.$$

所以四边形 $ABCD$ 是平行四边形.

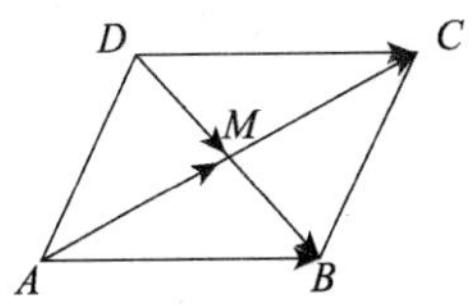

图 8－1

3. 把△ABC 的 BC 边五等分，设分点依次为 D_1、D_2、D_3、D_4，再把各分点与点 A 连接. 试以 $\overrightarrow{AB}=\boldsymbol{c}$，$\overrightarrow{BC}=\boldsymbol{a}$ 表示向量 $\overrightarrow{D_1A}$、$\overrightarrow{D_2A}$、$\overrightarrow{D_3A}$ 和 $\overrightarrow{D_4A}$.

【解析】 如图 8－2 所示，根据题意知

$$\overrightarrow{BD_1}=\frac{1}{5}\boldsymbol{a},\overrightarrow{D_1D_2}=\frac{1}{5}\boldsymbol{a},\overrightarrow{D_2D_3}=\frac{1}{5}\boldsymbol{a},\overrightarrow{D_3D_4}=\frac{1}{5}\boldsymbol{a},$$

故

$$\overrightarrow{D_1A}=-\overrightarrow{AD_1}=-(\overrightarrow{AB}+\overrightarrow{BD_1})=-\frac{1}{5}\boldsymbol{a}-\boldsymbol{c},$$

$$\overrightarrow{D_2A}=-\overrightarrow{AD_2}=-(\overrightarrow{AB}+\overrightarrow{BD_2})=-\frac{2}{5}\boldsymbol{a}-\boldsymbol{c},$$

$$\overrightarrow{D_3A}=-\overrightarrow{AD_3}=-(\overrightarrow{AB}+\overrightarrow{BD_3})=-\frac{3}{5}\boldsymbol{a}-\boldsymbol{c},$$

$$\overrightarrow{D_4A}=-\overrightarrow{AD_4}=-(\overrightarrow{AB}+\overrightarrow{BD_4})=-\frac{4}{5}\boldsymbol{a}-\boldsymbol{c}.$$

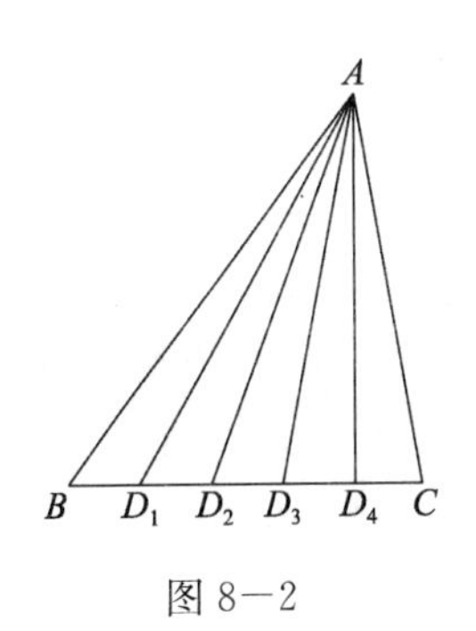

图 8－2

4. 已知两点 $M_1(0,1,2)$ 和 $M_2(1,-1,0)$. 试用坐标表示式表示向量 $\overrightarrow{M_1M_2}$ 及 $-2\overrightarrow{M_1M_2}$.

【解析】 由题意知
$$\overrightarrow{M_1M_2}=(1-0,-1-1,0-2)=(1,-2,-2),$$
$$-2\overrightarrow{M_1M_2}=-2(1,-2,-2)=(-2,4,4).$$

5. 求平行于向量 $\boldsymbol{a}=(6,7,-6)$ 的单位向量.

【解析】 由题意知
$$|\boldsymbol{a}|=\sqrt{6^2+7^2+(-6)^2}=11.$$

故平行于向量 $\boldsymbol{a}$ 的单位向量为

$$\boldsymbol{e}_a=\pm\frac{\boldsymbol{a}}{|\boldsymbol{a}|}=\pm\frac{\boldsymbol{a}}{11}=\pm\frac{1}{11}(6,7,-6)=\pm\left(\frac{6}{11},\frac{7}{11},-\frac{6}{11}\right).$$

6. 在空间直角坐标系中，指出下列各点在哪个卦限？

$$A(1,-2,3),B(2,3,-4),C(2,-3,-4),D(-2,-3,1).$$

【解析】 A 点在第Ⅳ卦限，B 点在第Ⅴ卦限，C 点在第Ⅷ卦限，D 点在第Ⅲ卦限.

7. 在坐标面上和在坐标轴上的点的坐标各有什么特征？指出下列各点的位置：

$$A(3,4,0),B(0,4,3),C(3,0,0),D(0,-1,0).$$

【解析】 在 yOz 面上，点的横坐标 $x=0$；

在 zOx 面上，点的纵坐标 $y=0$；

在 xOy 面上，点的竖坐标 $z=0$；

在 x 轴上，点的纵、竖坐标均为0，即 $y=z=0$；

在 y 轴上，点的横、竖坐标均为0，即 $x=z=0$；

在 z 轴上，点的横、纵坐标均为0，即 $x=y=0$.

所以 A 在 xOy 面上，B 在 yOz 面上，C 在 x 轴上，D 在 y 轴上.

8. 求点 (a,b,c) 关于(1)各坐标面；(2)各坐标轴；(3)坐标原点的对称点的坐标.

【解析】(1)点 (a,b,c) 关于 xOy 面的对称点为 $(a,b,-c)$；关于 yOz 面的对称点是 $(-a,b,c)$；关于 zOx 面的对称点为 $(a,-b,c)$.

(2)点 (a,b,c) 关于 x 轴的对称点是 $(a,-b,-c)$；关于 y 轴的对称点是 $(-a,b,-c)$；关于 z 轴的对称点是 $(-a,-b,c)$.

(3)点 (a,b,c) 关于坐标原点的对称点是 $(-a,-b,-c)$.

9. 自点 $P_0(x_0,y_0,z_0)$ 分别作各坐标面和各坐标轴的垂线，写出各垂足的坐标.

【解析】答案如图8－3所示.

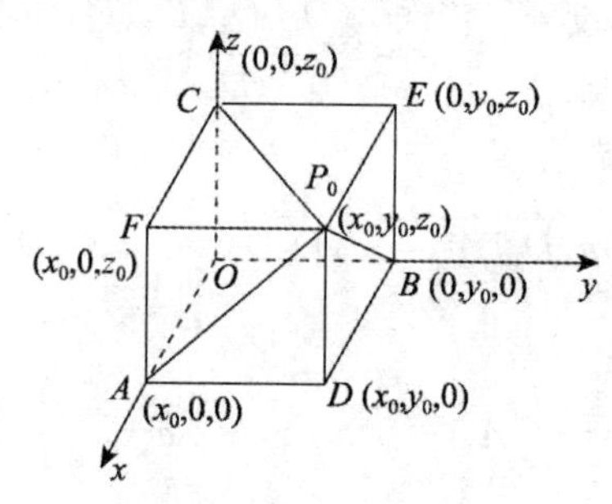

图8－3

10. 过点 $P_0(x_0,y_0,z_0)$ 分别作平行于 z 轴的直线和平行于 xOy 面的平面，问在它们上面的点的坐标各有什么特点？

【解析】如图8－4所示，过 P_0 且平行于 z 轴的直线 l 上的点的坐标的特点是：它们的横坐标与 x_0 相同，纵坐标与 y_0 相同.

而过点 P_0 且平行于 xOy 面的平面 π 上的点的坐标的特点是：它们的竖坐标与 z_0 相同.

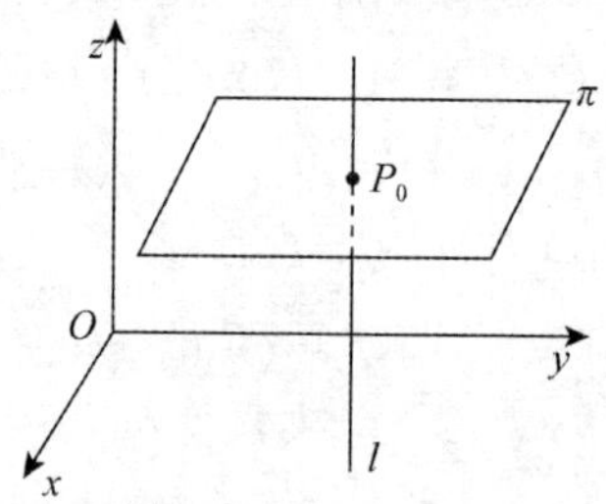

图8－4

11. 一边长为 a 的立方体放置在 xOy 面上，其底面的中心在坐标原点，底面的顶点在 x 轴和 y 轴上，求它各顶点的坐标.

【解析】如图8－5所示，已知 $AB=a$，故 $OA=OB=\frac{\sqrt{2}}{2}a$，于是各顶点的坐标分别为

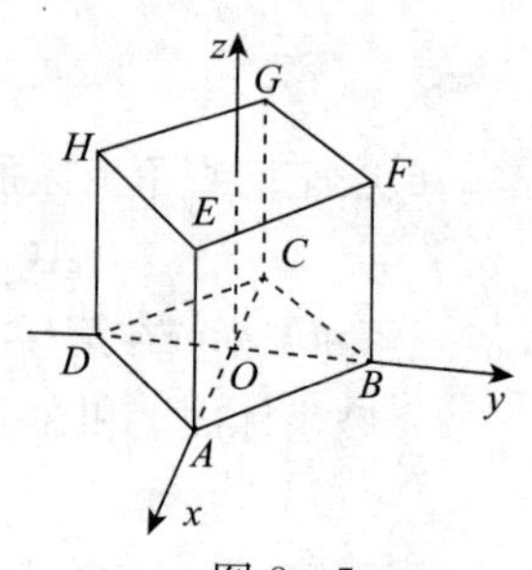

图8－5

$$A\left(\frac{\sqrt{2}}{2}a,0,0\right),B\left(0,\frac{\sqrt{2}}{2}a,0\right),C\left(-\frac{\sqrt{2}}{2}a,0,0\right),D\left(0,-\frac{\sqrt{2}}{2}a,0\right),$$

$$E\left(\frac{\sqrt{2}}{2}a,0,a\right),F\left(0,\frac{\sqrt{2}}{2}a,a\right),G\left(-\frac{\sqrt{2}}{2}a,0,a\right),H\left(0,-\frac{\sqrt{2}}{2}a,a\right).$$

12. 求点 $M(4,-3,5)$到各坐标轴的距离.

【解析】点 M 到 x 轴的距离 $d_1=\sqrt{(-3)^2+5^2}=\sqrt{34}$，点 M 到 y 轴的距离 $d_2=\sqrt{4^2+5^2}=\sqrt{41}$，点 M 到 z 轴的距离 $d_3=\sqrt{4^2+(-3)^2}=\sqrt{25}=5$.

13. 在 yOz 面上，求与三点 $A(3,1,2)$、$B(4,-2,-2)$和 $C(0,5,1)$等距离的点.

【解析】在 yOz 面上，设点 $P(0,y,z)$与 A,B,C 三点等距离，即

$$|\overrightarrow{PA}|^2=|\overrightarrow{PB}|^2=|\overrightarrow{PC}|^2,$$

故
$$\begin{cases}(-3)^2+(y-1)^2+(z-2)^2=(y-5)^2+(z-1)^2,\\(-4)^2+(y+2)^2+(z+2)^2=(y-5)^2+(z-1)^2,\end{cases}$$

解方程组得 $y=1,z=-2$. 故所求点为$(0,1,-2)$.

14. 试证明以三点 $A(4,1,9)$、$B(10,-1,6)$、$C(2,4,3)$为顶点的三角形是等腰直角三角形.

【证明】由
$$|\overrightarrow{AB}|=\sqrt{(10-4)^2+(-1-1)^2+(6-9)^2}=7,$$
$$|\overrightarrow{AC}|=\sqrt{(2-4)^2+(4-1)^2+(3-9)^2}=7,$$
$$|\overrightarrow{BC}|=\sqrt{(2-10)^2+(4+1)^2+(3-6)^2}=\sqrt{98}=7\sqrt{2},$$

知$|\overrightarrow{AB}|=|\overrightarrow{AC}|$及$|\overrightarrow{BC}|^2=|\overrightarrow{AB}|^2+|\overrightarrow{AC}|^2$. 故$\triangle ABC$为等腰直角三角形.

15. 设已知两点 $M_1(4,\sqrt{2},1)$和 $M_2(3,0,2)$. 计算向量$\overrightarrow{M_1M_2}$的模、方向余弦和方向角.

【解析】因为$\overrightarrow{M_1M_2}=(-1,-\sqrt{2},1)$，所以模为

$$|\overrightarrow{M_1M_2}|=\sqrt{(-1)^2+(-\sqrt{2})^2+1^2}=2;$$

方向余弦为
$$\cos\alpha=-\frac{1}{2},\cos\beta=-\frac{\sqrt{2}}{2},\cos\gamma=\frac{1}{2};$$

方向角为
$$\alpha=\frac{2}{3}\pi,\beta=\frac{3}{4}\pi,\gamma=\frac{\pi}{3}.$$

16. 设向量的方向余弦分别满足(1)$\cos\alpha=0$；(2)$\cos\beta=1$；(3)$\cos\alpha=\cos\beta=0$. 问这些向量与坐标轴或坐标面的关系如何？

【解析】(1)由 $\cos\alpha=0$ 知 $\alpha=\frac{\pi}{2}$，故向量垂直于 x 轴，平行于 yOz 面.

(2)由 $\cos\beta=1$ 知 $\beta=0$，故向量与 y 轴同向，垂直于 xOz 面.

(3)由 $\cos\alpha=\cos\beta=0$ 知 $\alpha=\beta=\frac{\pi}{2}$，故向量垂直于 x 轴和 y 轴，即与 z 轴平行，垂直于 xOy 面.

17. 设向量 $\boldsymbol{r}$ 的模是 4，它与 u 轴的夹角是$\frac{\pi}{3}$，求 $\boldsymbol{r}$ 在轴 u 上的投影.

【解析】已知$|\boldsymbol{r}|=4$，$\mathrm{Prj}_u\boldsymbol{r}=|\boldsymbol{r}|\cos\theta=4\cdot\cos\frac{\pi}{3}=4\times\frac{1}{2}=2$.

18. 一向量的终点在点 $B(2,-1,7)$上，它在 x 轴、y 轴和 z 轴上的投影依次为 4，-4 和 7. 求这个向量的起点 A 的坐标.

【解析】设 A 点坐标为(x,y,z)，则

$$\overrightarrow{AB}=(2-x,-1-y,7-z),$$

由题意知 $$2-x=4,-1-y=-4,7-z=7,$$
故 $x=-2,y=3,z=0$，因此 A 点坐标为 $(-2,3,0)$.

19. 设 $\boldsymbol{m}=3\boldsymbol{i}+5\boldsymbol{j}+8\boldsymbol{k}$，$\boldsymbol{n}=2\boldsymbol{i}-4\boldsymbol{j}-7\boldsymbol{k}$ 和 $\boldsymbol{p}=5\boldsymbol{i}+\boldsymbol{j}-4\boldsymbol{k}$，求向量 $\boldsymbol{a}=4\boldsymbol{m}+3\boldsymbol{n}-\boldsymbol{p}$ 在 x 轴上的投影及在 y 轴上的分向量.

【解析】由题意知
$$\begin{aligned}\boldsymbol{a}&=4\boldsymbol{m}+3\boldsymbol{n}-\boldsymbol{p}\\&=4(3\boldsymbol{i}+5\boldsymbol{j}+8\boldsymbol{k})+3(2\boldsymbol{i}-4\boldsymbol{j}-7\boldsymbol{k})-(5\boldsymbol{i}+\boldsymbol{j}-4\boldsymbol{k})\\&=13\boldsymbol{i}+7\boldsymbol{j}+15\boldsymbol{k},\end{aligned}$$
所以 $\boldsymbol{a}$ 在 x 轴上的投影为 13，在 y 轴上的分向量为 $7\boldsymbol{j}$.

习题 8－2 数量积 向量积 *混合积

1. 设 $\boldsymbol{a}=3\boldsymbol{i}-\boldsymbol{j}-2\boldsymbol{k}$，$\boldsymbol{b}=\boldsymbol{i}+2\boldsymbol{j}-\boldsymbol{k}$，求

(1) $\boldsymbol{a}\cdot\boldsymbol{b}$ 及 $\boldsymbol{a}\times\boldsymbol{b}$； (2) $(-2\boldsymbol{a})\cdot3\boldsymbol{b}$ 及 $\boldsymbol{a}\times2\boldsymbol{b}$； (3) $\boldsymbol{a}$、$\boldsymbol{b}$ 的夹角的余弦.

【解析】(1) 由题意知
$$\begin{aligned}\boldsymbol{a}\cdot\boldsymbol{b}&=(3,-1,-2)\cdot(1,2,-1)\\&=3\times1+(-1)\times2+(-2)\times(-1)=3,\end{aligned}$$
$$\boldsymbol{a}\times\boldsymbol{b}=\begin{vmatrix}\boldsymbol{i}&\boldsymbol{j}&\boldsymbol{k}\\3&-1&-2\\1&2&-1\end{vmatrix}=(5,1,7).$$

(2) 由题意知
$$(-2\boldsymbol{a})\cdot3\boldsymbol{b}=-6(\boldsymbol{a}\cdot\boldsymbol{b})=-6\times3=-18,$$
$$\boldsymbol{a}\times2\boldsymbol{b}=2(\boldsymbol{a}\times\boldsymbol{b})=2(5,1,7)=(10,2,14).$$

(3) 由题意知
$$\cos(\widehat{\boldsymbol{a},\boldsymbol{b}})=\frac{\boldsymbol{a}\cdot\boldsymbol{b}}{|\boldsymbol{a}||\boldsymbol{b}|}=\frac{3}{\sqrt{3^2+(-1)^2+(-2)^2}\sqrt{1^2+2^2+(-1)^2}}=\frac{3}{\sqrt{14}\sqrt{6}}=\frac{3}{2\sqrt{21}}.$$

2. 设 $\boldsymbol{a}$、$\boldsymbol{b}$、$\boldsymbol{c}$ 为单位向量，且满足 $\boldsymbol{a}+\boldsymbol{b}+\boldsymbol{c}=\boldsymbol{0}$，求 $\boldsymbol{a}\cdot\boldsymbol{b}+\boldsymbol{b}\cdot\boldsymbol{c}+\boldsymbol{c}\cdot\boldsymbol{a}$.

【解析】已知 $|\boldsymbol{a}|=|\boldsymbol{b}|=|\boldsymbol{c}|=1$，$\boldsymbol{a}+\boldsymbol{b}+\boldsymbol{c}=\boldsymbol{0}$，故 $(\boldsymbol{a}+\boldsymbol{b}+\boldsymbol{c})\cdot(\boldsymbol{a}+\boldsymbol{b}+\boldsymbol{c})=0$.

即 $$|\boldsymbol{a}|^2+|\boldsymbol{b}|^2+|\boldsymbol{c}|^2+2\boldsymbol{a}\cdot\boldsymbol{b}+2\boldsymbol{b}\cdot\boldsymbol{c}+2\boldsymbol{c}\cdot\boldsymbol{a}=0.$$

因此 $$\boldsymbol{a}\cdot\boldsymbol{b}+\boldsymbol{b}\cdot\boldsymbol{c}+\boldsymbol{c}\cdot\boldsymbol{a}=-\frac{1}{2}(|\boldsymbol{a}|^2+|\boldsymbol{b}|^2+|\boldsymbol{c}|^2)=-\frac{3}{2}.$$

3. 已知 $M_1(1,-1,2)$、$M_2(3,3,1)$ 和 $M_3(3,1,3)$. 求与 $\overrightarrow{M_1M_2}$、$\overrightarrow{M_2M_3}$ 同时垂直的单位向量.

【解析】记与 $\overrightarrow{M_1M_2}$、$\overrightarrow{M_2M_3}$ 同时垂直的单位向量为 $\boldsymbol{e}$.

因为 $$\overrightarrow{M_1M_2}=(2,4,-1),\overrightarrow{M_2M_3}=(0,-2,2),$$

所以 $$\boldsymbol{m}=\overrightarrow{M_1M_2}\times\overrightarrow{M_2M_3}=\begin{vmatrix}\boldsymbol{i}&\boldsymbol{j}&\boldsymbol{k}\\2&4&-1\\0&-2&2\end{vmatrix}=(6,-4,-4),$$

所以 $$\boldsymbol{e}=\pm\frac{\boldsymbol{m}}{|\boldsymbol{m}|}=\pm\frac{(6,-4,-4)}{\sqrt{6^2+(-4)^2+(-4)^2}}=\pm\frac{1}{\sqrt{17}}(3,-2,-2).$$

4. 设质量为 100 kg 的物体从点 $M_1(3,1,8)$ 沿直线移动到点 $M_2(1,4,2)$，计算重力所作的功（坐标系长度单位为 m，重力方向为 z 轴负方向）.

【解析】由题意知 $\overrightarrow{M_1M_2}=(-2,3,-6)$，$\boldsymbol{F}=(0,0,-100\times9.8)=(0,0,-980)$，
$$\boldsymbol{W}=\boldsymbol{F}\cdot\overrightarrow{M_1M_2}=(0,0,-980)\cdot(-2,3,-6)=5\,880(\mathrm{J}).$$

5. 在杠杆上支点 O 的一侧与点 O 的距离为 x_1 的点 P_1 处，有一个与 $\overrightarrow{OP_1}$ 成角 θ_1 的力 $\boldsymbol{F}_1$ 作用着；在 O 的另一侧与点 O 的距离为 x_2 的点 P_2 处，有一个与 $\overrightarrow{OP_2}$ 成角 θ_2 的力 $\boldsymbol{F}_2$ 作用着(如图8—6所示). 问 θ_1、θ_2、x_1、x_2、$|\boldsymbol{F}_1|$、$|\boldsymbol{F}_2|$ 符合怎样的条件才能使杠杆保持平衡？

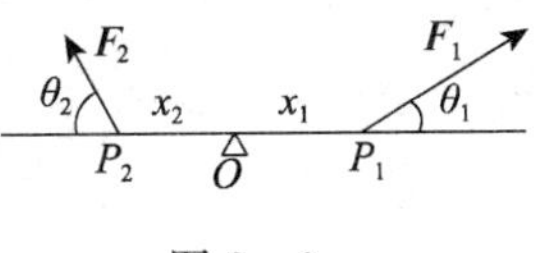

图 8—6

【解析】 由物理学知识知，有固定转轴的物体的平衡条件是力矩的代数和为零. 两力矩分别为 $x_1|\boldsymbol{F}_1|\sin\theta_1$ 与 $x_2|\boldsymbol{F}_2|\sin\theta_2$，要使杠杆平衡，必须满足以下条件：

$$|\boldsymbol{F}_1|x_1\sin\theta_1=|\boldsymbol{F}_2|x_2\sin\theta_2.$$

6. 求向量 $\boldsymbol{a}=(4,-3,4)$ 在向量 $\boldsymbol{b}=(2,2,1)$ 上的投影.

【解析】 由题意知 $\quad \mathrm{Prj}_{\boldsymbol{b}}\boldsymbol{a}=\dfrac{\boldsymbol{a}\cdot\boldsymbol{b}}{|\boldsymbol{b}|}=\dfrac{(4,-3,4)\cdot(2,2,1)}{\sqrt{2^2+2^2+1^2}}=\dfrac{6}{3}=2.$

7. 设 $\boldsymbol{a}=(3,5,-2)$，$\boldsymbol{b}=(2,1,4)$，问 λ 与 μ 有怎样的关系，能使得 $\lambda\boldsymbol{a}+\mu\boldsymbol{b}$ 与 z 轴垂直？

【解析】 若要向量 $\lambda\boldsymbol{a}+\mu\boldsymbol{b}$ 与 z 轴垂直，只需 $\lambda\boldsymbol{a}+\mu\boldsymbol{b}$ 与向量 $\boldsymbol{k}=(0,0,1)$ 垂直即可，所以 $\lambda\boldsymbol{a}+\mu\boldsymbol{b}$ 与 z 轴垂直的充要条件是

$$(\lambda\boldsymbol{a}+\mu\boldsymbol{b})\cdot\boldsymbol{k}=(3\lambda+2\mu,5\lambda+\mu,-2\lambda+4\mu)\cdot(0,0,1)=0,$$

因此
$$-2\lambda+4\mu=0\Leftrightarrow\lambda=2\mu.$$

8. 试用向量证明直径所对的圆周角是直角.

【证明】 如图 8－7 所示，设 AB 是圆 O 的直径，C 点在圆周上，要证 $\angle ACB=\dfrac{\pi}{2}$，只要证明 $\overrightarrow{AC}\cdot\overrightarrow{BC}=0$ 即可. 而

$$\begin{aligned}\overrightarrow{AC}\cdot\overrightarrow{BC}&=(\overrightarrow{AO}+\overrightarrow{OC})\cdot(\overrightarrow{BO}+\overrightarrow{OC})\\&=(\overrightarrow{OC}+\overrightarrow{AO})\cdot(\overrightarrow{OC}-\overrightarrow{AO})\\&=|\overrightarrow{OC}|^2-|\overrightarrow{AO}|^2=0,\end{aligned}$$

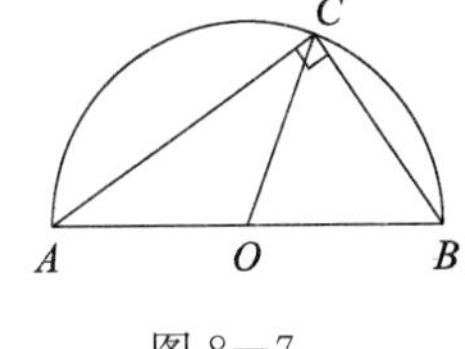

图 8—7

所以 $\overrightarrow{AC}\perp\overrightarrow{BC}$，即 $\angle ACB=\dfrac{\pi}{2}$.

9. 已知向量 $\boldsymbol{a}=2\boldsymbol{i}-3\boldsymbol{j}+\boldsymbol{k}$，$\boldsymbol{b}=\boldsymbol{i}-\boldsymbol{j}+3\boldsymbol{k}$ 和 $\boldsymbol{c}=\boldsymbol{i}-2\boldsymbol{j}$，计算：

(1) $(\boldsymbol{a}\cdot\boldsymbol{b})\boldsymbol{c}-(\boldsymbol{a}\cdot\boldsymbol{c})\boldsymbol{b}$；　(2) $(\boldsymbol{a}+\boldsymbol{b})\times(\boldsymbol{b}+\boldsymbol{c})$；　(3) $(\boldsymbol{a}\times\boldsymbol{b})\cdot\boldsymbol{c}$.

【解析】 (1) 由题意知 $\boldsymbol{a}\cdot\boldsymbol{b}=(2,-3,1)\cdot(1,-1,3)=8$，$\boldsymbol{a}\cdot\boldsymbol{c}=(2,-3,1)\cdot(1,-2,0)=8$，

故
$$\begin{aligned}(\boldsymbol{a}\cdot\boldsymbol{b})\boldsymbol{c}-(\boldsymbol{a}\cdot\boldsymbol{c})\boldsymbol{b}&=8(1,-2,0)-8(1,-1,3)=(0,-8,-24)\\&=-8\boldsymbol{j}-24\boldsymbol{k}.\end{aligned}$$

(2) 由题意知
$$\boldsymbol{a}+\boldsymbol{b}=3\boldsymbol{i}-4\boldsymbol{j}+4\boldsymbol{k},\ \boldsymbol{b}+\boldsymbol{c}=2\boldsymbol{i}-3\boldsymbol{j}+3\boldsymbol{k},$$

$$(\boldsymbol{a}+\boldsymbol{b})\times(\boldsymbol{b}+\boldsymbol{c})=\begin{vmatrix}\boldsymbol{i}&\boldsymbol{j}&\boldsymbol{k}\\3&-4&4\\2&-3&3\end{vmatrix}=-\boldsymbol{j}-\boldsymbol{k}.$$

(3) 由题意知
$$(\boldsymbol{a}\times\boldsymbol{b})\cdot\boldsymbol{c}=\begin{vmatrix}2&-3&1\\1&-1&3\\1&-2&0\end{vmatrix}=2.$$

10. 已知 $\overrightarrow{OA}=\boldsymbol{i}+3\boldsymbol{k}$，$\overrightarrow{OB}=\boldsymbol{j}+3\boldsymbol{k}$，求 $\triangle OAB$ 的面积.

【解析】 由向量积的几何意义知：$|\boldsymbol{a}\times\boldsymbol{b}|$ 为以 $\boldsymbol{a}$，$\boldsymbol{b}$ 为邻边的平行四边形的面积，得 $\triangle OAB$ 的面积为 $\dfrac{1}{2}|\overrightarrow{OA}\times\overrightarrow{OB}|$，

而
$$\overrightarrow{OA}\times\overrightarrow{OB}=\begin{vmatrix} \boldsymbol{i} & \boldsymbol{j} & \boldsymbol{k} \\ 1 & 0 & 3 \\ 0 & 1 & 3 \end{vmatrix}=-3\boldsymbol{i}-3\boldsymbol{j}+\boldsymbol{k},$$
可得$|\overrightarrow{OA}\times\overrightarrow{OB}|=\sqrt{19}$，所以$\triangle OAB$的面积$=\dfrac{\sqrt{19}}{2}$.

*11. 已知$\boldsymbol{a}=(a_x,a_y,a_z)$，$\boldsymbol{b}=(b_x,b_y,b_z)$，$\boldsymbol{c}=(c_x,c_y,c_z)$，试利用行列式的性质证明：
$$(\boldsymbol{a}\times\boldsymbol{b})\cdot\boldsymbol{c}=(\boldsymbol{b}\times\boldsymbol{c})\cdot\boldsymbol{a}=(\boldsymbol{c}\times\boldsymbol{a})\cdot\boldsymbol{b}.$$

【证明】$(\boldsymbol{a}\times\boldsymbol{b})\cdot\boldsymbol{c}=\begin{vmatrix} a_x & a_y & a_z \\ b_x & b_y & b_z \\ c_x & c_y & c_z \end{vmatrix}=-\begin{vmatrix} b_x & b_y & b_z \\ a_x & a_y & a_z \\ c_x & c_y & c_z \end{vmatrix}=\begin{vmatrix} b_x & b_y & b_z \\ c_x & c_y & c_z \\ a_x & a_y & a_z \end{vmatrix}$
$$=(\boldsymbol{b}\times\boldsymbol{c})\cdot\boldsymbol{a}=-\begin{vmatrix} c_x & c_y & c_z \\ b_x & b_y & b_z \\ a_x & a_y & a_z \end{vmatrix}=\begin{vmatrix} c_x & c_y & c_z \\ a_x & a_y & a_z \\ b_x & b_y & b_z \end{vmatrix}=(\boldsymbol{c}\times\boldsymbol{a})\cdot\boldsymbol{b}.$$

12. 试用向量证明不等式：
$$\sqrt{a_1^2+a_2^2+a_3^2}\sqrt{b_1^2+b_2^2+b_3^2}\geqslant|a_1b_1+a_2b_2+a_3b_3|,$$
其中a_1,a_2,a_3,b_1,b_2,b_3为任意实数，并指出等号成立的条件.

【证明】设向量$\boldsymbol{a}=(a_1,a_2,a_3)$，$\boldsymbol{b}=(b_1,b_2,b_3)$.

由$\boldsymbol{a}\cdot\boldsymbol{b}=|\boldsymbol{a}||\boldsymbol{b}|\cos(\widehat{\boldsymbol{a},\boldsymbol{b}})$知，$|\boldsymbol{a}\cdot\boldsymbol{b}|=|\boldsymbol{a}||\boldsymbol{b}||\cos(\widehat{\boldsymbol{a},\boldsymbol{b}})|\leqslant|\boldsymbol{a}||\boldsymbol{b}|$，从而
$$|a_1b_1+a_2b_2+a_3b_3|\leqslant\sqrt{a_1^2+a_2^2+a_3^2}\cdot\sqrt{b_1^2+b_2^2+b_3^2},$$
当a_1,a_2,a_3与b_1,b_2,b_3成比例，即$\dfrac{a_1}{b_1}=\dfrac{a_2}{b_2}=\dfrac{a_3}{b_3}$时，上述等式成立.

习题 8－3　平面及其方程

1. 求过点$(3,0,-1)$且与平面$3x-7y+5z-12=0$平行的平面方程.

【解析】所求平面的法向量为$\boldsymbol{n}=(3,-7,5)$，又因为所求平面过点$(3,0,-1)$，所以由点法式方程，得
$$3(x-3)-7y+5(z+1)=0,$$
即所求平面方程为
$$3x-7y+5z-4=0.$$

2. 求过点$M_0(2,9,-6)$且与连接坐标原点及点M_0的线段OM_0垂直的平面方程.

【解析】由题意知$\overrightarrow{OM_0}=(2,9,-6)$. 所求平面与$\overrightarrow{OM_0}$垂直，可取$\boldsymbol{n}=\overrightarrow{OM_0}$，设所求平面方程为
$$2x+9y-6z+D=0.$$
将点$M_0(2,9,-6)$代入上式，得$D=-121$. 故所求平面方程为
$$2x+9y-6z-121=0.$$

3. 求过$M_1(1,1,-1)$、$M_2(-2,-2,2)$和$M_3(1,-1,2)$三点的平面方程.

【解析】这三点分别为M_1、M_2、M_3，则$\overrightarrow{M_1M_2}\times\overrightarrow{M_1M_3}$就是该平面的一个法向量，而
$$\overrightarrow{M_1M_2}=(-3,-3,3),\overrightarrow{M_1M_3}=(0,-2,3),$$
$$\boldsymbol{n}=\overrightarrow{M_1M_2}\times\overrightarrow{M_1M_3}=\begin{vmatrix} \boldsymbol{i} & \boldsymbol{j} & \boldsymbol{k} \\ -3 & -3 & 3 \\ 0 & -2 & 3 \end{vmatrix}=(-3,9,6).$$
于是此平面的方程为$-3(x-1)+9(y-1)+6(z+1)=0$，即$x-3y-2z=0$.

4. 指出下列各平面的特殊位置，并画出各平面：

(1)$x=0$；

(2)$3y-1=0$；

(3)$2x-3y-6=0$；

(4)$x-\sqrt{3}y=0$；

(5)$y+z-1$；

(6)$x-2z=0$；

(7)$6x+5y-z=0$.

【解析】(1)～(7)的平面分别如图 8－8(1)～图 8－8(7)所示.

(1)$x=0$ 表示 yOz 坐标面.

(2)$3y-1=0$ 表示过点$\left(0,\frac{1}{3},0\right)$与 y 轴垂直的平面.

(3)$2x-3y-6=0$ 表示与 z 轴平行的平面.

(4)$x-\sqrt{3}y=0$ 表示过 z 轴的平面.

(5)$y+z=1$ 表示平行于 x 轴的平面.

(6)$x-2z=0$ 表示过 y 轴的平面.

(7)$6x+5y-z=0$ 表示过原点的平面.

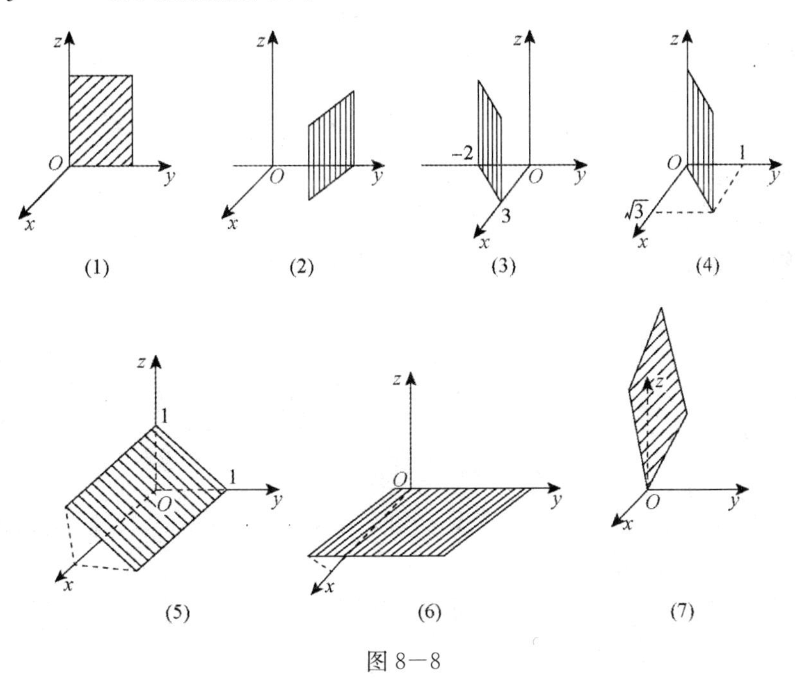

图 8－8

5. 求平面 $2x-2y+z+5=0$ 与各坐标面的夹角的余弦.

【解析】所给平面的法线向量为 $\boldsymbol{n}=(2,-2,1)$，设该平面与 xOy 面，xOz 面，yOz 面的夹角分别为 $\theta_z,\theta_y,\theta_x$. 注意到 xOy 面、xOz 面、yOz 面的法向量依次为 $\boldsymbol{k}=(0,0,1)$，$\boldsymbol{j}=(0,1,0)$，$\boldsymbol{i}=(1,0,0)$，于是

$$\cos\theta_z=\frac{\boldsymbol{n}\cdot\boldsymbol{k}}{|\boldsymbol{n}|}=\frac{2\times0+(-2)\times0+1\times1}{\sqrt{2^2+(-2)^2+1^2}}=\frac{1}{3},$$

$$\cos\theta_y=\frac{\boldsymbol{n}\cdot\boldsymbol{j}}{|\boldsymbol{n}|}=\frac{2\times0+(-2)\times1+1\times0}{3}=-\frac{2}{3},$$

$$\cos\theta_x=\frac{\boldsymbol{n}\cdot\boldsymbol{i}}{|\boldsymbol{n}|}=\frac{2\times1+(-2)\times0+1\times0}{3}=\frac{2}{3},$$

即为所给平面分别与 xOy 面，xOz 面和 yOz 面的夹角的余弦.

6. 一平面过点(1,0,−1)且平行于向量 $\boldsymbol{a}=(2,1,1)$ 和 $\boldsymbol{b}=(1,-1,0)$，试求该平面方程.

【解析】 设所求平面法向量为 $\boldsymbol{n}$，由题意知 $\boldsymbol{n}\perp\boldsymbol{a}$，$\boldsymbol{n}\perp\boldsymbol{b}$，所以 $\boldsymbol{n}=\boldsymbol{a}\times\boldsymbol{b}$.

$$\boldsymbol{n}=\begin{vmatrix}\boldsymbol{i}&\boldsymbol{j}&\boldsymbol{k}\\2&1&1\\1&-1&0\end{vmatrix}=(1,1,-3),$$

又该平面过(1,0,−1)，所以由点法式方程得

$$(x-1)+(y-0)-3(z+1)=0,$$

即
$$x+y-3z-4=0.$$

7. 求三平面 $x+3y+z=1$，$2x-y-z=0$，$-x+2y+2z=3$ 的交点.

【解析】 联立三平面方程

$$\begin{cases}x+3y+z=1,\\2x-y-z=0,\\-x+2y+2z=3,\end{cases}$$

解此方程组得 $x=1$，$y=-1$，$z=3$. 故所求交点为(1,−1,3).

8. 分别按下列条件求平面方程：

(1)平行于 xOz 面且经过点(2,−5,3)；

(2)通过 z 轴和点(−3,1,−2)；

(3)平行于 x 轴且经过两点(4,0,−2)和(5,1,7).

【解析】 (1)所求平面平行于 xOz 面，故其单位法向量为 $\boldsymbol{n}=(0,1,0)$，又该平面经过点(2,−5,3)，所以由点法式方程，得 $1\cdot[y-(-5)]=0$，即 $y+5=0$.

(2)所求平面过 z 轴，故设所求平面方程为 $Ax+By=0$. 将点(−3,1,−2)代入，得

$$-3A+B=0,\text{即 } B=3A,$$

因此，所求平面方程为

$$Ax+3Ay=0,\text{即 } x+3y=0.$$

(3)设 $P(x,y,z)$ 为此面上任一点，点(4,0,−2)和(5,1,7)分别用 A，B 表示，则 $\overrightarrow{AP}$，$\overrightarrow{AB}$，$\boldsymbol{i}$ 共面，$[\overrightarrow{AP}\,\overrightarrow{AB}\,\boldsymbol{i}]=0$，即 $\begin{vmatrix}x-4&y&z+2\\1&1&9\\1&0&0\end{vmatrix}=0$，故所求平面方程为

$$9y-z-2=0.$$

9. 求点(1,2,1)到平面 $x+2y+2z-10=0$ 的距离.

【解析】 利用点 $M_0(x_0,y_0,z_0)$ 到平面 $Ax+By+Cz+D=0$ 的距离公式

$$d=\frac{|Ax_0+By_0+Cz_0+D|}{\sqrt{A^2+B^2+C^2}}$$

$$=\frac{|1+2\times2+2\times1-10|}{\sqrt{1^2+2^2+2^2}}=\frac{|-3|}{3}=1.$$

习题 8－4　空间直线及其方程

1. 求过点(4,－1,3)且平行于直线$\frac{x-3}{2}=\frac{y}{1}=\frac{z-1}{5}$的直线方程.

【解析】所求直线与已知直线平行,故所求直线的方向向量 $\boldsymbol{s}=(2,1,5)$,直线方程即为

$$\frac{x-4}{2}=\frac{y+1}{1}=\frac{z-3}{5}.$$

2. 求过两点 $M_1(3,-2,1)$ 和 $M_2(-1,0,2)$ 的直线方程.

【解析】所求直线的方向向量为

$$\boldsymbol{s}=\overrightarrow{M_1M_2}=(-4,2,1),$$

于是所求直线方程为

$$\frac{x-3}{-4}=\frac{y+2}{2}=\frac{z-1}{1}.$$

3. 用对称式方程及参数方程表示直线

$$\begin{cases}x-y+z=1,\\2x+y+z=4.\end{cases}$$

【解析】该直线的方向向量与两个平面的法向量 $\boldsymbol{n}_1,\boldsymbol{n}_2$ 都垂直.
所以直线的方向向量 $\boldsymbol{s}$ 可取为

$$\boldsymbol{s}=\boldsymbol{n}_1\times\boldsymbol{n}_2=\begin{vmatrix}\boldsymbol{i}&\boldsymbol{j}&\boldsymbol{k}\\1&-1&1\\2&1&1\end{vmatrix}=(-2,1,3).$$

在$\begin{cases}x-y+z=1,\\2x+y+z=4\end{cases}$中,令 $x=1$,得$\begin{cases}-y+z=0,\\y+z=2,\end{cases}$解得 $y=1,z=1$,即(1,1,1)为所求直线上一点. 所以所求直线的方程为

$$\frac{x-1}{-2}=\frac{y-1}{1}=\frac{z-1}{3}.$$

在上式中令比值为 t,得直线的参数方程为$\begin{cases}x=1-2t,\\y=t+1,\\z=3t+1.\end{cases}$

4. 求过点(2,0,－3)且与直线

$$\begin{cases}x-2y+4z-7=0,\\3x+5y-2z+1=0\end{cases}$$

垂直的平面方程.

【解析】直线的方向向量为$\begin{vmatrix}\boldsymbol{i}&\boldsymbol{j}&\boldsymbol{k}\\1&-2&4\\3&5&-2\end{vmatrix}=-16\boldsymbol{i}+14\boldsymbol{j}+11\boldsymbol{k}.$

取平面法向量为(－16,14,11),故所求平面方程为 $-16(x-2)+14y+11(z+3)=0$.

5. 求直线$\begin{cases}5x-3y+3z-9=0,\\3x-2y+z-1=0\end{cases}$与直线$\begin{cases}2x+2y-z+23=0,\\3x+8y+z-18=0\end{cases}$的夹角的余弦.

【解析】两直线的方向向量分别为

$$s_1=\begin{vmatrix} i & j & k \\ 5 & -3 & 3 \\ 3 & -2 & 1 \end{vmatrix}=(3,4,-1),s_2=\begin{vmatrix} i & j & k \\ 2 & 2 & -1 \\ 3 & 8 & 1 \end{vmatrix}=(10,-5,10),$$

因此，两直线的夹角的余弦为

$$\cos\theta=\cos(\widehat{s_1,s_2})=\frac{s_1\cdot s_2}{|s_1||s_2|}$$

$$=\frac{3\times10-4\times5-1\times10}{\sqrt{3^2+4^2+(-1)^2}\sqrt{10^2+(-5)^2+10^2}}=0.$$

6.证明直线$\begin{cases}x+2y-z=7,\\-2x+y+z=7\end{cases}$与直线$\begin{cases}3x+6y-3z=8,\\2x-y-z=0\end{cases}$平行.

【证明】两直线的方向向量分别是

$$s_1=\begin{vmatrix} i & j & k \\ 1 & 2 & -1 \\ -2 & 1 & 1 \end{vmatrix}=(3,1,5),s_2=\begin{vmatrix} i & j & k \\ 3 & 6 & -3 \\ 2 & -1 & -1 \end{vmatrix}=(-9,-3,-15),$$

由 $s_2=-3s_1$ 知两直线互相平行.

7.求过点(0,2,4)且与两平面 $x+2z=1$ 和 $y-3z=2$ 平行的直线方程.

【解析】两平面法向量 $n_1=(1,0,2)$，$n_2=(0,1,-3)$，所以两平面不平行，相交于一直线，此直线的方向向量

$$s=n_1\times n_2=\begin{vmatrix} i & j & k \\ 1 & 0 & 2 \\ 0 & 1 & -3 \end{vmatrix}=(-2,3,1).$$

又点(0,2,4)过此直线，故所求直线为$\frac{x}{-2}=\frac{y-2}{3}=\frac{z-4}{1}$.

8.求过点(3,1,−2)且通过直线$\frac{x-4}{5}=\frac{y+3}{2}=\frac{z}{1}$的平面方程.

【解析】利用平面束方程，过直线$\frac{x-4}{5}=\frac{y+3}{2}=\frac{z}{1}$的平面束方程为

$$\frac{x-4}{5}-\frac{y+3}{2}+\lambda\left(\frac{y+3}{2}-z\right)=0,$$

将点(3,1,−2)代入上式得 $\lambda=\frac{11}{20}$. 因此所求平面方程为

$$\frac{x-4}{5}-\frac{y+3}{2}+\frac{11}{20}\left(\frac{y+3}{2}-z\right)=0,$$

即

$$8x-9y-22z-59=0.$$

9.求直线$\begin{cases}x+y+3z=0,\\x-y-z=0\end{cases}$与平面 $x-y-z+1=0$ 的夹角.

【解析】此直线的方向向量为

$$s=\begin{vmatrix} i & j & k \\ 1 & 1 & 3 \\ 1 & -1 & -1 \end{vmatrix}=2i+4j-2k,$$

$$\sin\varphi=\frac{|1\times2+(-1)\times4+(-1)\times(-2)|}{\sqrt{2^2+4^2+(-2)^2}\times\sqrt{1^2+(-1)^2+(-1)^2}}=0\Rightarrow\varphi=0.$$

10. 试确定下列各组中的直线和平面间的关系：

(1) $\frac{x+3}{-2}=\frac{y+4}{-7}=\frac{z}{3}$ 和 $4x-2y-2z=3$；

(2) $\frac{x}{3}-\frac{y}{-2}=\frac{z}{7}$ 和 $3x-2y+7z=8$；

(3) $\frac{x-2}{3}=\frac{y+2}{1}=\frac{z-3}{-4}$ 和 $x+y+z=3$.

【解析】 根据直线方向向量 $\boldsymbol{s}$ 和平面法向量 $\boldsymbol{n}$ 的关系来确定，如下表所示：

	直线方向向量 $\boldsymbol{s}$	平面法向量 $\boldsymbol{n}$	$\boldsymbol{s}$ 和 $\boldsymbol{n}$ 的关系	结　论	备　注
(1)	$(-2,-7,3)$	$(4,-2,-2)$	$\boldsymbol{s}\cdot\boldsymbol{n}=0\Rightarrow\boldsymbol{s}\perp\boldsymbol{n}$	直线与平面平行	将直线上一点 $(-3,-4,0)$ 代入平面方程，知直线不在平面内
(2)	$(3,-2,7)$	$(3,-2,7)$	$\boldsymbol{s}/\!/\boldsymbol{n}$	直线与平面垂直	
(3)	$(3,1,-4)$	$(1,1,1)$	$\boldsymbol{s}\cdot\boldsymbol{n}=0\Rightarrow\boldsymbol{s}\perp\boldsymbol{n}$	直线在平面内	将直线上一点 $(2,-2,3)$ 代入平面方程，知直线在平面内

11. 求过点 $(1,2,1)$ 而与两直线

$$\begin{cases}x+2y-z+1=0,\\x-y+z-1=0\end{cases}\text{和}\begin{cases}2x-y+z=0,\\x-y+z=0\end{cases}$$

平行的平面的方程.

【解析】 该平面的法向量 $\boldsymbol{n}$ 与两直线的方向向量 $\boldsymbol{s}_1$ 和 $\boldsymbol{s}_2$ 都垂直，可用 $\boldsymbol{s}_1\times\boldsymbol{s}_2$ 来确定 $\boldsymbol{n}$.

$$\boldsymbol{s}_1=\begin{vmatrix}\boldsymbol{i}&\boldsymbol{j}&\boldsymbol{k}\\1&2&-1\\1&-1&1\end{vmatrix}=(1,-2,-3),\quad \boldsymbol{s}_2=\begin{vmatrix}\boldsymbol{i}&\boldsymbol{j}&\boldsymbol{k}\\2&-1&1\\1&-1&1\end{vmatrix}=(0,-1,-1),$$

所以

$$\boldsymbol{n}=\boldsymbol{s}_1\times\boldsymbol{s}_2=\begin{vmatrix}\boldsymbol{i}&\boldsymbol{j}&\boldsymbol{k}\\1&-2&-3\\0&-1&-1\end{vmatrix}=(-1,1,-1),$$

所以平面方程为

$$-(x-1)+(y-2)-(z-1)=0,$$

即

$$x-y+z=0.$$

12. 求点 $(-1,2,0)$ 在平面 $x+2y-z+1=0$ 上的投影.

【解析】 作过已知点且与已知平面垂直的直线，该直线与平面的交点即为所求. 根据题意，过点 $(-1,2,0)$ 与平面 $x+2y-z+1=0$ 垂直的直线为

$$\frac{x+1}{1}=\frac{y-2}{2}=\frac{z-0}{-1},$$

将它化为参数方程 $x=-1+t,y=2+2t,z=-t$，代入平面方程得

$$-1+t+2(2+2t)-(-t)+1=0,$$

整理得 $t=-\frac{2}{3}$. 从而所求点 $(-1,2,0)$ 在平面 $x+2y-z+1=0$ 上的投影为 $\left(-\frac{5}{3},\frac{2}{3},\frac{2}{3}\right)$.

13. 求点 $P(3,-1,2)$ 到直线 $\begin{cases}x+y-z+1=0,\\2x-y+z-4=0\end{cases}$ 的距离.

【解析】 垂直于该直线的平面的法向量为

$$\boldsymbol{s}=\begin{vmatrix}\boldsymbol{i} & \boldsymbol{j} & \boldsymbol{k}\\ 1 & 1 & -1\\ 2 & -1 & 1\end{vmatrix}=(0,-3,-3)=-3(0,1,1),$$

于是，过 P 点且垂直于该直线的平面方程为

$$y+1+z-2=0,$$

即

$$y+z-1=0.$$

它与直线的交点即为垂足，可求得垂足坐标为 $\left(1,-\frac{1}{2},\frac{3}{2}\right)$. 于是，所求距离为

$$d=\sqrt{(3-1)^2+\left(-1+\frac{1}{2}\right)^2+\left(2-\frac{3}{2}\right)^2}=\frac{3}{\sqrt{2}}=\frac{3}{2}\sqrt{2}.$$

14. 设 M_0 是直线 L 外一点，M 是直线 L 上任意一点，且直线的方向向量为 $\boldsymbol{s}$，试证：点 M_0 到直线 L 的距离

$$d=\frac{|\overrightarrow{M_0M}\times\boldsymbol{s}|}{|\boldsymbol{s}|}.$$

【证明】 如图 8－9 所示，设点 M_0 到直线 L 的距离为 d，$\boldsymbol{s}$ 为 L 的方向向量，则平行四边形 $MNPM_0$ 的面积 $A=d\cdot|\overrightarrow{MN}|$，根据向量积的几何意义又有 $A=|\overrightarrow{MN}\times\overrightarrow{M_0M}|$，所以

$$d\cdot|\overrightarrow{MN}|=|\overrightarrow{MN}\times\overrightarrow{M_0M}|,$$

图 8－9

于是

$$d=\frac{|\overrightarrow{M_0M}\times\boldsymbol{s}|}{|\boldsymbol{s}|}.$$

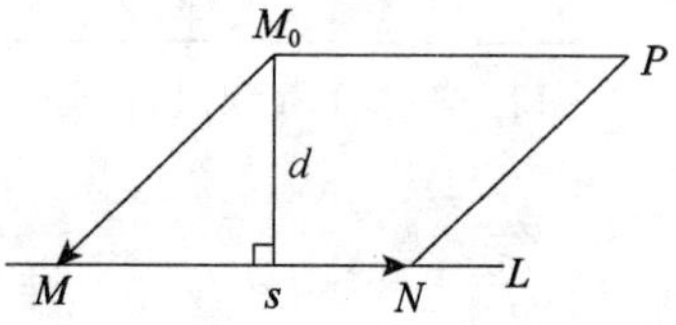

15. 求直线 $\begin{cases}2x-4y+z=0,\\ 3x-y-2z-9=0\end{cases}$ 在平面 $4x-y+z=1$ 上的投影直线的方程.

【解析】 设过所给直线的平面束方程为

$$2x-4y+z+\lambda(3x-y-2z-9)=0,$$

即

$$(2+3\lambda)x-(4+\lambda)y+(1-2\lambda)z-9\lambda=0, \quad ①$$

其中 λ 为待定常数，欲使该平面与已知平面 $4x-y+z=1$ 垂直，则有

$$\boldsymbol{n}_1\cdot\boldsymbol{n}_2=4(2+3\lambda)+(-1)(-4-\lambda)+(1-2\lambda)=0.$$

解之得 $\lambda=-\frac{13}{11}$，将其代入①式，可得投影平面方程为

$$\left(2-3\times\frac{13}{11}\right)x-\left(4-\frac{13}{11}\right)y+\left(1+2\times\frac{13}{11}\right)z+9\times\frac{13}{11}=0,$$

即

$$17x+31y-37z-117=0.$$

因此，所求投影直线的方程为

$$\begin{cases}17x+31y-37z-117=0,\\ 4x-y+z-1=0.\end{cases}$$

16. 画出下列各曲面所围成的立体的图形：

(1) $x=0,y=0,z=0,x=2,y=1,3x+4y+2z-12=0$;

(2) $x=0,z=0,x=1,y=2,z=\frac{y}{4}$.

【解析】(1)如图 8－10(1)所示.　　(2)如图 8－10(2)所示.

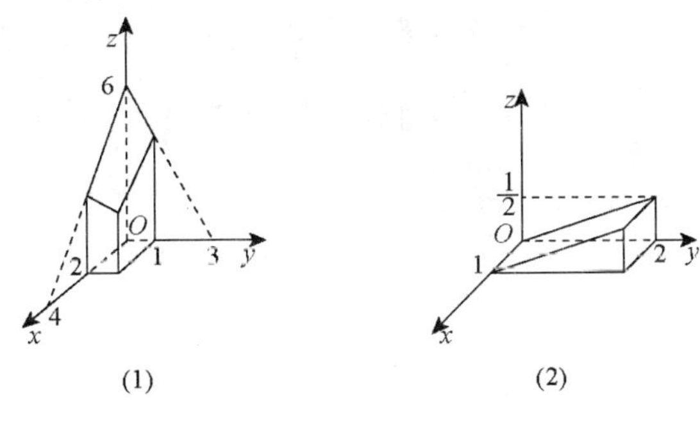

图 8－10

习题 8－5　曲面及其方程

1. 一球面过原点及 $A(4,0,0)$、$B(1,3,0)$ 和 $C(0,0,-4)$ 三点,求球面的方程及球心的坐标和半径.

【解析】设所求球面的方程为 $(x-a)^2+(y-b)^2+(z-c)^2=R^2$,将已知点的坐标代入上式,得

$$a^2+b^2+c^2=R^2, \quad ①$$

$$(a-4)^2+b^2+c^2=R^2, \quad ②$$

$$(a-1)^2+(b-3)^2+c^2=R^2, \quad ③$$

$$a^2+b^2+(4+c)^2=R^2. \quad ④$$

联立①、②式得 $a=2$,联立①、④式得 $c=-2$,将 $a=2$ 代入②、③式并联立得 $b=1$,故 $R=3$. 因此所求球面方程为 $(x-2)^2+(y-1)^2+(z+2)^2=9$,其中球心坐标为 $(2,1,-2)$,半径为 3.

2. 建立以点 $(1,3,-2)$ 为球心,且通过坐标原点的球面方程.

【解析】由题可知,球的半径为

$$R^2=(0-1)^2+(0-3)^2+(0+2)^2=14,$$

从而所求球面方程为

$$(x-1)^2+(y-3)^2+(z+2)^2=14.$$

3. 方程 $x^2+y^2+z^2-2x+4y+2z=0$ 表示什么曲面?

【解析】将已知方程整理成

$$(x-1)^2+(y+2)^2+(z+1)^2=(\sqrt{6})^2,$$

所以此方程表示以 $(1,-2,-1)$ 为球心,以 $\sqrt{6}$ 为半径的球面.

4. 求与坐标原点 O 及点 $(2,3,4)$ 的距离之比为 $1:2$ 的点的全体所组成的曲面的方程,它表示怎样的曲面?

【解析】设动点坐标为 (x,y,z),根据题意有

$$\frac{\sqrt{(x-0)^2+(y-0)^2+(z-0)^2}}{\sqrt{(x-2)^2+(y-3)^2+(z-4)^2}}=\frac{1}{2},$$

化简整理得

$$\left(x+\frac{2}{3}\right)^2+(y+1)^2+\left(z+\frac{4}{3}\right)^2=\left(\frac{2}{3}\sqrt{29}\right)^2.$$

它表示以 $\left(-\frac{2}{3},-1,-\frac{4}{3}\right)$ 为球心,以 $\frac{2}{3}\sqrt{29}$ 为半径的球面.

5. 将 xOz 坐标面上的抛物线 $z^2=5x$ 绕 x 轴旋转一周,求所生成的旋转曲面的方程.

【解析】曲线 $\begin{cases}F(x,y)=0,\\ y=0\end{cases}$ 绕 x 轴旋转所得曲面方程为 $F(x,\pm\sqrt{y^2+z^2})=0$.

所以 zOx 坐标面上的抛物线 $z^2=5x$ 绕 x 轴旋转一周所生成的旋转曲面的方程为:$y^2+z^2=5x$.

6.将 xOz 坐标面上的圆 $x^2+z^2=9$ 绕 z 轴旋转一周,求所生成的旋转曲面的方程.

【解析】 由题设知,曲线 $\begin{cases}x^2+z^2=9,\\ y=0\end{cases}$ 绕 z 轴旋转一周所形成的旋转曲面方程为 $(\pm\sqrt{x^2+y^2})^2+z^2=9$,故所求曲面方程为 $x^2+y^2+z^2=9$.

7.将 xOy 坐标面上的双曲线 $4x^2-9y^2=36$ 分别绕 x 轴及 y 轴旋转一周,求所生成的旋转曲面的方程.

【解析】 将 xOy 坐标面上的双曲线 $4x^2-9y^2=36$ 绕 x 轴旋转一周所生成的旋转曲面方程为

$$4x^2-9(y^2+z^2)=36,$$

绕 y 轴旋转一周所生成的旋转曲面方程为

$$4(x^2+z^2)-9y^2=36.$$

8.画出下列各方程所表示的曲面:

(1) $\left(x-\dfrac{a}{2}\right)^2+y^2=\left(\dfrac{a}{2}\right)^2$;　　(2) $-\dfrac{x^2}{4}+\dfrac{y^2}{9}=1$;

(3) $\dfrac{x^2}{9}+\dfrac{z^2}{4}=1$;　　(4) $y^2-z=0$;

(5) $z=2-x^2$.

【解析】 (1)如图 8-11(1)所示.　(2)如图 8-11(2)所示.　(3)如图 8-11(3)所示.
(4)如图 8-11(4)所示.　(5)如图 8-11(5)所示.

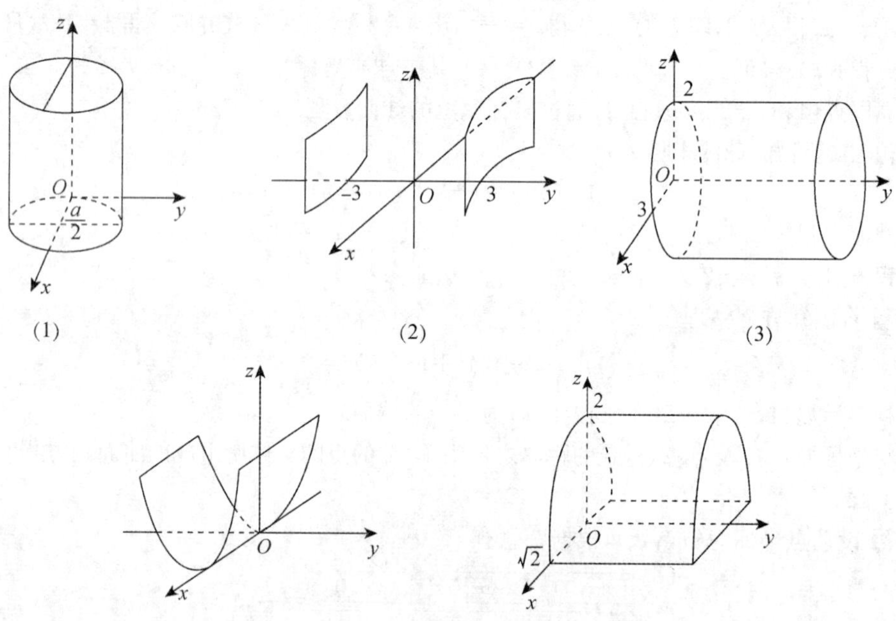

图 8-11

9.指出下列方程在平面解析几何中和在空间解析几何中分别表示什么图形:

(1) $x=2$;　(2) $y=x+1$;　(3) $x^2+y^2=4$;　(4) $x^2-y^2=1$.

【解析】 (1) $x=2$ 在平面解析几何中表示平行于 y 轴的一条直线,在空间解析几何中表示与 yOz 面平行的平面.

(2) $y=x+1$ 在平面解析几何中表示斜率及在 y 轴上的截距都为 1 的一条直线,在空间解析几

何中表示平行于 z 轴的平面.

(3) $x^2+y^2=4$ 在平面解析几何中表示圆心在原点，半径为 2 的圆，在空间解析几何中表示母线平行于 z 轴，准线为 $\begin{cases}x^2+y^2=4,\\ z=0\end{cases}$ 的圆柱面.

(4) $x^2-y^2=1$ 在平面解析几何中表示以 x 轴为实轴，y 轴为虚轴的双曲线，在空间解析几何中表示母线平行于 z 轴，准线为 $\begin{cases}x^2-y^2-1,\\ z=0\end{cases}$ 的双曲柱面.

10. 说明下列旋转曲面是怎样形成的：

(1) $\frac{x^2}{4}+\frac{y^2}{9}+\frac{z^2}{9}=1$；　　(2) $x^2-\frac{y^2}{4}+z^2=1$；

(3) $x^2-y^2-z^2=1$；　　(4) $(z-a)^2=x^2+y^2$.

【解析】 (1) $\frac{x^2}{4}+\frac{y^2}{9}+\frac{z^2}{9}=1$ 可写成 $\frac{x^2}{4}+\frac{y^2+z^2}{9}=1$，可看作 xOy 面上的椭圆 $\frac{x^2}{4}+\frac{y^2}{9}=1$ 绕 x 轴旋转一周生成的旋转曲面，或表示 xOz 面上的椭圆 $\frac{x^2}{4}+\frac{z^2}{9}=1$ 绕 x 轴旋转一周生成的旋转曲面.

(2) $x^2-\frac{y^2}{4}+z^2=1$ 表示 xOy 面上双曲线 $x^2-\frac{y^2}{4}=1$ 绕 y 轴旋转一周而生成的旋转曲面，或表示 yOz 面上双曲线 $-\frac{y^2}{4}+z^2=1$ 绕 y 轴旋转一周而生成的旋转曲面.

(3) $x^2-y^2-z^2=1$ 表示 xOy 面上双曲线 $x^2-y^2=1$ 绕 x 轴旋转一周而生成的旋转曲面，或表示 xOz 面上双曲线 $x^2-z^2=1$ 绕 x 轴旋转一周而生成的旋转曲面.

(4) 方程可以看作 zOx 面上的直线 $z=a\pm x$ 绕 z 轴旋转一周所形成的圆锥面，或是看作 yOz 面上的直线 $z=a\pm y$ 绕 z 轴旋一周所形成的圆锥面.

11. 画出下列方程所表示的曲面：

(1) $4x^2+y^2-z^2=4$；　　(2) $x^2-y^2-4z^2=4$；　　(3) $\frac{z}{3}=\frac{x^2}{4}+\frac{y^2}{9}$.

【解析】 (1) 如图 8—12(1)所示.　　(2) 如图 8—12(2)所示.　　(3) 如图 8—12(3)所示.

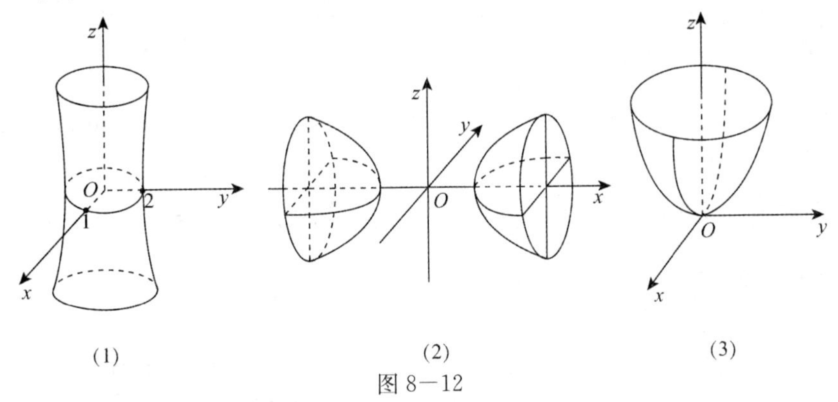

(1)　　(2)　　(3)

图 8—12

12. 画出下列各曲面所围立体的图形：

(1) $z=0, z=3, x-y=0, x-\sqrt{3}y=0, x^2+y^2=1$（在第一卦限内）；

(2) $x=0, y=0, z=0, x^2+y^2=R^2, y^2+z^2=R^2$（在第一卦限内）.

【解析】(1)如图 8－13(1)所示.　(2)如图 8－13(2)所示.

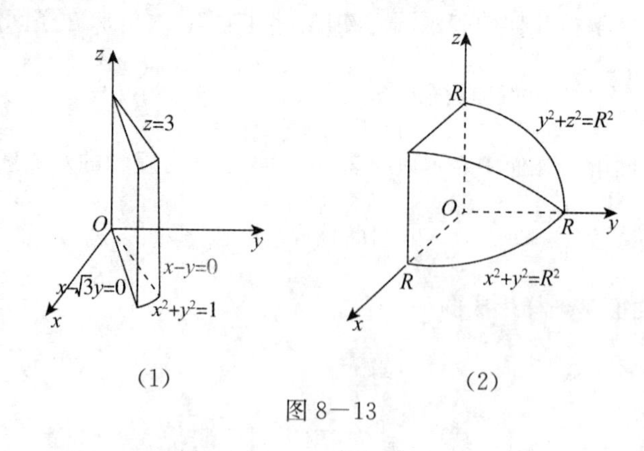

图 8－13

习题 8－6　空间曲线及其方程

1. 画出下列曲线在第一卦限内的图形：

(1) $\begin{cases} x=1, \\ y=2; \end{cases}$　(2) $\begin{cases} z=\sqrt{4-x^2-y^2}, \\ x-y=0; \end{cases}$　(3) $\begin{cases} x^2+y^2=a^2, \\ x^2+z^2=a^2. \end{cases}$

【解析】(1) 如图 8－14(1)所示.　(2)如图 8－14(2)所示.　(3)如图 8－14(3)所示.

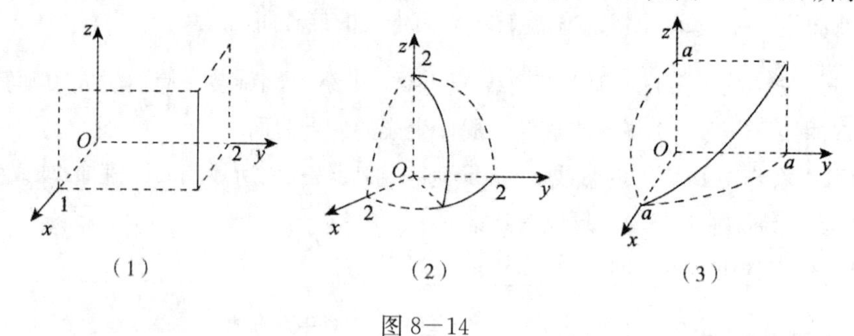

图 8－14

2. 指出下列方程组在平面解析几何中与在空间解析几何中分别表示什么图形：

(1) $\begin{cases} y=5x+1, \\ y=2x-3; \end{cases}$　(2) $\begin{cases} \dfrac{x^2}{4}+\dfrac{y^2}{9}=1, \\ y=3. \end{cases}$

【解析】(1)所给方程组在平面解析几何中表示两直线的交点，在空间解析几何中表示两平面的交线，即空间直线.

(2)所给方程组在平面解析几何中表示椭圆$\dfrac{x^2}{4}+\dfrac{y^2}{9}=1$与其切线 $y=3$ 的交点即切点. 在空间解析几何中表示椭圆柱面$\dfrac{x^2}{4}+\dfrac{y^2}{9}=1$与其切平面 $y=3$ 的交线即空间直线.

3. 分别求母线平行于 x 轴及 y 轴而且通过曲线$\begin{cases} 2x^2+y^2+z^2=16, \\ x^2+z^2-y^2=0 \end{cases}$的柱面方程.

【解析】由方程组消去 x，得

$$3y^2-z^2=16,$$

即为母线平行于 x 轴且通过已知曲线的柱面方程.

由方程组消去 y，得　$3x^2+2z^2=16,$

即为母线平行于 y 轴且通过已知曲线的柱面方程.

4. 求球面 $x^2+y^2+z^2=9$ 与平面 $x+z=1$ 的交线在 xOy 面上的投影的方程.

【解析】 在 $\begin{cases}x^2+y^2+z^2=9,\\ x+z=1\end{cases}$ 中消去 z，得 $x^2+y^2+(1-x)^2=9$，

即
$$2x^2-2x+y^2=8,$$
它表示母线平行于 z 轴的柱面，故 $\begin{cases}2x^2-2x+y^2=8,\\ z=0\end{cases}$ 表示已知交线在 xOy 面上的投影的方程.

5. 将下列曲线的一般方程化为参数方程：

(1) $\begin{cases}x^2+y^2+z^2=9,\\ y=x;\end{cases}$　　(2) $\begin{cases}(x-1)^2+y^2+(z+1)^2=4,\\ z=0.\end{cases}$

【解析】 (1)将 $y=x$ 代入 $x^2+y^2+z^2=9$，得 $2x^2+z^2=9$，取 $x=\dfrac{3}{\sqrt{2}}\cos t$，则 $z=3\sin t$，从而可得该曲线的参数方程
$$\begin{cases}x=\dfrac{3}{\sqrt{2}}\cos t,\\ y=\dfrac{3}{\sqrt{2}}\cos t,\\ z=3\sin t\end{cases}\quad(0\leqslant t\leqslant 2\pi).$$

(2)将 $z=0$ 代入 $(x-1)^2+y^2+(z+1)^2=4$，得 $(x-1)^2+y^2=3$.

取 $x-1=\sqrt{3}\cos t$，则 $y=\sqrt{3}\sin t$，从而可得该曲线的参数方程
$$\begin{cases}x=1+\sqrt{3}\cos t,\\ y=\sqrt{3}\sin t,\\ z=0\end{cases}\quad(0\leqslant t\leqslant 2\pi).$$

6. 求螺旋线 $\begin{cases}x=a\cos\theta,\\ y=a\sin\theta,\\ z=b\theta\end{cases}$ 在三个坐标面上的投影曲线的直角坐标方程.

【解析】 由螺旋线的定义知，它是圆柱面 $x^2+y^2=a^2$ 上的一条空间曲线，所以螺旋线在 xOy 坐标面上的投影的直角坐标方程为
$$\begin{cases}x^2+y^2=a^2,\\ z=0.\end{cases}$$

再利用螺旋线参数方程中第 1 式与第 3 式消去 θ，可得 $\dfrac{x}{a}=\cos\dfrac{z}{b}$，即 $x=a\cos\dfrac{z}{b}$. 于是螺旋线在 xOz 坐标面上的投影的直角坐标方程为 $\begin{cases}x=a\cos\dfrac{z}{b},\\ y=0.\end{cases}$ 同理，利用螺旋线参数方程中第 2 式与第 3 式消去 θ 后与 $x=0$ 联立，即螺旋线在 yOz 坐标面上的投影的直角坐标方程为
$$\begin{cases}y=a\sin\dfrac{z}{b},\\ x=0.\end{cases}$$

7. 求上半球 $0\leqslant z\leqslant\sqrt{a^2-x^2-y^2}$ 与圆柱体 $x^2+y^2\leqslant ax(a>0)$ 的公共部分在 xOy 面和 xOz 面上的投影.

【解析】 所围立体如图 8－15 所示，因此它在 xOy 面上的投影为圆盘 $x^2+y^2-ax\leqslant 0$，

即
$$\begin{cases}\left(x-\dfrac{a}{2}\right)^2+y^2\leqslant\left(\dfrac{a}{2}\right)^2,\\ z=0.\end{cases}$$

在 xOz 面上的投影为 $\dfrac{1}{4}$ 圆盘，即

$$\begin{cases}x^2+z^2\leqslant a^2,\\ y=0,\end{cases}\text{且有 } x\geqslant 0, z\geqslant 0.$$

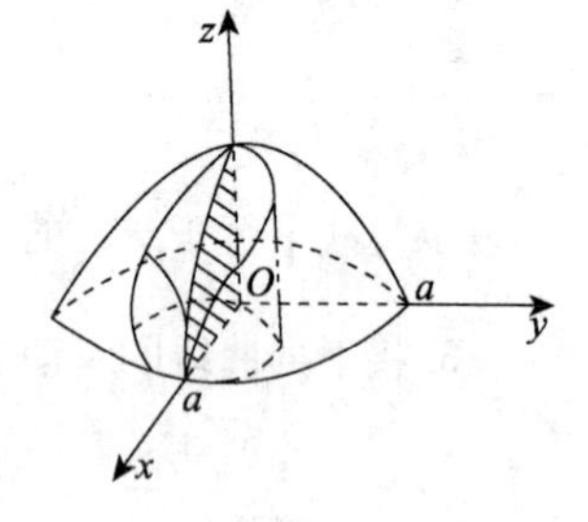

图 8－15

8. 求旋转抛物面 $z=x^2+y^2(0\leqslant z\leqslant 4)$ 在三坐标面上的投影.

【解析】 联立 $\begin{cases}z=x^2+y^2,\\ z=4\end{cases}$ 得 $x^2+y^2=4$.

故旋转抛物面在 xOy 面上的投影为

$$\begin{cases}x^2+y^2\leqslant 4,\\ z=0.\end{cases}$$

如图 8－16 所示，联立 $\begin{cases}z=x^2+y^2,\\ x=0\end{cases}$ 得 $z=y^2$，故旋转抛物面在 yOz 面上的投影为由 $z=y^2$ 及 $z=4$ 所围成的区域.

同理，联立 $\begin{cases}z=x^2+y^2,\\ y=0\end{cases}$ 得 $z=x^2$，故旋转抛物面在 xOz 面上的投影为由 $z=x^2$ 及 $z=4$ 所围成的区域.

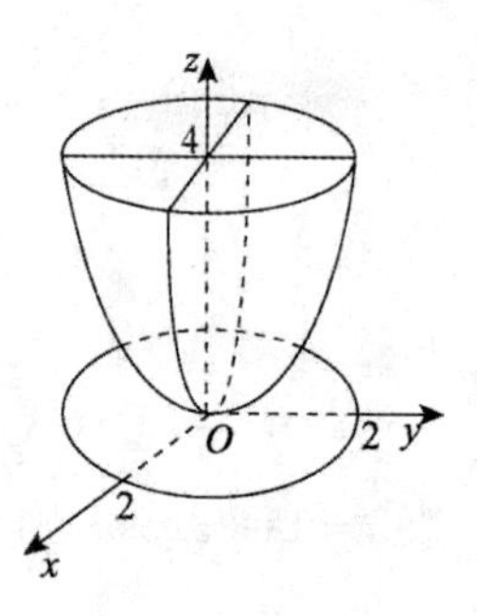

图 8－16

总习题八

1. 填空：

(1) 设在坐标系 $[O;\boldsymbol{i},\boldsymbol{j},\boldsymbol{k}]$ 中点 A 和点 M 的坐标依次为 (x_0,y_0,z_0) 和 (x,y,z)，则在 $[A;\boldsymbol{i},\boldsymbol{j},\boldsymbol{k}]$ 坐标系中，点 M 的坐标为________，向量 $\overrightarrow{OM}$ 的坐标为________；

(2) 设数 λ_1、λ_2、λ_3 不全为 0，使 $\lambda_1\boldsymbol{a}+\lambda_2\boldsymbol{b}+\lambda_3\boldsymbol{c}=\boldsymbol{0}$，则 $\boldsymbol{a}$、$\boldsymbol{b}$、$\boldsymbol{c}$ 三个向量是________的；

(3) 设 $\boldsymbol{a}=(2,1,2)$，$\boldsymbol{b}=(4,-1,10)$，$\boldsymbol{c}=\boldsymbol{b}-\lambda\boldsymbol{a}$，且 $\boldsymbol{a}\perp\boldsymbol{c}$，则 $\lambda=$________；

(4) 设 $|\boldsymbol{a}|=3$，$|\boldsymbol{b}|=4$，$|\boldsymbol{c}|=5$，且满足 $\boldsymbol{a}+\boldsymbol{b}+\boldsymbol{c}=\boldsymbol{0}$，则 $|\boldsymbol{a}\times\boldsymbol{b}+\boldsymbol{b}\times\boldsymbol{c}+\boldsymbol{c}\times\boldsymbol{a}|=$________.

【解析】 (1) 点 M 的坐标为 $(x-x_0,y-y_0,z-z_0)$，向量 $\overrightarrow{OM}$ 的坐标为 $(x-x_0+x_0,y-y_0+y_0,z-z_0+z_0)=(x,y,z)$.

(2) 由 $[(\lambda_1\boldsymbol{a}+\lambda_2\boldsymbol{b}+\lambda_3\boldsymbol{c})\times\boldsymbol{b}]\cdot\boldsymbol{c}=0$ 得 $(\boldsymbol{a}\times\boldsymbol{b})\cdot\boldsymbol{c}=0$，即 $\boldsymbol{a}$、$\boldsymbol{b}$、$\boldsymbol{c}$ 共面.

(3) $\boldsymbol{c}=\boldsymbol{b}-\lambda\boldsymbol{a}=(4,-1,10)-\lambda(2,1,2)=(4-2\lambda,-1-\lambda,10-2\lambda)$.

又 $\boldsymbol{a}\perp\boldsymbol{c}$，故 $\boldsymbol{a}\cdot\boldsymbol{c}=(2,1,2)\cdot(4-2\lambda,-1-\lambda,10-2\lambda)=27-9\lambda=0$，从而 $\lambda=3$.

(4) 由 $(\boldsymbol{a}+\boldsymbol{b}+\boldsymbol{c})\times\boldsymbol{b}=\boldsymbol{0}$ 知 $\boldsymbol{a}\times\boldsymbol{b}+\boldsymbol{c}\times\boldsymbol{b}=\boldsymbol{0}$，即 $\boldsymbol{a}\times\boldsymbol{b}=\boldsymbol{b}\times\boldsymbol{c}$；

由 $(\boldsymbol{a}+\boldsymbol{b}+\boldsymbol{c})\times\boldsymbol{a}=\boldsymbol{0}$ 知 $\boldsymbol{b}\times\boldsymbol{a}+\boldsymbol{c}\times\boldsymbol{a}=\boldsymbol{0}$，即 $\boldsymbol{a}\times\boldsymbol{b}=\boldsymbol{c}\times\boldsymbol{a}$.

又由 $|\boldsymbol{a}|^2+|\boldsymbol{b}|^2=|\boldsymbol{c}|^2$，知以向量 $\boldsymbol{a}$、$\boldsymbol{b}$、$\boldsymbol{c}$ 为边的三角形为直角三角形，且 $\boldsymbol{a}\perp\boldsymbol{b}$，故

$$|\boldsymbol{a}\times\boldsymbol{b}+\boldsymbol{b}\times\boldsymbol{c}+\boldsymbol{c}\times\boldsymbol{a}|=3|\boldsymbol{a}\times\boldsymbol{b}|=3|\boldsymbol{a}||\boldsymbol{b}|\sin(\widehat{\boldsymbol{a},\boldsymbol{b}})=3\times3\times4\times1=36.$$

2. 下列两题中给出了四个结论，从中选出一个正确的结论：

(1)设直线 L 的方程为 $\begin{cases}x-y+z=1,\\2x+y+z=4,\end{cases}$ 则 L 的参数方程为(　　)；

(A)$\begin{cases}x=1-2t,\\y=1+t,\\z=1+3t\end{cases}$　(B)$\begin{cases}x=1-2t,\\y=-1+t,\\z=1+3t\end{cases}$　(C)$\begin{cases}x=1-2t,\\y=1-t,\\z=1+3t\end{cases}$　(D)$\begin{cases}x=1-2t,\\y=-1-t,\\z=1+3t\end{cases}$

(2)下列结论中，错误的是(　　).

(A)$z+2x^2+y^2=0$ 表示椭圆抛物面

(B)$x^2+2y^2=1+3z^2$ 表示双叶双曲面

(C)$x^2+y^2-(z-1)^2=0$ 表示圆锥面

(D)$y^2=5x$ 表示抛物柱面

【解析】(1)应选(A). 直线 L 的方向向量为 $\boldsymbol{s}=(-2,1,3)$，过点(1,1,1).

(2)应选(B). $x^2+2y^2=1+3z^2$ 表示单叶双曲面.

3. 在 y 轴上求与点 $A(1,-3,7)$ 和点 $B(5,7,-5)$ 等距离的点.

【解析】根据题意，设所求点为 $M(0,y,0)$，由

$$1^2+(y+3)^2+7^2=5^2+(y-7)^2+(-5)^2,$$

得 $y=2$. 故所求点为 $M(0,2,0)$.

4. 已知△ABC 的顶点为 $A(3,2,-1)$、$B(5,-4,7)$ 和 $C(-1,1,2)$，求从顶点 C 所引中线的长度.

【解析】设 AB 中点为 D，则 D 的坐标为(4,−1,3)，故

$$|CD|=\sqrt{(4+1)^2+(-1-1)^2+(3-2)^2}=\sqrt{30}.$$

5. 设△ABC 的三边 $\overrightarrow{BC}=\boldsymbol{a}$、$\overrightarrow{CA}=\boldsymbol{b}$、$\overrightarrow{AB}=\boldsymbol{c}$，三边中点依次为 D、E、F，试用向量 $\boldsymbol{a}$、$\boldsymbol{b}$、$\boldsymbol{c}$ 表示 $\overrightarrow{AD}$、$\overrightarrow{BE}$、$\overrightarrow{CF}$，并证明

$$\overrightarrow{AD}+\overrightarrow{BE}+\overrightarrow{CF}=\boldsymbol{0}.$$

【证明】如图 8−17 所示，D、E、F 分别为 BC、CA、AB 的中点，因此

$$\overrightarrow{BD}=\frac{1}{2}\overrightarrow{BC}=\frac{\boldsymbol{a}}{2},\overrightarrow{CE}=\frac{1}{2}\overrightarrow{CA}=\frac{\boldsymbol{b}}{2},\overrightarrow{AF}=\frac{1}{2}\overrightarrow{AB}=\frac{\boldsymbol{c}}{2},$$

从而

$$\overrightarrow{AD}=\overrightarrow{AB}+\overrightarrow{BD}=\boldsymbol{c}+\frac{\boldsymbol{a}}{2},$$

$$\overrightarrow{BE}=\overrightarrow{BC}+\overrightarrow{CE}=\boldsymbol{a}+\frac{\boldsymbol{b}}{2},$$

$$\overrightarrow{CF}=\overrightarrow{CA}+\overrightarrow{AF}=\boldsymbol{b}+\frac{\boldsymbol{c}}{2},$$

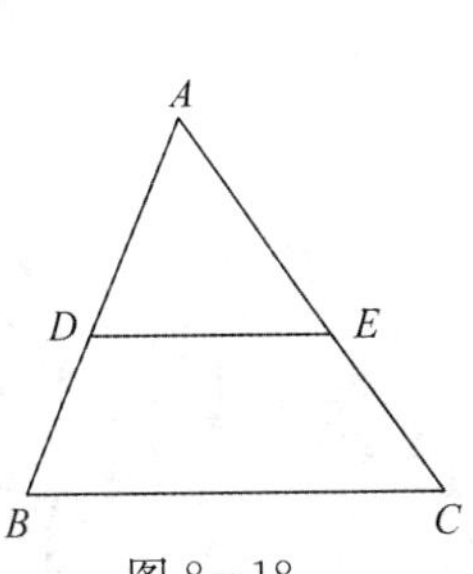

图 8−17

故

$$\overrightarrow{AD}+\overrightarrow{BE}+\overrightarrow{CF}=\boldsymbol{c}+\frac{\boldsymbol{a}}{2}+\boldsymbol{a}+\frac{\boldsymbol{b}}{2}+\boldsymbol{b}+\frac{\boldsymbol{c}}{2}=\frac{3}{2}(\boldsymbol{a}+\boldsymbol{b}+\boldsymbol{c})=\boldsymbol{0}.$$

6. 试用向量证明三角形两边中点的连线平行于第三边，且其长度等于第三边长度的一半.

【证明】如图 8−18 所示，在△ABC 中，设 D、E 分别为 AB、CA 的中点，则

$$\overrightarrow{DE}=\overrightarrow{DA}+\overrightarrow{AE}=\frac{1}{2}\overrightarrow{BA}+\frac{1}{2}\overrightarrow{AC}=\frac{1}{2}(\overrightarrow{BA}+\overrightarrow{AC})=\frac{1}{2}\overrightarrow{BC},$$

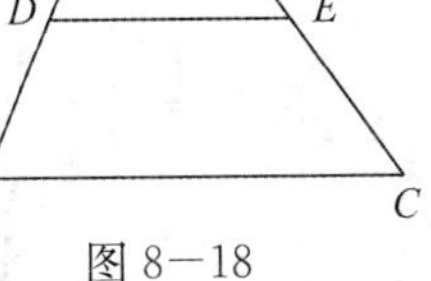

图 8−18

所以 $$\overrightarrow{DE}/\!/\overrightarrow{BC}\text{且}|\overrightarrow{DE}|=\frac{1}{2}|\overrightarrow{BC}|,$$
故结论得证.

7. 设$|\boldsymbol{a}+\boldsymbol{b}|=|\boldsymbol{a}-\boldsymbol{b}|$，$\boldsymbol{a}=(3,-5,8)$，$\boldsymbol{b}=(-1,1,z)$，求 z.

【解析】 $$\boldsymbol{a}+\boldsymbol{b}=(3-1,-5+1,8+z)=(2,-4,8+z),$$
$$\boldsymbol{a}-\boldsymbol{b}=(3-(-1),-5-1,8-z)=(4,-6,8-z),$$
由$|\boldsymbol{a}+\boldsymbol{b}|=|\boldsymbol{a}-\boldsymbol{b}|$知
$$\sqrt{2^2+(-4)^2+(8+z)^2}=\sqrt{4^2+(-6)^2+(8-z)^2},$$
经整理得 $z=1$.

8. 设$|\boldsymbol{a}|=\sqrt{3}$，$|\boldsymbol{b}|=1$，$(\widehat{\boldsymbol{a},\boldsymbol{b}})=\frac{\pi}{6}$，求向量 $\boldsymbol{a}+\boldsymbol{b}$ 与 $\boldsymbol{a}-\boldsymbol{b}$ 的夹角.

【解析】 $$(\boldsymbol{a}+\boldsymbol{b})\cdot(\boldsymbol{a}+\boldsymbol{b})=|\boldsymbol{a}|^2+|\boldsymbol{b}|^2+2|\boldsymbol{a}|\cdot|\boldsymbol{b}|\cos(\widehat{\boldsymbol{a},\boldsymbol{b}})$$
$$=3+1+2\times\sqrt{3}\times1\times\frac{\sqrt{3}}{2}=7,$$
所以$|\boldsymbol{a}+\boldsymbol{b}|=\sqrt{7}$.

同理$|\boldsymbol{a}-\boldsymbol{b}|=1$.

又 $$(\boldsymbol{a}+\boldsymbol{b})\cdot(\boldsymbol{a}-\boldsymbol{b})=|\boldsymbol{a}|^2-|\boldsymbol{b}|^2=2,$$
且 $$(\boldsymbol{a}+\boldsymbol{b})\cdot(\boldsymbol{a}-\boldsymbol{b})=|\boldsymbol{a}+\boldsymbol{b}||\boldsymbol{a}-\boldsymbol{b}|\cos\varphi,$$
其中 φ 为 $\boldsymbol{a}+\boldsymbol{b}$ 与 $\boldsymbol{a}-\boldsymbol{b}$ 的夹角，于是 $2=\sqrt{7}\times1\times\cos\varphi$，

解得 $$\varphi=\arccos\frac{2\sqrt{7}}{7}.$$

9. 设 $\boldsymbol{a}+3\boldsymbol{b}\perp7\boldsymbol{a}-5\boldsymbol{b}$，$\boldsymbol{a}-4\boldsymbol{b}\perp7\boldsymbol{a}-2\boldsymbol{b}$，求$(\widehat{\boldsymbol{a},\boldsymbol{b}})$.

【解析】 设$(\widehat{\boldsymbol{a},\boldsymbol{b}})=\theta$，由题设知
$$(\boldsymbol{a}+3\boldsymbol{b})\cdot(7\boldsymbol{a}-5\boldsymbol{b})=7|\boldsymbol{a}|^2+16\boldsymbol{a}\cdot\boldsymbol{b}-15|\boldsymbol{b}|^2=0, \quad ①$$
$$(\boldsymbol{a}-4\boldsymbol{b})\cdot(7\boldsymbol{a}-2\boldsymbol{b})=7|\boldsymbol{a}|^2-30\boldsymbol{a}\cdot\boldsymbol{b}+8|\boldsymbol{b}|^2=0, \quad ②$$
由①式和②式可得 $$\frac{\boldsymbol{a}\cdot\boldsymbol{b}}{|\boldsymbol{a}|^2}=\frac{\boldsymbol{a}\cdot\boldsymbol{b}}{|\boldsymbol{b}|^2}=\frac{1}{2}\Rightarrow\frac{(\boldsymbol{a}\cdot\boldsymbol{b})^2}{|\boldsymbol{a}|^2|\boldsymbol{b}|^2}=\frac{1}{4}.$$
又 $\boldsymbol{a}\cdot\boldsymbol{b}=\frac{1}{2}|\boldsymbol{b}|^2>0$，所以 $\cos\theta=\frac{\boldsymbol{a}\cdot\boldsymbol{b}}{|\boldsymbol{a}||\boldsymbol{b}|}=\frac{1}{2}\Rightarrow\theta=\arccos\frac{1}{2}=\frac{\pi}{3}$.

10. 设 $\boldsymbol{a}=(2,-1,-2)$，$\boldsymbol{b}=(1,1,z)$，问 z 为何值时$(\widehat{\boldsymbol{a},\boldsymbol{b}})$最小？并求出此最小值.

【解析】 记 $\theta=(\widehat{\boldsymbol{a},\boldsymbol{b}})$，由 $\cos\theta=\frac{\boldsymbol{a}\cdot\boldsymbol{b}}{|\boldsymbol{a}||\boldsymbol{b}|}=\frac{1-2z}{3\sqrt{2+z^2}}$，所以 $\theta=\arccos\frac{1-2z}{3\sqrt{2+z^2}}$.
$$\frac{\mathrm{d}\theta}{\mathrm{d}z}=\frac{-1}{\sqrt{1-\frac{(1-2z)^2}{9(2+z^2)}}}\cdot\frac{1}{3}\cdot\frac{-2\sqrt{2+z^2}-(1-2z)\cdot\frac{z}{\sqrt{2+z^2}}}{2+z^2}$$
$$=\frac{z+4}{(2+z^2)\sqrt{5z^2+4z+17}},$$
当 $z<-4$ 时，$\frac{\mathrm{d}\theta}{\mathrm{d}z}<0$；当 $z>-4$ 时，$\frac{\mathrm{d}\theta}{\mathrm{d}z}>0$. 所以当 $z=-4$ 时，θ 有最小值，且

$$\theta_{\min}=\arccos\frac{9}{3\sqrt{18}}=\arccos\frac{1}{\sqrt{2}}=\frac{\pi}{4}.$$

11. 设$|\boldsymbol{a}|=4$，$|\boldsymbol{b}|=3$，$(\widehat{\boldsymbol{a},\boldsymbol{b}})=\frac{\pi}{6}$，求以$\boldsymbol{a}+2\boldsymbol{b}$和$\boldsymbol{a}-3\boldsymbol{b}$为边的平行四边形的面积.

【解析】根据向量积的几何意义知以$\boldsymbol{a}+2\boldsymbol{b}$和$\boldsymbol{a}-3\boldsymbol{b}$为边的平行四边形的面积

$$\begin{aligned}S&=|(\boldsymbol{a}+2\boldsymbol{b})\times(\boldsymbol{a}-3\boldsymbol{b})|\\&=5|\boldsymbol{a}\times\boldsymbol{b}|=5|\boldsymbol{a}||\boldsymbol{b}|\sin(\widehat{\boldsymbol{a},\boldsymbol{b}})\\&=5\times4\times3\times\sin\frac{\pi}{6}=5\times4\times3\times\frac{1}{2}=30.\end{aligned}$$

12. 设$\boldsymbol{a}=(2,-3,1)$，$\boldsymbol{b}=(1,-2,3)$，$\boldsymbol{c}=(2,1,2)$，向量$\boldsymbol{r}$满足$\boldsymbol{r}\perp\boldsymbol{a}$，$\boldsymbol{r}\perp\boldsymbol{b}$，$\mathrm{Prj}_{\boldsymbol{c}}\boldsymbol{r}=14$，求$\boldsymbol{r}$.

【解析】设$\boldsymbol{r}=(x,y,z)$，则由$\boldsymbol{r}\perp\boldsymbol{a}$，$\boldsymbol{r}\perp\boldsymbol{b}$，得$2x-3y+z=0$，$x-2y+3z=0$.

由$\mathrm{Prj}_{\boldsymbol{c}}\boldsymbol{r}=\frac{\boldsymbol{r}\cdot\boldsymbol{c}}{|\boldsymbol{c}|}=14$，得
$$\frac{2x+y+2z}{\sqrt{2^2+1^2+2^2}}=14,$$

所以得方程组
$$\begin{cases}2x-3y+z=0,\\x-2y+3z=0,\\2x+y+2z=42.\end{cases}$$

解得$x=14$，$y=10$，$z=2$. 所以$\boldsymbol{r}=(14,10,2)$.

13. 设$\boldsymbol{a}=(-1,3,2)$，$\boldsymbol{b}=(2,-3,-4)$，$\boldsymbol{c}=(-3,12,6)$，证明三向量$\boldsymbol{a}$、$\boldsymbol{b}$、$\boldsymbol{c}$共面，并用$\boldsymbol{a}$和$\boldsymbol{b}$表示$\boldsymbol{c}$.

【证明】由$[\boldsymbol{abc}]=(\boldsymbol{a}\times\boldsymbol{b})\cdot\boldsymbol{c}=\begin{vmatrix}-1&3&2\\2&-3&-4\\-3&12&6\end{vmatrix}=0$. 故$\boldsymbol{a}$，$\boldsymbol{b}$，$\boldsymbol{c}$共面.

令$\boldsymbol{c}=\lambda_1\boldsymbol{a}+\lambda_2\boldsymbol{b}$，得

$$\begin{cases}-\lambda_1+2\lambda_2=-3,\\3\lambda_1-3\lambda_2=12,\\2\lambda_1-4\lambda_2=6.\end{cases}$$

解得$\lambda_1=5$，$\lambda_2=1$. 即$\boldsymbol{c}=5\boldsymbol{a}+\boldsymbol{b}$.

14. 已知动点$M(x,y,z)$到xOy平面的距离与点M到点$(1,-1,2)$的距离相等，求点M的轨迹的方程.

【解析】根据题意知

$$|z|=\sqrt{(x-1)^2+(y+1)^2+(z-2)^2},$$

即$(x-1)^2+(y+1)^2-4(z-1)=0$为点M的轨迹的方程.

15. 指出下列旋转曲面的一条母线和旋转轴：

(1)$z=2(x^2+y^2)$；　　(2)$\frac{x^2}{36}+\frac{y^2}{9}+\frac{z^2}{36}=1$；

(3)$z^2=3(x^2+y^2)$；　　(4)$x^2-\frac{y^2}{4}-\frac{z^2}{4}=1$.

【解析】(1)母线为$\begin{cases}x=0,\\z=2y^2,\end{cases}$旋转轴为$z$轴.

(2)母线为$\begin{cases}x=0,\\\frac{y^2}{9}+\frac{z^2}{36}=1,\end{cases}$旋转轴为$y$轴.

(3)母线为$\begin{cases}x=0,\\z^2=3y^2,\end{cases}$旋转轴为$z$轴.

(4)母线为$\begin{cases}z=0,\\x-\dfrac{y^2}{4}=1,\end{cases}$旋转轴为$x$轴.

16. 求通过点$A(3,0,0)$和$B(0,0,1)$且与xOy面成$\frac{\pi}{3}$角的平面的方程.

【解析】过A,B两点的直线方程为$\frac{x-3}{3}=\frac{y-0}{0}=\frac{z-0}{-1}$,即$\begin{cases}y=0,\\x+3z-3=0.\end{cases}$
所以过AB的平面束方程为
$$x+3z-3+\lambda y=0.$$

令$\boldsymbol{n}$为所求平面的法向量,xOy面的法向量为$\boldsymbol{k}$,则有$(\widehat{\boldsymbol{n},\boldsymbol{k}})=\frac{\pi}{3}$.

即
$$\cos\frac{\pi}{3}=\frac{\boldsymbol{n}\cdot\boldsymbol{k}}{|\boldsymbol{n}||\boldsymbol{k}|}=\frac{1\times0+\lambda\times0+3\times1}{\sqrt{1^2+\lambda^2+3^2}\times1}=\frac{3}{\sqrt{10+\lambda^2}},$$
所以$\lambda=\pm\sqrt{26}$,于是所求平面的方程为$x\pm\sqrt{26}y+3z-3=0$.

17. 设一平面垂直于平面$z=0$,并通过从点$(1,-1,1)$到直线$\begin{cases}y-z+1=0,\\x=0\end{cases}$的垂线,求此平面的方程.

【解析】直线$\begin{cases}y-z+1=0,\\x=0\end{cases}$的方向向量为
$$\boldsymbol{s}=\begin{vmatrix}\boldsymbol{i}&\boldsymbol{j}&\boldsymbol{k}\\0&1&-1\\1&0&0\end{vmatrix}=(0,-1,-1).$$

作过点$(1,-1,1)$且以$\boldsymbol{s}=(0,-1,-1)$为法向量的平面:
$$-(y+1)-(z-1)=0,\text{即 }y+z=0.$$

联立$\begin{cases}y-z+1=0,\\x=0,\\y+z=0\end{cases}$得垂足$\left(0,-\frac{1}{2},\frac{1}{2}\right)$.

所求平面垂直于平面$z=0$.设平面方程为$Ax+By+D=0$.平面过点$(1,-1,1)$及垂足为$\left(0,-\frac{1}{2},\frac{1}{2}\right)$,故有
$$\begin{cases}A-B+D=0,\\-\dfrac{1}{2}B+D=0,\end{cases}$$
由此解得$B=2D,A=D$.因此所求平面方程为$Dx+2Dy+D=0$,即
$$x+2y+1=0.$$

18. 求过点$(-1,0,4)$,且平行于平面$3x-4y+z-10=0$,又与直线$\frac{x+1}{1}=\frac{y-3}{1}=\frac{z}{2}$相交的直线的方程.

【解析】设所求直线方程为
$$\frac{x+1}{m}=\frac{y-0}{n}=\frac{z-4}{p}.$$

所求直线平行于平面 $3x-4y+z-10=0$,故有

$$3m-4n+p=0, \quad ①$$

又所求直线与直线 $\frac{x+1}{1}=\frac{y-3}{1}=\frac{z}{2}$ 相交,故有

$$\begin{vmatrix} -1-(-1) & 3-0 & 0-4 \\ 1 & 1 & 2 \\ m & n & p \end{vmatrix}=0,$$

即

$$10m-4n-3p=0. \quad ②$$

联立①、②式可得

$$\frac{16}{m}=\frac{19}{n}=\frac{28}{p},$$

因此所求直线方程为

$$\frac{x+1}{16}=\frac{y}{19}=\frac{z-4}{28}.$$

【注】 若两直线 $l_1:\frac{x-x_1}{m_1}=\frac{y-y_1}{n_1}=\frac{z-z_1}{p_1}$,$l_2:\frac{x-x_2}{m_2}=\frac{y-y_2}{n_2}=\frac{z-z_2}{p_2}$ 相交,则 l_1 与 l_2 必共面,故

$$\overrightarrow{M_1M_2}\cdot(\boldsymbol{s}_1\times\boldsymbol{s}_2)=0,$$

即有

$$\begin{vmatrix} x_2-x_1 & y_2-y_1 & z_2-z_1 \\ m_1 & n_1 & p_1 \\ m_2 & n_2 & p_2 \end{vmatrix}=0.$$

19. 已知点 $A(1,0,0)$ 及点 $B(0,2,1)$,试在 z 轴上求一点 C,使△ABC 的面积最小.

【解析】 设 $C(0,0,z)$,则 $\overrightarrow{AB}=(-1,2,1)$,$\overrightarrow{AC}=(-1,0,z)$.

$$\overrightarrow{AB}\times\overrightarrow{AC}=\begin{vmatrix} \boldsymbol{i} & \boldsymbol{j} & \boldsymbol{k} \\ -1 & 2 & 1 \\ -1 & 0 & z \end{vmatrix}=(2z,z-1,2),$$

故△ABC 的面积为

$$S=\frac{1}{2}|\overrightarrow{AB}\times\overrightarrow{AC}|=\frac{1}{2}\sqrt{(2z)^2+(z-1)^2+2^2}=\frac{\sqrt{5}}{2}\sqrt{\left(z-\frac{1}{5}\right)^2+\frac{24}{25}}.$$

显然,当 $z=\frac{1}{5}$ 时,S 最小,故所求的点为 $\left(0,0,\frac{1}{5}\right)$.

20. 求曲线 $\begin{cases} z=2-x^2-y^2, \\ z=(x-1)^2+(y-1)^2 \end{cases}$ 在三个坐标面上的投影曲线的方程.

【解析】 在 $\begin{cases} z=2-x^2-y^2, \\ z=(x-1)^2+(y-1)^2 \end{cases}$ 中消去 z,得 $2-x^2-y^2=(x-1)^2+(y-1)^2$,即

$$x^2+y^2-x-y=0,$$

故 $\begin{cases} x^2+y^2-x-y=0, \\ z=0 \end{cases}$ 为曲线在 xOy 面上的投影曲线方程.

在 $\begin{cases} z=2-x^2-y^2, \\ z=(x-1)^2+(y-1)^2 \end{cases}$ 中消去 y,得 $z=(x-1)^2+(\pm\sqrt{2-x^2-z}-1)^2$,即

$$2x^2+2xz+z^2-4x-3z+2=0,$$

故 $\begin{cases} 2x^2+2xz+z^2-4x-3z+2=0, \\ y=0 \end{cases}$ 为曲线在 xOz 面上的投影曲线方程.

同理,可得$\begin{cases}2y^2+2yz+z^2-4y-3z+2=0,\\x=0.\end{cases}$它就是曲线在 yOz 面上的投影曲线方程.

21. 求锥面 $z=\sqrt{x^2+y^2}$ 与柱面 $z^2=2x$ 所围立体在三个坐标面上的投影.

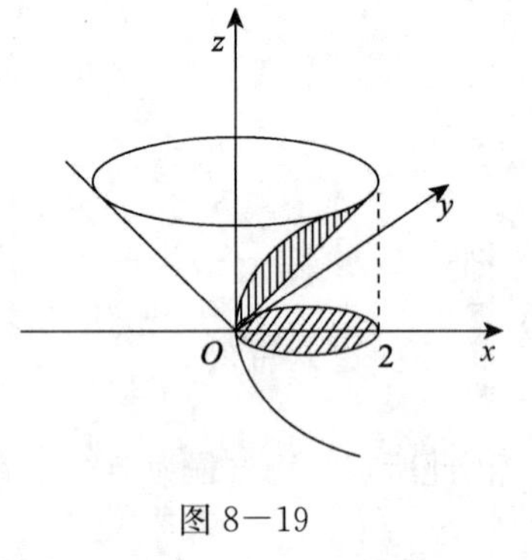

图 8-19

【解析】在$\begin{cases}z=\sqrt{x^2+y^2},\\z^2=2x\end{cases}$中消去 z,得 $2x=x^2+y^2$,即

$$(x-1)^2+y^2=1.$$

故立体在 xOy 面上的投影为$\begin{cases}(x-1)^2+y^2\leqslant 1,\\z=0.\end{cases}$

而该立体在 xOz 平面上的投影为$\begin{cases}x\leqslant z\leqslant\sqrt{2x},\\y=0\end{cases}$(如图8-19 所示),在 yOz 面上的投影为$\begin{cases}\left(\dfrac{z^2}{2}-1\right)^2+y^2\leqslant 1,\\z\geqslant 0,\\x=0.\end{cases}$

22. 画出下列各曲面所围立体的图形:

(1)抛物柱面 $2y^2=x$,平面 $z=0$ 及 $\dfrac{x}{4}+\dfrac{y}{2}+\dfrac{z}{2}=1$;

(2)抛物柱面 $x^2=1-z$,平面 $y=0,z=0$ 及 $x+y=1$;

(3)圆锥面 $z=\sqrt{x^2+y^2}$ 及旋转抛物面 $z=2-x^2-y^2$;

(4)旋转抛物面 $x^2+y^2=z$,柱面 $y^2=x$,平面 $z=0$ 及 $x=1$.

【解析】(1)如图 8-20(1)所示. (2)如图 8-20(2)所示.

(3)如图 8-20(3)所示. (4)如图 8-20(4)所示.

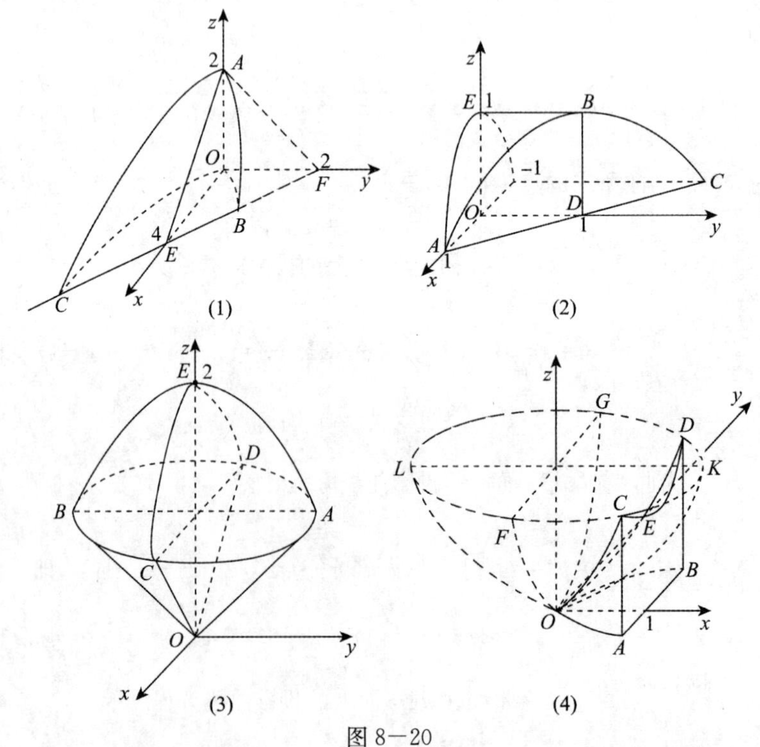

图 8-20

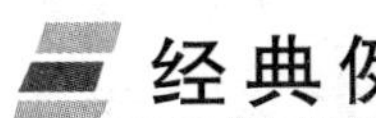

经典例题选讲

1. 有关向量的运算

向量代数主要涉及向量的表示法与向量的代数运算(线性运算、数量积、向量积).进行向量运算时,一要注意运算的可行性,二要掌握向量的运算律.

设向量 $\boldsymbol{a}=a_x\boldsymbol{i}+a_y\boldsymbol{j}+a_z\boldsymbol{k}=(a_x,a_y,a_z)$,$\boldsymbol{b}=b_x\boldsymbol{i}+b_y\boldsymbol{j}+b_z\boldsymbol{k}=(b_x,b_y,b_z)$.

(1) 向量的加法 $\boldsymbol{a}+\boldsymbol{b}$ 由平行四边形法则或者三角形法则给出,其坐标运算为

$$\boldsymbol{a}+\boldsymbol{b}=(a_x+b_x,a_y+b_y,a_z+b_z).$$

(2) 数乘向量 $\lambda\boldsymbol{a}$ 是一个向量,其模 $|\lambda\boldsymbol{a}|=|\lambda||\boldsymbol{a}|$,其方向规定为:当 $\lambda>0$ 时,$\lambda\boldsymbol{a}$ 与 $\boldsymbol{a}$ 同向,当 $\lambda<0$ 时,$\lambda\boldsymbol{a}$ 与 $\boldsymbol{a}$ 反向,其坐标运算为 $\lambda\boldsymbol{a}=(\lambda a_x,\lambda a_y,\lambda a_z)$.

向量的加法和数乘统称为向量的线性运算,它们的运算律(交换律、结合律、数乘对加法的分配律)和坐标运算与线性代数相同.

(3) 向量的数量积 $\boldsymbol{a}\cdot\boldsymbol{b}=|\boldsymbol{a}||\boldsymbol{b}|\cos\theta$,其中 θ 为向量 $\boldsymbol{a}$ 与 $\boldsymbol{b}$ 的夹角,其坐标运算为 $\boldsymbol{a}\cdot\boldsymbol{b}=a_xb_x+a_yb_y+a_zb_z$.

向量的数量积的运算律(交换律,对加法的分配律)和坐标运算与线性代数相同.

(4) 向量的向量积 $\boldsymbol{a}\times\boldsymbol{b}$ 是一个向量,其模 $|\boldsymbol{a}\times\boldsymbol{b}|=|\boldsymbol{a}||\boldsymbol{b}|\sin\theta$,其方向垂直于 $\boldsymbol{a}$,$\boldsymbol{b}$ 且 $\boldsymbol{a}$,$\boldsymbol{b}$,$\boldsymbol{a}\times\boldsymbol{b}$ 符合右手规则,其坐标运算为 $\boldsymbol{a}\times\boldsymbol{b}=\begin{vmatrix}\boldsymbol{i}&\boldsymbol{j}&\boldsymbol{k}\\a_x&a_y&a_z\\b_x&b_y&b_z\end{vmatrix}$.

(5) 向量的混合积 $[\boldsymbol{abc}]=(\boldsymbol{a}\times\boldsymbol{b})\cdot\boldsymbol{c}=\begin{vmatrix}a_x&a_y&a_z\\b_x&b_y&b_z\\c_x&c_y&c_z\end{vmatrix}$.

向量的向量积、混合积的运算律可利用它们的坐标运算并结合行列式性质记忆,如 $\boldsymbol{a}\times\boldsymbol{a}=\boldsymbol{0}$,$\boldsymbol{a}\times\boldsymbol{b}=-\boldsymbol{b}\times\boldsymbol{a}$,$\boldsymbol{a}\times(\boldsymbol{b}+\boldsymbol{c})=\boldsymbol{a}\times\boldsymbol{b}+\boldsymbol{a}\times\boldsymbol{c}$,$[\boldsymbol{abc}]=[\boldsymbol{bca}]=[\boldsymbol{cab}]$.

进行向量运算时,尤其要注意向量运算和实数运算的差别:

① 向量的向量积不满足交换律,即 $\boldsymbol{a}\times\boldsymbol{b}\neq\boldsymbol{b}\times\boldsymbol{a}$;

② 向量的数量积和向量积不满足零因子律,即 $\boldsymbol{a}\cdot\boldsymbol{b}=0\nRightarrow\boldsymbol{a}=\boldsymbol{0}$ 或者 $\boldsymbol{b}=\boldsymbol{0}$,$\boldsymbol{a}\times\boldsymbol{b}=\boldsymbol{0}\nRightarrow\boldsymbol{a}=\boldsymbol{0}$ 或者 $\boldsymbol{b}=\boldsymbol{0}$;

③ 向量的数量积和向量积不满足消去律,即 $\boldsymbol{a}\cdot\boldsymbol{b}=\boldsymbol{a}\cdot\boldsymbol{c}\nRightarrow\boldsymbol{b}=\boldsymbol{c}$,$\boldsymbol{a}\times\boldsymbol{b}=\boldsymbol{a}\times\boldsymbol{c}\nRightarrow\boldsymbol{b}=\boldsymbol{c}$.

例1 (1) 已知 $|\boldsymbol{a}|=2$,$|\boldsymbol{b}|=3$,求 $(\boldsymbol{a}\times\boldsymbol{b})\cdot(\boldsymbol{a}\times\boldsymbol{b})+(\boldsymbol{a}\cdot\boldsymbol{b})(\boldsymbol{a}\cdot\boldsymbol{b})$.

(2) 设 $\boldsymbol{A}=3\boldsymbol{a}+2\boldsymbol{b}-\boldsymbol{c}$,$|\boldsymbol{a}|=1$,$|\boldsymbol{b}|=2$,$|\boldsymbol{c}|=3$,$\boldsymbol{a}$ 与 $\boldsymbol{b}$ 的夹角为 $\frac{\pi}{3}$,$\boldsymbol{b}$ 与 $\boldsymbol{c}$ 的夹角为 $\frac{\pi}{3}$,$\boldsymbol{c}$ 与 $\boldsymbol{a}$ 的夹角为 $\frac{\pi}{2}$,求 $|\boldsymbol{A}|$.

(3) 设 $\boldsymbol{m}=2\boldsymbol{a}+3\boldsymbol{b}$,$\boldsymbol{n}=3\boldsymbol{a}-\boldsymbol{b}$,$|\boldsymbol{a}|=2$,$|\boldsymbol{b}|=1$,$(\widehat{\boldsymbol{a},\boldsymbol{b}})=\frac{\pi}{3}$,求 $|\boldsymbol{m}\times\boldsymbol{n}|$.

【解析】(1) $(\boldsymbol{a}\times\boldsymbol{b})\cdot(\boldsymbol{a}\times\boldsymbol{b})+(\boldsymbol{a}\cdot\boldsymbol{b})(\boldsymbol{a}\cdot\boldsymbol{b})$

$$=|\boldsymbol{a}\times\boldsymbol{b}|^2+(\boldsymbol{a}\cdot\boldsymbol{b})^2$$
$$=|\boldsymbol{a}|^2|\boldsymbol{b}|^2\sin^2(\widehat{\boldsymbol{a},\boldsymbol{b}})+|\boldsymbol{a}|^2|\boldsymbol{b}|^2\cos^2(\widehat{\boldsymbol{a},\boldsymbol{b}})$$
$$=|\boldsymbol{a}|^2|\boldsymbol{b}|^2=36.$$

(2) $|\boldsymbol{A}|^2=\boldsymbol{A}\cdot\boldsymbol{A}=(3\boldsymbol{a}+2\boldsymbol{b}-\boldsymbol{c})\cdot(3\boldsymbol{a}+2\boldsymbol{b}-\boldsymbol{c})$

$$\begin{aligned}&=9\boldsymbol{a}\cdot\boldsymbol{a}+4\boldsymbol{b}\cdot\boldsymbol{b}+\boldsymbol{c}\cdot\boldsymbol{c}+12\boldsymbol{a}\cdot\boldsymbol{b}-4\boldsymbol{b}\cdot\boldsymbol{c}-6\boldsymbol{c}\cdot\boldsymbol{a}\\&=9+16+9+12|\boldsymbol{a}||\boldsymbol{b}|\cos\frac{\pi}{3}-4|\boldsymbol{b}||\boldsymbol{c}|\cos\frac{\pi}{3}-6|\boldsymbol{c}||\boldsymbol{a}|\cos\frac{\pi}{2}\\&=34,\end{aligned}$$

因此 $|\boldsymbol{A}|=\sqrt{34}$.

(3) 因为
$$\boldsymbol{m}\times\boldsymbol{n}=(2\boldsymbol{a}+3\boldsymbol{b})\times(3\boldsymbol{a}-\boldsymbol{b})=11\boldsymbol{b}\times\boldsymbol{a},$$
所以
$$|\boldsymbol{m}\times\boldsymbol{n}|=11|\boldsymbol{b}||\boldsymbol{a}|\sin\frac{\pi}{3}=11\sqrt{3}.$$

例 2 (1) 已知 $\boldsymbol{a}=(2,4,-4)$，$\boldsymbol{b}=(-1,2,-2)$，求 $\boldsymbol{a}$ 与 $\boldsymbol{b}$ 的角平分线向量且使其模为 $4\sqrt{2}$；

(2) 设 $\boldsymbol{r}_1,\boldsymbol{r}_2,\boldsymbol{r}_3$ 分别为点 A,B,C 的矢径向量，试证：
$$A,B,C\text{ 三点共线}\Leftrightarrow\boldsymbol{r}_1\times\boldsymbol{r}_2+\boldsymbol{r}_2\times\boldsymbol{r}_3+\boldsymbol{r}_3\times\boldsymbol{r}_1=\boldsymbol{0}.$$

(1)**【解析】** 设 $\boldsymbol{a}$ 与 $\boldsymbol{b}$ 的角平分线向量为 $\boldsymbol{c}$，则 $\boldsymbol{c}=\lambda\left(\frac{\boldsymbol{a}}{|\boldsymbol{a}|}+\frac{\boldsymbol{b}}{|\boldsymbol{b}|}\right)$，其中 λ 为待定常数.

由 $\boldsymbol{a}=(2,4,-4)$ 和 $\boldsymbol{b}=(-1,2,-2)$ 知 $\boldsymbol{c}=\lambda\left(0,\frac{4}{3},-\frac{4}{3}\right)$.

由
$$|\boldsymbol{c}|=|\lambda|\sqrt{0^2+\left(\frac{4}{3}\right)^2+\left(-\frac{4}{3}\right)^2}=|\lambda|\frac{4\sqrt{2}}{3}=4\sqrt{2},$$
得 $|\lambda|=3$，$\lambda=\pm3$. 故 $\boldsymbol{c}=(0,\pm4,\mp4)$.

(2)**【证明】** 由以上分析知 A,B,C 三点共线 $\Leftrightarrow\overrightarrow{AB}\times\overrightarrow{AC}=\boldsymbol{0}$. 而
$$\overrightarrow{AB}=\boldsymbol{r}_2-\boldsymbol{r}_1,\overrightarrow{AC}=\boldsymbol{r}_3-\boldsymbol{r}_1,$$
则
$$\begin{aligned}\overrightarrow{AB}\times\overrightarrow{AC}&=(\boldsymbol{r}_2-\boldsymbol{r}_1)\times(\boldsymbol{r}_3-\boldsymbol{r}_1)\\&=\boldsymbol{r}_2\times\boldsymbol{r}_3-\boldsymbol{r}_1\times\boldsymbol{r}_3-\boldsymbol{r}_2\times\boldsymbol{r}_1+\boldsymbol{r}_1\times\boldsymbol{r}_1\\&=\boldsymbol{r}_1\times\boldsymbol{r}_2+\boldsymbol{r}_2\times\boldsymbol{r}_3+\boldsymbol{r}_3\times\boldsymbol{r}_1,\end{aligned}$$
故 A,B,C 三点共线 $\Leftrightarrow\boldsymbol{r}_1\times\boldsymbol{r}_2+\boldsymbol{r}_2\times\boldsymbol{r}_3+\boldsymbol{r}_3\times\boldsymbol{r}_1=\boldsymbol{0}$.

2. 求直线与平面的方程

(1) 求直线方程：

① 参数方程：过点 $P_0(x_0,y_0,z_0)$，方向向量 $\boldsymbol{s}=(m,n,p)$ 的直线参数方程为
$$\begin{cases}x=x_0+mt,\\y=y_0+nt,\\z=z_0+pt.\end{cases}$$

② 标准方程：
$$\frac{x-x_0}{m}=\frac{y-y_0}{n}=\frac{z-z_0}{p}.$$

③ 一般方程：
$$\begin{cases}A_1x+B_1y+C_1z+D_1=0,\\A_2x+B_2y+C_2z+D_2=0.\end{cases}$$

④ 点到直线的距离：点 P 到过点 $P_0(x_0,y_0,z_0)$ 且以 $\boldsymbol{s}=(m,n,p)$ 为方向向量的直线的距离为 $d=\frac{|\overrightarrow{PP_0}\times\boldsymbol{s}|}{|\boldsymbol{s}|}$.

(2) 求平面方程：

① 点法式方程：过点 $P_0(x_0,y_0,z_0)$，法向量为 $\boldsymbol{n}=(A,B,C)$ 的平面的点法式方程为
$$A(x-x_0)+B(y-y_0)+C(z-z_0)=0.$$

② 一般方程： $Ax+By+Cz+D=0.$

③ 截距方程： $\dfrac{x}{a}+\dfrac{y}{b}+\dfrac{z}{c}=1.$

④ 点到平面的距离：空间一点 $P_0(x_0,y_0,z_0)$ 到平面 $\pi:Ax+By+Cz+D=0$ 的距离为

$$d=\frac{|Ax_0+By_0+Cz_0+D|}{\sqrt{A^2+B^2+C^2}}.$$

例 3 (1) 求经过点 $P(2,-3,1)$ 且与直线 $L:\dfrac{x-1}{3}=\dfrac{y}{4}=\dfrac{z+2}{5}$ 垂直相交的直线方程.

(2) 求过点 $(-1,-4,3)$ 且与下面两直线

$$L_1:\begin{cases}2x-4y+z=1,\\x+3y=-5\end{cases}\quad 和\quad L_2:\begin{cases}x=2+4t,\\y=-1-t,\\z=-3+2t\end{cases}$$

都垂直的直线.

(3) 求过点 $(-1,0,4)$ 且平行于平面 $3x-4y+z=10$，又与直线 $x+1=y-3=\dfrac{z}{2}$ 相交的直线方程.

(4) 直线 $L_1:\dfrac{x-1}{1}=\dfrac{y+1}{2}=\dfrac{z-1}{\lambda}$ 和直线 $L_2:x+1=y-1=z$ 是否相交?如果相交求其交点，如果不相交求两直线间距离.

【解析】(1) 经过点 P 且与直线 L 垂直的平面 π_1 的方程为

$$3(x-2)+4(y+3)+5(z-1)=0,$$

即 $3x+4y+5z+1=0$.

经过点 $P(2,-3,1)$ 与直线 L 上点 $(1,0,-2)$ 的直线方程为

$$\frac{x-2}{-1}=\frac{y+3}{3}=\frac{z-1}{-3},$$

故经过点 P 与直线 L 的平面 π_2 的方程为

$$\begin{vmatrix}x-2 & y+3 & z-1\\-1 & 3 & -3\\3 & 4 & 5\end{vmatrix}=0,$$

即 $27x-4y-13z-53=0$.

由题意知，所求直线为平面 π_1 与 π_2 的交线，即为

$$\begin{cases}3x+4y+5z+1=0,\\27x-4y-13z-53=0.\end{cases}$$

(2) 由题意可知直线 L_1 的方向向量 $\boldsymbol{s}_1=(2,-4,1)\times(1,3,0)=(-3,1,10)$，$L_2$ 的方向向量 $\boldsymbol{s}_2=(4,-1,2)$.

方法一 设所求直线方向向量 $\boldsymbol{s}=(l,m,n)$，则 $\begin{cases}-3l+m+10n=0,\\4l-m+2n=0\end{cases}\Rightarrow\begin{cases}l=-12n,\\m=-46n.\end{cases}$

所求直线方向向量为 $(-12,-46,1)$ 且过点 $(-1,-4,3)$，因此

$$\frac{x+1}{-12}=\frac{y+4}{-46}=\frac{z-3}{1}.$$

方法二 $\boldsymbol{s}=\boldsymbol{s}_1\times\boldsymbol{s}_2=(-3,1,10)\times(4,-1,2)=(12,46,-1)$. 以下同方法一.

方法三 过点 $(-1,-4,3)$ 且与 L_1 垂直的平面为

$$(-3)\times(x+1)+1\times(y+4)+10\times(z-3)=0\Rightarrow 3x-y-10z=-29.$$

过点$(-1,-4,3)$且与L_2垂直的平面为

$$4\times(x+1)+(-1)\times(y+4)+2\times(z-3)=0\Rightarrow 4x-y+2z=6.$$

则所求直线方程为
$$\begin{cases}3x-y-10z=-29,\\4x-y+2z=6.\end{cases}$$

(3) **方法一** 设所求直线L的方程为$\begin{cases}x=-1+lt,\\y=mt,\\z=4+nt,\end{cases}$ $\boldsymbol{s}=(l,m,n)$.

由于该直线与平面$3x-4y+z=10$平行,则

$$3l-4m+n=0. \qquad ①$$

又因为所求直线L与直线L_2相交,则将$\begin{cases}x=-1+lt,\\y=mt,\\z=4+nt\end{cases}$ 代入$x+1=y-3=\dfrac{z}{2}$得

$$lt=-3+mt=\frac{4+nt}{2}\Rightarrow\begin{cases}(m-l)t=3,\\(2l-n)t=4,\end{cases}$$

即
$$4m+3n-10l=0. \qquad ②$$

由①式和②式可得$l=\dfrac{4}{7}n,m=\dfrac{19}{28}n$. 令$n=28$,则$l=16,m=19$.

则所求直线方程为
$$\begin{cases}x=-1+16t,\\y=19t,\\z=4+28t.\end{cases}$$

方法二 过点$(-1,0,4)$且与平面$3x-4y+z=10$平行的平面方程为

$$3(x+1)-4y+(z-4)=0,$$

即$3x-4y+z=1$.

为求平面$3x-4y+z=1$和直线$x+1=y-3=\dfrac{z}{2}$的交点,解方程组

$$\begin{cases}3x-4y+z=1,\\x+1=y-3=\dfrac{z}{2}\end{cases}\Rightarrow x=15,y=19,z=32.$$

由所求直线过点$(-1,0,4)$和$(15,19,32)$知其方程为

$$\frac{x+1}{16}=\frac{y}{19}=\frac{z-4}{28}.$$

方法三 过点$(-1,0,4)$且平行于平面$3x-4y+z=10$的平面方程为:

$$3(x+1)-4y+(z-4)=0,$$

即$3x-4y+z=1$.

过直线$x+1=y-3=\dfrac{z}{2}$的平面束方程为

$$x-y+4+\lambda\left(y-\frac{z}{2}-3\right)=0.$$

将点$(-1,0,4)$的坐标代入上式得$\lambda=\dfrac{3}{5}$.

将 $\lambda=\frac{3}{5}$ 代入上式，则过点 $(-1,0,4)$ 和直线 $x+1=y-3=\frac{z}{2}$ 的平面方程为

$$10x-4y-3z=-22.$$

则所求直线方程为 $\begin{cases}3x-4y+z=1,\\10x-4y-3z=-22.\end{cases}$

(4) 直线 L_1 的方向向量 $\boldsymbol{s}_1=(1,2,\lambda)$，直线 L_2 的方向向量为 $\boldsymbol{s}_2=(1,1,1)$.

点 $A(1,-1,1)$ 为直线 L_1 上的点，点 $B(-1,1,0)$ 为直线 L_2 上的点，则 $\overrightarrow{AB}=(-2,2,-1)$. 与直线 L_1 和 L_2 共面的充要条件是向量 $\boldsymbol{s}_1,\boldsymbol{s}_2,\overrightarrow{AB}$ 混合积为零，即

$$\begin{vmatrix}1 & 2 & \lambda\\ 1 & 1 & 1\\ -2 & 2 & -1\end{vmatrix}=0\Rightarrow\lambda=\frac{5}{4}.$$

故当 $\lambda=\frac{5}{4}$ 时直线 L_1 与 L_2 相交，$\lambda\neq\frac{5}{4}$ 时 L_1 与 L_2 不相交.

① 当 $\lambda=\frac{5}{4}$ 时，为求得直线 L_1 与 L_2 的交点，令 $\frac{x-1}{1}=\frac{y+1}{2}=\frac{z-1}{\frac{5}{4}}=t$，则

$$x=1+t,y=-1+2t,z=1+\frac{5}{4}t.$$

将上式代入 $x+1=y-1=z$ 得 $t=4$. 则 L_1 与 L_2 交点为 $(5,7,6)$.

② 当 $\lambda\neq\frac{5}{4}$ 时，为求得直线 L_1 与 L_2 之间的距离，考虑直线 L_1 和 L_2 的方向向量 $\boldsymbol{s}_1=(1,2,\lambda)$，$\boldsymbol{s}_2=(1,1,1)$ 和向量 $\overrightarrow{AB}=(-2,2,-1)$，由两直线之间的距离公式知

$$d=\frac{[\boldsymbol{s}_1\boldsymbol{s}_2\overrightarrow{AB}]}{|\boldsymbol{s}_1\times\boldsymbol{s}_2|}=\frac{|4\lambda-5|}{\sqrt{(2-\lambda)^2+(\lambda-1)^2+(-1)^2}}=\frac{|4\lambda-5|}{\sqrt{2\lambda^2-6\lambda+6}}.$$

例 4 (1) 设平面 π 过原点和点 $M(6,-3,2)$ 且与平面 $\pi_1:4x-y+2z=8$ 垂直，求平面 π 的方程.

(2) 求过原点且与两直线 $\begin{cases}x=1,\\y=-1+t,\\z=2+t\end{cases}$ 及 $\frac{x+1}{1}=\frac{y+2}{2}=\frac{z-1}{1}$ 都平行的平面方程.

(3) 求过直线 $L:\frac{x-1}{2}=\frac{y+2}{-3}=\frac{z-2}{2}$ 且垂直于平面 $\pi:3x+2y-z-5=0$ 的平面方程.

【解析】(1) 因平面 π 过原点，故可设其方程为 $Ax+By+Cz=0$.

由于平面 π 又过点 $M(6,-3,2)$，所以 $6A-3B+2C=0$.

又由 $\pi\perp\pi_1$，得

$$\boldsymbol{n}\perp\boldsymbol{n}_1,\text{即}(A,B,C)\perp(4,-1,2),$$

得 $4A-B+2C=0$. 联立

$$\begin{cases}6A-3B+2C=0,\\4A-B+2C=0,\end{cases}\quad\text{解得}\begin{cases}B=A,\\C=-\frac{3}{2}A,\end{cases}$$

因此平面 π 的方程为

$$Ax+Ay-\frac{3}{2}Az=0,\text{即 }2x+2y-3z=0.$$

(2) **方法一** 显然直线$\begin{cases}x=1,\\y=-1+t,\\z=2+t\end{cases}$及$\frac{x+1}{1}=\frac{y+2}{2}=\frac{z-1}{1}$的方向向量分别为

$$\boldsymbol{s}_1=(0,1,1)\text{和}\boldsymbol{s}_2=(1,2,1),$$

则所求平面的法向量为

$$\boldsymbol{n}=\boldsymbol{s}_1\times\boldsymbol{s}_2=\begin{vmatrix}\boldsymbol{i}&\boldsymbol{j}&\boldsymbol{k}\\0&1&1\\1&2&1\end{vmatrix}=(-1,1,-1).$$

所求平面过原点,则平面方程为

$$-(x-0)+(y-0)-(z-0)=0,\text{即}\ x-y+z=0.$$

方法二 由题设知两条已知直线的方向向量分别为

$$\boldsymbol{s}_1=(0,1,1)\text{和}\boldsymbol{s}_2=(1,2,1).$$

设$P(x,y,z)$为所求平面上任一点,由题设知向量$\overrightarrow{OP}=(x,y,z)$与$\boldsymbol{s}_1$和$\boldsymbol{s}_2$共面,则

$$[\overrightarrow{OP}\boldsymbol{s}_1\boldsymbol{s}_2]=0,\text{即}\begin{vmatrix}x&y&z\\0&1&1\\1&2&1\end{vmatrix}=0,\text{亦即}-x+y-z=0.$$

(3) 设所求过直线L的平面为π_1:$\left(\frac{x-1}{2}-\frac{z-2}{2}\right)+\lambda\left(\frac{y+2}{-3}-\frac{z-2}{2}\right)=0$,则法向量为

$$\boldsymbol{n}_1=\left(\frac{1}{2},-\frac{\lambda}{3},-\frac{1}{2}-\frac{\lambda}{2}\right).$$

由于平面π的法向量为$\boldsymbol{n}=(3,2,-1)$,且$\pi\perp\pi_1$,则$\boldsymbol{n}\perp\boldsymbol{n}_1$,

$$(3,2,-1)\cdot\left(\frac{1}{2},-\frac{\lambda}{3},-\frac{1}{2}-\frac{\lambda}{2}\right)=0\Rightarrow\lambda=12.$$

因此所求平面方程为$x-8y-13z+9=0$.

3. 求旋转曲面的方程

(1) 建立曲面的方程不仅会在空间解析几何中出题,而且在多元函数积分学中也常涉及建立曲面方程、确定曲面形状等知识点.常用的结论有:

① 空间曲面的一般方程:$F(x,y,z)=0$.

② 空间曲面的参数方程:$\begin{cases}x=x(u,v),\\y=y(u,v),\\z=z(u,v).\end{cases}$

③ 旋转曲面的方程:如母线为C:$\begin{cases}f(y,z)=0,\\x=0\end{cases}$绕$z$轴旋转所得曲面方程为:

$$f(\pm\sqrt{x^2+y^2},z)=0.$$

④ 二次曲面:

椭球面:$\frac{x^2}{a^2}+\frac{y^2}{b^2}+\frac{z^2}{c^2}=1$;

单叶双曲面:$\frac{x^2}{a^2}+\frac{y^2}{b^2}-\frac{z^2}{c^2}=1$;

双叶双曲面:$\frac{x^2}{a^2}-\frac{y^2}{b^2}-\frac{z^2}{c^2}=1$;

椭圆抛物面：$\frac{x^2}{a^2}+\frac{y^2}{b^2}=\pm z$；

双曲抛物面：$\frac{x^2}{a^2}-\frac{y^2}{b^2}=\pm z$；

锥面：$\frac{x^2}{a^2}+\frac{y^2}{b^2}=\frac{z^2}{c^2}$.

⑤ 柱面：方程中缺哪个变量，则方程代表母线平行于对应轴的柱面.

(2) 与投影曲线有关的结论：

从曲线C的一般方程$\begin{cases}F_1(x,y,z)=0,\\F_2(x,y,z)=0\end{cases}$中消去$z$，得关于$xOy$平面的投影柱面$F(x,y)=0$，则$C$在$xOy$平面上的投影曲线为$\begin{cases}F(x,y)=0,\\z=0.\end{cases}$

例 5　求以曲线$\begin{cases}x^2+y^2+z^2=1,\\x+y+z=0\end{cases}$为准线，母线平行于直线$x=y=z$的柱面方程.

【解析】过曲线Γ：$\begin{cases}x^2+y^2+z^2=1,\\x+y+z=0\end{cases}$上点$(x_0,y_0,z_0)$且平行于直线$x=y=z$的直线方程为

$$x-x_0=y-y_0=z-z_0,$$

则有方程组

$$\begin{cases}x_0^2+y_0^2+z_0^2=1, & ①\\x_0+y_0+z_0=0, & ②\\x-x_0=y-y_0=z-z_0, & ③\end{cases}$$

①×3－②^2 得

$$(x_0-y_0)^2+(y_0-z_0)^2+(z_0-x_0)^2=3,$$

由 ③ 式可知

$$x-y=x_0-y_0,y-z=y_0-z_0,z-x=z_0-x_0,$$

代入上式，可得

$$(x-y)^2+(y-z)^2+(z-x)^2=3,$$

即为所求柱面方程.

例 6　(1) 求直线L：$\frac{x-1}{0}=\frac{y}{1}=\frac{z-1}{2}$绕$z$轴旋转所得旋转面方程.

(2) 求曲线L：$\begin{cases}x^2+y^2+z^2=a^2(a>0),\\x^2+y^2=ax\end{cases}$在$xOy$面和$xOz$面上的投影曲线方程.

(3) 求直线L：$\frac{x-1}{1}=\frac{y}{1}=\frac{z-1}{-1}$在平面$\pi$：$x-y+2z-1=0$的投影直线$l$的方程，并求$l$绕$y$轴旋转一周所成曲面的方程.

【解析】(1) 设(x,y,z)为旋转面上任一点，它对应曲线L上的点为(x_0,y_0,z_0)，这里$z=z_0$，则

$$x^2+y^2=x_0^2+y_0^2, \quad ①$$

又(x_0,y_0,z_0)满足$\frac{x_0-1}{0}=\frac{y_0}{1}=\frac{z_0-1}{2}$，则$x_0=1,y_0=\frac{z_0-1}{2}$，代入 ① 式知，

$$x^2+y^2=1^2+\left(\frac{z_0-1}{2}\right)^2=1+\frac{(z_0-1)^2}{4}=1+\frac{(z-1)^2}{4},$$

即

$$x^2+y^2-\frac{(z-1)^2}{4}=1.$$

(2) 曲线 L 在 xOy 面上的投影为 $x^2+y^2=ax$,

在 xOz 面上的投影为 $z^2+ax=a^2 \quad (0\leqslant x\leqslant a)$.

(3) 由题意知直线 L 的方向向量为 $\boldsymbol{s}=(1,1,-1)$,平面 π 的法向量为 $\boldsymbol{n}=(1,-1,2)$.

过直线 L 作一垂直于平面 π 的平面 π_1,其法向量 $\boldsymbol{n}_1$ 可取为

$$\boldsymbol{n}_1=\boldsymbol{s}\times\boldsymbol{n}=\begin{vmatrix}\boldsymbol{i} & \boldsymbol{j} & \boldsymbol{k}\\ 1 & 1 & -1\\ 1 & -1 & 2\end{vmatrix}=(1,-3,-2).$$

又点 $(1,0,1)$ 在直线 L 上,也在平面 π_1 上,则平面 π_1 的点法式方程

$$(x-1)-3y-2(z-1)=0,$$

即

$$x-3y-2z+1=0,$$

从而直线 l 的一般方程为 $\begin{cases}x-y+2z-1=0,\\ x-3y-2z+1=0,\end{cases}$ 改写为参数方程为 $\begin{cases}x=2y,\\ z=-\dfrac{1}{2}(y-1),\end{cases}$

于是直线 l 绕 y 轴旋转所得曲面的方程为 $x^2+z^2=(2y)^2+\left[-\dfrac{1}{2}(y-1)\right]^2$,

因此,曲面方程为 $4x^2-17y^2+4z^2+2y-1=0.$

第九章　多元函数微分法及其应用

章节同步导学

章节	教材内容	考纲要求	必做例题	必做习题
§9.1 多元函数的基本概念	平面点集与 n 维空间	考研不作要求	例 1,5,7,8	P64 习题 9—1：5(3)(4)(6)，6(4)(5)(6)，7(2),8,9
	多元函数的概念，二元函数的几何意义	理解（数学一） 了解（数学二、数学三）		
	多元函数的极限	了解（只要求二元函数且一致连续性不作要求）		
	多元函数的连续性以及有界闭区域上连续的多元函数具有的性质			
§9.2 偏导数	偏导数的定义及其计算法	理解（数学一） 了解（数学二、数学三）	例 1～8	P71 习题 9—2：1(3)(6)(8),4,5(只有数学一做)6(3),8,9(1)
	高阶偏导数的计算	掌握【重点】		
§9.3 全微分	全微分的定义	理解（数学一） 了解（数学二、数学三）	例 1～3	P77 习题 9—3：1(2)(4),2,3,5
	全微分存在的必要条件和充分条件	了解		
	全微分在近似计算中的应用	考研不作要求		
§9.4 多元复合函数的求导法则	多元复合函数求导法则（共 3 个定理）	掌握【重点】（只要求一、二阶偏导数）	例 1～4	P84 习题 9—4：2,3,4,6,7,8(1)，9 10,11,12(2)(4)
	全微分的形式不变性	了解（仅数学一要求）	例 6	
	求全微分	会		
§9.5 隐函数的求导公式	一个方程的情形（定理 1,2）	会	例 1,2	P91 习题 9—5：1,2,5,7,8,11
	方程组的情形（定理 3）			
§9.6 多元函数微分学的几何应用	一元向量值函数及其导数	考研不作要求		
	空间曲线的切线与法平面	了解概念，会求方程（仅数学一要求）	例 1～7	P102 习题 9—6：6,7,10,11,12
	曲面的切平面与法线			
§9.7 方向导数与梯度	方向导数	理解概念且会计算（仅数学一要求）	例 1～6	P111 习题 9—7：2,5,8,10
	梯度			

续表

章节	教材内容	考纲要求	必做例题	必做习题
§9.8 多元函数的极值及其求法	多元函数的极值及最大值与最小值	会	例 1～4	P121 习题 9—8:1,2,4,5,8
	多元函数极值点的必要条件	掌握【重点】		
	多元函数极值点的充分条件	了解【重点】		
	条件极值,拉格朗日乘数法	会【重点】	例 7,8	
*§9.9 二元函数的泰勒公式	二元函数的泰勒公式	了解(仅数学一要求)	例 1	P127 习题 9—9:1
	极值充分条件的证明	考研不作要求		
*§9.10 最小二乘法	最小二乘法	考研不作要求		
总习题九	总结归纳本章的基本概念、基本定理、基本公式、基本方法			P132 总习题九:1,2,4,5,6(2),8,9,11,12,16,18

知识结构网图

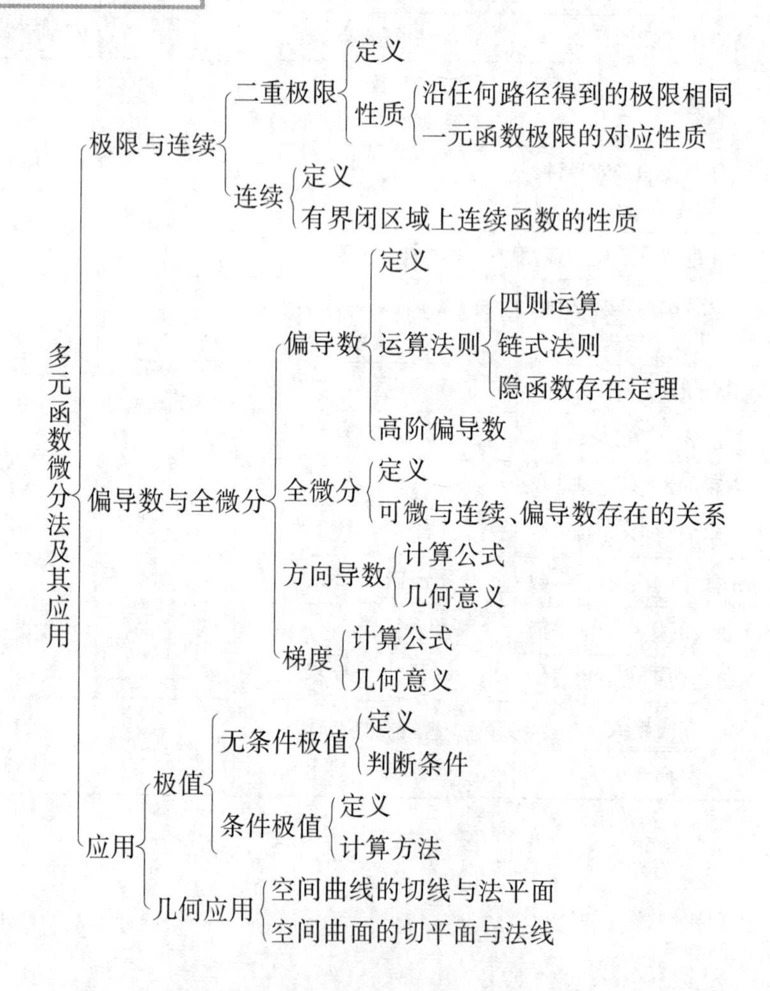

本章是一元函数中极限、连续、可导和可微等知识点在多元函数中的推广. 在学习基本概念的时候要注意与一元函数中相关的内容结合、对比，尤其要关注其中有差异的地方，如多元函数的可微、可导(偏导数存在)、连续等基本概念之间的关系. 除了基本的概念以外，本章的另一大重要内容是偏导数的计算：偏导数的四则运算法则、链式法则和隐函数存在定理都需要同学们进行大量的练习，以熟练掌握. 最后，对于多元函数的应用，要重点掌握多元函数极值(无条件、条件)的定义和判别定理，尤其要区分无条件极值的必要条件和充分条件并注意它们各自适用的范围；对切线、法平面、切平面和法线则要熟悉它们的计算公式.

课后习题全解

习题9－1 多元函数的基本概念

1. 判定下列平面点集中哪些是开集、闭集、区域、有界集、无界集？并分别指出它们的聚点所组成的点集(称为导集)和边界.

(1) $\{(x,y)\mid x\neq 0, y\neq 0\}$；

(2) $\{(x,y)\mid 1<x^2+y^2\leqslant 4\}$；

(3) $\{(x,y)\mid y>x^2\}$；

(4) $\{(x,y)\mid x^2+(y-1)^2\geqslant 1\}\cap\{(x,y)\mid x^2+(y-2)^2\leqslant 4\}$.

【解析】 (1)集合是开集，无界集；导集为 $\mathbf{R}^2$，边界为 $\{(x,y)\mid x=0 \text{ 或 } y=0\}$.

(2)集合既非开集，又非闭集，是有界集；导集为 $\{(x,y)\mid 1\leqslant x^2+y^2\leqslant 4\}$，边界为

$$\{(x,y)\mid x^2+y^2=1\}\cup\{(x,y)\mid x^2+y^2=4\}.$$

(3)集合是开集，区域，无界集；导集为 $\{(x,y)\mid y\geqslant x^2\}$，边界为 $\{(x,y)\mid y=x^2\}$.

(4)集合是闭集，有界集；导集为集合本身，边界为

$$\{(x,y)\mid x^2+(y-1)^2=1\}\cup\{(x,y)\mid x^2+(y-2)^2=4\}.$$

2. 已知函数 $f(x,y)=x^2+y^2-xy\tan\dfrac{x}{y}$，试求 $f(tx,ty)$.

【解析】
$$\begin{aligned}f(tx,ty)&=(tx)^2+(ty)^2-(tx)(ty)\tan\frac{tx}{ty}\\&=t^2\left(x^2+y^2-xy\tan\frac{x}{y}\right)\\&=t^2f(x,y).\end{aligned}$$

3. 试证函数 $F(x,y)=\ln x\cdot\ln y$ 满足关系式

$$F(xy,uv)=F(x,u)+F(x,v)+F(y,u)+F(y,v).$$

【证明】
$$\begin{aligned}F(xy,uv)&=\ln(xy)\cdot\ln(uv)=(\ln x+\ln y)(\ln u+\ln v)\\&=\ln x\cdot\ln u+\ln x\cdot\ln v+\ln y\cdot\ln u+\ln y\cdot\ln v\\&=F(x,u)+F(x,v)+F(y,u)+F(y,v).\end{aligned}$$

4. 已知函数 $f(u,v,w)=u^w+w^{u+v}$，试求 $f(x+y,x-y,xy)$.

【解析】 $f(x+y,x-y,xy)=(x+y)^{xy}+(xy)^{(x+y)+(x-y)}=(x+y)^{xy}+(xy)^{2x}$.

5. 求下列各函数的定义域：

(1) $z=\ln(y^2-2x+1)$；　　(2) $z=\dfrac{1}{\sqrt{x+y}}+\dfrac{1}{\sqrt{x-y}}$；

(3) $z=\sqrt{x-\sqrt{y}}$； (4) $z=\ln(y-x)+\dfrac{\sqrt{x}}{\sqrt{1-x^2-y^2}}$；

(5) $u=\sqrt{R^2-x^2-y^2-z^2}+\dfrac{1}{\sqrt{x^2+y^2+z^2-r^2}}(R>r>0)$；

(6) $u=\arccos\dfrac{z}{\sqrt{x^2+y^2}}$.

【解析】(1) $\{(x,y)\mid y^2-2x+1>0\}$.

(2) $\{(x,y)\mid x+y>0,x-y>0\}$.

(3) $\{(x,y)\mid x\geqslant0,y\geqslant0,x^2\geqslant y\}$.

(4) $\{(x,y)\mid y-x>0,x\geqslant0,x^2+y^2<1\}$.

(5) $\{(x,y,z)\mid r^2<x^2+y^2+z^2\leqslant R^2\}$.

(6) $\{(x,y,z)\mid x^2+y^2-z^2\geqslant0,x^2+y^2\neq0\}$.

6. 求下列各极限：

(1) $\lim\limits_{(x,y)\to(0,1)}\dfrac{1-xy}{x^2+y^2}$； (2) $\lim\limits_{(x,y)\to(1,0)}\dfrac{\ln(x+e^y)}{\sqrt{x^2+y^2}}$；

(3) $\lim\limits_{(x,y)\to(0,0)}\dfrac{2-\sqrt{xy+4}}{xy}$； (4) $\lim\limits_{(x,y)\to(0,0)}\dfrac{xy}{\sqrt{2-e^{xy}}-1}$；

(5) $\lim\limits_{(x,y)\to(2,0)}\dfrac{\tan(xy)}{y}$； (6) $\lim\limits_{(x,y)\to(0,0)}\dfrac{1-\cos(x^2+y^2)}{(x^2+y^2)e^{x^2y^2}}$.

【解析】(1) $\lim\limits_{(x,y)\to(0,1)}\dfrac{1-xy}{x^2+y^2}=\dfrac{1-0}{0+1}=1$.

(2) $\lim\limits_{(x,y)\to(1,0)}\dfrac{\ln(x+e^y)}{\sqrt{x^2+y^2}}=\dfrac{\ln(1+e^0)}{\sqrt{1+0}}=\ln 2$.

(3) $$\lim\limits_{(x,y)\to(0,0)}\dfrac{2-\sqrt{xy+4}}{xy}=\lim\limits_{(x,y)\to(0,0)}\dfrac{(2-\sqrt{xy+4})(2+\sqrt{xy+4})}{xy(2+\sqrt{xy+4})}$$

$$=\lim\limits_{(x,y)\to(0,0)}\dfrac{-1}{2+\sqrt{xy+4}}=-\dfrac{1}{4}.$$

(4) $\lim\limits_{(x,y)\to(0,0)}\dfrac{xy}{\sqrt{2-e^{xy}}-1}=\lim\limits_{(x,y)\to(0,0)}\left[\dfrac{xy}{1-e^{xy}}\cdot(\sqrt{2-e^{xy}}+1)\right]=(-1)\times2=-2$.

(5) $\lim\limits_{(x,y)\to(2,0)}\dfrac{\tan(xy)}{y}=\lim\limits_{(x,y)\to(2,0)}\left[\dfrac{\tan(xy)}{xy}\cdot x\right]=1\times2=2$.

(6) 当 $(x,y)\to(0,0)$ 时，$x^2+y^2\to0$，故 $1-\cos(x^2+y^2)\sim\dfrac{1}{2}(x^2+y^2)^2$，则

$$\lim\limits_{(x,y)\to(0,0)}\dfrac{1-\cos(x^2+y^2)}{(x^2+y^2)e^{x^2y^2}}=\lim\limits_{(x,y)\to(0,0)}\dfrac{x^2+y^2}{2e^{x^2y^2}}=0.$$

*7. 证明下列极限不存在：

(1) $\lim\limits_{(x,y)\to(0,0)}\dfrac{x+y}{x-y}$； (2) $\lim\limits_{(x,y)\to(0,0)}\dfrac{x^2y^2}{x^2y^2+(x-y)^2}$.

【证明】(1) 如果动点 $P(x,y)$ 沿 $y=0$ 趋向 $(0,0)$，则

$$\lim\limits_{\substack{x\to0\\y=0}}\dfrac{x+y}{x-y}=\lim\limits_{x\to0}\dfrac{x}{x}=1;$$

如果动点 $P(x,y)$ 沿 $x=0$ 趋向 $(0,0)$，则

$$\lim_{\substack{y\to 0\\x=0}}\frac{x+y}{x-y}=\lim_{y\to 0}\frac{y}{-y}=-1.$$

所以 $\lim\limits_{(x,y)\to(0,0)}\frac{x+y}{x-y}$ 不存在.

(2)如果动点 $P(x,y)$ 沿 $y=x$ 趋于 $(0,0)$，则

$$\lim_{\substack{x\to 0\\y=x}}\frac{x^2y^2}{x^2y^2+(x-y)^2}=\lim_{x\to 0}\frac{x^4}{x^4}=1;$$

如果动点 $P(x,y)$ 沿 $y=2x$ 趋于 $(0,0)$，则

$$\lim_{\substack{x\to 0\\y=2x}}\frac{x^2y^2}{x^2y^2+(x-y)^2}=\lim_{x\to 0}\frac{x^2}{x^2+1/4}=0.$$

所以原极限不存在.

8. 函数 $z=\frac{y^2+2x}{y^2-2x}$ 在何处是间断的？

【解析】函数的定义域为 $D=\{(x,y)\mid y^2-2x\neq 0\}$，曲线 $y^2-2x=0$ 上各点均为 D 的聚点，且函数在这些点处没有定义，因此曲线 $y^2-2x=0$ 上各点均为函数的间断点.

*9. 证明 $\lim\limits_{(x,y)\to(0,0)}\frac{xy}{\sqrt{x^2+y^2}}=0$.

【证明】因为 $|xy|\leqslant\frac{x^2+y^2}{2}$，所以 $\left|\frac{xy}{\sqrt{x^2+y^2}}\right|\leqslant\frac{x^2+y^2}{2\sqrt{x^2+y^2}}=\frac{\sqrt{x^2+y^2}}{2}$.

对于任意给定的 $\varepsilon>0$，取 $\delta=2\varepsilon$，当 $0<\sqrt{x^2+y^2}<\delta$ 时恒有

$$\left|\frac{xy}{\sqrt{x^2+y^2}}-0\right|\leqslant\frac{\sqrt{x^2+y^2}}{2}<\frac{\delta}{2}=\varepsilon,$$

所以 $\lim\limits_{(x,y)\to(0,0)}\frac{xy}{\sqrt{x^2+y^2}}=0$.

*10. 设 $F(x,y)=f(x)$，$f(x)$ 在 x_0 处连续，证明：对任意 $y_0\in\mathbf{R}$，$F(x,y)$ 在 (x_0,y_0) 处连续.

【证明】设 $P_0(x_0,y_0)\in\mathbf{R}^2$，$\forall\varepsilon>0$，由于 $f(x)$ 在 x_0 处连续，故对 $\forall\varepsilon>0$，$\exists\delta>0$，当 $|x-x_0|<\delta$ 时，有 $|f(x)-f(x_0)|<\varepsilon$.

在上述 δ 条件下，当 $P(x,y)\in U(P_0,\delta)$ 时，$|x-x_0|\leqslant\rho(P,P_0)<\delta$，从而

$$|F(x,y)-F(x_0,y_0)|=|f(x)-f(x_0)|<\varepsilon,$$

所以 $F(x,y)$ 在 (x_0,y_0) 处连续.

习题 9－2　偏导数

1. 求下列函数的偏导数：

(1) $z=x^3y-y^3x$；　　(2) $s=\frac{u^2+v^2}{uv}$；

(3) $z=\sqrt{\ln(xy)}$；　　(4) $z=\sin(xy)+\cos^2(xy)$；

(5) $z=\ln\tan\frac{x}{y}$；　　(6) $z=(1+xy)^y$；

(7) $u=x^{\frac{y}{z}}$；　　(8) $u=\arctan(x-y)^z$.

【解析】(1)$\frac{\partial z}{\partial x}=3x^2y-y^3,\frac{\partial z}{\partial y}=x^3-3y^2x.$

(2)原式化简得
$$s=\frac{u}{v}+\frac{v}{u}.$$

故
$$\frac{\partial s}{\partial u}=\frac{1}{v}-\frac{v}{u^2},\quad \frac{\partial s}{\partial v}=\frac{1}{u}-\frac{u}{v^2}.$$

(3)$\frac{\partial z}{\partial x}=\frac{1}{2}\cdot\frac{1}{\sqrt{\ln(xy)}}\cdot\frac{1}{xy}\cdot y=\frac{1}{2x\sqrt{\ln(xy)}},$

$\frac{\partial z}{\partial y}=\frac{1}{2}\cdot\frac{1}{\sqrt{\ln(xy)}}\cdot\frac{1}{xy}\cdot x=\frac{1}{2y\sqrt{\ln(xy)}}.$

(4)$\frac{\partial z}{\partial x}=y\cos(xy)+2\cos(xy)\cdot[-\sin(xy)]\cdot y$

$=y[\cos(xy)-\sin(2xy)],$

$\frac{\partial z}{\partial y}=x\cos(xy)+2\cos(xy)\cdot[-\sin(xy)]\cdot x$

$=x[\cos(xy)-\sin(2xy)].$

(5)$\frac{\partial z}{\partial x}=\cot\frac{x}{y}\cdot\sec^2\frac{x}{y}\cdot\frac{1}{y}=\frac{2}{y}\csc\frac{2x}{y},$

$\frac{\partial z}{\partial y}=\cot\frac{x}{y}\cdot\sec^2\frac{x}{y}\cdot\left(-\frac{x}{y^2}\right)=-\frac{2x}{y^2}\csc\frac{2x}{y}.$

(6)$\frac{\partial z}{\partial x}=y^2(1+xy)^{y-1},$

$\frac{\partial z}{\partial y}=\frac{\partial}{\partial y}[e^{y\ln(1+xy)}]=(1+xy)^y\left[\ln(1+xy)+\frac{xy}{1+xy}\right].$

(7)$\frac{\partial u}{\partial x}=\frac{y}{z}x^{\frac{y}{z}-1},\quad \frac{\partial u}{\partial y}=\frac{1}{z}x^{\frac{y}{z}}\ln x,\quad \frac{\partial u}{\partial z}=-\frac{y}{z^2}x^{\frac{y}{z}}\ln x.$

(8)$\frac{\partial u}{\partial x}=\frac{z(x-y)^{z-1}}{1+(x-y)^{2z}},\quad \frac{\partial u}{\partial y}=-\frac{z(x-y)^{z-1}}{1+(x-y)^{2z}},\quad \frac{\partial u}{\partial z}=\frac{(x-y)^z\ln(x-y)}{1+(x-y)^{2z}}.$

2.设 $T=2\pi\sqrt{\frac{l}{g}}$，求证 $l\frac{\partial T}{\partial l}+g\frac{\partial T}{\partial g}=0.$

【证明】因为
$$\frac{\partial T}{\partial l}=2\pi\cdot\frac{1}{2\sqrt{\frac{l}{g}}}\cdot\frac{1}{g}=\frac{\pi}{\sqrt{gl}},$$

$$\frac{\partial T}{\partial g}=2\pi\cdot\frac{1}{2\sqrt{\frac{l}{g}}}\cdot\left(-\frac{l}{g^2}\right)=-\frac{\pi\sqrt{l}}{g\sqrt{g}},$$

所以
$$l\frac{\partial T}{\partial l}+g\frac{\partial T}{\partial g}==\pi\sqrt{\frac{l}{g}}-\pi\sqrt{\frac{l}{g}}=0.$$

3.设 $z=e^{-\left(\frac{1}{x}+\frac{1}{y}\right)}$，求证 $x^2\frac{\partial z}{\partial x}+y^2\frac{\partial z}{\partial y}=2z.$

【证明】因为
$$\frac{\partial z}{\partial x}=\frac{1}{x^2}e^{-\left(\frac{1}{x}+\frac{1}{y}\right)},\quad \frac{\partial z}{\partial y}=\frac{1}{y^2}e^{-\left(\frac{1}{x}+\frac{1}{y}\right)},$$

所以
$$x^2\frac{\partial z}{\partial x}+y^2\frac{\partial z}{\partial y}=2e^{-\left(\frac{1}{x}+\frac{1}{y}\right)}=2z.$$

4. 设 $f(x,y)=x+(y-1)\arcsin\sqrt{\dfrac{x}{y}}$，求 $f'_x(x,1)$.

【解析】

$$f'_x(x,y)=1+\frac{y-1}{\sqrt{1-\dfrac{x}{y}}}\cdot\frac{1}{2\sqrt{\dfrac{x}{y}}}\cdot\frac{1}{y},$$

$$f'_x(x,1)=1.$$

5. 曲线$\begin{cases}z=\dfrac{x^2+y^2}{4},\\ y=4\end{cases}$在点(2,4,5)处的切线对于 x 轴的倾角是多少？

【解析】因为 $z'_x=\dfrac{x}{2}$，所以 $z'_x|_{(2,4)}=\dfrac{2}{2}=1$，所以 $\tan\alpha=1$，即倾角 $\alpha=\dfrac{\pi}{4}$.

6. 求下列函数的$\dfrac{\partial^2 z}{\partial x^2}$，$\dfrac{\partial^2 z}{\partial y^2}$和$\dfrac{\partial^2 z}{\partial x\partial y}$：

(1) $z=x^4+y^4-4x^2y^2$；

(2) $z=\arctan\dfrac{y}{x}$；

(3) $z=y^x$.

【解析】(1) $\dfrac{\partial z}{\partial x}=4x^3-8xy^2$，　　$\dfrac{\partial^2 z}{\partial x^2}=12x^2-8y^2$，

$\dfrac{\partial z}{\partial y}=4y^3-8x^2y$，　　$\dfrac{\partial^2 z}{\partial y^2}=12y^2-8x^2$，

$\dfrac{\partial^2 z}{\partial x\partial y}=\dfrac{\partial}{\partial y}(4x^3-8xy^2)=-16xy$.

(2) $\dfrac{\partial z}{\partial x}=\dfrac{1}{1+\left(\dfrac{y}{x}\right)^2}\cdot\left(-\dfrac{y}{x^2}\right)=-\dfrac{y}{x^2+y^2}$，　$\dfrac{\partial^2 z}{\partial x^2}=\dfrac{2xy}{(x^2+y^2)^2}$.

$\dfrac{\partial z}{\partial y}=\dfrac{1}{1+\left(\dfrac{y}{x}\right)^2}\cdot\dfrac{1}{x}=\dfrac{x}{x^2+y^2}$，　$\dfrac{\partial^2 z}{\partial y^2}=-\dfrac{2xy}{(x^2+y^2)^2}$.

$\dfrac{\partial^2 z}{\partial x\partial y}=\dfrac{\partial}{\partial y}\left(-\dfrac{y}{x^2+y^2}\right)=-\dfrac{(x^2+y^2)-y\cdot 2y}{(x^2+y^2)^2}=\dfrac{y^2-x^2}{(x^2+y^2)^2}$.

(3) $\dfrac{\partial z}{\partial x}=y^x\ln y$，$\dfrac{\partial^2 z}{\partial x^2}=y^x\cdot\ln^2 y$，

$\dfrac{\partial z}{\partial y}=xy^{x-1}$，$\dfrac{\partial^2 z}{\partial y^2}=x(x-1)y^{x-2}$，

$\dfrac{\partial^2 z}{\partial x\partial y}=\dfrac{\partial}{\partial y}(y^x\ln y)=y^{x-1}(1+x\ln y)$.

7. 设 $f(x,y,z)=xy^2+yz^2+zx^2$，求 $f''_{xx}(0,0,1)$，$f''_{xz}(1,0,2)$，$f''_{yz}(0,-1,0)$及 $f'''_{zzx}(2,0,1)$.

【解析】因为 $f'_x(x,y,z)=y^2+2xz$，所以 $f''_{xx}(x,y,z)=2z$，$f''_{xz}(x,y,z)=2x$，故

$$f''_{xx}(0,0,1)=2,\ f''_{xz}(1,0,2)=2.$$

因为 $f'_y(x,y,z)=2xy+z^2$，所以 $f''_{yz}(x,y,z)=2z$，故

$$f''_{yz}(0,-1,0)=0.$$

因为 $f'_z(x,y,z)=2yz+x^2$，所以 $f''_{zz}(x,y,z)=2y$，$f'''_{zzx}(x,y,z)=0$. 因此

$$f'''_{zzx}(2,0,1)=0.$$

8.设 $z=x\ln(xy)$，求$\frac{\partial^3 z}{\partial x^2\partial y}$及$\frac{\partial^3 z}{\partial x\partial y^2}$.

【解析】由于 $\frac{\partial z}{\partial x}=\ln(xy)+x\cdot\frac{y}{xy}=\ln(xy)+1,\quad \frac{\partial^2 z}{\partial x^2}=\frac{y}{xy}=\frac{1}{x},\quad \frac{\partial^3 z}{\partial x^2\partial y}=0,$

则
$$\frac{\partial^2 z}{\partial x\partial y}=\frac{x}{xy}=\frac{1}{y},\quad \frac{\partial^3 z}{\partial x\partial y^2}=-\frac{1}{y^2}.$$

9.验证：

(1)$y=e^{-kn^2t}\sin nx$ 满足$\frac{\partial y}{\partial t}=k\frac{\partial^2 y}{\partial x^2}$；

(2)$r=\sqrt{x^2+y^2+z^2}$ 满足$\frac{\partial^2 r}{\partial x^2}+\frac{\partial^2 r}{\partial y^2}+\frac{\partial^2 r}{\partial z^2}=\frac{2}{r}$.

【证明】(1)因为
$$\frac{\partial y}{\partial t}=-kn^2e^{-kn^2t}\sin nx,\quad \frac{\partial y}{\partial x}=ne^{-kn^2t}\cos nx,$$
$$\frac{\partial^2 y}{\partial x^2}=\frac{\partial}{\partial x}(ne^{-kn^2t}\cos nx)=-n^2e^{-kn^2t}\sin nx,$$

所以
$$\frac{\partial y}{\partial t}=k(-n^2e^{-kn^2t}\sin nx)=k\frac{\partial^2 y}{\partial x^2}.$$

(2)因为
$$\frac{\partial r}{\partial x}=\frac{1}{\sqrt{x^2+y^2+z^2}}\cdot x=\frac{x}{r},$$

由对称性知
$$\frac{\partial r}{\partial y}=\frac{y}{r},\quad \frac{\partial r}{\partial z}=\frac{z}{r}.$$

又
$$\frac{\partial^2 r}{\partial x^2}=\frac{r-x\frac{\partial r}{\partial x}}{r^2}=\frac{r-x\cdot\frac{x}{r}}{r^2}=\frac{r^2-x^2}{r^3},$$

同理
$$\frac{\partial^2 r}{\partial y^2}=\frac{r^2-y^2}{r^3},\frac{\partial^2 r}{\partial z^2}=\frac{r^2-z^2}{r^3}.$$

则
$$\frac{\partial^2 r}{\partial x^2}+\frac{\partial^2 r}{\partial y^2}+\frac{\partial^2 r}{\partial z^2}=\frac{3r^2-(x^2+y^2+z^2)}{r^3}=\frac{2r^2}{r^3}=\frac{2}{r}.$$

习题 9－3　全微分

1.求下列函数的全微分：

(1)$z=xy+\frac{x}{y}$；　　(2)$z=e^{\frac{y}{x}}$；

(3)$z=\frac{y}{\sqrt{x^2+y^2}}$；　　(4)$u=x^{yz}$.

【解析】(1)因为
$$\frac{\partial z}{\partial x}=y+\frac{1}{y},\quad \frac{\partial z}{\partial y}=x-\frac{x}{y^2},$$

所以
$$dz=\frac{\partial z}{\partial x}dx+\frac{\partial z}{\partial y}dy=\left(y+\frac{1}{y}\right)dx+\left(x-\frac{x}{y^2}\right)dy.$$

(2)因为
$$\frac{\partial z}{\partial x}=-\frac{y}{x^2}e^{\frac{y}{x}},\quad \frac{\partial z}{\partial y}=\frac{1}{x}e^{\frac{y}{x}},$$

所以
$$dz=\frac{\partial z}{\partial x}dx+\frac{\partial z}{\partial y}dy=-\frac{1}{x^2}e^{\frac{y}{x}}(ydx-xdy).$$

(3)因为
$$\frac{\partial z}{\partial x}=\frac{-y}{x^2+y^2}\cdot\frac{x}{\sqrt{x^2+y^2}}=\frac{-xy}{(x^2+y^2)^{3/2}},$$

$$\frac{\partial z}{\partial y}=\frac{\sqrt{x^2+y^2}-y\cdot\frac{y}{\sqrt{x^2+y^2}}}{x^2+y^2}=\frac{x^2}{(x^2+y^2)^{3/2}},$$

所以
$$dz=\frac{\partial z}{\partial x}dx+\frac{\partial z}{\partial y}dy=-\frac{x}{(x^2+y^2)^{3/2}}(ydx-xdy).$$

(4)因为
$$\frac{\partial u}{\partial x}=yzx^{yz-1},\quad \frac{\partial u}{\partial y}=zx^{yz}\ln x,\quad \frac{\partial u}{\partial z}=yx^{yz}\ln x,$$

所以
$$du=\frac{\partial u}{\partial x}dx+\frac{\partial u}{\partial y}dy+\frac{\partial u}{\partial z}dz=yzx^{yz-1}dx+zx^{yz}\ln xdy+yx^{yz}\ln xdz.$$

2.求函数 $z=\ln(1+x^2+y^2)$ 当 $x=1,y=2$ 时的全微分.

【解析】因为
$$\frac{\partial z}{\partial x}=\frac{2x}{1+x^2+y^2},\quad \frac{\partial z}{\partial y}=\frac{2y}{1+x^2+y^2},$$
$$\left.\frac{\partial z}{\partial x}\right|_{\substack{x=1\\y=2}}=\frac{1}{3},\quad \left.\frac{\partial z}{\partial y}\right|_{\substack{x=1\\y=2}}=\frac{2}{3},$$

所以
$$\left.dz\right|_{\substack{x=1\\y=2}}=\frac{1}{3}dx+\frac{2}{3}dy.$$

3.求函数 $z=\frac{y}{x}$ 当 $x=2,y=1,\Delta x=0.1,\Delta y=-0.2$ 时的全增量和全微分.

【解析】$\Delta z=f(x+\Delta x,y+\Delta y)-f(x,y)=\frac{y+\Delta y}{x+\Delta x}-\frac{y}{x}$,

$$dz=-\frac{y}{x^2}dx+\frac{1}{x}dy=-\frac{y}{x^2}\Delta x+\frac{1}{x}\Delta y.$$

当 $x=2,y=1,\Delta x=0.1,\Delta y=-0.2$ 时,

全增量
$$\Delta z=\frac{1+(-0.2)}{2+0.1}-\frac{1}{2}=-0.119,$$

全微分
$$dz=-\frac{1}{4}\times 0.1+\frac{1}{2}\times(-0.2)=-0.125.$$

4.求函数 $z=e^{xy}$ 当 $x=1,y=1,\Delta x=0.15,\Delta y=0.1$ 时的全微分.

【解析】
$$\frac{\partial z}{\partial x}=ye^{xy},\quad \frac{\partial z}{\partial y}=xe^{xy},$$
$$\left.\frac{\partial z}{\partial x}\right|_{\substack{x=1\\y=2}}=e,\quad \left.\frac{\partial z}{\partial y}\right|_{\substack{x=1\\y=2}}=e.$$

当 $\Delta x=0.15,\Delta y=0.1$ 时,
$$\left.dz\right|_{\substack{x=1\\y=2}}=e\times 0.15+e\times 0.1=0.25e.$$

5.考虑二元函数 $f(x,y)$ 的下面四条性质:

(1) $f(x,y)$ 在点 (x_0,y_0) 连续;

(2) $f'_x(x,y)$、$f'_y(x,y)$ 在点 (x_0,y_0) 连续;

(3) $f(x,y)$ 在点 (x_0,y_0) 可微分;

(4) $f'_x(x_0,y_0)$、$f'_y(x_0,y_0)$ 存在.

若"$P\Rightarrow Q$"表示可由性质 P 推出性质 Q,则下列四个选项中正确的是( ).

(A)(2)⇒(3)⇒(1) (B)(3)⇒(2)⇒(1)

(C)(3)⇒(4)⇒(1) (D)(3)⇒(1)⇒(4)

【解析】四个性质之间的关系如下所示:

偏导数连续⇒可微⇒偏导数存在

⇓

连续

由此可知答案为(A).

*6. 计算$\sqrt{(1.02)^3+(1.97)^3}$的近似值.

【解析】设$f(x,y)=\sqrt{x^3+y^3}$，则$f'_x(x,y)=\dfrac{3x^2}{2\sqrt{x^3+y^3}}$，$f'_y(x,y)=\dfrac{3y^2}{2\sqrt{x^3+y^3}}$，

所以
$$\mathrm{d}f(x,y)=\frac{3}{2\sqrt{x^3+y^3}}(x^2\mathrm{d}x+y^2\mathrm{d}y).$$

取$x=1,y=2,\mathrm{d}x=1.02-1=0.02,\mathrm{d}y=1.97-2=-0.03$，则

$$\begin{aligned}\sqrt{(1.02)^3+(1.97)^3}&=f(1.02,1.97)\approx f(1,2)+\mathrm{d}f(1,2)\\&=\sqrt{1^3+2^3}+\frac{3}{2\sqrt{1^3+2^3}}[1\times0.02+4\times(-0.03)]=2.95.\end{aligned}$$

*7. 计算$(1.97)^{1.05}$的近似值($\ln 2=0.693$).

【解析】设$z=x^y$，则$\mathrm{d}z=yx^{y-1}\mathrm{d}x+x^y\ln x\mathrm{d}y$. 当$x=2,y=1$时，$z=2$，则

$$\mathrm{d}x=1.97-2=-0.03,\quad \mathrm{d}y=1.05-1=0.05,$$

$$\mathrm{d}z=1\times1\times(-0.03)+2\ln2\times0.05=-0.03+0.1\times0.693=0.0393,$$

于是
$$1.97^{1.05}\approx2+0.0393=2.0393.$$

*8. 已知边长为$x=6$ m与$y=8$ m的矩形，如果x边增加5 cm而y边减少10 cm，问这个矩形的对角线会发生怎样的变化?

【解析】矩形的对角线的长为$z=\sqrt{x^2+y^2}$，

$$\Delta z\approx\mathrm{d}z=\frac{\partial z}{\partial x}\Delta x+\frac{\partial z}{\partial y}\Delta y=\frac{1}{\sqrt{x^2+y^2}}(x\Delta x+y\Delta y).$$

当$x=6,y=8,\Delta x=0.05,\Delta y=-0.1$时，

$$\Delta z\approx\frac{1}{\sqrt{6^2+8^2}}(6\times0.05-8\times0.1)=-0.05,$$

即这个矩形的对角线的长减少大约5 cm.

*9. 设有一无盖圆柱形容器，容器的壁与底的厚度均为0.1 cm，内高为20 cm，内半径为4 cm. 求容器外壳体积的近似值.

【解析】圆柱体体积为$V=\pi r^2h$，

$$\Delta V\approx\mathrm{d}V=\frac{\partial V}{\partial r}\Delta r+\frac{\partial V}{\partial h}\Delta h=2\pi rh\Delta r+\pi r^2\Delta h,$$

取$r=4,h=20,\Delta r=0.1,\Delta h=0.1$，得

$$\Delta V\approx2\pi\times4\times20\times0.1+\pi\times4^2\times0.1=17.6\pi\approx55.3(\mathrm{cm}^3).$$

*10. 设有直角三角形，测得其两直角边的长分别为(7 ± 0.1) cm和(24 ± 0.1) cm. 试求利用上述两值来计算斜边长度时的绝对误差.

【解析】设三角形两直角边长为x,y，其斜边长为$l=\sqrt{x^2+y^2}$.

因为$\dfrac{\partial l}{\partial x}=\dfrac{x}{\sqrt{x^2+y^2}}$，$\dfrac{\partial l}{\partial y}=\dfrac{y}{\sqrt{x^2+y^2}}$，所以计算$l$的绝对误差为

$$\delta_l=\left|\frac{\partial l}{\partial x}\right|\delta_x+\left|\frac{\partial l}{\partial y}\right|\delta_y=\frac{x\delta_x+y\delta_y}{\sqrt{x^2+y^2}},$$

当 $x=7,y=24,\delta_x=\delta_y=0.1$ 时,

$$\delta_l=\frac{7\times0.1+24\times0.1}{\sqrt{7^2+24^2}}=\frac{3.1}{25}=0.124(\mathrm{cm}).$$

*11. 测得一块三角形土地的两边边长分别为(63 ± 0.1) m 和(78 ± 0.1) m,这两边的夹角为$60^\circ\pm1^\circ$. 试求三角形面积的近似值,并求其绝对误差和相对误差.

【解析】设三角形的两边长为 x 和 y,它们的夹角为 z,则三角形面积为 $S=\frac{1}{2}xy\sin z$.

$$\mathrm{d}S=\frac{1}{2}y\sin z\mathrm{d}x+\frac{1}{2}x\sin z\mathrm{d}y+\frac{1}{2}xy\cos z\mathrm{d}z,$$

$|\Delta S|\approx|\mathrm{d}S|\leqslant\frac{1}{2}y\sin z|\mathrm{d}x|+\frac{1}{2}x\sin z|\mathrm{d}y|+\frac{1}{2}xy\cos z|\mathrm{d}z|$,令 $x=63,y=78,z=\frac{\pi}{3}$,

$|\mathrm{d}x|=0.1,|\mathrm{d}y|=0.1,|\mathrm{d}z|=\frac{\pi}{180}$,得绝对值误差的近似值

$$\delta_S\approx\frac{78}{2}\times\frac{\sqrt{3}}{2}\times0.1+\frac{63}{2}\times\frac{\sqrt{3}}{2}\times0.1+\frac{63\times78}{2}\times\frac{1}{2}\times\frac{\pi}{180}=27.55,$$

又此时 $S\approx\frac{1}{2}\times63\times78\times\sin\frac{\pi}{3}=2\ 127.82$,因而相对误差约为

$$\frac{\delta_S}{S}=\frac{27.55}{2\ 127.82}=1.29\%.$$

*12. 利用全微分证明:两数之和的绝对误差等于它们各自的绝对误差之和.

【证明】设 $z=x+y$,则

$$\Delta z\approx\mathrm{d}z=\frac{\partial z}{\partial x}\Delta x+\frac{\partial z}{\partial y}\Delta y=\Delta x+\Delta y,$$

故 $$|\Delta z|\leqslant|\Delta x|+|\Delta y|,$$

所以 $$\delta_z=\delta_x+\delta_y.$$

*13. 利用全微分证明:乘积的相对误差等于各因子的相对误差之和,商的相对误差等于被除数及除数的相对误差之和.

【证明】设 $u=xy,v=\frac{x}{y}$,则 $\Delta u\approx\mathrm{d}u=y\mathrm{d}x+x\mathrm{d}y,\Delta v\approx\mathrm{d}v=\frac{y\mathrm{d}x-x\mathrm{d}y}{y^2}$,它们的相对误差为

$$\left|\frac{\Delta u}{u}\right|\approx\left|\frac{\mathrm{d}u}{u}\right|=\left|\frac{y\mathrm{d}x+x\mathrm{d}y}{xy}\right|=\left|\frac{\mathrm{d}x}{x}+\frac{\mathrm{d}y}{y}\right|\leqslant\left|\frac{\mathrm{d}x}{x}\right|+\left|\frac{\mathrm{d}y}{y}\right|$$
$$=\left|\frac{\Delta x}{x}\right|+\left|\frac{\Delta y}{y}\right|,$$

$$\left|\frac{\Delta v}{v}\right|\approx\left|\frac{\mathrm{d}v}{v}\right|=\left|\frac{y\mathrm{d}x-x\mathrm{d}y}{y^2\,\frac{x}{y}}\right|=\left|\frac{\mathrm{d}x}{x}-\frac{\mathrm{d}y}{y}\right|\leqslant\left|\frac{\mathrm{d}x}{x}\right|+\left|\frac{\mathrm{d}y}{y}\right|$$
$$=\left|\frac{\Delta x}{x}\right|+\left|\frac{\Delta y}{y}\right|.$$

故命题成立.

习题 9－4 多元复合函数的求导法则

1. 设 $z=u^2+v^2$,而 $u=x+y,v=x-y$,求$\frac{\partial z}{\partial x},\frac{\partial z}{\partial y}$.

【解析】
$$\frac{\partial z}{\partial x}=\frac{\partial z}{\partial u}\cdot\frac{\partial u}{\partial x}+\frac{\partial z}{\partial v}\cdot\frac{\partial v}{\partial x}=2u\cdot 1+2v\cdot 1=2(u+v)=4x,$$
$$\frac{\partial z}{\partial y}=\frac{\partial z}{\partial u}\cdot\frac{\partial u}{\partial y}+\frac{\partial z}{\partial v}\cdot\frac{\partial v}{\partial y}=2u\cdot 1+2v\cdot(-1)=2(u-v)=4y.$$

2. 设 $z=u^2\ln v$,而 $u=\frac{x}{y}$,$v=3x-2y$,求$\frac{\partial z}{\partial x}$,$\frac{\partial z}{\partial y}$.

【解析】
$$\frac{\partial z}{\partial x}=\frac{\partial z}{\partial u}\cdot\frac{\partial u}{\partial x}+\frac{\partial z}{\partial v}\cdot\frac{\partial v}{\partial x}=2u\ln v\cdot\frac{1}{y}+\frac{u^2}{v}\cdot 3$$
$$=\frac{2x}{y^2}\ln(3x-2y)+\frac{3x^2}{(3x-2y)y^2},$$
$$\frac{\partial z}{\partial y}=\frac{\partial z}{\partial u}\cdot\frac{\partial u}{\partial y}+\frac{\partial z}{\partial v}\cdot\frac{\partial v}{\partial y}=2u\ln v\cdot\left(-\frac{x}{y^2}\right)+\frac{u^2}{v}\cdot(-2)$$
$$=-\frac{2x^2}{y^3}\ln(3x-2y)-\frac{2x^2}{(3x-2y)y^2}.$$

3. 设 $z=e^{x-2y}$,而 $x=\sin t$,$y=t^3$,求$\frac{dz}{dt}$.

【解析】
$$\frac{dz}{dt}=\frac{\partial z}{\partial x}\cdot\frac{dx}{dt}+\frac{\partial z}{\partial y}\cdot\frac{dy}{dt}=e^{x-2y}\cdot\cos t+e^{x-2y}\cdot(-2)\cdot 3t^2$$
$$=e^{x-2y}(\cos t-6t^2)=e^{\sin t-2t^3}(\cos t-6t^2).$$

4. 设 $z=\arcsin(x-y)$,而 $x=3t$,$y=4t^3$,求$\frac{dz}{dt}$.

【解析】
$$\frac{dz}{dt}=\frac{\partial z}{\partial x}\cdot\frac{dx}{dt}+\frac{\partial z}{\partial y}\cdot\frac{dy}{dt}$$
$$=\frac{1}{\sqrt{1-(x-y)^2}}\cdot 3+\frac{(-1)}{\sqrt{1-(x-y)^2}}\cdot 12t^2$$
$$=\frac{3(1-4t^2)}{\sqrt{1-(3t-4t^3)^2}}.$$

5. 设 $z=\arctan(xy)$,而 $y=e^x$,求$\frac{dz}{dx}$.

【解析】
$$\frac{dz}{dx}=\frac{\partial z}{\partial x}+\frac{\partial z}{\partial y}\cdot\frac{dy}{dx}=\frac{y}{1+x^2y^2}+\frac{x}{1+x^2y^2}\cdot e^x$$
$$=\frac{(1+x)e^x}{1+x^2e^{2x}}.$$

6. 设 $u=\frac{e^{ax}(y-z)}{a^2+1}$,而 $y=a\sin x$,$z=\cos x$,求$\frac{du}{dx}$.

【解析】
$$\frac{du}{dx}=\frac{\partial u}{\partial x}+\frac{\partial u}{\partial y}\cdot\frac{dy}{dx}+\frac{\partial u}{\partial z}\cdot\frac{dz}{dx}$$
$$=\frac{ae^{ax}(y-z)}{a^2+1}+\frac{e^{ax}}{a^2+1}\cdot a\cos x+\frac{e^{ax}}{a^2+1}\cdot(-1)\cdot(-\sin x)$$
$$=\frac{e^{ax}}{a^2+1}(a^2\sin x-a\cos x+a\cos x+\sin x)$$
$$=e^{ax}\sin x.$$

7. 设 $z=\arctan\frac{x}{y}$,而 $x=u+v$,$y=u-v$,验证
$$\frac{\partial z}{\partial u}+\frac{\partial z}{\partial v}=\frac{u-v}{u^2+v^2}.$$

【证明】
$$\frac{\partial z}{\partial u}=\frac{\partial z}{\partial x}\cdot\frac{\partial x}{\partial u}+\frac{\partial z}{\partial y}\cdot\frac{\partial y}{\partial u}=\frac{1}{1+\left(\frac{x}{y}\right)^2}\cdot\frac{1}{y}+\frac{1}{1+\left(\frac{x}{y}\right)^2}\cdot\left(-\frac{x}{y^2}\right)=\frac{y-x}{x^2+y^2},$$

$$\frac{\partial z}{\partial v}=\frac{\partial z}{\partial x}\cdot\frac{\partial x}{\partial v}+\frac{\partial z}{\partial y}\cdot\frac{\partial y}{\partial v}=\frac{1}{1+\left(\frac{x}{y}\right)^2}\cdot\frac{1}{y}+\frac{1}{1+\left(\frac{x}{y}\right)^2}\cdot\left(-\frac{x}{y^2}\right)\cdot(-1)=\frac{y+x}{x^2+y^2},$$

$$\frac{\partial z}{\partial u}+\frac{\partial z}{\partial v}=\frac{y-x}{x^2+y^2}+\frac{y+x}{x^2+y^2}=\frac{2y}{x^2+y^2}=\frac{2(u-v)}{(u+v)^2+(u-v)^2}=\frac{u-v}{u^2+v^2}.$$

8. 求下列函数的一阶偏导数(其中 f 具有一阶连续偏导数)：

(1) $u=f(x^2-y^2,\mathrm{e}^{xy})$；

(2) $u=f\left(\frac{x}{y},\frac{y}{z}\right)$；

(3) $u=f(x,xy,xyz)$.

【解析】(1)将中间变量 x^2-y^2,e^{xy} 依次编为1,2号,则

$$\frac{\partial u}{\partial x}=2f_1'x+f_2'\mathrm{e}^{xy}\cdot y=2xf_1'+y\mathrm{e}^{xy}f_2',$$

$$\frac{\partial u}{\partial y}=f_1'(-2y)+f_2'\mathrm{e}^{xy}\cdot x=-2yf_1'+x\mathrm{e}^{xy}f_2'.$$

(2)将中间变量 $\frac{x}{y},\frac{y}{z}$ 依次编为1,2号,则

$$\frac{\partial u}{\partial x}=f_1'\cdot\frac{1}{y}+f_2'\cdot\frac{\partial}{\partial x}\left(\frac{y}{z}\right)=\frac{1}{y}f_1',$$

$$\frac{\partial u}{\partial y}=f_1'\cdot\left(-\frac{x}{y^2}\right)+f_2'\frac{1}{z}=-\frac{x}{y^2}f_1'+\frac{1}{z}f_2',$$

$$\frac{\partial u}{\partial z}=f_1'\frac{\partial}{\partial z}\left(\frac{x}{y}\right)+f_2'\cdot\left(-\frac{y}{z^2}\right)=-\frac{y}{z^2}f_2'.$$

(3)将中间变量 x,xy,xyz 依次编为1,2,3号,则

$$\frac{\partial u}{\partial x}=f_1'+yf_2'+yzf_3',$$

$$\frac{\partial u}{\partial y}=xf_2'+xzf_3',$$

$$\frac{\partial u}{\partial z}=xyf_3'.$$

9. 设 $z=xy+xF(u)$,而 $u=\frac{y}{x}$,$F(u)$为可导函数,证明

$$x\frac{\partial z}{\partial x}+y\frac{\partial z}{\partial y}=z+xy.$$

【证明】
$$\frac{\partial z}{\partial x}=y+xF'(u)\cdot\left(-\frac{y}{x^2}\right)+F(u)=F(u)+y-\frac{y}{x}F'(u),$$

$$\frac{\partial z}{\partial y}=x+xF'(u)\cdot\frac{1}{x}=x+F'(u),$$

$$\begin{aligned}x\cdot\frac{\partial z}{\partial x}+y\cdot\frac{\partial z}{\partial y}&=x\left(F(u)+y-\frac{F'(u)y}{x}\right)+y(x+F'(u))\\&=xF(u)+xy-yF'(u)+xy+yF'(u)\\&=xy+xF(u)+xy=z+xy.\end{aligned}$$

10. 设 $z=\dfrac{y}{f(x^2-y^2)}$，其中 $f(u)$ 为可导函数，验证

$$\frac{1}{x}\frac{\partial z}{\partial x}+\frac{1}{y}\frac{\partial z}{\partial y}=\frac{z}{y^2}.$$

【证明】

$$\frac{\partial z}{\partial x}=\frac{-y\cdot f'(u)\cdot 2x}{f^2(u)}=-\frac{2xyf'(u)}{f^2(u)},$$

$$\frac{\partial z}{\partial y}=\frac{f(u)-yf'(u)\cdot(-2y)}{f^2(u)}=\frac{1}{f(u)}+\frac{2y^2f'(u)}{f^2(u)},$$

故

$$\frac{1}{x}\frac{\partial z}{\partial x}+\frac{1}{y}\frac{\partial z}{\partial y}=-\frac{2yf'(u)}{f^2(u)}+\frac{1}{yf(u)}+\frac{2yf'(u)}{f^2(u)}=\frac{1}{yf(u)}=\frac{z}{y^2}.$$

11. 设 $z=f(x^2+y^2)$，其中 f 具有二阶导数，求 $\dfrac{\partial^2 z}{\partial x^2},\dfrac{\partial^2 z}{\partial x\partial y},\dfrac{\partial^2 z}{\partial y^2}$.

【解析】

$$\frac{\partial z}{\partial x}=2xf',\quad \frac{\partial z}{\partial y}=2yf',\quad \frac{\partial^2 z}{\partial x^2}=2f'+2x\cdot 2xf''=2f'+4x^2f'',$$

$$\frac{\partial^2 z}{\partial x\partial y}=2xf''\cdot 2y=4xyf''.$$

由对称性知

$$\frac{\partial^2 z}{\partial y^2}=2f'+4y^2f''.$$

*12. 求下列函数的 $\dfrac{\partial^2 z}{\partial x^2},\dfrac{\partial^2 z}{\partial x\partial y},\dfrac{\partial^2 z}{\partial y^2}$（其中 f 具有二阶连续偏导数）：

(1) $z=f(xy,y)$；　　(2) $z=f\left(x,\dfrac{x}{y}\right)$；

(3) $z=f(xy^2,x^2y)$；　　(4) $z=f(\sin x,\cos y,e^{x+y})$.

【解析】(1) 令 $s=xy,t=y$，则 $z=f(s,t)$，s 和 t 是中间变量，将 s,t 依次编为 1,2 号，则

$$\frac{\partial z}{\partial x}=f_1'\cdot\frac{\partial s}{\partial x}=yf_1',\qquad \frac{\partial z}{\partial y}=f_1'\cdot\frac{\partial s}{\partial y}+f_2'\cdot\frac{dt}{dy}=xf_1'+f_2'.$$

因为 $f(s,t)$ 是 s 和 t 的函数，所以 f_1' 和 f_2' 也是 s 和 t 的函数，从而 f_1' 和 f_2' 是以 s 和 t 为中间变量的 x 和 y 的函数. 故

$$\frac{\partial^2 z}{\partial x^2}=\frac{\partial}{\partial x}\left(\frac{\partial z}{\partial x}\right)=\frac{\partial}{\partial x}(yf_1')=yf_{11}''\cdot\frac{\partial s}{\partial x}=y^2f_{11}'',$$

$$\begin{aligned}\frac{\partial^2 z}{\partial x\partial y}&=\frac{\partial}{\partial y}\left(\frac{\partial z}{\partial x}\right)=\frac{\partial}{\partial y}(yf_1')=f_1'+y\left(f_{11}''\cdot\frac{\partial s}{\partial y}+f_{12}''\cdot\frac{dt}{dy}\right)\\&=f_1'+xyf_{11}''+yf_{12}'',\end{aligned}$$

$$\begin{aligned}\frac{\partial^2 z}{\partial y^2}&=\frac{\partial}{\partial y}\left(\frac{\partial z}{\partial y}\right)=\frac{\partial}{\partial y}(xf_1'+f_2')\\&=x\left(f_{11}''\frac{\partial s}{\partial y}+f_{12}''\frac{dt}{dy}\right)+f_{21}''\frac{\partial s}{\partial y}+f_{22}''\frac{dt}{dy}\\&=x^2f_{11}''+2xf_{12}''+f_{22}''.\end{aligned}$$

(2) 令 $s=x,t=\dfrac{x}{y}$，则 $z=f(s,t)$，s 和 t 是中间变量，

$$\frac{\partial z}{\partial x}=\frac{\partial f}{\partial s}\cdot\frac{ds}{dx}+\frac{\partial f}{\partial t}\cdot\frac{\partial t}{\partial x}=\frac{\partial f}{\partial s}+\frac{1}{y}\cdot\frac{\partial f}{\partial t},\quad \frac{\partial z}{\partial y}=\frac{\partial f}{\partial t}\cdot\frac{\partial t}{\partial y}=-\frac{x}{y^2}\cdot\frac{\partial f}{\partial t},$$

$$\frac{\partial^2 z}{\partial x^2}=\frac{\partial}{\partial x}\left(\frac{\partial f}{\partial s}+\frac{1}{y}\cdot\frac{\partial f}{\partial t}\right)$$

$$=\left(\frac{\partial^2 f}{\partial s^2}\cdot\frac{\mathrm{d}s}{\mathrm{d}x}+\frac{\partial^2 f}{\partial s\partial t}\cdot\frac{\partial t}{\partial x}\right)+\frac{1}{y}\left(\frac{\partial^2 f}{\partial s\partial t}\cdot\frac{\mathrm{d}s}{\mathrm{d}x}+\frac{\partial^2 f}{\partial t^2}\cdot\frac{\partial t}{\partial x}\right)$$

$$=\frac{\partial^2 f}{\partial s^2}+\frac{2}{y}\cdot\frac{\partial^2 f}{\partial s\partial t}+\frac{1}{y^2}\cdot\frac{\partial^2 f}{\partial t^2},$$

$$\frac{\partial^2 z}{\partial x\partial y}=\frac{\partial}{\partial y}\left(\frac{\partial f}{\partial s}+\frac{1}{y}\cdot\frac{\partial f}{\partial t}\right)=\frac{\partial^2 f}{\partial s\partial t}\cdot\frac{\partial t}{\partial y}-\frac{1}{y^2}\cdot\frac{\partial f}{\partial t}+\frac{1}{y}\cdot\frac{\partial^2 f}{\partial t^2}\cdot\frac{\partial t}{\partial y}$$

$$=-\frac{x}{y^2}\cdot\frac{\partial^2 f}{\partial s\partial t}-\frac{1}{y^2}\cdot\frac{\partial f}{\partial t}-\frac{x}{y^3}\cdot\frac{\partial^2 f}{\partial t^2},$$

$$\frac{\partial^2 z}{\partial y^2}=\frac{\partial}{\partial y}\left(-\frac{x}{y^2}\right)\frac{\partial f}{\partial t}-\frac{x}{y^2}\frac{\partial}{\partial y}\left(\frac{\partial f}{\partial t}\right)=\frac{2x}{y^3}\cdot\frac{\partial f}{\partial t}-\frac{x}{y^2}\cdot\frac{\partial^2 f}{\partial t^2}\cdot\frac{\partial t}{\partial y}$$

$$=\frac{2x}{y^3}\cdot\frac{\partial f}{\partial t}+\frac{x^2}{y^4}\cdot\frac{\partial^2 f}{\partial t^2}.$$

(3)令 $s=xy^2,t=x^2y$,则 $z=f(s,t)$,s 和 t 是中间变量,

$$\frac{\partial z}{\partial x}=f'_s\frac{\partial s}{\partial x}+f'_t\frac{\partial t}{\partial x}=y^2f'_s+2xyf'_t,$$

$$\frac{\partial^2 z}{\partial x^2}=\frac{\partial}{\partial x}(y^2f'_s+2xyf'_t)$$

$$=y^2\left(f''_{ss}\frac{\partial s}{\partial x}+f''_{st}\frac{\partial t}{\partial x}\right)+2yf'_t+2xy\left(f''_{ts}\frac{\partial s}{\partial x}+f''_{tt}\frac{\partial t}{\partial x}\right)$$

$$=y^2(f''_{ss}y^2+f''_{st}2xy)+2yf'_t+2xy(f''_{ts}y^2+f''_{tt}2xy)$$

$$=2yf'_t+y^4f''_{ss}+4xy^3f''_{st}+4x^2y^2f''_{tt},$$

$$\frac{\partial^2 z}{\partial x\partial y}=2yf'_s+y^2\frac{\partial f'_s}{\partial y}+2xf'_t+2xy\frac{\partial f'_t}{\partial y}$$

$$=2yf'_s+y^2\left(f''_{ss}\frac{\partial s}{\partial y}+f''_{st}\frac{\partial t}{\partial y}\right)+2xf'_t+2xy\left(f''_{ts}\frac{\partial s}{\partial y}+f''_{tt}\frac{\partial t}{\partial y}\right)$$

$$=2yf'_s+y^2(f''_{ss}\cdot 2xy+f''_{st}\cdot x^2)+2xf'_t+2xy(f''_{ts}\cdot 2xy+f''_{tt}\cdot x^2)$$

$$=2yf'_s+2xf'_t+2xy^3f''_{ss}+5x^2y^2f''_{st}+2x^3yf''_{tt},$$

$$\frac{\partial z}{\partial y}=f'_s\frac{\partial s}{\partial y}+f'_t\frac{\partial t}{\partial y}=2xyf'_s+x^2f'_t,$$

$$\frac{\partial^2 z}{\partial y^2}=2xf'_s+2xy\frac{\partial f'_s}{\partial y}+x^2\frac{\partial f'_t}{\partial y}$$

$$=2xf'_s+2xy(f''_{ss}\cdot 2xy+f''_{st}\cdot x^2)+x^2(f''_{ts}\cdot 2xy+f''_{tt}\cdot x^2)$$

$$=2xf'_s+4x^2y^2f''_{ss}+4x^3yf''_{st}+x^4f''_{tt}.$$

(4)令 $u=\sin x,v=\cos y,w=\mathrm{e}^{x+y}$,并将 u,v,w 依次编为1,2,3号,则

$$\frac{\partial z}{\partial x}=f'_1\frac{\mathrm{d}u}{\mathrm{d}x}+f'_3\frac{\partial w}{\partial x}=\cos xf'_1+\mathrm{e}^{x+y}f'_3,$$

$$\frac{\partial z}{\partial y}=f'_2\frac{\mathrm{d}v}{\mathrm{d}y}+f'_3\frac{\partial w}{\partial y}=-\sin yf'_2+\mathrm{e}^{x+y}f'_3,$$

$$\frac{\partial^2 z}{\partial x^2}=\frac{\partial}{\partial x}\left(\frac{\partial z}{\partial x}\right)=\frac{\partial}{\partial x}(\cos xf'_1+\mathrm{e}^{x+y}f'_3)$$

$$=-\sin xf'_1+\cos x\left(f''_{11}\frac{\mathrm{d}u}{\mathrm{d}x}+f''_{13}\frac{\partial w}{\partial x}\right)+\mathrm{e}^{x+y}f'_3+\mathrm{e}^{x+y}\left(f''_{31}\frac{\mathrm{d}u}{\mathrm{d}x}+f''_{33}\frac{\partial w}{\partial x}\right)$$

$$=-\sin xf'_1+\cos x(\cos xf''_{11}+\mathrm{e}^{x+y}f''_{13})+\mathrm{e}^{x+y}f'_3+\mathrm{e}^{x+y}(\cos xf''_{31}+\mathrm{e}^{x+y}f''_{33})$$

$$=\mathrm{e}^{x+y}f'_3-\sin xf'_1+\cos^2xf''_{11}+2\mathrm{e}^{x+y}\cos xf''_{13}+\mathrm{e}^{2(x+y)}f''_{33},$$

$$\frac{\partial^2 z}{\partial x\partial y}=\frac{\partial}{\partial y}\left(\frac{\partial z}{\partial x}\right)=\frac{\partial}{\partial y}(\cos xf_1'+e^{x+y}f_3')$$

$$=\cos x\left(f_{12}''\frac{dv}{dy}+f_{13}''\frac{\partial w}{\partial y}\right)+e^{x+y}f_3'+e^{x+y}\left(f_{32}''\frac{dv}{dy}+f_{33}''\frac{\partial w}{\partial y}\right)$$

$$=\cos x(-\sin yf_{12}''+e^{x+y}f_{13}'')+e^{x+y}f_3'+e^{x+y}(-\sin yf_{32}''+e^{x+y}f_{33}'')$$

$$=e^{x+y}f_3'-\cos x\sin yf_{12}''+e^{x+y}\cos xf_{13}''-e^{x+y}\sin yf_{32}''+e^{2(x+y)}f_{33}'',$$

$$\frac{\partial^2 z}{\partial y^2}=\frac{\partial}{\partial y}\left(\frac{\partial z}{\partial y}\right)=\frac{\partial}{\partial y}(-\sin yf_2'+e^{x+y}f_3')$$

$$=-\cos yf_2'-\sin y\left(f_{22}''\frac{dv}{dy}+f_{23}''\frac{\partial w}{\partial y}\right)+e^{x+y}f_3'+e^{x+y}\left(f_{32}''\frac{dv}{dy}+f_{33}''\frac{\partial w}{\partial y}\right)$$

$$=-\cos yf_2'-\sin y(-\sin yf_{22}''+e^{x+y}f_{23}'')+e^{x+y}f_3'+e^{x+y}(-\sin yf_{32}''+e^{x+y}f_{33}'')$$

$$=e^{x+y}f_3'-\cos yf_2'+\sin^2 yf_{22}''-2e^{x+y}\sin yf_{23}''+e^{2(x+y)}f_{33}''.$$

*13. 设 $u=f(x,y)$ 的所有二阶偏导数连续，而

$$x=\frac{s-\sqrt{3}t}{2},\quad y=\frac{\sqrt{3}s+t}{2},$$

证明

$$\left(\frac{\partial u}{\partial x}\right)^2+\left(\frac{\partial u}{\partial y}\right)^2=\left(\frac{\partial u}{\partial s}\right)^2+\left(\frac{\partial u}{\partial t}\right)^2 \text{ 及 } \frac{\partial^2 u}{\partial x^2}+\frac{\partial^2 u}{\partial y^2}=\frac{\partial^2 u}{\partial s^2}+\frac{\partial^2 u}{\partial t^2}.$$

【证明】 解方程组 $\begin{cases}x=\dfrac{s-\sqrt{3}t}{2},\\ y=\dfrac{\sqrt{3}s+t}{2},\end{cases}$ 得 $s=\dfrac{\sqrt{3}y+x}{2}$，$t=\dfrac{y-\sqrt{3}x}{2}$.

因为

$$\frac{\partial u}{\partial x}=\frac{\partial u}{\partial s}\cdot\frac{\partial s}{\partial x}+\frac{\partial u}{\partial t}\cdot\frac{\partial t}{\partial x}=\frac{1}{2}\frac{\partial u}{\partial s}-\frac{\sqrt{3}}{2}\frac{\partial u}{\partial t},$$

$$\frac{\partial u}{\partial y}=\frac{\partial u}{\partial s}\cdot\frac{\partial s}{\partial y}+\frac{\partial u}{\partial t}\cdot\frac{\partial t}{\partial y}=\frac{\sqrt{3}}{2}\frac{\partial u}{\partial s}+\frac{1}{2}\frac{\partial u}{\partial t},$$

所以

$$\left(\frac{\partial u}{\partial x}\right)^2+\left(\frac{\partial u}{\partial y}\right)^2=\left(\frac{1}{2}\frac{\partial u}{\partial s}-\frac{\sqrt{3}}{2}\frac{\partial u}{\partial t}\right)^2+\left(\frac{\sqrt{3}}{2}\frac{\partial u}{\partial s}+\frac{1}{2}\frac{\partial u}{\partial t}\right)^2$$

$$=\frac{1}{4}\left(\frac{\partial u}{\partial s}\right)^2+\frac{3}{4}\left(\frac{\partial u}{\partial t}\right)^2+\frac{3}{4}\left(\frac{\partial u}{\partial s}\right)^2+\frac{1}{4}\left(\frac{\partial u}{\partial t}\right)^2$$

$$=\left(\frac{\partial u}{\partial s}\right)^2+\left(\frac{\partial u}{\partial t}\right)^2,$$

$$\frac{\partial^2 u}{\partial x^2}=\frac{1}{2}\frac{\partial}{\partial x}\left(\frac{\partial u}{\partial s}\right)-\frac{\sqrt{3}}{2}\frac{\partial}{\partial x}\left(\frac{\partial u}{\partial t}\right)$$

$$=\frac{1}{2}\left(\frac{\partial^2 u}{\partial s^2}\cdot\frac{\partial s}{\partial x}+\frac{\partial^2 u}{\partial s\partial t}\cdot\frac{\partial t}{\partial x}\right)-\frac{\sqrt{3}}{2}\left(\frac{\partial^2 u}{\partial t\partial s}\cdot\frac{\partial s}{\partial x}+\frac{\partial^2 u}{\partial t^2}\cdot\frac{\partial t}{\partial x}\right)$$

$$=\frac{1}{2}\left(\frac{1}{2}\frac{\partial^2 u}{\partial s^2}-\frac{\sqrt{3}}{2}\frac{\partial^2 u}{\partial s\partial t}\right)-\frac{\sqrt{3}}{2}\left(\frac{1}{2}\frac{\partial^2 u}{\partial t\partial s}-\frac{\sqrt{3}}{2}\frac{\partial^2 u}{\partial t^2}\right)$$

$$=\frac{1}{4}\frac{\partial^2 u}{\partial s^2}-\frac{\sqrt{3}}{2}\frac{\partial^2 u}{\partial s\partial t}+\frac{3}{4}\frac{\partial^2 u}{\partial t^2},$$

$$\frac{\partial^2 u}{\partial y^2}=\frac{\sqrt{3}}{2}\frac{\partial}{\partial y}\left(\frac{\partial u}{\partial s}\right)+\frac{1}{2}\frac{\partial}{\partial y}\left(\frac{\partial u}{\partial t}\right)$$

$$=\frac{\sqrt{3}}{2}\left(\frac{\partial^2 u}{\partial s^2}\cdot\frac{\partial s}{\partial y}+\frac{\partial^2 u}{\partial s\partial t}\cdot\frac{\partial t}{\partial y}\right)+\frac{1}{2}\left(\frac{\partial^2 u}{\partial t\partial s}\cdot\frac{\partial s}{\partial y}+\frac{\partial^2 u}{\partial t^2}\cdot\frac{\partial t}{\partial y}\right)$$

$$=\frac{\sqrt{3}}{2}\left(\frac{\sqrt{3}}{2}\frac{\partial^2 u}{\partial s^2}+\frac{1}{2}\frac{\partial^2 u}{\partial s\partial t}\right)+\frac{1}{2}\left(\frac{\sqrt{3}}{2}\frac{\partial^2 u}{\partial t\partial s}+\frac{1}{2}\frac{\partial^2 u}{\partial t^2}\right)$$

$$=\frac{3}{4}\frac{\partial^2 u}{\partial s^2}+\frac{\sqrt{3}}{2}\frac{\partial^2 u}{\partial s\partial t}+\frac{1}{4}\frac{\partial^2 u}{\partial t^2},$$

所以 $$\frac{\partial^2 u}{\partial x^2}+\frac{\partial^2 u}{\partial y^2}=\frac{1}{4}\frac{\partial^2 u}{\partial s^2}-\frac{\sqrt{3}}{2}\frac{\partial^2 u}{\partial s\partial t}+\frac{3}{4}\frac{\partial^2 u}{\partial t^2}+\frac{3}{4}\frac{\partial^2 u}{\partial s^2}+\frac{\sqrt{3}}{2}\frac{\partial^2 u}{\partial s\partial t}+\frac{1}{4}\frac{\partial^2 u}{\partial t^2}=\frac{\partial^2 u}{\partial s^2}+\frac{\partial^2 u}{\partial t^2}.$$

习题 9－5 隐函数的求导公式

1. 设 $\sin y+e^x-xy^2=0$，求 $\frac{dy}{dx}$.

【解析】方程两边对 x 求导，得

$$\cos y\cdot y'+e^x-(y^2+x\cdot 2yy')=0.$$

因此 $$y'=\frac{y^2-e^x}{\cos y-2xy}.$$

2. 设 $\ln\sqrt{x^2+y^2}=\arctan\frac{y}{x}$，求 $\frac{dy}{dx}$.

【解析】$\ln\sqrt{x^2+y^2}=\arctan\frac{y}{x}$，确定 $y=y(x)$，两边对 x 求导，得

$$\frac{1}{2}\cdot\frac{1}{x^2+y^2}\left(2x+2y\frac{dy}{dx}\right)=\frac{1}{1+\left(\frac{y}{x}\right)^2}\cdot\frac{x\frac{dy}{dx}-y}{x^2},$$

当 $x\neq y$ 时，得 $$\frac{dy}{dx}=\frac{x+y}{x-y}.$$

3. 设 $x+2y+z-2\sqrt{xyz}=0$，求 $\frac{\partial z}{\partial x}$ 及 $\frac{\partial z}{\partial y}$.

【解析】对所给方程两端分别求全微分，得

$$dx+2dy+dz-\frac{1}{\sqrt{xyz}}(yzdx+xzdy+xydz)=0,$$

即 $$\left(1-\frac{xy}{\sqrt{xyz}}\right)dz=\left(\frac{yz}{\sqrt{xyz}}-1\right)dx+\left(\frac{xz}{\sqrt{xyz}}-2\right)dy.$$

当 $\sqrt{xyz}-xy\neq 0$ 时，解得 $$dz=\frac{yz-\sqrt{xyz}}{\sqrt{xyz}-xy}dx+\frac{xz-2\sqrt{xyz}}{\sqrt{xyz}-xy}dy.$$

所以 $$\frac{\partial z}{\partial x}=\frac{yz-\sqrt{xyz}}{\sqrt{xyz}-xy},\quad \frac{\partial z}{\partial y}=\frac{xz-2\sqrt{xyz}}{\sqrt{xyz}-xy}.$$

4. 设 $\frac{x}{z}=\ln\frac{z}{y}$，求 $\frac{\partial z}{\partial x}$ 及 $\frac{\partial z}{\partial y}$.

【解析】令 $F(x,y,z)=\frac{x}{z}-\ln\frac{z}{y}$，则

$$F'_x=\frac{1}{z},F'_y=-\frac{1}{\frac{z}{y}}\cdot\left(-\frac{z}{y^2}\right)=\frac{1}{y},$$

$$F'_z=-\frac{x}{z^2}-\frac{1}{\frac{z}{y}}\cdot\frac{1}{y}=-\frac{x+z}{z^2}.$$

于是当 $F'_z\neq 0$ 时，有
$$\frac{\partial z}{\partial x}=-\frac{F'_x}{F'_z}=-\frac{1}{z}\Big/\left(-\frac{x+z}{z^2}\right)=\frac{z}{x+z},$$
$$\frac{\partial z}{\partial y}=-\frac{F'_y}{F'_z}=-\frac{1}{y}\Big/\left(-\frac{x+z}{z^2}\right)=\frac{z^2}{y(x+z)}.$$

5. 设 $2\sin(x+2y-3z)=x+2y-3z$，证明 $\frac{\partial z}{\partial x}+\frac{\partial z}{\partial y}=1$.

【证明】视 $z=z(x,y)$ 为 x,y 的函数，方程 $2\sin(x+2y-3z)=x+2y-3z$ 两边分别对 x、y 求偏导，得 $2\cos(x+2y-3z)\cdot\left(1-3\frac{\partial z}{\partial x}\right)=1-3\frac{\partial z}{\partial x}$，以及 $2\cos(x+2y-3z)\cdot\left(2-3\frac{\partial z}{\partial y}\right)=2-3\frac{\partial z}{\partial y}$，因此 $\frac{\partial z}{\partial x}=\frac{1}{3}$，$\frac{\partial z}{\partial y}=\frac{2}{3}$，从而 $\frac{\partial z}{\partial x}+\frac{\partial z}{\partial y}=1$.

6. 设 $x=x(y,z)$，$y=y(x,z)$，$z=z(x,y)$ 都是由方程 $F(x,y,z)=0$ 所确定的具有连续偏导数的函数，证明
$$\frac{\partial x}{\partial y}\cdot\frac{\partial y}{\partial z}\cdot\frac{\partial z}{\partial x}=-1.$$

【证明】因为
$$\frac{\partial x}{\partial y}=-\frac{F'_y}{F'_x},\frac{\partial y}{\partial z}=-\frac{F'_z}{F'_y},\frac{\partial z}{\partial x}=-\frac{F'_x}{F'_z},$$
所以
$$\frac{\partial x}{\partial y}\cdot\frac{\partial y}{\partial z}\cdot\frac{\partial z}{\partial x}=\left(-\frac{F'_y}{F'_x}\right)\cdot\left(-\frac{F'_z}{F'_y}\right)\cdot\left(-\frac{F'_x}{F'_z}\right)=-1.$$

7. 设 $\Phi(u,v)$ 具有连续偏导数，证明由方程 $\Phi(cx-az,cy-bz)=0$ 所确定的函数 $z=f(x,y)$ 满足 $a\frac{\partial z}{\partial x}+b\frac{\partial z}{\partial y}=c$.

【证明】令 $F(x,y,z)=\Phi(cx-az,cy-bz)$，并记 $cx-az$，$cy-bz$ 分别为1号与2号变量，则
$$F'_x=\Phi'_1\cdot c,F'_y=\Phi'_2\cdot c,F'_z=\Phi'_1\cdot(-a)+\Phi'_2\cdot(-b),$$
$$\frac{\partial z}{\partial x}=-\frac{F'_x}{F'_z}=-\frac{c\Phi'_1}{-a\Phi'_1-b\Phi'_2}=\frac{c\Phi'_1}{a\Phi'_1+b\Phi'_2},$$
$$\frac{\partial z}{\partial y}=-\frac{F'_y}{F'_z}=-\frac{c\Phi'_2}{-a\Phi'_1-b\Phi'_2}=\frac{c\Phi'_2}{a\Phi'_1+b\Phi'_2},$$
故
$$a\frac{\partial z}{\partial x}+b\frac{\partial z}{\partial y}=\frac{ac\Phi'_1+bc\Phi'_2}{a\Phi'_1+b\Phi'_2}=c.$$

*8. 设 $e^z-xyz=0$，求 $\frac{\partial^2 z}{\partial x^2}$.

【解析】方程两边对 x 求导，得 $e^z\frac{\partial z}{\partial x}-yz-xy\frac{\partial z}{\partial x}=0$. 所以 $\frac{\partial z}{\partial x}=\frac{yz}{e^z-xy}$，
$$\frac{\partial^2 z}{\partial x^2}=\frac{(e^z-xy)\cdot y\cdot\frac{\partial z}{\partial x}-yz\left(e^z\cdot\frac{\partial z}{\partial x}-y\right)}{(e^z-xy)^2}$$
$$=\frac{(e^z-xy)\frac{y^2z}{e^z-xy}-yz\left(\frac{yze^z}{e^z-xy}-y\right)}{(e^z-xy)^2}=\frac{2y^2ze^z-2xy^3z-y^2z^2e^z}{(e^z-xy)^3}.$$

*9. 设 $z^3-3xyz=a^3$，求 $\frac{\partial^2 z}{\partial x\partial y}$.

【解析】视 $z=z(x,y)$，两边对 x 求偏导得
$$3z^2\frac{\partial z}{\partial x}-\left(3yz+3xy\frac{\partial z}{\partial x}\right)=0,$$

即
$$z^2\frac{\partial z}{\partial x}-\left(yz+xy\frac{\partial z}{\partial x}\right)=0, \quad ①$$

从而
$$\frac{\partial z}{\partial x}=\frac{yz}{z^2-xy}, \quad ②$$

由对称性知
$$\frac{\partial z}{\partial y}=\frac{xz}{z^2-xy}. \quad ③$$

①式两端对 y 求偏导得
$$2z\frac{\partial z}{\partial y}\cdot\frac{\partial z}{\partial x}+z^2\frac{\partial^2 z}{\partial x\partial y}-\left(z+y\frac{\partial z}{\partial y}+x\frac{\partial z}{\partial x}+xy\frac{\partial^2 z}{\partial x\partial y}\right)=0,$$

从而
$$\frac{\partial^2 z}{\partial x\partial y}=\frac{1}{z^2-xy}\left(z+y\frac{\partial z}{\partial y}+x\frac{\partial z}{\partial x}-2z\frac{\partial z}{\partial x}\cdot\frac{\partial z}{\partial y}\right),$$

代入①、②式得$\dfrac{\partial^2 z}{\partial x\partial y}=\dfrac{z(z^4-2xyz^2-x^2y^2)}{(z^2-xy)^3}$.

10.求由下列方程组所确定的函数的导数或偏导数：

(1)设$\begin{cases}z=x^2+y^2,\\x^2+2y^2+3z^2=20,\end{cases}$求$\dfrac{\mathrm{d}y}{\mathrm{d}x},\dfrac{\mathrm{d}z}{\mathrm{d}x}$；

(2)设$\begin{cases}x+y+z=0,\\x^2+y^2+z^2=1,\end{cases}$求$\dfrac{\mathrm{d}x}{\mathrm{d}z},\dfrac{\mathrm{d}y}{\mathrm{d}z}$；

(3)设$\begin{cases}u=f(ux,v+y),\\v=g(u-x,v^2y),\end{cases}$其中 f,g 具有一阶连续偏导数,求$\dfrac{\partial u}{\partial x},\dfrac{\partial v}{\partial x}$；

(4)设$\begin{cases}x=\mathrm{e}^u+u\sin v,\\y=\mathrm{e}^u-u\cos v,\end{cases}$求$\dfrac{\partial u}{\partial x},\dfrac{\partial u}{\partial y},\dfrac{\partial v}{\partial x},\dfrac{\partial v}{\partial y}$.

【解析】(1)分别在两个方程两端对 x 求导,得
$$\begin{cases}\dfrac{\mathrm{d}z}{\mathrm{d}x}=2x+2y\dfrac{\mathrm{d}y}{\mathrm{d}x},\\2x+4y\dfrac{\mathrm{d}y}{\mathrm{d}x}+6z\dfrac{\mathrm{d}z}{\mathrm{d}x}=0.\end{cases}$$

移项,得
$$\begin{cases}2y\dfrac{\mathrm{d}y}{\mathrm{d}x}-\dfrac{\mathrm{d}z}{\mathrm{d}x}=-2x,\\2y\dfrac{\mathrm{d}y}{\mathrm{d}x}+3z\dfrac{\mathrm{d}z}{\mathrm{d}x}=-x.\end{cases}$$

当$D=\begin{vmatrix}2y&-1\\2y&3z\end{vmatrix}=6yz+2y\neq0$时,解方程组得
$$\frac{\mathrm{d}y}{\mathrm{d}x}=\frac{\begin{vmatrix}-2x&-1\\-x&3z\end{vmatrix}}{D}=\frac{-6xz-x}{6yz+2y}=\frac{-x(6z+1)}{2y(3z+1)},$$
$$\frac{\mathrm{d}z}{\mathrm{d}x}=\frac{\begin{vmatrix}2y&-2x\\2y&-x\end{vmatrix}}{D}=\frac{2xy}{6yz+2y}=\frac{x}{3z+1}.$$

(2)所给方程组确定两个一元隐函数:$x=x(z)$和 $y=y(z)$,在所给方程的两端分别对 z 求导并移项,得

$$\begin{cases}\dfrac{dx}{dz}+\dfrac{dy}{dz}=-1,\\ 2x\dfrac{dx}{dz}+2y\dfrac{dy}{dz}=-2z.\end{cases}$$

当 $D=\begin{vmatrix}1 & 1\\ 2x & 2y\end{vmatrix}=2(y-x)\neq 0$ 时，解方程组得

$$\frac{dx}{dz}=\frac{\begin{vmatrix}-1 & 1\\ -2z & 2y\end{vmatrix}}{D}=\frac{-2y+2z}{2(y-x)}=\frac{y-z}{x-y},$$

$$\frac{dy}{dz}=\frac{\begin{vmatrix}1 & -1\\ 2x & -2z\end{vmatrix}}{D}=\frac{-2z+2x}{2(y-x)}=\frac{z-x}{x-y}.$$

(3)此方程组可以确定两个二元隐函数：$u=u(x,y),v=v(x,y)$.

分别在方程两端对 x 求偏导数，得

$$\begin{cases}\dfrac{\partial u}{\partial x}=f_1'\cdot\left(u+x\dfrac{\partial u}{\partial x}\right)+f_2'\cdot\dfrac{\partial v}{\partial x},\\ \dfrac{\partial v}{\partial x}=g_1'\cdot\left(\dfrac{\partial u}{\partial x}-1\right)+2g_2'yv\cdot\dfrac{\partial v}{\partial x}.\end{cases}$$

移项整理后得

$$\begin{cases}(xf_1'-1)\dfrac{\partial u}{\partial x}+f_2'\dfrac{\partial v}{\partial x}=-uf_1',\\ g_1'\dfrac{\partial u}{\partial x}+(2yvg_2'-1)\dfrac{\partial v}{\partial x}=g_1'.\end{cases}$$

当 $D=\begin{vmatrix}xf_1'-1 & f_2'\\ g_1' & 2yvg_2'-1\end{vmatrix}=(xf_1'-1)(2yvg_2'-1)-f_2'g_1'\neq 0$ 时，解方程组得

$$\begin{aligned}\frac{\partial u}{\partial x}&=\frac{1}{D}\begin{vmatrix}-uf_1' & f_2'\\ g_1' & 2yvg_2'-1\end{vmatrix}\\ &=\frac{-uf_1'(2yvg_2'-1)-f_2'g_1'}{(xf_1'-1)(2yvg_2'-1)-f_2'g_1'},\end{aligned}$$

$$\frac{\partial v}{\partial x}=\frac{1}{D}\begin{vmatrix}xf_1'-1 & -uf_1'\\ g_1' & g_1'\end{vmatrix}=\frac{g_1'(xf_1'+uf_1'-1)}{(xf_1'-1)(2yvg_2'-1)-f_2'g_1'}.$$

(4)$u=u(x,y),v=v(x,y)$是已知函数的反函数，方程组两边对 x 求导，得

$$\begin{cases}1=e^u\dfrac{\partial u}{\partial x}+\dfrac{\partial u}{\partial x}\sin v+u\cos v\dfrac{\partial v}{\partial x},\\ 0=e^u\dfrac{\partial u}{\partial x}-\dfrac{\partial u}{\partial x}\cos v-u(-\sin v)\dfrac{\partial v}{\partial x},\end{cases}$$

即

$$\begin{cases}(e^u+\sin v)\dfrac{\partial u}{\partial x}+u\cos v\dfrac{\partial v}{\partial x}=1,\\ (e^u-\cos v)\dfrac{\partial u}{\partial x}+u\sin v\dfrac{\partial v}{\partial x}=0.\end{cases}$$

当 $\begin{vmatrix}e^u+\sin v & u\cos v\\ e^u-\cos v & u\sin v\end{vmatrix}\neq 0$ 时，解得

$$\frac{\partial u}{\partial x}=\frac{\sin v}{e^u(\sin v-\cos v)+1},\quad \frac{\partial v}{\partial x}=\frac{\cos v-e^u}{u[e^u(\sin v-\cos v)+1]}.$$

方程组两边对 y 求导得

$$\begin{cases}0=e^u\dfrac{\partial u}{\partial y}+\dfrac{\partial u}{\partial y}\sin v+u\cos v\dfrac{\partial v}{\partial y},\\ 1=e^u\dfrac{\partial u}{\partial y}-\dfrac{\partial u}{\partial y}\cos v+u\sin v\dfrac{\partial v}{\partial y},\end{cases}$$

即

$$\begin{cases}(e^u+\sin v)\dfrac{\partial u}{\partial y}+u\cos v\dfrac{\partial v}{\partial y}=0,\\ (e^u-\cos v)\dfrac{\partial u}{\partial y}+u\sin v\dfrac{\partial v}{\partial y}=1.\end{cases}$$

当 $\begin{vmatrix}e^u+\sin v & u\cos v\\ e^u-\cos v & u\sin v\end{vmatrix}\neq 0$ 时，解得

$$\frac{\partial u}{\partial y}=\frac{-\cos v}{e^u(\sin v-\cos v)+1},\quad \frac{\partial v}{\partial y}=\frac{\sin v+e^u}{u[e^u(\sin v-\cos v)+1]}.$$

11. 设 $y=f(x,t)$，而 $t=t(x,y)$ 是由方程 $F(x,y,t)=0$ 所确定的函数，其中 f,F 都具有一阶连续偏导数. 试证明

$$\frac{dy}{dx}=\frac{\dfrac{\partial f}{\partial x}\dfrac{\partial F}{\partial t}-\dfrac{\partial f}{\partial t}\dfrac{\partial F}{\partial x}}{\dfrac{\partial f}{\partial t}\dfrac{\partial F}{\partial y}+\dfrac{\partial F}{\partial t}}.$$

【证明】证法一　由方程组 $\begin{cases}y=f(x,t),\\ F(x,y,t)=0\end{cases}$ 可确定两个一元隐函数 $y=y(x),t=t(x)$. 分别在两个方程两端对 x 求导可得

$$\begin{cases}\dfrac{dy}{dx}=\dfrac{\partial f}{\partial x}+\dfrac{\partial f}{\partial t}\cdot\dfrac{dt}{dx},\\ \dfrac{\partial F}{\partial x}+\dfrac{\partial F}{\partial y}\cdot\dfrac{dy}{dx}+\dfrac{\partial F}{\partial t}\cdot\dfrac{dt}{dx}=0.\end{cases}$$

移项得

$$\begin{cases}\dfrac{dy}{dx}-\dfrac{\partial f}{\partial t}\cdot\dfrac{dt}{dx}=\dfrac{\partial f}{\partial x},\\ \dfrac{\partial F}{\partial y}\cdot\dfrac{dy}{dx}+\dfrac{\partial F}{\partial t}\cdot\dfrac{dt}{dx}=-\dfrac{\partial F}{\partial x}.\end{cases}$$

当 $D=\begin{vmatrix}1 & -\dfrac{\partial f}{\partial t}\\ \dfrac{\partial F}{\partial y} & \dfrac{\partial F}{\partial t}\end{vmatrix}=\dfrac{\partial F}{\partial t}+\dfrac{\partial f}{\partial t}\cdot\dfrac{\partial F}{\partial y}\neq 0$ 时，解方程组得

$$\frac{dy}{dx}=\frac{1}{D}\cdot\begin{vmatrix}\dfrac{\partial f}{\partial x} & -\dfrac{\partial f}{\partial t}\\ -\dfrac{\partial F}{\partial x} & \dfrac{\partial F}{\partial t}\end{vmatrix}=\frac{\dfrac{\partial f}{\partial x}\cdot\dfrac{\partial F}{\partial t}-\dfrac{\partial f}{\partial t}\cdot\dfrac{\partial F}{\partial x}}{\dfrac{\partial F}{\partial t}+\dfrac{\partial f}{\partial t}\cdot\dfrac{\partial F}{\partial y}}.$$

证法二　分别在 $y=f(x,t)$ 及 $F(x,y,t)=0$ 两端求全微分，得

$$\begin{cases}dy=f_x'dx+f_t'dt, & ①\\ F_x'dx+F_y'dy+F_t'dt=0. & ②\end{cases}$$

由②式，得 $$F_t'\mathrm{d}t=-(F_x'\mathrm{d}x+F_y'\mathrm{d}y).\tag{③}$$

用 F_t' 乘①式两端，并以③式代入，得

$$F_t'\mathrm{d}y=f_x'F_t'\mathrm{d}x-f_t'(F_x'\mathrm{d}x+F_y'\mathrm{d}y),$$

即 $$(F_t'+f_t'F_y')\mathrm{d}y=(f_x'F_t'-f_t'F_x')\mathrm{d}x.$$

故当 $F_t'+f_t'F_y'\neq0$ 时，有 $$\frac{\mathrm{d}y}{\mathrm{d}x}=\frac{f_x'F_t'-f_t'F_x'}{F_t'+f_t'F_y'}.$$

习题 9－6　多元函数微分学的几何应用

1. 设 $\boldsymbol{f}(t)=f_1(t)\boldsymbol{i}+f_2(t)\boldsymbol{j}+f_3(t)\boldsymbol{k}$，$\boldsymbol{g}(t)=g_1(t)\boldsymbol{i}+g_2(t)\boldsymbol{j}+g_3(t)\boldsymbol{k}$，$\lim\limits_{t\to t_0}\boldsymbol{f}(t)=\boldsymbol{u}$，$\lim\limits_{t\to t_0}\boldsymbol{g}(t)=\boldsymbol{v}$，证明 $\lim\limits_{t\to t_0}[\boldsymbol{f}(t)\times\boldsymbol{g}(t)]=\boldsymbol{u}\times\boldsymbol{v}$.

【证明】

$$\begin{aligned}\lim_{t\to t_0}[\boldsymbol{f}(t)\times\boldsymbol{g}(t)]&=\lim_{t\to t_0}\begin{vmatrix}\boldsymbol{i}&\boldsymbol{j}&\boldsymbol{k}\\ f_1(t)&f_2(t)&f_3(t)\\ g_1(t)&g_2(t)&g_3(t)\end{vmatrix}\\&=\lim_{t\to t_0}(f_2(t)g_3(t)-f_3(t)g_2(t),f_3(t)g_1(t)-f_1(t)g_3(t),\\&\quad f_1(t)g_2(t)-f_2(t)g_1(t))\\&=(\lim_{t\to t_0}[f_2(t)g_3(t)-f_3(t)g_2(t)],\lim_{t\to t_0}[f_3(t)g_1(t)-f_1(t)g_3(t)],\\&\quad\lim_{t\to t_0}[f_1(t)g_2(t)-f_2(t)g_1(t)])\\&=\begin{vmatrix}\boldsymbol{i}&\boldsymbol{j}&\boldsymbol{k}\\ \lim\limits_{t\to t_0}f_1(t)&\lim\limits_{t\to t_0}f_2(t)&\lim\limits_{t\to t_0}f_3(t)\\ \lim\limits_{t\to t_0}g_1(t)&\lim\limits_{t\to t_0}g_2(t)&\lim\limits_{t\to t_0}g_3(t)\end{vmatrix}=\boldsymbol{u}\times\boldsymbol{v}.\end{aligned}$$

这个结果表示：两个向量值函数的向量积的极限等于它们各自的极限（向量）的向量积，即

$$\lim_{t\to t_0}[\boldsymbol{f}(t)\times\boldsymbol{g}(t)]=[\lim_{t\to t_0}\boldsymbol{f}(t)]\times[\lim_{t\to t_0}\boldsymbol{g}(t)].$$

2. 下列各题中，$\boldsymbol{r}=\boldsymbol{f}(t)$ 是空间中的质点 M 在时刻 t 的位置，求质点 M 在时刻 t_0 的速度向量和加速度向量以及在任意时刻 t 的速率.

(1) $\boldsymbol{r}=\boldsymbol{f}(t)=(t+1)\boldsymbol{i}+(t^2-1)\boldsymbol{j}+2t\boldsymbol{k}$，$t_0=1$；

(2) $\boldsymbol{r}=\boldsymbol{f}(t)=(2\cos t)\boldsymbol{i}+(3\sin t)\boldsymbol{j}+4t\boldsymbol{k}$，$t_0=\dfrac{\pi}{2}$；

(3) $\boldsymbol{r}=\boldsymbol{f}(t)=[2\ln(t+1)]\boldsymbol{i}+t^2\boldsymbol{j}+\dfrac{1}{2}t^2\boldsymbol{k}$，$t_0=1$.

【解析】(1) 速度向量 $\boldsymbol{v}_0=\left.\dfrac{\mathrm{d}\boldsymbol{r}}{\mathrm{d}t}\right|_{t=1}=(\boldsymbol{i}+2t\boldsymbol{j}+2\boldsymbol{k})|_{t=1}=\boldsymbol{i}+2\boldsymbol{j}+2\boldsymbol{k}$，

加速度向量 $\boldsymbol{a}_0=\left.\dfrac{\mathrm{d}^2\boldsymbol{r}}{\mathrm{d}t^2}\right|_{t=1}=2\boldsymbol{j}$，速率 $|\boldsymbol{v}(t)|=|\boldsymbol{i}+2t\boldsymbol{j}+2\boldsymbol{k}|=\sqrt{5+4t^2}$.

(2) 速度向量 $\boldsymbol{v}_0=\left.\dfrac{\mathrm{d}\boldsymbol{r}}{\mathrm{d}t}\right|_{t=\frac{\pi}{2}}=[(-2\sin t)\boldsymbol{i}+(3\cos t)\boldsymbol{j}+4\boldsymbol{k}]|_{t=\frac{\pi}{2}}=-2\boldsymbol{i}+4\boldsymbol{k}$，

加速度向量 $\boldsymbol{a}_0=\left.\dfrac{\mathrm{d}^2\boldsymbol{r}}{\mathrm{d}t^2}\right|_{t=\frac{\pi}{2}}=[(-2\cos t)\boldsymbol{i}-(3\sin t)\boldsymbol{j}]|_{t=\frac{\pi}{2}}=-3\boldsymbol{j}$，

速率 $|\boldsymbol{v}(t)|=|(-2\sin t)\boldsymbol{i}+(3\cos t)\boldsymbol{j}+4\boldsymbol{k}|=\sqrt{9\cos^2 t+4\sin^2 t+16}=\sqrt{20+5\cos^2 t}$.

(3)速度向量 $\boldsymbol{v}_0=\left.\frac{\mathrm{d}\boldsymbol{r}}{\mathrm{d}t}\right|_{t=1}=\left.\left(\frac{2}{t+1}\boldsymbol{i}+2t\boldsymbol{j}+t\boldsymbol{k}\right)\right|_{t=1}=\boldsymbol{i}+2\boldsymbol{j}+\boldsymbol{k}$,

加速度向量 $\boldsymbol{a}_0=\left.\frac{\mathrm{d}^2\boldsymbol{r}}{\mathrm{d}t^2}\right|_{t=1}=\left.\left[-\frac{2}{(t+1)^2}\boldsymbol{i}+2\boldsymbol{j}+\boldsymbol{k}\right]\right|_{t=1}=-\frac{1}{2}\boldsymbol{i}+2\boldsymbol{j}+\boldsymbol{k}$,

速率 $|\boldsymbol{v}(t)|=\left|\frac{2}{t+1}\boldsymbol{i}+2t\boldsymbol{j}+t\boldsymbol{k}\right|=\sqrt{5t^2+\frac{4}{(t+1)^2}}$.

3. 求曲线 $\boldsymbol{r}=\boldsymbol{f}(t)=(t-\sin t)\boldsymbol{i}+(1-\cos t)\boldsymbol{j}+\left(4\sin\frac{t}{2}\right)\boldsymbol{k}$ 在与 $t_0=\frac{\pi}{2}$ 相应的点处的切线及法平面方程.

【解析】因为 $x'_t=1-\cos t, y'_t=\sin t, z'_t=2\cos\frac{t}{2}$,而点 $\left(\frac{\pi}{2}-1,1,2\sqrt{2}\right)$ 对应参数 $t=\frac{\pi}{2}$,所以切向量 $\boldsymbol{T}=(1,1,\sqrt{2})$,

所以切线方程为
$$\frac{x-\frac{\pi}{2}+1}{1}=\frac{y-1}{1}=\frac{z-2\sqrt{2}}{\sqrt{2}},$$

法平面方程为
$$1\cdot\left(x-\frac{\pi}{2}+1\right)+1\cdot(y-1)+\sqrt{2}\cdot(z-2\sqrt{2})=0,$$

即 $x+y+\sqrt{2}z=4+\frac{\pi}{2}$.

4. 求曲线 $x=\frac{t}{1+t}, y=\frac{1+t}{t}, z=t^2$ 在对应于 $t_0=1$ 的点处的切线及法平面方程.

【解析】 $x'(t)=\frac{1}{(1+t)^2},\quad y'(t)=-\frac{1}{t^2},\quad z'(t)=2t,$

$x'(1)=1/4,\qquad y'(1)=-1,\qquad z'(1)=2.$

$t_0=1$ 时曲线上的对应点为 $\left(\frac{1}{2},2,1\right)$,则在该点处切线方程为

$$\frac{x-\frac{1}{2}}{1/4}=\frac{y-2}{-1}=\frac{z-1}{2}\quad\Rightarrow\quad\frac{x-\frac{1}{2}}{1}=\frac{y-2}{-4}=\frac{z-1}{8}.$$

法平面方程为 $\frac{1}{4}\left(x-\frac{1}{2}\right)-(y-2)+2(z-1)=0$,即 $2x-8y+16z-1=0$.

5. 求曲线 $y^2=2mx, z^2=m-x$ 在点 (x_0,y_0,z_0) 处的切线及法平面方程.

【解析】设曲线的参数方程中的参数为 x,在方程 $y^2=2mx$ 和 $z^2=m-x$ 两端分别对 x 求导,得

$$2y\frac{\mathrm{d}y}{\mathrm{d}x}=2m, 2z\frac{\mathrm{d}z}{\mathrm{d}x}=-1,\text{即}\frac{\mathrm{d}y}{\mathrm{d}x}=\frac{m}{y},\frac{\mathrm{d}z}{\mathrm{d}x}=-\frac{1}{2z}.$$

所以曲线在点 (x_0,y_0,z_0) 的切向量为

$$\boldsymbol{T}=\left(1,\frac{m}{y_0},-\frac{1}{2z_0}\right).$$

于是在点 (x_0,y_0,z_0) 处的切线方程为

$$\frac{x-x_0}{1}=\frac{y-y_0}{\frac{m}{y_0}}=\frac{z-z_0}{-\frac{1}{2z_0}}.$$

法平面方程为
$$(x-x_0)+\frac{m}{y_0}(y-y_0)-\frac{1}{2z_0}(z-z_0)=0.$$

6. 求曲线 $\begin{cases}x^2+y^2+z^2-3x=0,\\2x-3y+5z-4=0\end{cases}$ 在点(1,1,1)处的切线及法平面方程.

【解析】方法一 为了求 $\frac{\mathrm{d}y}{\mathrm{d}x},\frac{\mathrm{d}z}{\mathrm{d}x}$,在所给方程两端分别对 x 求导,得

$$\begin{cases}2x+2y\frac{\mathrm{d}y}{\mathrm{d}x}+2z\frac{\mathrm{d}z}{\mathrm{d}x}-3=0,\\2-3\frac{\mathrm{d}y}{\mathrm{d}x}+5\frac{\mathrm{d}z}{\mathrm{d}x}=0.\end{cases}$$

即

$$\begin{cases}2y\frac{\mathrm{d}y}{\mathrm{d}x}+2z\frac{\mathrm{d}z}{\mathrm{d}x}=-2x+3,\\3\frac{\mathrm{d}y}{\mathrm{d}x}-5\frac{\mathrm{d}z}{\mathrm{d}x}=2.\end{cases}$$

当 $D=\begin{vmatrix}2y&2z\\3&-5\end{vmatrix}=-10y-6z\neq0$ 时,解方程组得

$$\frac{\mathrm{d}y}{\mathrm{d}x}=\frac{1}{D}\begin{vmatrix}-2x+3&2z\\2&-5\end{vmatrix}=\frac{10x-4z-15}{-10y-6z},$$

$$\frac{\mathrm{d}z}{\mathrm{d}x}=\frac{1}{D}\begin{vmatrix}2y&-2x+3\\3&2\end{vmatrix}=\frac{6x+4y-9}{-10y-6z}.$$

$$\left.\frac{\mathrm{d}y}{\mathrm{d}x}\right|_{(1,1,1)}=\frac{9}{16},\left.\frac{\mathrm{d}z}{\mathrm{d}x}\right|_{(1,1,1)}=-\frac{1}{16}.$$

于是在点(1,1,1)处的切线方程为 $\frac{x-1}{1}=\frac{y-1}{\frac{9}{16}}=\frac{z-1}{-\frac{1}{16}}$,

即 $$\frac{x-1}{16}=\frac{y-1}{9}=\frac{z-1}{-1}.$$

法平面方程为 $$(x-1)+\frac{9}{16}(y-1)-\frac{1}{16}(z-1)=0,$$

即 $$16x+9y-z-24=0.$$

方法二 所求曲线的切线,也就是曲面 $x^2+y^2+z^2-3x=0$ 在点(1,1,1)处的切平面与平面 $2x-3y+5z=4$ 的交线,利用曲面的切平面方程得所求切线为

$$\begin{cases}-(x-1)+2(y-1)+2(z-1)=0,\\2x-3y+5z=4.\end{cases}$$

即

$$\begin{cases}-x+2y+2z=3,\\2x-3y+5z=4.\end{cases}$$

这切线的方向向量为(16,9,−1),于是所求法平面方程为

$$16(x-1)+9(y-1)-(z-1)=0,$$

即 $$16x+9y-z-24=0.$$

7. 求出曲线 $x=t,y=t^2,z=t^3$ 上的点,使在该点的切线平行于平面 $x+2y+z=4$.

【解析】 $x'=1,y'=2t,z'=3t^2$,则参数 t 对应点处的切向量为 $\boldsymbol{T}=(1,2t,3t^2)$. 已知平面的法向量为(1,2,1),切线与平面平行,则有 $(1,2t,3t^2)\cdot(1,2,1)=0$,即 $1+4t+3t^2=0$,解之得 $t=-1$ 和

$-\frac{1}{3}$,故所求点的坐标为$(-1,1,-1)$和$\left(-\frac{1}{3},\frac{1}{9},-\frac{1}{27}\right)$.

8.求曲面$e^z-z+xy=3$在点$(2,1,0)$处的切平面及法线方程.

【解析】设$F(x,y,z)=e^z-z+xy-3$,则$\boldsymbol{n}=(F'_x,F'_y,F'_z)=(y,x,e^z-1)$.在点$(2,1,0)$处,切平面法向量为$(1,2,0)$,切平面方程为

$$(x-2)+2(y-1)+0(z-0)=0,\text{即 } x+2y-4=0.$$

法线方程为
$$\begin{cases}\dfrac{x-2}{1}=\dfrac{y-1}{2},\\ z=0.\end{cases}$$

9.求曲面$ax^2+by^2+cz^2=1$在点(x_0,y_0,z_0)处的切平面及法线方程.

【解析】令$F(x,y,z)=ax^2+by^2+cz^2-1$,

则
$$\boldsymbol{n}=(F'_x,F'_y,F'_z)=(2ax,2by,2cz),\boldsymbol{n}\Big|_{(x_0,y_0,z_0)}=(2ax_0,2by_0,2cz_0).$$

所以在点(x_0,y_0,z_0)处的切平面方程为

$$2ax_0(x-x_0)+2by_0(y-y_0)+2cz_0(z-z_0)=0,$$

即
$$ax_0x+by_0y+cz_0z=1.$$

法线方程为
$$\frac{x-x_0}{2ax_0}=\frac{y-y_0}{2by_0}=\frac{z-z_0}{2cz_0},$$

即
$$\frac{x-x_0}{ax_0}=\frac{y-y_0}{by_0}=\frac{z-z_0}{cz_0}.$$

10.求椭球面$x^2+2y^2+z^2=1$上平行于平面$x-y+2z=0$的切平面方程.

【解析】设$F(x,y,z)=x^2+2y^2+z^2-1$,则曲面在点(x,y,z)处的一个法向量$\boldsymbol{n}=(F'_x,F'_y,F'_z)=(2x,4y,2z)$.已知平面的法向量为$(1,-1,2)$,由已知平面与所求切平面平行,得

$$\frac{2x}{1}=\frac{4y}{-1}=\frac{2z}{2},$$

即
$$x=\frac{1}{2}z,y=-\frac{1}{4}z.$$

代入椭球面方程得
$$\left(\frac{z}{2}\right)^2+2\left(-\frac{z}{4}\right)^2+z^2=1.$$

解得$z=\pm2\sqrt{\frac{2}{11}}$,则$x=\pm\sqrt{\frac{2}{11}}$,$y=\mp\frac{1}{2}\sqrt{\frac{2}{11}}$.

所以切点为
$$\left(\pm\sqrt{\frac{2}{11}},\mp\frac{1}{2}\sqrt{\frac{2}{11}},\pm2\sqrt{\frac{2}{11}}\right).$$

所求切平面方程为

$$\left(x\mp\sqrt{\frac{2}{11}}\right)-\left(y\pm\frac{1}{2}\sqrt{\frac{2}{11}}\right)+2\left(z\mp2\sqrt{\frac{2}{11}}\right)=0,$$

即
$$x-y+2z=\pm\sqrt{\frac{11}{2}}.$$

11.求旋转椭球面$3x^2+y^2+z^2=16$上点$(-1,-2,3)$处的切平面与xOy面的夹角的余弦.

【解析】令$F(x,y,z)=3x^2+y^2+z^2-16$,曲面的法向量为

$$\boldsymbol{n}=(F'_x,F'_y,F'_z)=(6x,2y,2z).$$

曲面在点$(-1,-2,3)$处的法向量为$\boldsymbol{n}_1=\boldsymbol{n}\big|_{(-1,-2,3)}=(-6,-4,6)$,$xOy$面的法向量为

$\boldsymbol{n}_2=(0,0,1)$，记 $\boldsymbol{n}_1$ 与 $\boldsymbol{n}_2$ 的夹角为 γ，则所求的余弦值为

$$\cos\gamma=\frac{\boldsymbol{n}_1\cdot\boldsymbol{n}_2}{|\boldsymbol{n}_1||\boldsymbol{n}_2|}=\frac{6}{\sqrt{6^2+4^2+6^2}\times 1}=\frac{3}{\sqrt{22}}\ .$$

12. 试证曲面 $\sqrt{x}+\sqrt{y}+\sqrt{z}=\sqrt{a}\,(a>0)$ 上任何点处的切平面在各坐标轴上的截距之和等于 a.

【证明】设 $F(x,y,z)=\sqrt{x}+\sqrt{y}+\sqrt{z}-\sqrt{a}$，有

$$F'_x=\frac{1}{2\sqrt{x}},\quad F'_y=\frac{1}{2\sqrt{y}},\quad F'_z=\frac{1}{2\sqrt{z}}.$$

则曲面在点 $M(x_0,y_0,z_0)$ 处的切平面方程为

$$\frac{1}{2\sqrt{x_0}}(x-x_0)+\frac{1}{2\sqrt{y_0}}(y-y_0)+\frac{1}{2\sqrt{z_0}}(z-z_0)=0,$$

即

$$\frac{x}{\sqrt{x_0}}+\frac{y}{\sqrt{y_0}}+\frac{z}{\sqrt{z_0}}=\sqrt{x_0}+\sqrt{y_0}+\sqrt{z_0}=\sqrt{a}.$$

化为截距式得 $\dfrac{x}{\sqrt{ax_0}}+\dfrac{y}{\sqrt{ay_0}}+\dfrac{z}{\sqrt{az_0}}=1$. 所以切平面在各坐标轴上的截距之和为

$$\sqrt{ax_0}+\sqrt{ay_0}+\sqrt{az_0}=\sqrt{a}(\sqrt{x_0}+\sqrt{y_0}+\sqrt{z_0})=\sqrt{a}\cdot\sqrt{a}=a.$$

13. 设 $\boldsymbol{u}(t)$、$\boldsymbol{v}(t)$ 是可导的向量值函数，证明：

(1) $\dfrac{\mathrm{d}}{\mathrm{d}t}[\boldsymbol{u}(t)\pm\boldsymbol{v}(t)]=\boldsymbol{u}'(t)\pm\boldsymbol{v}'(t)$；

(2) $\dfrac{\mathrm{d}}{\mathrm{d}t}[\boldsymbol{u}(t)\cdot\boldsymbol{v}(t)]=\boldsymbol{u}'(t)\cdot\boldsymbol{v}(t)+\boldsymbol{u}(t)\cdot\boldsymbol{v}'(t)$；

(3) $\dfrac{\mathrm{d}}{\mathrm{d}t}[\boldsymbol{u}(t)\times\boldsymbol{v}(t)]=\boldsymbol{u}'(t)\times\boldsymbol{v}(t)+\boldsymbol{u}(t)\times\boldsymbol{v}'(t)$.

【证明】(1) $\dfrac{\mathrm{d}}{\mathrm{d}t}[\boldsymbol{u}(t)\pm\boldsymbol{v}(t)]=\lim\limits_{\Delta t\to 0}\dfrac{[\boldsymbol{u}(t+\Delta t)\pm\boldsymbol{v}(t+\Delta t)]-[\boldsymbol{u}(t)\pm\boldsymbol{v}(t)]}{\Delta t}$

$$=\lim_{\Delta t\to 0}\frac{\boldsymbol{u}(t+\Delta t)-\boldsymbol{u}(t)}{\Delta t}\pm\lim_{\Delta t\to 0}\frac{\boldsymbol{v}(t+\Delta t)-\boldsymbol{v}(t)}{\Delta t}=\boldsymbol{u}'(t)\pm\boldsymbol{v}'(t),$$

其中用到了向量值函数的极限的四则运算法则.

(2) $\dfrac{\mathrm{d}}{\mathrm{d}t}[\boldsymbol{u}(t)\cdot\boldsymbol{v}(t)]=\lim\limits_{\Delta t\to 0}\dfrac{\boldsymbol{u}(t+\Delta t)\cdot\boldsymbol{v}(t+\Delta t)-\boldsymbol{u}(t)\cdot\boldsymbol{v}(t)}{\Delta t}$

$$=\lim_{\Delta t\to 0}\frac{\boldsymbol{u}(t+\Delta t)\cdot\boldsymbol{v}(t+\Delta t)-\boldsymbol{u}(t)\cdot\boldsymbol{v}(t+\Delta t)}{\Delta t}+\lim_{\Delta t\to 0}\frac{\boldsymbol{u}(t)\cdot\boldsymbol{v}(t+\Delta t)-\boldsymbol{u}(t)\cdot\boldsymbol{v}(t)}{\Delta t}$$

$$=\left[\lim_{\Delta t\to 0}\frac{\boldsymbol{u}(t+\Delta t)-\boldsymbol{u}(t)}{\Delta t}\right]\cdot\left[\lim_{\Delta t\to 0}\boldsymbol{v}(t+\Delta t)\right]+\left[\lim_{\Delta t\to 0}\boldsymbol{u}(t)\right]\cdot\left[\lim_{\Delta t\to 0}\frac{\boldsymbol{v}(t+\Delta t)-\boldsymbol{v}(t)}{\Delta t}\right]$$

$$=\boldsymbol{u}'(t)\cdot\boldsymbol{v}(t)+\boldsymbol{u}(t)\cdot\boldsymbol{v}'(t),$$

其中用到了向量值函数极限的四则运算法则以及数量积与极限运算次序的交换.

(3) $\dfrac{\mathrm{d}}{\mathrm{d}t}[\boldsymbol{u}(t)\times\boldsymbol{v}(t)]=\lim\limits_{\Delta t\to 0}\dfrac{\boldsymbol{u}(t+\Delta t)\times\boldsymbol{v}(t+\Delta t)-\boldsymbol{u}(t)\times\boldsymbol{v}(t)}{\Delta t}$

$$=\lim_{\Delta t\to 0}\frac{\boldsymbol{u}(t+\Delta t)\times\boldsymbol{v}(t+\Delta t)-\boldsymbol{u}(t)\times\boldsymbol{v}(t+\Delta t)+\boldsymbol{u}(t)\times\boldsymbol{v}(t+\Delta t)-\boldsymbol{u}(t)\times\boldsymbol{v}(t)}{\Delta t}$$

$$=\lim_{\Delta t\to 0}\left[\frac{\boldsymbol{u}(t+\Delta t)-\boldsymbol{u}(t)}{\Delta(t)}\times\boldsymbol{v}(t+\Delta t)\right]+\lim_{\Delta t\to 0}\left[\boldsymbol{u}(t)\times\frac{\boldsymbol{v}(t+\Delta t)-\boldsymbol{v}(t)}{\Delta t}\right]$$

$$=\left[\lim_{\Delta t\to 0}\frac{\boldsymbol{u}(t+\Delta t)-\boldsymbol{u}(t)}{\Delta t}\right]\times\left[\lim_{\Delta t\to 0}\boldsymbol{v}(t+\Delta t)\right]+\left[\lim_{\Delta t\to 0}\boldsymbol{u}(t)\right]\times\left[\lim_{\Delta t\to 0}\frac{\boldsymbol{v}(t+\Delta t)-\boldsymbol{v}(t)}{\Delta t}\right]$$

$=\boldsymbol{u}'(t)\times\boldsymbol{v}(t)+\boldsymbol{u}(t)\times\boldsymbol{v}'(t)$,

其中用到了向量值函数极限的四则运算法则以及向量积与极限运算次序的交换.

习题 9－7　方向导数与梯度

1. 求函数 $z=x^2+y^2$ 在点(1,2)处从点(1,2)到点$(2,2+\sqrt{3})$的方向的方向导数.

【解析】 设从点(1,2)到点$(2,2+\sqrt{3})$的方向向量 $\boldsymbol{l}$ 和 x 轴正向的夹角为 φ,则 $\tan\varphi-\sqrt{3}$,$\varphi=\frac{\pi}{3}$,

因为$\frac{\partial z}{\partial x}=2x$,$\frac{\partial z}{\partial y}=2y$,在点(1,2)处,$\frac{\partial z}{\partial x}=2$,$\frac{\partial z}{\partial y}=4$,故所求方向导数为

$$\frac{\partial z}{\partial l}=2\cos\frac{\pi}{3}+4\sin\frac{\pi}{3}=1+2\sqrt{3}.$$

2. 求函数 $z=\ln(x+y)$在抛物线 $y^2=4x$ 上点(1,2)处,沿着这抛物线在该点处偏向 x 轴正向的切线方向的方向导数.

【解析】 先求切线斜率:在 $y^2=4x$ 两端分别对 x 求导,得

$$2y\frac{\mathrm{d}y}{\mathrm{d}x}=4.$$

于是

$$\frac{\mathrm{d}y}{\mathrm{d}x}=\frac{2}{y},\quad k=\left.\frac{\mathrm{d}y}{\mathrm{d}x}\right|_{(1,2)}=1,$$

切线方向 $\boldsymbol{l}=(1,1)$,$\boldsymbol{e}_l=\left(\frac{\sqrt{2}}{2},\frac{\sqrt{2}}{2}\right)$.

又

$$\left.\frac{\partial z}{\partial x}\right|_{(1,2)}=\left.\frac{1}{x+y}\right|_{(1,2)}=\frac{1}{3},$$

$$\left.\frac{\partial z}{\partial y}\right|_{(1,2)}=\left.\frac{1}{x+y}\right|_{(1,2)}=\frac{1}{3}.$$

故

$$\left.\frac{\partial z}{\partial l}\right|_{(1,2)}=\frac{1}{3}\times\frac{\sqrt{2}}{2}+\frac{1}{3}\times\frac{\sqrt{2}}{2}=\frac{\sqrt{2}}{3}.$$

3. 求函数 $z=1-\left(\frac{x^2}{a^2}+\frac{y^2}{b^2}\right)$在点$\left(\frac{a}{\sqrt{2}},\frac{b}{\sqrt{2}}\right)$处沿曲线$\frac{x^2}{a^2}+\frac{y^2}{b^2}=1$ 在这点的内法线方向的方向导数.

【解析】 设从 x 轴正向到内法线的方向的转角为 φ,它是第三象限的角.

在方程$\frac{x^2}{a^2}+\frac{y^2}{b^2}=1$ 两边对 x 求导,得:

$$\frac{2x}{a^2}+\frac{2y}{b^2}\cdot\frac{\mathrm{d}y}{\mathrm{d}x}=0,$$

所以

$$\frac{\mathrm{d}y}{\mathrm{d}x}=-\frac{b^2x}{a^2y}.$$

所以在点$\left(\frac{a}{\sqrt{2}},\frac{b}{\sqrt{2}}\right)$处曲线的切线斜率为 $k=\left.\frac{\mathrm{d}y}{\mathrm{d}x}\right|_{\left(\frac{a}{\sqrt{2}},\frac{b}{\sqrt{2}}\right)}=-\frac{b}{a}$,

法线斜率为

$$\tan\varphi=-\frac{1}{k}=\frac{a}{b}.$$

所以

$$\sin\varphi=-\frac{a}{\sqrt{a^2+b^2}},\quad \cos\varphi=-\frac{b}{\sqrt{a^2+b^2}}.$$

又

$$\frac{\partial z}{\partial x}=-\frac{2x}{a^2},\quad \frac{\partial z}{\partial y}=-\frac{2y}{b^2},$$

所以
$$\left.\frac{\partial z}{\partial l}\right|_{\left(\frac{a}{\sqrt{2}},\frac{b}{\sqrt{2}}\right)}=\frac{-2}{a^2}\cdot\frac{a}{\sqrt{2}}\left(\frac{-b}{\sqrt{a^2+b^2}}\right)-\frac{2}{b^2}\cdot\frac{b}{\sqrt{2}}\cdot\left(\frac{-a}{\sqrt{a^2+b^2}}\right)$$
$$=\frac{\sqrt{2(a^2+b^2)}}{ab}.$$

4.求函数 $u=xy^2+z^3-xyz$ 在点(1,1,2)处沿方向角为 $\alpha=\frac{\pi}{3},\beta=\frac{\pi}{4},\gamma=\frac{\pi}{3}$ 的方向的方向导数.

【解析】因为
$$\frac{\partial u}{\partial x}=y^2-yz,\quad \frac{\partial u}{\partial y}=2xy-xz,\quad \frac{\partial u}{\partial z}=3z^2-xy,$$
$$\left.\frac{\partial u}{\partial x}\right|_{(1,1,2)}=-1,\quad \left.\frac{\partial u}{\partial y}\right|_{(1,1,2)}=0,\quad \left.\frac{\partial u}{\partial z}\right|_{(1,1,2)}=11.$$
$$\boldsymbol{e}_l=\left(\cos\frac{\pi}{3},\cos\frac{\pi}{4},\cos\frac{\pi}{3}\right)=\left(\frac{1}{2},\frac{\sqrt{2}}{2},\frac{1}{2}\right),$$
所以
$$\left.\frac{\partial u}{\partial l}\right|_{(1,1,2)}=-1\times\frac{1}{2}+0+11\times\frac{1}{2}=5.$$

5.求函数 $u=xyz$ 在点(5,1,2)处沿从点(5,1,2)到点(9,4,14)的方向的方向导数.

【解析】$\boldsymbol{l}=(9-5,4-1,14-2)=(4,3,12)$,所以 $\boldsymbol{e}_l=\frac{\boldsymbol{l}}{|\boldsymbol{l}|}=\left(\frac{4}{13},\frac{3}{13},\frac{12}{13}\right)$,

从而
$$\cos\alpha=\frac{4}{13},\cos\beta=\frac{3}{13},\cos\gamma=\frac{12}{13}.$$

因为
$$\frac{\partial u}{\partial l}=\frac{\partial u}{\partial x}\cos\alpha+\frac{\partial u}{\partial y}\cos\beta+\frac{\partial u}{\partial z}\cos\gamma=\frac{4}{13}yz+\frac{3}{13}xz+\frac{12}{13}xy,$$
所以
$$\left.\frac{\partial u}{\partial l}\right|_{(5,1,2)}=\frac{4}{13}\times2+\frac{3}{13}\times10+\frac{12}{13}\times5=\frac{98}{13}.$$

6.求函数 $u=x^2+y^2+z^2$ 在曲线 $x=t,y=t^2,z=t^3$ 上点(1,1,1)处,沿曲线在该点的切线正方向(对应于 t 增大的方向)的方向导数.

【解析】点(1,1,1)对应 $t=1$,在该点处切向量
$$\boldsymbol{T}=(x'(1),y'(1),z'(1))=(1,2,3),$$
于是
$$\cos\alpha=\frac{1}{\sqrt{1^2+2^2+3^2}}=\frac{1}{\sqrt{14}},\cos\beta=\frac{2}{\sqrt{14}},\cos\gamma=\frac{3}{\sqrt{14}}.$$
因为
$$\frac{\partial u}{\partial x}=2x,\frac{\partial u}{\partial y}=2y,\frac{\partial u}{\partial y}=2z,\text{所以}$$
$$\left.\frac{\partial u}{\partial T}\right|_{(1,1,1)}=2\times\frac{1}{\sqrt{14}}+2\times\frac{2}{\sqrt{14}}+2\times\frac{3}{\sqrt{14}}=\frac{6}{7}\sqrt{14}.$$

7.求函数 $u=x+y+z$ 在球面 $x^2+y^2+z^2=1$ 上点 (x_0,y_0,z_0) 处,沿球面在该点的外法线方向的方向导数.

【解析】令 $\varphi(x,y,z)=x^2+y^2+z^2-1$,则法向量
$$\boldsymbol{n}=\left.(\varphi'_x,\varphi'_y,\varphi'_z)\right|_{M_0}=(2x_0,2y_0,2z_0).$$

方向余弦为
$$\cos\alpha=\frac{2x_0}{\sqrt{(2x_0)^2+(2y_0)^2+(2z_0)^2}}=x_0,\cos\beta=y_0,\cos\gamma=z_0.$$

所以方向导数为

$$\left.\frac{\partial u}{\partial x}\right|_{M_0}\cdot\cos\alpha+\left.\frac{\partial u}{\partial y}\right|_{M_0}\cdot\cos\beta+\left.\frac{\partial u}{\partial z}\right|_{M_0}\cdot\cos\gamma=x_0+y_0+z_0.$$

8. 设 $f(x,y,z)=x^2+2y^2+3z^2+xy+3x-2y-6z$，求 $\mathbf{grad}f(0,0,0)$ 及 $\mathbf{grad}f(1,1,1)$.

【解析】
$$\begin{aligned}\mathbf{grad}f(x,y,z)&=f'_x\boldsymbol{i}+f'_y\boldsymbol{j}+f'_z\boldsymbol{k}\\&=(2x+y+3)\boldsymbol{i}+(4y+x-2)\boldsymbol{j}+(6z-6)\boldsymbol{k},\end{aligned}$$
$$\mathbf{grad}f(0,0,0)=3\boldsymbol{i}-2\boldsymbol{j}-6\boldsymbol{k},$$
$$\mathbf{grad}f(1,1,1)=6\boldsymbol{i}+3\boldsymbol{j}.$$

9. 设函数 $u(x,y,z)$，$v(x,y,z)$ 的各个偏导数都存在且连续，证明：

(1) $\nabla(cu)=c\nabla u$（其中 c 为常数）；

(2) $\nabla(u\pm v)=\nabla u\pm\nabla v$；

(3) $\nabla(uv)=v\nabla u+u\nabla v$；

(4) $\nabla\left(\frac{u}{v}\right)=\frac{v\nabla u-u\nabla v}{v^2}$.

【证明】(1)
$$\begin{aligned}\nabla(cu)&=\left(c\frac{\partial u}{\partial x},c\frac{\partial u}{\partial y},c\frac{\partial u}{\partial z}\right)\\&=c\left(\frac{\partial u}{\partial x},\frac{\partial u}{\partial y},\frac{\partial u}{\partial z}\right)\\&=c\nabla u.\end{aligned}$$

(2)
$$\begin{aligned}\nabla(u\pm v)&=\left(\frac{\partial u}{\partial x}\pm\frac{\partial v}{\partial x},\frac{\partial u}{\partial y}\pm\frac{\partial v}{\partial y},\frac{\partial u}{\partial z}\pm\frac{\partial v}{\partial z}\right)\\&=\left(\frac{\partial u}{\partial x},\frac{\partial u}{\partial y},\frac{\partial u}{\partial z}\right)\pm\left(\frac{\partial v}{\partial x},\frac{\partial v}{\partial y},\frac{\partial v}{\partial z}\right)\\&=\nabla u\pm\nabla v.\end{aligned}$$

(3)
$$\begin{aligned}\nabla(uv)&=\left(\frac{\partial}{\partial x}(uv),\frac{\partial}{\partial y}(uv),\frac{\partial}{\partial z}(uv)\right)\\&=\left(\frac{\partial u}{\partial x}v+u\frac{\partial v}{\partial x},\frac{\partial u}{\partial y}v+u\frac{\partial v}{\partial y},\frac{\partial u}{\partial z}v+u\frac{\partial v}{\partial z}\right)\\&=v\left(\frac{\partial u}{\partial x},\frac{\partial u}{\partial y},\frac{\partial u}{\partial z}\right)+u\left(\frac{\partial v}{\partial x},\frac{\partial v}{\partial y},\frac{\partial v}{\partial z}\right)\\&=v\nabla u+u\nabla v.\end{aligned}$$

(4)
$$\begin{aligned}\nabla\left(\frac{u}{v}\right)&=\left(\frac{\partial}{\partial x}\left(\frac{u}{v}\right),\frac{\partial}{\partial y}\left(\frac{u}{v}\right),\frac{\partial}{\partial z}\left(\frac{u}{v}\right)\right)\\&=\left(\frac{v\frac{\partial u}{\partial x}-u\frac{\partial v}{\partial x}}{v^2},\frac{v\frac{\partial u}{\partial y}-u\frac{\partial v}{\partial y}}{v^2},\frac{v\frac{\partial u}{\partial z}-u\frac{\partial v}{\partial z}}{v^2}\right)\\&=\frac{1}{v}\left(\frac{\partial u}{\partial x},\frac{\partial u}{\partial y},\frac{\partial u}{\partial z}\right)-\frac{u}{v^2}\left(\frac{\partial v}{\partial x},\frac{\partial v}{\partial y},\frac{\partial v}{\partial z}\right)\\&=\frac{v\nabla u-u\nabla v}{v^2}.\end{aligned}$$

10. 求函数 $u=xy^2z$ 在点 $P_0(1,-1,2)$ 处变化最快的方向，并求沿这个方向的方向导数.

【解析】由 $u=xy^2z$ 可知 $\frac{\partial u}{\partial x}=y^2z,\frac{\partial u}{\partial y}=2xyz,\frac{\partial u}{\partial z}=xy^2$.

所以
$$\left.\mathbf{grad}\,u\right|_{P_0}=\left.\left(\frac{\partial u}{\partial x},\frac{\partial u}{\partial y},\frac{\partial u}{\partial z}\right)\right|_{P_0}=(2,-4,1),$$

$$|\mathbf{grad}\, u|_{P_0}|=\sqrt{2^2+(-4)^2+1^2}=\sqrt{21},$$

方向$(2,-4,1)$是函数u在点P_0处方向导数值最大的方向，其方向导数最大值为$\sqrt{21}$.

方向$(-2,4,-1)$是函数u在P_0处方向导数值最小的方向，其方向导数最小值为$-\sqrt{21}$.

习题9－8 多元函数的极值及其求法

1. 已知函数$f(x,y)$在点$(0,0)$的某个邻域内连续，且

$$\lim_{(x,y)\to(0,0)}\frac{f(x,y)-xy}{(x^2+y^2)^2}=1,$$

则下述四个选项中正确的是（　　）.

(A)点$(0,0)$不是$f(x,y)$的极值点

(B)点$(0,0)$是$f(x,y)$的极大值点

(C)点$(0,0)$是$f(x,y)$的极小值点

(D)根据所给条件无法判断$(0,0)$是否为$f(x,y)$的极值点

【解析】由条件知

故

$$\lim_{(x,y)\to(0,0)}[f(x,y)-xy]=0$$

$$\lim_{(x,y)\to(0,0)}f(x,y)=f(0,0)=0.$$

由极限与无穷小的关系可得

$$\frac{f(x,y)-xy}{(x^2+y^2)^2}=1+o(1),$$

故

$$f(x,y)=xy+(x^2+y^2)^2+o((x^2+y^2)^2)=xy+o(\rho^2)(\rho=\sqrt{x^2+y^2}\to0).$$

当$y=x$时，$f(x,y)-f(0,0)=x^2[1+o(1)]>0(\rho\to0$时)；

当$y=-x$时，$f(x,y)-f(0,0)=-x^2[1+o(1)]<0(\rho\to0$时)，

因此，$(0,0)$不是$f(x,y)$的极值点. 应选(A).

2. 求函数$f(x,y)=4(x-y)-x^2-y^2$的极值.

【解析】解方程组

$$\begin{cases}f_x'=4-2x=0,\\ f_y'=-4-2y=0,\end{cases}$$

求得驻点$(2,-2)$.

又

$$A=f''_{xx}(2,-2)=-2<0,\quad B=f''_{xy}(2,-2)=0,$$
$$C=f''_{yy}(2,-2)=-2,\quad AC-B^2=4>0,$$

由判定极值的充分条件知：在点$(2,-2)$处，函数取得极大值$f(2,-2)=8$.

3. 求函数$f(x,y)=(6x-x^2)(4y-y^2)$的极值.

【解析】解方程组

$$\begin{cases}f_x'=(6-2x)(4y-y^2)=0,\\ f_y'=(6x-x^2)(4-2y)=0.\end{cases}$$

得驻点$(0,0)$，$(0,4)$，$(3,2)$，$(6,0)$，$(6,4)$.

求二阶偏导数，得

$$f''_{xx}(x,y)=-2(4y-y^2),$$
$$f''_{xy}(x,y)=4(3-x)(2-y),$$
$$f''_{yy}(x,y)=-2(6x-x^2).$$

由判定极值的充分条件知：

在点(0,0)处，$A=f''_{xx}(0,0)=0$，$B=f''_{xy}(0,0)=24$，$C=f''_{yy}(0,0)=0$，$AC-B^2=-24^2<0$，故 $f(0,0)$不是极值；

在点(0,4)处，$A=f''_{xx}(0,4)=0$，$B=f''_{xy}(0,4)=-24$，$C=f''_{yy}(0,4)=0$，$AC-B^2=-24^2<0$，故 $f(0,4)$不是极值；

在点(3,2)处，$A=f''_{xx}(3,2)=-8<0$，$B=f''_{xy}(3,2)=0$，$C=f''_{yy}(3,2)=-18$，$AC-B^2=144>0$，故函数在点(3,2)处取得极大值，极大值为 $f(3,2)=36$；

在点(6,0)处，$A=f''_{xx}(6,0)=0$，$B=f''_{xy}(6,0)=-24$，$C=f''_{yy}(6,0)=0$，$AC-B^2=-24^2<0$，故 $f(6,0)$不是极值；

在点(6,4)处，$A=f''_{xx}(6,4)=0$，$B=f''_{xy}(6,4)=24$，$C=f''_{yy}(6,4)=0$，$AC-B^2=-24^2<0$，故 $f(6,4)$不是极值.

4. 求函数 $f(x,y)=e^{2x}(x+y^2+2y)$的极值.

【解析】解方程组

$$\begin{cases} f'_x=e^{2x}(2x+2y^2+4y+1)=0, \\ f'_y=e^{2x}(2y+2)=0, \end{cases}$$

求得驻点$\left(\frac{1}{2},-1\right)$.

又 $$A=f''_{xx}\left(\frac{1}{2},-1\right)=2e>0, B=f''_{xy}\left(\frac{1}{2},-1\right)=0, C=f''_{yy}\left(\frac{1}{2},-1\right)=2e,$$

$$AC-B^2=4e^2>0,$$

由判定极值的充分条件知，在点$\left(\frac{1}{2},-1\right)$处，函数取得极小值

$$f\left(\frac{1}{2},-1\right)=-\frac{e}{2}.$$

5. 求函数 $z=xy$ 在适合附加条件 $x+y=1$ 下的极大值.

【解析】附加条件 $x+y=1$ 可表示为 $y=1-x$，代入 $z=xy$ 中，问题转化为求 $z=x(1-x)$的无条件极值.

因为$\frac{dz}{dx}=1-2x$，令$\frac{dz}{dx}=0$，得驻点 $x=\frac{1}{2}$. 又因为$\left.\frac{d^2z}{dx^2}\right|_{x=\frac{1}{2}}=-2<0$，所以 $x=\frac{1}{2}$为极大值点，且极大值为 $z=\frac{1}{2}\left(1-\frac{1}{2}\right)=\frac{1}{4}$.

故 $z=xy$ 在条件 $x+y=1$ 下在$\left(\frac{1}{2},\frac{1}{2}\right)$处取得极大值$\frac{1}{4}$.

6. 从斜边之长为 l 的一切直角三角形中，求有最大周长的直角三角形.

【解析】设直角三角形两直角边的长分别为 x,y，则周长 $p=x+y+l(x>0,y>0)$，约束条件为 $x^2+y^2=l^2$. 设 $F(x,y)=x+y+l+\lambda(x^2+y^2-l^2)$，有

$$\begin{cases} F'_x=1+2\lambda x=0, & ① \\ F'_y=1+2\lambda y=0, & ② \\ x^2+y^2=l^2, & ③ \end{cases}$$

①×y－②×x 得 $y=x$，代入③式可求出 $x=y=\frac{l}{\sqrt{2}}$.

因$\left(\dfrac{l}{\sqrt{2}},\dfrac{l}{\sqrt{2}}\right)$是唯一驻点，由问题的实际意义可知存在周长最大的直角三角形，故周长最大的是等腰直角三角形，最大周长为$(1+\sqrt{2})l$.

7. 要造一个容积等于定数 k 的长方体无盖水池，应如何选择水池的尺寸，才能使它的表面积最小？

【解析】 设水池的长为 a，宽为 b，高为 c，则水池的表面积为

$$A=ab+2ac+2bc(a>0,b>0,c>0).$$

约束条件 $abc=k$.

作拉格朗日函数 $L(a,b,c)=ab+2ac+2bc+\lambda(abc-k)$.

由

$$\begin{cases}L_a'=b+2c+\lambda bc=0,\\ L_b'=a+2c+\lambda ac=0,\\ L_c'=2a+2b+\lambda ab=0,\\ abc=k,\end{cases}$$

解得 $a=b=\sqrt[3]{2k}, c=\dfrac{1}{2}\sqrt[3]{2k}, \lambda=-\sqrt[3]{\dfrac{32}{k}}$.

$\left(\sqrt[3]{2k},\sqrt[3]{2k},\dfrac{1}{2}\sqrt[3]{2k}\right)$是唯一可能的极值点，由问题本身可知 A 一定有最小值，所以表面积最小的水池的长和宽都应为$\sqrt[3]{2k}$，高为$\dfrac{1}{2}\sqrt[3]{2k}$.

8. 在平面 xOy 上求一点，使它到 $x=0$，$y=0$ 及 $x+2y-16=0$ 三直线的距离平方之和为最小.

【解析】 设所求点为 $P(x,y)$，P 点到 $x=0$ 的距离为$|y|$，到 $y=0$ 的距离为$|x|$，到直线 $x+2y-16=0$ 的距离为

$$\frac{|x+2y-16|}{\sqrt{1^2+2^2}}=\frac{|x+2y-16|}{\sqrt{5}}.$$

距离的平方和为

$$z=x^2+y^2+\frac{1}{5}(x+2y-16)^2.$$

由

$$\begin{cases}\dfrac{\partial z}{\partial x}=2x+\dfrac{2}{5}(x+2y-16)=0,\\ \dfrac{\partial z}{\partial y}=2y+\dfrac{4}{5}(x+2y-16)=0,\end{cases}$$

得唯一驻点$\left(\dfrac{8}{5},\dfrac{16}{5}\right)$，因实际问题存在最小值，故点$\left(\dfrac{8}{5},\dfrac{16}{5}\right)$即为所求.

9. 将周长为 $2p$ 的矩形绕它的一边旋转构成一个圆柱体. 问矩形的边长各为多少时，才可使圆柱体的体积为最大？

【解析】 设矩形的一边长为 x，则另一边长为 $p-x$，假设矩形绕长为 $p-x$ 的一边旋转，则旋转所成圆柱体的体积为 $V=\pi x^2(p-x)$. 由

$$\frac{\mathrm{d}V}{\mathrm{d}x}=2\pi x(p-x)-\pi x^2=\pi x(2p-3x)=0,$$

求得驻点为 $x=\dfrac{2}{3}p$.

由于驻点唯一，由题意又可知这种圆柱体一定有最大值，所以当矩形的边长为$\dfrac{2p}{3}$和$\dfrac{p}{3}$时，绕短

边旋转所得圆柱体体积最大.

10. 求内接于半径为 a 的球且有最大体积的长方体.

【解析】 设球面方程为 $x^2+y^2+z^2=a^2$，(x,y,z)是它的内接长方体在第一卦限内的一个顶点，则此长方体的长、宽、高分别为 $2x,2y,2z$，体积为

$$V=2x\cdot 2y\cdot 2z=8xyz.$$

令
$$L(x,y,z)=8xyz+\lambda(x^2+y^2+z^2-a^2),$$

由
$$\begin{cases}L'_x=8yz+2\lambda x=0,\\ L'_y=8xz+2\lambda y=0,\\ L'_z=8xy+2\lambda z=0,\end{cases}$$

解得 $x=y=z=-\dfrac{\lambda}{4}$，代入 $x^2+y^2+z^2=a^2$，得 $\lambda=-\dfrac{4}{\sqrt{3}}a$，故$\left(\dfrac{a}{\sqrt{3}},\dfrac{a}{\sqrt{3}},\dfrac{a}{\sqrt{3}}\right)$为唯一可能的极值点，由题意知这种长方体必有最大体积，所以当长方体的长、宽、高都为$\dfrac{2a}{\sqrt{3}}$时其体积最大.

11. 抛物面 $z=x^2+y^2$ 被平面 $x+y+z=1$ 截成一椭圆，求这椭圆上的点到原点的距离的最大值与最小值.

【解析】 设椭圆上的点的坐标为(x,y,z)，则原点到椭圆上这一点的距离平方为

$$d^2=x^2+y^2+z^2.$$

其中 x,y,z 满足 $z=x^2+y^2$ 和 $x+y+z=1$.

令 $F(x,y,z)=x^2+y^2+z^2+\lambda_1(z-x^2-y^2)+\lambda_2(x+y+z-1)$，

$$\begin{cases}F'_x=2x-2\lambda_1 x+\lambda_2=0,\\ F'_y=2y-2\lambda_1 y+\lambda_2=0,\\ F'_z=2z+\lambda_1+\lambda_2=0,\\ F'_{\lambda_1}=z-x^2-y^2=0,\\ F'_{\lambda_2}=x+y+z-1=0.\end{cases}$$

解得
$$x=y=\frac{-1\pm\sqrt{3}}{2},z=2\mp\sqrt{3},$$

所以驻点为$\left(\dfrac{-1+\sqrt{3}}{2},\dfrac{-1+\sqrt{3}}{2},2-\sqrt{3}\right)$和$\left(\dfrac{-1-\sqrt{3}}{2},\dfrac{-1-\sqrt{3}}{2},2+\sqrt{3}\right)$.

由题意，原点到椭圆的最长与最短距离一定存在，故最大值和最小值在这两点处取得.

因为 $d^2=x^2+y^2+z^2=2\left(\dfrac{-1\pm\sqrt{3}}{2}\right)^2+(2\mp\sqrt{3})^2=9\mp5\sqrt{3}$，所以 $d_1=\sqrt{9+5\sqrt{3}}$ 为最长距离；$d_2=\sqrt{9-5\sqrt{3}}$ 为最短距离.

12. 设有一圆板占有平面闭区域$\{(x,y)\mid x^2+y^2\leqslant 1\}$. 该圆板被加热，以致在点$(x,y)$的温度是

$$T=x^2+2y^2-x,$$

求该圆板的最热点和最冷点.

【解析】 解方程组

$$\begin{cases}\dfrac{\partial T}{\partial x}=2x-1=0,\\ \dfrac{\partial T}{\partial y}=4y=0,\end{cases}$$

求得驻点$\left(\frac{1}{2},0\right)$. $T_1=T|_{(\frac{1}{2},0)}=-\frac{1}{4}$.

在边界$x^2+y^2=1$上，$T=2-(x^2+x)=\frac{9}{4}-\left(x+\frac{1}{2}\right)^2$，当$x=-\frac{1}{2}$时，有边界上的最大值$T_2=\frac{9}{4}$；当$x=1$时，有边界上的最小值$T_3=0$.

比较T_1,T_2及T_3的值知，最热点在$\left(-\frac{1}{2},\pm\frac{\sqrt{3}}{2}\right)$，$T_{\max}=\frac{9}{4}$；最冷点在$\left(\frac{1}{2},0\right)$，$T_{\min}=-\frac{1}{4}$.

13. 形状为椭球$4x^2+y^2+4z^2\leqslant 16$的空间探测器进入地球大气层，其表面开始受热，1小时后在探测器上的点(x,y,z)处的温度$T=8x^2+4yz-16z+600$，求探测器表面最热的点.

【解析】 作拉格朗日函数

$$L=8x^2+4yz-16z+600+\lambda(4x^2+y^2+4z^2-16).$$

令

$$\begin{cases}L'_x=16x+8\lambda x=0, & ① \\ L'_y=4z+2\lambda y=0, & ② \\ L'_z=4y-16+8\lambda z=0. & ③\end{cases}$$

由①式得$x=0$或$\lambda=-2$.

若$\lambda=-2$，代入②、③式，得$y=z=-\frac{4}{3}$. 再将$y=z=-\frac{4}{3}$代入约束条件

$$4x^2+y^2+4z^2=16, \quad ④$$

得$x=\pm\frac{4}{3}$. 于是得到两个可能的极值点：$M_1\left(\frac{4}{3},-\frac{4}{3},-\frac{4}{3}\right)$，$M_2\left(-\frac{4}{3},-\frac{4}{3},-\frac{4}{3}\right)$.

若$x=0$，由②、③、④式解得$\lambda=0,y=4,z=0$；$\lambda=\sqrt{3},y=-2,z=\sqrt{3}$；$\lambda=-\sqrt{3},y=-2,z=-\sqrt{3}$. 于是得到另外三个可能的极值点：$M_3(0,4,0)$，$M_4(0,-2,\sqrt{3})$，$M_5(0,-2,-\sqrt{3})$.

比较T在上述五个可能的极值点处的数值知：$T|_{M_1}=T|_{M_2}=\frac{1\,928}{3}$为最大，故探测器表面最热的点为$M\left(\pm\frac{4}{3},-\frac{4}{3},-\frac{4}{3}\right)$.

*习题 9−9　二元函数的泰勒公式

1. 求函数$f(x,y)=2x^2-xy-y^2-6x-3y+5$在点$(1,-2)$的泰勒公式.

【解析】 $f(1,-2)=5$，$f'_x(1,-2)=(4x-y-6)|_{(1,-2)}=0$，

$$f'_y(1,-2)=(-x-2y-3)|_{(1,-2)}=0,$$

$$f''_{xx}(1,-2)=4,\ f''_{xy}(1,-2)=-1,\ f''_{yy}(1,-2)=-2.$$

又3阶及3阶以上的各偏导数均为零，所以

$$\begin{aligned}f(x,y)=&f(1,-2)+(x-1)f'_x(1,-2)+(y+2)f'_y(1,-2)+\frac{1}{2!}[(x-1)^2\cdot f''_{xx}(1,-2)+\\&2(x-1)(y+2)f''_{xy}(1,-2)+(y+2)^2f''_{yy}(1,-2)]\\=&5+\frac{1}{2}[4(x-1)^2-2(x-1)(y+2)-2(y+2)^2]\\=&5+2(x-1)^2-(x-1)(y+2)-(y+2)^2.\end{aligned}$$

2. 求函数$f(x,y)=e^x\ln(1+y)$在点$(0,0)$的三阶泰勒公式.

【解析】 $f'_x=\mathrm{e}^x\ln(1+y)$，$f'_y=\dfrac{\mathrm{e}^x}{1+y}$，

$$f''_{xx}=\mathrm{e}^x\ln(1+y),\ f''_{xy}=\frac{\mathrm{e}^x}{1+y},\ f''_{yy}=-\frac{\mathrm{e}^x}{(1+y)^2},$$

$$f'''_{xxx}=\mathrm{e}^x\ln(1+y),\ f'''_{xxy}=\frac{\mathrm{e}^x}{1+y},\ f'''_{xyy}=-\frac{\mathrm{e}^x}{(1+y)^2},\ f'''_{yyy}=\frac{2\mathrm{e}^x}{(1+y)^3}.$$

$$\left(x\frac{\partial}{\partial x}+y\frac{\partial}{\partial y}\right)f(0,0)=xf'_x(0,0)+yf'_y(0,0)=y,$$

$$\left(x\frac{\partial}{\partial x}+y\frac{\partial}{\partial y}\right)^2 f(0,0)=x^2f''_{xx}(0,0)+2xyf''_{xy}(0,0)+y^2f''_{yy}(0,0)$$
$$=2xy-y^2,$$

$$\left(x\frac{\partial}{\partial x}+y\frac{\partial}{\partial y}\right)^3 f(0,0)=x^3f'''_{xxx}(0,0)+3x^2yf'''_{xxy}(0,0)+3xy^2f'''_{xyy}(0,0)+y^3f'''_{yyy}(0,0)$$
$$=3x^2y-3xy^2+2y^3.$$

又 $f(0,0)=0$，故由三阶泰勒公式有：

$$\mathrm{e}^x\ln(1+y)=f(0,0)+\left(x\frac{\partial}{\partial x}+y\frac{\partial}{\partial y}\right)f(0,0)+\frac{1}{2!}\left(x\frac{\partial}{\partial x}+y\frac{\partial}{\partial y}\right)^2 f(0,0)+$$
$$\frac{1}{3!}\left(x\frac{\partial}{\partial x}+y\frac{\partial}{\partial y}\right)^3 f(0,0)+R_3$$
$$=y+\frac{1}{2!}(2xy-y^2)+\frac{1}{3!}(3x^2y-3xy^2+2y^3)+R_3,$$

其中 $R_3=\dfrac{\mathrm{e}^{\theta x}}{24}\left[x^4\ln(1+\theta y)+\dfrac{4x^3y}{1+\theta y}-\dfrac{6x^2y^2}{(1+\theta y)^2}+\dfrac{8xy^3}{(1+\theta y)^3}-\dfrac{6y^4}{(1+\theta y)^4}\right]\quad(0<\theta<1)$.

3. 求函数 $f(x,y)=\sin x\sin y$ 在点 $\left(\dfrac{\pi}{4},\dfrac{\pi}{4}\right)$ 的二阶泰勒公式.

【解析】 $f(x,y)=\sin x\sin y$，　　$f\left(\dfrac{\pi}{4},\dfrac{\pi}{4}\right)=\dfrac{\sqrt{2}}{2}\times\dfrac{\sqrt{2}}{2}=\dfrac{1}{2}$，

$f'_x(x,y)=\cos x\sin y$，　　$f'_x\left(\dfrac{\pi}{4},\dfrac{\pi}{4}\right)=\dfrac{1}{2}$，

$f'_y(x,y)=\sin x\cos y$，　　$f'_y\left(\dfrac{\pi}{4},\dfrac{\pi}{4}\right)=\dfrac{1}{2}$，

$f''_{xx}(x,y)=-\sin x\sin y$，　　$f''_{xx}\left(\dfrac{\pi}{4},\dfrac{\pi}{4}\right)=-\dfrac{1}{2}$，

$f''_{xy}(x,y)=\cos x\cos y$，　　$f''_{xy}\left(\dfrac{\pi}{4},\dfrac{\pi}{4}\right)=\dfrac{1}{2}$，

$f''_{yy}(x,y)=-\sin x\sin y$，　　$f''_{yy}\left(\dfrac{\pi}{4},\dfrac{\pi}{4}\right)=-\dfrac{1}{2}$.

所以 $f(x,y)=\dfrac{1}{2}+\dfrac{1}{2}\left(x-\dfrac{\pi}{4}\right)+\dfrac{1}{2}\left(y-\dfrac{\pi}{4}\right)+\dfrac{1}{2!}\Big[-\dfrac{1}{2}\left(x-\dfrac{\pi}{4}\right)^2+$

$$2\times\frac{1}{2}\left(x-\frac{\pi}{4}\right)\left(y-\frac{\pi}{4}\right)+\left(-\frac{1}{2}\right)\left(y-\frac{\pi}{4}\right)^2\Big]+R_2$$
$$=\frac{1}{2}+\frac{1}{2}\left(x-\frac{\pi}{4}\right)+\frac{1}{2}\left(y-\frac{\pi}{4}\right)-$$
$$\frac{1}{4}\left[\left(x-\frac{\pi}{4}\right)^2-2\left(x-\frac{\pi}{4}\right)\left(y-\frac{\pi}{4}\right)+\left(y-\frac{\pi}{4}\right)^2\right]+R_2.$$

因为
$$\frac{\partial^3 f}{\partial x^3}=-\cos x\sin y,\quad \frac{\partial^3 f}{\partial x^2\partial y}=-\sin x\cos y,$$
$$\frac{\partial^3 f}{\partial x\partial y^2}=-\cos x\sin y,\frac{\partial^3 f}{\partial y^3}=-\sin x\cos y,$$

所以
$$\begin{aligned}R_2&=\frac{1}{3!}\left[-\cos\xi\sin\eta\cdot\left(x-\frac{\pi}{4}\right)^3-3\sin\xi\cos\eta\cdot\left(x-\frac{\pi}{4}\right)^2\left(y-\frac{\pi}{4}\right)-\right.\\&\quad\left.3\cos\xi\sin\eta\cdot\left(x-\frac{\pi}{4}\right)\left(y-\frac{\pi}{4}\right)^2-\sin\xi\cos\eta\cdot\left(y-\frac{\pi}{4}\right)^3\right]\\&=-\frac{1}{6}\left[\cos\xi\sin\eta\cdot(x-\frac{\pi}{4})^3+3\sin\xi\cos\eta\cdot\left(x-\frac{\pi}{4}\right)^2\left(y-\frac{\pi}{4}\right)+\right.\\&\quad\left.3\cos\xi\sin\eta\cdot\left(x-\frac{\pi}{4}\right)\left(y-\frac{\pi}{4}\right)^2+\sin\xi\cos\eta\cdot\left(y-\frac{\pi}{4}\right)^3\right],\end{aligned}$$

其中 $\xi=\frac{\pi}{4}+\theta\left(x-\frac{\pi}{4}\right),\eta=\frac{\pi}{4}+\theta\left(y-\frac{\pi}{4}\right)\quad(0<\theta<1)$.

4.利用函数 $f(x,y)=x^y$ 的三阶泰勒公式，计算 $1.1^{1.02}$ 的近似值.

【解析】先求函数 $f(x,y)=x^y$ 在点(1,1)的三阶泰勒公式.

$f'_x(1,1)=yx^{y-1}|_{(1,1)}=1,f'_y(1,1)=x^y\ln x|_{(1,1)}=0,$

$f''_{xx}(1,1)=y(y-1)x^{y-2}|_{(1,1)}=0,$

$f''_{xy}(1,1)=(x^{y-1}+yx^{y-1}\ln x)|_{(1,1)}=1,$

$f''_{yy}(1,1)=x^y\ln^2 x|_{(1,1)}=0,f'''_{xxx}(1,1)=y(y-1)(y-2)x^{y-3}|_{(1,1)}=0,$

$f'''_{xxy}(1,1)=[(2y-1)x^{y-2}+y(y-1)x^{y-2}\ln x]|_{(1,1)}=1,$

$f'''_{xyy}(1,1)=[2x^{y-1}\ln x+yx^{y-1}\ln^2 x]|_{(1,1)}=0,$

$f'''_{yyy}(1,1)=x^y\ln^3 x|_{(1,1)}=0.$

又
$$f(1,1)=1,h=x-1,k=y-1.$$

将以上各项代入三阶泰勒公式，便得
$$\begin{aligned}x^y&=1+(x-1)+\frac{1}{2!}[2(x-1)(y-1)]+\frac{1}{3!}[3(x-1)^2(y-1)]+R_3\\&=1+(x-1)+(x-1)(y-1)+\frac{1}{2}(x-1)^2(y-1)+R_3,\end{aligned}$$

因此
$$\begin{aligned}1.1^{1.02}&\approx1+0.1+0.1\times0.02+\frac{1}{2}\times0.1^2\times0.02\\&=1+0.1+0.002+0.0001=1.1021.\end{aligned}$$

5.求函数 $f(x,y)=e^{x+y}$ 在点(0,0)的 n 阶泰勒公式.

【解析】
$$f(0,0)=e^{0+0}=1,f'_x(0,0)=e^{x+y}|_{(0,0)}=1,$$
$$f'_y(0,0)=e^{x+y}|_{(0,0)}=1,f^{(n)}_{x^m y^{n-m}}(0,0)=e^{x+y}|_{(0,0)}=1,$$

所以
$$\begin{aligned}e^{x+y}&=1+(x+y)+\frac{1}{2!}(x^2+2xy+y^2)+\frac{1}{3!}(x^3+3x^2y+3xy^2+y^3)+\cdots+\frac{1}{n!}(x+y)^n+R_n\\&=\sum_{k=0}^{n}\frac{(x+y)^k}{k!}+R_n,\end{aligned}$$

其中 $R_n=\frac{(x+y)^{n+1}}{(n+1)!}e^{\theta(x+y)}\quad(0<\theta<1).$

*习题9－10　最小二乘法

1. 某种合金的含铅量百分比(%)为 p，其熔解温度(℃)为 θ，由实验测得 p 与 θ 的数据如下表：

p/%	36.9	46.7	63.7	77.8	84.0	87.5
θ/℃	181	197	235	270	283	292

试用最小二乘法建立 θ 与 p 之间的经验公式 $\theta=ap+b$.

【解析】经验公式中的 a,b 应满足方程组

$$\begin{cases} a\sum_{i=1}^{6} p_i^2+b\sum_{i=1}^{6} p_i=\sum_{i=1}^{6} p_i\theta_i, \\ a\sum_{i=1}^{6} p_i+6b=\sum_{i=1}^{6}\theta_i. \end{cases}$$

计算得 $\sum_{i=1}^{6} p_i^2=28\ 365.28$，$\sum_{i=1}^{6} p_i=396.6$，$\sum_{i=1}^{6} p_i\theta_i=101\ 176.3$，$\sum_{i=1}^{6}\theta_i=1\ 458$.

代入方程组，得 $\begin{cases} 28\ 365.28a+396.6b=101\ 176.3, \\ 396.6a+6b=1\ 458, \end{cases}$

解得
$$a=\frac{\begin{vmatrix} 101\ 176.3 & 396.6 \\ 1\ 458 & 6 \end{vmatrix}}{\begin{vmatrix} 28\ 365.28 & 396.6 \\ 396.6 & 6 \end{vmatrix}}=\frac{28\ 815}{12\ 900.12}=2.234,$$

$$b=\frac{\begin{vmatrix} 28\ 365.28 & 101\ 176.3 \\ 396.6 & 1\ 458 \end{vmatrix}}{\begin{vmatrix} 28\ 365.28 & 396.6 \\ 396.6 & 6 \end{vmatrix}}=\frac{1\ 230\ 057.66}{12\ 900.12}=95.35.$$

所以经验公式为 $\theta=2.234p+95.35$.

2. 已知一组实验数据为 (x_1,y_1)，(x_2,y_2)，…，(x_n,y_n). 现若假定经验公式是

$$y=ax^2+bx+c.$$

试按最小二乘法建立 a、b、c 应满足的三元一次方程组.

【解析】设 M 是各个数据的偏差平方和，即

$$M=\sum_{i=1}^{n}[y_i-(ax_i^2+bx_i+c)]^2.$$

令

$$\begin{cases} \frac{\partial M}{\partial a}=-2\sum_{i=1}^{n}[y_i-(ax_i^2+bx_i+c)]\cdot x_i^2=0, \\ \frac{\partial M}{\partial b}=-2\sum_{i=1}^{n}[y_i-(ax_i^2+bx_i+c)]\cdot x_i=0, \\ \frac{\partial M}{\partial c}=-2\sum_{i=1}^{n}[y_i-(ax_i^2+bx_i+c)]=0. \end{cases}$$

整理得 a,b,c 应满足的三元一次方程组如下：

$$\begin{cases} a\sum_{i=1}^{n} x_i^4+b\sum_{i=1}^{n} x_i^3+c\sum_{i=1}^{n} x_i^2=\sum_{i=1}^{n} x_i^2 y_i, \\ a\sum_{i=1}^{n} x_i^3+b\sum_{i=1}^{n} x_i^2+c\sum_{i=1}^{n} x_i=\sum_{i=1}^{n} x_i y_i, \\ a\sum_{i=1}^{n} x_i^2+b\sum_{i=1}^{n} x_i+nc=\sum_{i=1}^{n} y_i. \end{cases}$$

总习题九

1. 在“充分”“必要”和“充分必要”三者中选择一个正确的填入下列空格内：

(1) $f(x,y)$在点(x,y)可微分是$f(x,y)$在该点连续的________条件. $f(x,y)$在点(x,y)连续是$f(x,y)$在该点可微分的________条件；

(2) $z=f(x,y)$在点(x,y)的偏导数$\frac{\partial z}{\partial x}$及$\frac{\partial z}{\partial y}$存在是$f(x,y)$在该点可微分的________条件. $z=f(x,y)$在点(x,y)可微分是函数在该点的偏导数$\frac{\partial z}{\partial x}$及$\frac{\partial z}{\partial y}$存在的________条件；

(3) $z=f(x,y)$的偏导数$\frac{\partial z}{\partial x}$及$\frac{\partial z}{\partial y}$在点$(x,y)$存在且连续是$f(x,y)$在该点可微分的________条件；

(4) 函数$z=f(x,y)$的两个二阶混合偏导数$\frac{\partial^2 z}{\partial x\partial y}$及$\frac{\partial^2 z}{\partial y\partial x}$在区域$D$内连续是这两个二阶混合偏导数在$D$内相等的________条件.

【解析】 (1)充分，必要. (2)必要，充分.

(3)充分. (4)充分.

【注】 本题结果给出了二元函数连续、可偏导(两个偏导数均存在)、可微及具有连续偏导数之间的联系，可用图表示为

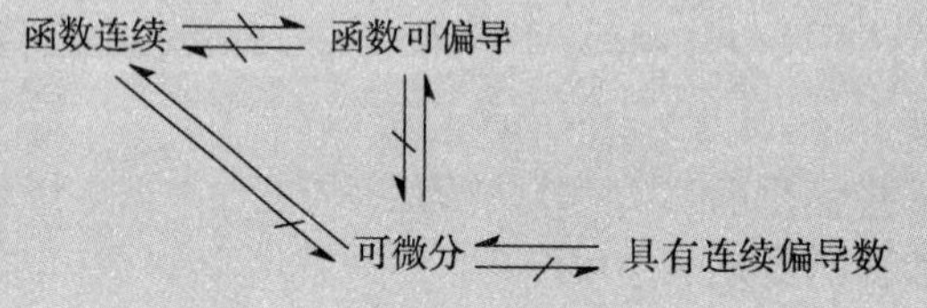

2. 下题中给出了四个结论，从中选出一个正确的结论：

设函数$f(x,y)$在点$(0,0)$的某邻域内有定义，且$f_x(0,0)=3$，$f_y(0,0)=-1$，则有(　　).

(A) $dz|_{(0,0)}=3dx-dy$

(B) 曲面$z=f(x,y)$在点$(0,0,f(0,0))$的一个法向量为$(3,-1,1)$

(C) 曲线$\begin{cases} z=f(x,y), \\ y=0 \end{cases}$在点$(0,0,f(0,0))$的一个切向量为$(1,0,3)$

(D) 曲线$\begin{cases} z=f(x,y), \\ y=0 \end{cases}$在点$(0,0,f(0,0))$的一个切向量为$(3,0,1)$

【解析】 函数$f(x,y)$在点$(0,0)$处的两个偏导数存在，不一定可微分，故(A)不对.

曲面$z=f(x,y)$在点$(0,0,f(0,0))$处的一个法向量为$(3,-1,-1)$，而不是$(3,-1,1)$，故(B)不对.

取 x 为参数,则曲线 $x=x,y=0,z=f(x,0)$ 在点 $(0,0,f(0,0))$ 处的一个切向量为 $(1,0,3)$,故(C)正确.

3. 求函数 $f(x,y)=\dfrac{\sqrt{4x-y^2}}{\ln(1-x^2-y^2)}$ 的定义域,并求 $\lim\limits_{(x,y)\to(\frac{1}{2},0)} f(x,y)$.

【解析】当 $4x-y^2\geqslant 0$ 且 $\begin{cases}1-x^2-y^2>0,\\1-x^2-y^2\neq 1\end{cases}$ 时,函数才有定义. 解得

$$D=\{(x,y)\mid y^2\leqslant 4x \text{ 且 } 0<x^2+y^2<1\}.$$

因为 $\left(\dfrac{1}{2},0\right)$ 是 $f(x,y)$ 的定义域 D 的内点,所以 $f(x,y)$ 在 $\left(\dfrac{1}{2},0\right)$ 处连续.

所以
$$\lim_{(x,y)\to(\frac{1}{2},0)} f(x,y)=\frac{\sqrt{4\times\frac{1}{2}-0^2}}{\ln\left[1-\left(\frac{1}{2}\right)^2-0^2\right]}=\frac{\sqrt{2}}{\ln\frac{3}{4}}=\frac{\sqrt{2}}{\ln 3-\ln 4}.$$

*4. 证明极限 $\lim\limits_{(x,y)\to(0,0)}\dfrac{xy^2}{x^2+y^4}$ 不存在.

【证明】选择直线 $y=kx$ 作为路径计算极限

$$\lim_{\substack{x\to 0\\y=kx}}\frac{xy^2}{x^2+y^4}=\lim_{x\to 0}\frac{k^2x^3}{x^2+k^4x^4}=\lim_{x\to 0}\frac{k^2x}{1+k^4x^2}=0.$$

选择曲线 $x=y^2$ 作为路径计算极限

$$\lim_{\substack{y\to 0\\x=y^2}}\frac{xy^2}{x^2+y^4}=\lim_{y\to 0}\frac{y^4}{y^4+y^4}=\frac{1}{2}.$$

由于不同路径算得不同的极限值,所以原极限不存在.

5. 设

$$f(x,y)=\begin{cases}\dfrac{x^2y}{x^2+y^2}, & x^2+y^2\neq 0,\\ 0, & x^2+y^2=0.\end{cases}$$

求 $f'_x(x,y)$ 及 $f'_y(x,y)$.

【解析】当 $x^2+y^2\neq 0$ 时,

$$f'_x(x,y)=\frac{\partial}{\partial x}\left(\frac{x^2y}{x^2+y^2}\right)=\frac{2xy(x^2+y^2)-x^2y\cdot 2x}{(x^2+y^2)^2}=\frac{2xy^3}{(x^2+y^2)^2},$$

$$f'_y(x,y)=\frac{\partial}{\partial y}\left(\frac{x^2y}{x^2+y^2}\right)=\frac{x^2(x^2+y^2)-x^2y\cdot 2y}{(x^2+y^2)^2}=\frac{x^2(x^2-y^2)}{(x^2+y^2)^2}.$$

当 $x^2+y^2=0$ 时,

$$f'_x(0,0)=\lim_{\Delta x\to 0}\frac{f(0+\Delta x,0)-f(0,0)}{\Delta x}=\lim_{\Delta x\to 0}\frac{0}{\Delta x}=0,$$

同样,$f'_y(0,0)=0$.

$$f'_x(x,y)=\begin{cases}\dfrac{2xy^3}{(x^2+y^2)^2}, & x^2+y^2\neq 0,\\ 0, & x^2+y^2=0.\end{cases}$$

$$f'_y(x,y)=\begin{cases}\dfrac{x^2(x^2-y^2)}{(x^2+y^2)^2}, & x^2+y^2\neq 0,\\ 0, & x^2+y^2=0.\end{cases}$$

6. 求下列函数的一阶和二阶偏导数：

(1) $z=\ln(x+y^2)$；　　(2) $z=x^y$.

【解析】(1) $\frac{\partial z}{\partial x}=\frac{1}{x+y^2}$，　$\frac{\partial^2 z}{\partial x^2}=-\frac{1}{(x+y^2)^2}$，

$$\frac{\partial z}{\partial y}=\frac{2y}{x+y^2},\quad \frac{\partial^2 z}{\partial y^2}=\frac{2(x+y^2)-4y^2}{(x+y^2)^2}=\frac{2(x-y^2)}{(x+y^2)^2},$$

$$\frac{\partial^2 z}{\partial x\partial y}=\frac{\partial}{\partial y}\left(\frac{1}{x+y^2}\right)=-\frac{2y}{(x+y^2)^2}.$$

(2) $\frac{\partial z}{\partial x}=yx^{y-1}$，　$\frac{\partial^2 z}{\partial x^2}=y(y-1)x^{y-2}$，

$$\frac{\partial z}{\partial y}=x^y\ln x,\quad \frac{\partial^2 z}{\partial y^2}=x^y\ln^2 x,$$

$$\frac{\partial^2 z}{\partial x\partial y}=\frac{\partial}{\partial y}(yx^{y-1})=x^{y-1}+y\cdot x^{y-1}\ln x.$$

7. 求函数 $z=\frac{xy}{x^2-y^2}$ 当 $x=2,y=1,\Delta x=0.01,\Delta y=0.03$ 时的全增量和全微分.

【解析】

$$\begin{aligned}\Delta z&=f(x+\Delta x,y+\Delta y)-f(x,y)\\&=f(2+0.01,1+0.03)-f(2,1)\\&=\frac{2.01\times 1.03}{2.01^2-1.03^2}-\frac{2\times 1}{2^2-1^2}\approx 0.03.\end{aligned}$$

$$z'_x=\frac{y(x^2-y^2)-xy\cdot 2x}{(x^2-y^2)^2}=\frac{-y(x^2+y^2)}{(x^2-y^2)^2},$$

$$z'_y=\frac{x(x^2-y^2)-xy(-2y)}{(x^2-y^2)^2}=\frac{x(x^2+y^2)}{(x^2-y^2)^2}.$$

所以

$$\begin{aligned}dz|_{(2,1)}&=z_x|_{(2,1)}\Delta x+z_y|_{(2,1)}\Delta y\\&=\frac{-1\times(2^2+1^2)}{(2^2-1^2)^2}\times 0.01+\frac{2(2^2+1^2)}{(2^2-1^2)^2}\times 0.03\\&=-\frac{5}{9}\times 0.01+\frac{10}{9}\times 0.03\\&\approx 0.03.\end{aligned}$$

*8. 设

$$f(x,y)=\begin{cases}\frac{x^2y^2}{(x^2+y^2)^{3/2}}, & x^2+y^2\neq 0,\\ 0, & x^2+y^2=0.\end{cases}$$

证明：$f(x,y)$在点$(0,0)$处连续且偏导数存在，但不可微分.

【证明】令 $x=r\cos\theta,y=r\sin\theta$，因为

$$\begin{aligned}\lim_{(x,y)\to(0,0)}f(x,y)&=\lim_{r\to 0}\frac{r^2\cos^2\theta\cdot r^2\sin^2\theta}{(r^2\cos^2\theta+r^2\sin^2\theta)^{\frac{3}{2}}}=\lim_{r\to 0}\frac{r^4\sin^2\theta\cos^2\theta}{r^3}\\&=\lim_{r\to 0}r\cdot\frac{1}{4}\sin^2 2\theta=0=f(0,0),\end{aligned}$$

所以 $f(x,y)$在点$(0,0)$处连续.

由偏导数定义式，得

$$f'_x(0,0)=\lim_{x\to 0}\frac{f(x,0)-f(0,0)}{x-0}=\lim_{x\to 0}\frac{\frac{0}{x^3}-0}{x}=0,$$

$$f'_y(0,0)=\lim_{y\to 0}\frac{f(0,y)-f(0,0)}{y-0}=0,$$

两个偏导数都存在.

因为
$$\Delta z=f(0+\Delta x,0+\Delta y)-f(0,0)=\frac{(\Delta x)^2\cdot(\Delta y)^2}{[(\Delta x)^2+(\Delta y)^2]^{\frac{3}{2}}},$$

所以
$$\lim_{\rho\to 0}\frac{\Delta z-[f'_x(0,0)\Delta x+f'_y(0,0)\Delta y]}{\rho}=\lim_{\substack{\Delta x\to 0\\ \Delta y\to 0}}\frac{(\Delta x)^2\cdot(\Delta y)^2}{[(\Delta x)^2+(\Delta y)^2]^{\frac{3}{2}}}\cdot\frac{1}{\sqrt{(\Delta x)^2+(\Delta y)^2}}$$
$$=\lim_{\substack{\Delta x\to 0\\ \Delta y\to 0}}\frac{(\Delta x)^2\cdot(\Delta y)^2}{[(\Delta x)^2+(\Delta y)^2]^2}.$$

当取 $\Delta y=\Delta x$ 时,
$$\lim_{\rho\to 0}\frac{\Delta z-\mathrm{d}z}{\rho}=\lim_{\Delta x\to 0}\frac{(\Delta x)^2\cdot(\Delta x)^2}{[(\Delta x)^2+(\Delta x)^2]^2}=\lim_{\Delta x\to 0}\frac{(\Delta x)^4}{4(\Delta x)^4}=\frac{1}{4}\neq 0.$$

所以 $f(x,y)$在点$(0,0)$处不可微.

9. 设 $u=x^y$,而 $x=\varphi(t)$,$y=\psi(t)$都是可微函数,求$\frac{\mathrm{d}u}{\mathrm{d}t}$.

【解析】$\frac{\mathrm{d}u}{\mathrm{d}t}=\frac{\partial u}{\partial x}\frac{\mathrm{d}x}{\mathrm{d}t}+\frac{\partial u}{\partial y}\frac{\mathrm{d}y}{\mathrm{d}t}=yx^{y-1}\cdot\varphi'(t)+x^y\ln x\cdot\psi'(t)$.

10. 设 $z=f(u,v,w)$具有连续偏导数,而
$$u=\eta-\zeta,v=\zeta-\xi,w=\xi-\eta,$$
求$\frac{\partial z}{\partial\xi},\frac{\partial z}{\partial\eta},\frac{\partial z}{\partial\zeta}$.

【解析】
$$\frac{\partial z}{\partial\xi}=\frac{\partial z}{\partial u}\cdot\frac{\partial u}{\partial\xi}+\frac{\partial z}{\partial v}\cdot\frac{\partial v}{\partial\xi}+\frac{\partial z}{\partial w}\cdot\frac{\partial w}{\partial\xi}=-\frac{\partial z}{\partial v}+\frac{\partial z}{\partial w},$$
$$\frac{\partial z}{\partial\eta}=\frac{\partial z}{\partial u}\cdot\frac{\partial u}{\partial\eta}+\frac{\partial z}{\partial v}\cdot\frac{\partial v}{\partial\eta}+\frac{\partial z}{\partial w}\cdot\frac{\partial w}{\partial\eta}=\frac{\partial z}{\partial u}-\frac{\partial z}{\partial w},$$
$$\frac{\partial z}{\partial\zeta}=\frac{\partial z}{\partial u}\cdot\frac{\partial u}{\partial\zeta}+\frac{\partial z}{\partial v}\cdot\frac{\partial v}{\partial\zeta}+\frac{\partial z}{\partial w}\cdot\frac{\partial w}{\partial\zeta}=-\frac{\partial z}{\partial u}+\frac{\partial z}{\partial v}.$$

11. 设 $z=f(u,x,y)$,$u=xe^y$,其中 f 具有连续的二阶偏导数,求$\frac{\partial^2 z}{\partial x\partial y}$.

【解析】$\frac{\partial z}{\partial x}=\frac{\partial f}{\partial u}\cdot\frac{\partial u}{\partial x}+\frac{\partial f}{\partial x}\cdot\frac{\partial x}{\partial x}+\frac{\partial f}{\partial y}\cdot\frac{\partial y}{\partial x}=f'_u\mathrm{e}^y+f'_x$,
$$\frac{\partial^2 z}{\partial x\partial y}=\frac{\partial}{\partial y}\left(\frac{\partial z}{\partial x}\right)=\frac{\partial f'_u}{\partial y}\mathrm{e}^y+f'_u\mathrm{e}^y+\frac{\partial f'_x}{\partial y}$$
$$=\mathrm{e}^y\left(f''_{uu}\frac{\partial u}{\partial y}+f''_{uy}\right)+f'_u\mathrm{e}^y+f''_{xu}\frac{\partial u}{\partial y}+f''_{xy}$$
$$=\mathrm{e}^y(f''_{uu}x\mathrm{e}^y+f''_{uy}+f'_u)+x\mathrm{e}^yf''_{xu}+f''_{xy}$$
$$=x\mathrm{e}^{2y}f''_{uu}+\mathrm{e}^yf''_{uy}+f''_{xy}+x\mathrm{e}^yf''_{xu}+\mathrm{e}^yf'_u.$$

12. 设 $x=\mathrm{e}^u\cos v$,$y=\mathrm{e}^u\sin v$,$z=uv$,试求$\frac{\partial z}{\partial x}$和$\frac{\partial z}{\partial y}$.

【解析】
$$\frac{\partial z}{\partial x}=\frac{\partial z}{\partial u}\cdot\frac{\partial u}{\partial x}+\frac{\partial z}{\partial v}\cdot\frac{\partial v}{\partial x}=v\frac{\partial u}{\partial x}+u\frac{\partial v}{\partial x}.$$

由 $x=\mathrm{e}^u\cos v$ 得
$$\mathrm{e}^u\cos v\frac{\partial u}{\partial x}-\mathrm{e}^u\sin v\frac{\partial v}{\partial x}=1. \qquad ①$$

由 $y=e^u\sin v$ 得

$$e^u\sin v\frac{\partial u}{\partial x}+e^u\cos v\frac{\partial v}{\partial x}=0. \qquad ②$$

由①、②式解得$\frac{\partial u}{\partial x}=e^{-u}\cos v,\frac{\partial v}{\partial x}=-e^{-u}\sin v$,

因此
$$\frac{\partial z}{\partial x}=e^{-u}\cdot(v\cos v-u\sin v),$$

$$\frac{\partial z}{\partial y}=\frac{\partial z}{\partial u}\cdot\frac{\partial u}{\partial y}+\frac{\partial z}{\partial v}\cdot\frac{\partial v}{\partial y}=v\frac{\partial u}{\partial y}+u\frac{\partial v}{\partial y}.$$

由 $x=e^u\cos v$ 得

$$e^u\cos v\frac{\partial u}{\partial y}-e^u\sin v\frac{\partial v}{\partial y}=0. \qquad ③$$

由 $y=e^u\sin v$ 得

$$e^u\sin v\frac{\partial u}{\partial y}+e^u\cos v\frac{\partial v}{\partial y}=1. \qquad ④$$

由③、④式解得$\frac{\partial u}{\partial y}=e^{-u}\sin v,\frac{\partial v}{\partial y}=e^{-u}\cos v$,

所以
$$\frac{\partial z}{\partial y}=e^{-u}\cdot(u\cos v+v\sin v).$$

13. 求螺旋线 $x=a\cos\theta,y=a\sin\theta,z=b\theta$ 在点$(a,0,0)$处的切线及法平面方程.

【解析】螺旋线的切向量 $\boldsymbol{T}=(x_0,y_0,z_0)=(-a\sin\theta,a\cos\theta,b)$.

点$(a,0,0)$处对应的参数 $\theta=0$,所以 $\boldsymbol{T}|_{\theta=0}=(0,a,b)$.

所以所求切线方程为:$\frac{x-a}{0}=\frac{y}{a}=\frac{z}{b}$或$\begin{cases}x=a,\\ by-az=0.\end{cases}$

所求法平面方程:$0(x-a)+ay+bz=0$,即 $ay+bz=0$.

14. 在曲面 $z=xy$ 上求一点,使这点处的法线垂直于平面 $x+3y+z+9=0$,并写出此法线的方程.

【解析】曲面在点(x,y,z)处的法向量为$\left(\frac{\partial z}{\partial x},\frac{\partial z}{\partial y},-1\right)=(y,x,-1)$.

因为平面的法向量为$(1,3,1)$,而所求法线垂直于已知平面,所以法线的法向量与平面的法向量平行,有$\frac{y}{1}=\frac{x}{3}=\frac{-1}{1}$,解得 $x=-3,y=-1$,则 $z=(-3)\times(-1)=3$.

故所求点的坐标为$(-3,-1,3)$,法线方程为

$$\frac{x+3}{1}=\frac{y+1}{3}=\frac{z-3}{1}.$$

15. 设 $\boldsymbol{e}_l=(\cos\theta,\sin\theta)$,求函数

$$f(x,y)=x^2-xy+y^2$$

在点$(1,1)$沿方向 l 的方向导数,并分别确定角 θ,使这导数有(1)最大值,(2)最小值,(3)等于 0.

【解析】方向导数

$$\begin{aligned}\left.\frac{\partial f}{\partial l}\right|_{(1,1)}&=(2x-y)|_{(1,1)}\cos\theta+(2y-x)|_{(1,1)}\sin\theta\\&=\cos\theta+\sin\theta,\end{aligned}$$

从而
$$\left.\frac{\partial f}{\partial l}\right|_{(1,1)}=\cos\theta+\sin\theta=\sqrt{2}\sin\left(\theta+\frac{\pi}{4}\right).$$

所以(1)当 $\theta=\frac{\pi}{4}$时，方向导数有最大值$\sqrt{2}$；

(2)当 $\theta=\frac{5}{4}\pi$时，方向导数有最小值$-\sqrt{2}$；

(3)当 $\theta=\frac{3}{4}\pi$或$\frac{7}{4}\pi$时，方向导数的值为 0.

16. 求函数 $u=x^2+y^2+z^2$ 在椭球面$\frac{x^2}{a^2}+\frac{y^2}{b^2}+\frac{z^2}{c^2}=1$上点 $M_0(x_0,y_0,z_0)$处沿外法线方向的方向导数.

【解析】椭球面在点 M_0 处的沿外法线方向的一个向量为 $\boldsymbol{n}=\left(\frac{x_0}{a^2},\frac{y_0}{b^2},\frac{z_0}{c^2}\right)$，

$$\boldsymbol{e}_n=\frac{1}{\sqrt{\frac{x_0^2}{a^4}+\frac{y_0^2}{b^4}+\frac{z_0^2}{c^4}}}\left(\frac{x_0}{a^2},\frac{y_0}{b^2},\frac{z_0}{c^2}\right).$$

$$\left.\frac{\partial z}{\partial \boldsymbol{n}}\right|_{(x_0,y_0,z_0)}=\frac{1}{\sqrt{\frac{x_0^2}{a^4}+\frac{y_0^2}{b^4}+\frac{z_0^2}{c^4}}}\left(2x_0\cdot\frac{x_0}{a^2}+2y_0\cdot\frac{y_0}{b^2}+2z_0\cdot\frac{z_0}{c^2}\right)$$

$$=\frac{2}{\sqrt{\frac{x_0^2}{a^4}+\frac{y_0^2}{b^4}+\frac{z_0^2}{c^4}}}.$$

17. 求平面$\frac{x}{3}+\frac{y}{4}+\frac{z}{5}=1$和柱面 $x^2+y^2=1$ 的交线上与 xOy 平面距离最短的点.

【解析】设 $P(x,y,z)$是平面和柱面交线上的一点，它与 xOy 平面的距离为 $d=|z|$，则 $d^2=z^2$，约束条件为$\frac{x}{3}+\frac{y}{4}+\frac{z}{5}=1$ 和 $x^2+y^2=1$.

设 $F(x,y,z)=z^2+\lambda_1\left(\frac{x}{3}+\frac{y}{4}+\frac{z}{5}-1\right)+\lambda_2(x^2+y^2-1)$，得方程组

$$\begin{cases}F'_x=\frac{\lambda_1}{3}+2\lambda_2 x=0, & ①\\ F'_y=\frac{\lambda_1}{4}+2\lambda_2 y=0, & ②\\ F'_z=2z+\frac{\lambda_1}{5}=0, & ③\end{cases}$$

①×3－②×4 得 $y=\frac{3}{4}x$，代入 $x^2+y^2=1$ 得 $x=\pm\frac{4}{5}$.

因平面在三坐标轴上的截距分别为 3，4，5，所以在第一卦限内的点 P 到 xOy 平面的距离较短，故取 $x=\frac{4}{5}$，代入 $y=\frac{3}{4}x$，得 $y=\frac{3}{5}$，再代入$\frac{x}{3}+\frac{y}{4}+\frac{z}{5}=1$，得 $z=\frac{35}{12}$. 所以交线上与 xOy 平面距离最短的点为$\left(\frac{4}{5},\frac{3}{5},\frac{35}{12}\right)$.

18. 在第一卦限内作椭球面$\frac{x^2}{a^2}+\frac{y^2}{b^2}+\frac{z^2}{c^2}=1$的切平面，使该切平面与三坐标面所围成的四面体的体积最小. 求这个切平面的切点，并求此最小体积.

【解析】过点(x,y,z)的切平面方程为

$$\frac{x}{a^2}(X-x)+\frac{y}{b^2}(Y-y)+\frac{z}{c^2}(Z-z)=0,\text{即}\frac{x}{a^2}X+\frac{y}{b^2}Y+\frac{z}{c^2}Z=1.$$

此平面在坐标轴上的截距分别为：$\frac{a^2}{x},\frac{b^2}{y},\frac{c^2}{z}$.

切平面与坐标面围成的四面体的体积为 $V=\frac{a^2b^2c^2}{6xyz}$.

因此求 V 的最小点的坐标，只须求函数 $f(x,y,z)=xyz$ 在限制条件

$$\frac{x^2}{a^2}+\frac{y^2}{b^2}+\frac{z^2}{c^2}=1,x\geqslant0,y\geqslant0,z\geqslant0$$

之下的最大值点的坐标.

令 $F(x,y,z)=xyz-\lambda\left(\frac{x^2}{a^2}+\frac{y^2}{b^2}+\frac{z^2}{c^2}-1\right)$，由

$$\begin{cases}\frac{\partial F}{\partial x}=y_0z_0-\lambda\frac{2x_0}{a^2}=0,\\ \frac{\partial F}{\partial y}=x_0z_0-\lambda\frac{2y_0}{b^2}=0,\\ \frac{\partial F}{\partial z}=x_0y_0-\lambda\frac{2z_0}{c^2}=0,\\ \frac{x_0^2}{a^2}+\frac{y_0^2}{b^2}+\frac{z_0^2}{c^2}=1\end{cases}\Rightarrow x_0=\frac{\sqrt{3}}{3}a,y_0=\frac{\sqrt{3}}{3}b,z_0=\frac{\sqrt{3}}{3}c.$$

显然它们就是 $f(x,y,z)$ 的最大值点的坐标. 因此也就是所求的切点坐标. 此四面体的最小体积为 $V_{\text{最小}}=\frac{\sqrt{3}}{2}abc$.

19. 某厂家生产的一种产品同时在两个市场销售，售价分别为 p_1 和 p_2，销售量分别为 q_1 和 q_2，需求函数分别为

$$q_1=24-0.2p_1,\quad q_2=10-0.05p_2,$$

总成本函数为

$$C=35+40(q_1+q_2).$$

试问：厂家如何确定两个市场的售价，才能使其获得的总利润最大？最大总利润为多少？

【解析】方法一 总收入函数为

$$R=p_1q_1+p_2q_2=24p_1-0.2p_1^2+10p_2-0.05p_2^2,$$

总利润函数为

$$L=R-C=32p_1-0.2p_1^2-0.05p_2^2+12p_2-1\,395.$$

由极值的必要条件，得方程组

$$\begin{cases}\frac{\partial L}{\partial p_1}=32-0.4p_1=0,\\ \frac{\partial L}{\partial p_2}=12-0.1p_2=0.\end{cases}$$

解此方程组，得 $p_1=80,p_2=120$.

由问题的实际意义可知，厂家获得总利润最大的市场售价必定存在，故当 $p_1=80,p_2=120$ 时，厂家所获得的总利润最大，其最大总利润为

$$L\big|_{p_1=80,p_2=120}=605.$$

方法二 两个市场的价格函数分别为

$$p_1=120-5q_1, p_2=200-20q_2,$$

总收入函数为

$$R=p_1q_1+p_2q_2=(120-5q_1)q_1+(200-20q_2)q_2,$$

总利润函数为

$$\begin{aligned} L&=R-C=(120-5q_1)q_1+(200-20q_2)q_2-[35+40(q_1+q_2)] \\ &=80q_1-5q_1^2+160q_2-20q_2^2-35. \end{aligned}$$

由极值的必要条件,得方程组

$$\begin{cases} \dfrac{\partial L}{\partial q_1}=80-10q_1=0, \\ \dfrac{\partial L}{\partial q_2}=160-40q_2=0. \end{cases}$$

解此方程组得 $q_1=8, q_2=4$.

由问题的实际意义可知,当 $q_1=8, q_2=4$,即 $p_1=80, p_2=120$ 时,厂家所获得的总利润最大,其最大总利润为

$$L\big|_{q_1=8,q_2=4}=605.$$

20. 设有一小山,取它的底面所在的平面为 xOy 坐标面,其底部所占的闭区域为$D=\{(x,y)\mid x^2+y^2-xy\leqslant 75\}$,小山的高度函数为 $h=f(x,y)=75-x^2-y^2+xy$.

(1)设 $M(x_0,y_0)\in D$,问 $f(x,y)$ 在该点沿平面上什么方向的方向导数最大?若记此方向导数的最大值为 $g(x_0,y_0)$,试写出 $g(x_0,y_0)$ 的表达式;

(2)现欲利用此小山开展攀岩活动,为此需要在山脚找一上山坡度最大的点作为攀岩的起点,也就是说,要在 D 的边界线 $x^2+y^2-xy=75$ 上找出(1)中的 $g(x,y)$ 达到最大值的点. 试确定攀岩起点的位置.

【解析】(1)由梯度的几何意义可知,$h(x,y)$ 在点 $M_0(x_0,y_0)$ 处沿梯度方向的方向导数最大,且方向导数的最大值为该点梯度的模. 故方向导数最大的方向为:

$$\begin{aligned} \mathbf{grad}\, h(x,y)\big|_{(x_0,y_0)}&=h'_x(x_0,y_0)\boldsymbol{i}+h'_y(x_0,y_0)\boldsymbol{j} \\ &=(-2x_0+y_0)\boldsymbol{i}+(x_0-2y_0)\boldsymbol{j}, \end{aligned}$$

$$g(x_0,y_0)=\sqrt{(y_0-2x_0)^2+(x_0-2y_0)^2}=\sqrt{5x_0^2+5y_0^2-8x_0y_0}.$$

(2)问题转化为求 $g^2(x,y)=5x^2+5y^2-8xy$ 在约束条件 $x^2+y^2-xy=75$ 下的最大值.

令 $L(x,y,\lambda)=5x^2+5y^2-8xy+\lambda(75-x^2-y^2+xy)$,

则
$$\begin{cases} L'_x=10x-8y+\lambda(-2x+y)=0, & ① \\ L'_y=10y-8x+\lambda(x-2y)=0, & ② \\ L'_\lambda=75-x^2-y^2+xy=0. & ③ \end{cases}$$

①+②,得 $(x+y)(2-\lambda)=0$,故 $y=-x$,或 $\lambda=2$.

若 $y=-x$,则由③式得:$x=\pm 5, y=\mp 5$;

若 $\lambda=2$,则由①式得:$y=x$,再由③式得:$x=\pm 5\sqrt{3}, y=\pm 5\sqrt{3}$.

即得 4 个可能的极值点,

$$P_1(5,-5),\quad P_2(-5,5),\quad P_3(5\sqrt{3},5\sqrt{3}),\quad P_4(-5\sqrt{3},-5\sqrt{3}).$$

因为 $g(P_1)=g(P_2)=\sqrt{450}$, $g(P_3)=g(P_4)=\sqrt{150}$,所以 $P_1(5,-5)$ 或 $P_2(-5,5)$ 可作为起点.

经典例题选讲

1. 求极限

求二元函数的极限是一件困难的事情，读者只要会求一些简单的极限就可以了，求简单极限的主要依据是：

(1) 一元函数极限的四则运算和幂指函数运算法则对二元函数成立；

(2) 一元函数极限的某些结论(无穷小乘有界函数、两个重要极限) 对二元函数成立；

(3) 二元初等函数在其定义区域(包含在定义域内的区域) 内是连续的.

例 1 求下列极限：

(1) $\lim\limits_{(x,y)\to(0,0)}(x^2+y^2)\cos\dfrac{1}{x^2+y^2}$；　　(2) $\lim\limits_{(x,y)\to(0,0)}\dfrac{\sin(x^2y)}{x^2+y^2}$；

(3) $\lim\limits_{(x,y)\to(0,0)}[1+\sin(xy)]^{\frac{1}{xy}}$；　　(4) $\lim\limits_{(x,y)\to(0,0)}\dfrac{\sqrt{xy+1}-1}{xy}$；

(5) $\lim\limits_{(x,y)\to(+\infty,+\infty)}(x^2+y^2)\mathrm{e}^{-(x+y)}$；　　(6) $\lim\limits_{(x,y)\to(0,0)}\dfrac{x^2y}{x^4+y^2}$.

【解析】(1) $\lim\limits_{(x,y)\to(0,0)}(x^2+y^2)\cos\dfrac{1}{x^2+y^2}=0$(无穷小乘有界函数).

(2) $\lim\limits_{(x,y)\to(0,0)}\dfrac{\sin(x^2y)}{x^2+y^2}=\lim\limits_{(x,y)\to(0,0)}\dfrac{\sin(x^2y)}{x^2y}\cdot\dfrac{x^2}{x^2+y^2}\cdot y$,

$$\lim_{(x,y)\to(0,0)}\frac{\sin(x^2y)}{x^2y}=1(\text{重要极限}),$$

$$\lim_{(x,y)\to(0,0)}\frac{x^2}{x^2+y^2}\cdot y=0(\text{无穷小乘有界函数}),$$

故
$$\lim_{(x,y)\to(0,0)}\frac{\sin(x^2y)}{x^2+y^2}=1\times0=0.$$

(3) $\lim\limits_{(x,y)\to(0,0)}[1+\sin(xy)]^{\frac{1}{xy}}=\lim\limits_{(x,y)\to(0,0)}\left[(1+\sin(xy))^{\frac{1}{\sin(xy)}}\right]^{\frac{\sin(xy)}{xy}}=\mathrm{e}$(重要极限).

(4) $\lim\limits_{(x,y)\to(0,0)}\dfrac{\sqrt{xy+1}-1}{xy}=\lim\limits_{(x,y)\to(0,0)}\dfrac{xy}{xy(\sqrt{xy+1}+1)}=\lim\limits_{(x,y)\to(0,0)}\dfrac{1}{\sqrt{xy+1}+1}=\dfrac{1}{2}$.

(5) $\lim\limits_{(x,y)\to(+\infty,+\infty)}(x^2+y^2)\mathrm{e}^{-(x+y)}=\lim\limits_{(x,y)\to(+\infty,+\infty)}x^2\mathrm{e}^{-x}\mathrm{e}^{-y}+\lim\limits_{(x,y)\to(+\infty,+\infty)}y^2\mathrm{e}^{-x}\mathrm{e}^{-y}$(极限法则),

$$\lim_{x\to+\infty}x^2\mathrm{e}^{-x}=\lim_{x\to+\infty}\frac{x^2}{\mathrm{e}^x}=\lim_{x\to+\infty}\frac{2x}{\mathrm{e}^x}=\lim_{x\to+\infty}\frac{2}{\mathrm{e}^x}=0,$$

又 $\lim\limits_{y\to+\infty}\mathrm{e}^{-y}=0$，故 $\lim\limits_{(x,y)\to(+\infty,+\infty)}x^2\mathrm{e}^{-x}\mathrm{e}^{-y}=0$，同理 $\lim\limits_{(x,y)\to(+\infty,+\infty)}y^2\mathrm{e}^{-x}\mathrm{e}^{-y}=0$，

所以
$$\lim_{(x,y)\to(+\infty,+\infty)}(x^2+y^2)\mathrm{e}^{-(x+y)}=0+0=0.$$

(6) $\lim\limits_{\substack{x\to0\\y=kx}}\dfrac{x^2y}{x^4+y^2}=\lim\limits_{x\to0}\dfrac{kx^3}{x^4+(kx)^2}=\lim\limits_{x\to0}\dfrac{kx}{x^2+k^2}=0$，$\lim\limits_{\substack{x\to0\\y=x^2}}\dfrac{x^2y}{x^4+y^2}=\dfrac{1}{2}$，

所以 $\lim\limits_{(x,y)\to(0,0)}\dfrac{x^2y}{x^4+y^2}$ 不存在.

2. 可导、可微关系

函数 $z=f(x,y)$ 在点(x_0,y_0)处

$$\text{极限存在} \Leftarrow \text{连续} \Leftarrow \text{可微} \Leftarrow \text{偏导数连续}$$
$$\Downarrow$$
$$\text{可偏导}$$

例 2　(1) 证明函数 $f(x,y)=\begin{cases}\dfrac{xy}{x^2+y^2}, & x^2+y^2\neq 0,\\ 0, & x^2+y^2=0\end{cases}$ 在点$(0,0)$处极限不存在、不连续，但偏导数存在且 $f'_x(0,0)=f'_y(0,0)=0$.

(2) 证明函数 $f(x,y)=\begin{cases}\dfrac{xy}{\sqrt{x^2+y^2}}, & x^2+y^2\neq 0,\\ 0, & x^2+y^2=0\end{cases}$ 在点$(0,0)$处连续、偏导数存在且 $f'_x(0,0)=f'_y(0,0)=0$，但不可微.

(3) 证明函数 $f(x,y)=\begin{cases}(x^2+y^2)\sin\dfrac{1}{x^2+y^2}, & x^2+y^2\neq 0,\\ 0, & x^2+y^2=0\end{cases}$ 在点$(0,0)$处连续、偏导数存在且 $f'_x(0,0)=f'_y(0,0)=0$ 可微，但函数的偏导数不连续.

【证明】(1) $\lim\limits_{\substack{x\to 0\\ y=kx}}f(x,y)=\lim\limits_{x\to 0}\dfrac{x\cdot kx}{x^2+k^2x^2}=\dfrac{k}{1+k^2}$，故 $f(x,y)$ 在点$(0,0)$处极限不存在、不连续；

$$f'_x(0,0)=\lim_{\Delta x\to 0}\frac{f(0+\Delta x,0)-f(0,0)}{\Delta x}=\lim_{\Delta x\to 0}\frac{0-0}{\Delta x}=0,$$

同理，$f'_y(0,0)=0$. 故 $f(x,y)$ 在点$(0,0)$处偏导数存在且 $f'_x(0,0)=f'_y(0,0)=0$.

(2) $\lim\limits_{(x,y)\to(0,0)}f(x,y)=\lim\limits_{(x,y)\to(0,0)}x\dfrac{y}{\sqrt{x^2+y^2}}=0=f(0,0)$，故 $f(x,y)$ 在点$(0,0)$处连续；

$$f'_x(0,0)=\lim_{\Delta x\to 0}\frac{f(0+\Delta x,0)-f(0,0)}{\Delta x}=\lim_{\Delta x\to 0}\frac{0-0}{\Delta x}=0,$$

同理，$f'_y(0,0)=0$，故 $f(x,y)$ 在点$(0,0)$处偏导数存在且 $f'_x(0,0)=f'_y(0,0)=0$；

$$\lim_{(\Delta x,\Delta y)\to(0,0)}\frac{\Delta z-f'_x(0,0)\Delta x-f'_y(0,0)\Delta y}{\rho}=\lim_{(\Delta x,\Delta y)\to(0,0)}\frac{\dfrac{\Delta x\Delta y}{\sqrt{(\Delta x)^2+(\Delta y)^2}}}{\rho}=\lim_{(\Delta x,\Delta y)\to(0,0)}\frac{\Delta x\Delta y}{(\Delta x)^2+(\Delta y)^2}$$

不存在，故 $f(x,y)$ 在点$(0,0)$处不可微.

(3) $$\lim_{(x,y)\to(0,0)}f(x,y)=\lim_{(x,y)\to(0,0)}(x^2+y^2)\sin\frac{1}{x^2+y^2}=0=f(0,0),$$

故 $f(x,y)$ 在点$(0,0)$处连续；

$$f'_x(0,0)=\lim_{\Delta x\to 0}\frac{f(0+\Delta x,0)-f(0,0)}{\Delta x}=\lim_{\Delta x\to 0}\frac{(\Delta x)^2\sin\dfrac{1}{(\Delta x)^2}}{\Delta x}=0,$$

同理，$f'_y(0,0)=0$，故 $f(x,y)$ 在点$(0,0)$处偏导数存在且 $f'_x(0,0)=f'_y(0,0)=0$；

$$\lim_{(\Delta x,\Delta y)\to(0,0)}\frac{\Delta z-f'_x(0,0)\Delta x-f'_y(0,0)\Delta y}{\rho}=\lim_{(\Delta x,\Delta y)\to(0,0)}\frac{[(\Delta x)^2+(\Delta y)^2]\sin\dfrac{1}{(\Delta x)^2+(\Delta y)^2}}{\sqrt{(\Delta x)^2+(\Delta y)^2}}=0,$$

故 $f(x,y)$ 在点$(0,0)$处可微；

当 $x^2+y^2\neq 0$ 时，

$$f'_x(x,y)=2x\sin\frac{1}{x^2+y^2}+(x^2+y^2)\cos\frac{1}{x^2+y^2}\left[-\frac{2x}{(x^2+y^2)^2}\right]$$
$$=2x\sin\frac{1}{x^2+y^2}-\frac{2x}{x^2+y^2}\cos\frac{1}{x^2+y^2},$$

即$\lim\limits_{\substack{x\to 0\\ y=0}}f'_x(x,y)=\lim\limits_{x\to 0}\left(2x\sin\frac{1}{x^2}-\frac{2}{x}\cos\frac{1}{x^2}\right)$不存在，故$\lim\limits_{(x,y)\to(0,0)}f'_x(x,y)$不存在，所以$f'_x(x,y)$在点$(0,0)$处不连续.

【注】(1) 是一个不连续，但偏导数存在的例子；

(2) 是一个可偏导，但不可微的例子；

(3) 是一个可微，但偏导数不连续的例子.

3. 求初等函数的偏导数(全微分)

类似一元函数，对一个自变量求偏导数，其余的自变量看作常数.

例 3 (1) 设 $z=f(x,y)=e^{xy}\sin\pi y+(x-1)\arctan\sqrt{\frac{x}{y}}$，求 $f'_x(1,1)$ 及 $f'_y(1,1)$.

(2) 设 $z=u^v$，$u=\ln\sqrt{x^2+y^2}$，$v=\arctan\frac{y}{x}$，求 dz.

(3) 设 $z=(x^2+y^2)e^{-\arctan\frac{y}{x}}$，求$\frac{\partial z}{\partial x}$，$\frac{\partial z}{\partial y}$及 dz.

【解析】(1) **方法一** $f(x,1)=(x-1)\arctan\sqrt{x}$，

$$\frac{df(x,1)}{dx}=\arctan\sqrt{x}+(x-1)\frac{1}{1+x}\cdot\frac{1}{2\sqrt{x}},$$

$$f(1,y)=e^y\sin\pi y,\frac{df(1,y)}{dy}=e^y\sin\pi y+\pi e^y\cos\pi y,$$

所以 $f'_x(1,1)=\arctan 1=\frac{\pi}{4}$，$f'_y(1,1)=-\pi e$.

方法二 利用定义法.

$$f'_x(1,1)=\lim_{x\to 1}\frac{f(x,1)-f(1,1)}{x-1}=\lim_{x\to 1}\frac{(x-1)\arctan\sqrt{x}-0}{x-1}=\lim_{x\to 1}\arctan\sqrt{x}=\frac{\pi}{4},$$

$$f'_y(1,1)=\lim_{y\to 1}\frac{f(1,y)-f(1,1)}{y-1}=\lim_{y\to 1}\frac{e^y\sin\pi y-0}{y-1}=\lim_{y\to 1}(e^y\sin\pi y+\pi e^y\cos\pi y)=-\pi e.$$

(2)$dz=\frac{\partial z}{\partial x}dx+\frac{\partial z}{\partial y}dy$，$z=u^v$，$u=\ln\sqrt{x^2+y^2}=\frac{1}{2}\ln(x^2+y^2)$，$v=\arctan\frac{y}{x}$.

$$\frac{\partial z}{\partial x}=vu^{v-1}\frac{1}{2}\cdot\frac{2x}{x^2+y^2}+u^v\ln u\frac{1}{1+\frac{y^2}{x^2}}\left(-\frac{y}{x^2}\right)=\frac{xvu^{v-1}-yu^v\ln u}{x^2+y^2},$$

$$\frac{\partial z}{\partial y}=vu^{v-1}\frac{1}{2}\cdot\frac{2y}{x^2+y^2}+u^v\ln u\frac{1}{1+\frac{y^2}{x^2}}\cdot\frac{1}{x}=\frac{yvu^{v-1}+xu^v\ln u}{x^2+y^2},$$

故
$$dz=\frac{u^v}{x^2+y^2}\left[\left(\frac{xv}{u}-y\ln u\right)dx+\left(\frac{yv}{u}+x\ln u\right)dy\right].$$

(3) **方法一** $\frac{\partial z}{\partial x}=2x\mathrm{e}^{-\arctan\frac{y}{x}}-(x^2+y^2)\mathrm{e}^{-\arctan\frac{y}{x}}\cdot\frac{1}{1+\left(\frac{y}{x}\right)^2}\left(-\frac{y}{x^2}\right)=(2x+y)\mathrm{e}^{-\arctan\frac{y}{x}}$,

$$\frac{\partial z}{\partial y}=2y\mathrm{e}^{-\arctan\frac{y}{x}}-(x^2+y^2)\mathrm{e}^{-\arctan\frac{y}{x}}\cdot\frac{1}{1+\left(\frac{y}{x}\right)^2}\left(\frac{1}{x}\right)=(2y-x)\mathrm{e}^{-\arctan\frac{y}{x}},$$

则
$$\mathrm{d}z=\mathrm{e}^{-\arctan\frac{y}{x}}[(2x+y)\mathrm{d}x+(2y-x)\mathrm{d}y].$$

方法二 利用微分形式不变性.

$$\begin{aligned}\mathrm{d}z&=\mathrm{e}^{-\arctan\frac{y}{x}}\mathrm{d}(x^2+y^2)-(x^2+y^2)\mathrm{e}^{-\arctan\frac{y}{x}}\mathrm{d}\left(\arctan\frac{y}{x}\right)\\&=\mathrm{e}^{-\arctan\frac{y}{x}}(2x\mathrm{d}x+2y\mathrm{d}y)-(x^2+y^2)\mathrm{e}^{-\arctan\frac{y}{x}}\frac{\frac{x\mathrm{d}y-y\mathrm{d}x}{x^2}}{1+\left(\frac{y}{x}\right)^2}\\&=\mathrm{e}^{-\arctan\frac{y}{x}}[(2x+y)\mathrm{d}x+(2y-x)\mathrm{d}y],\end{aligned}$$

从而
$$\frac{\partial z}{\partial x}=(2x+y)\mathrm{e}^{-\arctan\frac{y}{x}},\frac{\partial z}{\partial y}=(2y-x)\mathrm{e}^{-\arctan\frac{y}{x}}.$$

则
$$\mathrm{d}z=\mathrm{e}^{-\arctan\frac{y}{x}}[(2x+y)\mathrm{d}x+(2y-x)\mathrm{d}y].$$

4. 求抽象复合函数的一、二阶偏导数

首先要弄清函数、中间变量、自变量，然后正确运用复合函数求导法则.

设函数 $u=u(x,y)$ 及 $v=v(x,y)$ 都在点 (x,y) 具有偏导数，函数 $z=f(u,v)$ 在对应点 (u,v) 具有连续偏导数，则复合函数 $z=f[u(x,y),v(x,y)]$ 在点 (x,y) 的两个偏导数存在，且可用下列公式计算

$$\frac{\partial z}{\partial x}=\frac{\partial z}{\partial u}\cdot\frac{\partial u}{\partial x}+\frac{\partial z}{\partial v}\cdot\frac{\partial v}{\partial x},\quad \frac{\partial z}{\partial y}=\frac{\partial z}{\partial u}\cdot\frac{\partial u}{\partial y}+\frac{\partial z}{\partial v}\cdot\frac{\partial v}{\partial y}.$$

复合函数对自变量求导必须通过所有的中间变量.

【注】复合函数求导时，除了正确使用求导法则外，还要正确理解和使用记号.

(1) f'_1 表示对第一个中间变量求导，f''_{12} 表示先对第一个中间变量求导，再对第二个中间变量求导，其余记号有类似含义；

(2) 在求二阶偏导数时，要注意 f'_1,f'_2 仍然是两个中间变量的函数.

如果两个二阶混合偏导数 f''_{12} 及 f''_{21} 在区域 D 内连续，则在该区域内这两个二阶混合偏导数必相等. 本题中 $f''_{12}=f''_{21}$，应该合并.

例 4 (1) 设 $f(u,v)$ 有二阶连续偏导数，且 $z=f(2x-y,y\sin x)$，求 $\frac{\partial^2 z}{\partial x\partial y}$.

(2) 设 $f(u,v)$ 有二阶连续偏导数，$g(u)$ 有二阶连续导数，且 $z=f(x,xy)+g\left(\frac{y}{x}\right)$，求 $\frac{\partial^2 z}{\partial x\partial y}$.

(3) 设 $f(x,y)$ 在点 $(1,1)$ 处可微，且 $f(1,1)=1$，$\left.\frac{\partial f}{\partial x}\right|_{(1,1)}=2$，$\left.\frac{\partial f}{\partial y}\right|_{(1,1)}=3$，$\varphi(x)=f(x,f(x,x))$，求 $\left.\frac{\mathrm{d}}{\mathrm{d}x}\varphi^3(x)\right|_{x=1}$.

(4) 设函数 $z=f(xy,yg(x))$，其中函数 f 具有二阶连续偏导数，函数 $g(x)$ 可导且在 $x=1$ 处取得极值 $g(1)=1$，求 $\left.\frac{\partial^2 z}{\partial x\partial y}\right|_{\substack{x=1\\y=1}}$.

【解析】(1) $\frac{\partial z}{\partial x}=2f'_1+y\cos xf'_2$，

$$\frac{\partial^2 z}{\partial x\partial y}=2[f''_{11}\cdot(-1)+f''_{12}\cdot\sin x]+\cos xf'_2+y\cos x[f''_{21}\cdot(-1)+f''_{22}\cdot\sin x]$$

$$=\cos x\cdot f'_2-2f''_{11}+(2\sin x-y\cos x)f''_{12}+y\sin x\cos x\cdot f''_{22}.$$

(2) $\frac{\partial z}{\partial x}=f'_1+yf'_2-\frac{y}{x^2}g'$，

$$\frac{\partial^2 z}{\partial x\partial y}=f''_{11}\cdot 0+f''_{12}\cdot x+f'_2+y(f''_{21}\cdot 0+f''_{22}\cdot x)-\frac{1}{x^2}(g'+yg''\cdot\frac{1}{x})$$

$$=xf''_{12}+f'_2+xyf''_{22}-\frac{1}{x^2}g'-\frac{y}{x^3}g''.$$

(3) $\varphi'(x)=f'_1(x,f(x,x))+f'_2(x,f(x,x))[f'_1(x,x)+f'_2(x,x)]$，

$\varphi'(1)=f'_1(1,f(1,1))+f'_2(1,f(1,1))[f'_1(1,1)+f'_2(1,1)]$

$=f'_1(1,1)+f'_2(1,1)[f'_1(1,1)+f'_2(1,1)]=2+3\times(2+3)=17$，

$\frac{\mathrm{d}}{\mathrm{d}x}\varphi^3(x)\Big|_{x=1}=3\varphi^2(x)\varphi'(x)|_{x=1}=51.$

(4) **方法一**　已知函数 $z=f[xy,yg(x)]$，则

$$\frac{\partial z}{\partial x}=f'_1[xy,yg(x)]\cdot y+f'_2[xy,yg(x)]\cdot yg'(x),$$

$$\frac{\partial^2 z}{\partial x\partial y}=f'_1[xy,yg(x)]+y[f''_{11}(xy,yg(x))x+f''_{12}(xy,yg(x))g(x)]+$$

$$g'(x)\cdot f'_2[xy,yg(x)]+yg'(x)[f''_{12}(xy,yg(x))\cdot x+f''_{22}(xy,yg(x))g(x)].$$

因为 $g(x)$ 在点 $x=1$ 处可导，且为极值，所以 $g'(1)=0$，则

$$\frac{\partial^2 z}{\partial x\partial y}\Big|_{\substack{x=1\\y=1}}=f'_1(1,1)+f''_{11}(1,1)+f''_{12}(1,1).$$

方法二　已知函数 $z=f[xy,yg(x)]$，则

$$\frac{\partial z}{\partial x}=f'_1[xy,yg(x)]\cdot y+f'_2[xy,yg(x)]\cdot yg'(x).$$

因为 $g(x)$ 在 $x=1$ 可导，且为极值，所以 $g'(1)=0$. 又 $g(1)=1$，则

$$\frac{\partial z}{\partial x}\Big|_{x=1}=f'_1[y,yg(1)]\cdot y=f'_1(y,y)\cdot y,$$

所以

$$\frac{\partial^2 z}{\partial x\partial y}\Big|_{\substack{x=1\\y=1}}=\frac{\partial}{\partial y}(f'_1(y,y)\cdot y)\Big|_{y=1}=f'_1(1,1)+f''_{11}(1,1)+f''_{12}(1,1).$$

5. 求隐函数的偏导数

求隐函数的偏导数的方法有：

(1) 两边求导法.

(2) 公式法，使用时务必正确理解和运用隐函数求导公式.

设函数 $y=f(x)$ 由方程 $F(x,y)=0$ 确定，则$\frac{\mathrm{d}y}{\mathrm{d}x}=-\frac{F'_x}{F'_y}$.

设函数 $z=f(x,y)$ 由方程 $F(x,y,z)=0$ 确定，则$\frac{\partial z}{\partial x}=-\frac{F'_x}{F'_z}$，$\frac{\partial z}{\partial y}=-\frac{F'_y}{F'_z}$.

(3) 全微分法，使用时务必正确理解和运用全微分形式的不变性.

无论 u,v 是自变量还是中间变量，函数 $z=f(u,v)$ 的全微分 $\mathrm{d}z=f'_u\mathrm{d}u+f'_v\mathrm{d}v$.

例 5　(1) $f(u,v)$ 有连续偏导数，函数 $z=z(x,y)$ 由方程 $f(x+zy^{-1},y+zx^{-1})=0$ 所确定，证明：$x\dfrac{\partial z}{\partial x}+y\dfrac{\partial z}{\partial y}=z-xy$.

(2) 设函数 $u=f(x,y,z)$ 有连续偏导数，且 $z=z(x,y)$ 由方程 $x\mathrm{e}^x-y\mathrm{e}^y=z\mathrm{e}^z$ 所确定，求 $\mathrm{d}u$.

(3) 设 $u=f(x,y,z)$ 有连续的一阶偏导数，又已知函数 $y=y(x)$ 及 $z=z(x)$ 分别由下列两式确定：$\mathrm{e}^{xy}-xy=2$ 和 $\mathrm{e}^x=\displaystyle\int_0^{x-z}\frac{\sin t}{t}\mathrm{d}t$，求 $\dfrac{\mathrm{d}u}{\mathrm{d}x}$.

(1)**【证明】证法一**　(用公式) 方程为 $F(x,y,z)=f(x+zy^{-1},y+zx^{-1})=0$,

$$\frac{\partial z}{\partial x}=-\frac{F'_x}{F'_z}=-\frac{f'_1+f'_2\cdot(-x^{-2}z)}{f'_1\cdot y^{-1}+f'_2\cdot x^{-1}},\frac{\partial z}{\partial y}=-\frac{F'_y}{F'_z}=-\frac{f'_1\cdot(-y^{-2}z)+f'_2}{f'_1\cdot y^{-1}+f'_2\cdot x^{-1}},$$

故
$$x\frac{\partial z}{\partial x}+y\frac{\partial z}{\partial y}=\frac{-xf'_1+f'_2\cdot x^{-1}z+f'_1\cdot y^{-1}z-yf'_2}{f'_1\cdot y^{-1}+f'_2\cdot x^{-1}}=z-xy.$$

证法二　(两边求导法) 方程 $f(x+zy^{-1},y+zx^{-1})=0$ 两边分别对 x,y 求导，得

$$f'_1\cdot\left(1+y^{-1}\frac{\partial z}{\partial x}\right)+f'_2\cdot\left(x^{-1}\frac{\partial z}{\partial x}-x^{-2}z\right)=0,\text{故}\frac{\partial z}{\partial x}=-\frac{f'_1+f'_2\cdot(-x^{-2}z)}{f'_1\cdot y^{-1}+f'_2\cdot x^{-1}},$$

$$f'_1\cdot\left(y^{-1}\cdot\frac{\partial z}{\partial y}-y^{-2}z\right)+f'_2\cdot\left(1+x^{-1}\frac{\partial z}{\partial y}\right)=0,\text{故}\frac{\partial z}{\partial y}=-\frac{f'_1\cdot(-y^{-2}z)+f'_2}{f'_1\cdot y^{-1}+f'_2\cdot x^{-1}},$$

故
$$x\frac{\partial z}{\partial x}+y\frac{\partial z}{\partial y}=\frac{-xf'_1+f'_2\cdot x^{-1}z+f'_1\cdot y^{-1}z-yf'_2}{f'_1\cdot y^{-1}+f'_2\cdot x^{-1}}=z-xy.$$

(2)**【解析】** 在 $x\mathrm{e}^x-y\mathrm{e}^y=z\mathrm{e}^z$ 两边微分，得

$$\mathrm{e}^x\mathrm{d}x+x\mathrm{e}^x\mathrm{d}x-\mathrm{e}^y\mathrm{d}y-y\mathrm{e}^y\mathrm{d}y=\mathrm{e}^z\mathrm{d}z+z\mathrm{e}^z\mathrm{d}z,$$

解出

$$\mathrm{d}z=\frac{(1+x)\mathrm{e}^x\mathrm{d}x-(1+y)\mathrm{e}^y\mathrm{d}y}{(1+z)\mathrm{e}^z}.\qquad ①$$

在 $u=f(x,y,z)$ 两边微分，且把 ① 式代入，得

$$\mathrm{d}u=f'_x\mathrm{d}x+f'_y\mathrm{d}y+f'_z\mathrm{d}z=\left(f'_x+f'_z\frac{x+1}{z+1}\mathrm{e}^{x-z}\right)\mathrm{d}x+\left(f'_y-f'_z\frac{y+1}{z+1}\mathrm{e}^{y-z}\right)\mathrm{d}y.$$

(3)**【解析】** 根据复合函数求导公式，有

$$\frac{\mathrm{d}u}{\mathrm{d}x}=\frac{\partial f}{\partial x}+\frac{\partial f}{\partial y}\cdot\frac{\mathrm{d}y}{\mathrm{d}x}+\frac{\partial f}{\partial z}\cdot\frac{\mathrm{d}z}{\mathrm{d}x}.\qquad ②$$

在 $\mathrm{e}^{xy}-xy=2$ 两边分别对 x 求导，得

$$\mathrm{e}^{xy}\left(y+x\frac{\mathrm{d}y}{\mathrm{d}x}\right)-\left(y+x\frac{\mathrm{d}y}{\mathrm{d}x}\right)=0,$$

因此
$$y\mathrm{e}^{xy}+x\cdot\mathrm{e}^{xy}\frac{\mathrm{d}y}{\mathrm{d}x}-y-x\frac{\mathrm{d}y}{\mathrm{d}x}=0,$$

故
$$(y\mathrm{e}^{xy}-y)+(x\cdot\mathrm{e}^{xy}-x)\frac{\mathrm{d}y}{\mathrm{d}x}=0,$$

即 $\dfrac{\mathrm{d}y}{\mathrm{d}x}=-\dfrac{y}{x}$.

在 $\mathrm{e}^x=\displaystyle\int_0^{x-z}\frac{\sin t}{t}\mathrm{d}t$ 两边分别对 x 求导，式子右边为变上限积分求导，根据

$$\left[\int_a^{f(x)}g(t)\mathrm{d}t\right]'=g[f(x)]f'(x),$$

该题中 $g(t)=\dfrac{\sin t}{t}$,$f(x)=x-z$,代入得

$$e^x=\frac{\sin(x-z)}{x-z}\cdot\left(1-\frac{dz}{dx}\right),$$

$$e^x(x-z)=\sin(x-z)\cdot\left(1-\frac{dz}{dx}\right),$$

$$\sin(x-z)\frac{dz}{dx}=\sin(x-z)-e^x(x-z),$$

即

$$\frac{dz}{dx}=1-\frac{e^x(x-z)}{\sin(x-z)}.$$

将其代入 ② 式,得

$$\begin{aligned}\frac{du}{dx}&=\frac{\partial f}{\partial x}+\frac{\partial f}{\partial y}\cdot\frac{dy}{dx}+\frac{\partial f}{\partial z}\cdot\frac{dz}{dx}\\&=\frac{\partial f}{\partial x}-\frac{y}{x}\frac{\partial f}{\partial y}+\left(1-\frac{e^x(x-z)}{\sin(x-z)}\right)\frac{\partial f}{\partial z}.\end{aligned}$$

6. 二元函数的极值

求二元函数 $z=f(x,y)$ 极值的步骤:

(1) 解驻点方程 $\begin{cases}f'_x(x,y)=0,\\f'_y(x,y)=0,\end{cases}$ 得驻点 (x_0,y_0);

(2) 求驻点处的二阶偏导数 $A=f''_{xx}(x_0,y_0)$,$B=f''_{xy}(x_0,y_0)$,$C=f''_{yy}(x_0,y_0)$;

(3) 判别:若 $AC-B^2>0$,则 $f(x_0,y_0)$ 是极值,且 $A>0$ 时,$f(x_0,y_0)$ 是极小值,$A<0$ 时,$f(x_0,y_0)$ 是极大值;若 $AC-B^2<0$,则 $f(x_0,y_0)$ 不是极值.

例 6 (1) 求函数 $z=(x^2+y^2)e^{-(x^2+y^2)}$ 的极值.

(2) 证明函数 $z=(1+e^y)\cos x-ye^y$ 有无穷多个极大值点,但没有极小值点.

(1)【**解析**】因为 $\dfrac{\partial z}{\partial x}=2x(1-x^2-y^2)e^{-(x^2+y^2)}=0$,$\dfrac{\partial z}{\partial y}=2y(1-x^2-y^2)e^{-(x^2+y^2)}=0$.

所以驻点为 $(0,0)$,$x^2+y^2=1$ 上所有的点. 又对 $(0,0)$,$A=2$,$B=0$,$C=2$,因此

$$\Delta=B^2-AC=-4<0,A>0.$$

所以 $(0,0)$ 为极小值点.

又令 $t=x^2+y^2$,$t\geqslant 0$,$z=te^{-t}$,令 $\dfrac{dz}{dt}=e^{-t}(1-t)=0$,驻点为 $t=1$,由于 $\left.\dfrac{d^2z}{dt^2}\right|_{t=1}=(t-2)e^{-t}\big|_{t=1}=-e^{-1}<0$,则 $z=te^{-t}$ 在 $t=1$ 处取得极大值 $z=e^{-1}$.

(2)【**证明**】令 $z'_x=-(1+e^y)\sin x=0$,$z'_y=e^y(\cos x-1-y)=0$,解得驻点

$$(2n\pi,0),((2n+1)\pi,-2),n\in\mathbf{Z},$$

$$A=z''_{xx}=-(1+e^y)\cos x,B=z''_{xy}=-e^y\sin x,C=z''_{yy}=e^y(\cos x-2-y).$$

驻点 $(2n\pi,0)$ 处,$AC-B^2=2>0$,$A=-2<0$,故 $(2n\pi,0)$ 是极大值点;

驻点 $((2n+1)\pi,-2)$ 处,$AC-B^2=-(e^{-2}+e^{-4})<0$,故 $((2n+1)\pi,-2)$ 不是极值点.

所以,函数 $z=(1+e^y)\cos x-ye^y$ 有无穷多个极大值点,但没有极小值点.

例 7 (1) 对函数 $f(x,y)$,在全平面上都有 $\dfrac{\partial f(x,y)}{\partial x}>0$,$\dfrac{\partial f(x,y)}{\partial y}<0$. 则下列条件中能保证 $f(x_1,y_1)<f(x_2,y_2)$ 的是(　　).

(A)$x_1 < x_2, y_1 < y_2$　　(B)$x_1 < x_2, y_1 > y_2$

(C)$x_1 > x_2, y_1 < y_2$　　(D)$x_1 > x_2, y_1 > y_2$

(2) 已知函数 $f(x,y)$ 在点 $(0,0)$ 的某个邻域内连续，且 $\lim\limits_{(x,y)\to(0,0)} \dfrac{f(x,y)-xy}{(x^2+y^2)^2} = 1$，则(　　).

(A) 点 $(0,0)$ 不是 $f(x,y)$ 的极值点

(B) 点 $(0,0)$ 是 $f(x,y)$ 的极大值点

(C) 点 $(0,0)$ 是 $f(x,y)$ 的极小值点

(D) 根据所给条件无法判断点 $(0,0)$ 是否是 $f(x,y)$ 的极值点

(3) 设 $f(x,y)$，$\varphi(x,y)$ 均为可微函数，且 $\varphi'_y(x,y) \neq 0$. 已知 (x_0,y_0) 是 $f(x,y)$ 在约束条件 $\varphi(x,y)=0$ 下的一个极值点，下列选项正确的是(　　).

(A) 若 $f'_x(x_0,y_0)=0$，则 $f'_y(x_0,y_0)=0$

(B) 若 $f'_x(x_0,y_0)=0$，则 $f'_y(x_0,y_0)\neq 0$

(C) 若 $f'_x(x_0,y_0)\neq 0$，则 $f'_y(x_0,y_0)=0$

(D) 若 $f'_x(x_0,y_0)\neq 0$，则 $f'_y(x_0,y_0)\neq 0$

【解析】(1) 本题考查偏导数的定义、函数单调性的判定.

$\dfrac{\partial f(x,y)}{\partial x} > 0$，则 $f(x,y)$ 关于 x 单调递增，即若 $x_1 < x_2$，则 $f(x_1,y_1) < f(x_2,y_1)$；

$\dfrac{\partial f(x,y)}{\partial y} < 0$，则 $f(x,y)$ 关于 y 单调递减，即若 $y_1 > y_2$，则 $f(x_2,y_1) < f(x_2,y_2)$.

那么当 $x_1 < x_2, y_1 > y_2$ 时，有 $f(x_1,y_1) < f(x_2,y_1) < f(x_2,y_2)$，故选(B).

(2) 由极限与无穷小的关系，$\lim\limits_{(x,y)\to(0,0)} \dfrac{f(x,y)-xy}{(x^2+y^2)^2} = 1 \Rightarrow \dfrac{f(x,y)-xy}{(x^2+y^2)^2} = 1+\alpha$，其中 $\lim\limits_{(x,y)\to(0,0)} \alpha = 0$，故

$$f(x,y) = xy + (x^2+y^2)^2 + \alpha(x^2+y^2)^2,$$

又 $f(x,y)$ 在点 $(0,0)$ 的某个邻域内连续，

$$\lim_{(x,y)\to(0,0)} f(x,y) = f(0,0) = 0,$$

在点 $(0,0)$ 的一个充分小的邻域内，

$$f(x,x) = x^2 + 4x^4 + 4\alpha x^4 > 0,\quad f(x,-x) = -x^2 + 4x^4 + 4\alpha x^4 < 0,$$

故 $f(0,0)$ 不是极值，所以选择(A).

(3) 设 $y=y(x)$ 由 $\varphi(x,y)=0$ 确定，$z=f(x,y)$ 在约束条件 $\varphi(x,y)=0$ 下的极值就是 $z=f(x,y(x))$ 无条件极值，故 (x_0,y_0) 必满足

$$\frac{\mathrm{d}z}{\mathrm{d}x} = f'_x(x,y) + f'_y(x,y)\frac{\mathrm{d}y}{\mathrm{d}x} = f'_x(x,y) - f'_y(x,y)\frac{\varphi'_x(x,y)}{\varphi'_y(x,y)} = 0,$$

故 $f'_x(x_0,y_0) - f'_y(x_0,y_0)\dfrac{\varphi'_x(x_0,y_0)}{\varphi'_y(x_0,y_0)} = 0$.

若 $f'_x(x_0,y_0)\neq 0$，则 $f'_y(x_0,y_0)\neq 0$，故选择(D).

7. 求函数 $z=f(x,y)$ 在条件 $\varphi(x,y)=0$ 下的极值

求条件极值的步骤：

(1) 先构造拉格朗日函数 $F(x,y;\lambda) = f(x,y) + \lambda\varphi(x,y)$；

(2) 解驻点方程

$$\begin{cases} F'_x = f'_x(x,y) + \lambda\varphi'_x(x,y) = 0, \\ F'_y = f'_y(x,y) + \lambda\varphi'_y(x,y) = 0, \\ F'_\lambda = \varphi(x,y) = 0. \end{cases}$$

得到(x_0, y_0);

(3) 求出相应的函数值 $f(x_0, y_0)$.

【注】这种方法称为**拉格朗日乘数法**,拉格朗日乘数法可推广到自变量多于两个的情形.例如:求函数 $u = f(x,y,z)$ 在约束条件 $\varphi(x,y,z) = 0, \psi(x,y,z) = 0$ 下的极值.

先构造拉格朗日函数 $F(x,y,z;\lambda_1,\lambda_2) = f(x,y,z) + \lambda_1\varphi(x,y,z) + \lambda_2\psi(x,y,z)$,再解驻点方程,得可疑极值点的坐标.

例 8 (1) 求函数 $M = xy + 2yz$ 在约束条件 $x^2 + y^2 + z^2 = 10$ 下的最大值和最小值.

(2) 求椭球面 $\frac{x^2}{a^2} + \frac{y^2}{b^2} + \frac{z^2}{c^2} = 1$ 的内接长方体的最大体积.

(3) 设某厂生产甲、乙两种产品,产量分别为 x, y(千只),其利润函数为

$$L(x,y) = -x^2 - 4y^2 + 8x + 24y - 15,$$

如果现有原料 15 000 千克(不要求用完),生产两种产品每千只都需要原料 2 000 千克,求

① 使利润最大的 x, y 和最大利润.

② 如果原料降至 12 000 千克,求这时利润最大的产量和最大利润.

【解析】(1) 令 $F(x,y,z;\lambda) = xy + 2yz + \lambda(x^2 + y^2 + z^2 - 10)$,则

$$\begin{cases} F'_x = y + 2\lambda x = 0, & ① \\ F'_y = x + 2z + 2\lambda y = 0, & ② \\ F'_z = 2y + 2\lambda z = 0, & ③ \\ F'_\lambda = x^2 + y^2 + z^2 - 10 = 0. & ④ \end{cases}$$

当 $\lambda \neq 0$ 时,①、③ 式联立,消去 λ 得 $z = 2x$. 将 $z = 2x$ 代入 ② 式,整理后与 ① 式联立,消去 λ,得 $y^2 = 5x^2$,将 $z = 2x, y^2 = 5x^2$ 代入 ④ 式可得四个驻点:

$$A(1,\sqrt{5},2), B(-1,-\sqrt{5},-2), C(1,-\sqrt{5},2), D(-1,\sqrt{5},-2).$$

而当 $\lambda = 0$ 时,可得驻点 $E(2\sqrt{2},0,-\sqrt{2}), F(-2\sqrt{2},0,\sqrt{2})$. 由于在点 A 与 B 点处,$M = 5\sqrt{5}$;在点 C 与 D 处,$M = -5\sqrt{5}$;在点 E 与 F 处,$M = 0$.

又因为该问题必存在最值,并且不可能在其他点处,所以 $M_{\max} = 5\sqrt{5}, M_{\min} = -5\sqrt{5}$.

(2) 设内接长方体位于第一卦限的顶点为(x,y,z),则它的长、宽、高分别为 $2x, 2y, 2z$,问题归结为求体积 $V = 8xyz(x > 0, y > 0, z > 0)$ 在条件$\frac{x^2}{a^2} + \frac{y^2}{b^2} + \frac{z^2}{c^2} = 1$ 下的最大值.

构造拉格朗日函数:$L(x,y,z;\lambda) = 8xyz + \lambda\left(\frac{x^2}{a^2} + \frac{y^2}{b^2} + \frac{z^2}{c^2} - 1\right)$.

解驻点方程组

$$\begin{cases} L'_x = 8yz + \frac{2\lambda x}{a^2} = 0, \\ L'_y = 8xz + \frac{2\lambda y}{b^2} = 0, \\ L'_z = 8yx + \frac{2\lambda z}{c^2} = 0, \\ L'_\lambda = \frac{x^2}{a^2} + \frac{y^2}{b^2} + \frac{z^2}{c^2} - 1 = 0, \end{cases}$$

得唯一驻点：$x=\frac{a}{\sqrt{3}},y=\frac{b}{\sqrt{3}},z=\frac{c}{\sqrt{3}}$.

由实际意义可知，内接长方体的最大体积存在，其最大体积为 $V_{\max}=\frac{8abc}{3\sqrt{3}}=\frac{8\sqrt{3}abc}{9}$.

(3)① 由 $\begin{cases}\frac{\partial L}{\partial x}=-2x+8=0,\\ \frac{\partial L}{\partial y}=-8y+24=0\end{cases}$ 得 $x=4,y=3$.

即点(4,3)为 $L(x,y)$ 唯一可能取得极值的点，由该问题已知 $L(x,y)$ 最大值存在，则最大值只能在点(4,3)取到，$L(4,3)=37$ 万元.

② 如果原料降至 12 000 千克，问题变为条件极值，令

$$F(x,y;\lambda)=-x^2-4y^2+8x+24y-15+\lambda(x+y-6),$$

由 $\begin{cases}F'_x=-2x+8+\lambda=0,\\ F'_y=-8y+24+\lambda=0,\\ F'_\lambda=x+y-6=0,\end{cases}$ 得 $x=3.2,y=2.8$.

即点(3.2,2.8)为 $L(x,y)$ 在条件 $x+y=6$ 下唯一可能取得极值的点，由该问题已知该最大值存在，则最大值只能在点(3.2,2.8)取到，$L(3.2,2.8)=36.2$ 万元.

第十章 重积分

章节同步导学

<table>
<tr><th>章节</th><th>教材内容</th><th>考纲要求</th><th>必做例题</th><th>必做习题</th></tr>
<tr><td>§10.1二重积分的概念与性质</td><td>二重积分的概念、性质</td><td>理解(数学一)
了解(数学二、数学三)</td><td></td><td>P139习题10－1：
2，4，5(2)(3)，6(3)(4)</td></tr>
<tr><td rowspan="3">§10.2二重积分的计算法</td><td>利用直角坐标计算二重积分</td><td rowspan="2">掌握【重点】
(数学三还要求了解并会计算无界区域上较简单的反常二重积分)</td><td rowspan="2">例1～3,5，
数学一还需要做:4,6</td><td rowspan="2">P156习题10－2：
1(1)(4),2(1)(3),4(1)(3),6(2)(4)(6),11(2)(4),12(2)(3),13(1)(3),14(2)(3),15(2)(3)，
数学一还需要做：
8,9,10,18</td></tr>
<tr><td>利用极坐标计算二重积分</td></tr>
<tr><td>二重积分的换元法</td><td>考研不作要求</td><td></td><td></td></tr>
<tr><td rowspan="4">§10.3三重积分</td><td>三重积分的定义</td><td>理解(仅数学一要求)</td><td></td><td>P166习题10－3：
1(1),4,5,7,</td></tr>
<tr><td>利用直角坐标计算三重积分</td><td rowspan="3">会【重点】
(仅数学一要求)</td><td rowspan="3">例1～4</td><td rowspan="3">9(1)(2)，10(2)
11(1)(2)(3)，12(3)</td></tr>
<tr><td>利用柱面坐标计算三重积分</td></tr>
<tr><td>利用球面坐标计算三重积分</td></tr>
<tr><td rowspan="2">§10.4重积分的应用</td><td rowspan="2">利用重积分计算曲面的面积、质心、转动惯量、引力</td><td rowspan="2">会(仅数学一要求)</td><td rowspan="2">例1～7</td><td>P177习题10－4：
1,2,3,4(1),5</td></tr>
<tr><td>7(1)(3),14</td></tr>
<tr><td>*§10.5含参变量的积分</td><td>含参变量的积分</td><td>考研不作要求</td><td></td><td></td></tr>
<tr><td>总习题十</td><td>总结归纳本章的基本概念、基本定理、基本公式、基本方法</td><td></td><td></td><td>P185总习题十：
1,2(1),3(2)(4),4(2)(3),5,7,9(1)，
数学一还需要做
11,12,13</td></tr>
</table>

知识结构网图

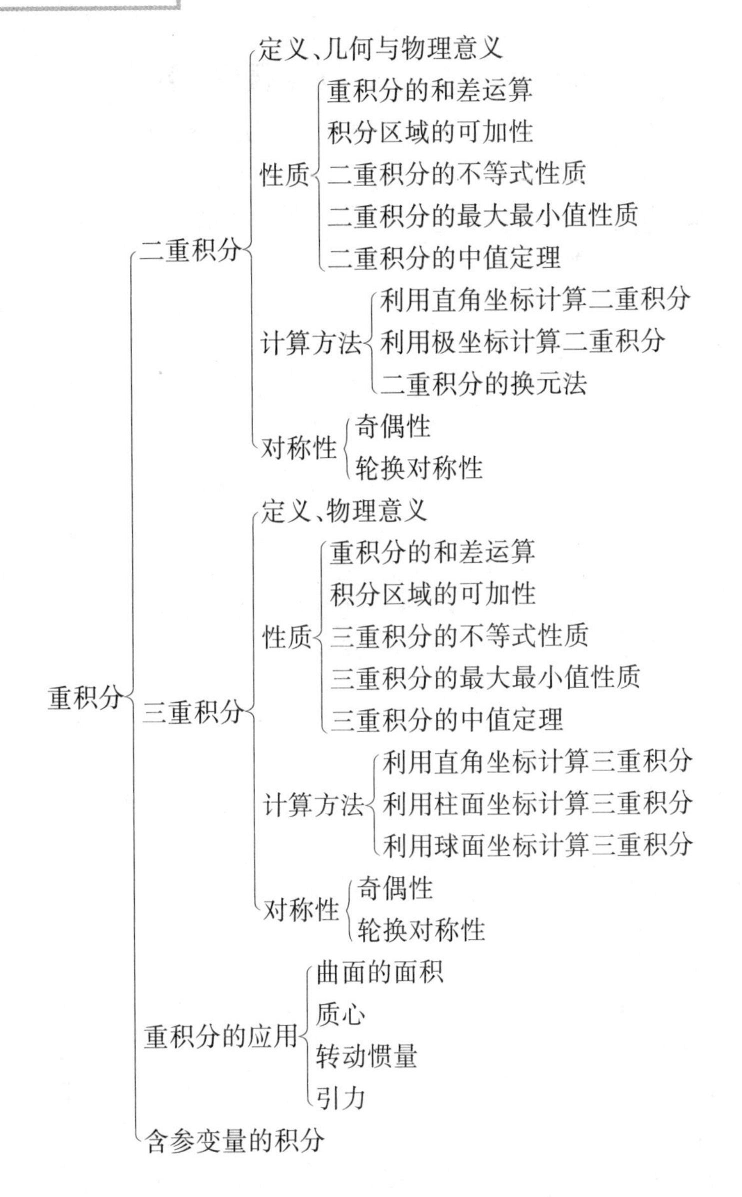

重积分是定积分的推广，我们在一元函数积分学中知道，定积分是某种和式的极限，定积分定义中蕴含的基本思想是元素法：分割、近似、求和、取极限．将该定义推广到二维和三维就分别得到了二重积分和三重积分．对于它们的定义，我们要结合其几何与物理背景来理解，并进一步掌握其常见的简单性质．本章的核心是重积分的计算方法，它们的基本思路都是转化为累次积分，不同方法的区别在于化为累次积分时所用的坐标不同，其中二重积分可选的坐标有直角坐标与极坐标，三重积分可选的坐标有直角坐标、柱面坐标与球面坐标．除了基本的计算方法以外，灵活运用重积分的性质及对称性也可以简化计算．

课后习题全解

习题 10－1　二重积分的概念与性质

1. 设有一平面薄板（不计其厚度）占有 xOy 面上的闭区域 D，薄板上分布有面密度为 $\mu=\mu(x,y)$ 的电荷，且 $\mu(x,y)$ 在 D 上连续，试用二重积分表达该薄板上的全部电荷 Q.

【解析】 用一组曲线网将 D 分成 n 个小闭区域 $\Delta\sigma_i$，其面积也记为 $\Delta\sigma_i(i=1,2,\cdots,n)$. 任取一点 $(\xi_i,\eta_i)\in\Delta\sigma_i$，则 $\Delta\sigma_i$ 上分布的电荷 $\Delta Q_i\approx\mu(\xi_i,\eta_i)\Delta\sigma_i$. 通过求和、取极限，便得到该板上的全部电荷为

$$Q=\lim_{\lambda\to 0}\sum_{i=1}^{n}\mu(\xi_i,\eta_i)\Delta\sigma_i=\iint_D\mu(x,y)\mathrm{d}\sigma,$$

其中 $\lambda=\max\limits_{1\leqslant i\leqslant n}\{\Delta\sigma_i \text{ 的直径}\}$.

【注】 以上解题过程也可用元素法简化叙述如下：

设想用曲线网将 D 分成 n 个小闭区域，取出其中任意一个记作 $\mathrm{d}\sigma$（其面积也记作 $\mathrm{d}\sigma$），(x,y) 为 $\mathrm{d}\sigma$ 上任一点，则 $\mathrm{d}\sigma$ 上分布的电荷近似等于 $\mu(x,y)\mathrm{d}\sigma$，记作

$$\mathrm{d}Q=\mu(x,y)\mathrm{d}\sigma\quad(\text{称为电荷元素}),$$

以 $\mathrm{d}Q$ 作为被积表达式，在 D 上作重积分，即得所求的电荷为

$$Q=\iint_D\mu(x,y)\mathrm{d}\sigma.$$

2. 设 $\qquad I_1=\iint\limits_{D_1}(x^2+y^2)^3\mathrm{d}\sigma$，其中 $D_1=\{(x,y)\mid -1\leqslant x\leqslant 1,-2\leqslant y\leqslant 2\}$；

又 $\qquad I_2=\iint\limits_{D_2}(x^2+y^2)^3\mathrm{d}\sigma$，其中 $D_2=\{(x,y)\mid 0\leqslant x\leqslant 1,0\leqslant y\leqslant 2\}$.

试利用二重积分的几何意义说明 I_1 与 I_2 之间的关系.

【解析】 设 I_1 表示由曲面 $z=(x^2+y^2)^3$ 与平面 $x=\pm1,y=\pm2$ 以及 $z=0$ 围成的曲顶柱体 V_1 的体积（如图 10－1 所示）.

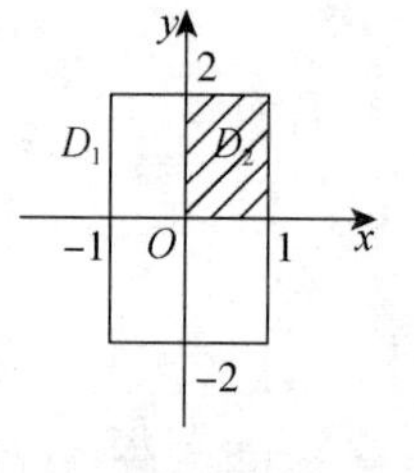

图 10－1

I_2 表示由曲面 $z=(x^2+y^2)^3$ 与平面 $x=0,x=1,y=0,y=2$ 以及 $z=0$ 围成曲顶柱体 V_2 的体积.

显然曲顶柱体 V_1 关于 yOz 面、xOz 面均对称，因此 V_2 是 V_1 位于第一卦限中的部分，故 $V_1=4V_2$，即 $I_1=4I_2$.

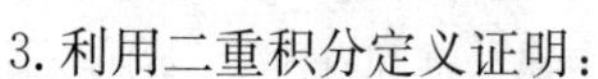

3. 利用二重积分定义证明：

(1) $\iint\limits_D\mathrm{d}\sigma=\sigma$ （其中 σ 为 D 的面积）；

(2) $\iint\limits_D kf(x,y)\mathrm{d}\sigma=k\iint\limits_D f(x,y)\mathrm{d}\sigma$ （其中 k 为常数）；

(3) $\iint\limits_D f(x,y)\mathrm{d}\sigma=\iint\limits_{D_1}f(x,y)\mathrm{d}\sigma+\iint\limits_{D_2}f(x,y)\mathrm{d}\sigma$，

其中 $D=D_1\cup D_2$，D_1、D_2 为两个无公共内点的闭区域.

【证明】 (1) 由于被积函数 $f(x,y)\equiv1$，故由二重积分定义得

$$\iint_D d\sigma = \lim_{\lambda\to 0}\sum_{i=1}^{n} f(\xi_i,\eta_i)\Delta\sigma_i = \lim_{\lambda\to 0}\sum_{i=1}^{n}\Delta\sigma_i$$
$$= \lim_{\lambda\to 0}\sigma = \sigma.$$

(2) $\iint_D kf(x,y)d\sigma = \lim_{\lambda\to 0}\sum_{i=1}^{n} kf(\xi_i,\eta_i)\Delta\sigma_i = k\lim_{\lambda\to 0}\sum_{i-1}^{n} f(\xi_i,\eta_i)\Delta\sigma_i = k\iint_D f(x,y)d\sigma.$

(3)分别将 D_1 和 D_2 任意分成 n_1 和 n_2 个小闭区域，且 $n=n_1+n_2$，作和

$$\sum_{i=1}^{n} f(\xi_i,\eta_i)\Delta\sigma_i = \sum_{i=1}^{n_1} f(\xi_i,\eta_i)\Delta\sigma_i + \sum_{i=n_1+1}^{n} f(\xi_i,\eta_i)\Delta\sigma_i,$$

令 $\lambda_1 = \max\{\Delta\sigma_i \text{ 的直径}, i=1,2,\cdots,n_1\}$，

$\lambda_2 = \max\{\Delta\sigma_i \text{ 的直径}, i=n_1+1,n_1+2,\cdots,n\}$，$\lambda=\max\{\lambda_1,\lambda_2\}$.

则
$$\lim_{\lambda\to 0}\sum_{i=1}^{n} f(\xi_i,\eta_i)\Delta\sigma_i = \lim_{\lambda_1\to 0}\sum_{i=1}^{n_1} f(\xi_i,\eta_i)\Delta\sigma_i + \lim_{\lambda_2\to 0}\sum_{i=n_1+1}^{n} f(\xi_i,\eta_i)\Delta\sigma_i,$$

即
$$\iint_D f(x,y)d\sigma = \iint_{D_1} f(x,y)d\sigma + \iint_{D_2} f(x,y)d\sigma.$$

4. 试确定积分区域 D，使二重积分 $\iint_D (1-2x^2-y^2)dxdy$ 达到最大值.

【解析】由二重积分的性质可知，当积分区域 D 包含了所有使被积函数 $1-2x^2-y^2$ 大于等于零的点，而不包含使被积函数 $1-2x^2-y^2$ 小于零的点，即当 D 是椭圆 $2x^2+y^2=1$ 所围的平面闭区域时，此二重积分的值达到最大.

5. 根据二重积分的性质，比较下列积分的大小：

(1) $\iint_D (x+y)^2 d\sigma$ 与 $\iint_D (x+y)^3 d\sigma$，其中积分区域 D 是由 x 轴、y 轴与直线 $x+y=1$ 所围成；

(2) $\iint_D (x+y)^2 d\sigma$ 与 $\iint_D (x+y)^3 d\sigma$，其中积分区域 D 是由圆周 $(x-2)^2+(y-1)^2=2$ 所围成；

(3) $\iint_D \ln(x+y)d\sigma$ 与 $\iint_D [\ln(x+y)]^2 d\sigma$，其中 D 是三角形闭区域，三顶点分别为 $(1,0)$，$(1,1)$，$(2,0)$；

(4) $\iint_D \ln(x+y)d\sigma$ 与 $\iint_D [\ln(x+y)]^2 d\sigma$，其中 $D=\{(x,y)\mid 3\leqslant x\leqslant 5, 0\leqslant y\leqslant 1\}$.

【解析】(1)在积分区域 D 上，$0\leqslant x+y\leqslant 1$，故有

$$(x+y)^3\leqslant(x+y)^2.$$

根据二重积分的性质 4，可得

$$\iint_D (x+y)^3 d\sigma \leqslant \iint_D (x+y)^2 d\sigma.$$

(2)由于积分区域 D 位于半平面 $\{(x,y)\mid x+y\geqslant 1\}$ 内，故在 D 上有 $(x+y)^2\leqslant(x+y)^3$，从而

$$\iint_D (x+y)^2 d\sigma \leqslant \iint_D (x+y)^3 d\sigma.$$

(3)积分区域 D 如图 10－2 所示. D 位于直线 $x+y=2$ 的下方，从而在 D 内有 $x+y\leqslant 2$，故 $\ln(x+y)\leqslant 1$. 又因为 D 内点满足 $x\geqslant 1$，$y\geqslant 0$，从而 $x+y\geqslant 1$，故 $\ln(x+y)\geqslant 0$. 于是 $\ln(x+y)\geqslant [\ln(x+y)]^2$，所以

$$\iint_D \ln(x+y)\mathrm{d}\sigma \geqslant \iint_D [\ln(x+y)]^2\mathrm{d}\sigma.$$

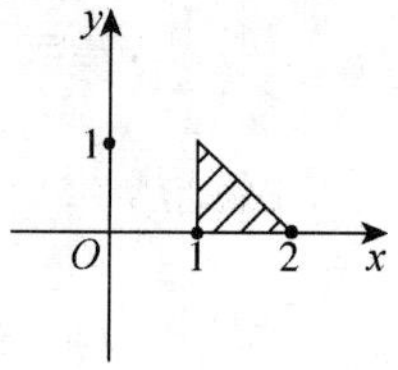

(4)由于积分区域 D 位于半平面 $\{(x,y)\mid x+y\geqslant \mathrm{e}\}$ 内，故在 D 上有 $\ln(x+y)\geqslant 1$，从而 $[\ln(x+y)]^2\geqslant \ln(x+y)$，因此

$$\iint_D [\ln(x+y)]^2\mathrm{d}\sigma \geqslant \iint_D \ln(x+y)\mathrm{d}\sigma.$$

图 10－2

6. 利用二重积分的性质估计下列积分的值：

(1) $I=\iint_D xy(x+y)\mathrm{d}\sigma$，其中 $D=\{(x,y)\mid 0\leqslant x\leqslant 1,0\leqslant y\leqslant 1\}$；

(2) $I=\iint_D \sin^2 x\sin^2 y\mathrm{d}\sigma$，其中 $D=\{(x,y)\mid 0\leqslant x\leqslant \pi,0\leqslant y\leqslant \pi\}$；

(3) $I=\iint_D (x+y+1)\mathrm{d}\sigma$，其中 $D=\{(x,y)\mid 0\leqslant x\leqslant 1,0\leqslant y\leqslant 2\}$；

(4) $I=\iint_D (x^2+4y^2+9)\mathrm{d}\sigma$，其中 $D=\{(x,y)\mid x^2+y^2\leqslant 4\}$.

【解析】(1)在积分区域 D 上，$0\leqslant x\leqslant 1,0\leqslant y\leqslant 1$，从而 $0\leqslant xy(x+y)\leqslant 2$. 又已知 D 的面积等于 1，因此

$$0\leqslant \iint_D xy(x+y)\mathrm{d}\sigma \leqslant 2.$$

(2)在积分区域 D 上，$0\leqslant \sin x\leqslant 1,0\leqslant \sin y\leqslant 1$，从而 $0\leqslant \sin^2 x\sin^2 y\leqslant 1$. 又因为 D 的面积等于 π^2，因此

$$0\leqslant \iint_D \sin^2 x\sin^2 y\mathrm{d}\sigma \leqslant \pi^2.$$

(3)在积分区域 D 上有 $1\leqslant x+y+1\leqslant 4$，$D$ 的面积等于 2，因此

$$2\leqslant \iint_D (x+y+1)\mathrm{d}\sigma \leqslant 8.$$

(4)因为当 $(x,y)\in D$ 时，$0\leqslant x^2+y^2\leqslant 4$，所以

$$9\leqslant x^2+4y^2+9\leqslant 4(x^2+y^2)+9\leqslant 25,$$

故
$$\iint_D 9\mathrm{d}\sigma \leqslant \iint_D (x^2+4y^2+9)\mathrm{d}\sigma \leqslant \iint_D 25\mathrm{d}\sigma.$$

即
$$9\pi\times 2^2\leqslant \iint_D (x^2+4y^2+9)\mathrm{d}\sigma \leqslant 25\pi\times 2^2,$$

因此
$$36\pi\leqslant \iint_D (x^2+4y^2+9)\mathrm{d}\sigma \leqslant 100\pi.$$

习题 10－2　二重积分的计算法

1. 计算下列二重积分：

(1) $\iint_D (x^2+y^2)\mathrm{d}\sigma$，其中 $D=\{(x,y)\mid |x|\leqslant 1,|y|\leqslant 1\}$；

(2) $\iint_D (3x+2y)\mathrm{d}\sigma$，其中 D 是由两坐标轴及直线 $x+y=2$ 所围成的闭区域；

(3) $\iint_D (x^3+3x^2y+y^3)\mathrm{d}\sigma$，其中 $D=\{(x,y)\mid 0\leqslant x\leqslant 1,0\leqslant y\leqslant 1\}$；

(4) $\iint\limits_D x\cos(x+y)\mathrm{d}\sigma$,其中 D 是顶点分别为 $(0,0)$,$(\pi,0)$ 和 (π,π) 的三角形闭区域.

【解析】(1) $\iint\limits_D (x^2+y^2)\mathrm{d}\sigma = \int_{-1}^{1}\mathrm{d}x\int_{-1}^{1}(x^2+y^2)\mathrm{d}y$

$$=\int_{-1}^{1}\left[x^2y+\frac{y^3}{3}\right]_{-1}^{1}\mathrm{d}x=\int_{-1}^{1}\left(2x^2+\frac{2}{3}\right)\mathrm{d}x$$

$$=\frac{8}{3}.$$

(2) D 可用不等式表示为

$$0\leqslant y\leqslant 2-x,\quad 0\leqslant x\leqslant 2.$$

于是

$$\iint\limits_D (3x+2y)\mathrm{d}\sigma=\int_0^2\mathrm{d}x\int_0^{2-x}(3x+2y)\mathrm{d}y$$

$$=\int_0^2\left[3xy+y^2\right]_0^{2-x}\mathrm{d}x=\int_0^2(4+2x-2x^2)\mathrm{d}x$$

$$=\frac{20}{3}.$$

(3) $\iint\limits_D (x^3+3x^2y+y^3)\mathrm{d}\sigma=\int_0^1\mathrm{d}y\int_0^1(x^3+3x^2y+y^3)\mathrm{d}x$

$$=\int_0^1\left[\frac{x^4}{4}+x^3y+y^3x\right]_0^1\mathrm{d}y=\int_0^1\left(\frac{1}{4}+y+y^3\right)\mathrm{d}y$$

$$=1.$$

(4) D 可用不等式表示为

$$0\leqslant y\leqslant x,\quad 0\leqslant x\leqslant \pi,$$

于是

$$\iint\limits_D x\cos(x+y)\mathrm{d}\sigma=\int_0^{\pi}x\mathrm{d}x\int_0^{x}\cos(x+y)\mathrm{d}y$$

$$=\int_0^{\pi}x\left[\sin(x+y)\right]_0^{x}\mathrm{d}x=\int_0^{\pi}x(\sin 2x-\sin x)\mathrm{d}x$$

$$=\int_0^{\pi}x\mathrm{d}\left(\cos x-\frac{1}{2}\cos 2x\right)$$

$$=\left[x\left(\cos x-\frac{1}{2}\cos 2x\right)\right]_0^{\pi}-\int_0^{\pi}\left(\cos x-\frac{1}{2}\cos 2x\right)\mathrm{d}x$$

$$=\pi\left(-1-\frac{1}{2}\right)-0$$

$$=-\frac{3}{2}\pi.$$

2. 画出积分区域,并计算下列二重积分:

(1) $\iint\limits_D x\sqrt{y}\,\mathrm{d}\sigma$,其中 D 是由两条抛物线 $y=\sqrt{x}$,$y=x^2$ 所围成的闭区域;

(2) $\iint\limits_D xy^2\mathrm{d}\sigma$,其中 D 是由圆周 $x^2+y^2=4$ 及 y 轴所围成的右半闭区域;

(3) $\iint\limits_D \mathrm{e}^{x+y}\mathrm{d}\sigma$,其中 $D=\{(x,y)\,|\,|x|+|y|\leqslant 1\}$;

(4) $\iint\limits_D (x^2+y^2-x)\mathrm{d}\sigma$，其中 D 是由直线 $y=2$，$y=x$ 及 $y=2x$ 所围成的闭区域.

【解析】(1)D 可用不等式表示为

$$x^2\leqslant y\leqslant\sqrt{x},0\leqslant x\leqslant 1(\text{如图 }10-3\text{ 所示}).$$

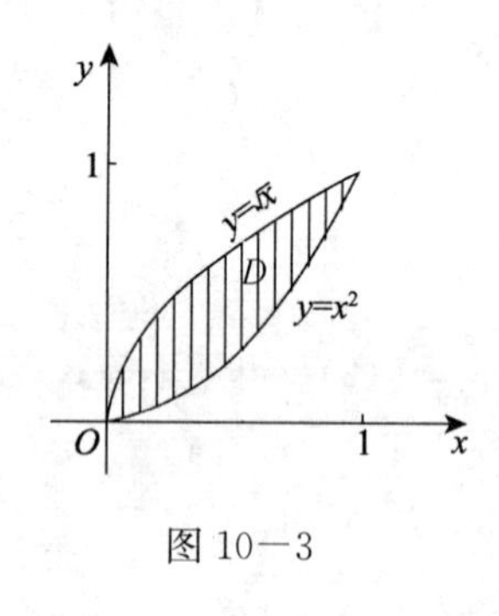

图 10—3

于是

$$\begin{aligned}\iint\limits_D x\sqrt{y}\,\mathrm{d}\sigma&=\int_0^1 x\mathrm{d}x\int_{x^2}^{\sqrt{x}}\sqrt{y}\,\mathrm{d}y\\&=\frac{2}{3}\int_0^1 x\left[y^{\frac{3}{2}}\right]_{x^2}^{\sqrt{x}}\mathrm{d}x\\&=\frac{2}{3}\int_0^1 (x^{\frac{7}{4}}-x^4)\mathrm{d}x\\&=\frac{6}{55}.\end{aligned}$$

(2)D 可用不等式表示为

$$0\leqslant x\leqslant\sqrt{4-y^2},-2\leqslant y\leqslant 2(\text{如图 }10-4\text{ 所示}),$$

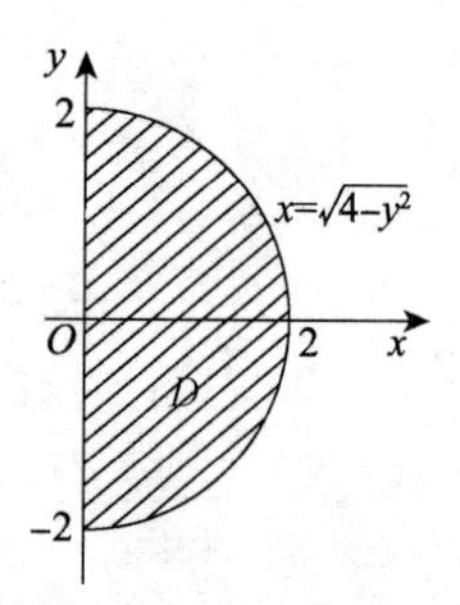

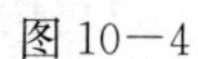

图 10—4

故

$$\begin{aligned}\iint\limits_D xy^2\mathrm{d}\sigma&=\int_{-2}^{2}y^2\mathrm{d}y\int_0^{\sqrt{4-y^2}}x\mathrm{d}x\\&=\frac{1}{2}\int_{-2}^{2}y^2(4-y^2)\mathrm{d}y=\frac{64}{15}.\end{aligned}$$

(3)将 D 视为 Y 型区域（如图 10—5 所示），$D=D_1+D_2$.

$$\begin{aligned}I&=\iint\limits_{D_1}\mathrm{e}^{x+y}\mathrm{d}\sigma+\iint\limits_{D_2}\mathrm{e}^{x+y}\mathrm{d}\sigma=\int_{-1}^{0}\mathrm{d}y\int_{-y-1}^{1+y}\mathrm{e}^{x+y}\mathrm{d}x+\int_0^1\mathrm{d}y\int_{y-1}^{1-y}\mathrm{e}^{x+y}\mathrm{d}x\\&=\int_{-1}^{0}\mathrm{e}^y(\mathrm{e}^{1+y}-\mathrm{e}^{-y-1})\mathrm{d}y+\int_0^1\mathrm{e}^y(\mathrm{e}^{1-y}-\mathrm{e}^{y-1})\mathrm{d}y\\&=\left[\frac{1}{2}\mathrm{e}^{1+2y}-\mathrm{e}^{-1}y\right]_{-1}^{0}+\left[\mathrm{e}y-\frac{1}{2}\mathrm{e}^{2y-1}\right]_0^1\\&=\mathrm{e}-\mathrm{e}^{-1}.\end{aligned}$$

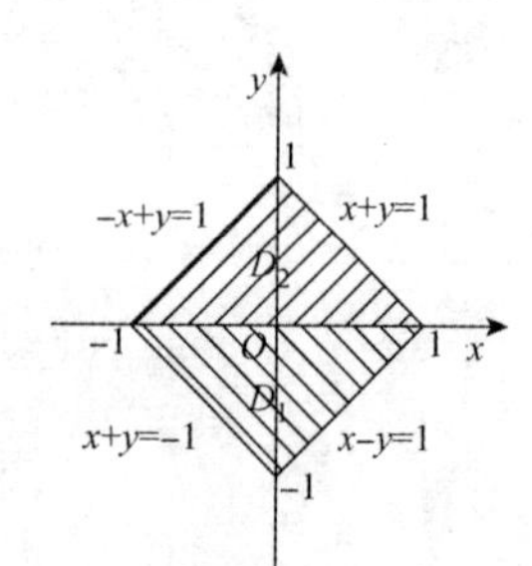

图 10—5

(4)D：$\frac{y}{2}\leqslant x\leqslant y,0\leqslant y\leqslant 2$（如图 10—6 所示），

故

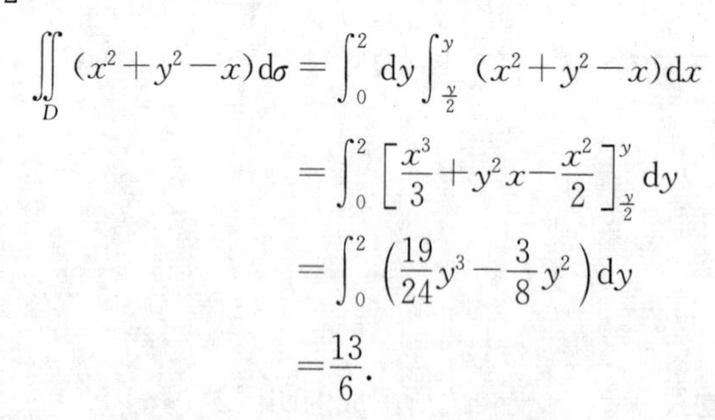

$$\begin{aligned}\iint\limits_D(x^2+y^2-x)\mathrm{d}\sigma&=\int_0^2\mathrm{d}y\int_{\frac{y}{2}}^{y}(x^2+y^2-x)\mathrm{d}x\\&=\int_0^2\left[\frac{x^3}{3}+y^2x-\frac{x^2}{2}\right]_{\frac{y}{2}}^{y}\mathrm{d}y\\&=\int_0^2\left(\frac{19}{24}y^3-\frac{3}{8}y^2\right)\mathrm{d}y\\&=\frac{13}{6}.\end{aligned}$$

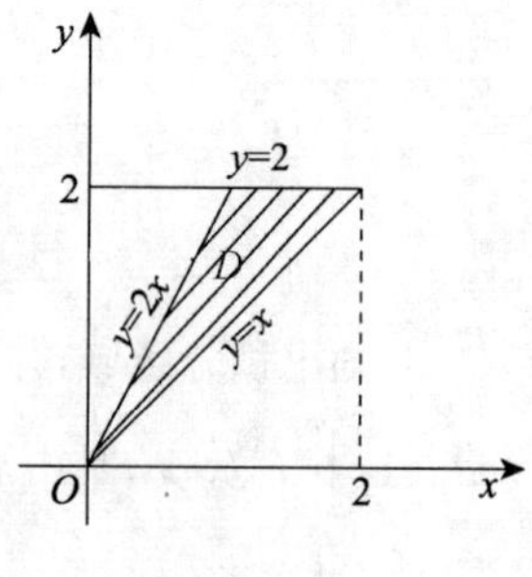

图 10—6

3. 如果二重积分 $\iint\limits_D f(x,y)\mathrm{d}x\mathrm{d}y$ 的被积函数 $f(x,y)$ 是两个函数 $f_1(x)$ 及 $f_2(y)$ 的乘积，即 $f(x,y)=f_1(x)\cdot f_2(y)$，积分区域 $D=\{(x,y)\mid a\leqslant x\leqslant b,c\leqslant y\leqslant d\}$，证明这个二重积分等于两个单积分的乘积，即

$$\iint\limits_D f_1(x)\cdot f_2(y)\mathrm{d}x\mathrm{d}y=\left[\int_a^b f_1(x)\mathrm{d}x\right]\cdot\left[\int_c^d f_2(y)\mathrm{d}y\right].$$

【证明】由 $\iint\limits_D f_1(x)\cdot f_2(y)\mathrm{d}x\mathrm{d}y=\int_a^b\mathrm{d}x\int_c^d f_1(x)f_2(y)\mathrm{d}y=\int_a^b\left[\int_c^d f_1(x)f_2(y)\mathrm{d}y\right]\mathrm{d}x$，

而
$$\int_c^d f_1(x)f_2(y)\mathrm{d}y=f_1(x)\int_c^d f_2(y)\mathrm{d}y,$$

故
$$\iint\limits_D f_1(x)f_2(y)\mathrm{d}x\mathrm{d}y=\int_a^b\left[f_1(x)\int_c^d f_2(y)\mathrm{d}y\right]\mathrm{d}x.$$

由于 $\int_c^d f_2(y)\mathrm{d}y$ 的值为常数，因而可提到积分号的外面，于是得

$$\iint\limits_D f_1(x)\cdot f_2(y)\mathrm{d}x\mathrm{d}y=\left[\int_a^b f_1(x)\mathrm{d}x\right]\cdot\left[\int_c^d f_2(y)\mathrm{d}y\right].$$

证毕.

4.化二重积分

$$I=\iint\limits_D f(x,y)\mathrm{d}\sigma$$

为二次积分(分别列出对两个变量先后次序不同的两个二次积分)，其中积分区域 D 是：

(1)由直线 $y=x$ 及抛物线 $y^2=4x$ 所围成的闭区域；

(2)由 x 轴及半圆周 $x^2+y^2=r^2(y\geqslant 0)$ 所围成的闭区域；

(3)由直线 $y=x,x=2$ 及双曲线 $y=\dfrac{1}{x}(x>0)$ 所围成的闭区域；

(4)环形闭区域 $\{(x,y)\mid 1\leqslant x^2+y^2\leqslant 4\}$.

【解析】(1)直线 $y=x$ 与抛物线 $y^2=4x$ 的交点为 $(0,0)$ 和 $(4,4)$ (如图 10－7 所示). 于是

$$I=\int_0^4\mathrm{d}x\int_x^{\sqrt{4x}}f(x,y)\mathrm{d}y\text{ 或 }I=\int_0^4\mathrm{d}y\int_{\frac{y^2}{4}}^{y}f(x,y)\mathrm{d}x.$$

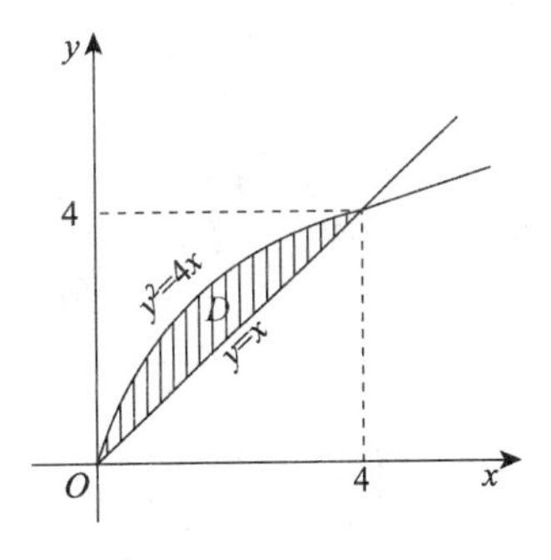

图 10－7

(2)将 D 用不等式表示为 $0\leqslant y\leqslant\sqrt{r^2-x^2},-r\leqslant x\leqslant r$，于是可将 I 化为如下的先对 y、后对 x 的二次积分：

$$I=\int_{-r}^{r}\mathrm{d}x\int_0^{\sqrt{r^2-x^2}}f(x,y)\mathrm{d}y;$$

如将 D 用不等式表示为 $-\sqrt{r^2-y^2}\leqslant x\leqslant\sqrt{r^2-y^2},0\leqslant y\leqslant r$，则可将 I 化为如下的先对 x、后对 y 的二次积分：

$$I=\int_0^r\mathrm{d}y\int_{-\sqrt{r^2-y^2}}^{\sqrt{r^2-y^2}}f(x,y)\mathrm{d}x.$$

(3)如图 10－8 所示，三条边界曲线两两相交，先求得 3 个交点为 $(1,1),\left(2,\dfrac{1}{2}\right)$ 和 $(2,2)$. 于是

$$I=\int_1^2\mathrm{d}x\int_{\frac{1}{x}}^{x}f(x,y)\mathrm{d}y,$$

或
$$I=\int_{\frac{1}{2}}^{1}\mathrm{d}y\int_{\frac{1}{y}}^{2}f(x,y)\mathrm{d}x+\int_1^2\mathrm{d}y\int_y^2 f(x,y)\mathrm{d}x.$$

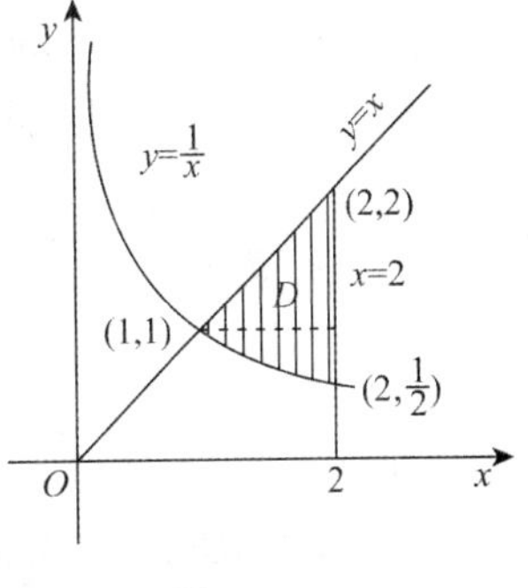

图 10－8

【注】本题说明，将二重积分化为二次积分时，需注意根据积分区域的边界曲线的情况，选取恰当的积分次序. 本题中的积分区域 D 的上、下边界曲线均由一个方程给出，而左边界曲线却分为两段，由两个不同的方程给出，在这种情况下采取先对 y、后对 x 积分的次序比较有利，这样只需做一个二次积分，而如果采用相反的积分次序则需计算两个二次积分. 需要指出，选择积分次序时，还需考虑被积函数 $f(x,y)$ 的特点. 具体例子可见教材下册第 144 页上的例 2.

(4)①先将 D 视为 X 型区域，如图 10−9(1)所示，将 D 分成 4 个小区域 D_1,D_2,D_3,D_4，则

$$I=\iint\limits_{D_1+D_2+D_3+D_4} f(x,y)\mathrm{d}\sigma$$
$$=\int_{-2}^{-1}\mathrm{d}x\int_{-\sqrt{4-x^2}}^{\sqrt{4-x^2}} f(x,y)\mathrm{d}y+\int_{-1}^{1}\mathrm{d}x\int_{-\sqrt{4-x^2}}^{-\sqrt{1-x^2}} f(x,y)\mathrm{d}y+$$
$$\int_{-1}^{1}\mathrm{d}x\int_{\sqrt{1-x^2}}^{\sqrt{4-x^2}} f(x,y)\mathrm{d}y+\int_{1}^{2}\mathrm{d}x\int_{-\sqrt{4-x^2}}^{\sqrt{4-x^2}} f(x,y)\mathrm{d}y.$$

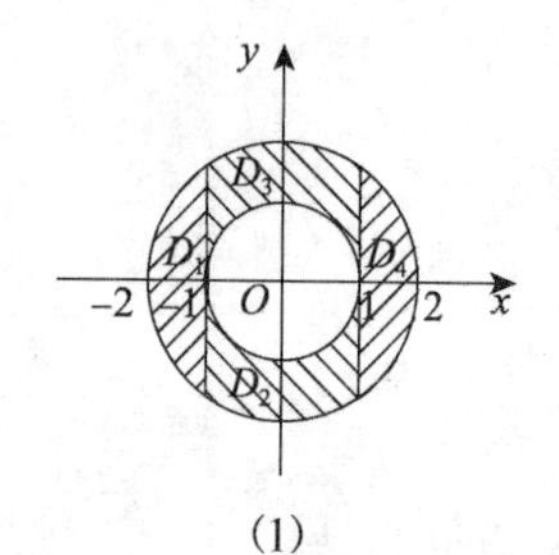

(1)

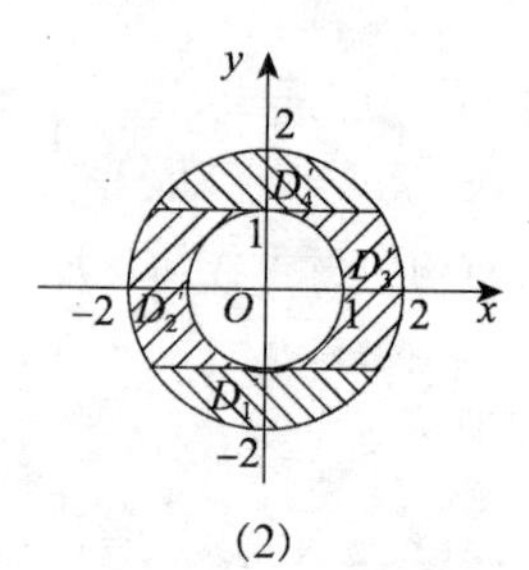

(2)

图 10−9

② 再将 D 视为 Y 型区域，如图 10−9(2)所示，将 D 分成 4 个小区域 D_1',D_2',D_3',D_4'，则

$$I=\iint\limits_{D_1'+D_2'+D_3'+D_4'} f(x,y)\mathrm{d}\sigma$$
$$=\int_{-2}^{-1}\mathrm{d}y\int_{-\sqrt{4-y^2}}^{\sqrt{4-y^2}} f(x,y)\mathrm{d}x+\int_{-1}^{1}\mathrm{d}y\int_{-\sqrt{4-y^2}}^{-\sqrt{1-y^2}} f(x,y)\mathrm{d}x+$$
$$\int_{-1}^{1}\mathrm{d}y\int_{\sqrt{1-y^2}}^{\sqrt{4-y^2}} f(x,y)\mathrm{d}x+\int_{1}^{2}\mathrm{d}y\int_{-\sqrt{4-y^2}}^{\sqrt{4-y^2}} f(x,y)\mathrm{d}x.$$

5. 设 $f(x,y)$ 在 D 上连续，其中 D 是由直线 $y=x$、$y=a$ 及 $x=b\ (b>a)$ 所围成的闭区域，证明

$$\int_a^b\mathrm{d}x\int_a^x f(x,y)\mathrm{d}y=\int_a^b\mathrm{d}y\int_y^b f(x,y)\mathrm{d}x.$$

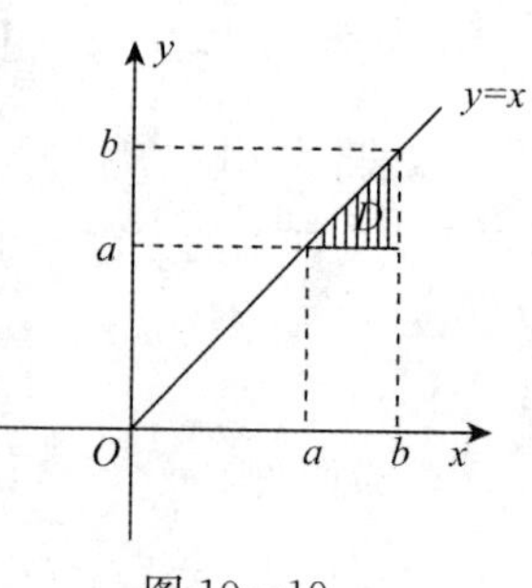

图 10−10

【证明】 积分区域 D 如图 10−10 所示.

把 D 表示成 Y 型区域：$y\leqslant x\leqslant b, a\leqslant y\leqslant b$.

把 D 表示成 X 型区域：$a\leqslant y\leqslant x, a\leqslant x\leqslant b$.

由二重积分化为累次积分的公式可知：

$$\int_a^b\mathrm{d}x\int_a^x f(x,y)\mathrm{d}y=\iint\limits_D f(x,y)\mathrm{d}x\mathrm{d}y=\int_a^b\mathrm{d}y\int_y^b f(x,y)\mathrm{d}x,$$

即等式成立.

6. 改换下列二次积分的积分次序：

(1) $\int_0^1\mathrm{d}y\int_0^y f(x,y)\mathrm{d}x$；　　(2) $\int_0^2\mathrm{d}y\int_{y^2}^{2y} f(x,y)\mathrm{d}x$；

(3) $\int_0^1 \mathrm{d}y \int_{-\sqrt{1-y^2}}^{\sqrt{1-y^2}} f(x,y)\mathrm{d}x$；　　(4) $\int_1^2 \mathrm{d}x \int_{2-x}^{\sqrt{2x-x^2}} f(x,y)\mathrm{d}y$；

(5) $\int_1^{\mathrm{e}} \mathrm{d}x \int_0^{\ln x} f(x,y)\mathrm{d}y$；　　(6) $\int_0^{\pi} \mathrm{d}x \int_{-\sin\frac{x}{2}}^{\sin x} f(x,y)\mathrm{d}y$.

【解析】(1)所给二次积分等于二重积分 $\iint\limits_D f(x,y)\mathrm{d}\sigma$，其中 $D=\{(x,y)\mid 0\leqslant x\leqslant y,0\leqslant y\leqslant 1\}$. 又 D 可表示为 $\{(x,y)\mid x\leqslant y\leqslant 1,0\leqslant x\leqslant 1\}$（如图 10－11 所示），于是

$$原式=\int_0^1 \mathrm{d}x \int_x^1 f(x,y)\mathrm{d}y.$$

(2)所给二次积分等于二重积分 $\iint\limits_D f(x,y)\mathrm{d}\sigma$，其中 $D=\{(x,y)\mid y^2\leqslant x\leqslant 2y,0\leqslant y\leqslant 2\}$. 又 D 可表示为 $\{(x,y)\mid \frac{x}{2}\leqslant y\leqslant \sqrt{x},0\leqslant x\leqslant 4\}$（如图 10－12 所示），于是

$$原式=\int_0^4 \mathrm{d}x \int_{\frac{x}{2}}^{\sqrt{x}} f(x,y)\mathrm{d}y.$$

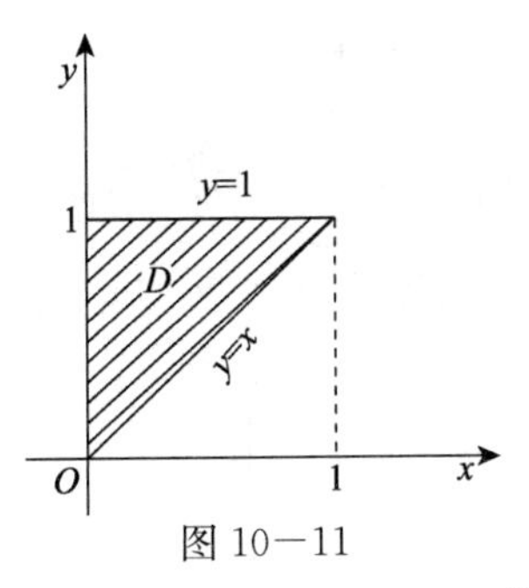

图 10－11

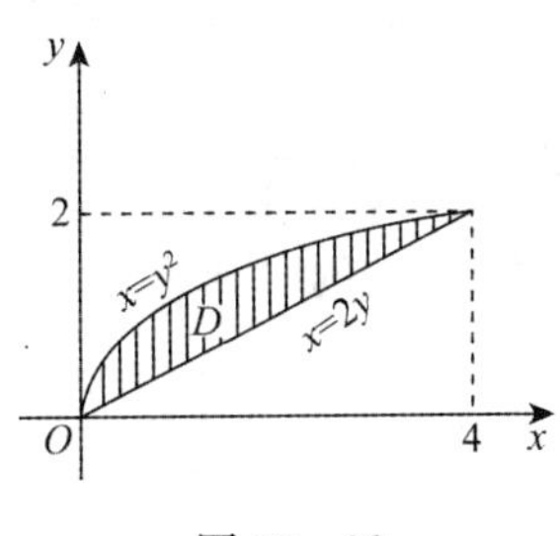

图 10－12

(3)所给二次积分等于二重积分 $\iint\limits_D f(x,y)\mathrm{d}\sigma$，其中 $D=\{(x,y)\mid -\sqrt{1-y^2}\leqslant x\leqslant \sqrt{1-y^2},0\leqslant y\leqslant 1\}$. 又 D 可表示为 $\{(x,y)\mid 0\leqslant y\leqslant \sqrt{1-x^2},-1\leqslant x\leqslant 1\}$（如图 10－13 所示），于是

$$原式=\int_{-1}^1 \mathrm{d}x \int_0^{\sqrt{1-x^2}} f(x,y)\mathrm{d}y.$$

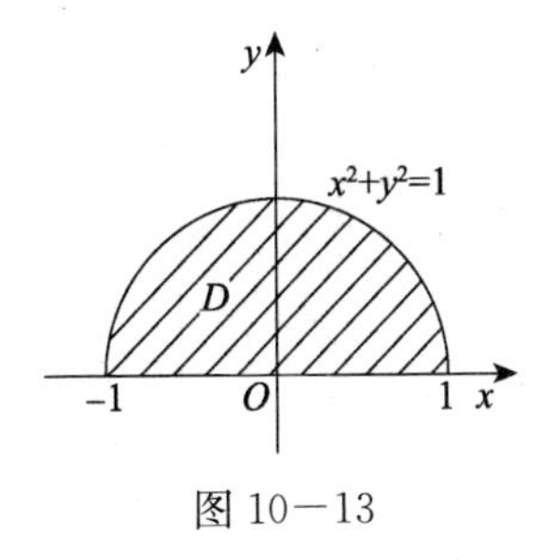

图 10－13

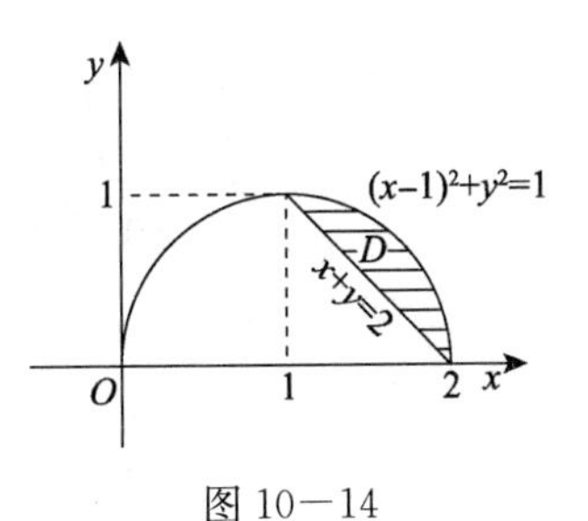

图 10－14

(4)所给二次积分等于二重积分 $\iint\limits_D f(x,y)\mathrm{d}\sigma$，其中 $D=\{(x,y)\mid 2-x\leqslant y\leqslant \sqrt{2x-x^2},1\leqslant x\leqslant 2\}$. 又 D 可表示为 $\{(x,y)\mid 2-y\leqslant x\leqslant 1+\sqrt{1-y^2},0\leqslant y\leqslant 1\}$（如图 10－14 所示），于是

$$原式=\int_0^1 \mathrm{d}y \int_{2-y}^{1+\sqrt{1-y^2}} f(x,y)\mathrm{d}x.$$

(5)所给二次积分等于二重积分 $\iint\limits_D f(x,y)\mathrm{d}\sigma$，其中 $D=\{(x,y)\mid 0\leqslant y\leqslant \ln x,1\leqslant x\leqslant \mathrm{e}\}$. 又 D 可表示

为$\{(x,y)\mid e^y\leqslant x\leqslant e,0\leqslant y\leqslant 1\}$（如图 10－15 所示），于是

$$原式=\int_0^1 dy\int_{e^y}^{e} f(x,y)dx.$$

(6)如图 10－16 所示，将积分区域 D 表示为 $D_1\cup D_2$，其中 $D_1=\{(x,y)\mid \arcsin y\leqslant x\leqslant \pi-\arcsin y, 0\leqslant y\leqslant 1\}$，$D_2=\{(x,y)\mid -2\arcsin y\leqslant x\leqslant \pi,-1\leqslant y\leqslant 0\}$. 于是

$$原式=\int_0^1 dy\int_{\arcsin y}^{\pi-\arcsin y} f(x,y)dx+\int_{-1}^0 dy\int_{-2\arcsin y}^{\pi} f(x,y)dx.$$

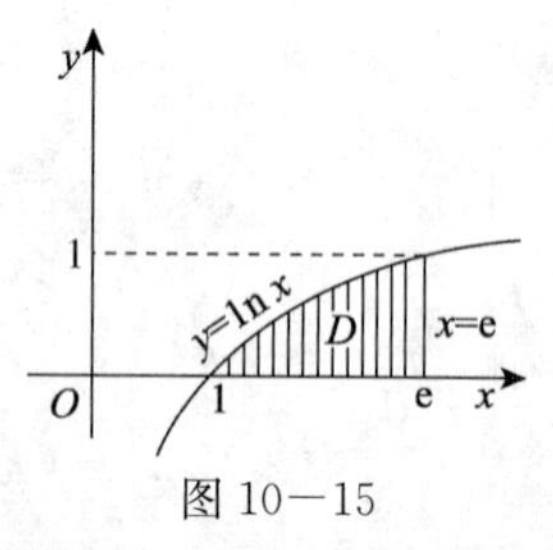

图 10－15

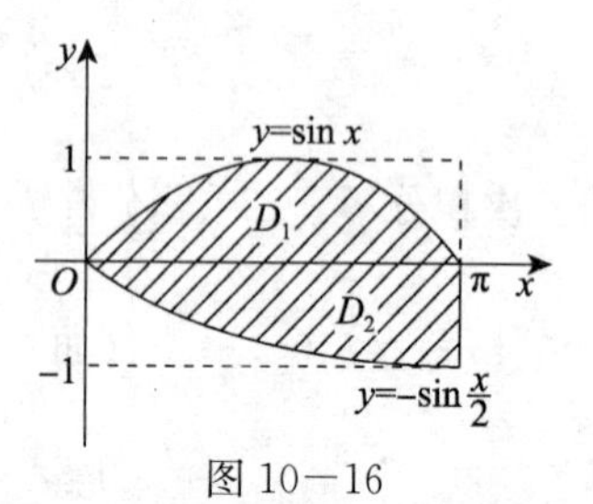

图 10－16

【注】 当 $x\in\left[0,\frac{\pi}{2}\right]$时，$y=\sin x$ 的反函数是 $x=\arcsin y$. 而当 $x\in\left(\frac{\pi}{2},\pi\right]$时，$\pi-x\in\left[0,\frac{\pi}{2}\right)$. 于是由 $y=\sin x=\sin(\pi-x)$可得 $\pi-x=\arcsin y$，从而得反函数 $x=\pi-\arcsin y$.

7. 设平面薄片所占的闭区域 D 由直线 $x+y=2$，$y=x$ 和 x 轴所围成，它的面密度$\mu(x,y)=x^2+y^2$，求该薄片的质量.

【解析】 D 如图 10－17 所示. 所求薄片的质量

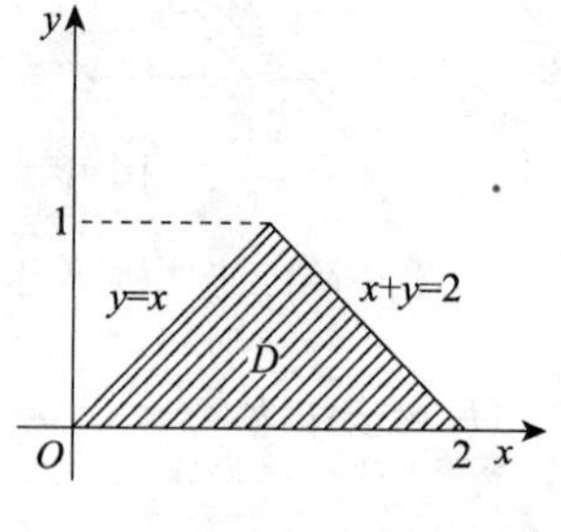

图 10－17

$$\begin{aligned}M&=\iint_D \mu(x,y)d\sigma\\&=\int_0^1 dy\int_y^{2-y}(x^2+y^2)dx\\&=\int_0^1\left[\frac{1}{3}x^3+xy^2\right]_y^{2-y}dy\\&=\int_0^1\left[\frac{1}{3}(2-y)^3+2y^2-\frac{7}{3}y^3\right]dy\\&=\left[-\frac{1}{12}(2-y)^4+\frac{2}{3}y^3-\frac{7}{12}y^4\right]_0^1=\frac{4}{3}.\end{aligned}$$

8. 计算由四个平面 $x=0$，$y=0$，$x=1$，$y=1$ 所围成的柱体被平面 $z=0$ 及 $2x+3y+z=6$ 截得的立体的体积.

【解析】 如图 10－18 所示，该立体可以看做以 $D=\{(x,y)\mid 0\leqslant x\leqslant 1, 0\leqslant y\leqslant 1\}$为底，以 $z=6-2x-3y$ 为顶面的曲顶柱体，其体积为

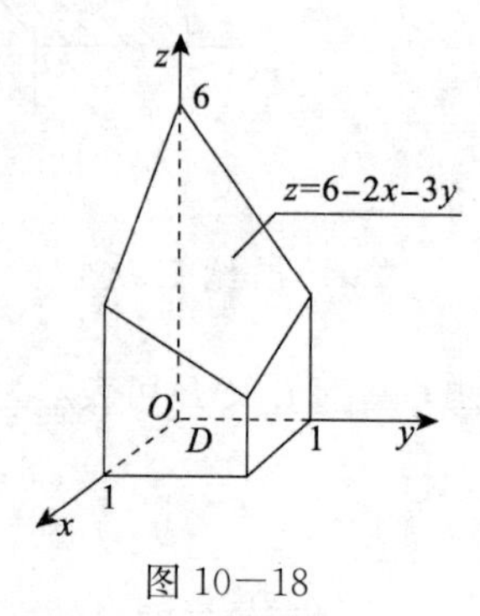

图 10－18

$$\begin{aligned}V&=\iint_D(6-2x-3y)dxdy\\&=\int_0^1 dx\int_0^1(6-2x-3y)dy\\&=\int_0^1\left(6-2x-\frac{3}{2}\right)dx\\&=6-1-\frac{3}{2}\end{aligned}$$

$$= \frac{7}{2}.$$

9. 求由平面 $x=0,y=0,x+y=1$ 所围成的柱体被平面 $z=0$ 及抛物面 $x^2+y^2=6-z$ 截得的立体的体积.

【解析】 如图 10－19 所示，其中 D 为 $0\leqslant x\leqslant 1,0\leqslant y\leqslant 1-x$.

所求立体的体积为

$$V=\iint_D(6-x^2-y^2)\mathrm{d}\sigma$$

$$=\int_0^1\mathrm{d}x\int_0^{1-x}(6-x^2-y^2)\mathrm{d}y$$

$$=\int_0^1\left[6-6x-x^2+x^3-\frac{1}{3}(1-x)^3\right]\mathrm{d}x=\frac{17}{6}.$$

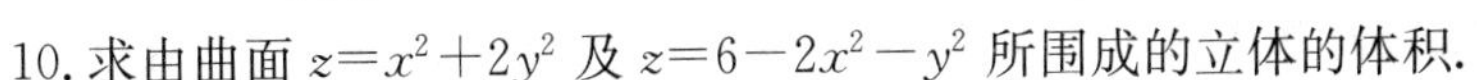

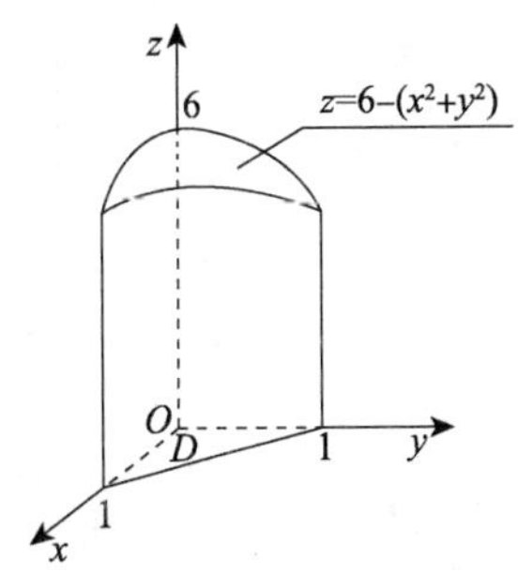

图 10－19

10. 求由曲面 $z=x^2+2y^2$ 及 $z=6-2x^2-y^2$ 所围成的立体的体积.

【解析】 如图 10－20 所示，$z_1=x^2+2y^2$ 为开口向上的抛物面(底面)，$z_2=6-(2x^2+y^2)$ 为开口向下的抛物面(顶面)，D 为两曲面 z_1 和 z_2 的交线在 xOy 面内的投影围成的区域：

$$x^2+y^2\leqslant 2.$$

又因为 D 同时关于 x，y 轴对称，且被积函数是分别关于变量 x 和 y 的偶函数，故

$$V=\iint_D(z_2-z_1)\mathrm{d}\sigma$$

$$=\iint_D(6-3x^2-3y^2)\mathrm{d}\sigma$$

$$=4\int_0^{\sqrt{2}}\mathrm{d}x\int_0^{\sqrt{2-x^2}}[6-3(x^2+y^2)]\mathrm{d}y$$

$$=12\int_0^{\sqrt{2}}\mathrm{d}x\int_0^{\sqrt{2-x^2}}[2-(x^2+y^2)]\mathrm{d}y=6\pi.$$

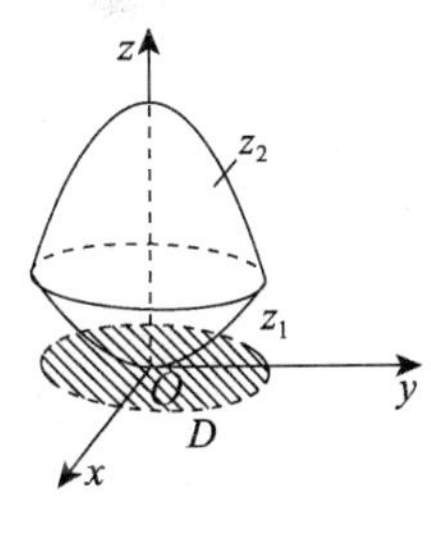

图 10－20

【注】 求类似于第 8、9、10 题中的立体体积时，并不一定要画出立体的准确图形，但一定要能够求出立体在坐标面上的投影区域，并知道立体的底面和顶面的方程，这就需要复习和掌握第八章中的空间解析几何的有关知识.

11. 画出积分区域，把积分 $\iint\limits_D f(x,y)\mathrm{d}x\mathrm{d}y$ 表示为极坐标形式的二次积分，其中积分区域 D 是：

(1) $\{(x,y)\mid x^2+y^2\leqslant a^2\}(a>0)$；

(2) $\{(x,y)\mid x^2+y^2\leqslant 2x\}$；

(3) $\{(x,y)\mid a^2\leqslant x^2+y^2\leqslant b^2\}$，其中 $0<a<b$；

(4) $\{(x,y)\mid 0\leqslant y\leqslant 1-x,0\leqslant x\leqslant 1\}$.

【解析】 (1) 如图 10－21 所示，在极坐标中，$D=\{(\rho,\theta)\mid 0\leqslant\rho\leqslant a,0\leqslant\theta\leqslant 2\pi\}$，故

$$\iint_D f(x,y)\mathrm{d}x\mathrm{d}y=\iint_D f(\rho\cos\theta,\rho\sin\theta)\rho\mathrm{d}\rho\mathrm{d}\theta$$

$$=\int_0^{2\pi}\mathrm{d}\theta\int_0^a f(\rho\cos\theta,\rho\sin\theta)\rho\mathrm{d}\rho.$$

(2) 如图 10－22 所示，在极坐标系中，$D=\left\{(\rho,\theta)\,\middle|\,0\leqslant\rho\leqslant 2\cos\theta,-\frac{\pi}{2}\leqslant\theta\leqslant\frac{\pi}{2}\right\}$，故

$$\iint\limits_D f(x,y)\mathrm{d}x\mathrm{d}y=\iint\limits_D f(\rho\cos\theta,\rho\sin\theta)\rho\mathrm{d}\rho\mathrm{d}\theta$$

$$=\int_{-\frac{\pi}{2}}^{\frac{\pi}{2}}\mathrm{d}\theta\int_0^{2\cos\theta}f(\rho\cos\theta,\rho\sin\theta)\rho\mathrm{d}\rho.$$

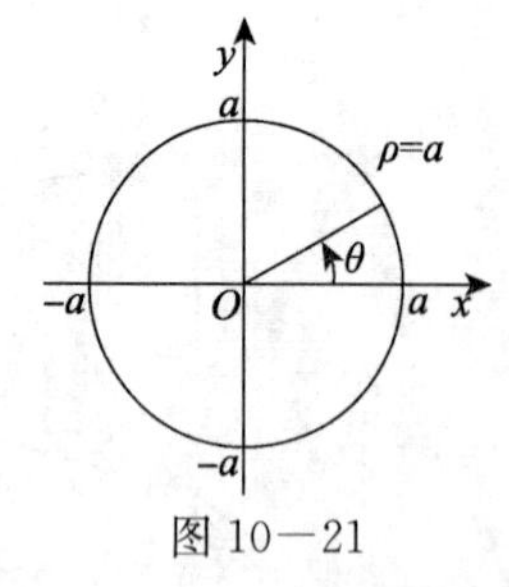

图 10－21

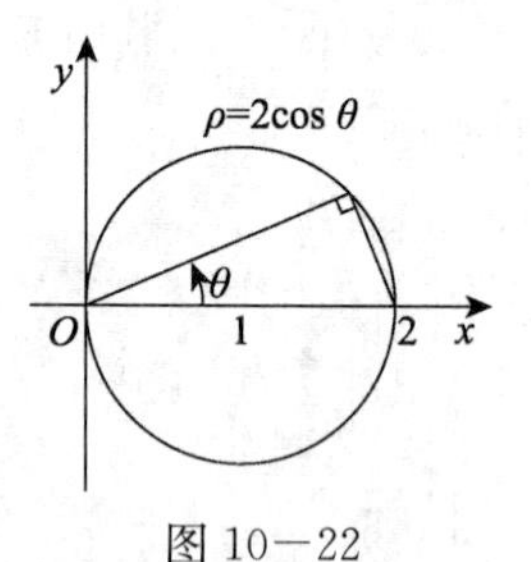

图 10－22

(3)如图 10－23 所示，在极坐标系中，$D=\{(\rho,\theta)\mid a\leqslant\rho\leqslant b,0\leqslant\theta\leqslant 2\pi\}$，故

$$\iint\limits_D f(x,y)\mathrm{d}x\mathrm{d}y=\iint\limits_D f(\rho\cos\theta,\rho\sin\theta)\rho\mathrm{d}\rho\mathrm{d}\theta$$

$$=\int_0^{2\pi}\mathrm{d}\theta\int_a^b f(\rho\cos\theta,\rho\sin\theta)\rho\mathrm{d}\rho.$$

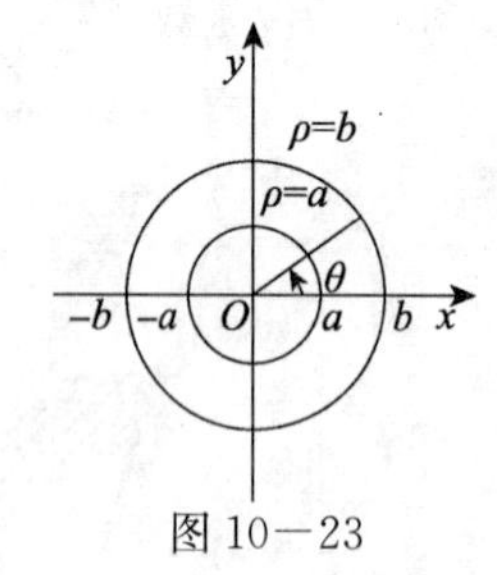

图 10－23

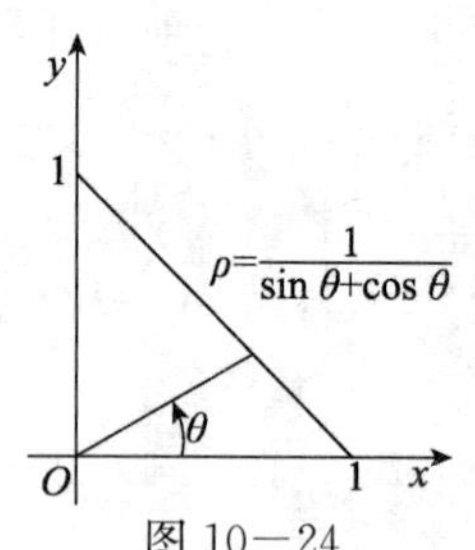

图 10－24

(4)如图 10－24 所示，在极坐标系中，直线 $x+y=1$ 的方程为 $\rho=\dfrac{1}{\sin\theta+\cos\theta}$，故

$$D=\left\{(\rho,\theta)\mid 0\leqslant\rho\leqslant\frac{1}{\sin\theta+\cos\theta},0\leqslant\theta\leqslant\frac{\pi}{2}\right\}.$$

于是

$$\iint\limits_D f(x,y)\mathrm{d}x\mathrm{d}y=\iint\limits_D f(\rho\cos\theta,\rho\sin\theta)\rho\mathrm{d}\rho\mathrm{d}\theta$$

$$=\int_0^{\frac{\pi}{2}}\mathrm{d}\theta\int_0^{\frac{1}{\sin\theta+\cos\theta}}f(\rho\cos\theta,\rho\sin\theta)\rho\mathrm{d}\rho.$$

12. 化下列二次积分为极坐标形式的二次积分：

(1) $\int_0^1\mathrm{d}x\int_0^1 f(x,y)\mathrm{d}y$；　　(2) $\int_0^2\mathrm{d}x\int_x^{\sqrt{3}x}f(\sqrt{x^2+y^2})\mathrm{d}y$；

(3) $\int_0^1\mathrm{d}x\int_{1-x}^{\sqrt{1-x^2}}f(x,y)\mathrm{d}y$；　　(4) $\int_0^1\mathrm{d}x\int_0^{x^2}f(x,y)\mathrm{d}y$.

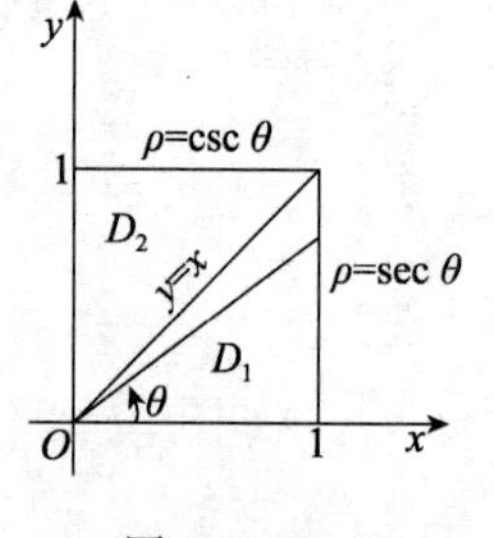

图 10－25

【解析】(1)积分区域 D 如图 10－25 所示.

直线 $y=x$ 将 D 分为 D_1,D_2 两部分. 直线 $x=1$ 的极坐标方程为 $\rho\cos\theta=1$，即 $\rho=\sec\theta$.

直线 $y=1$ 的极坐标方程为 $\rho\sin\theta=1$，即 $\rho=\csc\theta$. 所以

$$\int_0^1 \mathrm{d}x\int_0^1 f(x,y)\mathrm{d}y=\int_0^{\frac{\pi}{4}}\mathrm{d}\theta\int_0^{\sec\theta}f(\rho\cos\theta,\rho\sin\theta)\rho\mathrm{d}\rho+$$
$$\int_{\frac{\pi}{4}}^{\frac{\pi}{2}}\mathrm{d}\theta\int_0^{\csc\theta}f(\rho\cos\theta,\rho\sin\theta)\rho\mathrm{d}\rho.$$

(2)积分区域 D 如图 10－26 所示. 在极坐标系中,直线 $x=2$,$y=x$ 和 $y=\sqrt{3}x$的方程分别是 $\rho=2\sec\theta$,$\theta=\frac{\pi}{4}$和 $\theta=\frac{\pi}{3}$. 因此

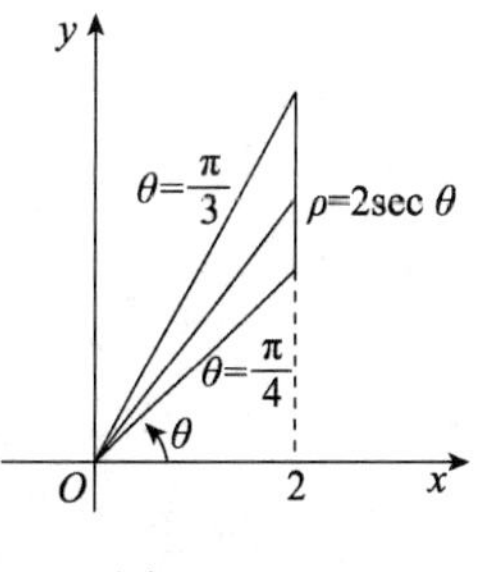

图 10－26

$$D=\left\{(\rho,\theta)\mid 0\leqslant\rho\leqslant 2\sec\theta,\frac{\pi}{4}\leqslant\theta\leqslant\frac{\pi}{3}\right\}.$$

又 $f(\sqrt{x^2+y^2})=f(\rho)$,于是

$$\text{原式}=\int_{\frac{\pi}{4}}^{\frac{\pi}{3}}\mathrm{d}\theta\int_0^{2\sec\theta}f(\rho)\rho\mathrm{d}\rho.$$

(3)如图 10－27 所示. 在极坐标系中,直线 $y=1-x$ 的方程为 $\rho=\frac{1}{\sin\theta+\cos\theta}$,圆 $y=\sqrt{1-x^2}$ 的方程为 $\rho=1$,因此

$$D=\left\{(\rho,\theta)\mid \frac{1}{\sin\theta+\cos\theta}\leqslant\rho\leqslant 1,0\leqslant\theta\leqslant\frac{\pi}{2}\right\},$$

于是

$$\text{原式}=\int_0^{\frac{\pi}{2}}\mathrm{d}\theta\int_{\frac{1}{\sin\theta+\cos\theta}}^{1}f(\rho\cos\theta,\rho\sin\theta)\rho\mathrm{d}\rho.$$

(4)如图 10－28 所示,在 AB 上,$\rho=\sec\theta$,在$\overset{\frown}{OA}$上,$\rho=\tan\theta\sec\theta$,$0\leqslant\theta\leqslant\frac{\pi}{4}$,

$$\text{原式}=\int_0^{\frac{\pi}{4}}\mathrm{d}\theta\int_{\tan\theta\sec\theta}^{\sec\theta}f(\rho\cos\theta,\rho\sin\theta)\rho\mathrm{d}\rho.$$

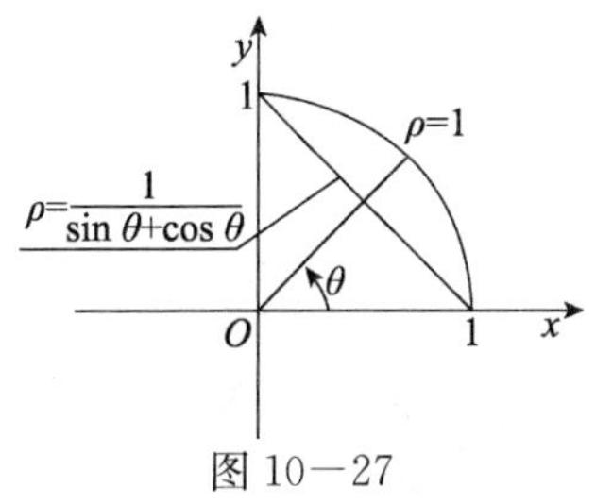

图 10－27

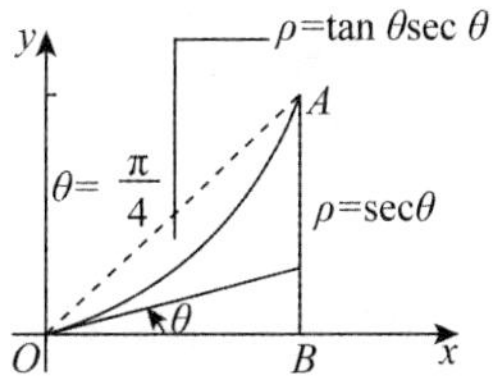

图 10－28

13. 把下列积分化为极坐标形式,并计算积分值:

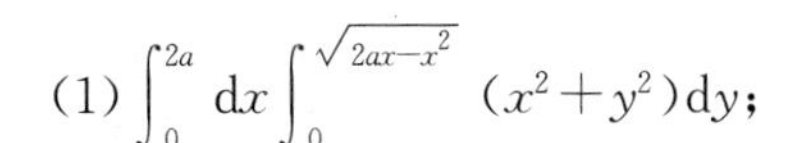

(1) $\int_0^{2a}\mathrm{d}x\int_0^{\sqrt{2ax-x^2}}(x^2+y^2)\mathrm{d}y$;

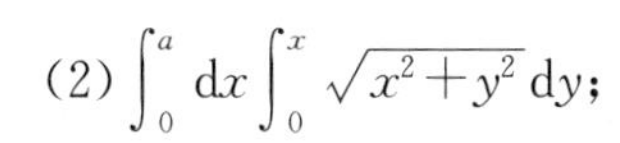

(2) $\int_0^a\mathrm{d}x\int_0^x\sqrt{x^2+y^2}\,\mathrm{d}y$;

(3) $\int_0^1\mathrm{d}x\int_{x^2}^x(x^2+y^2)^{-\frac{1}{2}}\mathrm{d}y$;

(4) $\int_0^a\mathrm{d}y\int_0^{\sqrt{a^2-y^2}}(x^2+y^2)\mathrm{d}x$.

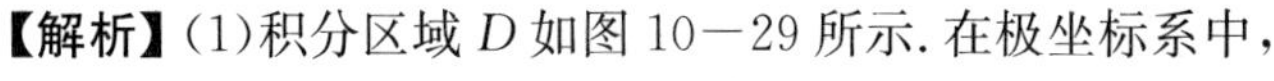

【解析】(1)积分区域 D 如图 10－29 所示. 在极坐标系中,

$$D=\left\{(\rho,\theta)\,\middle|\,0\leqslant\rho\leqslant 2a\cos\theta,0\leqslant\theta\leqslant\frac{\pi}{2}\right\},$$

于是

$$\text{原式}=\int_0^{\frac{\pi}{2}}\mathrm{d}\theta\int_0^{2a\cos\theta}\rho^2\cdot\rho\mathrm{d}\rho$$

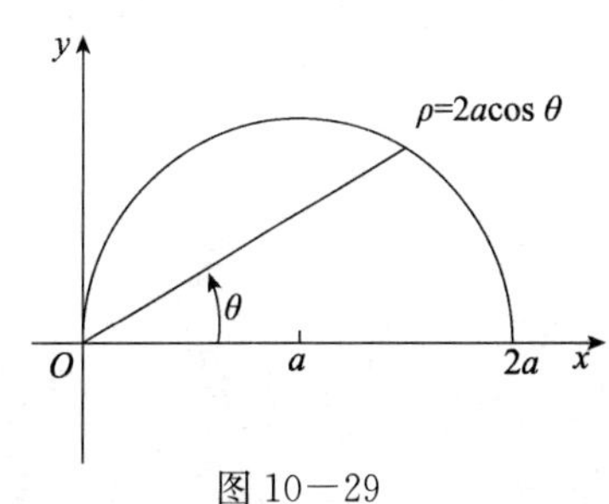

图 10－29

$$=\int_0^{\frac{\pi}{2}}\left[\frac{\rho^4}{4}\right]_0^{2a\cos\theta}d\theta$$

$$=4a^4\int_0^{\frac{\pi}{2}}\cos^4\theta d\theta$$

$$=4a^4\cdot\frac{3}{4}\times\frac{1}{2}\times\frac{\pi}{2}=\frac{3}{4}\pi a^4.$$

【注】 在多元函数积分学的计算题中,常会遇到定积分 $\int_0^{\frac{\pi}{2}}\sin^n\theta d\theta$ 和 $\int_0^{\frac{\pi}{2}}\cos^n\theta d\theta$. 因此记住如下的结果是很有益的:

$$\int_0^{\frac{\pi}{2}}\sin^n\theta d\theta\left(=\int_0^{\frac{\pi}{2}}\cos^n\theta d\theta\right)=\begin{cases}\frac{n-1}{n}\cdot\frac{n-3}{n-2}\cdot\cdots\times\frac{3}{4}\times\frac{1}{2}\times\frac{\pi}{2}, n\text{ 为正偶数},\\ \frac{n-1}{n}\cdot\frac{n-3}{n-2}\cdot\cdots\times\frac{4}{5}\times\frac{2}{3}, n\text{ 为正奇数}(n>1).\end{cases}$$

(2)如图 10—30 所示,在极坐标系中,

$$D=\left\{(\rho,\theta)\,\middle|\,0\leqslant\rho\leqslant a\sec\theta,0\leqslant\theta\leqslant\frac{\pi}{4}\right\}.$$

于是

$$\text{原式}=\int_0^{\frac{\pi}{4}}d\theta\int_0^{a\sec\theta}\rho\cdot\rho d\rho$$

$$=\frac{a^3}{3}\int_0^{\frac{\pi}{4}}\sec^3\theta d\theta$$

$$=\frac{a^3}{6}[\sec\theta\tan\theta+\ln(\sec\theta+\tan\theta)]_0^{\frac{\pi}{4}}$$

$$=\frac{a^3}{6}[\sqrt{2}+\ln(\sqrt{2}+1)].$$

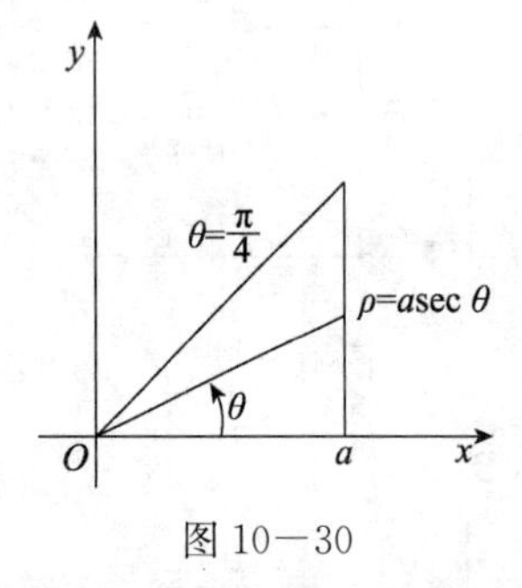

图 10—30

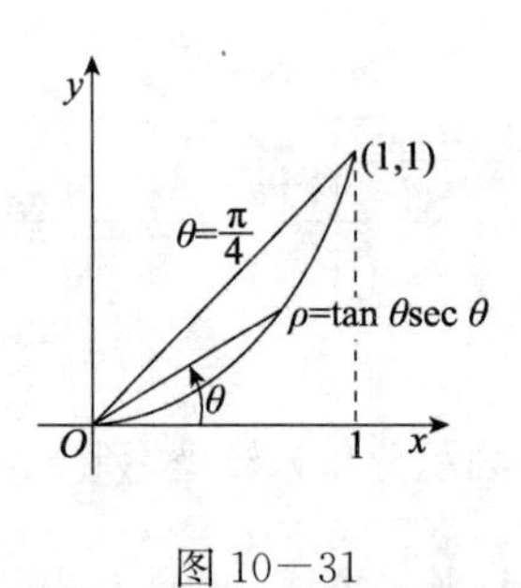

图 10—31

(3)积分区域 D 如图 10—31 所示. 在极坐标系中,抛物线 $y=x^2$ 的方程是 $\rho\sin\theta=\rho^2\cos^2\theta$,即 $\rho=\tan\theta\sec\theta$;射线 $y=x$ 的方程是 $\theta=\frac{\pi}{4}$,故

$$D=\left\{(\rho,\theta)\,\middle|\,0\leqslant\rho\leqslant\tan\theta\sec\theta,0\leqslant\theta\leqslant\frac{\pi}{4}\right\}.$$

于是

$$\text{原式}=\int_0^{\frac{\pi}{4}}d\theta\int_0^{\tan\theta\sec\theta}\frac{1}{\rho}\cdot\rho d\rho$$

$$=\int_0^{\frac{\pi}{4}}\tan\theta\sec\theta d\theta=[\sec\theta]_0^{\frac{\pi}{4}}=\sqrt{2}-1.$$

(4)积分区域 $D=\{(x,y)\mid 0\leqslant x\leqslant\sqrt{a^2-y^2},0\leqslant y\leqslant a\}=\left\{(\rho,\theta)\,\middle|\,0\leqslant\rho\leqslant a,0\leqslant\theta\leqslant\frac{\pi}{2}\right\}$,

故
$$\text{原式}=\int_0^{\frac{\pi}{2}}\mathrm{d}\theta\int_0^a\rho^2\cdot\rho\mathrm{d}\rho=\frac{\pi}{2}\cdot\frac{a^4}{4}=\frac{\pi}{8}a^4.$$

14. 利用极坐标计算下列各题:

(1) $\iint\limits_D \mathrm{e}^{x^2+y^2}\mathrm{d}\sigma$,其中 D 是由圆周 $x^2+y^2=4$ 所围成的闭区域;

(2) $\iint\limits_D \ln(1+x^2+y^2)\mathrm{d}\sigma$,其中 D 是由圆周 $x^2+y^2=1$ 及坐标轴所围成的在第一象限内的闭区域;

(3) $\iint\limits_D \arctan\frac{y}{x}\mathrm{d}\sigma$,其中 D 是由圆周 $x^2+y^2=4$,$x^2+y^2=1$ 及直线 $y=0$,$y=x$ 所围成的在第一象限内的闭区域.

【解析】(1)在极坐标系中,积分区域 $D=\{(\rho,\theta)\mid 0\leqslant\rho\leqslant 2,0\leqslant\theta\leqslant 2\pi\}$,于是

$$\iint\limits_D \mathrm{e}^{x^2+y^2}\mathrm{d}\sigma=\iint\limits_D \mathrm{e}^{\rho^2}\cdot\rho\mathrm{d}\rho\mathrm{d}\theta=\int_0^{2\pi}\mathrm{d}\theta\int_0^2\mathrm{e}^{\rho^2}\cdot\rho\mathrm{d}\rho=2\pi\cdot\left[\frac{\mathrm{e}^{\rho^2}}{2}\right]_0^2=\pi(\mathrm{e}^4-1).$$

(2)在极坐标系中,积分区域 $D=\left\{(\rho,\theta)\,\middle|\,0\leqslant\rho\leqslant 1,0\leqslant\theta\leqslant\frac{\pi}{2}\right\}$,于是

$$\begin{aligned}\iint\limits_D \ln(1+x^2+y^2)\mathrm{d}\sigma&=\iint\limits_D \ln(1+\rho^2)\cdot\rho\mathrm{d}\rho\mathrm{d}\theta=\int_0^{\frac{\pi}{2}}\mathrm{d}\theta\int_0^1\ln(1+\rho^2)\cdot\rho\mathrm{d}\rho\\&=\frac{\pi}{2}\cdot\frac{1}{2}\int_0^1\ln(1+\rho^2)\mathrm{d}(1+\rho^2)\\&=\frac{\pi}{4}[(1+\rho^2)\ln(1+\rho^2)]_0^1-\frac{\pi}{4}\int_0^1 2\rho\mathrm{d}\rho\\&=\frac{\pi}{4}(2\ln 2-1).\end{aligned}$$

(3)积分区域 $D=\{(\rho,\theta)\mid 0\leqslant\theta\leqslant\frac{\pi}{4},1\leqslant\rho\leqslant 2\}$,则

$$\begin{aligned}\iint\limits_D\arctan\frac{y}{x}\mathrm{d}\sigma&=\int_0^{\frac{\pi}{4}}\mathrm{d}\theta\int_1^2\arctan\frac{\rho\sin\theta}{\rho\cos\theta}\cdot\rho\mathrm{d}\rho\\&=\int_0^{\frac{\pi}{4}}\theta\mathrm{d}\theta\int_1^2\rho\mathrm{d}\rho=\frac{3}{64}\pi^2.\end{aligned}$$

15. 选用适当的坐标计算下列各题:

(1) $\iint\limits_D\frac{x^2}{y^2}\mathrm{d}\sigma$,其中 D 是由直线 $x=2$,$y=x$ 及曲线 $xy=1$ 所围成的闭区域;

(2) $\iint\limits_D\sqrt{\frac{1-x^2-y^2}{1+x^2+y^2}}\mathrm{d}\sigma$,其中 D 是由圆周 $x^2+y^2=1$ 及坐标轴所围成的第一象限内的闭区域;

(3) $\iint\limits_D(x^2+y^2)\mathrm{d}\sigma$,其中 D 是由直线 $y=x$,$y=x+a$,$y=a$,$y=3a(a>0)$所围成的闭区域;

(4) $\iint\limits_D\sqrt{x^2+y^2}\mathrm{d}\sigma$,其中 D 是圆环形闭区域$\{(x,y)\mid a^2\leqslant x^2+y^2\leqslant b^2\}$.

【解析】(1)D 如图 10—32 所示. 根据 D 的形状,选用直角坐标较简单.

$$D=\left\{(x,y)\left|\frac{1}{x}\leqslant y\leqslant x,1\leqslant x\leqslant 2\right.\right\},$$

故

$$\begin{aligned}\iint_D \frac{x^2}{y^2}\mathrm{d}\sigma&=\int_1^2\mathrm{d}x\int_{\frac{1}{x}}^x\frac{x^2}{y^2}\mathrm{d}y\\&=\int_1^2(-x+x^3)\mathrm{d}x=\frac{9}{4}.\end{aligned}$$

(2)根据积分区域D的形状和被积函数的特点，选用极坐标为宜.

$$D=\left\{(\rho,\theta)\left|0\leqslant\rho\leqslant 1,0\leqslant\theta\leqslant\frac{\pi}{2}\right.\right\},$$

故

$$\begin{aligned}\text{原式}&=\iint_D\sqrt{\frac{1-\rho^2}{1+\rho^2}}\rho\mathrm{d}\rho\mathrm{d}\theta=\int_0^{\frac{\pi}{2}}\mathrm{d}\theta\int_0^1\sqrt{\frac{1-\rho^2}{1+\rho^2}}\rho\mathrm{d}\rho\\&=\frac{\pi}{2}\cdot\int_0^1\frac{1-\rho^2}{\sqrt{1-\rho^4}}\rho\mathrm{d}\rho=\frac{\pi}{2}\left(\int_0^1\frac{\rho}{\sqrt{1-\rho^4}}\mathrm{d}\rho-\int_0^1\frac{\rho^3}{\sqrt{1-\rho^4}}\mathrm{d}\rho\right)\\&=\frac{\pi}{2}\left[\frac{1}{2}\int_0^1\frac{1}{\sqrt{1-\rho^4}}\mathrm{d}\rho^2+\frac{1}{4}\int_0^1\frac{1}{\sqrt{1-\rho^4}}\mathrm{d}(1-\rho^4)\right]\\&=\frac{\pi}{2}\left(\frac{1}{2}\left[\arcsin\rho^2\right]_0^1+\frac{1}{2}\left[\sqrt{1-\rho^4}\right]_0^1\right)\\&=\frac{\pi}{8}(\pi-2).\end{aligned}$$

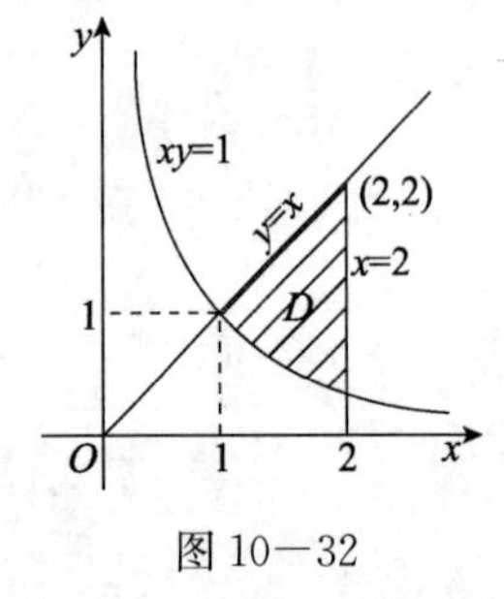

图 10－32

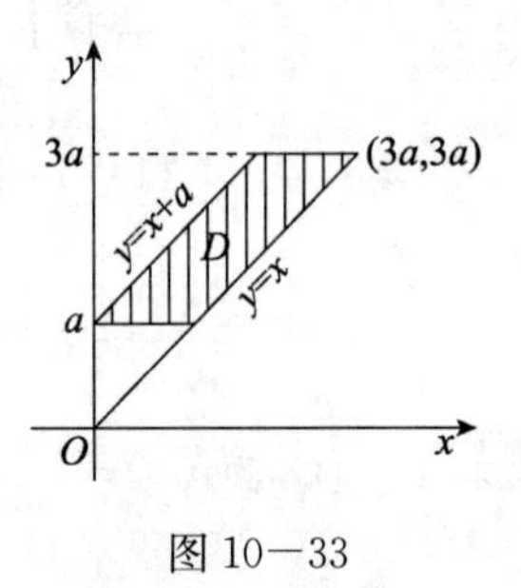

图 10－33

(3)D如图 10－33 所示. 选用直角坐标为宜，又根据D的边界曲线的情况，宜采用先对x、后对y积分的次序. 于是

$$\begin{aligned}\iint_D(x^2+y^2)\mathrm{d}\sigma&=\int_a^{3a}\mathrm{d}y\int_{y-a}^y(x^2+y^2)\mathrm{d}x\\&=\int_a^{3a}\left(2ay^2-a^2y+\frac{a^3}{3}\right)\mathrm{d}y\\&=14a^4.\end{aligned}$$

(4)本题显然适于用极坐标计算. $D=\{(\rho,\theta)\,|\,a\leqslant\rho\leqslant b,0\leqslant\theta\leqslant 2\pi\}$.

$$\begin{aligned}\iint_D\sqrt{x^2+y^2}\,\mathrm{d}\sigma&=\iint_D\rho\cdot\rho\mathrm{d}\rho\mathrm{d}\theta=\int_0^{2\pi}\mathrm{d}\theta\int_a^b\rho^2\mathrm{d}\rho\\&=2\pi\cdot\frac{1}{3}(b^3-a^3)=\frac{2}{3}\pi(b^3-a^3).\end{aligned}$$

16. 设平面薄片所占的闭区域D由螺线$\rho=2\theta$上一段弧$\left(0\leqslant\theta\leqslant\frac{\pi}{2}\right)$与直线$\theta=\frac{\pi}{2}$所围成，它的面

密度为$\mu(x,y)=x^2+y^2$.求这薄片的质量.

【解析】薄片的质量为它的面密度在薄片所占区域D上的二重积分(如图10－34所示),即

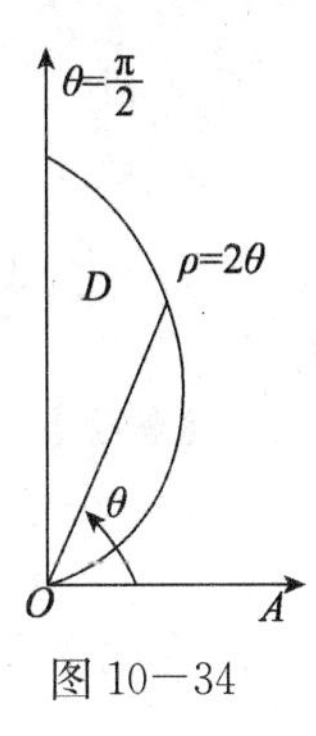

图 10－34

$$
\begin{aligned}
M&=\iint_D \mu(x,y)\mathrm{d}\sigma=\iint_D (x^2+y^2)\mathrm{d}\sigma\\
&=\iint_D \rho^2\cdot\rho\mathrm{d}\rho\mathrm{d}\theta=\int_0^{\frac{\pi}{2}}\mathrm{d}\theta\int_0^{2\theta}\rho^3\mathrm{d}\rho\\
&=4\int_0^{\frac{\pi}{2}}\theta^4\mathrm{d}\theta=\frac{\pi^5}{40}.
\end{aligned}
$$

17.求由平面$y=0,y=kx(k>0),z=0$以及球心在原点、半径为R的上半球面所围成的第一卦限内的立体的体积.

【解析】如图 10－35 所示.

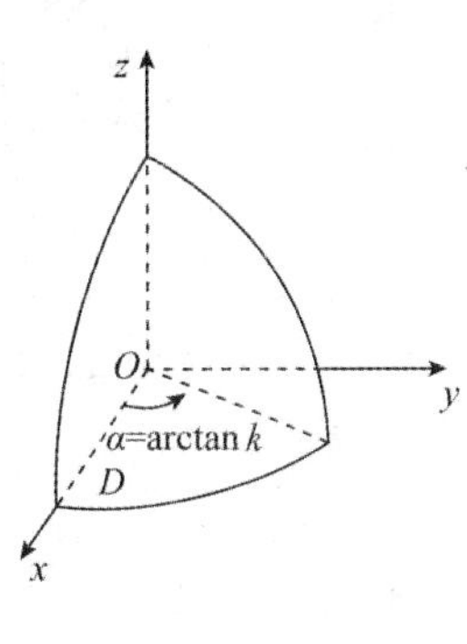

图 10－35

$$
\begin{aligned}
V&=\iint_D \sqrt{R^2-x^2-y^2}\,\mathrm{d}\sigma\\
&=\iint_D \sqrt{R^2-\rho^2}\,\rho\mathrm{d}\rho\mathrm{d}\theta\\
&=\int_0^{\alpha}\mathrm{d}\theta\int_0^{R}\sqrt{R^2-\rho^2}\,\rho\mathrm{d}\rho\\
&=\alpha\cdot\left(-\frac{1}{2}\right)\int_0^{R}\sqrt{R^2-\rho^2}\,\mathrm{d}(R^2-\rho^2)\\
&=\frac{\alpha R^3}{3}=\frac{R^3}{3}\arctan k.
\end{aligned}
$$

18.计算以xOy面上的圆周$x^2+y^2=ax$围成的闭区域为底,而以曲面$z=x^2+y^2$为顶的曲顶柱体的体积.

【解析】曲顶柱体如图 10－36 所示.

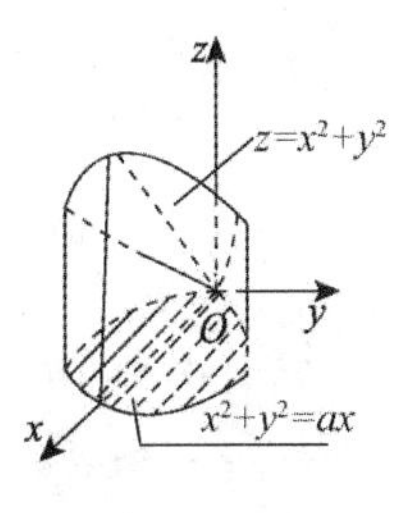

图 10－36

$$
\begin{aligned}
V&=\iint_D (x^2+y^2)\mathrm{d}\sigma\xlongequal{\text{对称}}2\int_0^{\frac{\pi}{2}}\mathrm{d}\theta\int_0^{a\cos\theta}\rho^2\cdot\rho\mathrm{d}\rho\\
&=\frac{1}{2}\int_0^{\frac{\pi}{2}}a^4\cos^4\theta\mathrm{d}\theta\\
&=\frac{1}{2}a^4\cdot\frac{3}{4}\cdot\frac{1}{2}\cdot\frac{\pi}{2}\\
&=\frac{3\pi}{32}a^4.
\end{aligned}
$$

【注】在计算立体体积时,要注意充分利用图形的对称性,这样既能简化运算,也能减少错误.

*19.作适当的变换,计算下列二重积分:

(1)$\iint_D (x-y)^2\sin^2(x+y)\mathrm{d}x\mathrm{d}y$,其中$D$是平行四边形区域,它的四个顶点是$(\pi,0)$,$(2\pi,\pi)$,$(\pi,2\pi)$和$(0,\pi)$;

(2)$\iint_D x^2y^2\mathrm{d}x\mathrm{d}y$,其中$D$是由两条双曲线$xy=1$和$xy=2$,直线$y=x$和$y=4x$所围成的第一象限内的闭区域;

(3) $\iint\limits_D e^{\frac{y}{x+y}}\mathrm{d}x\mathrm{d}y$，其中 D 是由 x 轴，y 轴和直线 $x+y=1$ 所围成的闭区域；

(4) $\iint\limits_D\left(\frac{x^2}{a^2}+\frac{y^2}{b^2}\right)\mathrm{d}x\mathrm{d}y$，其中 $D=\left\{(x,y)\left|\frac{x^2}{a^2}+\frac{y^2}{b^2}\leqslant 1\right.\right\}$.

【解析】(1) D 如图 10−37(1)所示. 令 $u=x-y,v=x+y$，则

$$x=\frac{u+v}{2},y=\frac{v-u}{2}(\text{其中}-\pi\leqslant u\leqslant\pi,\pi\leqslant v\leqslant 3\pi).$$

在此变换下，uOv 平面上与 D 对应的闭区域 D' 如图 10−37(2)所示.

$$J=\frac{\partial(x,y)}{\partial(u,v)}=\begin{vmatrix}\frac{\partial x}{\partial u} & \frac{\partial x}{\partial v}\\ \frac{\partial y}{\partial u} & \frac{\partial y}{\partial v}\end{vmatrix}=\begin{vmatrix}\frac{1}{2} & \frac{1}{2}\\ -\frac{1}{2} & \frac{1}{2}\end{vmatrix}=\frac{1}{2}.$$

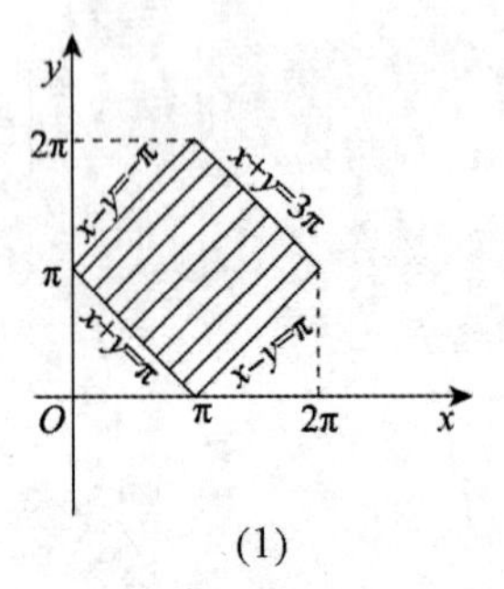

(1)

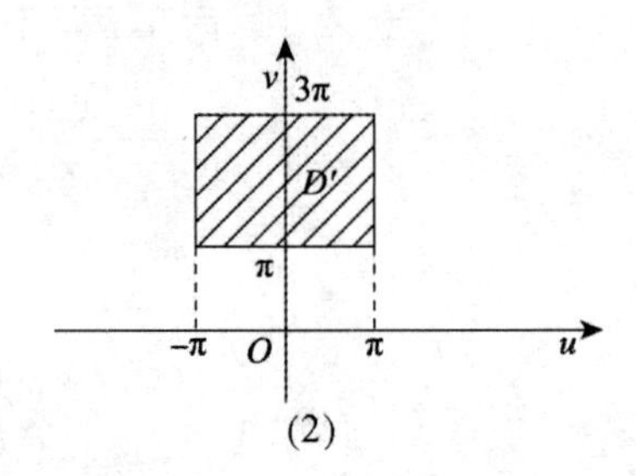

(2)

图 10−37

故
$$\begin{aligned}\iint\limits_D(x-y)^2\sin^2(x+y)\mathrm{d}x\mathrm{d}y&=\iint\limits_{D'}u^2\sin^2 v\frac{1}{2}\mathrm{d}u\mathrm{d}v\\&=\frac{1}{2}\int_{-\pi}^{\pi}u^2\mathrm{d}u\int_{\pi}^{3\pi}\sin^2 v\mathrm{d}v\\&=\frac{1}{2}\left[\frac{u^3}{3}\right]_{-\pi}^{\pi}\cdot\left[\frac{v}{2}-\frac{\sin 2v}{4}\right]_{\pi}^{3\pi}=\frac{\pi^3}{3}\left(\frac{3}{2}\pi-\frac{1}{2}\pi\right)=\frac{\pi^4}{3}.\end{aligned}$$

(2)令 $u=xy,v=\frac{y}{x}$，则 $x=\sqrt{\frac{u}{v}},y=\sqrt{uv}$. 在此变换下，$D$ 的边界 $xy=1,y=x,xy=2,y=4x$ 依次与 $u=1,v=1,u=2,v=4$ 对应，后者构成 uOv 平面上与 D 对应的闭区域 D' 的边界. 于是 $D'=\{(u,v)\mid 1\leqslant u\leqslant 2,1\leqslant v\leqslant 4\}$(如图 10−38 所示). 又

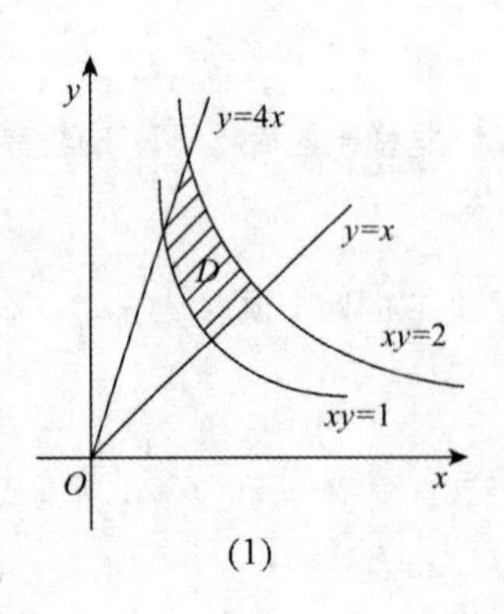

(1)

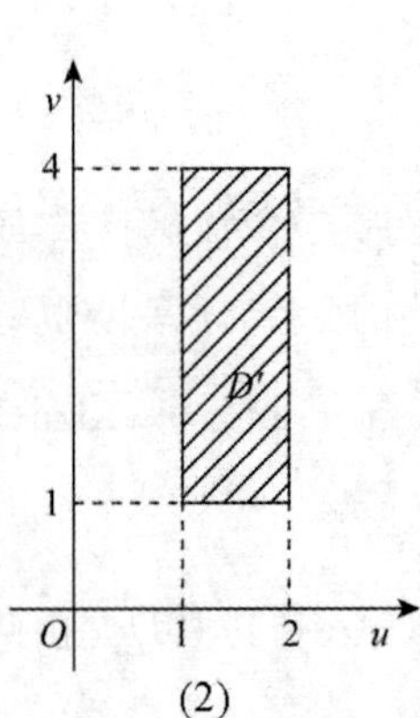

(2)

图 10−38

$$J=\frac{\partial(x,y)}{\partial(u,v)}=\begin{vmatrix}\dfrac{1}{2\sqrt{uv}} & -\dfrac{\sqrt{u}}{2\sqrt{v^3}}\\ \dfrac{\sqrt{v}}{2\sqrt{u}} & \dfrac{\sqrt{u}}{2\sqrt{v}}\end{vmatrix}=\frac{1}{4}\left(\frac{1}{v}+\frac{1}{v}\right)=\frac{1}{2v}.$$

因此

$$\iint\limits_D x^2y^2\,\mathrm{d}x\mathrm{d}y=\iint\limits_{D'}u^2\cdot\frac{1}{2v}\mathrm{d}u\mathrm{d}v=\frac{1}{2}\int_1^2 u^2\,\mathrm{d}u\int_1^4\frac{1}{v}\mathrm{d}v=\frac{7}{3}\ln 2.$$

(3)令$\begin{cases}u=x+y,\\ v=\dfrac{y}{x+y},\end{cases}$则$\begin{cases}x=u(1-v),\\ y=uv,\end{cases}$而$J=\begin{vmatrix}x'_u & x'_v\\ y'_u & y'_v\end{vmatrix}=u$,故

$$\iint\limits_{D_{xy}}\mathrm{e}^{\frac{y}{x+y}}\mathrm{d}x\mathrm{d}y=\iint\limits_{D_{uv}}\mathrm{e}^v\cdot u\mathrm{d}u\mathrm{d}v=\int_0^1 u\mathrm{d}u\int_0^1\mathrm{e}^v\mathrm{d}v=\frac{1}{2}(\mathrm{e}-1).$$

(4)作广义极坐标变换$\begin{cases}x=a\rho\cos\theta,\\ y=b\rho\sin\theta\end{cases}$$(a>0,b>0,\rho\geqslant 0,0\leqslant\theta\leqslant 2\pi)$.在此变换下,与$D$对应的闭区域为$D'=\{(\rho,\theta)\mid 0\leqslant\rho\leqslant 1,0\leqslant\theta\leqslant 2\pi\}$.又

$$J=\frac{\partial(x,y)}{\partial(\rho,\theta)}=\begin{vmatrix}a\cos\theta & -a\rho\sin\theta\\ b\sin\theta & b\rho\cos\theta\end{vmatrix}=ab\rho.$$

故

$$\iint\limits_D\left(\frac{x^2}{a^2}+\frac{y^2}{b^2}\right)\mathrm{d}x\mathrm{d}y=\iint\limits_{D'}\rho^2\cdot ab\rho\mathrm{d}\rho\mathrm{d}\theta=ab\int_0^{2\pi}\mathrm{d}\theta\int_0^1\rho^3\mathrm{d}\rho=\frac{1}{2}ab\pi.$$

*20.求由下列曲线所围成的闭区域D的面积:

(1)D是由曲线$xy=4,xy=8,xy^3=5,xy^3=15$所围成的第一象限部分的闭区域;

(2)D是由曲线$y=x^3,y=4x^3,x=y^3,x=4y^3$所围成的第一象限部分的闭区域.

【解析】(1)令$u=xy,v=xy^3(x\geqslant 0,y\geqslant 0)$,则$x=\sqrt{\dfrac{u^3}{v}},y=\sqrt{\dfrac{v}{u}}$.在此变换下,与$D$对应的$uOv$平面上的闭区域为$D'=\{(u,v)\mid 4\leqslant u\leqslant 8,5\leqslant v\leqslant 15\}$.

$$J=\frac{\partial(x,y)}{\partial(u,v)}=\begin{vmatrix}\dfrac{3}{2}\sqrt{\dfrac{u}{v}} & -\dfrac{1}{2}\sqrt{\dfrac{u^3}{v^3}}\\ -\dfrac{1}{2}\sqrt{\dfrac{v}{u^3}} & \dfrac{1}{2}\sqrt{\dfrac{1}{uv}}\end{vmatrix}=\frac{1}{2v},$$

于是所求面积为

$$A=\iint\limits_D\mathrm{d}x\mathrm{d}y=\iint\limits_{D'}\frac{1}{2v}\mathrm{d}u\mathrm{d}v=\frac{1}{2}\int_4^8\mathrm{d}u\int_5^{15}\frac{1}{v}\mathrm{d}v=2\ln 3.$$

(2)令$u=\dfrac{y}{x^3},v=\dfrac{x}{y^3}(x>0,y>0)$,则$x=u^{-\frac{3}{8}}v^{-\frac{1}{8}},y=u^{-\frac{1}{8}}v^{-\frac{3}{8}}$.在此变换下,与$D$对应的$uOv$平面上的闭区域为$D'=\{(u,v)\mid 1\leqslant u\leqslant 4,1\leqslant v\leqslant 4\}$.又

$$J=\frac{\partial(x,y)}{\partial(u,v)}=\begin{vmatrix}-\dfrac{3}{8}u^{-\frac{11}{8}}v^{-\frac{1}{8}} & -\dfrac{1}{8}u^{-\frac{3}{8}}v^{-\frac{9}{8}}\\ -\dfrac{1}{8}u^{-\frac{9}{8}}v^{-\frac{3}{8}} & -\dfrac{3}{8}u^{-\frac{1}{8}}v^{-\frac{11}{8}}\end{vmatrix}=\frac{1}{8}u^{-\frac{3}{2}}v^{-\frac{3}{2}}.$$

于是所求面积为

$$A=\iint_D \mathrm{d}x\mathrm{d}y=\iint_{D'}\frac{1}{8}u^{-\frac{3}{2}}v^{-\frac{3}{2}}\mathrm{d}u\mathrm{d}v=\frac{1}{8}\int_1^4 u^{-\frac{3}{2}}\mathrm{d}u\int_1^4 v^{-\frac{3}{2}}\mathrm{d}v$$

$$=\frac{1}{8}([-2u^{-\frac{1}{2}}]_1^4)^2=\frac{1}{8}.$$

*21. 设闭区域 D 是由直线 $x+y=1,x=0,y=0$ 所围成，求证

$$\iint_D \cos\left(\frac{x-y}{x+y}\right)\mathrm{d}x\mathrm{d}y=\frac{1}{2}\sin 1.$$

【证明】 令 $\begin{cases}u=x+y,\\ v=x-y,\end{cases}$ 则 $\begin{cases}x=\frac{1}{2}(u+v),\\ y=\frac{1}{2}(u-v).\end{cases}$ 而 $J=\left|\frac{\partial(x,y)}{\partial(u,v)}\right|=-\frac{1}{2}$，积分区域如图 10－39 所示.

$$\iint_D \cos\left(\frac{x-y}{x+y}\right)\mathrm{d}x\mathrm{d}y=\frac{1}{2}\iint_{D_{uv}}\cos\frac{v}{u}\mathrm{d}u\mathrm{d}v=\frac{1}{2}\int_0^1\mathrm{d}u\int_{-u}^{u}\cos\frac{v}{u}\mathrm{d}v$$

$$=\frac{1}{2}\int_0^1\left(\left[u\sin\frac{v}{u}\right]_{-u}^{u}\right)\mathrm{d}u=\sin 1\cdot\int_0^1 u\mathrm{d}u=\frac{1}{2}\sin 1.$$

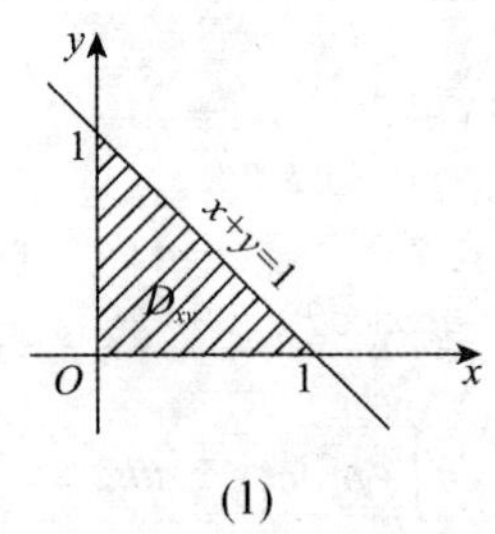

(1)

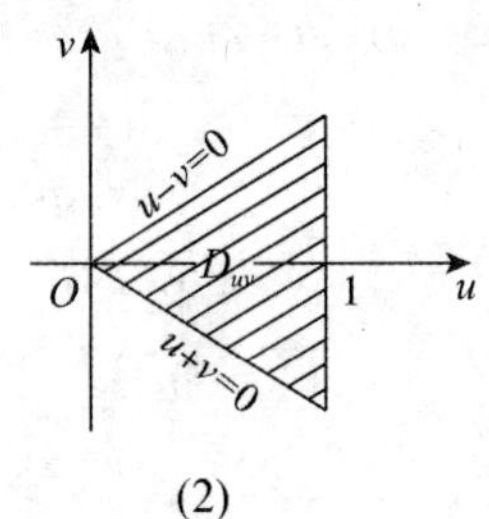

(2)

图 10－39

*22. 选取适当的变换，证明下列等式：

(1) $\iint_D f(x+y)\mathrm{d}x\mathrm{d}y=\int_{-1}^1 f(u)\mathrm{d}u$，其中闭区域 $D=\{(x,y)\mid |x|+|y|\leqslant 1\}$；

(2) $\iint_D f(ax+by+c)\mathrm{d}x\mathrm{d}y=2\int_{-1}^1\sqrt{1-u^2}f(u\sqrt{a^2+b^2}+c)\mathrm{d}u$，其中 $D=\{(x,y)\mid x^2+y^2\leqslant 1\}$，且 $a^2+b^2\neq 0$.

【证明】(1)闭区域 D 的边界为 $x+y=-1,x+y=1,x-y=-1,x-y=1$，故令 $u=x+y,v=x-y$，即 $x=\frac{u+v}{2},y=\frac{u-v}{2}$. 在此变换下，$D$ 变为 uOv 平面上的闭区域

$$D'=\{(u,v)\mid -1\leqslant u\leqslant 1,-1\leqslant v\leqslant 1\}.$$

又

$$J=\frac{\partial(x,y)}{\partial(u,v)}=\begin{vmatrix}\frac{1}{2} & \frac{1}{2}\\ \frac{1}{2} & -\frac{1}{2}\end{vmatrix}=-\frac{1}{2},$$

于是

$$\iint_D f(x+y)\mathrm{d}x\mathrm{d}y=\iint_{D'}f(u)\left|-\frac{1}{2}\right|\mathrm{d}u\mathrm{d}v$$

$$=\frac{1}{2}\int_{-1}^1 f(u)\mathrm{d}u\int_{-1}^1\mathrm{d}v=\int_{-1}^1 f(u)\mathrm{d}u.$$

证毕.

(2)比较等式的两端可知需作变换

$$u\sqrt{a^2+b^2}=ax+by,\text{即 } u=\frac{ax+by}{\sqrt{a^2+b^2}},$$

再考虑到 D 的边界曲线为 $x^2+y^2=1$,故令 $v=\dfrac{bx-ay}{\sqrt{a^2+b^2}}$. 这样就有 $u^2+v^2=1$,即 D 的边界曲线 $x^2+y^2=1$ 变为 uOv 平面上的圆 $v^2+v^2=1$. 于是与 D 对应的闭区域为 $D'=\{(u,v)\mid u^2+v^2\leqslant 1\}$.

又由 u,v 的表达式可解得

$$x=\frac{au+bv}{\sqrt{a^2+b^2}},y=\frac{bu-av}{\sqrt{a^2+b^2}},$$

因此雅可比式

$$J=\frac{\partial(x,y)}{\partial(u,v)}=\begin{vmatrix}\dfrac{a}{\sqrt{a^2+b^2}} & \dfrac{b}{\sqrt{a^2+b^2}}\\ \dfrac{b}{\sqrt{a^2+b^2}} & \dfrac{-a}{\sqrt{a^2+b^2}}\end{vmatrix}=-1,$$

于是

$$\begin{aligned}\iint_D f(ax+by+c)\mathrm{d}x\mathrm{d}y&=\iint_D f(u\sqrt{a^2+b^2}+c)\,|-1|\,\mathrm{d}u\mathrm{d}v\\&=\int_{-1}^{1}\mathrm{d}u\int_{-\sqrt{1-u^2}}^{\sqrt{1-u^2}}f(u\sqrt{a^2+b^2}+c)\mathrm{d}v\\&=2\int_{-1}^{1}\sqrt{1-u^2}\,f(u\sqrt{a^2+b^2}+c)\mathrm{d}u.\end{aligned}$$

证毕.

习题 10−3 三重积分

1. 化三重积分 $I=\iiint\limits_{\Omega}f(x,y,z)\mathrm{d}x\mathrm{d}y\mathrm{d}z$ 为三次积分,其中积分区域 Ω 分别是

(1)由双曲抛物面 $xy=z$ 及平面 $x+y-1=0,z=0$ 所围成的闭区域;

(2)由曲面 $z=x^2+y^2$ 及平面 $z=1$ 所围成的闭区域;

(3)由曲面 $z=x^2+2y^2$ 及 $z=2-x^2$ 所围成的闭区域;

(4)由曲面 $cz=xy(c>0)$,$\dfrac{x^2}{a^2}+\dfrac{y^2}{b^2}=1$,$z=0$ 所围成的在第一卦限内的闭区域.

【解析】(1)Ω 的顶 $z=xy$ 和底面 $z=0$ 的交线为 x 轴和 y 轴,故 Ω 在 xOy 面上的投影区域由 x 轴、y 轴和直线 $x+y-1=0$ 所围成(如图 10−40 所示). 于是 Ω 可用不等式表示为

$$0\leqslant z\leqslant xy,0\leqslant y\leqslant 1-x,0\leqslant x\leqslant 1,$$

因此

$$I=\int_0^1\mathrm{d}x\int_0^{1-x}\mathrm{d}y\int_0^{xy}f(x,y,z)\mathrm{d}z.$$

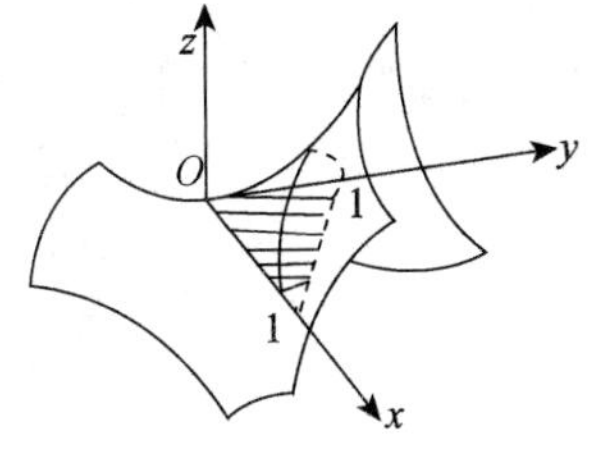

图 10−40

(2)由 $z=x^2+y^2$ 和 $z=1$ 得 $x^2+y^2=1$,所以 Ω 在 xOy 面上的投影区域为 $x^2+y^2\leqslant 1$(如图 10−41 所示). Ω 可用不等式表示为

$$x^2+y^2\leqslant z\leqslant 1,-\sqrt{1-x^2}\leqslant y\leqslant\sqrt{1-x^2},-1\leqslant x\leqslant 1,$$

因此

$$I=\int_{-1}^{1}\mathrm{d}x\int_{-\sqrt{1-x^2}}^{\sqrt{1-x^2}}\mathrm{d}y\int_{x^2+y^2}^{1}f(x,y,z)\mathrm{d}z.$$

(3)由$\begin{cases}z=x^2+2y^2,\\ z=2-x^2\end{cases}$消去$z$,得$x^2+y^2=1$.故$\Omega$在$xOy$面上的投影区域为$x^2+y^2\leqslant1$(如图10－42所示).于是$\Omega$可用不等式表示为

$$x^2+2y^2\leqslant z\leqslant2-x^2,-\sqrt{1-x^2}\leqslant y\leqslant\sqrt{1-x^2},-1\leqslant x\leqslant1,$$

因此

$$I=\int_{-1}^{1}\mathrm{d}x\int_{-\sqrt{1-x^2}}^{\sqrt{1-x^2}}\mathrm{d}y\int_{x^2+2y^2}^{2-x^2}f(x,y,z)\mathrm{d}z.$$

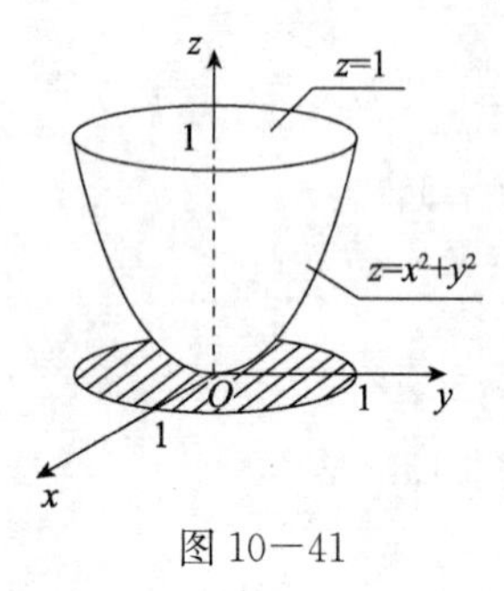

图 10－41

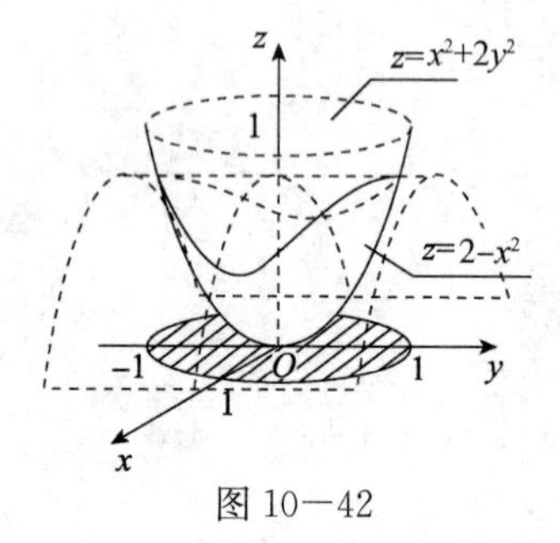

图 10－42

(4)显然Ω在xOy面上的投影区域由椭圆$\frac{x^2}{a^2}+\frac{y^2}{b^2}=1(x\geqslant0,y\geqslant0)$和$x$轴、$y$轴所围成,$\Omega$的顶为$cz=xy$,底为$z=0$(如图10－43所示).故$\Omega$可用不等式表示为

$$0\leqslant z\leqslant\frac{xy}{c},0\leqslant y\leqslant b\sqrt{1-\frac{x^2}{a^2}},0\leqslant x\leqslant a,$$

因此

$$I=\int_0^a\mathrm{d}x\int_0^{b\sqrt{1-\frac{x^2}{a^2}}}\mathrm{d}y\int_0^{\frac{xy}{c}}f(x,y,z)\mathrm{d}z.$$

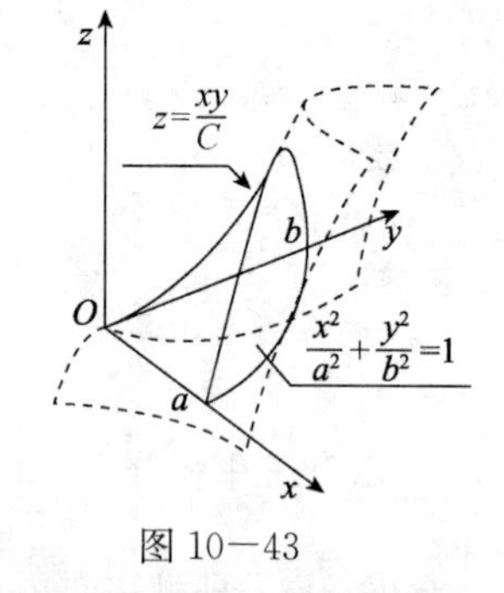

图 10－43

【注】本题中的4个小题,除第(2)题外,Ω的图形都不易画出.但是,要确定三次积分的积分限,并非必须画出Ω的准确图形.重要的是要会求出Ω在坐标面上的投影区域,以及会定出Ω的顶和底面,而要做到这点,只需掌握常见曲面的方程和图形特点,并具备一定的空间想象能力即可.本章解题中配了较多图,请读者注意观察,这对培养空间想象能力是有好处的.

2.设有一物体,占有空间闭区域$\Omega=\{(x,y,z)|0\leqslant x\leqslant1,0\leqslant y\leqslant1,0\leqslant z\leqslant1\}$,在点$(x,y,z)$处的密度为$\rho(x,y,z)=x+y+z$,计算该物体的质量.

【解析】$M=\iiint\limits_{\Omega}\rho\mathrm{d}x\mathrm{d}y\mathrm{d}z=\int_0^1\mathrm{d}x\int_0^1\mathrm{d}y\int_0^1(x+y+z)\mathrm{d}z$

$$=\int_0^1\mathrm{d}x\int_0^1\left(x+y+\frac{1}{2}\right)\mathrm{d}y=\int_0^1\left(x+\frac{1}{2}+\frac{1}{2}\right)\mathrm{d}x$$

$$=\frac{3}{2}.$$

3.如果三重积分$\iiint\limits_{\Omega}f(x,y,z)\mathrm{d}x\mathrm{d}y\mathrm{d}z$的被积函数$f(x,y,z)$是三个函数$f_1(x),f_2(y),f_3(z)$的乘积,即$f(x,y,z)=f_1(x)f_2(y)f_3(z)$,积分区域$\Omega=\{(x,y,z)|a\leqslant x\leqslant b,c\leqslant y\leqslant d,l\leqslant z\leqslant m\}$,证明这个三

重积分等于三个单积分的乘积，即

$$\iiint_{\Omega} f_1(x)f_2(y)f_3(z)\mathrm{d}x\mathrm{d}y\mathrm{d}z=\int_a^b f_1(x)\mathrm{d}x\int_c^d f_2(y)\mathrm{d}y\int_l^m f_3(z)\mathrm{d}z.$$

【证明】 $\iiint_{\Omega} f_1(x)f_2(y)f_3(z)\mathrm{d}x\mathrm{d}y\mathrm{d}z=\int_a^b\left[\int_c^d\left(\int_l^m f_1(x)f_2(y)f_3(z)\mathrm{d}z\right)\mathrm{d}y\right]\mathrm{d}x$

$$=\int_a^b\left[\int_c^d\left(f_1(x)f_2(y)\cdot\int_l^m f_3(z)\mathrm{d}z\right)\mathrm{d}y\right]\mathrm{d}x$$

$$=\int_a^b\left[\left(\int_l^m f_3(z)\mathrm{d}z\right)\cdot\left(\int_c^d f_1(x)f_2(y)\mathrm{d}y\right)\right]\mathrm{d}x$$

$$=\left(\int_l^m f_3(z)\mathrm{d}z\right)\cdot\int_a^b\left[f_1(x)\cdot\int_c^d f_2(y)\mathrm{d}y\right]\mathrm{d}x$$

$$=\int_l^m f_3(z)\mathrm{d}z\cdot\int_c^d f_2(y)\mathrm{d}y\cdot\int_a^b f_1(x)\mathrm{d}x$$

$=$右端.

4. 计算 $\iiint_{\Omega} xy^2z^3\mathrm{d}x\mathrm{d}y\mathrm{d}z$，其中 Ω 是由曲面 $z=xy$，平面 $y=x,x=1$ 和 $z=0$ 所围成的闭区域.

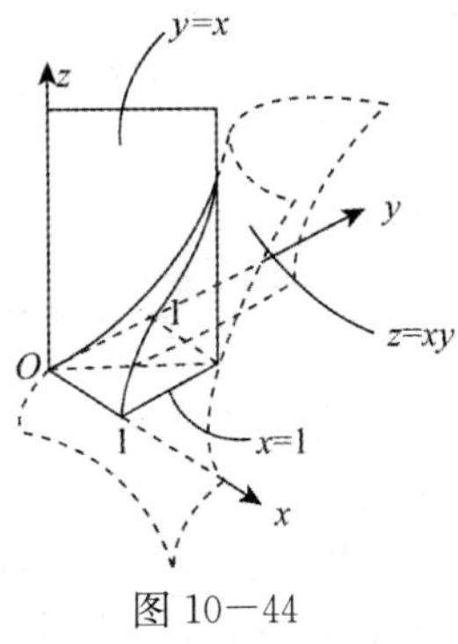

图 10—44

【解析】 Ω 如图 10—44 所示，Ω 可用不等式表示为 $0\leqslant z\leqslant xy,0\leqslant y\leqslant x,0\leqslant x\leqslant 1$. 故

$$\iiint_{\Omega} xy^2z^3\mathrm{d}x\mathrm{d}y\mathrm{d}z=\int_0^1 x\mathrm{d}x\int_0^x y^2\mathrm{d}y\int_0^{xy}z^3\mathrm{d}z=\frac{1}{4}\int_0^1 x\mathrm{d}x\int_0^x x^4y^6\mathrm{d}y$$

$$=\frac{1}{28}\int_0^1 x^{12}\mathrm{d}x=\frac{1}{364}.$$

5. 计算 $\iiint_{\Omega}\frac{\mathrm{d}x\mathrm{d}y\mathrm{d}z}{(1+x+y+z)^3}$，其中 Ω 为平面 $x=0,y=0,z=0,x+y+z=1$ 所围成的四面体.

【解析】 令 $x+y+z=1$ 中的 $z=0$ 得 $x+y=1$，故 Ω 在平面 xOy 上的投影区域 D_{xy} 由 $x=0,y=0,x+y=1$ 所围成，如图 10—45 所示，

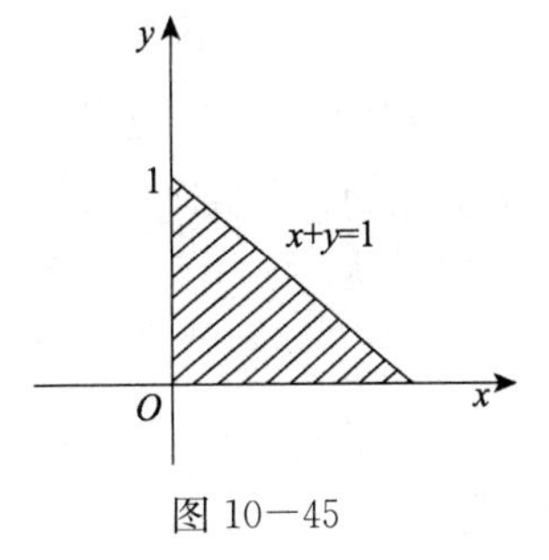

图 10—45

所以 $\iiint_{\Omega}\frac{\mathrm{d}x\mathrm{d}y\mathrm{d}z}{(1+x+y+z)^3}$

$$=\int_0^1\mathrm{d}x\int_0^{1-x}\mathrm{d}y\int_0^{1-x-y}\frac{1}{(1+x+y+z)^3}\mathrm{d}z$$

$$=\int_0^1\mathrm{d}x\int_0^{1-x}\left[\frac{-1}{2(1+x+y+z)^2}\right]_0^{1-x-y}\mathrm{d}y$$

$$=\int_0^1\mathrm{d}x\int_0^{1-x}\left[-\frac{1}{8}+\frac{1}{2(1+x+y)^2}\right]\mathrm{d}y$$

$$=\int_0^1\left[-\frac{y}{8}-\frac{1}{2(1+x+y)}\right]_0^{1-x}\mathrm{d}x$$

$$=-\int_0^1\left[\frac{1-x}{8}+\frac{1}{4}-\frac{1}{2(1+x)}\right]\mathrm{d}x=\frac{1}{2}\left(\ln 2-\frac{5}{8}\right).$$

6. 计算 $\iiint_{\Omega} xyz\mathrm{d}x\mathrm{d}y\mathrm{d}z$，其中 Ω 为球面 $x^2+y^2+z^2=1$ 及三个坐标面所围成的在第一卦限内的闭区域.

【解析】 利用球面坐标计算，由于

$$\Omega=\left\{(r,\varphi,\theta)\mid 0\leqslant r\leqslant 1,0\leqslant\varphi\leqslant\frac{\pi}{2},0\leqslant\theta\leqslant\frac{\pi}{2}\right\},$$

故

$$\begin{aligned}\iiint\limits_{\Omega} xyz\,\mathrm{d}x\mathrm{d}y\mathrm{d}z &= \iiint\limits_{\Omega}(r^3\sin^2\varphi\cos\varphi\sin\theta\cos\theta)\cdot r^2\sin\varphi\,\mathrm{d}r\,\mathrm{d}\varphi\,\mathrm{d}\theta\\ &=\int_0^{\frac{\pi}{2}}\sin\theta\cos\theta\mathrm{d}\theta\int_0^{\frac{\pi}{2}}\sin^3\varphi\cos\varphi\mathrm{d}\varphi\int_0^1 r^5\,\mathrm{d}r\\ &=\left[\frac{\sin^2\theta}{2}\right]_0^{\frac{\pi}{2}}\cdot\left[\frac{\sin^4\varphi}{4}\right]_0^{\frac{\pi}{2}}\cdot\left[\frac{r^6}{6}\right]_0^1\\ &=\frac{1}{2}\times\frac{1}{4}\times\frac{1}{6}=\frac{1}{48}.\end{aligned}$$

7. 计算 $\iiint\limits_{\Omega} xz\,\mathrm{d}x\mathrm{d}y\mathrm{d}z$，其中 Ω 是由平面 $z=0,z=y,y=1$ 以及抛物柱面 $y=x^2$ 所围成的闭区域.

【解析】方法一 容易看出，Ω 的顶为平面 $z=y$，底为平面 $z=0$，Ω 在 xOy 面上的投影区域 D_{xy} 由 $y=1$ 和 $y=x^2$ 所围成. 故 Ω 可用不等式表示为

$$0\leqslant z\leqslant y,x^2\leqslant y\leqslant 1,-1\leqslant x\leqslant 1.$$

因此

$$\begin{aligned}\iiint\limits_{\Omega} xz\,\mathrm{d}x\mathrm{d}y\mathrm{d}z &=\int_{-1}^1 x\mathrm{d}x\int_{x^2}^1\mathrm{d}y\int_0^y z\mathrm{d}z\\ &=\int_{-1}^1 x\mathrm{d}x\int_{x^2}^1\frac{y^2}{2}\mathrm{d}y=\frac{1}{6}\int_{-1}^1 x(1-x^6)\mathrm{d}x=0.\end{aligned}$$

方法二 由于积分区域 Ω 关于 yOz 面对称(即若点 $(x,y,z)\in\Omega$，则 $(-x,y,z)$ 也属于 Ω)，且被积函数 xz 关于 x 是奇函数(即 $(-x)z=-(xz)$)，因此

$$\iiint\limits_{\Omega} xz\,\mathrm{d}x\mathrm{d}y\mathrm{d}z=0.$$

8. 计算 $\iiint\limits_{\Omega} z\,\mathrm{d}x\mathrm{d}y\mathrm{d}z$，其中 Ω 是由锥面 $z=\frac{h}{R}\sqrt{x^2+y^2}$ 与平面 $z=h(R>0,h>0)$ 所围成的闭区域.

【解析】 由 $z=\frac{h}{R}\sqrt{x^2+y^2}$ 与 $z=h$，消去 z，如图 10－46 所示，积分区域 Ω 在 xOy 面上的投影区域 $D_{xy}:x^2+y^2\leqslant R^2$，故

$$\begin{aligned}I &=\iiint\limits_{\Omega} z\mathrm{d}v=\int_{-R}^R\mathrm{d}x\int_{-\sqrt{R^2-x^2}}^{\sqrt{R^2-x^2}}\mathrm{d}y\int_{\frac{h}{R}\sqrt{x^2+y^2}}^h z\mathrm{d}z\\ &=\frac{1}{2}\int_{-R}^R\mathrm{d}x\int_{-\sqrt{R^2-x^2}}^{\sqrt{R^2-x^2}}\left[h^2-\frac{h^2}{R^2}(x^2+y^2)\right]\mathrm{d}y=\frac{1}{4}\pi h^2R^2.\end{aligned}$$

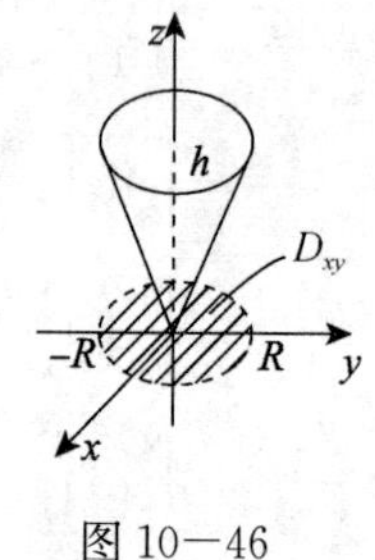

图 10－46

9. 利用柱面坐标计算下列三重积分：

(1) $\iiint\limits_{\Omega} z\mathrm{d}v$，其中 Ω 是由曲面 $z=\sqrt{2-x^2-y^2}$ 及 $z=x^2+y^2$ 所围成的闭区域；

(2) $\iiint\limits_{\Omega}(x^2+y^2)\mathrm{d}v$，其中 Ω 是由曲面 $x^2+y^2=2z$ 及平面 $z=2$ 所围成的闭区域.

【解析】 (1) 由 $z=\sqrt{2-x^2-y^2}$ 和 $z=x^2+y^2$ 消去 z，得

$$(x^2+y^2)^2=2-(x^2+y^2)，即\ x^2+y^2=1.$$

从而知 Ω 在 xOy 面上的投影区域为 $D_{xy}=\{(x,y)\mid x^2+y^2\leqslant 1\}$(如图 10－47 所示). 利用柱面坐标，$\Omega$

可表示为

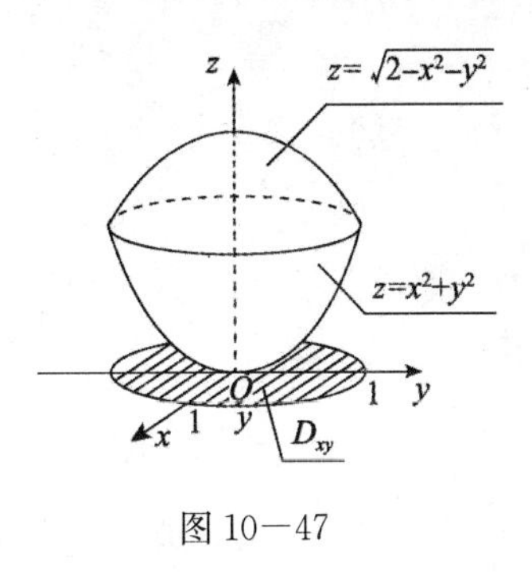

图 10—47

$$\rho^2\leqslant z\leqslant\sqrt{2-\rho^2},0\leqslant\rho\leqslant1,0\leqslant\theta\leqslant2\pi,$$

于是

$$\iiint\limits_{\Omega}z\mathrm{d}v=\iiint\limits_{\Omega}z\rho\mathrm{d}\rho\mathrm{d}\theta\mathrm{d}z=\int_0^{2\pi}\mathrm{d}\theta\int_0^1\rho\mathrm{d}\rho\int_{\rho^2}^{\sqrt{2-\rho^2}}z\mathrm{d}z$$

$$=\frac{1}{2}\int_0^{2\pi}\mathrm{d}\theta\int_0^1\rho(2-\rho^2-\rho^4)\mathrm{d}\rho$$

$$=\frac{1}{2}\cdot2\pi\left[\rho^2-\frac{\rho^4}{4}-\frac{\rho^6}{6}\right]_0^1=\frac{7}{12}\pi.$$

(2)由 $x^2+y^2=2z$ 及 $z=2$ 消去 z 得 $x^2+y^2=4$，从而知 Ω 在 xOy 面上的投影区域为 $D_{xy}=\{(x,y)\mid x^2+y^2\leqslant4\}$. 利用柱面坐标，$\Omega$ 可表示为

$$\frac{\rho^2}{2}\leqslant z\leqslant2,0\leqslant\rho\leqslant2,0\leqslant\theta\leqslant2\pi.$$

于是

$$\iiint\limits_{\Omega}(x^2+y^2)\mathrm{d}v=\iiint\limits_{\Omega}\rho^2\cdot\rho\mathrm{d}\rho\mathrm{d}\theta\mathrm{d}z=\int_0^{2\pi}\mathrm{d}\theta\int_0^2\rho^3\mathrm{d}\rho\int_{\frac{\rho^2}{2}}^2\mathrm{d}z$$

$$=\int_0^{2\pi}\mathrm{d}\theta\int_0^2\rho^3\left(2-\frac{\rho^2}{2}\right)\mathrm{d}\rho=2\pi\left[\frac{\rho^4}{2}-\frac{\rho^6}{12}\right]_0^2=\frac{16}{3}\pi.$$

*10. 利用球面坐标计算下列三重积分：

(1) $\iiint\limits_{\Omega}(x^2+y^2+z^2)\mathrm{d}v$，其中 Ω 是由球面 $x^2+y^2+z^2=1$ 所围成的闭区域；

(2) $\iiint\limits_{\Omega}z\mathrm{d}v$，其中闭区域 Ω 由不等式 $x^2+y^2+(z-a)^2\leqslant a^2$，$x^2+y^2\leqslant z^2$ 所确定.

【解析】(1) $\iiint\limits_{\Omega}(x^2+y^2+z^2)\mathrm{d}v=\iiint\limits_{\Omega}r^2\cdot r^2\sin\varphi\mathrm{d}r\mathrm{d}\varphi\mathrm{d}\theta$

$$=\int_0^{2\pi}\mathrm{d}\theta\int_0^{\pi}\sin\varphi\mathrm{d}\varphi\int_0^1r^4\mathrm{d}r$$

$$=2\pi[-\cos\varphi]_0^{\pi}\left[\frac{r^5}{5}\right]_0^1$$

$$=\frac{4}{5}\pi.$$

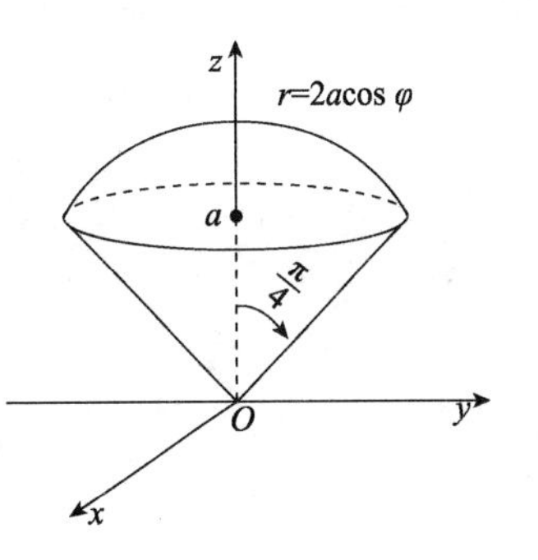

图 10—48

(2) 在球面坐标系中，不等式 $x^2+y^2+(z-a)^2\leqslant a^2$，即 $x^2+y^2+z^2\leqslant2az$，变为 $r^2\leqslant2ar\cos\varphi$，即 $r\leqslant2a\cos\varphi$；$x^2+y^2\leqslant z^2$ 变为 $r^2\sin^2\varphi\leqslant r^2\cos^2\varphi$，即 $\tan\varphi\leqslant1$，亦即 $\varphi\leqslant\frac{\pi}{4}$. 因此 Ω 可表示为

$$0\leqslant r\leqslant2a\cos\varphi,0\leqslant\varphi\leqslant\frac{\pi}{4},0\leqslant\theta\leqslant2\pi\text{(如图 10－48 所示)}.$$

于是

$$\iiint\limits_{\Omega}z\mathrm{d}v=\iiint\limits_{\Omega}r\cos\varphi\cdot r^2\sin\varphi\mathrm{d}r\mathrm{d}\varphi\mathrm{d}\theta$$

$$=\int_0^{2\pi}\mathrm{d}\theta\int_0^{\frac{\pi}{4}}\cos\varphi\sin\varphi\mathrm{d}\varphi\int_0^{2a\cos\varphi}r^3\mathrm{d}r$$

$$=\int_0^{2\pi}\mathrm{d}\theta\int_0^{\frac{\pi}{4}}\cos\varphi\sin\varphi\cdot\frac{1}{4}(2a\cos\varphi)^4\mathrm{d}\varphi$$

$$=2\pi\int_0^{\frac{\pi}{4}}4a^4\cos^5\varphi\sin\varphi\mathrm{d}\varphi$$

$$=8\pi a^4\left[-\frac{\cos^6\varphi}{6}\right]_0^{\frac{\pi}{4}}=\frac{7}{6}\pi a^4.$$

11. 选用适当的坐标计算下列三重积分：

(1) $\iiint\limits_{\Omega}xy\mathrm{d}v$,其中$\Omega$为柱面$x^2+y^2=1$及平面$z=1,z=0,x=0,y=0$所围成的第一卦限内的闭区域；

*(2) $\iiint\limits_{\Omega}\sqrt{x^2+y^2+z^2}\mathrm{d}v$,其中$\Omega$是由球面$x^2+y^2+z^2=z$所围成的闭区域；

(3) $\iiint\limits_{\Omega}(x^2+y^2)\mathrm{d}v$,其中$\Omega$是由曲面$4z^2=25(x^2+y^2)$及平面$z=5$所围成的闭区域；

*(4) $\iiint\limits_{\Omega}(x^2+y^2)\mathrm{d}v$,其中闭区域$\Omega$由不等式$0<a\leqslant\sqrt{x^2+y^2+z^2}\leqslant A,z\geqslant0$所确定.

【解析】(1)利用柱面坐标计算.Ω可表示为

$$0\leqslant z\leqslant1,0\leqslant\rho\leqslant1,0\leqslant\theta\leqslant\frac{\pi}{2}.$$

于是

$$\iiint\limits_{\Omega}xy\mathrm{d}v=\iiint\limits_{\Omega}\rho^2\sin\theta\cos\theta\cdot\rho\mathrm{d}\rho\mathrm{d}\theta\mathrm{d}z$$

$$=\int_0^{\frac{\pi}{2}}\sin\theta\cos\theta\mathrm{d}\theta\int_0^1\rho^3\mathrm{d}\rho\int_0^1\mathrm{d}z$$

$$=\left[\frac{\sin^2\theta}{2}\right]_0^{\frac{\pi}{2}}\cdot\left[\frac{\rho^4}{4}\right]_0^1\cdot[z]_0^1=\frac{1}{8}.$$

*(2)在球面坐标系中,球面$x^2+y^2+z^2=z$的方程为$r^2=r\cos\varphi$,即$r=\cos\varphi$.Ω可表示为

$$0\leqslant r\leqslant\cos\varphi,0\leqslant\varphi\leqslant\frac{\pi}{2},0\leqslant\theta\leqslant2\pi\text{(如图 10－49 所示)}.$$

于是

$$\iiint\limits_{\Omega}\sqrt{x^2+y^2+z^2}\mathrm{d}v=\iiint\limits_{\Omega}r\cdot r^2\sin\varphi\mathrm{d}r\mathrm{d}\varphi\mathrm{d}\theta$$

$$=\int_0^{2\pi}\mathrm{d}\theta\int_0^{\frac{\pi}{2}}\sin\varphi\mathrm{d}\varphi\int_0^{\cos\varphi}r^3\mathrm{d}r$$

$$=2\pi\int_0^{\frac{\pi}{2}}\sin\varphi\cdot\frac{\cos^4\varphi}{4}\mathrm{d}\varphi$$

$$=-\frac{\pi}{2}\left[\frac{\cos^5\varphi}{5}\right]_0^{\frac{\pi}{2}}=\frac{\pi}{10}.$$

(3)利用柱面坐标计算.Ω可表示为

$$\frac{5}{2}\rho\leqslant z\leqslant5,0\leqslant\rho\leqslant2,0\leqslant\theta\leqslant2\pi\text{(如图 10－50 所示)},$$

于是

$$\iiint\limits_{\Omega}(x^2+y^2)\mathrm{d}v=\iiint\limits_{\Omega}\rho^2\cdot\rho\mathrm{d}\rho\mathrm{d}\theta\mathrm{d}z$$

$$=\int_0^{2\pi}\mathrm{d}\theta\int_0^2\rho^3\mathrm{d}\rho\int_{\frac{5}{2}\rho}^{5}\mathrm{d}z$$

$$=\int_0^{2\pi}\mathrm{d}\theta\int_0^2\rho^3\left(5-\frac{5}{2}\rho\right)\mathrm{d}\rho$$

$$=2\pi\left[\frac{5}{4}\rho^4-\frac{1}{2}\rho^5\right]_0^2=8\pi.$$

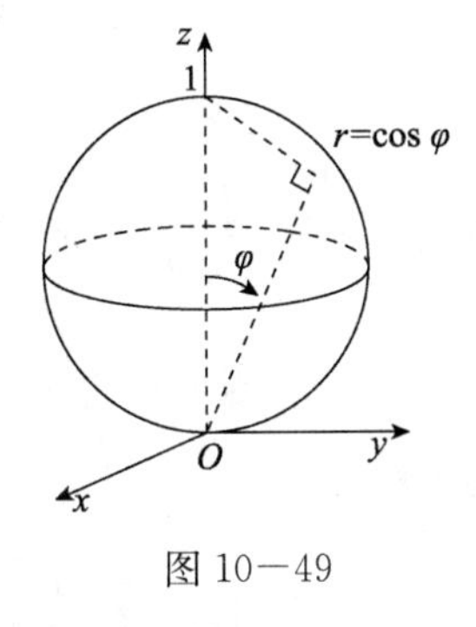

图 10－49

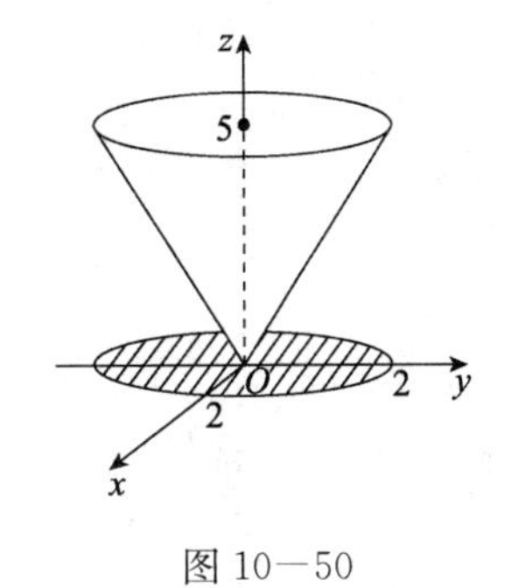

图 10－50

*(4)在球面坐标系中,Ω 可表示为

$$a\leqslant r\leqslant A,0\leqslant\varphi\leqslant\frac{\pi}{2},0\leqslant\theta\leqslant2\pi.$$

于是

$$\iiint\limits_{\Omega}(x^2+y^2)\mathrm{d}v=\iiint\limits_{\Omega}r^2\sin^2\varphi\cdot r^2\sin\varphi\mathrm{d}r\mathrm{d}\varphi\mathrm{d}\theta$$

$$=\int_0^{2\pi}\mathrm{d}\theta\int_0^{\frac{\pi}{2}}\sin^3\varphi\mathrm{d}\varphi\int_a^A r^4\mathrm{d}r$$

$$=2\pi\cdot\left(\frac{2}{3}\right)\left(\frac{A^5-a^5}{5}\right)=\frac{4\pi}{15}(A^5-a^5).$$

12.利用三重积分计算下列由曲面所围成的立体的体积:

(1)$z=6-x^2-y^2$ 及 $z=\sqrt{x^2+y^2}$;

*(2)$x^2+y^2+z^2=2az(a>0)$ 及 $x^2+y^2=z^2$(含有 z 轴的部分);

(3)$z=\sqrt{x^2+y^2}$ 及 $z=x^2+y^2$;

(4)$z=\sqrt{5-x^2-y^2}$ 及 $x^2+y^2=4z$.

【解析】(1)用柱面坐标计算:

$z=6-x^2-y^2$ 的方程为 $z=6-\rho^2$,$z=\sqrt{x^2+y^2}$ 的方程为 $z=\rho$.

$z=6-\rho^2$ 和 $z=\rho$ 联立得 $\rho=2$,所以立体在 xOy 面上的投影区域为:$\rho\leqslant2$.(如图10－51所示)

$$V=\iiint\limits_{\Omega}\mathrm{d}v=\iiint\limits_{\Omega}\rho\mathrm{d}\rho\mathrm{d}\theta\mathrm{d}z=\int_0^{2\pi}\mathrm{d}\theta\int_0^2\rho\mathrm{d}\rho\int_{\rho}^{6-\rho^2}\mathrm{d}z$$

$$=\int_0^{2\pi}\mathrm{d}\theta\int_0^2\rho(6-\rho^2-\rho)\mathrm{d}\rho$$

$$=\int_0^{2\pi}\left(12-4-\frac{8}{3}\right)\mathrm{d}\theta=\frac{32}{3}\pi.$$

*(2)利用球面坐标计算.球面 $x^2+y^2+z^2=2az$ 及圆锥面 $x^2+y^2=z^2$ 的球面坐标方程分别为

$r=2a\cos\varphi$和$\varphi=\dfrac{\pi}{4}$,故

$$\Omega=\left\{(r,\varphi,\theta)\,\middle|\,0\leqslant r\leqslant 2a\cos\varphi,0\leqslant\varphi\leqslant\frac{\pi}{4},0\leqslant\theta\leqslant 2\pi\right\}$$（如图 10—48 所示）.

于是

$$\begin{aligned}V&=\iiint\limits_{\Omega}\mathrm{d}v=\iiint\limits_{\Omega}r^2\sin\varphi\mathrm{d}r\mathrm{d}\varphi\mathrm{d}\theta\\&=\int_0^{2\pi}\mathrm{d}\theta\int_0^{\frac{\pi}{4}}\sin\varphi\mathrm{d}\varphi\int_0^{2a\cos\varphi}r^2\mathrm{d}r\\&=2\pi\int_0^{\frac{\pi}{4}}\frac{8a^3}{3}\sin\varphi\cos^3\varphi\mathrm{d}\varphi\\&=\frac{16\pi a^3}{3}\left[-\frac{1}{4}\cos^4\varphi\right]_0^{\frac{\pi}{4}}=\pi a^3.\end{aligned}$$

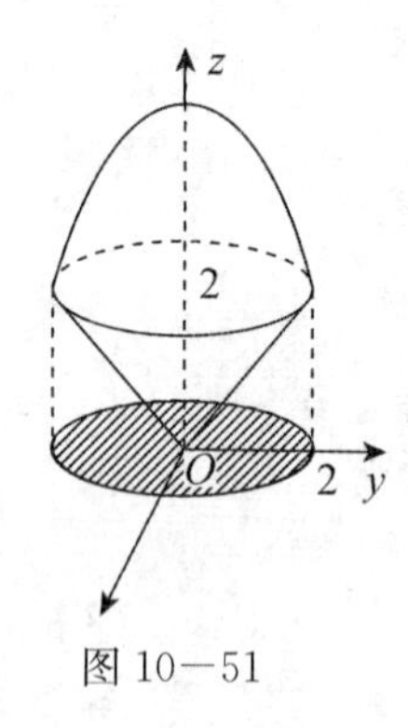

图 10—51

【注】本题若用“先重后单”的方法计算也很简便.

由 $x^2+y^2+z^2=2az$ 和 $x^2+y^2=z^2$ 解得 $z=a$. 对固定的 z，当 $0\leqslant z\leqslant a$ 时，$D_z=\{(x,y)\mid x^2+y^2\leqslant z^2\}$；当 $a\leqslant z\leqslant 2a$ 时，$D_z=\{(x,y)\mid x^2+y^2\leqslant 2az-z^2\}$. 于是

$$\begin{aligned}V=V_1+V_2&=\int_0^a\mathrm{d}z\iint\limits_{D_z}\mathrm{d}x\mathrm{d}y+\int_a^{2a}\mathrm{d}z\iint\limits_{D_z}\mathrm{d}x\mathrm{d}y\\&=\int_0^a\pi z^2\mathrm{d}z+\int_a^{2a}\pi(2az-z^2)\mathrm{d}z\\&=\frac{1}{3}\pi a^3+\frac{2}{3}\pi a^3=\pi a^3.\end{aligned}$$

(3)利用柱面坐标计算. 曲面 $z=\sqrt{x^2+y^2}$ 和 $z=x^2+y^2$ 的柱面坐标方程分别为 $z=\rho$ 和 $z=\rho^2$. 消去 z，得 $\rho=1$，故它们所围的立体在 xOy 面上的投影区域为 $\rho\leqslant 1$（如图 10—52 所示）. 因此

$$\Omega=\{(\rho,\theta,z)\mid\rho^2\leqslant z\leqslant\rho,0\leqslant\rho\leqslant 1,0\leqslant\theta\leqslant 2\pi\}.$$

于是

$$\begin{aligned}V&=\iiint\limits_{\Omega}\mathrm{d}v=\iiint\limits_{\Omega}\rho\mathrm{d}\rho\mathrm{d}\theta\mathrm{d}z=\int_0^{2\pi}\mathrm{d}\theta\int_0^1\rho\mathrm{d}\rho\int_{\rho^2}^{\rho}\mathrm{d}z\\&=2\pi\int_0^1\rho(\rho-\rho^2)\mathrm{d}\rho=\frac{\pi}{6}.\end{aligned}$$

（本题也可用“先重后单”的方法方便地求得结果）

(4)在直角坐标系中用“先重后单”的方法计算. 由 $z=\sqrt{5-x^2-y^2}$ 和 $x^2+y^2=4z$ 可解得 $z=1$.

对固定的 z，当 $0\leqslant z\leqslant 1$ 时，$D_z=\{(x,y)\mid x^2+y^2\leqslant 4z\}$；当 $1\leqslant z\leqslant\sqrt{5}$ 时，$D_z=\{(x,y)\mid x^2+y^2\leqslant 5-z^2\}$（如图 10—53 所示）.

于是

$$\begin{aligned}V=V_1+V_2&=\int_0^1\mathrm{d}z\iint\limits_{D_z}\mathrm{d}x\mathrm{d}y+\int_1^{\sqrt{5}}\mathrm{d}z\iint\limits_{D_z}\mathrm{d}x\mathrm{d}y\\&=\int_0^1\pi(4z)\mathrm{d}z+\int_1^{\sqrt{5}}\pi(5-z^2)\mathrm{d}z\\&=2\pi+\pi\left[5z-\frac{z^3}{3}\right]_1^{\sqrt{5}}=\frac{2}{3}\pi(5\sqrt{5}-4).\end{aligned}$$

（本题用柱面坐标计算也很方便）

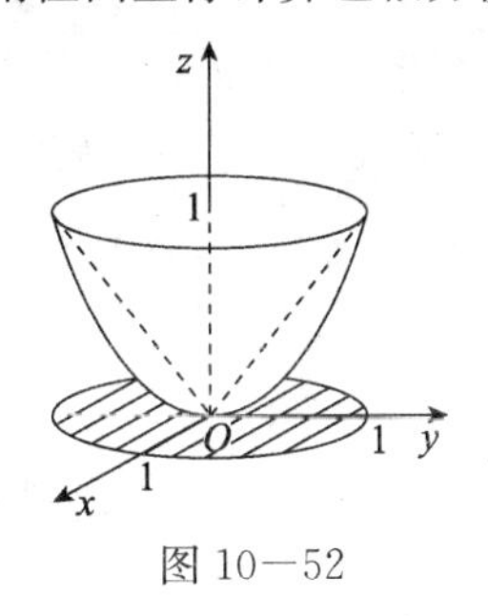

图 10—52

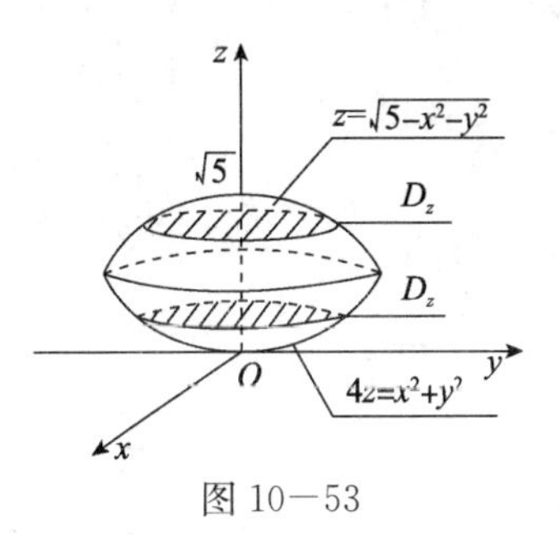

图 10—53

*13. 求球体 $r\leqslant a$ 位于锥面 $\varphi=\frac{\pi}{3}$ 和 $\varphi=\frac{2}{3}\pi$ 之间的部分的体积.

【解析】 用球面坐标计算. 记 Ω 为立体所占的空间区域，有

$$V=\iiint\limits_{\Omega}\mathrm{d}v=\int_0^{2\pi}\mathrm{d}\theta\int_{\frac{\pi}{3}}^{\frac{2\pi}{3}}\sin\varphi\mathrm{d}\varphi\int_0^a r^2\mathrm{d}r$$
$$=\frac{2\pi a^3}{3}.$$

14. 求上、下分别为球面 $x^2+y^2+z^2=2$ 和抛物面 $z=x^2+y^2$ 所围立体的体积.

【解析】 由 $x^2+y^2+z^2=2$ 和 $z=x^2+y^2$ 消去 z，解得 $x^2+y^2=1$. 从而得立体 Ω 在 xOy 面上的投影区域 D_{xy} 为 $x^2+y^2\leqslant 1$. 于是

$$\Omega=\{(x,y,z)\mid x^2+y^2\leqslant z\leqslant\sqrt{2-x^2-y^2},x^2+y^2\leqslant 1\}.$$

因此

$$V=\iiint\limits_{\Omega}\mathrm{d}v=\iint\limits_{D_{xy}}\mathrm{d}x\mathrm{d}y\int_{x^2+y^2}^{\sqrt{2-x^2-y^2}}\mathrm{d}z$$
$$=\iint\limits_{D_{xy}}[\sqrt{2-x^2-y^2}-(x^2+y^2)]\mathrm{d}x\mathrm{d}y\text{(用极坐标)}$$
$$=\int_0^{2\pi}\mathrm{d}\theta\int_0^1(\sqrt{2-\rho^2}-\rho^2)\rho\mathrm{d}\rho$$
$$=\frac{8\sqrt{2}-7}{6}\pi.$$

【注】 本题也可用“先重后单”的方法按下式方便地求得结果：

$$V=\int_1^{\sqrt{2}}\mathrm{d}z\iint\limits_{x^2+y^2\leqslant 2-z^2}\mathrm{d}x\mathrm{d}y+\int_0^1\mathrm{d}z\iint\limits_{x^2+y^2\leqslant z}\mathrm{d}x\mathrm{d}y$$
$$=\pi\int_1^{\sqrt{2}}(2-z^2)\mathrm{d}z+\pi\int_0^1 z\mathrm{d}z$$
$$=\frac{4\sqrt{2}-5}{3}\pi+\frac{1}{2}\pi=\frac{8\sqrt{2}-7}{6}\pi.$$

*15. 球心在原点、半径为 R 的球体，在其上任意一点的密度的大小与这点到球心的距离成正比，求这球体的质量.

【解析】 密度函数 $\rho(x,y,z)=k\sqrt{x^2+y^2+z^2}$，$k$ 为比例系数，质量元素

$$\mathrm{d}M=k\sqrt{x^2+y^2+z^2}\,\mathrm{d}v.$$

质量 $M=\iiint\limits_{\Omega}\mathrm{d}M=\iiint\limits_{\Omega}k\sqrt{x^2+y^2+z^2}\,\mathrm{d}v$.

作球坐标变换得

$$M=k\int_0^{2\pi}\mathrm{d}\theta\int_0^{\pi}\sin\varphi\mathrm{d}\varphi\int_0^R r^3\,\mathrm{d}r=[2\pi k\cdot\cos\varphi]_{\pi}^{0}\cdot\left[\frac{1}{4}r^4\right]_0^R$$

$$=2\pi k\cdot 2\cdot\frac{1}{4}R^4=k\pi R^4.$$

习题 10－4　重积分的应用

1. 求球面 $x^2+y^2+z^2=a^2$ 含在圆柱面 $x^2+y^2=ax$ 内部的那部分面积.

【解析】如图 10－54 所示，上半球面的方程 $z=\sqrt{a^2-x^2-y^2}$.

$$\frac{\partial z}{\partial x}=\frac{-x}{\sqrt{a^2-x^2-y^2}},\frac{\partial z}{\partial y}=\frac{-y}{\sqrt{a^2-x^2-y^2}},$$

$$\sqrt{1+\left(\frac{\partial z}{\partial x}\right)^2+\left(\frac{\partial z}{\partial y}\right)^2}=\frac{a}{\sqrt{a^2-x^2-y^2}}.$$

由曲面的对称性得所求面积为

$$A=4\iint\limits_{D}\sqrt{1+\left(\frac{\partial z}{\partial x}\right)^2+\left(\frac{\partial z}{\partial y}\right)^2}\mathrm{d}x\mathrm{d}y$$

$$=4\iint\limits_{D}\frac{a}{\sqrt{a^2-x^2-y^2}}\mathrm{d}x\mathrm{d}y\xlongequal{\text{极坐标}}4a\iint\limits_{D}\frac{1}{\sqrt{a^2-\rho^2}}\rho\mathrm{d}\rho\mathrm{d}\theta$$

$$=4a\int_0^{\frac{\pi}{2}}\mathrm{d}\theta\int_0^{a\cos\theta}\frac{\rho}{\sqrt{a^2-\rho^2}}\mathrm{d}\rho$$

$$=4a^2\int_0^{\frac{\pi}{2}}(1-\sin\theta)\mathrm{d}\theta=2a^2(\pi-2).$$

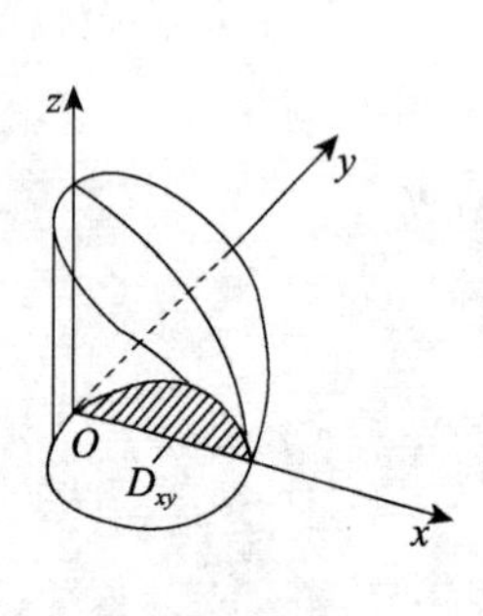

图 10－54

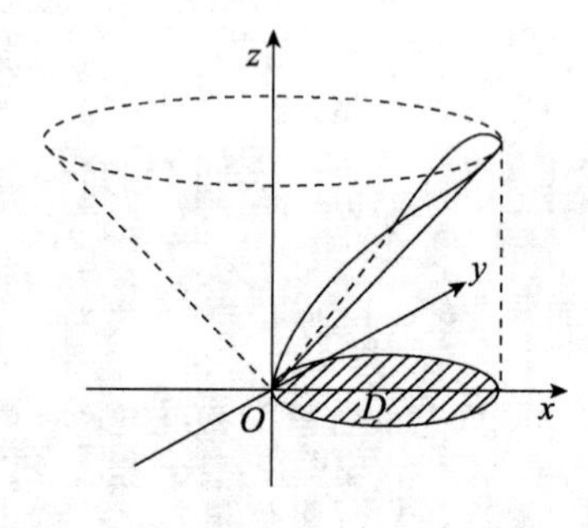

图 10－55

2. 求锥面 $z=\sqrt{x^2+y^2}$ 被柱面 $z^2=2x$ 所割的下面部分的曲面面积.

【解析】由$\begin{cases}z=\sqrt{x^2+y^2},\\z^2=2x\end{cases}$解得 $x^2+y^2=2x$，故曲面在 xOy 面上的投影区域 $D=\{(x,y)\mid x^2+y^2\leqslant 2x\}$（如图 10－55 所示）.

被割曲面的方程为 $z=\sqrt{x^2+y^2}$，

$$\sqrt{1+\left(\frac{\partial z}{\partial x}\right)^2+\left(\frac{\partial z}{\partial y}\right)^2}=\sqrt{1+\frac{x^2+y^2}{x^2+y^2}}=\sqrt{2},$$

于是所求曲面的面积为

$$A=\iint_D \sqrt{2}\,\mathrm{d}x\mathrm{d}y \xlongequal{\text{对称性}} 2\int_0^{\frac{\pi}{2}}\mathrm{d}\theta\int_0^{2\cos\theta}\sqrt{2}\rho\mathrm{d}\rho$$

$$=4\sqrt{2}\int_0^{\frac{\pi}{2}}\cos^2\theta\mathrm{d}\theta=4\sqrt{2}\times\frac{1}{2}\times\frac{\pi}{2}$$

$$=\sqrt{2}\pi.$$

3. 求底圆半径相等的两个直交圆柱面 $x^2+y^2=R^2$ 及 $x^2+z^2=R^2$ 所围立体的表面积.

【解析】 如图 10－56 所示，由对称性知所求面积为图中阴影部分面积的 16 倍，

$$z=\sqrt{R^2-x^2},\sqrt{1+z_x'^2+z_y'^2}=\frac{R}{\sqrt{R^2-x^2}},$$

所以

$$A=16\iint_{D_{xy}}\frac{R}{\sqrt{R^2-x^2}}\mathrm{d}x\mathrm{d}y$$

$$=16\int_0^R\mathrm{d}x\int_0^{\sqrt{R^2-x^2}}\frac{R}{\sqrt{R^2-x^2}}\mathrm{d}y=16R^2.$$

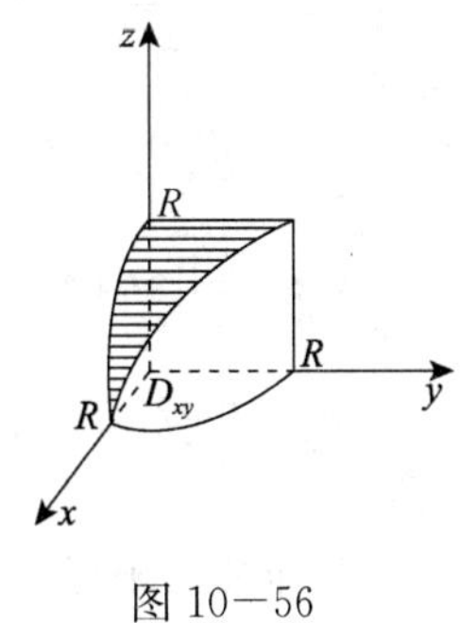

图 10－56

4. 设薄片所占的闭区域 D 如下，求均匀薄片的质心：

(1) D 由 $y=\sqrt{2px}$，$x=x_0$，$y=0$ 所围成；

(2) D 是半椭圆形闭区域 $\left\{(x,y)\,\middle|\,\frac{x^2}{a^2}+\frac{y^2}{b^2}\leqslant 1,y\geqslant 0\right\}$；

(3) D 是介于两个圆 $\rho=a\cos\theta$，$\rho=b\cos\theta\,(0<a<b)$ 之间的闭区域.

【解析】 (1) 设质心为 $(\bar{x},\bar{y})$.

$$A=\iint_D\mathrm{d}x\mathrm{d}y=\int_0^{x_0}\mathrm{d}x\int_0^{\sqrt{2px}}\mathrm{d}y=\int_0^{x_0}\sqrt{2px}\,\mathrm{d}x$$

$$=\frac{2}{3}\sqrt{2px_0^3};$$

$$\iint_D x\mathrm{d}x\mathrm{d}y=\int_0^{x_0}x\mathrm{d}x\int_0^{\sqrt{2px}}\mathrm{d}y=\int_0^{x_0}\sqrt{2p}x^{\frac{3}{2}}\mathrm{d}x$$

$$=\frac{2}{5}\sqrt{2px_0^5};$$

$$\iint_D y\mathrm{d}x\mathrm{d}y=\int_0^{x_0}\mathrm{d}x\int_0^{\sqrt{2px}}y\mathrm{d}y=\int_0^{x_0}px\,\mathrm{d}x$$

$$=\frac{px_0^2}{2},$$

于是 $\bar{x}=\frac{1}{A}\iint_D x\mathrm{d}x\mathrm{d}y=\frac{3}{5}x_0$，$\bar{y}=\frac{1}{A}\iint_D y\mathrm{d}x\mathrm{d}y=\frac{3}{8}\sqrt{2px_0}=\frac{3}{8}y_0$，故所求质心坐标为 $\left(\frac{3}{5}x_0,\frac{3}{8}y_0\right)$.

(2) 因为积分区域 D 对称于 y 轴，所以 $\bar{x}=0$. 又因为

$$M=\frac{\rho}{2}\pi ab,$$

故 $\bar{y}=\dfrac{\iint_D\rho y\mathrm{d}x\mathrm{d}y}{M}=\dfrac{2}{\rho\pi ab}\cdot\rho\int_{-a}^{a}\mathrm{d}x\int_0^{\frac{b}{a}\sqrt{a^2-x^2}}y\mathrm{d}y=\dfrac{4b}{3\pi}$，所求质心是 $\left(0,\dfrac{4b}{3\pi}\right)$.

(3)积分区域 D 如图 10－57 所示阴影部分，由对称性可知 $\overline{y}=0$.

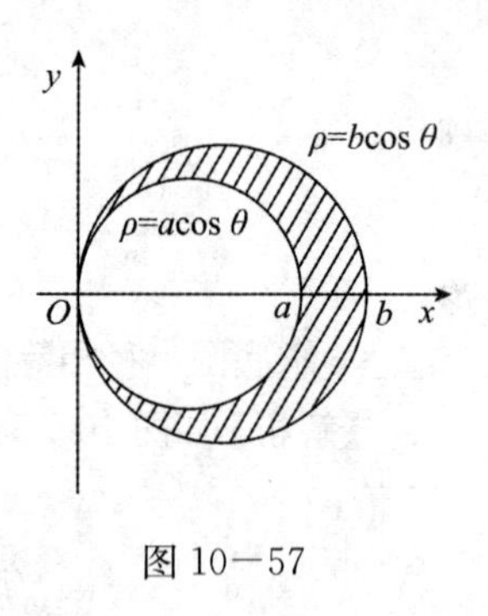

图 10－57

$$A=\iint\limits_{D}\mathrm{d}x\mathrm{d}y=\int_{-\frac{\pi}{2}}^{\frac{\pi}{2}}\mathrm{d}\theta\int_{a\cos\theta}^{b\cos\theta}\rho\mathrm{d}\rho$$

$$=\int_{-\frac{\pi}{2}}^{\frac{\pi}{2}}\left[\frac{\rho^2}{2}\right]_{a\cos\theta}^{b\cos\theta}\mathrm{d}\theta=\int_{-\frac{\pi}{2}}^{\frac{\pi}{2}}\frac{b^2-a^2}{2}\cos^2\theta\mathrm{d}\theta$$

$$=\frac{b^2-a^2}{2}\int_{-\frac{\pi}{2}}^{\frac{\pi}{2}}\frac{\cos 2\theta+1}{2}\mathrm{d}\theta$$

$$=\frac{\pi}{4}(b^2-a^2),$$

$$\overline{x}=\frac{1}{A}\iint\limits_{D}x\mathrm{d}x\mathrm{d}y=\frac{1}{A}\int_{-\frac{\pi}{2}}^{\frac{\pi}{2}}\mathrm{d}\theta\int_{a\cos\theta}^{b\cos\theta}\rho\cos\theta\cdot\rho\mathrm{d}\rho$$

$$=\frac{\pi}{8}(b^3-a^3)\cdot\frac{1}{A}=\frac{a^2+ab+b^2}{2(a+b)}.$$

所求质心坐标为$\left(\frac{a^2+ab+b^2}{2(a+b)},0\right)$.

5. 设平面薄片所占的闭区域 D 由抛物线 $y=x^2$ 及直线 $y=x$ 所围成，它在点(x,y)处的面密度 $\mu(x,y)=x^2y$，求该薄片的质心.

【解析】

$$M=\iint\limits_{D}x^2y\mathrm{d}x\mathrm{d}y=\int_0^1 x^2\mathrm{d}x\int_{x^2}^{x}y\mathrm{d}y$$

$$=\int_0^1\frac{1}{2}(x^4-x^6)\mathrm{d}x=\frac{1}{35};$$

$$M_x=\iint\limits_{D}y\mu(x,y)\mathrm{d}x\mathrm{d}y=\iint\limits_{D}x^2y^2\mathrm{d}x\mathrm{d}y$$

$$=\int_0^1 x^2\mathrm{d}x\int_{x^2}^{x}y^2\mathrm{d}y$$

$$=\int_0^1\frac{1}{3}(x^5-x^8)\mathrm{d}x=\frac{1}{54};$$

$$M_y=\iint\limits_{D}x\mu(x,y)\mathrm{d}x\mathrm{d}y=\iint\limits_{D}x^3y\mathrm{d}x\mathrm{d}y$$

$$=\int_0^1 x^3\mathrm{d}x\int_{x^2}^{x}y\mathrm{d}y$$

$$=\int_0^1\frac{1}{2}(x^5-x^7)\mathrm{d}x=\frac{1}{48},$$

于是

$$\overline{x}=\frac{M_y}{M}=\frac{35}{48};\quad \overline{y}=\frac{M_x}{M}=\frac{35}{54}.$$

所求质心坐标为$\left(\frac{35}{48},\frac{35}{54}\right)$.

6. 设有一等腰直角三角形薄片，腰长为 a，各点处的面密度等于该点到直角顶点的距离的平方，求这薄片的质心.

【解析】以等腰直角三角形的两直角边为坐标轴建立坐标系，如图 10－58 所示.
由题意知，$\mu(x,y)=x^2+y^2$.

$$M=\iint\limits_{D}\mu(x,y)\mathrm{d}x\mathrm{d}y=\int_0^a\mathrm{d}x\int_0^{a-x}(x^2+y^2)\mathrm{d}y=\frac{1}{6}a^4,$$

$$\bar{x}=\frac{1}{M}\iint_D x\mu(x,y)\mathrm{d}x\mathrm{d}y$$

$$=\frac{1}{M}\int_0^a x\mathrm{d}x\int_0^{a-x}(x^2+y^2)\mathrm{d}y$$

$$=\frac{1}{M}\int_0^a x\left[\frac{(a-x)^3}{3}+x^2(a-x)\right]\mathrm{d}x=\frac{2}{5}a.$$

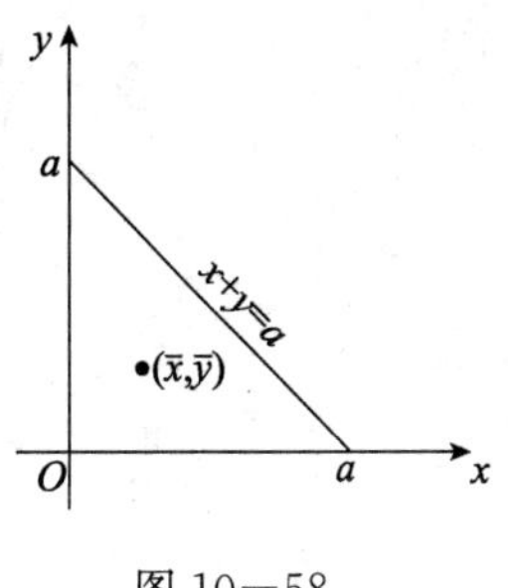

图 10－58

又由对称性可知 $\bar{y}=\bar{x}$，故所求质心为$\left(\frac{2}{5}a,\frac{2}{5}a\right)$.

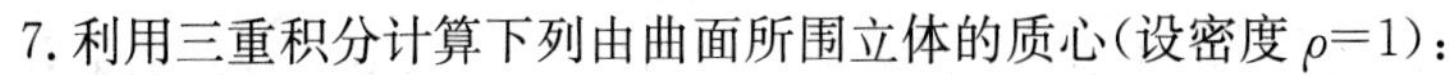
7. 利用三重积分计算下列由曲面所围立体的质心(设密度 $\rho=1$)：

(1)$z^2=x^2+y^2$，$z=1$；

*(2)$z=\sqrt{A^2-x^2-y^2}$，$z=\sqrt{a^2-x^2-y^2}$ $(A>a>0)$，$z=0$；

(3)$z=x^2+y^2$，$x+y=a$，$x=0$，$y=0$，$z=0$.

【解析】(1)曲面所围立体为圆锥体，其顶点在原点，并关于 xOy、xOz 面对称，又由于它是匀质的，因此它的质心位于 z 轴上，即有$\bar{x}=\bar{y}=0$. 立体的体积为 $V=\frac{1}{3}\pi$.

$$\bar{z}=\frac{1}{V}\iiint_\Omega z\mathrm{d}v=\frac{1}{V}\iint_{x^2+y^2\leqslant1}\mathrm{d}x\mathrm{d}y\int_{\sqrt{x^2+y^2}}^1 z\mathrm{d}z$$

$$=\frac{1}{V}\iint_{x^2+y^2\leqslant1}\frac{1}{2}(1-x^2-y^2)\mathrm{d}x\mathrm{d}y$$

$$=\frac{1}{V}\int_0^{2\pi}\mathrm{d}\theta\int_0^1\frac{1}{2}(1-\rho^2)\rho\mathrm{d}\rho$$

$$=\frac{3}{\pi}\times2\pi\times\frac{1}{2}\left[\frac{\rho^2}{2}-\frac{\rho^4}{4}\right]_0^1=\frac{3}{4},$$

故所求质心为$\left(0,0,\frac{3}{4}\right)$.

*(2)立体由两个同心的上半球面和 xOy 面所围成，关于 xOy、xOz 面对称，又由于它是匀质的，故其质心位于 z 轴上，即有$\bar{x}=\bar{y}=0$. 立体的体积为

$$V=\frac{2}{3}\pi(A^3-a^3).$$

$$\bar{z}=\frac{1}{V}\iiint_\Omega z\mathrm{d}v=\frac{1}{V}\iiint_\Omega r\cos\varphi\cdot r^2\sin\varphi\mathrm{d}r\mathrm{d}\varphi\mathrm{d}\theta$$

$$=\frac{1}{V}\int_0^{2\pi}\mathrm{d}\theta\int_0^{\frac{\pi}{2}}\sin\varphi\cos\varphi\mathrm{d}\varphi\int_a^A r^3\mathrm{d}r$$

$$=\frac{3}{2\pi(A^3-a^3)}\cdot2\pi\cdot\frac{1}{2}\cdot\frac{A^4-a^4}{4}$$

$$=\frac{3(A^4-a^4)}{8(A^3-a^3)},$$

故立体质心为$\left(0,0,\frac{3(A^4-a^4)}{8(A^3-a^3)}\right)$.

(3)如图 10－59 所示，

$$V=\int_0^a\mathrm{d}x\int_0^{a-x}\mathrm{d}y\int_0^{x^2+y^2}\mathrm{d}z=\int_0^a\mathrm{d}x\int_0^{a-x}(x^2+y^2)\mathrm{d}y$$

$$=\int_0^a\left[x^2(a-x)+\frac{1}{3}(a-x)^3\right]\mathrm{d}x=\frac{1}{6}a^4,$$

$$\bar{x}=\frac{1}{V}\iiint_{\Omega}x\mathrm{d}v=\frac{6}{a^4}\int_0^a x\mathrm{d}x\int_0^{a-x}\mathrm{d}y\int_0^{x^2+y^2}\mathrm{d}z=\frac{2}{5}a,$$

$$\bar{y}=\frac{1}{V}\iiint_{\Omega}y\mathrm{d}v=\frac{6}{a^4}\int_0^a \mathrm{d}x\int_0^{a-x}y\mathrm{d}y\int_0^{x^2+y^2}\mathrm{d}z=\frac{2}{5}a,$$

$$\bar{z}=\frac{1}{V}\iiint_{\Omega}z\mathrm{d}v=\frac{6}{a^4}\int_0^a \mathrm{d}x\int_0^{a-x}\mathrm{d}y\int_0^{x^2+y^2}z\mathrm{d}z=\frac{7}{30}a^2.$$

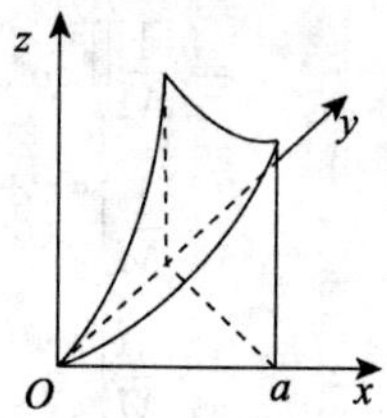

图 10－59

故质心为$\left(\frac{2}{5}a,\frac{2}{5}a,\frac{7}{30}a^2\right)$.

*8. 设球体占有闭区域 $\Omega=\{(x,y,z)\mid x^2+y^2+z^2\leqslant 2Rz\}$，它在内部各点处的密度的大小等于该点到坐标原点的距离的平方. 试求此球体的质心.

【解析】 由题意可得球体的密度为：$\rho=x^2+y^2+z^2=r^2$.

根据对称性知球体的质心在 z 轴上，即 $\bar{x}=\bar{y}=0$.

$$M=\iiint_{\Omega}\rho\mathrm{d}v=\int_0^{2\pi}\mathrm{d}\theta\int_0^{\frac{\pi}{2}}\sin\varphi\mathrm{d}\varphi\int_0^{2R\cos\varphi}r^2\cdot r^2\mathrm{d}r$$

$$=2\pi\int_0^{\frac{\pi}{2}}\frac{32}{5}R^5\sin\varphi\cos^5\varphi\mathrm{d}\varphi=\frac{32}{15}\pi R^5,$$

$$\bar{z}=\frac{1}{M}\iiint_{\Omega}z\rho\mathrm{d}v=\frac{1}{M}\int_0^{2\pi}\mathrm{d}\theta\int_0^{\frac{\pi}{2}}\sin\varphi\cos\varphi\mathrm{d}\varphi\int_0^{2R\cos\varphi}r^5\mathrm{d}r$$

$$=\frac{1}{M}\int_0^{2\pi}\mathrm{d}\theta\int_0^{\frac{\pi}{2}}\frac{64}{6}R^6\sin\varphi\cos^7\varphi\mathrm{d}\varphi$$

$$=\frac{5}{4}R.$$

故球体的质心为$\left(0,0,\frac{5}{4}R\right)$.

9. 设均匀薄片（面密度为常数 1）所占闭区域 D 如下，求指定的转动惯量：

(1) $D=\left\{(x,y)\,\middle|\,\frac{x^2}{a^2}+\frac{y^2}{b^2}\leqslant 1\right\}$，求 I_y；

(2) D 由抛物线 $y^2=\frac{9}{2}x$ 与直线 $x=2$ 所围成，求 I_x 和 I_y；

(3) D 为矩形闭区域 $\{(x,y)\mid 0\leqslant x\leqslant a,0\leqslant y\leqslant b\}$，求 I_x 和 I_y.

【解析】 (1) $I_y=\iint_D x^2\mathrm{d}x\mathrm{d}y=\int_{-a}^a x^2\mathrm{d}x\int_{-\frac{b}{a}\sqrt{a^2-x^2}}^{\frac{b}{a}\sqrt{a^2-x^2}}\mathrm{d}y$

$$=\frac{2b}{a}\int_{-a}^a x^2\sqrt{a^2-x^2}\mathrm{d}x$$

$$=\frac{4b}{a}\int_0^a x^2\sqrt{a^2-x^2}\mathrm{d}x.$$

令 $x=a\sin t$，换元，则

$$\text{上式}=\frac{4b}{a}\int_0^{\frac{\pi}{2}}a^3\sin^2t\cos t\cdot a\cos t\mathrm{d}t$$

$$=4a^3b\left[\int_0^{\frac{\pi}{2}}\sin^2t\mathrm{d}t-\int_0^{\frac{\pi}{2}}\sin^4t\mathrm{d}t\right]$$

$$=4a^3b\left(\frac{1}{2}\cdot\frac{\pi}{2}-\frac{3}{4}\cdot\frac{1}{2}\cdot\frac{\pi}{2}\right)=\frac{1}{4}\pi a^3b.$$

(2) 如图 10－60 所示，$D=\left\{(x,y)\left|-3\sqrt{\frac{x}{2}}\leqslant y\leqslant 3\sqrt{\frac{x}{2}},0\leqslant x\leqslant 2\right.\right\}$.

$$I_x=\iint\limits_D y^2\,\mathrm{d}x\mathrm{d}y\xlongequal{\text{对称性}}2\int_0^2\mathrm{d}x\int_0^{3\sqrt{\frac{x}{2}}}y^2\,\mathrm{d}y$$

$$=\frac{2}{3}\int_0^2\frac{27}{2\sqrt{2}}x^{\frac{3}{2}}\,\mathrm{d}x=\frac{72}{5};$$

$$I_y=\iint\limits_D x^2\,\mathrm{d}x\mathrm{d}y\xlongequal{\text{对称性}}2\int_0^2 x^2\,\mathrm{d}x\int_0^{3\sqrt{\frac{x}{2}}}\mathrm{d}y$$

$$=2\int_0^2\frac{3}{\sqrt{2}}x^{\frac{5}{2}}\,\mathrm{d}x=\frac{96}{7}.$$

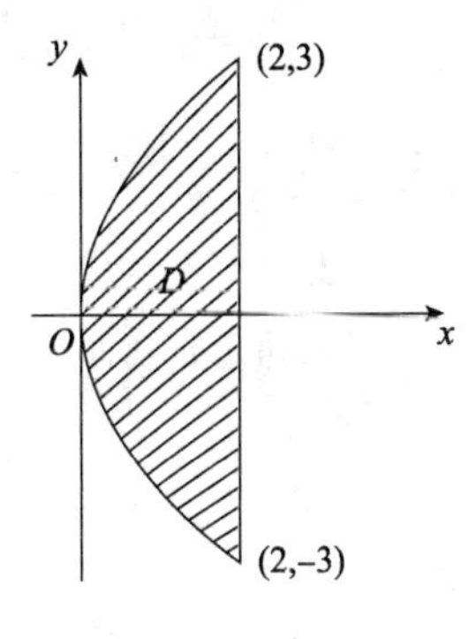

图 10－60

(3) $I_x=\iint\limits_D y^2\,\mathrm{d}x\mathrm{d}y=\int_0^a\mathrm{d}x\int_0^b y^2\,\mathrm{d}y=\frac{ab^3}{3}$;

$$I_y=\iint\limits_D x^2\,\mathrm{d}x\mathrm{d}y=\int_0^a x^2\,\mathrm{d}x\int_0^b\mathrm{d}y=\frac{a^3b}{3}.$$

10. 已知均匀矩形板(面密度为常量 μ)的长和宽分别为 b 和 h，计算此矩形板对于通过其形心且分别与一边平行的两轴的转动惯量.

【解析】 建立如图 10－61 所示的坐标系，使原点 O 为矩形板的形心，x 轴和 y 轴分别平行于矩形的两边，则所求的转动惯量为

$$I_x=\iint\limits_D y^2\mu\,\mathrm{d}x\mathrm{d}y=\mu\int_{-\frac{b}{2}}^{\frac{b}{2}}\mathrm{d}x\int_{-\frac{h}{2}}^{\frac{h}{2}}y^2\,\mathrm{d}y=\frac{1}{12}\mu bh^3;$$

$$I_y=\iint\limits_D x^2\mu\,\mathrm{d}x\mathrm{d}y=\mu\int_{-\frac{b}{2}}^{\frac{b}{2}}x^2\,\mathrm{d}x\int_{-\frac{h}{2}}^{\frac{h}{2}}\mathrm{d}y=\frac{1}{12}\mu hb^3.$$

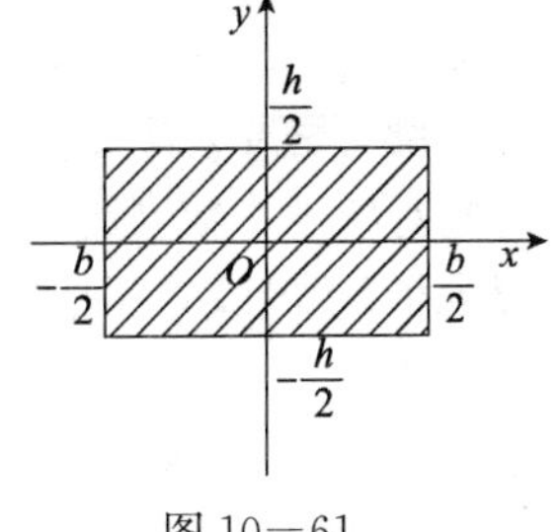

图 10－61

11. 一均匀物体(密度 ρ 为常量)占有的闭区域 Ω 由曲面 $z=x^2+y^2$ 和平面 $z=0,|x|=a,|y|=a$ 所围成，

(1)求物体的体积；

(2)求物体的质心；

(3)求物体关于 z 轴的转动惯量.

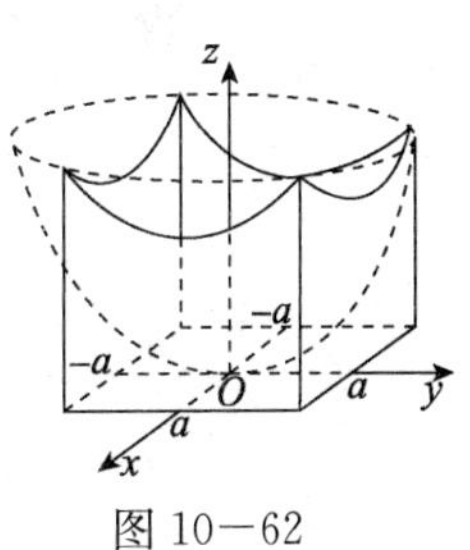

图 10－62

【解析】 (1)如图 10－62 所示，由 Ω 的对称性可知

$$V=4\int_0^a\mathrm{d}x\int_0^a\mathrm{d}y\int_0^{x^2+y^2}\mathrm{d}z=4\int_0^a\mathrm{d}x\int_0^a(x^2+y^2)\,\mathrm{d}y$$

$$=4\int_0^a\left(ax^2+\frac{a^3}{3}\right)\mathrm{d}x=\frac{8}{3}a^4.$$

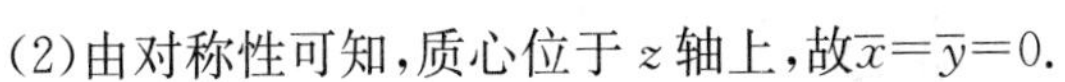

(2)由对称性可知，质心位于 z 轴上，故 $\overline{x}=\overline{y}=0$.

$$\overline{z}=\frac{1}{M}\iiint\limits_{\Omega}\rho z\,\mathrm{d}v\xlongequal{\text{对称性}}\frac{4}{V}\int_0^a\mathrm{d}x\int_0^a\mathrm{d}y\int_0^{x^2+y^2}z\,\mathrm{d}z$$

$$=\frac{4}{V}\int_0^a\mathrm{d}x\int_0^a\frac{1}{2}(x^4+2x^2y^2+y^4)\,\mathrm{d}y$$

$$=\frac{2}{V}\int_0^a\left(ax^4+\frac{2}{3}a^3x^2+\frac{1}{5}a^5\right)\mathrm{d}x=\frac{7}{15}a^2.$$

故该物体质心为 $\left(0,0,\frac{7}{15}a^2\right)$.

$$(3)I_z=\iiint_\Omega \rho(x^2+y^2)\mathrm{d}v \xlongequal{\text{对称性}} 4\rho\int_0^a \mathrm{d}x\int_0^a \mathrm{d}y\int_0^{x^2+y^2}(x^2+y^2)\mathrm{d}z$$

$$=4\rho\int_0^a \mathrm{d}x\int_0^a (x^4+2x^2y^2+y^4)\mathrm{d}y$$

$$=\frac{112}{45}\rho a^6.$$

12.求半径为 a、高为 h 的均匀圆柱体对于过中心而平行于母线的轴的转动惯量(设密度 $\rho=1$).

【解析】 建立如图10－63所示的坐标系,用柱面坐标计算.

$$I_z=\iiint_\Omega (x^2+y^2)\mathrm{d}v$$

$$=\int_0^{2\pi}\mathrm{d}\theta\int_0^a\rho^3\mathrm{d}\rho\int_0^h\mathrm{d}z$$

$$=\int_0^{2\pi}\mathrm{d}\theta\int_0^a h\rho^3\mathrm{d}\rho$$

$$=2\pi h\frac{a^4}{4}=\frac{1}{2}\pi ha^4$$

$$=\frac{1}{2}a^2M(M=\pi a^2h\rho\text{ 为圆柱体质量}).$$

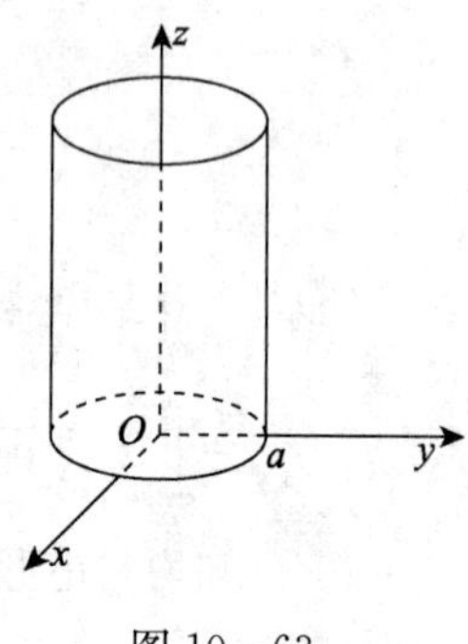

图10－63

13.设面密度为常量 μ 的匀质半圆环形薄片占有闭区域 $D=\{(x,y,0)\mid R_1\leqslant\sqrt{x^2+y^2}\leqslant R_2,x\geqslant 0\}$,求它对位于 x 轴上点 $M_0(0,0,a)(a>0)$ 处单位质量的质点的引力 $\boldsymbol{F}$.

【解析】 如图10－64所示,引力元素 $\mathrm{d}\boldsymbol{F}$ 沿 x 轴和 z 轴的分量分别为

$$\mathrm{d}F_x=G\frac{\mu x}{(x^2+y^2+a^2)^{\frac{3}{2}}}\mathrm{d}\sigma$$

及

$$\mathrm{d}F_z=G\frac{\mu(-a)}{(x^2+y^2+a^2)^{\frac{3}{2}}}\mathrm{d}\sigma.$$

于是

$$F_x=G\mu\iint_D\frac{x}{(x^2+y^2+a^2)^{\frac{3}{2}}}\mathrm{d}\sigma$$

$$\xlongequal{\text{极坐标}}G\mu\int_{-\frac{\pi}{2}}^{\frac{\pi}{2}}\mathrm{d}\theta\int_{R_1}^{R_2}\frac{\rho\cos\theta}{(\rho^2+a^2)^{\frac{3}{2}}}\cdot\rho\mathrm{d}\rho$$

$$=G\mu\int_{-\frac{\pi}{2}}^{\frac{\pi}{2}}\cos\theta\mathrm{d}\theta\int_{R_1}^{R_2}\frac{\rho^2}{(\rho^2+a^2)^{\frac{3}{2}}}\mathrm{d}\rho$$

$$=2G\mu\int_{R_1}^{R_2}\frac{\rho^2}{(\rho^2+a^2)^{\frac{3}{2}}}\mathrm{d}\rho(\text{令 }\rho=a\tan t\text{ 换元})$$

$$=2G\mu\int_{\arctan\frac{R_1}{a}}^{\arctan\frac{R_2}{a}}\frac{a^2\tan^2t}{a^3\sec^3t}\cdot a\sec^2t\mathrm{d}t$$

$$=2G\mu\int_{\arctan\frac{R_1}{a}}^{\arctan\frac{R_2}{a}}(\sec t-\cos t)\mathrm{d}t$$

$$=2G\mu\Big[\ln(\sec t+\tan t)-\sin t\Big]_{\arctan\frac{R_1}{a}}^{\arctan\frac{R_2}{a}}$$

$$=2G\mu\left(\ln\frac{\sqrt{R_2^2+a^2}+R_2}{\sqrt{R_1^2+a^2}+R_1}-\frac{R_2}{\sqrt{R_2^2+a^2}}+\frac{R_1}{\sqrt{R_1^2+a^2}}\right);$$

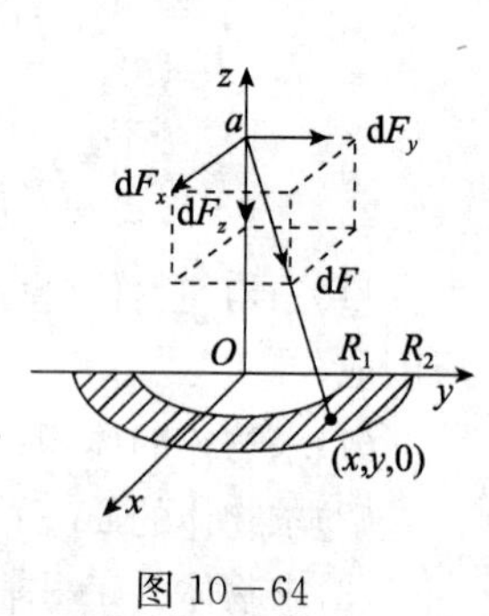

图10－64

$$F_z=-Ga\mu\iint\limits_D\frac{\mathrm{d}\sigma}{(x^2+y^2+a^2)^{\frac{3}{2}}}$$

$$\xlongequal{\text{极坐标}}-Ga\mu\int_{-\frac{\pi}{2}}^{\frac{\pi}{2}}\mathrm{d}\theta\int_{R_1}^{R_2}\frac{\rho}{(\rho^2+a^2)^{\frac{3}{2}}}\mathrm{d}\rho$$

$$=\pi Ga\mu\left[\frac{1}{\sqrt{\rho^2+a^2}}\right]_{R_1}^{R_2}=\pi Ga\mu\left(\frac{1}{\sqrt{R_2^2+a^2}}\frac{1}{\sqrt{R_1^2+a^2}}\right).$$

由于 D 关于 x 轴对称，且质量均匀分布，故 $F_y=0$. 因此，

$$\boldsymbol{F}=\left(2G\mu\left(\ln\frac{\sqrt{R_2^2+a^2}+R_2}{\sqrt{R_1^2+a^2}+R_1}-\frac{R_2}{\sqrt{R_2^2+a^2}}+\frac{R_1}{\sqrt{R_1^2+a^2}}\right),0,\pi Ga\mu\left(\frac{1}{\sqrt{R_2^2+a^2}}-\frac{1}{\sqrt{R_1^2+a^2}}\right)\right).$$

14. 设均匀柱体密度为 ρ，占有闭区域 $\Omega=\{(x,y,z)\mid x^2+y^2\leqslant R^2,0\leqslant z\leqslant h\}$，求它对于位于点 $M_0(0,0,a)(a>h)$ 处的单位质量的质点的引力.

【解析】由柱体的对称性和质量分布的均匀性知 $F_x=F_y=0$. 引力沿 z 轴的分量

$$F_z=\iiint\limits_\Omega G\rho\frac{z-a}{[x^2+y^2+(z-a)^2]^{\frac{3}{2}}}\mathrm{d}v$$

$$=G\rho\int_0^h(z-a)\mathrm{d}z\iint\limits_{x^2+y^2\leqslant R^2}\frac{\mathrm{d}x\mathrm{d}y}{[x^2+y^2+(z-a)^2]^{\frac{3}{2}}}$$

$$\xlongequal{\text{柱面坐标}}G\rho\int_0^h(z-a)\mathrm{d}z\int_0^{2\pi}\mathrm{d}\theta\int_0^R\frac{\rho\mathrm{d}\rho}{[\rho^2+(z-a)^2]^{\frac{3}{2}}}$$

$$=2\pi G\rho\int_0^h(z-a)\left[\frac{1}{a-z}-\frac{1}{\sqrt{R^2+(z-a)^2}}\right]\mathrm{d}z$$

$$=2\pi G\rho\int_0^h\left[-1-\frac{z-a}{\sqrt{R^2+(z-a)^2}}\right]\mathrm{d}z$$

$$=-2\pi G\rho[h+\sqrt{R^2+(h-a)^2}-\sqrt{R^2+a^2}].$$

*习题 10－5 含参变量的积分

1. 求下列含参变量的积分所确定的函数的极限：

(1) $\lim\limits_{x\to0}\int_x^{1+x}\frac{\mathrm{d}y}{1+x^2+y^2}$； (2) $\lim\limits_{x\to0}\int_{-1}^1\sqrt{x^2+y^2}\,\mathrm{d}y$；

(3) $\lim\limits_{x\to0}\int_0^2y^2\cos(xy)\mathrm{d}y$.

【解析】(1) $\lim\limits_{x\to0}\int_x^{1+x}\frac{\mathrm{d}y}{1+x^2+y^2}=\int_0^{1+0}\frac{\mathrm{d}y}{1+0+y^2}=[\arctan y]_0^1=\frac{\pi}{4}$.

(2) $\lim\limits_{x\to0}\int_{-1}^1\sqrt{x^2+y^2}\,\mathrm{d}y=\int_{-1}^1|y|\mathrm{d}y=2\int_0^1y\mathrm{d}y=1$.

(3) $\lim\limits_{x\to0}\int_0^2y^2\cos(xy)\mathrm{d}y=\int_0^2y^2(\cos0)\mathrm{d}y=\frac{8}{3}$.

2. 求下列函数的导数：

(1) $\varphi(x)=\int_{\sin x}^{\cos x}(y^2\sin x-y^3)\mathrm{d}y$； (2) $\varphi(x)=\int_0^x\frac{\ln(1+xy)}{y}\mathrm{d}y$；

(3) $\varphi(x)=\int_{x^2}^{x^3}\arctan\frac{y}{x}\mathrm{d}y$； (4) $\varphi(x)=\int_x^{x^2}\mathrm{e}^{-xy^2}\mathrm{d}y$.

【解析】(1) $\varphi'(x)=\int_{\sin x}^{\cos x}y^2\cos x\mathrm{d}y+(\cos^2x\sin x-\cos^3x)(\cos x)'-$

$$(\sin^2 x\sin x-\sin^3 x)(\sin x)'$$

$$=\frac{1}{3}\cos x(\cos^3 x-\sin^3 x)+(\cos x-\sin x)\sin x\cos^2 x$$

$$=\frac{1}{3}\cos x(\cos x-\sin x)(1+2\sin 2x).$$

(2) $\varphi'(x)=\frac{\mathrm{d}}{\mathrm{d}x}\int_0^x \frac{\ln(1+xy)}{y}\mathrm{d}y=\int_0^x \frac{\partial}{\partial x}\left(\frac{\ln(1+xy)}{y}\right)\mathrm{d}y+\frac{\ln(1+x^2)}{x}$

$$=\int_0^x \frac{1}{1+xy}\mathrm{d}y+\frac{\ln(1+x^2)}{x}=\frac{2}{x}\ln(1+x^2).$$

(3) $\varphi'(x)=\int_{x^2}^{x^3}\left(-\frac{y}{x^2+y^2}\right)\mathrm{d}y+\arctan x^2\cdot 3x^2-\arctan x\cdot 2x$

$$=-\frac{1}{2}\ln[x^2+y^2]_{x^2}^{x^3}+3x^2\arctan x^2-2x\arctan x$$

$$=\ln\sqrt{\frac{1+x^2}{1+x^4}}+3x^2\arctan x^2-2x\arctan x.$$

(4) $\varphi'(x)=\frac{\partial}{\partial x}\int_x^{x^2}\mathrm{e}^{-xy^2}\mathrm{d}y=\int_x^{x^2}\frac{\partial}{\partial x}(\mathrm{e}^{-xy^2})\mathrm{d}y+\mathrm{e}^{-x\cdot x^4}\cdot(x^2)'-\mathrm{e}^{-x\cdot x^2}(x)'$

$$=\int_x^{x^2}-y^2\mathrm{e}^{-xy^2}\mathrm{d}y+2x\mathrm{e}^{-x^5}-\mathrm{e}^{-x^3}=2x\mathrm{e}^{-x^5}-\mathrm{e}^{-x^3}-\int_x^{x^2}y^2\mathrm{e}^{-xy^2}\mathrm{d}y.$$

3. 设 $F(x)=\int_0^x (x+y)f(y)\mathrm{d}y$，其中 $f(y)$ 为可微分的函数，求 $F''(x)$.

【解析】 $F'(x)=\int_0^x f(y)\mathrm{d}y+2xf(x)$；

$$F''(x)=f(x)+2f(x)+2xf'(x)=3f(x)+2xf'(x).$$

4. 应用对参数的微分法计算下列积分：

(1) $I=\int_0^{\frac{\pi}{2}}\ln\frac{1+a\cos x}{1-a\cos x}\cdot\frac{\mathrm{d}x}{\cos x}(|a|<1)$；

(2) $I=\int_0^{\frac{\pi}{2}}\ln(\cos^2 x+a^2\sin^2 x)\mathrm{d}x(a>0)$.

【解析】 (1) 设 $\varphi(t)=\int_0^{\frac{\pi}{2}}\ln\frac{1+t\cos x}{1-t\cos x}\cdot\frac{1}{\cos x}\mathrm{d}x$.

因为
$$\frac{\partial}{\partial t}\left(\ln\frac{1+t\cos x}{1-t\cos x}\cdot\frac{1}{\cos x}\right)=\frac{2}{1-t^2\cos^2 x},$$

所以
$$\varphi'(t)=\int_0^{\frac{\pi}{2}}\frac{2}{1-t^2\cos^2 x}\mathrm{d}x=\frac{\pi}{\sqrt{1-t^2}}.$$

故
$$\int_0^a\varphi'(t)\mathrm{d}t=\varphi(a)-\varphi(0)=\int_0^a\frac{\pi}{\sqrt{1-t^2}}\mathrm{d}t=\pi\arcsin a.$$

由于 $\varphi(0)=0$，所以 $I=\varphi(a)=\pi\arcsin a$.

(2) 设 $\varphi(t)=\int_0^{\frac{\pi}{2}}\ln(\cos^2 x+t^2\sin^2 x)\mathrm{d}x$，则 $\varphi(1)=0$，$\varphi(a)=I$.

由于
$$\frac{\partial}{\partial t}[\ln(\cos^2 x+t^2\sin^2 x)]=\frac{2t\sin^2 x}{\cos^2 x+t^2\sin^2 x},$$

故

$$\varphi'(t)=\int_0^{\frac{\pi}{2}}\frac{2t\sin^2 x}{\cos^2 x+t^2\sin^2 x}\mathrm{d}x$$

$$\xlongequal{u=\tan x}2t\int_0^{+\infty}\frac{u^2}{1+t^2u^2}\cdot\frac{\mathrm{d}u}{1+u^2}$$

$$=\frac{2t}{t^2-1}\left(\int_0^{+\infty}\frac{\mathrm{d}u}{1+u^2}-\int_0^{+\infty}\frac{\mathrm{d}u}{1+t^2u^2}\right)(t\neq 1)$$

$$=\frac{2t}{t^2-1}\left(\frac{\pi}{2}-\frac{\pi}{2t}\right)=\frac{\pi}{t+1};$$

又当 $t=1$ 时，
$$\varphi'(1)=\int_0^{\frac{\pi}{2}}\frac{2\sin^2 x}{\cos^2 x+\sin^2 x}\mathrm{d}x=\int_0^{\frac{\pi}{2}}2\sin^2 x\mathrm{d}x=\frac{\pi}{2},$$

因此 $\varphi'(t)$ 在 $x=1$ 处连续. 从而对任意 $a>0$，$\varphi'(t)$ 在区间 $[1,a]$（或 $[a,1]$）上连续. 于是

$$I=\varphi(a)-\varphi(1)=\int_1^a\varphi'(t)\mathrm{d}t=\int_1^a\frac{\pi}{t+1}\mathrm{d}t$$

$$=\pi\ln\frac{a+1}{2}.$$

5. 计算下列积分：

(1) $\int_0^1\frac{\arctan x}{x}\frac{\mathrm{d}x}{\sqrt{1-x^2}}$；

(2) $\int_0^1\sin\left(\ln\frac{1}{x}\right)\frac{x^b-x^a}{\ln x}\mathrm{d}x(0<a<b)$.

【解析】(1) 因为 $\frac{\arctan x}{x}=\int_0^1\frac{\mathrm{d}y}{1+x^2y^2}$，所以

$$\int_0^1\frac{\arctan x}{x}\cdot\frac{\mathrm{d}x}{(1-x^2)^{\frac{1}{2}}}=\int_0^1\frac{\mathrm{d}x}{(1-x^2)^{\frac{1}{2}}}\cdot\int_0^1\frac{\mathrm{d}y}{1+x^2y^2}$$

$$=\int_0^1\mathrm{d}y\int_0^1\frac{\mathrm{d}x}{(1+x^2y^2)\sqrt{1-x^2}}.$$

令 $x=\sin\theta$，则

$$\int_0^1\frac{\mathrm{d}x}{(1+x^2y^2)\sqrt{1-x^2}}=\int_0^{\frac{\pi}{2}}\frac{\cos\theta\mathrm{d}\theta}{(1+y^2\sin^2\theta)\cos\theta}=\int_0^{\frac{\pi}{2}}\frac{\mathrm{d}\theta}{1+y^2\sin^2\theta}$$

$$=\int_0^{\frac{\pi}{2}}\frac{\mathrm{d}(\tan\theta)}{1+(1+y^2)\tan^2\theta}=\frac{\pi}{2\sqrt{1+y^2}},$$

于是
$$\int_0^1\arctan x\cdot\frac{\mathrm{d}x}{\sqrt{1-x^2}}=\int_0^1\frac{\pi}{2\sqrt{1+y^2}}\mathrm{d}y$$

$$=\left[\frac{\pi}{2}\ln(y+\sqrt{1+y^2})\right]_0^1=\frac{\pi}{2}\ln(1+\sqrt{2}).$$

(2) 因为 $\frac{x^b-x^a}{\ln x}=\int_a^b x^y\mathrm{d}y$，

故
$$\int_0^1\sin\left(\ln\frac{1}{x}\right)\frac{x^b-x^a}{\ln x}\mathrm{d}x=\int_0^1\sin\left(\ln\frac{1}{x}\right)\mathrm{d}x\int_a^b x^y\mathrm{d}y\quad\text{（交换积分次序）}$$

$$=\int_a^b\mathrm{d}y\int_0^1\sin\left(\ln\frac{1}{x}\right)x^y\mathrm{d}x.$$

由于
$$\int_0^1\sin\left(\ln\frac{1}{x}\right)x^y\mathrm{d}x\xlongequal{x=\mathrm{e}^{-t}}\int_{+\infty}^0\sin t\cdot\mathrm{e}^{-yt}(-\mathrm{e}^{-t})\mathrm{d}t$$

$$=\int_0^{+\infty}\sin t\cdot\mathrm{e}^{-(y+1)t}\mathrm{d}t\quad\text{（分部积分）}$$

$$=\frac{1}{1+(y+1)^2}e^{-(y+1)t}\left[-\cos t-(y+1)\sin t\right]_0^{+\infty}$$

$$=\frac{1}{1+(y+1)^2},$$

因此

$$\text{原式}=\int_a^b\frac{1}{1+(y+1)^2}dy=\left[\arctan\,(y+1)\right]_a^b$$

$$=\arctan(b+1)-\arctan(a+1).$$

总习题十

1. 填空：

(1) 积分$\int_0^2 dx\int_x^2 e^{-y^2}dy$的值是________；

(2) 设闭区域$D=\{(x,y)\mid x^2+y^2\leqslant R^2\}$，则$\iint\limits_D\left(\frac{x^2}{a^2}+\frac{y^2}{b^2}\right)dxdy=$________.

【解析】(1)交换积分次序并计算所得的二次积分，得

$$\int_0^2 dx\int_x^2 e^{-y^2}dy=\int_0^2 dy\int_0^y e^{-y^2}dx=\int_0^2 ye^{-y^2}dy$$

$$=-\frac{1}{2}\cdot\int_0^2 e^{-y^2}d(-y^2)=-\frac{1}{2}\left[e^{-y^2}\right]_0^2$$

$$=\frac{1}{2}(1-e^{-4}).$$

(2)用极坐标计算. $D=\{(\rho,\theta)\mid 0\leqslant\rho\leqslant R,0\leqslant\theta\leqslant 2\pi\}$,

$$\iint\limits_D\left(\frac{x^2}{a^2}+\frac{y^2}{b^2}\right)dxdy=\iint\limits_D\left(\frac{\rho^2\cos^2\theta}{a^2}+\frac{\rho^2\sin^2\theta}{b^2}\right)\rho d\rho d\theta$$

$$=\int_0^{2\pi}\left(\frac{\cos^2\theta}{a^2}+\frac{\sin^2\theta}{b^2}\right)d\theta\int_0^R\rho^3 d\rho$$

$$=\frac{R^4}{4}\int_0^{2\pi}\left(\frac{1+\cos 2\theta}{2a^2}+\frac{1-\cos 2\theta}{2b^2}\right)d\theta$$

$$=\frac{R^4}{4}\left(\frac{1}{2a^2}+\frac{1}{2b^2}\right)\cdot 2\pi=\frac{\pi R^4}{4}\left(\frac{1}{a^2}+\frac{1}{b^2}\right).$$

2. 以下各题中给出了四个结论，从中选出一个正确的结论：

(1)设有空间闭区域$\Omega_1=\{(x,y,z)\mid x^2+y^2+z^2\leqslant R^2,z\geqslant 0\}$，$\Omega_2=\{(x,y,z)\mid x^2+y^2+z^2\leqslant R^2,x\geqslant 0,y\geqslant 0,z\geqslant 0\}$，则有________.

(A) $\iiint\limits_{\Omega_1}xdv=4\iiint\limits_{\Omega_2}xdv$　　(B) $\iiint\limits_{\Omega_1}ydv=4\iiint\limits_{\Omega_2}ydv$

(C) $\iiint\limits_{\Omega_1}zdv=4\iiint\limits_{\Omega_2}zdv$　　(D) $\iiint\limits_{\Omega_1}xyzdv=4\iiint\limits_{\Omega_2}xyzdv$

(2)设有平面闭区域$D=\{(x,y)\mid -a\leqslant x\leqslant a,x\leqslant y\leqslant a\}$，$D_1=\{(x,y)\mid 0\leqslant x\leqslant a,x\leqslant y\leqslant a\}$. 则$\iint\limits_D(xy+\cos x\sin y)dxdy=$________.

(A)$2\iint\limits_{D_1}\cos x\sin ydxdy$　　(B)$2\iint\limits_{D_1}xydxdy$

(C)$4\iint\limits_{D_1}(xy+\cos x\sin y)\mathrm{d}x\mathrm{d}y$　　(D)0

(3)设 $f(x)$ 为连续函数,$F(t)=\int_1^t \mathrm{d}y\int_y^t f(x)\mathrm{d}x$,则 $F'(2)=$________.

(A)$2f(2)$　　(B)$f(2)$

(C)$-f(2)$　　(D)0

【解析】(1)z 关于 x 是偶函数,关于 y 是偶函数,又 Ω_1 关于 yOz 面对称,也关于 xOz 面对称,故 $\iiint\limits_{\Omega_1} z\mathrm{d}v=2\iiint\limits_{\substack{x^2+y^2+z^2\leqslant R^2\\ z\geqslant0,y\geqslant0}} z\mathrm{d}v=4\iiint\limits_{\Omega_2} z\mathrm{d}v$,故选 (C).

而(A)选项,Ω_1 关于 yOz 面对称,被积函数关于 x 是奇函数,故 $\iiint\limits_{\Omega_1} x\mathrm{d}x=0$,而 $\iiint\limits_{\Omega_2} x\mathrm{d}v\neq0$. 故(A)不正确,同理可说明(B)、(D) 不正确.

(2)D 如图 10—65 所示,D 分成四部分 D_1,D_2,D_3,D_4,由于 D_3 与 D_4 关于 x 轴对称且 $\cos x\sin y+xy$ 是关于 y 的奇函数,

故
$$\iint\limits_{D_3+D_4}(xy+\cos x\sin y)\mathrm{d}x\mathrm{d}y=0.$$

则
$$\iint\limits_{D}(xy+\cos x\sin y)\mathrm{d}x\mathrm{d}y=\iint\limits_{D_1+D_2}(xy+\cos x\sin y)\mathrm{d}x\mathrm{d}y.$$

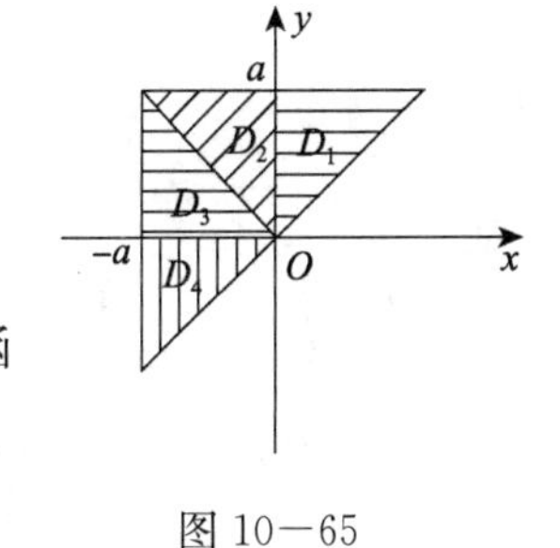

图 10—65

又因为 D_1 与 D_2 关于 y 轴对称,xy 关于 x 是奇数,$\cos x\sin y$ 关于 x 是偶函数,所以

$$\iint\limits_{D_1+D_2} xy\mathrm{d}x\mathrm{d}y=0,\quad \iint\limits_{D_1+D_2}\cos x\sin y\mathrm{d}x\mathrm{d}y=2\iint\limits_{D_1}\cos x\sin y\mathrm{d}x\mathrm{d}y,$$

故
$$\iint\limits_{D}(xy+\cos x\sin y)\mathrm{d}x\mathrm{d}y=2\iint\limits_{D_1}\cos x\sin y\mathrm{d}x\mathrm{d}y.$$

故选(A).

(3)**方法一**　由于考虑 $F'(2)$,故可设 $t>1$. 对所给二重积分交换积分次序,得

$$F(t)=\int_1^t f(x)\mathrm{d}x\int_1^x \mathrm{d}y$$
$$=\int_1^t (x-1)f(x)\mathrm{d}x,$$

于是
$$F'(t)=(t-1)f(t),$$

从而有
$$F'(2)=f(2).$$

故选(B).

方法二　设 $f(x)$ 的一个原函数为 $G(x)$,则有

$$F(t)=\int_1^t \mathrm{d}y\int_y^t f(x)\mathrm{d}x=\int_1^t [G(t)-G(y)]\mathrm{d}y$$
$$=G(t)\int_1^t \mathrm{d}y-\int_1^t G(y)\mathrm{d}y=(t-1)G(t)-\int_1^t G(y)\mathrm{d}y.$$

求导得
$$F'(t)=G(t)+(t-1)f(t)-G(t)=(t-1)f(t),$$

因此

$$F'(2)=f(2).$$

3.计算下列二重积分:

(1) $\iint\limits_D (1+x)\sin y\mathrm{d}\sigma$,其中 D 是顶点分别为(0,0),(1,0),(1,2)和(0,1)的梯形闭区域;

(2) $\iint\limits_D (x^2-y^2)\mathrm{d}\sigma$,其中 $D=\{(x,y)\mid 0\leqslant y\leqslant \sin x,0\leqslant x\leqslant \pi\}$;

(3) $\iint\limits_D \sqrt{R^2-x^2-y^2}\mathrm{d}\sigma$,其中 D 是圆周 $x^2+y^2=Rx$ 所围成的闭区域;

(4) $\iint\limits_D (y^2+3x-6y+9)\mathrm{d}\sigma$,其中 $D=\{(x,y)\mid x^2+y^2\leqslant R^2\}$.

【解析】(1)D 可表示为 $0\leqslant y\leqslant 1+x,0\leqslant x\leqslant 1$,于是

$$\begin{aligned}\iint\limits_D (1+x)\sin y\mathrm{d}\sigma &= \int_0^1 \mathrm{d}x\int_0^{1+x}(1+x)\sin y\mathrm{d}y\\ &=\int_0^1[(1+x)-(1+x)\cos(1+x)]\mathrm{d}x\\ &\xlongequal{t=1+x}\int_1^2(t-t\cos t)\mathrm{d}t=\left[\frac{t^2}{2}-t\sin t-\cos t\right]_1^2\\ &=\frac{3}{2}+\sin 1+\cos 1-2\sin 2-\cos 2.\end{aligned}$$

(2) $$\begin{aligned}\iint\limits_D(x^2-y^2)\mathrm{d}\sigma &=\int_0^{\pi}\mathrm{d}x\int_0^{\sin x}(x^2-y^2)\mathrm{d}y=\int_0^{\pi}x^2\sin x\mathrm{d}x-\frac{1}{3}\int_0^{\pi}\sin^3 x\mathrm{d}x\\ &=\left[-x^2\cos x\right]_0^{\pi}+\int_0^{\pi}2x\cos x\mathrm{d}x+\frac{1}{3}\int_0^{\pi}(1-\cos^2 x)\mathrm{d}\cos x\\ &=\pi^2-\frac{40}{9}.\end{aligned}$$

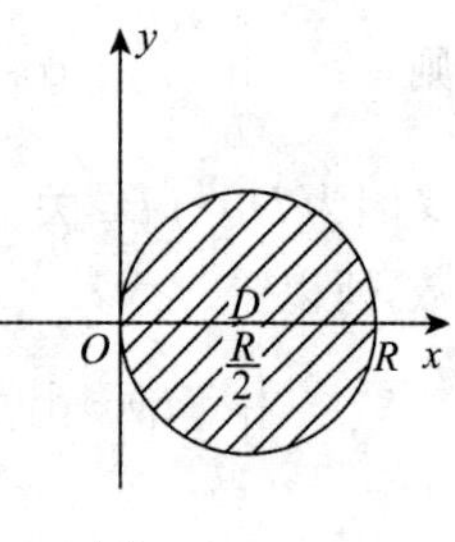

图 10-66

(3)D 如图 10-66 所示.

$$\begin{aligned}\iint\limits_D\sqrt{R^2-x^2-y^2}\mathrm{d}\sigma &=\int_{-\frac{\pi}{2}}^{\frac{\pi}{2}}\mathrm{d}\theta\int_0^{R\cos\theta}\sqrt{R^2-\rho^2}\cdot\rho\mathrm{d}\rho\\ &=2\int_0^{\frac{\pi}{2}}\mathrm{d}\theta\int_0^{R\cos\theta}\sqrt{R^2-\rho^2}\rho\mathrm{d}\rho\\ &=2\int_0^{\frac{\pi}{2}}\left(\frac{1}{3}R^3-\frac{1}{3}R^3\sin^3\theta\right)\mathrm{d}\theta\\ &=\frac{R^3}{3}\left(\pi-\frac{4}{3}\right).\end{aligned}$$

(4)利用对称性可知 $\iint\limits_D 3x\mathrm{d}\sigma=0,\iint\limits_D 6y\mathrm{d}\sigma=0.$

又 $$\iint\limits_D 9\mathrm{d}\sigma=9\times S_D=9\pi R^2,$$

$$\begin{aligned}\iint\limits_D y^2\mathrm{d}\sigma &\xlongequal{\text{极坐标}}\int_0^{2\pi}\mathrm{d}\theta\int_0^R\rho^2\sin^2\theta\cdot\rho\mathrm{d}\rho\\ &=\int_0^{2\pi}\sin^2\theta\mathrm{d}\theta\cdot\int_0^R\rho^3\mathrm{d}\rho\\ &=\pi\cdot\frac{R^4}{4}=\frac{\pi}{4}R^4,\end{aligned}$$

因此
$$原式=\frac{\pi}{4}R^4+9\pi R^2.$$

4.交换下列二次积分的次序：

(1) $\int_0^4 dy\int_{-\sqrt{4-y}}^{\frac{1}{2}(y-4)} f(x,y)dx$；

(2) $\int_0^1 dy\int_0^{2y} f(x,y)dx+\int_1^3 dy\int_0^{3-y} f(x,y)dx$；

(3) $\int_0^1 dx\int_{\sqrt{x}}^{1+\sqrt{1-x^2}} f(x,y)dy$.

【解析】(1)所给的二次积分等于闭区域 D 上的二重积分 $\iint\limits_D f(x,y)dxdy$，其中 $D=\left\{(x,y)\middle|-\sqrt{4-y}\leqslant x\leqslant\frac{1}{2}(y-4),0\leqslant y\leqslant 4\right\}$(如图 10－67 所示)，将 D 表达为 $2x+4\leqslant y\leqslant 4-x^2$，$-2\leqslant x\leqslant 0$，则得
$$\int_0^4 dy\int_{-\sqrt{4-y}}^{\frac{1}{2}(y-4)} f(x,y)dx=\int_{-2}^0 dx\int_{2x+4}^{4-x^2} f(x,y)dy.$$

(2)积分区域如图 10－68 所示.

由 $x=3-y$ 与 $x=2y$ 得：$x=2,y=1$.
$$\int_0^1 dy\int_0^{2y} f(x,y)dx+\int_1^3 dy\int_0^{3-y} f(x,y)dx=\int_0^2 dx\int_{\frac{x}{2}}^{3-x} f(x,y)dy.$$

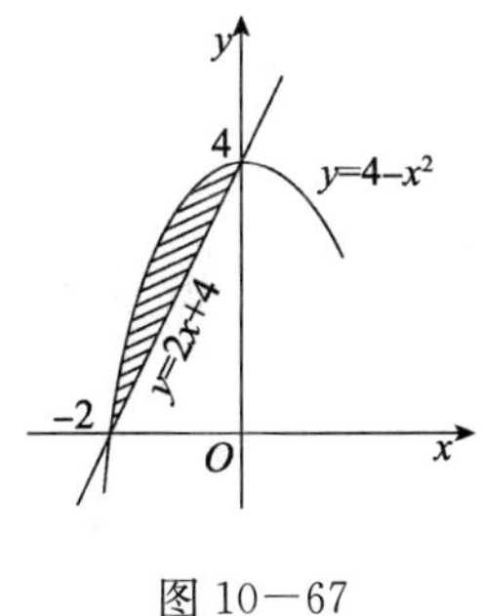

图 10－67

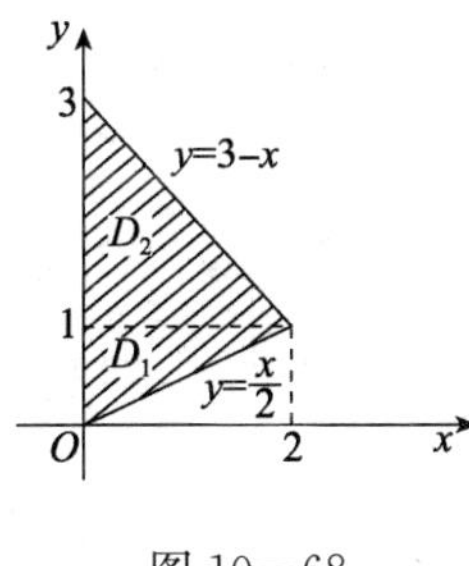

图 10－68

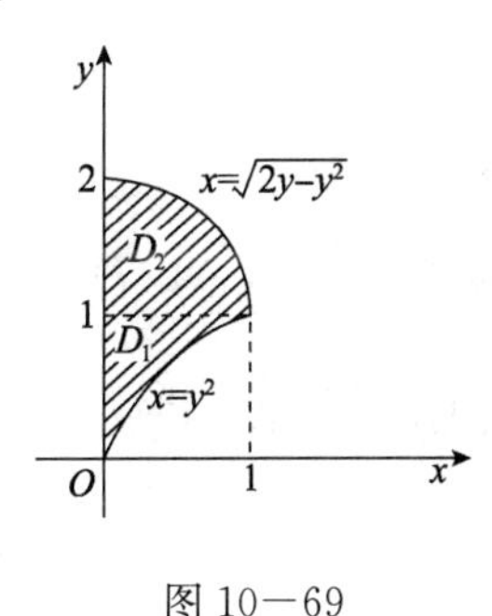

图 10－69

(3)所给二次积分等于二重积分 $\iint\limits_D f(x,y)dy$，其中 $D=\{(x,y)|\sqrt{x}\leqslant y\leqslant 1+\sqrt{1-x^2},0\leqslant x\leqslant 1\}$(如图 10－69 所示).将 D 表达为 $D_1\cup D_2$，其中 $D_1=\{(x,y)|0\leqslant x\leqslant y^2,0\leqslant y\leqslant 1\}$；$D_2=\{(x,y)|0\leqslant x\leqslant\sqrt{2y-y^2},1\leqslant y\leqslant 2\}$，于是
$$原式=\int_0^1 dy\int_0^{y^2} f(x,y)dx+\int_1^2 dy\int_0^{\sqrt{2y-y^2}} f(x,y)dx.$$

5.证明：
$$\int_0^a dy\int_0^y e^{m(a-x)}f(x)dx=\int_0^a (a-x)e^{m(a-x)}f(x)dx.$$

【证明】上式左端的二次积分等于二重积分 $\iint\limits_D e^{m(a-x)}f(x)dxdy$，其中 $D=\{(x,y)|0\leqslant x\leqslant y,0\leqslant y\leqslant a\}=\{(x,y)|x\leqslant y\leqslant a,0\leqslant x\leqslant a\}$.于是交换积分次序即得
$$\int_0^a dy\int_0^y e^{m(a-x)}f(x)dx=\int_0^a dx\int_x^a e^{m(a-x)}f(x)dy$$

$$=\int_0^a (a-x)e^{m(a-x)}f(x)dx.$$

6. 把积分 $\iint\limits_D f(x,y)dxdy$ 表为极坐标形式的二次积分，其中积分区域 $D=\{(x,y)\mid x^2\leqslant y\leqslant 1, -1\leqslant x\leqslant 1\}$.

【解析】积分域 D 如图 10－70 所示. 抛物线 $y=x^2$ 的极坐标方程为 $\rho=\sec\theta\tan\theta$；直线 $y=1$ 的极坐标方程为 $\rho=\csc\theta$. 用射线 $\theta=\frac{\pi}{4}$ 和 $\theta=\frac{3\pi}{4}$ 将 D 分成 D_1、D_2、D_3 三部分：

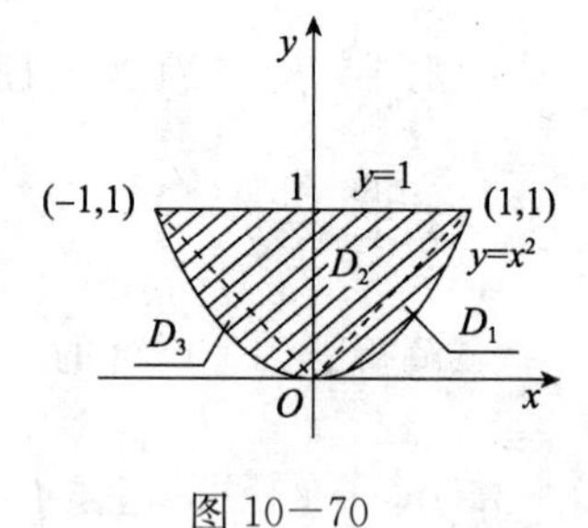

图 10－70

D_1：$0\leqslant\rho\leqslant\sec\theta\tan\theta, 0\leqslant\theta\leqslant\frac{\pi}{4}$；

D_2：$0\leqslant\rho\leqslant\csc\theta, \frac{\pi}{4}\leqslant\theta\leqslant\frac{3\pi}{4}$；

D_3：$0\leqslant\rho\leqslant\sec\theta\tan\theta, \frac{3\pi}{4}\leqslant\theta\leqslant\pi$.

因此

$$\iint\limits_D f(x,y)dxdy=\int_0^{\frac{\pi}{4}}d\theta\int_0^{\sec\theta\tan\theta}f(\rho\cos\theta,\rho\sin\theta)\rho d\rho+\int_{\frac{\pi}{4}}^{\frac{3\pi}{4}}d\theta\int_0^{\csc\theta}f(\rho\cos\theta,\rho\sin\theta)\rho d\rho+$$
$$\int_{\frac{3\pi}{4}}^{\pi}d\theta\int_0^{\sec\theta\tan\theta}f(\rho\cos\theta,\rho\sin\theta)\rho d\rho.$$

7. 设 $f(x,y)$ 在闭区域 $D=\{(x,y)\mid x^2+y^2\leqslant y, x\geqslant 0\}$ 上连续，且

$$f(x,y)=\sqrt{1-x^2-y^2}-\frac{8}{\pi}\iint\limits_D f(x,y)dxdy,$$

求 $f(x,y)$.

【解析】因 $f(x,y)$ 是 D 上的连续函数，于是二重积分 $\iint\limits_D f(u,v)dudv$ 存在，可设 $\iint\limits_D f(u,v)dudv=\iint\limits_D f(x,y)dxdy=A$，在已知等式两边求区域 D 上的二重积分，有

$$\iint\limits_D f(x,y)dxdy=\iint\limits_D\sqrt{1-x^2-y^2}dxdy-\frac{8A}{\pi}\iint\limits_D dxdy.$$

从而 $A=\iint\limits_D\sqrt{1-x^2-y^2}dxdy-A$，即 $2A=\iint\limits_D\sqrt{1-x^2-y^2}dxdy$.

在极坐标系 $x=\rho\cos\theta, y=\rho\sin\theta$ 中，$D=\left\{(\rho,\theta)\mid 0\leqslant\theta\leqslant\frac{\pi}{2}, 0\leqslant\rho\leqslant\sin\theta\right\}$，

所以

$$2A=\int_0^{\frac{\pi}{2}}d\theta\int_0^{\sin\theta}\sqrt{1-\rho^2}\cdot\rho d\rho=\frac{1}{3}\int_0^{\frac{\pi}{2}}(1-\cos^3\theta)d\theta=\frac{1}{3}\left(\frac{\pi}{2}-\frac{2}{3}\right).$$

故

$$A=\frac{1}{6}\left(\frac{\pi}{2}-\frac{2}{3}\right).$$

于是

$$f(x,y)=\sqrt{1-x^2-y^2}-\frac{4}{3\pi}\left(\frac{\pi}{2}-\frac{2}{3}\right).$$

8. 把积分 $\iiint\limits_\Omega f(x,y,z)dxdydz$ 化为三次积分，其中积分区域 Ω 是由曲面 $z=x^2+y^2$，$y=x^2$ 及平面 $y=1$，$z=0$ 所围成的闭区域.

【解析】Ω 为一曲顶柱体，其顶为 $z=x^2+y^2$，底位于 xOy 面上，其侧面由抛物柱面 $y=x^2$ 及平面 $y=1$ 所组成. 由此可知 Ω 在 xOy 面上的投影区域

$$D_{xy}=\{(x,y)\,|\,x^2\leqslant y\leqslant 1,-1\leqslant x\leqslant 1\}.$$

因此
$$\iiint\limits_{\Omega} f(x,y,z)\mathrm{d}x\mathrm{d}y\mathrm{d}z=\iint\limits_{D_{xy}}\mathrm{d}x\mathrm{d}y\int_0^{x^2+y^2} f(x,y,z)\mathrm{d}z$$
$$=\int_{-1}^{1}\mathrm{d}x\int_{x^2}^{1}\mathrm{d}y\int_0^{x^2+y^2} f(x,y,z)\mathrm{d}z.$$

9. 计算下列三重积分：

(1) $\iiint\limits_{\Omega} z^2\mathrm{d}x\mathrm{d}y\mathrm{d}z$，其中 Ω 是两个球：$x^2+y^2+z^2\leqslant R^2$ 和 $x^2+y^2+z^2\leqslant 2Rz(R>0)$ 的公共部分；

(2) $\iiint\limits_{\Omega}\dfrac{z\ln(x^2+y^2+z^2+1)}{x^2+y^2+z^2+1}\mathrm{d}v$，其中 Ω 是由球面 $x^2+y^2+z^2=1$ 所围成的闭区域；

(3) $\iiint\limits_{\Omega}(y^2+z^2)\mathrm{d}v$，其中 Ω 是由 xOy 平面上曲线 $y^2=2x$ 绕 x 轴旋转而成的曲面与平面 $x=5$ 所围成的闭区域.

【解析】(1)**方法一**　采用直角坐标系，采用“先重后单”的积分次序.

由 $\begin{cases}x^2+y^2+z^2=R^2,\\x^2+y^2+z^2=2Rz\end{cases}$ 解得 $z=\dfrac{R}{2}$，于是用平面 $z=\dfrac{R}{2}$ 把 Ω 分成 Ω_1 和 Ω_2 两部分(如图 10－71 所示)，其中

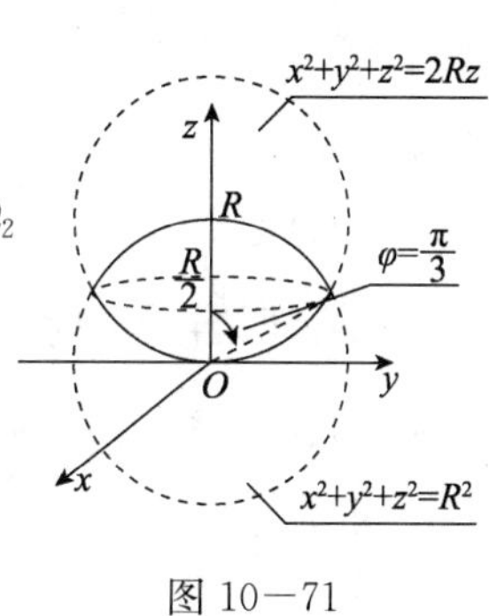

图 10－71

$$\Omega_1=\left\{(x,y,z)\,\middle|\,x^2+y^2\leqslant 2Rz-z^2,0\leqslant z\leqslant\frac{R}{2}\right\};$$
$$\Omega_2=\left\{(x,y,z)\,\middle|\,x^2+y^2\leqslant R^2-z^2,\frac{R}{2}\leqslant z\leqslant R\right\}.$$

于是

$$\text{原式}=\iiint\limits_{\Omega_1} z^2\mathrm{d}x\mathrm{d}y\mathrm{d}z+\iiint\limits_{\Omega_2} z^2\mathrm{d}x\mathrm{d}y\mathrm{d}z$$
$$=\int_0^{\frac{R}{2}} z^2\mathrm{d}z\iint\limits_{x^2+y^2\leqslant 2Rz-z^2}\mathrm{d}x\mathrm{d}y+\int_{\frac{R}{2}}^{R} z^2\mathrm{d}z\iint\limits_{x^2+y^2\leqslant R^2-z^2}\mathrm{d}x\mathrm{d}y$$
$$=\int_0^{\frac{R}{2}}\pi(2Rz-z^2)\cdot z^2\mathrm{d}z+\int_{\frac{R}{2}}^{R}\pi(R^2-z^2)\cdot z^2\mathrm{d}z$$
$$=\frac{1}{40}\pi R^5+\frac{47}{480}\pi R^5=\frac{59}{480}\pi R^5.$$

方法二　利用球面坐标计算. 作圆锥面 $\varphi=\arccos\dfrac{1}{2}=\dfrac{\pi}{3}$，将 Ω 分成 Ω'_1 和 Ω'_2 两部分：

$$\Omega'_1=\left\{(r,\varphi,\theta)\,\middle|\,0\leqslant r\leqslant R,0\leqslant\varphi\leqslant\frac{\pi}{3},0\leqslant\theta\leqslant 2\pi\right\};$$
$$\Omega'_2=\left\{(r,\varphi,\theta)\,\middle|\,0\leqslant r\leqslant 2R\cos\varphi,\frac{\pi}{3}\leqslant\varphi\leqslant\frac{\pi}{2},0\leqslant\theta\leqslant 2\pi\right\}.$$

于是

$$\text{原式}=\iiint\limits_{\Omega'_1} z^2\mathrm{d}x\mathrm{d}y\mathrm{d}z+\iiint\limits_{\Omega'_2} z^2\mathrm{d}x\mathrm{d}y\mathrm{d}z$$
$$=\int_0^{2\pi}\mathrm{d}\theta\int_0^{\frac{\pi}{3}}\cos^2\varphi\sin\varphi\mathrm{d}\varphi\int_0^{R} r^4\mathrm{d}r+\int_0^{2\pi}\mathrm{d}\theta\int_{\frac{\pi}{3}}^{\frac{\pi}{2}}\cos^2\varphi\sin\varphi\mathrm{d}\varphi\int_0^{2R\cos\varphi} r^4\mathrm{d}r$$
$$=\frac{7}{60}\pi R^5+\frac{1}{160}\pi R^5=\frac{59}{480}\pi R^5.$$

(2)由于积分区域Ω关于xOy面对称，而被积函数关于z是奇函数，故所求积分等于零.

(3)$y^2=2x$绕x轴旋转而成的曲面为：$2x=y^2+z^2$，与$x=5$的交线在yOz面上的投影区域为：$y^2+z^2\leqslant 10$.

所以$I=\iint\limits_{y^2+z^2\leqslant 10}\mathrm{d}y\mathrm{d}z\int_{\frac{y^2+z^2}{2}}^{5}(y^2+z^2)\mathrm{d}x=\int_0^{2\pi}\mathrm{d}\theta\int_0^{\sqrt{10}}\rho\,\mathrm{d}\rho\int_{\frac{\rho^2}{2}}^{5}\rho^2\mathrm{d}x=\frac{250\pi}{3}.$

*10.设函数$f(x)$连续且恒大于零，

$$F(t)=\frac{\iiint\limits_{\Omega(t)}f(x^2+y^2+z^2)\mathrm{d}v}{\iint\limits_{D(t)}f(x^2+y^2)\mathrm{d}\sigma},$$

$$G(t)=\frac{\iint\limits_{D(t)}f(x^2+y^2)\mathrm{d}\sigma}{\int_{-t}^{t}f(x^2)\mathrm{d}x},$$

其中$\Omega(t)=\{(x,y,z)\mid x^2+y^2+z^2\leqslant t^2\}$，$D(t)=\{(x,y)\mid x^2+y^2\leqslant t^2\}$.

(1)讨论$F(t)$在区间$(0,+\infty)$内的单调性；

(2)证明当$t>0$时，$F(t)>\frac{2}{\pi}G(t)$.

(1)**【解析】**利用球面坐标，

$$\iiint\limits_{\Omega(t)}f(x^2+y^2+z^2)\mathrm{d}v=\int_0^{2\pi}\mathrm{d}\theta\int_0^{\pi}\sin\varphi\mathrm{d}\varphi\int_0^t f(r^2)r^2\mathrm{d}r=4\pi\int_0^t f(r^2)r^2\mathrm{d}r,$$

利用极坐标，

$$\begin{aligned}\iint\limits_{D(t)}f(x^2+y^2)\mathrm{d}\sigma&=\int_0^{2\pi}\mathrm{d}\theta\int_0^t f(\rho^2)\rho\mathrm{d}\rho=2\pi\int_0^t f(\rho^2)\rho\mathrm{d}\rho\\&=2\pi\int_0^t f(r^2)r\mathrm{d}r.\end{aligned}$$

于是

$$F(t)=\frac{2\int_0^t f(r^2)r^2\mathrm{d}r}{\int_0^t f(r^2)r\mathrm{d}r},$$

求导得

$$F'(t)=\frac{2tf(t^2)\int_0^t f(r^2)r(t-r)\mathrm{d}r}{\left[\int_0^t f(r^2)r\mathrm{d}r\right]^2}.$$

所以在区间$(0,+\infty)$上，$F'(t)>0$，故$F(t)$在$(0,+\infty)$上单调增加.

(2)**【证明】**因为$f(x^2)$为偶函数，故

$$\int_{-t}^{t}f(x^2)\mathrm{d}x=2\int_0^t f(x^2)\mathrm{d}x=2\int_0^t f(r^2)\mathrm{d}r.$$

所以

$$G(t)=\frac{\int_0^{2\pi}\mathrm{d}\theta\int_0^t f(\rho^2)\rho\mathrm{d}\rho}{2\int_0^t f(r^2)\mathrm{d}r}=\frac{\pi\int_0^t f(r^2)r\mathrm{d}r}{\int_0^t f(r^2)\mathrm{d}r}.$$

要证明 $t>0$ 时，$F(t)>\frac{2}{\pi}G(t)$，即证

$$\frac{2\int_0^t f(r^2)r^2\mathrm{d}r}{\int_0^t f(r^2)r\mathrm{d}r}>\frac{2\int_0^t f(r^2)r\mathrm{d}r}{\int_0^t f(r^2)\mathrm{d}r},$$

只需证当 $t>0$ 时，$H(t)=\int_0^t f(r^2)r^2\mathrm{d}r\cdot\int_0^t f(r^2)\mathrm{d}r\quad\left[\int_0^t f(r^2)r\mathrm{d}r\right]^2>0.$

由于 $H(0)=0$，且

$$H'(t)=f(t^2)\int_0^t f(r^2)(t-r)^2\mathrm{d}r>0,$$

所以 $H(t)$ 在 $(0,+\infty)$ 上单调增加，又 $H(t)$ 在 $[0,+\infty)$ 上连续，故当 $t>0$ 时，

$$H(t)>H(0)=0.$$

因此当 $t>0$ 时，有

$$F(t)>\frac{2}{\pi}G(t).$$

11. 求平面 $\frac{x}{a}+\frac{y}{b}+\frac{z}{c}=1$ 被三坐标面所割出的有限部分的面积.

【解析】平面方程为 $z=c-\frac{c}{a}x-\frac{c}{b}y$，它被三坐标面割出的有限部分在 xOy 面上的投影区域 D_{xy} 为由 x 轴、y 轴和直线 $\frac{x}{a}+\frac{y}{b}=1$ 所围成的三角形区域. 于是所求面积为

$$\begin{aligned}A&=\iint_{D_{xy}}\sqrt{1+\left(\frac{\partial z}{\partial x}\right)^2+\left(\frac{\partial z}{\partial y}\right)^2}\mathrm{d}x\mathrm{d}y\\&=\iint_{D_{xy}}\sqrt{1+\frac{c^2}{a^2}+\frac{c^2}{b^2}}\mathrm{d}x\mathrm{d}y\\&=\frac{1}{|ab|}\sqrt{a^2b^2+b^2c^2+c^2a^2}\iint_{D_{xy}}\mathrm{d}x\mathrm{d}y\\&=\frac{1}{|ab|}\sqrt{a^2b^2+b^2c^2+c^2a^2}\cdot\frac{1}{2}|ab|\\&=\frac{1}{2}\sqrt{a^2b^2+b^2c^2+c^2a^2}.\end{aligned}$$

12. 在均匀的半径为 R 的半圆形薄片的直径上，要接上一个一边与直径等长的同样材料的均匀矩形薄片，为了使整个均匀薄片的质心恰好落在圆心上，问接上去的均匀矩形薄片另一边的长度应是多少？

【解析】如图 10－72 所示. 建立直角坐标系，设所求矩形另一边的长度为 H，半圆形的半径为 R，薄片密度为 $\rho=1$.

由对称性可知 $\bar{x}=0$，又由已知可知 $\bar{y}=0$，即 $\iint_D y\mathrm{d}x\mathrm{d}y=0$.

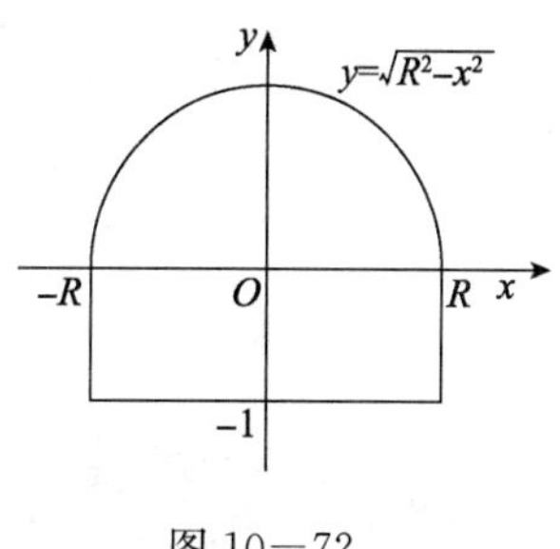

图 10－72

又因 $\iint_D y\mathrm{d}x\mathrm{d}y=\int_{-R}^{R}\mathrm{d}x\int_{-H}^{\sqrt{R^2-x^2}}y\mathrm{d}y$

$$=\int_{-R}^{R}\frac{1}{2}[(R^2-x^2)-H^2]\mathrm{d}x$$

$$=\frac{1}{2}\times 2\left(R^3-\frac{1}{3}R^3-RH^2\right)=0,$$

所以 $H=\sqrt{\frac{2}{3}}R$.

13.求由抛物线 $y=x^2$ 及直线 $y=1$ 所围成的均匀薄片(面密度为常数 μ)对于直线 $y=-1$ 的转动惯量.

【解析】 闭区域 $D=\{(x,y)\mid -\sqrt{y}\leqslant x\leqslant\sqrt{y},0\leqslant y\leqslant 1\}$,所求的转动惯量为

$$\begin{aligned}I&=\iint_D\mu(y+1)^2\mathrm{d}\sigma=\mu\int_0^1(y+1)^2\mathrm{d}y\int_{-\sqrt{y}}^{\sqrt{y}}\mathrm{d}x\\&=2\mu\int_0^1\sqrt{y}(y+1)^2\mathrm{d}y\\&=2\mu\int_0^1(y^{\frac{5}{2}}+2y^{\frac{3}{2}}+y^{\frac{1}{2}})\mathrm{d}y\\&=\frac{368}{105}\mu.\end{aligned}$$

14.设在 xOy 面上有一质量为 M 的匀质半圆形薄片,占平面闭区域 $D=\{(x,y)\mid x^2+y^2\leqslant R^2,y\geqslant 0\}$,过圆心 O 垂直于薄片的直线上有一质量为 m 的质点 P,$OP=a$.求半圆形薄片对质点 P 的引力.

【解析】 由条件,面积为 $\frac{1}{2}\pi R^2$ 的薄片质量为 M,并且密度均匀,故

$$\mu=\frac{M}{\frac{1}{2}\pi R^2}=\frac{2M}{\pi R^2}.$$

又 $|\mathrm{d}\boldsymbol{F}|=\frac{Gm\mu}{r^2}\mathrm{d}\sigma$,其中 $r=\sqrt{x^2+y^2+(z-a)^2}$,故

$$\mathrm{d}F_x=\frac{Gm\mu}{r^2}\cdot\frac{x}{r}\mathrm{d}\sigma,\mathrm{d}F_y=\frac{Gm\mu}{r^2}\cdot\frac{y}{r}\mathrm{d}\sigma,\mathrm{d}F_z=\frac{Gm\mu}{r^2}\cdot\frac{-a}{r}\mathrm{d}\sigma.$$

所以

$$F_x=G\cdot\iint_D\frac{mx\mu\mathrm{d}\sigma}{(x^2+y^2+a^2)^{\frac{3}{2}}}=\frac{2GmM}{\pi R^2}\iint_D\frac{x}{(x^2+y^2+a^2)^{\frac{3}{2}}}\mathrm{d}\sigma.$$

由于 D 关于 y 轴对称,且 $\frac{x}{(x^2+y^2+a^2)^{\frac{3}{2}}}$ 关于 x 是奇函数,故 $F_x=0$,

$$\begin{aligned}F_y&=G\cdot\iint_D\frac{my\mu\mathrm{d}\sigma}{(x^2+y^2+a^2)^{\frac{3}{2}}}=\frac{2GmM}{\pi R^2}\iint_D\frac{\rho\sin\theta\cdot\rho}{(\sqrt{\rho^2+a^2})^3}\mathrm{d}\theta\mathrm{d}\rho\\&=\frac{2GmM}{\pi R^2}\int_0^{\pi}\sin\theta\mathrm{d}\theta\int_0^R\frac{\rho^2}{(\rho^2+a^2)^{\frac{3}{2}}}\mathrm{d}\rho\\&=\frac{4GmM}{\pi R^2}\left(\ln\frac{R+\sqrt{a^2+R^2}}{a}-\frac{R}{\sqrt{R^2+a^2}}\right),\end{aligned}$$

$$\begin{aligned}F_z&=G\iint_D\frac{m(-a)\mu}{(\sqrt{x^2+y^2+a^2})^3}\mathrm{d}\sigma=-\frac{2GmMa}{\pi R^2}\iint_D\frac{1}{(x^2+y^2+a^2)^{\frac{3}{2}}}\mathrm{d}\sigma\\&=-\frac{2GmMa}{\pi R^2}\int_0^{\pi}\mathrm{d}\theta\int_0^R\frac{\rho}{(a^2+\rho^2)^{\frac{3}{2}}}\mathrm{d}\rho=\frac{2GmM}{R^2}\left(\frac{a}{\sqrt{R^2+a^2}}-1\right).\end{aligned}$$

所求引力 $\boldsymbol{F}=(0,F_y,F_z)$.

15. 求质量分布均匀的半个旋转椭球体 $\Omega=\left\{(x,y,z)\mid\dfrac{x^2+y^2}{a^2}+\dfrac{z^2}{b^2}\leqslant 1,z\geqslant 0\right\}$ 的质心.

【解析】 设质心为$(\bar{x},\bar{y},\bar{z})$，由对称性知质心位于 z 轴上，即 $\bar{x}=\bar{y}=0$. 由于

$$\iiint_{\Omega} z\,\mathrm{d}v=\int_0^b z\mathrm{d}z\iint_{D_z}\mathrm{d}x\mathrm{d}y\quad\left(\text{其中 } D_z=\left\{(x,y)\mid x^2+y^2\leqslant a^2\left(1-\frac{z^2}{b^2}\right)\right\}\right)$$

$$=\int_0^b \pi a^2\left(1-\frac{z^2}{b^2}\right)z\mathrm{d}z$$

$$=\pi a^2\int_0^b\left(z-\frac{z^3}{b^2}\right)\mathrm{d}z=\frac{\pi a^2b^2}{4},$$

$$V=\frac{1}{2}\cdot\frac{4}{3}\pi a^2b=\frac{2\pi a^2b}{3},$$

因此

$$\bar{z}=\frac{\dfrac{\pi a^2b^2}{4}}{\dfrac{2\pi a^2b}{3}}=\frac{3b}{8},$$

即质心坐标为$\left(0,0,\dfrac{3b}{8}\right)$.

*16. 一球形行星的半径为 R，其质量为 M，其密度呈球对称分布，并向着球心线性增加. 若行星表面的密度为零，那么行星中心的密度是多少？

【解析】 设行星中心的密度为 μ_0，则由题设，在距球心 $r(0\leqslant r\leqslant R)$ 处的密度为 $\mu(r)=\mu_0-kr$. 由于 $\mu(R)=\mu_0-kR=0$，故 $k=\dfrac{\mu_0}{R}$，即

$$\mu(r)=\mu_0\left(1-\frac{r}{R}\right).$$

于是

$$M=\iiint_{r\leqslant R}\mu_0\left(1-\frac{r}{R}\right)r^2\sin\varphi\mathrm{d}r\mathrm{d}\varphi\mathrm{d}\theta$$

$$=\mu_0\int_0^{2\pi}\mathrm{d}\theta\int_0^{\pi}\sin\varphi\mathrm{d}\varphi\int_0^R\left(1-\frac{r}{R}\right)r^2\mathrm{d}r$$

$$=4\pi\mu_0\int_0^R\left(1-\frac{r}{R}\right)r^2\mathrm{d}r=\frac{\mu_0\pi R^3}{3},$$

因此得

$$\mu_0=\frac{3M}{\pi R^3}.$$

经典例题选讲

1. 二重积分的定义和性质

二重积分的定义(某种特定和的极限)、性质(线性性、可加性、保号性及推论、估值定理、中值定理)类似定积分.

例 1　设 $I_1=\iint_D\cos\sqrt{x^2+y^2}\,\mathrm{d}\sigma$，$I_2=\iint_D\cos(x^2+y^2)\mathrm{d}\sigma$，$I_3=\iint_D\cos(x^2+y^2)^2\mathrm{d}\sigma$，其中积分区域 $D=\{(x,y)\mid x^2+y^2\leqslant 1\}$，则(　　).

(A) $I_3>I_2>I_1$　　(B) $I_1>I_2>I_3$　　(C) $I_2>I_1>I_3$　　(D) $I_3>I_1>I_2$

【解析】由 $x^2+y^2\leqslant 1$，得 $1\geqslant\sqrt{x^2+y^2}\geqslant x^2+y^2\geqslant(x^2+y^2)^2\geqslant 0$，

所以
$$\cos\sqrt{x^2+y^2}\leqslant\cos(x^2+y^2)\leqslant\cos(x^2+y^2)^2.$$

因此
$$I_1<I_2<I_3,$$

故选择(A).

例 2　(1) 设 $f(x,y)$ 在区域 D 上连续，(x_0,y_0) 是 D 的一个内点，D_r 是以 (x_0,y_0) 为中心，以 r 为半径的闭圆域，则 $\lim\limits_{r\to 0^+}\dfrac{1}{\pi r^2}\iint\limits_{D_r}f(x,y)\mathrm{d}x\mathrm{d}y=$ ________.

(2) $\lim\limits_{t\to 0^+}\dfrac{\int_0^t\mathrm{d}x\int_x^t\mathrm{e}^{(x-y)^2}\mathrm{d}y}{\mathrm{e}^{\frac{1}{2}t^2}-1}=$ ________.

【解析】(1) 由积分中值定理，$\exists(\xi,\eta)\in D_r$，
$$\lim_{r\to 0^+}\frac{1}{\pi r^2}\iint\limits_{D_r}f(x,y)\mathrm{d}x\mathrm{d}y=\lim_{r\to 0^+}\frac{1}{\pi r^2}f(\xi,\eta)\cdot\pi r^2=\lim_{(\xi,\eta)\to(x_0,y_0)}f(\xi,\eta)=f(x_0,y_0).$$

(2) 设 $D=\{(x,y)\mid 0\leqslant x\leqslant t,x\leqslant y\leqslant t\}$，由积分中值定理知，存在 $(\xi,\eta)\in D$，使得
$$\int_0^t\mathrm{d}x\int_x^t\mathrm{e}^{(x-y)^2}\mathrm{d}y=\iint\limits_D\mathrm{e}^{(x-y)^2}\mathrm{d}x\mathrm{d}y=\mathrm{e}^{(\xi-\eta)^2}\cdot\frac{1}{2}t^2,$$

故 $\lim\limits_{t\to 0^+}\dfrac{\int_0^t\mathrm{d}x\int_x^t\mathrm{e}^{(x-y)^2}\mathrm{d}y}{\mathrm{e}^{\frac{1}{2}t^2}-1}=\lim\limits_{t\to 0^+}\dfrac{\mathrm{e}^{(\xi-\eta)^2}\cdot\frac{1}{2}t^2}{\frac{1}{2}t^2}=\lim\limits_{t\to 0^+}\mathrm{e}^{(\xi-\eta)^2}=\lim\limits_{(\xi,\eta)\to(0,0)}\mathrm{e}^{(\xi-\eta)^2}=1.$

例 3　(1) 设 D 是平面有界闭区域，$f(x,y)$ 与 $g(x,y)$ 都在区域 D 上连续，且 $g(x,y)$ 在 D 上不变号，证明：存在 $(\xi,\eta)\in D$，使得 $\iint\limits_D f(x,y)g(x,y)\mathrm{d}x\mathrm{d}y=f(\xi,\eta)\iint\limits_D g(x,y)\mathrm{d}x\mathrm{d}y$.

(2) 设函数 $f(x)$ 在区间 $[a,b]$ 上连续，且恒大于零，试用二重积分证明：
$$\int_a^b f(x)\mathrm{d}x\int_a^b\frac{1}{f(x)}\mathrm{d}x\geqslant(b-a)^2.$$

【证明】(1) 此题是推广的积分中值定理，只要证 $f(\xi,\eta)=\dfrac{\iint\limits_D f(x,y)g(x,y)\mathrm{d}x\mathrm{d}y}{\iint\limits_D g(x,y)\mathrm{d}x\mathrm{d}y}$ 即可.

当 $g(x,y)$ 在区域 D 上恒为零时，$\iint\limits_D f(x,y)g(x,y)\mathrm{d}x\mathrm{d}y=0=f(\xi,\eta)\iint\limits_D g(x,y)\mathrm{d}x\mathrm{d}y$；

当 $g(x,y)$ 在区域 D 上不恒为零时，不妨设 $g(x,y)\geqslant 0$，则 $\iint\limits_D g(x,y)\mathrm{d}x\mathrm{d}y>0$，$f(x,y)$ 在 D 上连续.

设 $f(x,y)$ 在区域 D 上存在最小值 m 和最大值 M，因此有
$$m\leqslant f(x,y)\leqslant M,mg(x,y)\leqslant f(x,y)g(x,y)\leqslant Mg(x,y),$$
$$m\iint\limits_D g(x,y)\mathrm{d}x\mathrm{d}y\leqslant\iint\limits_D f(x,y)g(x,y)\mathrm{d}x\mathrm{d}y\leqslant M\iint\limits_D g(x,y)\mathrm{d}x\mathrm{d}y.$$

故
$$m\leqslant\frac{\iint\limits_D f(x,y)g(x,y)\mathrm{d}x\mathrm{d}y}{\iint\limits_D g(x,y)\mathrm{d}x\mathrm{d}y}\leqslant M,$$

由介值定理知，存在$(\xi,\eta)\in D$，使得$f(\xi,\eta)=\dfrac{\iint\limits_D f(x,y)g(x,y)\mathrm{d}x\mathrm{d}y}{\iint\limits_D g(x,y)\mathrm{d}x\mathrm{d}y}$，即

$$\iint\limits_D f(x,y)g(x,y)\mathrm{d}x\mathrm{d}y=f(\xi,\eta)\iint\limits_D g(x,y)\mathrm{d}x\mathrm{d}y.$$

(2)$\int_a^b f(x)\mathrm{d}x\int_a^b \dfrac{1}{f(x)}\mathrm{d}x=\int_a^b f(x)\mathrm{d}x\int_a^b \dfrac{1}{f(y)}\mathrm{d}y=\iint\limits_D \dfrac{f(x)}{f(y)}\mathrm{d}\sigma$，

其中$D=\{(x,y)\mid a\leqslant x\leqslant b,a\leqslant y\leqslant b\}$关于直线$y=x$对称.

$$\begin{aligned}\iint\limits_D \frac{f(x)}{f(y)}\mathrm{d}\sigma&=\iint\limits_D \frac{f(y)}{f(x)}\mathrm{d}\sigma=\frac{1}{2}\iint\limits_D\left[\frac{f(x)}{f(y)}+\frac{f(y)}{f(x)}\right]\mathrm{d}\sigma\\&=\iint\limits_D \frac{f^2(x)+f^2(y)}{2f(x)f(y)}\mathrm{d}\sigma\geqslant\iint\limits_D\mathrm{d}\sigma=(b-a)^2,\end{aligned}$$

故
$$\int_a^b f(x)\mathrm{d}x\int_a^b \frac{1}{f(x)}\mathrm{d}x\geqslant(b-a)^2.$$

2. 计算二重积分

计算二重积分的步骤：

(1) 画出积分区域D(考察对称性；选择坐标系；选择积分次序)；

(2) 确定积分限(关键)；

(3) 表示为二次积分并计算二次积分.

考察对称性、选择坐标系、选择积分次序的依据是**被积函数**和**积分区域**(二重积分的两要素)；当积分区域为圆域、环域及其部分域，被积函数含$\sqrt{x^2+y^2}$时，常考虑采用极坐标计算二重积分.

例 4　(1) 求$\iint\limits_D x\mathrm{d}x\mathrm{d}y$，其中$D$是以$O(0,0)$，$A(1,2)$，$B(2,1)$为顶点的三角形区域.

(2) 求$\iint\limits_D y\mathrm{d}x\mathrm{d}y$，其中区域$D$由$x=-2$，$y=0$，$y=2$，$x=-\sqrt{2y-y^2}$围成.

(3) 设函数$f(x,y)=\begin{cases}x^2y, & 1\leqslant x\leqslant 2,0\leqslant y\leqslant x,\\ 0, & 其他,\end{cases}$其中区域$D=\{(x,y)\mid x^2+y^2\geqslant 2x\}$，求$\iint\limits_D f(x,y)\mathrm{d}x\mathrm{d}y$.

【解析】(1) 用积分的可加性和直角坐标计算.

画出区域D(如图10－73所示)，$x=1$将区域D分成D_1和D_2，OA的方程为$y=2x$，OB的方程为$y=\dfrac{1}{2}x$，AB的方程为$y=3-x$.

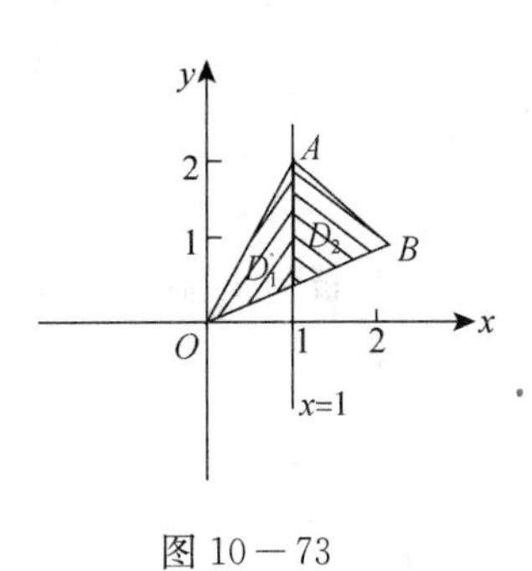

图 10－73

$$\begin{aligned}&\iint\limits_D x\mathrm{d}x\mathrm{d}y=\iint\limits_{D_1} x\mathrm{d}x\mathrm{d}y+\iint\limits_{D_2} x\mathrm{d}x\mathrm{d}y\\&=\int_0^1\mathrm{d}x\int_{\frac{x}{2}}^{2x}x\mathrm{d}y+\int_1^2\mathrm{d}x\int_{\frac{x}{2}}^{3-x}x\mathrm{d}y=\int_0^1\frac{3}{2}x^2\mathrm{d}x+\int_1^2\left(3x-\frac{3}{2}x^2\right)\mathrm{d}x\\&=\left[\frac{1}{2}x^3\right]_0^1+\left[\frac{3}{2}x^2-\frac{1}{2}x^3\right]_1^2=\frac{3}{2}.\end{aligned}$$

(2) 用积分的可加性计算.

画出区域 D(如图 10－74 所示)，设 $D_1:-2\leqslant x\leqslant 0,0\leqslant y\leqslant 2$，$D_2:-\sqrt{2y-y^2}\leqslant x\leqslant 0,0\leqslant y\leqslant 2$.

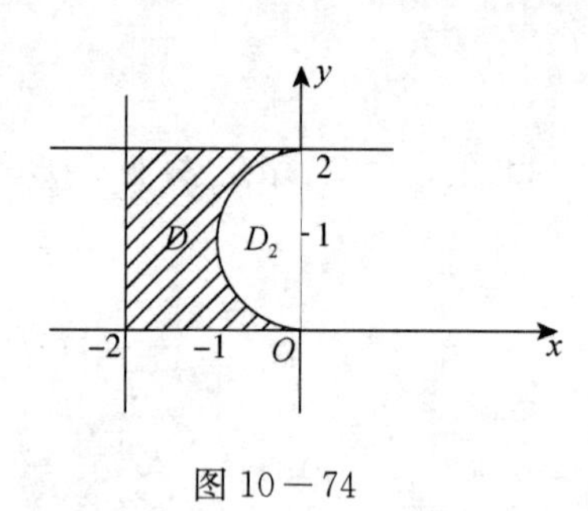

图 10－74

$$\iint\limits_D y\mathrm{d}x\mathrm{d}y=\iint\limits_{D_1} y\mathrm{d}x\mathrm{d}y-\iint\limits_{D_2} y\mathrm{d}x\mathrm{d}y,$$

$$\iint\limits_{D_1} y\mathrm{d}x\mathrm{d}y=\int_{-2}^{0}\mathrm{d}x\int_0^2 y\mathrm{d}y=4,$$

$$\iint\limits_{D_2} y\mathrm{d}x\mathrm{d}y=\int_{\frac{\pi}{2}}^{\pi}\mathrm{d}\theta\int_0^{2\sin\theta}\rho^2\sin\theta\mathrm{d}\rho$$

$$=\int_{\frac{\pi}{2}}^{\pi}\frac{8}{3}\sin^4\theta\mathrm{d}\theta\quad\left(t=\theta-\frac{\pi}{2}\right)$$

$$=\int_0^{\frac{\pi}{2}}\frac{8}{3}\cos^4 t\mathrm{d}t=\frac{8}{3}\times\frac{3}{4}\times\frac{1}{2}\times\frac{\pi}{2}=\frac{\pi}{2},$$

故 $\iint\limits_D y\mathrm{d}x\mathrm{d}y=4-\frac{\pi}{2}$.

(3) 画出区域 D(如图 10－75 所示)，记积分区域 D 与 $f(x,y)$ 的非零区域的交集为 D_1，

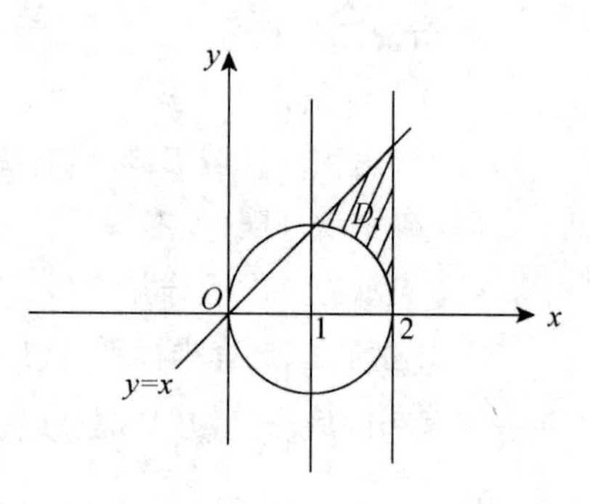

图 10－75

$$\iint\limits_D f(x,y)\mathrm{d}x\mathrm{d}y=\iint\limits_{D_1} x^2y\mathrm{d}x\mathrm{d}y=\int_1^2\mathrm{d}x\int_{\sqrt{2x-x^2}}^{x}x^2y\mathrm{d}y$$

$$=\frac{1}{2}\int_1^2 x^2(2x^2-2x)\mathrm{d}x=\left[\frac{1}{5}x^5-\frac{1}{4}x^4\right]_1^2$$

$$=\frac{49}{20}.$$

例 5 (1) 计算 $\iint\limits_D (x+y)^2\mathrm{d}x\mathrm{d}y$，其中区域 D 由 $x^2+y^2\geqslant 2x$，$x^2+y^2\leqslant 4x$ 围成.

(2) 计算二重积分

$$I=\iint\limits_D \mathrm{e}^{-(x^2+y^2-\pi)}\sin(x^2+y^2)\mathrm{d}x\mathrm{d}y,$$

其中积分区域 $D=\{(x,y)\mid x^2+y^2\leqslant\pi\}$.

(3) 计算 $\iint\limits_D\frac{1+y+y\ln(x+\sqrt{1+x^2})}{1+x^2+y^2}\mathrm{d}\sigma$，其中 $D=\{(x,y)\mid x^2+y^2\leqslant 1,y\geqslant 0\}$.

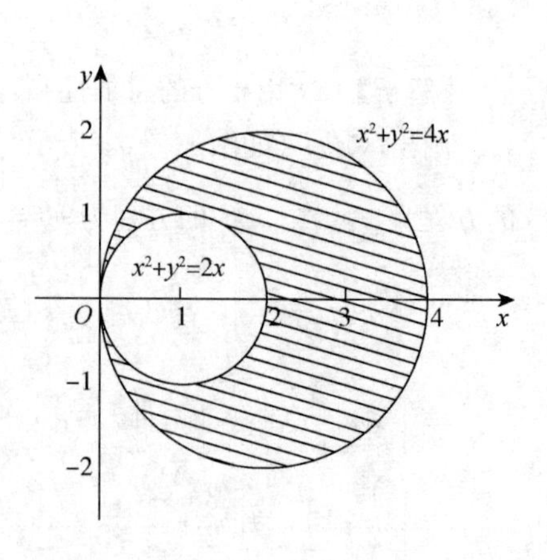

图 10－76

【解析】(1) 画出积分区域 D 的图形，如图 10－76 所示，积分区域关于 x 轴对称，故

$$\iint\limits_D (x+y)^2\mathrm{d}x\mathrm{d}y=\iint\limits_D (x^2+2xy+y^2)\mathrm{d}x\mathrm{d}y$$

$$=\iint\limits_D (x^2+y^2)\mathrm{d}x\mathrm{d}y$$

$$=\int_{-\frac{\pi}{2}}^{\frac{\pi}{2}} d\theta \int_{2\cos\theta}^{4\cos\theta} \rho^3 d\rho$$

$$=\int_{-\frac{\pi}{2}}^{\frac{\pi}{2}} \frac{1}{4}(4^4\cos^4\theta - 2^4\cos^4\theta) d\theta$$

$$=120\int_0^{\frac{\pi}{2}} \cos^4\theta d\theta = 120\times\frac{3}{4}\times\frac{1}{2}\times\frac{\pi}{2}$$

$$=\frac{45}{2}\pi.$$

(2) 由于积分区域是圆，故作极坐标变换：$x=\rho\cos\theta, y=\rho\sin\theta$，有

$$I=e^{\pi}\iint_D e^{-(x^2+y^2)}\sin(x^2+y^2)dxdy = e^{\pi}\int_0^{2\pi}d\theta\int_0^{\sqrt{\pi}}\rho e^{-\rho^2}\sin\rho^2 d\rho.$$

令 $t=\rho^2$，则
$$I=\pi e^{\pi}\int_0^{\pi}e^{-t}\sin t dt.$$

记 $A=\int_0^{\pi}e^{-t}\sin t dt$，则

$$A=-\int_0^{\pi}\sin t de^{-t} = -[e^{-t}\sin t]_0^{\pi} + \int_0^{\pi}e^{-t}\cos t dt$$

$$=-\int_0^{\pi}\cos t de^{-t} = -[e^{-t}\cos t]_0^{\pi} - \int_0^{\pi}e^{-t}\sin t dt = e^{-\pi}+1-A.$$

因此 $A=\frac{1}{2}(1+e^{-\pi})$，

$$I=\frac{\pi e^{\pi}}{2}(1+e^{-\pi})=\frac{\pi}{2}(1+e^{\pi}).$$

(3) 由于积分区域与圆有关，故用极坐标.

$$\iint_D \frac{1+y+y\ln(x+\sqrt{1+x^2})}{1+x^2+y^2}d\sigma = \iint_D \frac{1+y}{1+x^2+y^2}d\sigma$$

$$=\int_0^{\pi}d\theta\int_0^1\frac{1+\rho\sin\theta}{1+\rho^2}\rho d\rho = \int_0^{\pi}d\theta\int_0^1\frac{\rho}{1+\rho^2}d\rho + \int_0^{\pi}d\theta\int_0^1\frac{\rho^2\sin\theta}{1+\rho^2}d\rho$$

$$=\pi\int_0^1\frac{\rho}{1+\rho^2}d\rho + \int_0^{\pi}\sin\theta d\theta\int_0^1\frac{\rho^2}{1+\rho^2}d\rho = \frac{1}{2}\pi\ln 2 + 2\left(1-\frac{\pi}{4}\right).$$

3. 利用对称性计算二重积分

利用对称性，可以简化二重积分的计算.

(1) 若区域 D 关于 x(或者 y) 轴对称，$f(x,y)$ 关于 y(或者 x) 是奇函数，则

$$\iint_D f(x,y)d\sigma = 0;$$

(2) 若区域 D 关于 x(或者 y) 轴对称，D_1 为 D 在对称轴上侧(或者右侧) 的部分，$f(x,y)$ 关于 y(或者 x) 是偶函数，则

$$\iint_D f(x,y)d\sigma = 2\iint_{D_1} f(x,y)d\sigma;$$

(3) 若区域 D 关于 x 轴和 y 轴都对称，D_1 为 D 位于第一象限的部分，$f(x,y)$ 关于 y 和 x 都是偶函数，则

$$\iint_D f(x,y)d\sigma = 4\iint_{D_1} f(x,y)d\sigma;$$

(4) 若区域 D 关于直线 $y=x$ 对称（交换 x,y，区域 D 不变），则 $\iint\limits_D f(x,y)\mathrm{d}\sigma=\iint\limits_D f(y,x)\mathrm{d}\sigma$（交换被积函数中的 x,y，积分不变），特别地，$\iint\limits_D f(x)\mathrm{d}\sigma=\iint\limits_D f(y)\mathrm{d}\sigma$.

利用这种对称性，得

$$\iint\limits_D f(x,y)\mathrm{d}\sigma=\iint\limits_D f(y,x)\mathrm{d}\sigma=\frac{1}{2}\iint\limits_D[f(x,y)+f(y,x)]\mathrm{d}\sigma,$$

$$\iint\limits_D f(x)\mathrm{d}\sigma=\iint\limits_D f(y)\mathrm{d}\sigma=\frac{1}{2}\iint\limits_D[f(x)+f(y)]\mathrm{d}\sigma.$$

例 6 (1) 设 D 为以 $(1,1)$，$(-1,1)$，$(-1,-1)$ 为顶点的三角形区域，D_1 是 D 在第一象限的部分，则 $\iint\limits_D(xy+\cos x\sin y)\mathrm{d}x\mathrm{d}y=($　　$)$.

(A) $2\iint\limits_{D_1}\cos x\sin y\mathrm{d}x\mathrm{d}y$　　(B) $2\iint\limits_{D_1}xy\mathrm{d}x\mathrm{d}y$

(C) $4\iint\limits_{D_1}(xy+\cos x\sin y)\mathrm{d}x\mathrm{d}y$　　(D) 0

(2) 设 $D=\{(x,y)\mid x^2+y^2\leqslant 4,x\geqslant 0,y\geqslant 0\}$，$f(x,y)$ 为 D 上的正值连续函数，a,b 为常数，则 $\iint\limits_D\frac{a\sqrt{f(x)}+b\sqrt{f(y)}}{\sqrt{f(x)}+\sqrt{f(y)}}\mathrm{d}\sigma=($　　$)$.

(A) $ab\pi$　　(B) $\frac{1}{2}ab\pi$　　(C) $(a+b)\pi$　　(D) $\frac{a+b}{2}\pi$

【解析】 (1) 画出区域 D，如图 10－77 所示.

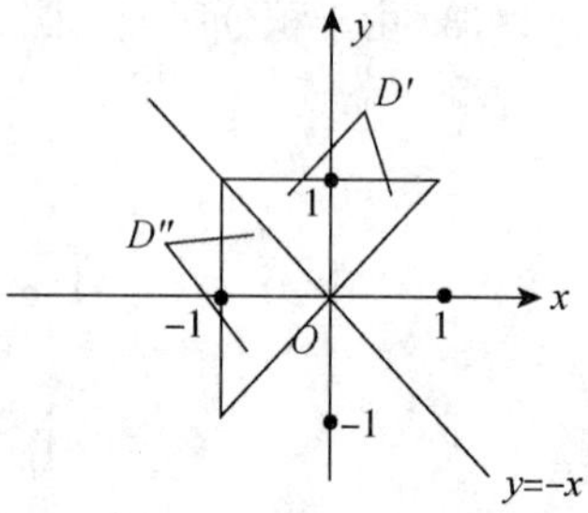

作直线 $y=-x$ 将积分区域 D 分成 $x+y\geqslant 0$ 和 $x+y<0$ 的两部分 D' 和 D''，

$$\iint\limits_D(xy+\cos x\sin y)\mathrm{d}x\mathrm{d}y=\iint\limits_{D'}(xy+\cos x\sin y)\mathrm{d}x\mathrm{d}y+\iint\limits_{D''}(xy+\cos x\sin y)\mathrm{d}x\mathrm{d}y,$$

图 10－77

由于 D' 关于 y 轴对称，故

$$\iint\limits_{D'}(xy+\cos x\sin y)\mathrm{d}x\mathrm{d}y=0+2\iint\limits_{D_1}\cos x\sin y\mathrm{d}x\mathrm{d}y,$$

D'' 关于 x 轴对称，故

$$\iint\limits_{D''}(xy+\cos x\sin y)\mathrm{d}x\mathrm{d}y=0.$$

所以 $\iint\limits_D(xy+\cos x\sin y)\mathrm{d}x\mathrm{d}y=2\iint\limits_{D_1}\cos x\sin y\mathrm{d}x\mathrm{d}y$，选择(A).

(2) **方法一**　(用对称性) 区域 D 关于直线 $y=x$ 对称，则

$$\iint\limits_D\frac{a\sqrt{f(x)}+b\sqrt{f(y)}}{\sqrt{f(x)}+\sqrt{f(y)}}\mathrm{d}\sigma=\iint\limits_D\frac{a\sqrt{f(y)}+b\sqrt{f(x)}}{\sqrt{f(x)}+\sqrt{f(y)}}\mathrm{d}\sigma$$

$$= \frac{1}{2}\iint_D \left[\frac{a\sqrt{f(x)}+b\sqrt{f(y)}}{\sqrt{f(x)}+\sqrt{f(y)}}+\frac{a\sqrt{f(y)}+b\sqrt{f(x)}}{\sqrt{f(x)}+\sqrt{f(y)}}\right]\mathrm{d}\sigma$$

$$= \frac{1}{2}\iint_D (a+b)\mathrm{d}\sigma = \frac{1}{2}(a+b)\cdot\frac{1}{4}\pi\cdot 2^2 = \frac{\pi}{2}(a+b).$$

故选择(D).

方法二 (特值法)令 $f(x)=1$,显然符合题设条件,而

$$\iint_D \frac{a\sqrt{f(x)}+b\sqrt{f(y)}}{\sqrt{f(x)}+\sqrt{f(y)}}\mathrm{d}\sigma = \frac{1}{2}\iint_D (a+b)\mathrm{d}\sigma = \frac{a+b}{2}\pi.$$

显然(A)、(B)、(C)均不正确,故应选(D).

例 7 设区域 $D=\{(x,y)\mid x^2+y^2\leqslant 1, x\geqslant 0\}$,计算二重积分 $I=\iint_D \frac{1+xy}{1+x^2+y^2}\mathrm{d}x\mathrm{d}y$.

【解析】 由对称性,得

$$\iint_D \frac{xy}{1+x^2+y^2}\mathrm{d}x\mathrm{d}y = 0,$$

用极坐标计算,得

$$I=\iint_D \frac{1}{1+x^2+y^2}\mathrm{d}x\mathrm{d}y = \int_{-\frac{\pi}{2}}^{\frac{\pi}{2}}\mathrm{d}\theta\int_0^1 \frac{\rho}{1+\rho^2}\mathrm{d}\rho = \frac{\pi}{2}\left[\ln(1+\rho^2)\right]_0^1 = \frac{\pi\ln 2}{2}.$$

4. 直角坐标交换积分次序及计算二次积分

先根据积分限画出积分区域(由限作图),再按另一次序确定积分限(由图定限).

例 8 (1) 交换二次积分的次序:$\int_1^2 \mathrm{d}x\int_2^{\frac{1}{x}} f(x,y)\mathrm{d}y$.

(2) 交换二次积分次序:$I=\int_0^{\sqrt{2}}\mathrm{d}x\int_0^{x^2} f(x,y)\mathrm{d}y+\int_{\sqrt{2}}^{\sqrt{6}}\mathrm{d}x\int_0^{\sqrt{6-x^2}} f(x,y)\mathrm{d}y$.

(3) 计算 $\int_0^1 \mathrm{d}x\int_x^1 \mathrm{e}^{y^2}\mathrm{d}y$.

(4) 已知 $f(x)$ 具有三阶连续导数,且 $f(0)=f'(0)=f''(0)=-1, f(2)=-\frac{1}{2}$. 计算二重积分

$$\int_0^2 \mathrm{d}x\int_0^x \sqrt{(2-x)(2-y)}\,f'''(y)\mathrm{d}y.$$

【解析】 (1) 当 $1<x<2$ 时,$\frac{1}{x}<2$,故这个二次积分不是二重积分. 先利用定积分的性质,交换积分的上、下限,使得二次积分的下限小于等于上限.

$$\int_1^2 \mathrm{d}x\int_2^{\frac{1}{x}} f(x,y)\mathrm{d}y = -\int_1^2 \mathrm{d}x\int_{\frac{1}{x}}^2 f(x,y)\mathrm{d}y = -\iint_D f(x,y)\mathrm{d}x\mathrm{d}y,$$

其中 $D=\{(x,y)\mid 1\leqslant x\leqslant 2, \frac{1}{x}\leqslant y\leqslant 2\}$.

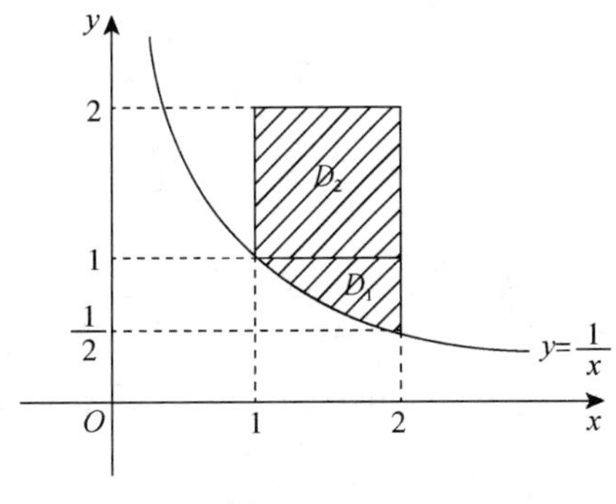

图 10－78

将区域 D 分解为如图 10－78 所示的两部分:分别为 D_1 和 D_2,则有

$$\int_1^2 \mathrm{d}x\int_2^{\frac{1}{x}} f(x,y)\mathrm{d}y = -\left[\iint_{D_1} f(x,y)\mathrm{d}x\mathrm{d}y+\iint_{D_2} f(x,y)\mathrm{d}x\mathrm{d}y\right]$$

$$=-\left[\int_{\frac{1}{2}}^{1}dy\int_{\frac{1}{y}}^{2}f(x,y)dx+\int_{1}^{2}dy\int_{1}^{2}f(x,y)dx\right]$$

$$=\int_{\frac{1}{2}}^{1}dy\int_{2}^{\frac{1}{y}}f(x,y)dx+\int_{1}^{2}dy\int_{2}^{1}f(x,y)dx.$$

【注】 二重积分$\iint\limits_{D}f(x,y)dxdy$转化为二次积分$\int_a^b dx\int_{\varphi_1(x)}^{\varphi_2(x)}f(x,y)dy$或$\int_c^d dy\int_{\psi_1(y)}^{\psi_2(y)}f(x,y)dx$时，两个定积分的下限均小于等于上限；如果二次积分中出现积分下限大于上限的情形，必须先交换积分上、下限，使得下限小于等于上限.

(2) 先将二次积分转化为二重积分$\iint\limits_{D}f(x,y)d\sigma$.

如图 10－79 所示，本题的积分区域 D 由 D_1 和 D_2 两部分构成，其中

$$D_1=\{(x,y)\mid 0\leqslant x\leqslant\sqrt{2},0\leqslant y\leqslant x^2\},$$

$$D_2=\{(x,y)\mid \sqrt{2}\leqslant x\leqslant\sqrt{6},0\leqslant y\leqslant\sqrt{6-x^2}\}.$$

$$I=\iint\limits_{D_1}f(x,y)dxdy+\iint\limits_{D_2}f(x,y)dxdy=\iint\limits_{D_1+D_2}f(x,y)dxdy,$$

将 D_1+D_2 看成 Y 型区域，则有 $I=\int_0^2dy\int_{\sqrt{y}}^{\sqrt{6-y^2}}f(x,y)dx.$

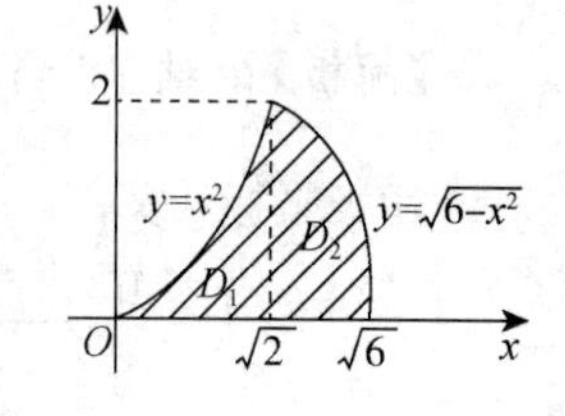

图 10－79

(3)① 本题如果先计算$\int_x^1 e^{y^2}dy$，由于 e^{y^2} 的原函数不是初等函数，其定积分算不出来，故可考虑交换积分次序，先对 x 积分，再对 y 积分.

② 该二次积分也可看成定积分，其中被积函数含有变限积分，故可考虑用分部积分法计算.

方法一

$$\int_0^1dx\int_x^1e^{y^2}dy=\iint\limits_{D}e^{y^2}dxdy,$$

其中 $D=\{(x,y)\mid 0\leqslant x\leqslant 1,x\leqslant y\leqslant 1\}$，则有

$$\text{原式}=\int_0^1dy\int_0^ye^{y^2}dx=\int_0^1e^{y^2}\cdot ydy=\left[\frac{1}{2}e^{y^2}\right]_0^1=\frac{1}{2}(e-1).$$

方法二 令$\int_x^1e^{y^2}dy=F(x)$，则 $F'(x)=-e^{x^2}$，故

$$\text{原式}=\int_0^1F(x)dx=[xF(x)]_0^1-\int_0^1x\cdot F'(x)dx$$

$$=F(1)+\int_0^1x\cdot e^{x^2}dx=\left[\frac{1}{2}e^{x^2}\right]_0^1=\frac{1}{2}(e-1).$$

【注】 当被积函数中含有$\frac{\sin x}{x},\frac{\cos x}{x},\frac{1}{\ln x},e^{x^2},e^{-x^2},e^{\frac{y}{x}}$等式子时，可先对 y 积分，再对 x 积分.

(4) 本题给出累次积分先对 y 积分很难计算，故考虑交换积分次序，先对 x 积分.

$$\int_0^2dx\int_0^x\sqrt{(2-x)(2-y)}f'''(y)dy=\int_0^2f'''(y)\sqrt{(2-y)}dy\int_y^2\sqrt{(2-x)}dx$$

$$=\frac{2}{3}\int_0^2(2-y)^2f'''(y)dy,$$

重复使用分部积分可知$\int(2-y)^2f'''(y)dy=(2-y)^2f''(y)+2(2-y)f'(y)+2f(y)+C$，利用已知条件有

$$原式=\frac{2}{3}\left[(2-y)^2f''(y)+2(2-y)f'(y)+2f(y)\right]_0^2=6.$$

5. 交换坐标系

先根据积分限画出积分区域，再按另一坐标系确定积分限.

例 9 将积分 $I=\int_{\frac{\pi}{4}}^{\pi}\mathrm{d}\theta\int_{2a\sin\theta}^{0}f(\rho\cos\theta,\rho\sin\theta)\rho\mathrm{d}\rho$ 化为先对 x、后对 y 的二次积分为 $I=($　　$)$.

(A) $\int_0^a\mathrm{d}y\int_{-\sqrt{2ay-y^2}}^{y}f(x,y)\mathrm{d}x+\int_a^{2a}\mathrm{d}y\int_{-\sqrt{2ay-y^2}}^{\sqrt{2ay-y^2}}f(x,y)\mathrm{d}x$

(B) $-\int_0^a\mathrm{d}y\int_{-\sqrt{2ay-y^2}}^{y}f(x,y)\mathrm{d}x-\int_a^{2a}\mathrm{d}y\int_{-\sqrt{2ay-y^2}}^{\sqrt{2ay-y^2}}f(x,y)\mathrm{d}x$

(C) $\int_0^a\mathrm{d}y\int_{-\sqrt{2ay-y^2}}^{\sqrt{2ay-y^2}}f(x,y)\mathrm{d}x+\int_a^{2a}\mathrm{d}y\int_{-\sqrt{2ay-y^2}}^{y}f(x,y)\mathrm{d}x$

(D) $-\int_0^a\mathrm{d}y\int_{-\sqrt{2ay-y^2}}^{\sqrt{2ay-y^2}}f(x,y)\mathrm{d}x-\int_a^{2a}\mathrm{d}y\int_{-\sqrt{2ay-y^2}}^{y}f(x,y)\mathrm{d}x$

【解析】注意到内层积分的下限大于上限，应先将积分改写成

$$I=-\int_{\frac{\pi}{4}}^{\pi}\mathrm{d}\theta\int_0^{2a\sin\theta}f(\rho\cos\theta,\rho\sin\theta)\rho\mathrm{d}\rho,$$

其中积分区域 $D=\left\{(\rho,\theta)\mid\frac{\pi}{4}\leqslant\theta\leqslant\pi,0\leqslant\rho\leqslant2a\sin\theta\right\}$.

边界曲线 $\rho=2a\sin\theta$ 的直角坐标方程为 $x^2+y^2=2ay$，

如图 10－80 所示，在直角坐标下积分区域 D 由两部分构成：

$$D_1=\{(x,y)\mid0\leqslant y\leqslant a,-\sqrt{2ay-y^2}\leqslant x\leqslant y\},$$

$$D_2=\{(x,y)\mid a\leqslant y\leqslant2a,-\sqrt{2ay-y^2}\leqslant x\leqslant\sqrt{2ay-y^2}\}.$$

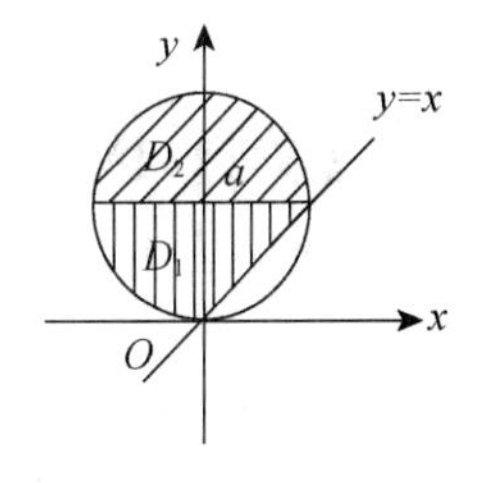

图 10－80

因此 $I=-\left[\int_0^a\mathrm{d}y\int_{-\sqrt{2ay-y^2}}^{y}f(x,y)\mathrm{d}x+\int_a^{2a}\mathrm{d}y\int_{-\sqrt{2ay-y^2}}^{\sqrt{2ay-y^2}}f(x,y)\mathrm{d}x\right]$，故选(B).

例 10 计算 $I=\iint\limits_D\rho^2\sin\theta\sqrt{1-\rho^2\cos2\theta}\,\mathrm{d}\rho\mathrm{d}\theta$，其中 $D=\left\{(\rho,\theta)\mid0\leqslant\rho\leqslant\sec\theta,0\leqslant\theta\leqslant\frac{\pi}{4}\right\}$.

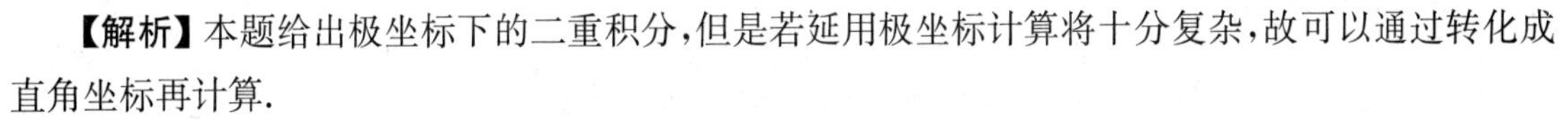

【解析】本题给出极坐标下的二重积分，但是若延用极坐标计算将十分复杂，故可以通过转化成直角坐标再计算.

$$\begin{aligned}I&=\iint\limits_D\rho^2\sin\theta\sqrt{1-\rho^2\cos2\theta}\,\mathrm{d}\rho\mathrm{d}\theta\\&=\iint\limits_D\rho\sin\theta\sqrt{1-\rho^2(\cos^2\theta-\sin^2\theta)}\cdot\rho\mathrm{d}\rho\mathrm{d}\theta\\&=\iint\limits_D y\sqrt{1-x^2+y^2}\,\mathrm{d}x\mathrm{d}y=\int_0^1\mathrm{d}x\int_0^x y\sqrt{1-x^2+y^2}\,\mathrm{d}y\\&=\frac{1}{2}\int_0^1\mathrm{d}x\int_0^x\sqrt{1-x^2+y^2}\,\mathrm{d}(y^2)=\frac{1}{2}\int_0^1\left[\frac{2}{3}(1-x^2+y^2)^{\frac{3}{2}}\right]_0^x\mathrm{d}x\\&=\int_0^1\frac{1}{3}\left[1-(1-x^2)^{\frac{3}{2}}\right]\mathrm{d}x\xlongequal{x=\sin\theta}\frac{1}{3}-\frac{1}{3}\int_0^{\frac{\pi}{2}}\cos^4\theta\mathrm{d}\theta\\&=\frac{1}{3}-\frac{1}{3}\times\frac{3}{4}\times\frac{1}{2}\times\frac{1}{2}\pi=\frac{1}{3}-\frac{1}{16}\pi.\end{aligned}$$

6. 分段函数的二重积分的计算

分段函数的二重积分的计算方法提示.

当被积函数为分段函数时，要分区域积分，区域分割方法如下：

(1) 如果被积函数中含有绝对值，则先令绝对值中的函数为零，将积分区域分割；

(2) 如果被积函数中含有 $\max\{f(x,y),g(x,y)\}$，则先令 $f(x,y)=g(x,y)$，将积分区域分割.

例 11 (1) 设二元函数

$$f(x,y)=\begin{cases} x^2, & |x|+|y|\leqslant 1, \\ \dfrac{1}{\sqrt{x^2+y^2}}, & 1<|x|+|y|\leqslant 2, \end{cases}$$

计算二重积分 $\iint\limits_D f(x,y)\mathrm{d}\sigma$，其中 $D=\{(x,y)\mid |x|+|y|\leqslant 2\}$.

(2) 计算 $\iint\limits_D |x^2+y^2-2y|\,\mathrm{d}\sigma$，其中 D 由 $x^2+y^2\leqslant 4$ 所确定.

(3) 设 $f(x,y)=\max\{x,y\}$，$D=\{(x,y)\mid 0\leqslant x\leqslant 1, 0\leqslant y\leqslant 1\}$，计算

$$I=\iint\limits_D f(x,y)\,|y-x^2|\,\mathrm{d}x\mathrm{d}y.$$

【解析】(1) 本题属于分段函数的二重积分，要分区域积分，如图 10－81 所示.

$$\begin{aligned}
\text{原式} &= 4\iint\limits_{D_1} f(x,y)\mathrm{d}\sigma + 4\iint\limits_{D_2} f(x,y)\mathrm{d}\sigma \\
&= 4\int_0^1 \mathrm{d}x\int_0^{1-x} x^2\mathrm{d}y + 4\int_0^{\frac{\pi}{2}}\mathrm{d}\theta\int_{\frac{1}{\sin\theta+\cos\theta}}^{\frac{2}{\sin\theta+\cos\theta}}\mathrm{d}\rho \\
&= \frac{1}{3}+4\int_0^{\frac{\pi}{2}}\frac{\mathrm{d}\theta}{\sin\theta+\cos\theta} \\
&= \frac{1}{3}+\frac{4}{\sqrt{2}}\int_0^{\frac{\pi}{2}}\frac{\mathrm{d}\theta}{\sin\left(\theta+\frac{\pi}{4}\right)} = \frac{1}{3}+4\sqrt{2}\ln(\sqrt{2}+1).
\end{aligned}$$

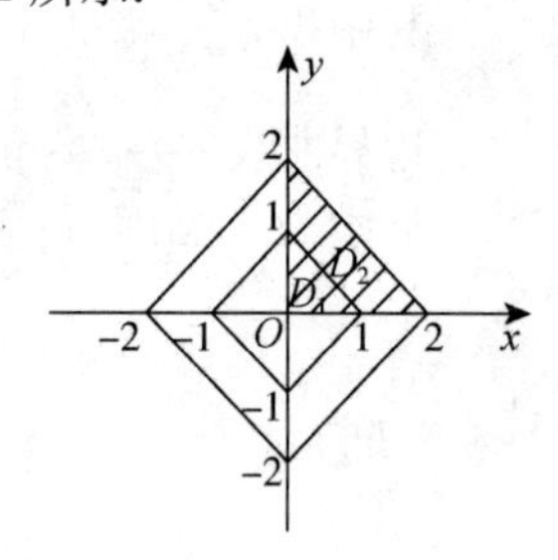

图 10－81

(2) 本题被积函数含绝对值，所以属于分段函数的积分，令 $x^2+y^2-2y=0$，将积分区域分成两部分，如图 10－82 所示.

$$\begin{aligned}
&\iint\limits_D |x^2+y^2-2y|\,\mathrm{d}\sigma = \iint\limits_{D_1}(2y-x^2-y^2)\mathrm{d}\sigma+\iint\limits_{D_2}(x^2+y^2-2y)\mathrm{d}\sigma \\
&= \iint\limits_{D_1}(2y-x^2-y^2)\mathrm{d}\sigma+\left[\iint\limits_{D}(x^2+y^2-2y)\mathrm{d}\sigma-\iint\limits_{D_1}(x^2+y^2-2y)\mathrm{d}\sigma\right] \\
&= \iint\limits_{D}(x^2+y^2-2y)\mathrm{d}\sigma+2\iint\limits_{D_1}(2y-x^2-y^2)\mathrm{d}\sigma \text{（积分区域可加性逆用）} \\
&= \int_0^{2\pi}\mathrm{d}\theta\int_0^2\rho^3\mathrm{d}\rho+2\int_0^{\pi}\mathrm{d}\theta\int_0^{2\sin\theta}(2\rho\sin\theta-\rho^2)\rho\mathrm{d}\rho = 9\pi.
\end{aligned}$$

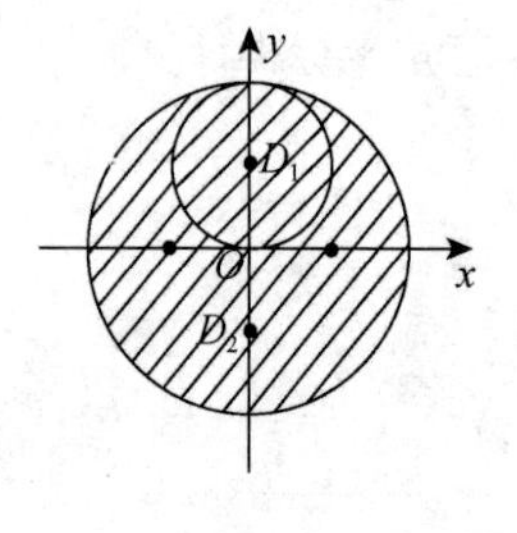

图 10－82

(3) 被积函数中含有最大值和绝对值符号，属于分段函数，求解的关键是写出被积函数的分段表达式，需要对积分区域 D 进行分块，然后再分区域计算二重积分.

画出积分区域 D 的图形，如图 10－83 所示，则

$$f(x,y)\mid y-x^2\mid=\begin{cases}y(y-x^2), & (x,y)\in D_1,\\ x(y-x^2), & (x,y)\in D_2,\\ x(x^2-y), & (x,y)\in D_3,\end{cases}$$

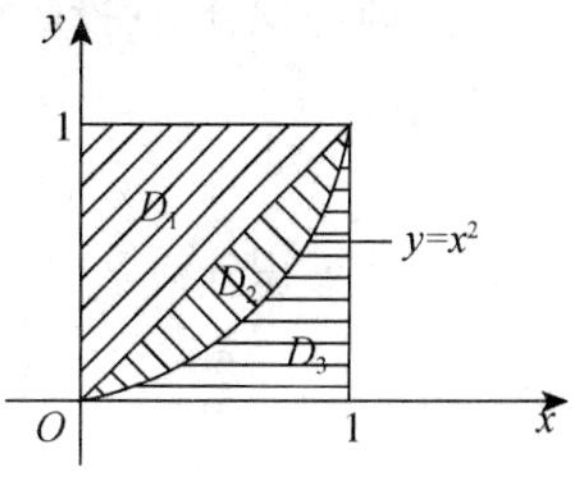

其中 D_1,D_2,D_3 如图 10－83 所示，则

$$I=\iint\limits_{D}f(x,y)\mid y-x^2\mid \mathrm{d}x\mathrm{d}y$$

$$=\iint\limits_{D_1}f(x,y)\mid y-x^2\mid \mathrm{d}x\mathrm{d}y+\iint\limits_{D_2}f(x,y)\mid y-x^2\mid \mathrm{d}x\mathrm{d}y+\iint\limits_{D_3}f(x,y)\mid y-x^2\mid \mathrm{d}x\mathrm{d}y$$

$$=\iint\limits_{D_1}y(y-x^2)\mathrm{d}x\mathrm{d}y+\iint\limits_{D_2}x(y-x^2)\mathrm{d}x\mathrm{d}y+\iint\limits_{D_3}x(x^2-y)\mathrm{d}x\mathrm{d}y$$

$$=\int_0^1\mathrm{d}x\int_x^1 y(y-x^2)\mathrm{d}y+\int_0^1\mathrm{d}x\int_{x^2}^x x(y-x^2)\mathrm{d}y+\int_0^1\mathrm{d}x\int_0^{x^2}x(x^2-y)\mathrm{d}y$$

$$=\frac{11}{60}+\frac{1}{120}+\frac{1}{12}=\frac{11}{40}.$$

图 10－83

【注】当被积函数中含 $\max\{f(x,y),g(x,y)\}$，$\min\{f(x,y),g(x,y)\}$，$|f(x,y)|$ 等式子时，都可看成是分段函数，对积分区域进行分割，使得在每一小区域上被积函数是初等函数.

7. 用直角坐标计算三重积分（仅数学一要求）

用直角坐标计算三重积分的方法有两种：坐标面投影法和坐标轴投影法.

(1) 坐标面投影法（先单后重法）.

若 Ω 是 XY 型区域，即 $\Omega=\{(x,y,z)\mid z_1(x,y)\leqslant z\leqslant z_2(x,y),(x,y)\in D\}$，

且 $$D=\{(x,y)\mid y_1(x)\leqslant y\leqslant y_2(x),a\leqslant x\leqslant b\},$$

则 $$\iiint\limits_{\Omega}f(x,y,z)\mathrm{d}v=\iint\limits_{D}\left[\int_{z_1(x,y)}^{z_2(x,y)}f(x,y,z)\mathrm{d}z\right]\mathrm{d}x\mathrm{d}y=\int_a^b\mathrm{d}x\int_{y_1(x)}^{y_2(x)}\mathrm{d}y\int_{z_1(x,y)}^{z_2(x,y)}f(x,y,z)\mathrm{d}z.$$

计算步骤如下：

① 画出 Ω 的图形；

② 确定积分限（投影找区域，穿刺找底面）：

$$\iiint\limits_{\Omega}f(x,y,z)\mathrm{d}v=\iint\limits_{D}\left[\int_{z_1(x,y)}^{z_2(x,y)}\mathrm{d}z\right]\mathrm{d}x\mathrm{d}y;$$

③ 计算积分.

当 Ω 的图形不易画出时，可以只画出 Ω 的投影区域的图形.

(2) 坐标轴投影法（先重后单法、截面法）.

设空间闭区域 $\Omega=\{(x,y,z)\mid (x,y)\in D_z,c_1\leqslant z\leqslant c_2\}$，其中 D_z 是竖标为 z 的平面截闭区域 Ω 所得到的一个平面闭区域（截面），则

$$\iiint\limits_{\Omega}f(x,y,z)\mathrm{d}v=\int_{c_1}^{c_2}\mathrm{d}z\iint\limits_{D_z}f(x,y,z)\mathrm{d}x\mathrm{d}y.$$

计算步骤如下：

① 画出 Ω 的图形；

② 确定积分限(投影找区间,垂直找截面):

$$\iiint_{\Omega} f(x,y,z)\mathrm{d}v = \int_{c_1}^{c_2}\mathrm{d}z\iint_{D_z} f(x,y,z)\mathrm{d}x\mathrm{d}y.$$

③ 计算积分.

当 $f(x,y,z)=\varphi(z)$ 时,$\iiint_{\Omega}\varphi(z)\mathrm{d}v=\int_{c_1}^{c_2}\mathrm{d}z\iint_{D_z}\varphi(z)\mathrm{d}x\mathrm{d}y=\int_{c_1}^{c_2}\varphi(z)A(D_z)\mathrm{d}z$,其中 $A(D_z)$ 为 D_z 的面积.

例 12 (仅数学一要求)

(1) 求 $I=\iiint_{\Omega} y\sin(x+z)\mathrm{d}v$,其中 $\Omega=\left\{(x,y,z)\,\middle|\,0\leqslant y\leqslant\sqrt{x},x+z\leqslant\frac{\pi}{2},z\geqslant 0\right\}$.

(2) 求 $\iiint_{\Omega}\frac{y\sin x}{x}\mathrm{d}x\mathrm{d}y\mathrm{d}z$,其中 Ω 由曲面 $y=\sqrt{x},y=0,z=0,x+z=\frac{\pi}{2}$ 围成.

【解析】(1) 积分区域 Ω 如图 10－84 所示,采用直角坐标,则

$$I=\iiint_{\Omega} y\sin(x+z)\mathrm{d}v=\int_0^{\frac{\pi}{2}}\mathrm{d}x\int_0^{\sqrt{x}}y\mathrm{d}y\int_0^{\frac{\pi}{2}-x}\sin(x+z)\mathrm{d}z$$

$$=\int_0^{\frac{\pi}{2}}\mathrm{d}x\int_0^{\sqrt{x}}y\cos x\mathrm{d}y$$

$$=\int_0^{\frac{\pi}{2}}\frac{x}{2}\cos x\mathrm{d}x=\frac{1}{4}(\pi-2).$$

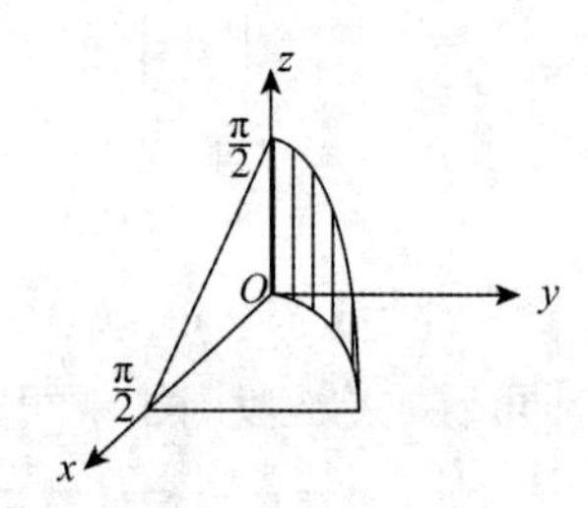

图 10－84

(2)Ω 的投影域 D 由 $y=\sqrt{x},y=0,x=\frac{\pi}{2}$ 围成,故

$$\iiint_{\Omega}\frac{y\sin x}{x}\mathrm{d}x\mathrm{d}y\mathrm{d}z=\int_0^{\frac{\pi}{2}}\mathrm{d}x\int_0^{\sqrt{x}}\mathrm{d}y\int_0^{\frac{\pi}{2}-x}\frac{y\sin x}{x}\mathrm{d}z=\frac{\pi-2}{4}.$$

8. 用柱面坐标与球面坐标计算三重积分(仅数学一要求)

(1) 用柱面坐标计算三重积分.

若 Ω 的投影域为圆域、环域及其部分域,被积函数含有 $\sqrt{x^2+y^2}$,常用柱面坐标计算. 公式如下:

设 $\Omega:\alpha\leqslant\theta\leqslant\beta,\rho_1(\theta)\leqslant\rho\leqslant\rho_2(\theta),z_1(\rho,\theta)\leqslant z\leqslant z_2(\rho,\theta)$,则

$$\iiint_{\Omega} f(x,y,z)\mathrm{d}v=\int_{\alpha}^{\beta}\mathrm{d}\theta\int_{\rho_1(\theta)}^{\rho_2(\theta)}\rho\mathrm{d}\rho\int_{z_1(\rho,\theta)}^{z_2(\rho,\theta)}f(\rho\cos\theta,\rho\sin\theta,z)\mathrm{d}z.$$

(2) 用球面坐标计算三重积分.

若 Ω 为球域及其部分域,被积函数含有 $\sqrt{x^2+y^2+z^2}$,常用球面坐标计算. 对于常见球域,读者务必掌握确定积分限的方法.

若 $\Omega:x^2+y^2+z^2\leqslant R^2$,则

$$\iiint_{\Omega} f(x,y,z)\mathrm{d}v=\int_0^{2\pi}\mathrm{d}\theta\int_0^{\pi}\mathrm{d}\varphi\int_0^{R}f(r\sin\varphi\cos\theta,r\sin\varphi\sin\theta,r\cos\varphi)r^2\sin\varphi\mathrm{d}r;$$

若 $\Omega:x^2+y^2+z^2\leqslant 2Rz$,则

$$\iiint_{\Omega} f(x,y,z)\mathrm{d}v=\int_0^{2\pi}\mathrm{d}\theta\int_0^{\frac{\pi}{2}}\mathrm{d}\varphi\int_0^{2R\cos\varphi}f(r\sin\varphi\cos\theta,r\sin\varphi\sin\theta,r\cos\varphi)r^2\sin\varphi\mathrm{d}r.$$

例 13 (仅数学一要求)

(1) 计算 $I=\iiint\limits_{\Omega}(x+y+z)^2\mathrm{d}v$,其中 Ω 是由曲线 $\begin{cases}x=0,\\ y^2=2z\end{cases}$ 绕 z 轴旋转一周而成的曲面与平面 $z=1$ 所围成的区域.

(2) 求 $\iiint\limits_{\Omega}(x^2+y^2)^2\mathrm{d}v$,其中 Ω 由 $z=x^2+y^2$,$z=1$,$z=2$ 围成.

(3) 已知 $f(u)$ 连续,$\Omega=\{(x,y,z)\mid 0\leqslant z\leqslant h,x^2+y^2\leqslant t^2\}$,$F(t)=\iiint\limits_{\Omega}[z^2+f(x^2+y^2)]\mathrm{d}v$,求 $\dfrac{\mathrm{d}F}{\mathrm{d}t}$ 及 $\lim\limits_{t\to0^+}\dfrac{F(t)}{t^2}$.

(4) 设 Ω 是由曲面 $x^2+y^2+z^2\leqslant 2z$ 与曲面 $z\geqslant\sqrt{x^2+y^2}$ 所围成的区域,求

$$I=\iiint\limits_{\Omega}(x^3+y^3+z^3)\mathrm{d}v.$$

【解析】(1) 方法一 积分区域关于平面 zOx,zOy 对称,故可以先化简. 又因为积分区域是旋转体,故用柱面坐标进行计算. 积分区域 Ω 如图 10－85 所示. 曲线 $\begin{cases}x=0,\\ y^2=2z\end{cases}$ 绕 z 轴旋转一周而成的曲面方程为

$$x^2+y^2=2z,$$

所以

$$\begin{aligned}I&=\iiint\limits_{\Omega}(x+y+z)^2\mathrm{d}v\\&=\iiint\limits_{\Omega}(x^2+y^2+z^2)\mathrm{d}v+2\iiint\limits_{\Omega}(xy+yz+zx)\mathrm{d}v\\&=\iiint\limits_{\Omega}(x^2+y^2+z^2)\mathrm{d}v=\int_0^{2\pi}\mathrm{d}\theta\int_0^{\sqrt{2}}\rho\mathrm{d}\rho\int_{\frac{\rho^2}{2}}^{1}(\rho^2+z^2)\mathrm{d}z\\&=2\pi\int_0^{\sqrt{2}}\rho\left(\rho^2+\frac{1}{3}-\frac{\rho^4}{2}-\frac{\rho^6}{24}\right)\mathrm{d}\rho=\frac{7}{6}\pi.\end{aligned}$$

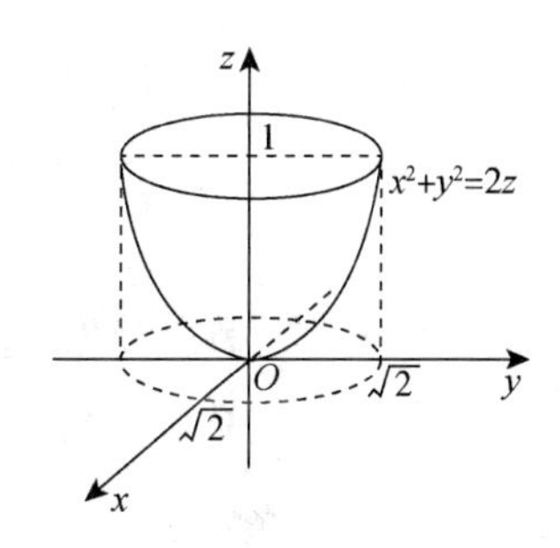

图 10－85

方法二 本题也可以用"先二后一"法来做,这是因为 x^2+y^2 和 z^2 在截面 $D_z=\{(x,y)\mid x^2+y^2\leqslant 2z\}$ 上的二重积分容易计算.

$$\begin{aligned}I=\iiint\limits_{\Omega}(x^2+y^2+z^2)\mathrm{d}v&=\iiint\limits_{\Omega}(x^2+y^2)\mathrm{d}v+\iiint\limits_{\Omega}z^2\mathrm{d}v\\&=\int_0^1\mathrm{d}z\iint\limits_{D_z}(x^2+y^2)\mathrm{d}x\mathrm{d}y+\int_0^1\mathrm{d}z\iint\limits_{D_z}z^2\mathrm{d}x\mathrm{d}y\\&=\int_0^1\mathrm{d}z\int_0^{2\pi}\mathrm{d}\theta\int_0^{\sqrt{2z}}\rho^2\cdot\rho\mathrm{d}\rho+\int_0^1 z^2\cdot\pi\cdot 2z\mathrm{d}z\\&=2\pi\int_0^1\frac{1}{4}(2z)^2\mathrm{d}z+2\pi\int_0^1 z^3\mathrm{d}z\\&=2\pi\times\frac{1}{3}+2\pi\times\frac{1}{4}=\frac{7}{6}\pi.\end{aligned}$$

(2) 先利用积分的可加性,再利用柱坐标计算.

设 Ω_1 由 $z=x^2+y^2$,$z=2$ 围成,Ω_2 由 $z=x^2+y^2$,$z=1$ 围成,则

$$\iiint\limits_{\Omega}(x^2+y^2)^2\mathrm{d}v=\iiint\limits_{\Omega_1}(x^2+y^2)^2\mathrm{d}v-\iiint\limits_{\Omega_2}(x^2+y^2)^2\mathrm{d}v$$

$$= \int_0^{2\pi} d\theta \int_0^{\sqrt{2}} \rho d\rho \int_{\rho^2}^{2} \rho^4 dz - \int_0^{2\pi} d\theta \int_0^{1} \rho d\rho \int_{\rho^2}^{1} \rho^4 dz = \frac{5}{4}\pi.$$

(3)Ω 的投影域 $D = \{(x,y) \mid x^2 + y^2 \leqslant t^2\}$,下底面 $z = 0$,上底面 $z = h$,利用柱坐标计算,得

$$F(t) = \iiint_\Omega [z^2 + f(x^2+y^2)] dv = \int_0^{2\pi} d\theta \int_0^t \rho d\rho \int_0^h [z^2 + f(\rho^2)] dz$$

$$= 2\pi \int_0^t \rho \left[\frac{1}{3}h^3 + f(\rho^2)h\right] d\rho$$

$$\frac{dF}{dt} = 2\pi t\left[\frac{1}{3}h^3 + f(t^2)h\right] = \frac{2}{3}\pi h^3 t + 2\pi h t f(t^2),$$

$$\lim_{t\to 0^+} \frac{F(t)}{t^2} = \lim_{t\to 0^+} \frac{2\pi\int_0^t r\left[\frac{1}{3}h^3 + f(r^2)h\right]dr}{t^2} = \lim_{t\to 0^+} \frac{2\pi t\left[\frac{1}{3}h^3 + f(t^2)h\right]}{2t}$$

$$\lim_{t\to 0^+} \pi\left[\frac{1}{3}h^3 + f(t^2)h\right] = \pi\left[\frac{1}{3}h^3 + f(0)h\right] = \frac{\pi}{3}h^3 + \pi f(0)h.$$

(4) 由于 Ω 是由球面与锥面围成,故用球坐标进行计算.

Ω 的图形如图 10－86 所示,Ω 关于 zOx,zOy 对称,则有

$$I = \iiint_\Omega z^3 dv = \int_0^{2\pi} d\theta \int_0^{\frac{\pi}{4}} d\varphi \int_0^{2\cos\varphi} (r\cos\varphi)^3 r^2 \sin\varphi dr$$

$$= 2\pi \int_0^{\frac{\pi}{4}} \cos^3\varphi \sin\varphi d\varphi \int_0^{2\cos\varphi} r^5 dr$$

$$= \frac{64}{3}\pi \int_0^{\frac{\pi}{4}} \cos^9\varphi \sin\varphi d\varphi = \frac{31}{15}\pi.$$

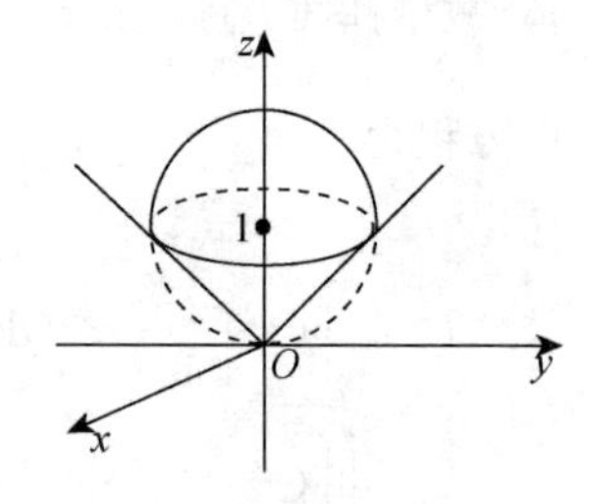

图 10－86

9. 利用对称性简化三重积分的计算(仅数学一要求)

若 Ω 关于 xOy 面对称,$f(x,y,z)$ 关于 z 是奇函数,则

$$\iiint_\Omega f(x,y,z) dv = 0;$$

若 Ω 关于 xOy 面对称,Ω_1 为 Ω 在 $z > 0$ 时的部分,$f(x,y,z)$ 关于 z 是偶函数,则

$$\iiint_\Omega f(x,y,z) dv = 2\iiint_{\Omega_1} f(x,y,z) dv;$$

若 Ω 关于 x,y 对称(即 x,y 互换,Ω 不变),则

$$\iiint_\Omega f(x,y,z) dv = \iiint_\Omega f(y,x,z) dv.$$

例 14 (仅数学一要求)

(1) 求 $\iiint_\Omega (x+z) dxdydz$,$\Omega$ 由曲面 $z = \sqrt{x^2+y^2}$,$z = \sqrt{1-x^2-y^2}$ 围成.

(2) 设区域 $\Omega: x^2+y^2+z^2 \leqslant R^2$,求 $\iiint_\Omega x^2 dv$.

【解析】(1) 先利用对称性,再利用柱坐标或者球坐标计算.

由于 Ω 关于 yOz 面对称,所以 $\iiint_\Omega x dxdydz = 0$.

用柱坐标计算:Ω 的投影域 $D: x^2+y^2 \leqslant \frac{1}{2}$,

$$\iiint_{\Omega} z\,\mathrm{d}x\mathrm{d}y\mathrm{d}z = \int_0^{2\pi}\mathrm{d}\theta\int_0^{\frac{1}{\sqrt{2}}}\rho\mathrm{d}\rho\int_{\rho}^{\sqrt{1-\rho^2}} z\,\mathrm{d}z = \frac{\pi}{8},$$

故
$$\iiint_{\Omega}(x+z)\mathrm{d}x\mathrm{d}y\mathrm{d}z = \iiint_{\Omega} x\,\mathrm{d}x\mathrm{d}y\mathrm{d}z + \iiint_{\Omega} z\,\mathrm{d}x\mathrm{d}y\mathrm{d}z = \frac{\pi}{8}.$$

用球坐标计算：

$$\iiint_{\Omega} z\,\mathrm{d}x\mathrm{d}y\mathrm{d}z = \int_0^{2\pi}\mathrm{d}\theta\int_0^{\frac{\pi}{4}}\mathrm{d}\varphi\int_0^1 \rho\cos\varphi\rho^2\sin\varphi\mathrm{d}\rho = \frac{\pi}{8},$$

故$\iiint_{\Omega}(x+z)\mathrm{d}x\mathrm{d}y\mathrm{d}z = \iiint_{\Omega} x\,\mathrm{d}x\mathrm{d}y\mathrm{d}z + \iiint_{\Omega} z\,\mathrm{d}x\mathrm{d}y\mathrm{d}z = \frac{\pi}{8}.$

(2) 由于Ω关于自变量对称，则

$$\begin{aligned}\iiint_{\Omega} x^2\mathrm{d}v &= \iiint_{\Omega} y^2\mathrm{d}v = \iiint_{\Omega} z^2\mathrm{d}v = \frac{1}{3}\iiint_{\Omega}(x^2+y^2+z^2)\mathrm{d}v \\ &= \frac{1}{3}\int_0^{2\pi}\mathrm{d}\theta\int_0^{\pi}\mathrm{d}\varphi\int_0^R \rho^4\sin\varphi\mathrm{d}\rho = \frac{4\pi R^5}{15}.\end{aligned}$$

第十一章　曲线积分与曲面积分(仅数学一要求)

章节同步导学

章节	教材内容	考纲要求	必做例题	必做习题
§11.1 对弧长的曲线积分	对弧长的曲线积分的概念、性质	理解	例 1,3	P193 习题 11－1：3(3)(4)(5)(8)
	对弧长的曲线积分的计算方法	会		
§11.2 对坐标的曲线积分	对坐标的曲线积分的概念、性质	理解	例 1～4	P203 习题 11－2：3(2)(3)(7)(8)，4(1) (3),7(2)
	对坐标的曲线积分的计算方法	会【重点】		
	两类曲线积分之间的联系	了解		
§11.3 格林公式及其应用	格林公式	掌握【重点】	例 1～6	P216 习题 11－3：1(2) ,2(1),3,4,5
	平面上曲线积分与路径无关的条件	会【重点】		6(1)(2)，7(2)(3)，
	二元函数的全微分求积	会		8(1)(3)
	曲线积分的基本定理	考研不作要求		
§11.4 对面积的曲面积分	对面积的曲面积分的概念、性质	了解	例 1,2	P222 习题 11－4：3,4(1)(2),5(2) 6 (1) (3)
	对面积的曲面积分的计算方法	会【重点】		
§11.5 对坐标的曲面积分	对坐标的曲面积分的概念、性质	了解	例 1～3	P231 习题 11－5：3(1)(2)(3)，4(1)(2)
	对坐标的曲面积分的计算方法	会【重点】		
	两类曲面积分之间的联系	了解		
§11.6 高斯公式，通量与散度	高斯公式	掌握【重点】	例 1,2	P239 习题 11－6：1(2)(3)(5)，3(1)(2)
	利用高斯公式计算曲面积分			
	通量与散度的概念与计算	会		
	沿任意闭曲面的曲面积分为零的条件	考研不作要求(通量不作要求)		

续表

章节	教材内容	考纲要求	必做例题	必做习题
§11.7 斯托克斯公式 *环流量与旋度	斯托克斯公式	了解	例 1,2,4	P248 习题 11－7：2(2)(3)(4),3(2),4(1)
	利用斯托克斯公式计算曲线积分	会		
	空间曲线积分与路径无关的条件	考研不作要求		
	环流量与旋度的概念与计算	会(环流量不作要求)		
总习题十一	总结归纳本章的基本概念、基本定理、基本公式、基本方法			P249 总习题十一：1(1)(2),2,3(1)(3)(6),4(1)(3),5,7,9

知识结构网图

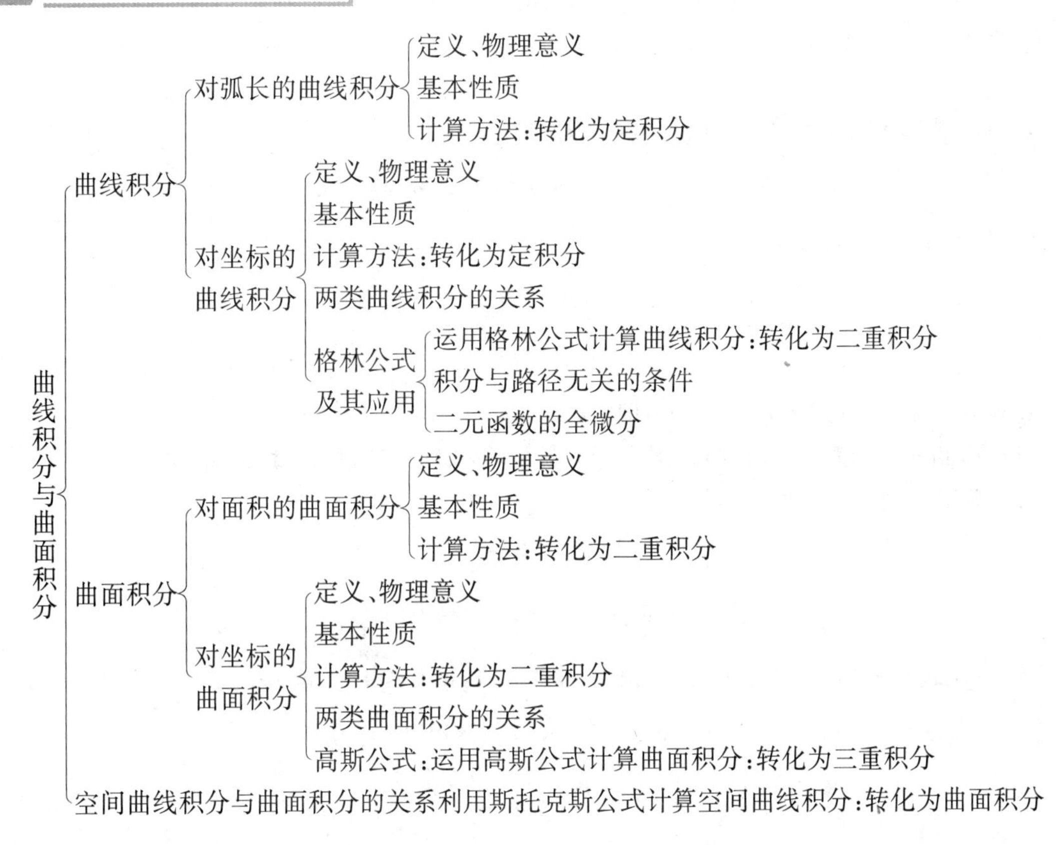

这一章仍然是一元函数积分学的推广,是将积分概念推广到积分范围为一段曲线弧或一块曲面的情形,即曲线积分和曲面积分的问题.各类积分都有明显的物理意义,结合它们有助于加深我们对定义的理解.曲线积分的基本计算思路是转化为定积分,而曲面积分的计算思路则是把它转化为二重积分.除了基本的计算方法,三大公式(格林公式、高斯公式、斯托克斯公式)也是本章的重要内容,它们实际上描述了各种不同类型积分之间的关系,如格林公式描述了对坐标的曲线积分与二重积分的联系,高斯公式描述了对坐标的曲面积分与三重积分之间的关系.这些公式将整个多元函数积分学的内容联系成了一个有机的整体,同时也为我们计算各种积分提供了新的思路.

课后习题全解

习题 11－1　对弧长的曲线积分

1. 设在 xOy 面内有一分布着质量的曲线弧 L，在点 (x,y) 处它的线密度为 $\mu(x,y)$. 用对弧长的曲线积分分别表达：

(1)此曲线弧对 x 轴、对 y 轴的转动惯量 I_x, I_y；

(2)此曲线弧的质心坐标 $\bar{x},\bar{y}$.

【解析】 $\mu(x,y)$ 在 L 上连续，应用元素法，在曲线弧 L 上任取一长度很短的小弧段 ds（它的长度也记作 ds），设 (x,y) 为小弧段 ds 上任一点，因为弧段 ds 的长度很短，$\mu(x,y)$ 连续，所以小弧段 ds 的质量 $dM\approx\mu(x,y)ds$，这部分质量可近似看作集中在点 (x,y) 处，于是，曲线 L 对于 x 轴和 y 轴的转动惯量元素分别为

$$dI_x=y^2\mu(x,y)ds,\, dI_y=x^2\mu(x,y)ds.$$

曲线弧 L 对于 x 轴和 y 轴的静矩元素分别为

$$dM_x=y\mu(x,y)ds,\, dM_y=x\mu(x,y)ds.$$

(1)曲线弧 L 对于 x 轴和 y 轴的转动惯量分别为

$$I_x=\int_L y^2\mu(x,y)ds,\, I_y=\int_L x^2\mu(x,y)ds.$$

(2)曲线弧 L 的质心坐标为

$$\bar{x}=\frac{M_y}{M}=\frac{\int_L x\mu(x,y)ds}{\int_L \mu(x,y)ds},\ \bar{y}=\frac{M_x}{M}=\frac{\int_L y\mu(x,y)ds}{\int_L \mu(x,y)ds}.$$

2. 利用对弧长的曲线积分的定义证明性质 3.

【证明】 设将积分弧段 L 任意分割成 n 个小弧段，第 i 个小弧段的长度为 Δs_i，(ξ_i,η_i) 为第 i 个小弧段上任意取定的一点. 按假设，有

$$f(\xi_i,\eta_i)\Delta s_i\leqslant g(\xi_i,\eta_i)\Delta s_i\,(i=1,2,\cdots,n),$$

$$\sum_{i=1}^{n} f(\xi_i,\eta_i)\Delta s_i\leqslant \sum_{i=1}^{n} g(\xi_i,\eta_i)\Delta s_i.$$

令 $\lambda=\max\{\Delta s_i\}\to 0$，上式两端同时取极限，即得 $\int_L f(x,y)ds\leqslant\int_L g(x,y)ds$.

又 $f(x,y)\leqslant|f(x,y)|$，$-f(x,y)\leqslant|f(x,y)|$，利用以上结果，得

$$\int_L f(x,y)ds\leqslant\int_L |f(x,y)|ds,\quad -\int_L f(x,y)ds\leqslant\int_L |f(x,y)|ds,$$

即

$$\left|\int_L f(x,y)ds\right|\leqslant\int_L |f(x,y)|ds.$$

3. 计算下列对弧长的曲线积分：

(1) $\oint_L (x^2+y^2)^n ds$，其中 L 为圆周 $x=a\cos t, y=a\sin t\,(0\leqslant t\leqslant 2\pi)$；

(2) $\int_L (x+y)ds$，其中 L 为连接 $(1,0)$ 及 $(0,1)$ 两点的直线段；

(3) $\oint_L x ds$，其中 L 为由直线 $y=x$ 及抛物线 $y=x^2$ 所围成的区域的整个边界；

(4) $\oint_L e^{\sqrt{x^2+y^2}}\,ds$,其中 L 为圆周 $x^2+y^2=a^2$,直线 $y=x$ 及 x 轴在第一象限内所围成的扇形的整个边界;

(5) $\int_\Gamma \frac{1}{x^2+y^2+z^2}\,ds$,其中 Γ 为曲线 $x=e^t\cos t, y=e^t\sin t, z=e^t$ 上相应于 t 从 0 变到 2 的这段弧;

(6) $\int_\Gamma x^2yz\,ds$,其中 Γ 为折线 $ABCD$,这里 A,B,C,D 依次为点 $(0,0,0)$, $(0,0,2)$, $(1,0,2)$, $(1,3,2)$;

(7) $\int_L y^2\,ds$,其中 L 为摆线的一拱 $x=a(t-\sin t)$, $y=a(1-\cos t)$ $(0\leqslant t\leqslant 2\pi)$;

(8) $\int_L (x^2+y^2)\,ds$,其中 L 为曲线 $x=a(\cos t+t\sin t)$, $y=a(\sin t-t\cos t)$ $(0\leqslant t\leqslant 2\pi)$.

【解析】 (1) $\oint_L (x^2+y^2)^n\,ds=\int_0^{2\pi}(a^2\cos^2 t+a^2\sin^2 t)^n\sqrt{(-a\sin t)^2+(a\cos t)^2}\,dt$

$$=\int_0^{2\pi} a^{2n+1}\,dt=2\pi a^{2n+1}.$$

(2) 直线 L 的方程为 $y=1-x(0\leqslant x\leqslant 1)$.

$$\int_L (x+y)\,ds=\int_0^1 [x+(1-x)]\sqrt{1+(-1)^2}\,dx=\int_0^1\sqrt{2}\,dx=\sqrt{2}.$$

(3) L 由 L_1 和 L_2 两段组成,其中 $L_1: y=x(0\leqslant x\leqslant 1)$; $L_2: y=x^2(0\leqslant x\leqslant 1)$.

于是

$$\begin{aligned}\oint_L x\,ds&=\int_{L_1} x\,ds+\int_{L_2} x\,ds=\int_0^1 x\sqrt{1+1^2}\,dx+\int_0^1 x\sqrt{1+(2x)^2}\,dx\\&=\int_0^1\sqrt{2}x\,dx+\int_0^1 x\sqrt{1+4x^2}\,dx\\&=\frac{1}{12}(5\sqrt{5}+6\sqrt{2}-1).\end{aligned}$$

(4) 如图 11—1 所示, $L=L_1+L_2+L_3$,则

$$\begin{aligned}\oint_L e^{\sqrt{x^2+y^2}}\,ds&=\int_{L_1} e^{\sqrt{x^2+y^2}}\,ds+\int_{L_2} e^{\sqrt{x^2+y^2}}\,ds+\int_{L_3} e^{\sqrt{x^2+y^2}}\,ds\\&=\int_0^a e^x\,dx+\int_0^{\frac{\pi}{4}} e^a\cdot a\,d\theta+\int_0^{\frac{\sqrt{2}}{2}a} e^{\sqrt{2}x}\sqrt{2}\,dx\\&=e^a\left(2+\frac{\pi}{4}a\right)-2.\end{aligned}$$

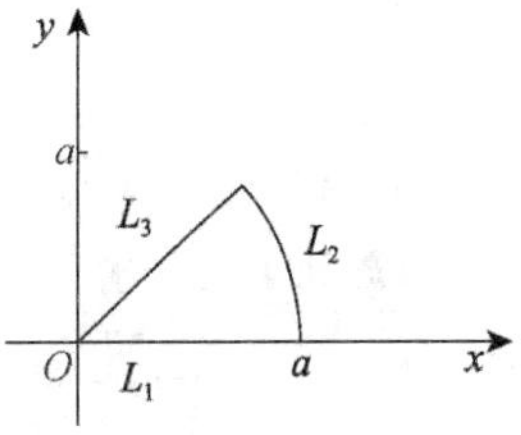

图 11—1

(5) $ds=\sqrt{\left(\frac{dx}{dt}\right)^2+\left(\frac{dy}{dt}\right)^2+\left(\frac{dz}{dt}\right)^2}\,dt$

$$=\sqrt{(e^t\cos t-e^t\sin t)^2+(e^t\sin t+e^t\cos t)^2+(e^t)^2}\,dt$$

$$=\sqrt{3}e^t\,dt,$$

$$\begin{aligned}\int_\Gamma \frac{1}{x^2+y^2+z^2}\,ds&=\int_0^2\frac{1}{e^{2t}\cos^2 t+e^{2t}\sin^2 t+e^{2t}}\cdot\sqrt{3}e^t\,dt\\&=\frac{\sqrt{3}}{2}\int_0^2 e^{-t}\,dt=\frac{\sqrt{3}}{2}(1-e^{-2}).\end{aligned}$$

(6) $AB:\begin{cases}x=0,\\ y=0,\ (0\leqslant t\leqslant 2),\\ z=t\end{cases}$ $\int_{AB} x^2yz\mathrm{d}s=\int_0^2 0\cdot\mathrm{d}t=0.$

$BC:\begin{cases}x=t,\\ y=0,\ (0\leqslant t\leqslant 1),\\ z=2\end{cases}$ $\int_{BC} x^2yz\mathrm{d}s=\int_0^1 0\cdot\mathrm{d}t=0.$

$CD:\begin{cases}x=1,\\ y=t,\ (0\leqslant t\leqslant 3),\\ z=2\end{cases}$ $\int_{CD} x^2yz\mathrm{d}s=\int_0^3 2t\sqrt{1+0^2+0^2}\,\mathrm{d}t=\left[t^2\right]_0^3=9.$

而 $\Gamma=AB+BC+CD$，故 $\int_{\Gamma} x^2yz\mathrm{d}s=\left(\int_{AB}+\int_{BC}+\int_{CD}\right)x^2yz\mathrm{d}s=0+0+9=9.$

(7)
$$\begin{aligned}\int_L y^2\mathrm{d}s&=\int_0^{2\pi} a^2(1-\cos t)^2\sqrt{x'^2(t)+y'^2(t)}\,\mathrm{d}t\\&=\int_0^{2\pi} a^3(1-\cos t)^2\sqrt{2(1-\cos t)}\,\mathrm{d}t\\&=8a^3\int_0^{2\pi}\sin^5\frac{t}{2}\mathrm{d}t\quad\left(\sin\frac{t}{2}\geqslant 0\right)\\&=16a^3\int_0^{2\pi}\sin^5\frac{t}{2}\mathrm{d}\left(\frac{t}{2}\right)\\&=16a^3\int_0^{\pi}\sin^5\mu\mathrm{d}\mu=32a^3\int_0^{\frac{\pi}{2}}\sin^5\mu\mathrm{d}\mu\\&=32a^3\times\frac{4}{5}\times\frac{2}{3}=\frac{256}{15}a^3.\end{aligned}$$

(8) $\mathrm{d}s=\sqrt{\left(\frac{\mathrm{d}x}{\mathrm{d}t}\right)^2+\left(\frac{\mathrm{d}y}{\mathrm{d}t}\right)^2}\,\mathrm{d}t=\sqrt{(at\cos t)^2+(at\sin t)^2}\,\mathrm{d}t=at\mathrm{d}t,$

$$\begin{aligned}\int_L (x^2+y^2)\mathrm{d}s&=\int_0^{2\pi}\left[a^2(\cos t+t\sin t)^2+a^2(\sin t-t\cos t)^2\right]\cdot at\mathrm{d}t\\&=\int_0^{2\pi} a^3(1+t^2)t\mathrm{d}t=2\pi^2a^3(1+2\pi^2).\end{aligned}$$

4. 求半径为 a、中心角为 2φ 的均匀圆弧（线密度 $\mu=1$）的质心.

【解析】 建立坐标系如图 11－2 所示，由对称性可知 $\overline{y}=0$，又因为

$$\begin{aligned}\overline{x}&=\frac{M_y}{M}=\frac{1}{2\varphi a}\int_L x\mathrm{d}s=\frac{1}{2\varphi a}\int_{-\varphi}^{\varphi} a\cos\theta\cdot a\mathrm{d}\theta\\&=\left[\frac{a}{2\varphi}\sin\theta\right]_{-\varphi}^{\varphi}=\frac{a\sin\varphi}{\varphi},\end{aligned}$$

所以圆弧的质心为 $\left(\frac{a\sin\varphi}{\varphi},0\right)$.

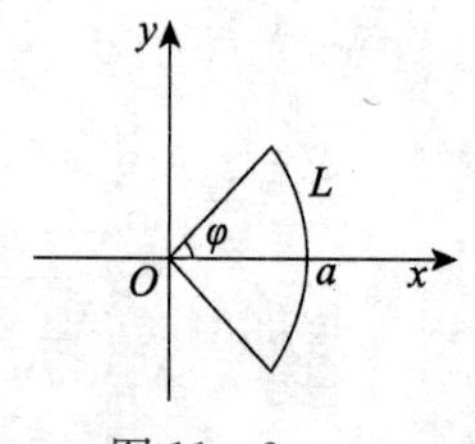

图 11－2

5. 设螺旋形弹簧一圈的方程为 $x=a\cos t, y=a\sin t, z=kt$，其中 $0\leqslant t\leqslant 2\pi$，它的线密度 $\rho(x,y,z)=x^2+y^2+z^2$，求：

(1) 它关于 z 轴的转动惯量 I_z；

(2) 它的质心.

【解析】 (1) $I_z=\int_L (x^2+y^2)\rho(x,y,z)\mathrm{d}s$

$$=\int_0^{2\pi} a^2(a^2+k^2t^2)\cdot\sqrt{a^2+k^2}\,dt$$

$$=\frac{2}{3}\pi a^2\sqrt{a^2+k^2}(3a^2+4k^2\pi^2).$$

(2)$M=\int_L \rho(x,y,z)ds=\int_0^{2\pi}(a^2+k^2t^2)\sqrt{a^2+k^2}\,dt=\frac{2}{3}\pi\sqrt{a^2+k^2}(3a^2+4k^2\pi^2)$,

$$\int_L x\rho(x,y,z)ds=a\sqrt{a^2+k^2}\int_0^{2\pi}\cos t(a^2+k^2t^2)dt$$

$$=a\sqrt{a^2+k^2}\cdot\left[(a^2+k^2t^2)\sin t\Big|_0^{2\pi}-\int_0^{2\pi}\sin t\cdot 2k^2t\,dt\right]$$

$$=a\sqrt{a^2+k^2}\left(2k^2t\cos t\Big|_0^{2\pi}-\int_0^{2\pi}2k^2\cos t\,dt\right)=4\pi ak^2\sqrt{a^2+k^2},$$

故
$$\bar{x}=\frac{1}{M}\int_L x\rho(x,y,z)ds=\frac{6k^2a}{3a^2+4k^2\pi^2},$$

同理
$$\bar{y}=\frac{1}{M}\int_L y\rho(x,y,z)ds=\frac{-6\pi k^2a}{3a^2+4\pi^2k^2},$$

$$\bar{z}=\frac{1}{M}\int_L z\rho(x,y,z)ds=\frac{3k(\pi a^2+2\pi^3k^2)}{3a^2+4\pi^2k^2}.$$

习题 11－2 对坐标的曲线积分

1. 设 L 为 xOy 面内直线 $x=a$ 上的一段，证明：

$$\int_L P(x,y)dx=0.$$

【证明】设 L 是直线 $x=a$ 上从(a,b_1)到(a,b_2)的一段，把 y 看作参数，将积分 $\int_L P(x,y)dx$ 化为对 y 的定积分，由于在 L 上 $x\equiv a$，y 从 b_1 变到 b_2，所以 $dx=0dy$.

$$\int_L P(x,y)dx=\int_{b_1}^{b_2}P(x,y)\cdot 0dy=\int_{b_1}^{b_2}0dy=0.$$

【注】本题给出了第二类曲线积分的一个重要性质：

如果 L 为垂直于 x 轴的有向线段，则 $\int_L P(x,y)dx=0$；如果 L 为垂直于 y 轴的有向线段，则 $\int_L Q(x,y)dy=0$. 这一性质常被用来简化第二类曲线积分的计算.

2. 设 L 为 xOy 面内 x 轴上点$(a,0)$到点$(b,0)$的一段直线，证明：

$$\int_L P(x,y)dx=\int_a^b P(x,0)dx.$$

【证明】把 x 看做参数，则 L 的参数方程为 $L:\begin{cases}x=x,\\ y=0,\end{cases}$ $a\leqslant x\leqslant b$，起点参数为 $x=a$，终点参数为 $x=b$，因此 $\int_L P(x,y)dx=\int_a^b P(x,0)dx$.

3. 计算下列对坐标的曲线积分：

(1) $\int_L (x^2-y^2)dx$，其中 L 是抛物线 $y=x^2$ 上从点$(0,0)$到点$(2,4)$的一段弧；

(2) $\oint_L xydx$，其中 L 为圆周$(x-a)^2+y^2=a^2(a>0)$及 x 轴所围成的在第一象限内的区域的整

个边界(按逆时针方向绕行)；

(3) $\int_L y\mathrm{d}x+x\mathrm{d}y$,其中 L 为圆周 $x=R\cos t,y=R\sin t$ 上对应 t 从 0 到 $\frac{\pi}{2}$ 的一段弧；

(4) $\oint_L \frac{(x+y)\mathrm{d}x-(x-y)\mathrm{d}y}{x^2+y^2}$,其中 L 为圆周 $x^2+y^2=a^2$(按逆时针方向绕行)；

(5) $\int_\Gamma x^2\mathrm{d}x+z\mathrm{d}y-y\mathrm{d}z$,其中 Γ 为曲线 $x=k\theta,y=a\cos\theta,z=a\sin\theta$ 上对应 θ 从 0 到 π 的一段弧；

(6) $\int_\Gamma x\mathrm{d}x+y\mathrm{d}y+(x+y-1)\mathrm{d}z$,其中 Γ 是从点(1,1,1)到点(2,3,4)的一段直线；

(7) $\oint_\Gamma \mathrm{d}x-\mathrm{d}y+y\mathrm{d}z$,其中 Γ 为有向闭折线 $ABCA$,这里的 A,B,C 依次为点(1,0,0),(0,1,0),(0,0,1)；

(8) $\int_L (x^2-2xy)\mathrm{d}x+(y^2-2xy)\mathrm{d}y$,其中 L 是抛物线 $y=x^2$ 上从点(−1,1)到点(1,1)的一段弧.

【解析】(1) $\int_L (x^2-y^2)\mathrm{d}x=\int_0^2 (x^2-x^4)\mathrm{d}x=-\frac{56}{15}$.

(2)如图 11−3 所示,L 由 L_1 和 L_2 所组成,其中 L_1 为有向半圆弧：

$$\begin{cases}x=a+a\cos t,\\ y=a\sin t,\end{cases}\quad t\text{ 从 0 变到 }\pi;$$

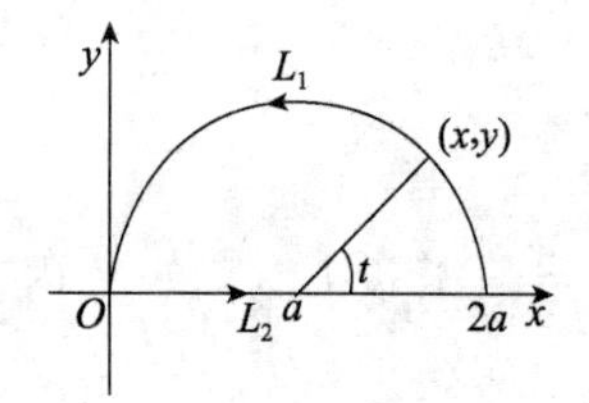

图 11−3

L_2 为有向线段 $y=0$,x 从 0 变到 $2a$. 于是

$$\begin{aligned}\oint_L xy\mathrm{d}x&=\int_{L_1} xy\mathrm{d}x+\int_{L_2} xy\mathrm{d}x\\&=\int_0^\pi a(1+\cos t)\cdot a\sin t\cdot(-a\sin t)\mathrm{d}t+0\\&=-a^3\left(\int_0^\pi \sin^2t\mathrm{d}t+\int_0^\pi \sin^2t\cos t\mathrm{d}t\right)\\&=-a^3\left(\frac{\pi}{2}+0\right)=-\frac{\pi}{2}a^3.\end{aligned}$$

(3) $$\begin{aligned}\int_L y\mathrm{d}x+x\mathrm{d}y&=\int_0^{\frac{\pi}{2}}[R\sin t\cdot(-R\sin t)+R\cos t\cdot R\cos t]\mathrm{d}t\\&=R^2\int_0^{\frac{\pi}{2}}\cos 2t\mathrm{d}t=0.\end{aligned}$$

(4)圆周的参数方程为:$x=a\cos t,y=a\sin t,t:0\to2\pi$,

$$\begin{aligned}&\oint_L \frac{(x+y)\mathrm{d}x-(x-y)\mathrm{d}y}{x^2+y^2}\\&=\frac{1}{a^2}\int_0^{2\pi}[(a\cos t+a\sin t)(-a\sin t)-(a\cos t-a\sin t)a\cos t]\mathrm{d}t\\&=\frac{1}{a^2}\int_0^{2\pi}(-a^2)\mathrm{d}t=-2\pi.\end{aligned}$$

(5) $$\begin{aligned}&\int_\Gamma x^2\mathrm{d}x+z\mathrm{d}y-y\mathrm{d}z\\&=\int_0^\pi[k^2\theta^2\cdot k+a\sin\theta\cdot(-a\sin\theta)-a\cos\theta\cdot(a\cos\theta)]\mathrm{d}\theta\end{aligned}$$

$$=\int_0^{\pi}(k^3\theta^2-a^2)\mathrm{d}\theta=\frac{1}{3}k^3\pi^3-a^2\pi.$$

(6)直线Γ的参数方程为:$x=1+t,y=1+2t,z=1+3t,t$从0变到1.于是

$$\text{原式}=\int_0^1[(1+t)\cdot 1+(1+2t)\cdot 2+(1+t+1+2t-1)\cdot 3]\mathrm{d}t$$

$$=\int_0^1(6+14t)\mathrm{d}t=13.$$

(7)Γ由有向线段AB,BC,CA依次连接而成,其中

AB:$x=1-t,y=t,z=0,t$从0变到1;

BC:$x=0,y=1-t,z=t,t$从0变到1;

CA:$x=t,y=0,z=1-t,t$从0变到1.

$$\int_{AB}\mathrm{d}x-\mathrm{d}y+y\mathrm{d}z=\int_0^1[(-1)-1+0]\mathrm{d}t=-2;$$

$$\int_{BC}\mathrm{d}x-\mathrm{d}y+y\mathrm{d}z=\int_0^1[0-(-1)+(1-t)\cdot 1]\mathrm{d}t=\int_0^1(2-t)\mathrm{d}t=\frac{3}{2};$$

$$\int_{CA}\mathrm{d}x-\mathrm{d}y+y\mathrm{d}z=\int_0^1(1-0+0)\mathrm{d}t=1,$$

因此

$$\oint_{\Gamma}\mathrm{d}x-\mathrm{d}y+y\mathrm{d}z=-2+\frac{3}{2}+1=\frac{1}{2}.$$

(8) $\int_L(x^2-2xy)\mathrm{d}x+(y^2-2xy)\mathrm{d}y$

$=\int_{-1}^1[(x^2-2x\cdot x^2)+(x^4-2x\cdot x^2)\cdot 2x]\mathrm{d}x$

$=\int_{-1}^1(2x^5-4x^4-2x^3+x^2)\mathrm{d}x$

$=2\int_0^1(-4x^4+x^2)\mathrm{d}x=-\frac{14}{15}.$

4.计算$\int_L(x+y)\mathrm{d}x+(y-x)\mathrm{d}y$,其中$L$是:

(1)抛物线$y^2=x$上从点(1,1)到点(4,2)的一段弧;

(2)从点(1,1)到点(4,2)的直线段;

(3)先沿直线从点(1,1)到点(1,2),然后再沿直线到点(4,2)的折线;

(4)曲线$x=2t^2+t+1,y=t^2+1$上从点(1,1)到点(4,2)的一段弧.

【解析】(1)过点(1,1)与点(4,2)的抛物线$x=y^2(1\leqslant y\leqslant 2)$,$\mathrm{d}x=2y\mathrm{d}y$,于是

$$\text{原式}=\int_1^2[(y^2+y)2y+(y-y^2)]\mathrm{d}y$$

$$=\int_1^2(2y^3+y^2+y)\mathrm{d}y=\frac{34}{3}.$$

(2)从(1,1)到(4,2)的直线方程为$x=3y-2$,y从1到2,化为对y的定积分:

$$\int_L(x+y)\mathrm{d}x+(y-x)\mathrm{d}y=\int_1^2[(3y-2+y)\cdot 3+(y-3y+2)\cdot 1]\mathrm{d}y=\int_1^2(10y-4)\mathrm{d}y=11.$$

(3)在L_1上,$x=1$,y从1变到2,$\mathrm{d}x=0$,将沿L_1的积分化为对y的定积分;在L_2上,$y=2$,x从1到4,$\mathrm{d}y=0$,将沿L_2的积分化为对x的定积分,如图11-4所示.于是

$$\int_{L_1}(x+y)\mathrm{d}x+(y-x)\mathrm{d}y=\int_1^2(y-1)\mathrm{d}y=\frac{1}{2};$$

$$\int_{L_2}(x+y)\mathrm{d}x+(y-x)\mathrm{d}y=\int_1^4(x+2)\mathrm{d}x=\frac{27}{2},$$

因此原式 $=\frac{1}{2}+\frac{27}{2}=14.$

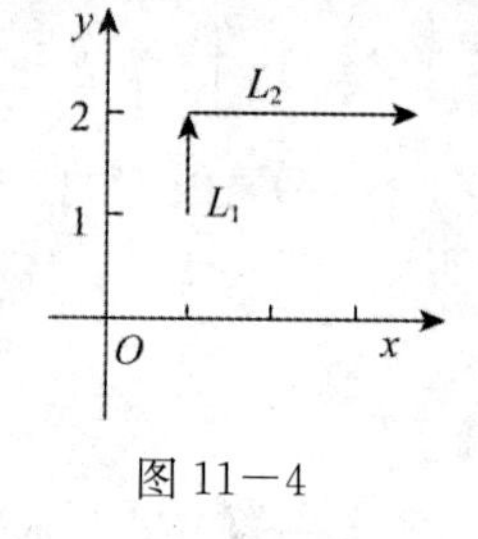

图 11－4

(4)由点(1,1)到点(4,2)时，因 $x=2t^2+t+1,y=t^2+1$，有 $t=x-2y+1$，故 t 对应于从 $t=0$ 到 $t=1$，于是

$$\text{原式}=\int_0^1[(3t^2+t+2)(4t+1)+(-t^2-t)2t]\mathrm{d}t$$

$$=\int_0^1(10t^3+5t^2+9t+2)\mathrm{d}t=\frac{32}{3}.$$

5. 一力场由沿横轴正方向的常力 $\boldsymbol{F}$ 所构成. 试求当一质量为 m 的质点沿圆周 $x^2+y^2=R^2$ 按逆时针方向移过位于第一象限的那一段弧时场力所做的功.

【解析】 $W=\int_L|\boldsymbol{F}|\mathrm{d}x$，其中 L 沿 $x^2+y^2=R^2$，x 从 R 变到 0，则

$$W=\int_R^0|\boldsymbol{F}|\mathrm{d}x=-|\boldsymbol{F}|R.$$

6. 设 z 轴与重力的方向一致，求质量为 m 的质点从位置 (x_1,y_1,z_1) 沿直线移到 (x_2,y_2,z_2) 时重力所做的功.

【解析】 重力 $\boldsymbol{F}=(0,0,mg)$，质点移动的直线路径 L 的方程为

$$\begin{cases}x=x_1+(x_2-x_1)t,\\ y=y_1+(y_2-y_1)t,\ t\text{ 从 0 变到 1.}\\ z=z_1+(z_2-z_1)t,\end{cases}$$

于是

$$W=\int_L\boldsymbol{F}\cdot\mathrm{d}\boldsymbol{r}=\int_L 0\mathrm{d}x+0\mathrm{d}y+mg\mathrm{d}z$$

$$=\int_0^1 mg(z_2-z_1)\mathrm{d}t=mg(z_2-z_1).$$

7. 把对坐标的曲线积分 $\int_L P(x,y)\mathrm{d}x+Q(x,y)\mathrm{d}y$ 化成对弧长的曲线积分，其中 L 为：

(1)在 xOy 面内沿直线从点(0,0)到点(1,1)；

(2)沿抛物线 $y=x^2$ 从点(0,0)到点(1,1)；

(3)沿上半圆周 $x^2+y^2=2x$ 从点(0,0)到点(1,1).

【解析】 (1) $\cos\alpha=\cos\beta=\cos\frac{\pi}{4}=\frac{1}{\sqrt{2}}$，则

$$\int_L P(x,y)\mathrm{d}x+Q(x,y)\mathrm{d}y=\int_L\frac{P(x,y)+Q(x,y)}{\sqrt{2}}\mathrm{d}s.$$

(2)将 $y=x^2$ 看做参数方程 $\begin{cases}x=x,\\ y=x^2,\end{cases}$ 则切向量为 $(1,2x)$，方向余弦为

$$\cos\alpha=\frac{1}{\sqrt{1+4x^2}},\cos\beta=\frac{2x}{\sqrt{1+4x^2}},$$

则

$$\int_L P(x,y)\mathrm{d}x+Q(x,y)\mathrm{d}y=\int_L\frac{P(x,y)+2xQ(x,y)}{\sqrt{1+4x^2}}\mathrm{d}s.$$

(3)上半圆为 $y=\sqrt{2x-x^2}$，$y'=\frac{1-x}{\sqrt{2x-x^2}}$，

所以

$$\cos\alpha=\frac{1}{\sqrt{1+y'^2}}=\sqrt{2x-x^2},\cos\beta=\frac{y'}{\sqrt{1+y'^2}}=1-x,$$

故

$$\int_L P(x,y)\mathrm{d}x+Q(x,y)\mathrm{d}y=\int_L\left[\sqrt{2x-x^2}P(x,y)+(1-x)Q(x,y)\right]\mathrm{d}s.$$

8. 设 Γ 为曲线 $x=t,y=t^2,z=t^3$ 上相应于 t 从 0 变到 1 的曲线弧. 把对坐标的曲线积分 $\int_\Gamma P\mathrm{d}x+Q\mathrm{d}y+R\mathrm{d}z$ 化成对弧长的曲线积分.

【解析】 $\frac{\mathrm{d}x}{\mathrm{d}t}=1,\frac{\mathrm{d}y}{\mathrm{d}t}=2t=2x,\frac{\mathrm{d}z}{\mathrm{d}t}=3t^2=3y$，注意到参数 t 由小变到大，因此 Γ 的切向量的方向余弦为

$$\cos\alpha=\frac{x'(t)}{\sqrt{x'^2(t)+y'^2(t)+z'^2(t)}}=\frac{1}{\sqrt{1+4x^2+9y^2}};$$

$$\cos\beta=\frac{y'(t)}{\sqrt{x'^2(t)+y'^2(t)+z'^2(t)}}=\frac{2x}{\sqrt{1+4x^2+9y^2}};$$

$$\cos\gamma=\frac{z'(t)}{\sqrt{x'^2(t)+y'^2(t)+z'^2(t)}}=\frac{3y}{\sqrt{1+4x^2+9y^2}}.$$

从而

$$\int_\Gamma P\mathrm{d}x+Q\mathrm{d}y+R\mathrm{d}z=\int_\Gamma\frac{P+2xQ+3yR}{\sqrt{1+4x^2+9y^2}}\mathrm{d}s.$$

习题 11－3　格林公式及其应用

1. 计算下列曲线积分，并验证格林公式的正确性：

(1) $\oint_L(2xy-x^2)\mathrm{d}x+(x+y^2)\mathrm{d}y$，其中 L 是由抛物线 $y=x^2$ 和 $y^2=x$ 所围成的区域的正向边界曲线；

(2) $\oint_L(x^2-xy^3)\mathrm{d}x+(y^2-2xy)\mathrm{d}y$，其中 L 是四个顶点分别为(0,0)，(2,0)，(2,2)和(0,2)的正方形区域的正向边界.

【解析】 (1) L 如图 11－5 所示，$L=L_1+L_2$，故

$$\oint_L(2xy-x^2)\mathrm{d}x+(x+y^2)\mathrm{d}y$$

$$=\int_0^1\left[(2x^3-x^2)+(x+x^4)2x\right]\mathrm{d}x+\int_1^0\left[(2y^3-y^4)2y+(y^2+y^2)\right]\mathrm{d}y$$

$$=\int_0^1(2x^5+2x^3+x^2)\mathrm{d}x-\int_0^1(-2y^5+4y^4+2y^2)\mathrm{d}y$$

$$=\left(\frac{1}{3}+\frac{1}{2}+\frac{1}{3}\right)-\left(-\frac{1}{3}+\frac{4}{5}+\frac{2}{3}\right)=\frac{1}{30}.$$

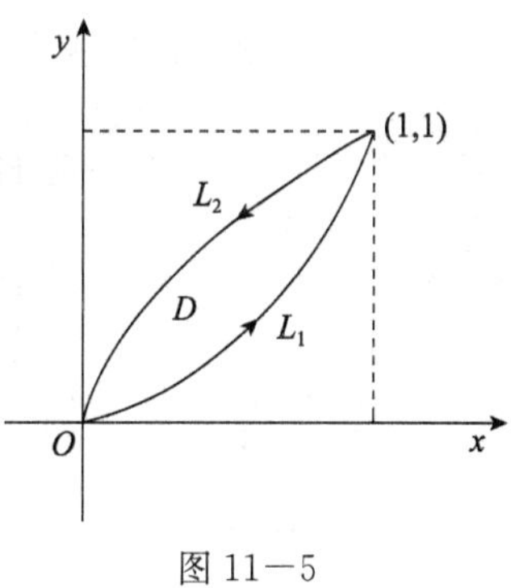

图 11－5

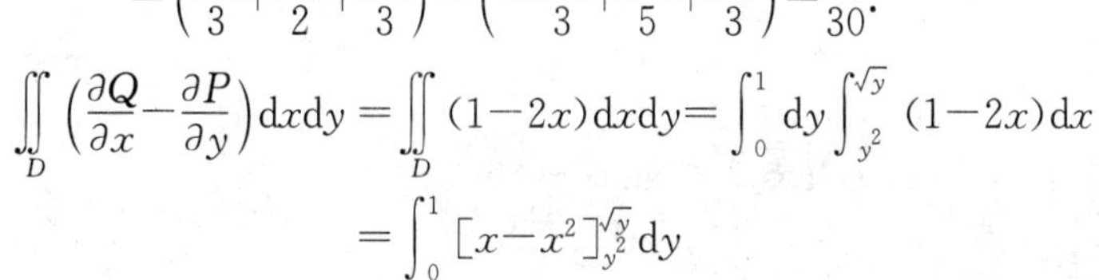

而

$$\iint_D\left(\frac{\partial Q}{\partial x}-\frac{\partial P}{\partial y}\right)\mathrm{d}x\mathrm{d}y=\iint_D(1-2x)\mathrm{d}x\mathrm{d}y=\int_0^1\mathrm{d}y\int_{y^2}^{\sqrt{y}}(1-2x)\mathrm{d}x$$

$$=\int_0^1\left[x-x^2\right]_{y^2}^{\sqrt{y}}\mathrm{d}y$$

$$=\int_0^1 (y^{\frac{1}{2}}-y-y^2+y^4)\mathrm{d}y=\frac{2}{3}-\frac{1}{2}-\frac{1}{3}+\frac{1}{5}$$

$$=\frac{1}{30}.$$

因此
$$\iint_D\left(\frac{\partial Q}{\partial x}-\frac{\partial P}{\partial y}\right)\mathrm{d}x\mathrm{d}y=\oint_L P\mathrm{d}x+Q\mathrm{d}y.$$

(2)L 如图 11－6 所示，$L=L_1+L_2+L_3+L_4$，故

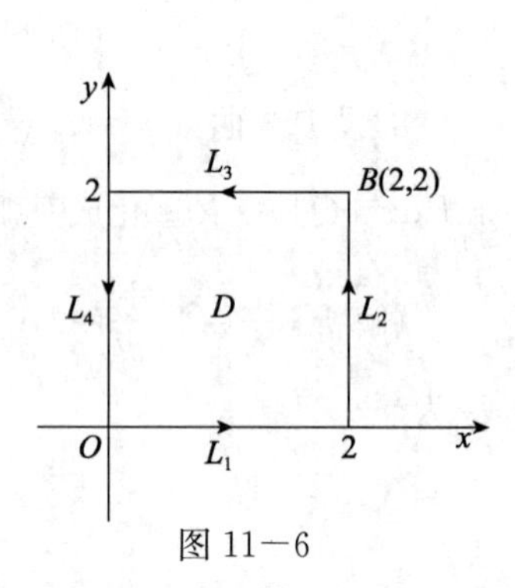

图 11－6

$$\oint_L (x^2-xy^3)\mathrm{d}x+(y^2-2xy)\mathrm{d}y$$

$$=\left(\int_{L_1}+\int_{L_2}+\int_{L_3}+\int_{L_4}\right)(x^2-xy^3)\mathrm{d}x+(y^2-2xy)\mathrm{d}y$$

$$=\int_0^2 x^2\mathrm{d}x+\int_0^2(y^2-4y)\mathrm{d}y+\int_2^0(x^2-8x)\mathrm{d}x+\int_2^0 y^2\mathrm{d}y$$

$$=\int_0^2 8x\mathrm{d}x+\int_0^2(-4y)\mathrm{d}y=8.$$

而
$$\iint_D\left(\frac{\partial Q}{\partial x}-\frac{\partial P}{\partial y}\right)\mathrm{d}x\mathrm{d}y=\iint_D(-2y+3xy^2)\mathrm{d}x\mathrm{d}y$$

$$=\int_0^2\mathrm{d}x\int_0^2(-2y+3xy^2)\mathrm{d}y$$

$$=\int_0^2(8x-4)\mathrm{d}x=8.$$

因此$\iint_D\left(\frac{\partial Q}{\partial x}-\frac{\partial P}{\partial y}\right)\mathrm{d}x\mathrm{d}y=\oint_L P\mathrm{d}x+Q\mathrm{d}y.$

2. 利用曲线积分，求下列曲线所围成的图形的面积：

(1)星形线 $x=a\cos^3 t, y=a\sin^3 t$；

(2)椭圆 $9x^2+16y^2=144$；

(3)圆 $x^2+y^2=2ax$.

【解析】(1)正向星形线的参数方程中的参数 t 从 0 变到 2π，因此

$$A=\frac{1}{2}\oint_L x\mathrm{d}y-y\mathrm{d}x$$

$$=\frac{1}{2}\int_0^{2\pi}[a\cos^3 t(3a\sin^2 t\cos t)-a\sin^3 t(3a\cos^2 t)(-\sin t)]\mathrm{d}t$$

$$=\frac{3a^2}{2}\int_0^{2\pi}(\cos^4 t\sin^2 t+\sin^4 t\cos^2 t)\mathrm{d}t$$

$$=\frac{3a^2}{2}\int_0^{2\pi}\sin^2 t\cos^2 t\mathrm{d}t$$

$$=\frac{3a^2}{2}\int_0^{2\pi}\frac{1}{8}(1-\cos 4t)\mathrm{d}t=\frac{3}{8}\pi a^2.$$

(2)正向椭圆 $9x^2+16y^2=144$ 的参数方程为 $x=4\cos t, y=3\sin t$，t 从 0 变到 2π.

$$A=\frac{1}{2}\oint_L x\mathrm{d}y-y\mathrm{d}x$$

$$=\frac{1}{2}\int_0^{2\pi}[4\cos t\cdot 3\cos t-3\sin t(-4\sin t)]\mathrm{d}t$$

$$=6\int_0^{2\pi}\mathrm{d}t=12\pi.$$

(3)正向圆周 $x^2+y^2=2ax$,即 $(x-a)^2+y^2=a^2$ 的参数方程为 $x=a+a\cos t, y=a\sin t, t$ 从 0 变到 2π.

$$\begin{aligned}A&=\frac{1}{2}\oint_L x\mathrm{d}y-y\mathrm{d}x\\&=\frac{1}{2}\int_0^{2\pi}[(a+a\cos t)a\cos t-a\sin t(-a\sin t)]\mathrm{d}t\\&=\frac{a^2}{2}\int_0^{2\pi}(1+\cos t)\mathrm{d}t=\pi a^2.\end{aligned}$$

3. 计算曲线积分 $\oint_L \frac{y\mathrm{d}x-x\mathrm{d}y}{2(x^2+y^2)}$,其中 L 为圆周 $(x-1)^2+y^2=2$,L 的方向为逆时针方向.

【解析】 如图 11−7 所示,作逆时针方向的 ε 小圆周 $l: x=\varepsilon\cos\theta, y=\varepsilon\sin\theta, 0\leqslant\theta\leqslant 2\pi$,使 l 全部被 L 所包围,在以 L 和 l 为边界的闭区域 D_ε 上利用格林公式得

$$\iint_{D_\varepsilon}\left(\frac{\partial Q}{\partial x}-\frac{\partial P}{\partial y}\right)\mathrm{d}x\mathrm{d}y=\oint_{L+l^-}P\mathrm{d}x+Q\mathrm{d}y,$$

其中 $\frac{\partial P}{\partial y}=\frac{x^2-y^2}{2(x^2+y^2)^2}, \frac{\partial Q}{\partial x}=\frac{x^2-y^2}{2(x^2+y^2)^2}$.

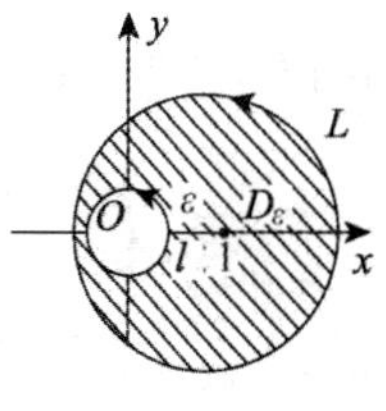

由于 $\frac{\partial Q}{\partial x}-\frac{\partial P}{\partial y}=0$,故 $\oint_{L+l^-}P\mathrm{d}x+Q\mathrm{d}y=0$,

即 $$\oint_L P\mathrm{d}x+Q\mathrm{d}y=-\oint_{l^-}P\mathrm{d}x+Q\mathrm{d}y=\oint_l P\mathrm{d}x+Q\mathrm{d}y.$$

所以
$$\begin{aligned}\oint_L \frac{y\mathrm{d}x-x\mathrm{d}y}{2(x^2+y^2)}&=\oint_l \frac{y\mathrm{d}x-x\mathrm{d}y}{2(x^2+y^2)}\\&=\int_0^{2\pi}\frac{\varepsilon\sin\theta(\varepsilon\cos\theta)'-\varepsilon\cos\theta(\varepsilon\sin\theta)'}{2\varepsilon^2}\mathrm{d}\theta\\&=\frac{1}{2\varepsilon^2}\int_0^{2\pi}(-\varepsilon^2\sin^2\theta-\varepsilon^2\cos^2\theta)\mathrm{d}\theta\\&=-\frac{1}{2}\int_0^{2\pi}\mathrm{d}\theta=-\pi.\end{aligned}$$

图 11−7

4. 确定闭曲线 C,使曲线积分

$$\oint_C\left(x+\frac{y^3}{3}\right)\mathrm{d}x+\left(y+x-\frac{2}{3}x^3\right)\mathrm{d}y$$

达到最大值.

【解析】 记 D 为 C 所围成的平面有界闭区域,C 为 D 的正向边界曲线,则由格林公式

$$\oint_C\left(x+\frac{y^3}{3}\right)\mathrm{d}x+\left(y+x-\frac{2}{3}x^3\right)\mathrm{d}y=\iint_D[(1-2x^2)-y^2]\mathrm{d}x\mathrm{d}y.$$

要使上式右端的二重积分达到最大值,D 应包含所有使被积函数 $1-2x^2-y^2$ 大于零的点,而不包含使被积函数小于零的点. 因此 D 应为由椭圆 $2x^2+y^2=1$ 所围成的闭区域. 这就是说,当 C 为取逆时针方向的椭圆 $2x^2+y^2=1$ 时,所给的曲线积分达到最大值.

5. 设 n 边形的 n 个顶点按逆时针方向依次为 $M_1(x_1,y_1), M_2(x_2,y_2),\cdots,M_n(x_n,y_n)$. 试利用曲线积分证明此 n 边形的面积为

$$A=\frac{1}{2}[(x_1y_2-x_2y_1)+(x_2y_3-x_3y_2)+\cdots+(x_{n-1}y_n-x_ny_{n-1})+(x_ny_1-x_1y_n)].$$

【证明】 n 边形的正向边界 L 由有向线段 $M_1M_2, M_2M_3,\cdots,M_{n-1}M_n, M_nM_1$ 组成.

有向线段 M_1M_2 的参数方程为 $x=x_1+(x_2-x_1)t, y=y_1+(y_2-y_1)t$, t 从0变到1,于是

$$\begin{aligned}\int_{M_1M_2} x\mathrm{d}y-y\mathrm{d}x &= \int_0^1 \{[x_1+(x_2-x_1)t](y_2-y_1)-[y_1+(y_2-y_1)t](x_2-x_1)\}\mathrm{d}t \\ &= \int_0^1 [x_1(y_2-y_1)-y_1(x_2-x_1)]\mathrm{d}t \\ &= \int_0^1 (x_1y_2-x_2y_1)\mathrm{d}t = x_1y_2-x_2y_1.\end{aligned}$$

同理可求得

$$\int_{M_2M_3} x\mathrm{d}y-y\mathrm{d}x = x_2y_3-x_3y_2,$$

$$\cdots\cdots$$

$$\int_{M_{n-1}M_n} x\mathrm{d}y-y\mathrm{d}x = x_{n-1}y_n-x_ny_{n-1},$$

$$\int_{M_nM_1} x\mathrm{d}y-y\mathrm{d}x = x_ny_1-x_1y_n.$$

因此 n 边形的面积

$$\begin{aligned}A &= \frac{1}{2}\oint_L x\mathrm{d}y-y\mathrm{d}x = \frac{1}{2}\left(\int_{M_1M_2}+\int_{M_2M_3}+\cdots+\int_{M_{n-1}M_n}+\int_{M_nM_1}\right)x\mathrm{d}y-y\mathrm{d}x \\ &= \frac{1}{2}[(x_1y_2-x_2y_1)+(x_2y_3-x_3y_2)+\cdots+(x_{n-1}y_n-x_ny_{n-1})+(x_ny_1-x_1y_n)].\end{aligned}$$

6. 证明下列曲线积分在整个 xOy 面内与路径无关,并计算积分值:

(1) $\int_{(1,1)}^{(2,3)} (x+y)\mathrm{d}x+(x-y)\mathrm{d}y$;

(2) $\int_{(1,2)}^{(3,4)} (6xy^2-y^3)\mathrm{d}x+(6x^2y-3xy^2)\mathrm{d}y$;

(3) $\int_{(1,0)}^{(2,1)} (2xy-y^4+3)\mathrm{d}x+(x^2-4xy^3)\mathrm{d}y$.

【解析】(1) $P=x+y, Q=x-y$,显然 P 和 Q 在整个 xOy 面内具有一阶连续偏导数,而且 $\frac{\partial P}{\partial y}=\frac{\partial Q}{\partial x}=1$,故在整个 xOy 面内,积分与路径无关.

取 L 为点(1,1)到(2,3)的直线 $y=2x-1$, x:1→2,故

$$\begin{aligned}\int_{(1,1)}^{(2,3)} (x+y)\mathrm{d}x+(x-y)\mathrm{d}y &= \int_1^2 [(3x-1)+2(1-x)]\mathrm{d}x \\ &= \int_1^2 (1+x)\mathrm{d}x=\frac{5}{2}.\end{aligned}$$

(2) $P=6xy^2-y^3, Q=6x^2y-3xy^2$,显然 P, Q 在整个 xOy 面内具有一阶连续偏导数,并且 $\frac{\partial P}{\partial y}=\frac{\partial Q}{\partial x}=12xy-3y^2$,故积分与路径无关.取路径为(1,2)→(1,4)→(3,4)的折线,则

$$\begin{aligned}&\int_{(1,2)}^{(3,4)} (6xy^2-y^3)\mathrm{d}x+(6x^2y-3xy^2)\mathrm{d}y \\ &= \int_2^4 (6y-3y^2)\mathrm{d}y+\int_1^3 (96x-64)\mathrm{d}x \\ &= [3y^2-y^3]_2^4+[48x^2-64x]_1^3=236.\end{aligned}$$

(3)$P=2xy-y^4+3$,$Q=x^2-4xy^3$,显然 P 和 Q 在整个 xOy 面内具有一阶连续偏导数,并且 $\frac{\partial P}{\partial y}=\frac{\partial Q}{\partial x}=2x-4y^3$,所以在整个 xOy 面内积分与路径无关,选取路径为$(1,0)\to(1,1)\to(2,1)$的折线,则

$$\int_{(1,0)}^{(2,1)}(2xy-y^4+3)\mathrm{d}x+(x^2-4xy^3)\mathrm{d}y=\int_0^1(1-4y^3)\mathrm{d}y+\int_1^2 2(x+1)\mathrm{d}x=5.$$

7. 利用格林公式,计算下列曲线积分:

(1)$\oint_L(2x-y+4)\mathrm{d}x+(5y+3x-6)\mathrm{d}y$,其中 L 为三顶点分别为$(0,0)$、$(3,0)$和$(3,2)$的三角形正向边界;

(2)$\oint_L(x^2y\cos x+2xy\sin x-y^2\mathrm{e}^x)\mathrm{d}x+(x^2\sin x-2y\mathrm{e}^x)\mathrm{d}y$,其中 L 为正向星形线$x^{\frac{2}{3}}+y^{\frac{2}{3}}=a^{\frac{2}{3}}$ $(a>0)$;

(3)$\int_L(2xy^3-y^2\cos x)\mathrm{d}x+(1-2y\sin x+3x^2y^2)\mathrm{d}y$,其中 L 为在抛物线 $2x=\pi y^2$ 上由点$(0,0)$到$\left(\frac{\pi}{2},1\right)$的一段弧;

(4)$\int_L(x^2-y)\mathrm{d}x-(x+\sin^2 y)\mathrm{d}y$,其中 L 是在圆周 $y=\sqrt{2x-x^2}$ 上由点$(0,0)$到点$(1,1)$的一段弧.

【解析】(1)设 D 为 L 所围的三角形闭区域,则由格林公式,

$$\oint_L(2x-y+4)\mathrm{d}x+(5y+3x-6)\mathrm{d}y=\iint_D\left(\frac{\partial Q}{\partial x}-\frac{\partial P}{\partial y}\right)\mathrm{d}x\mathrm{d}y=\iint_D[3-(-1)]\mathrm{d}x\mathrm{d}y$$
$$=4\iint_D\mathrm{d}x\mathrm{d}y=4S_D=4\times3=12.$$

(2)由于
$$\frac{\partial Q}{\partial x}=2x\sin x+x^2\cos x-2y\mathrm{e}^x,$$
$$\frac{\partial P}{\partial y}=x^2\cos x+2x\sin x-2y\mathrm{e}^x,$$

故由格林公式得

$$\text{原式}=\iint_D\left(\frac{\partial Q}{\partial x}-\frac{\partial P}{\partial y}\right)\mathrm{d}x\mathrm{d}y=\iint_D 0\cdot\mathrm{d}x\mathrm{d}y=0.$$

(3)令 $P=2xy^3-y^2\cos x$,$Q=1-2y\sin x+3x^2y^2$,则$\frac{\partial P}{\partial y}=6xy^2-2y\cos x=\frac{\partial Q}{\partial x}$.

为了能利用格林公式,作 AB 垂直 x 轴于 B 点,则$\overset{\frown}{OA}$,AB,BO围成一封闭区域 D,如图 11-8 所示,并注意到积分路径为负向. 因此

$$\int_L P\mathrm{d}x+Q\mathrm{d}y=-\iint_D\left(\frac{\partial Q}{\partial x}-\frac{\partial P}{\partial y}\right)\mathrm{d}x\mathrm{d}y+\int_{OB}P\mathrm{d}x+Q\mathrm{d}y+\int_{BA}P\mathrm{d}x+Q\mathrm{d}y$$
$$=-\iint_D 0\mathrm{d}x\mathrm{d}y+\int_0^{\frac{\pi}{2}}0\mathrm{d}x+\int_0^1\left(1-2y+\frac{3}{4}\pi^2y^2\right)\mathrm{d}y=\frac{\pi^2}{4}.$$

(4)作 NR 垂直 x 轴于 R 点,则$\overset{\frown}{ON}$,NR,RO 围成一封闭区域 D,如图 11-9 所示,并注意积分路径为负向,因此

$$\text{原式}=-\iint\limits_{D}\left(\frac{\partial Q}{\partial x}-\frac{\partial P}{\partial y}\right)\mathrm{d}x\mathrm{d}y+\int_{RN}P\mathrm{d}x+Q\mathrm{d}y+\int_{OR}P\mathrm{d}x+Q\mathrm{d}y$$

$$=-\iint\limits_{D}0\mathrm{d}x\mathrm{d}y+\int_{0}^{1}-(1+\sin^2 y)\mathrm{d}y+\int_{0}^{1}x^2\mathrm{d}x=\frac{1}{3}-1-\int_{0}^{1}\frac{1-\cos 2y}{2}\mathrm{d}y$$

$$=-\frac{2}{3}-\frac{1}{2}+\frac{1}{4}\sin 2$$

$$=-\frac{7}{6}+\frac{1}{4}\sin 2.$$

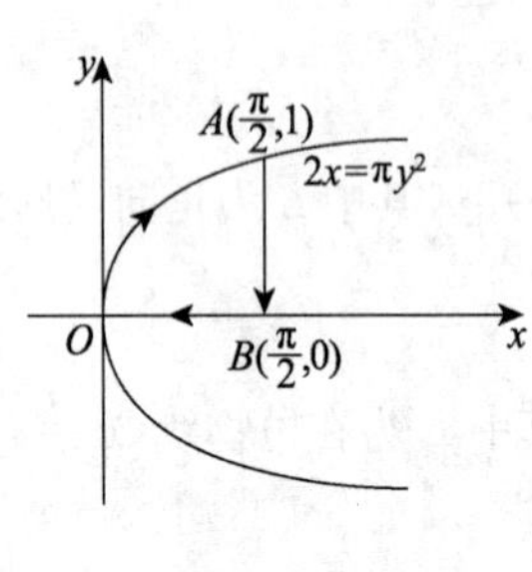

图 11－8

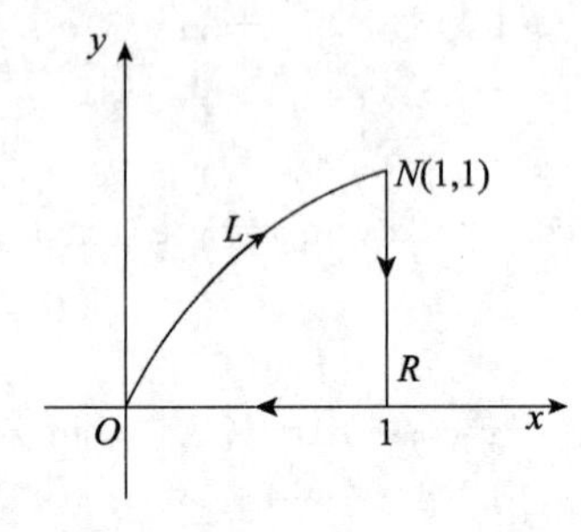

图 11－9

8. 验证下列 $P(x,y)\mathrm{d}x+Q(x,y)\mathrm{d}y$ 在整个 xOy 平面内是某一函数 $u(x,y)$ 的全微分,并求这样的一个 $u(x,y)$:

(1) $(x+2y)\mathrm{d}x+(2x+y)\mathrm{d}y$;

(2) $2xy\mathrm{d}x+x^2\mathrm{d}y$;

(3) $4\sin x\sin 3y\cos x\mathrm{d}x-3\cos 3y\cos 2x\mathrm{d}y$;

(4) $(3x^2y+8xy^2)\mathrm{d}x+(x^3+8x^2y+12y\mathrm{e}^y)\mathrm{d}y$;

(5) $(2x\cos y+y^2\cos x)\mathrm{d}x+(2y\sin x-x^2\sin y)\mathrm{d}y$.

【解析】(1)在整个 xOy 面内,函数 $P=x+2y$,$Q=2x+y$ 具有一阶连续偏导数,且$\frac{\partial Q}{\partial x}=2=\frac{\partial P}{\partial y}$,因此所给表达式是某一函数 $u(x,y)$ 的全微分.取 $(x_0,y_0)=(0,0)$,则有

$$u(x,y)=\int_0^x x\mathrm{d}x+\int_0^y(2x+y)\mathrm{d}y$$

$$=\frac{x^2}{2}+2xy+\frac{y^2}{2}.$$

(2)在整个 xOy 面内,函数 $P=2xy$ 和 $Q=x^2$ 具有一阶连续偏导数,且$\frac{\partial Q}{\partial x}=2x=\frac{\partial P}{\partial y}$,故所给表达式是某一函数 $u(x,y)$ 的全微分.取 $(x_0,y_0)=(0,0)$,则有

$$u(x,y)=\int_0^x 2x\cdot 0\mathrm{d}x+\int_0^y x^2\mathrm{d}y=x^2y.$$

(3)在整个 xOy 面内,函数 $P=4\sin x\sin 3y\cos x$ 和 $Q=-3\cos 3y\cos 2x$ 具有一阶连续偏导数,且 $\frac{\partial P}{\partial y}=12\sin x\cos x\cos 3y=6\cos 3y\sin 2x=\frac{\partial Q}{\partial x}$,故所给表达式是某一函数 $u(x,y)$ 的全微分.取 $(x_0,y_0)=(0,0)$,则有

$$u(x,y)=\int_0^x 0\mathrm{d}x+\int_0^y(-3\cos 3y\cos 2x)\mathrm{d}y=-\cos 2x\sin 3y.$$

(4)在整个 xOy 面内,函数 $P=3x^2y+8xy^2$ 和 $Q=x^3+8x^2y+12y\mathrm{e}^y$ 具有一阶连续偏导数,且

$\frac{\partial Q}{\partial x}=3x^2+16xy=\frac{\partial P}{\partial y}$,故所给表达式为某一函数 $u(x,y)$ 的全微分. 取 $(x_0,y_0)=(0,0)$,则有

$$u(x,y)=\int_0^x 0\cdot \mathrm{d}x+\int_0^y (x^3+8x^2y+12y\mathrm{e}^y)\mathrm{d}y$$
$$=x^3y+4x^2y^2+12(y\mathrm{e}^y-\mathrm{e}^y)+12.$$

(5)**方法一** 在整个 xOy 面内,$P=2x\cos y+y^2\cos x$ 和 $Q=2y\sin x-x^2\sin y$ 具有一阶连续偏导数,且

$$\frac{\partial Q}{\partial x}=2y\cos x-2x\sin y=\frac{\partial P}{\partial y},$$

故所给表达式是某一函数 $u(x,y)$ 的全微分. 取 $(x_0,y_0)=(0,0)$,则有

$$u(x,y)=\int_0^x 2x\mathrm{d}x+\int_0^y (2y\sin x-x^2\sin y)\mathrm{d}y$$
$$=y^2\sin x+x^2\cos y.$$

【注】在已经证明了所给表达式 $P(x,y)\mathrm{d}x+Q(x,y)\mathrm{d}y$ 是某一函数 $u(x,y)$ 的全微分后,为了求 $u(x,y)$,除了采用上面题解中的曲线积分方法外,还可用以下两种方法:

方法二 (偏积分法)因函数 $u(x,y)$ 满足

$$\frac{\partial u}{\partial x}=P(x,y)=2x\cos y+y^2\cos x,$$

故

$$u(x,y)=\int(2x\cos y+y^2\cos x)\mathrm{d}x$$
$$=x^2\cos y+y^2\sin x+\varphi(y),$$

其中 $\varphi(y)$ 是 y 的某个可导函数,由此得

$$\frac{\partial u}{\partial y}=-x^2\sin y+2y\sin x+\varphi'(y).$$

又 $u(x,y)$ 必须满足

$$\frac{\partial u}{\partial y}=Q(x,y)=2y\sin x-x^2\sin y,$$

从而得 $\varphi'(y)=0,\varphi(y)=C$($C$ 为任意常数). 因此

$$u(x,y)=x^2\cos y+y^2\sin x+C,$$

取 $C=0$,就得到满足要求的一个 $u(x,y)$.

方法三 利用微分运算法则直接凑出 $u(x,y)$.

$$\text{原式}=(2x\cos y\mathrm{d}x-x^2\sin y\mathrm{d}y)+(y^2\cos x\mathrm{d}x+2y\sin x\mathrm{d}y)$$
$$=[\cos y\mathrm{d}(x^2)+x^2\mathrm{d}(\cos y)]+[y^2\mathrm{d}(\sin x)+\sin x\mathrm{d}(y^2)]$$
$$=\mathrm{d}(x^2\cdot\cos y)+\mathrm{d}(y^2\cdot\sin x)$$
$$=\mathrm{d}(x^2\cos y+y^2\sin x).$$

因此可取 $u(x,y)=x^2\cos y+y^2\sin x$.

9. 设有一变力在坐标轴上的投影为 $X=x^2+y^2,Y=2xy-8$,这变力确定了一个力场. 证明质点在此场内移动时,场力所作的功与路径无关.

【证明】由题意知,场力所做的功为

$$W=\int_L (x^2+y^2)\mathrm{d}x+(2xy-8)\mathrm{d}y,$$

令 $P=x^2+y^2,Q=2xy-8$,则$\frac{\partial P}{\partial y}=2y=\frac{\partial Q}{\partial x}$,且整个 xOy 面是单连通区域. 故积分与路径无关,即场

力作功与路径无关.

*10. 判别下列方程中哪些是全微分方程？对于全微分方程,求出它的通解.

(1)$(3x^2+6xy^2)dx+(6x^2y+4y^2)dy=0$;

(2)$(a^2-2xy-y^2)dx-(x+y)^2dy=0$($a$为常数);

(3)$e^y dx+(xe^y-2y)dy=0$;

(4)$(x\cos y+\cos x)y'-y\sin x+\sin y=0$;

(5)$(x^2-y)dx-xdy=0$;

(6)$y(x-2y)dx-x^2dy=0$;

(7)$(1+e^{2\theta})d\rho+2\rho e^{2\theta}d\theta=0$;

(8)$(x^2+y^2)dx+xydy=0$.

【分析】(1)在单连通区域内,若$P(x,y)$,$Q(x,y)$有连续的偏导数,则$\frac{\partial P}{\partial y}\equiv\frac{\partial Q}{\partial x}$是方程$P(x,y)dx+Q(x,y)dy=0$为全微分方程的充要条件.本题利用这一条件来判别方程是否为全微分方程.

(2)在条件$\frac{\partial P}{\partial y}\equiv\frac{\partial Q}{\partial x}$下,存在函数$u=u(x,y)$,满足$du=P(x,y)dx+Q(x,y)dy$,而$u(x,y)=C$即是方程$P(x,y)dx+Q(x,y)dy=0$的通解.函数$u(x,y)$可用三种方法求得,其一为曲线积分法,其二为凑微分法,其三为偏积分法.

【解析】(1)$\frac{\partial P}{\partial y}=(3x^2+6xy^2)'_y=12xy$,$\frac{\partial Q}{\partial x}=(6x^2y+4y^2)'_x=12xy$,

因$\frac{\partial P}{\partial y}\equiv\frac{\partial Q}{\partial x}$,故原方程是全微分方程.

$$\begin{aligned}u(x,y)&=\int_0^x P(x,0)dx+\int_0^y Q(x,y)dy\\&=\int_0^x 3x^2dx+\int_0^y(6x^2y+4y^2)dy\\&=x^3+3x^2y^2+\frac{4}{3}y^3,\end{aligned}$$

故所求通解为$x^3+3x^2y^2+\frac{4}{3}y^3=C$,其中$C$是任意常数.

(2)$\frac{\partial P}{\partial y}=(a^2-2xy-y^2)'_y=-2x-2y$;$\frac{\partial Q}{\partial x}=[-(x+y)^2]'_x=-2(x+y)$.

因$\frac{\partial P}{\partial y}\equiv\frac{\partial Q}{\partial x}$,故原方程是全微分方程.

$$\begin{aligned}u(x,y)&=\int_0^x P(x,0)dx+\int_0^y Q(x,y)dy\\&=\int_0^x a^2dx-\int_0^y(x+y)^2dy\\&=a^2x-\frac{1}{3}(x+y)^3+\frac{1}{3}x^3\\&=a^2x-x^2y-xy^2-\frac{1}{3}y^3,\end{aligned}$$

故所求通解为

$$a^2x-x^2y-xy^2-\frac{1}{3}y^3=C,\text{其中 } C \text{ 是任意常数.}$$

(3)$\frac{\partial P}{\partial y}=(e^y)'_y=e^y$;$\frac{\partial Q}{\partial x}=(xe^y-2y)'_x=e^y$,因$\frac{\partial P}{\partial y}\equiv\frac{\partial Q}{\partial x}$,故原方程是全微分方程.下面用凑微分法求通解.

$$\begin{aligned}\text{方程的左端}&=e^y dx+(xe^y-2y)dy\\&=(e^y dx+xe^y dy)-2ydy\\&=d(xe^y)-d(y^2)=d(xe^y-y^2),\end{aligned}$$

即原方程为
$$d(xe^y-y^2)=0,$$
故所求通解为
$$xe^y-y^2=C,\text{其中 } C \text{ 是任意常数.}$$

(4)将原方程改写成
$$(\sin y-y\sin x)dx+(x\cos y+\cos x)dy=0.$$
$$\frac{\partial P}{\partial y}=(\sin y-y\sin x)'_y=\cos y-\sin x,$$
$$\frac{\partial Q}{\partial x}=(x\cos y+\cos x)'_x=\cos y-\sin x,$$

因$\frac{\partial P}{\partial y}\equiv\frac{\partial Q}{\partial x}$,故原方程是全微分方程.

$$\begin{aligned}&(\sin y-y\sin x)dx+(x\cos y+\cos x)dy\\=&(\sin ydx+x\cos ydy)+(-y\sin xdx+\cos xdy)\\=&d(x\sin y)+d(y\cos x),\end{aligned}$$

即原方程变形为
$$d(x\sin y+y\cos x)=0,$$
故所求通解为
$$x\sin y+y\cos x=C,\text{其中 } C \text{ 是任意常数.}$$

(5)$\frac{\partial P}{\partial y}=(x^2-y)'_y=-1$,$\frac{\partial Q}{\partial x}=(-x)'_x=-1$,因$\frac{\partial P}{\partial y}\equiv\frac{\partial Q}{\partial x}$,故原方程是全微分方程.

$$\begin{aligned}\text{方程的左端}&=(x^2-y)dx-xdy\\&=x^2dx-(ydx+xdy)=d\left(\frac{x^3}{3}\right)-d(xy),\end{aligned}$$

即原方程为
$$d\left(\frac{x^3}{3}-xy\right)=0,$$
故所求通解为
$$\frac{x^3}{3}-xy=C,\text{其中 } C \text{ 是任意常数.}$$

(6)$\frac{\partial P}{\partial y}=[y(x-2y)]'_y=x-4y$,$\frac{\partial Q}{\partial x}=(-x^2)'_x=-2x$.因$\frac{\partial P}{\partial y}\neq\frac{\partial Q}{\partial x}$,故原方程不是全微分方程.

(7)$\frac{\partial P}{\partial \theta}=(1+e^{2\theta})'_\theta=2e^{2\theta}$,$\frac{\partial Q}{\partial \rho}=(2\rho e^{2\theta})'_\rho=2e^{2\theta}$,因$\frac{\partial P}{\partial \theta}\equiv\frac{\partial Q}{\partial \rho}$,故原方程是全微分方程.

$$\begin{aligned}\text{方程的左端}&=(1+e^{2\theta})d\rho+2\rho e^{2\theta}d\theta\\&=d\rho+(e^{2\theta}d\rho+2\rho e^{2\theta}d\theta)\\&=d\rho+d(\rho e^{2\theta}),\end{aligned}$$

即原方程为
$$d(\rho+\rho e^{2\theta})=0,$$

故所求通解为

$$\rho+\rho e^{2\theta}=C\text{，其中 }C\text{ 是任意常数.}$$

(8) $\frac{\partial P}{\partial y}=(x^2+y^2)_y'=2y,\frac{\partial Q}{\partial x}=(xy)_x'=y$. 因$\frac{\partial P}{\partial y}\neq\frac{\partial Q}{\partial x}$，故原方程不是全微分方程.

11. 确定常数λ，使在右半平面$x>0$内的向量

$$\boldsymbol{A}(x,y)=2xy(x^4+y^2)^{\lambda}\boldsymbol{i}-x^2(x^4+y^2)^{\lambda}\boldsymbol{j}$$

为某二元函数$u(x,y)$的梯度，并求$u(x,y)$.

【解析】 令$P(x,y)=2xy(x^4+y^2)^{\lambda}$，$Q(x,y)=-x^2(x^4+y^2)^{\lambda}$，则$\boldsymbol{A}(x,y)=(P(x,y),Q(x,y))$在单连通区域右半平面$x>0$上为某二元函数$u(x,y)$的梯度$\Leftrightarrow P\mathrm{d}x+Q\mathrm{d}y$在$x>0$上存在原函数$u(x,y)\Leftrightarrow\frac{\partial Q}{\partial x}\equiv\frac{\partial P}{\partial y}$，$x>0$.

即

$$-2x(x^4+y^2)^{\lambda}-\lambda x^2(x^4+y^2)^{\lambda-1}\cdot4x^3=2x(x^4+y^2)^{\lambda}+2\lambda xy(x^4+y^2)^{\lambda-1}\cdot2y$$

$$\Leftrightarrow4x(x^4+y^2)^{\lambda}(1+\lambda)=0\Leftrightarrow\lambda=-1.$$

取$\lambda=-1$

$$P\mathrm{d}x+Q\mathrm{d}y=\frac{2xy\mathrm{d}x-x^2\mathrm{d}y}{x^4+y^2}=\frac{y\mathrm{d}x^2-x^2\mathrm{d}y}{x^4\left[1+\left(\frac{y}{x^2}\right)^2\right]}=\frac{-\mathrm{d}\left(\frac{y}{x^2}\right)}{1+\left(\frac{y}{x^2}\right)^2}=-\mathrm{d}\left(\arctan\frac{y}{x^2}\right).$$

因此$u(x,y)=-\arctan\frac{y}{x^2}+C$，其中$C$为任意常数.

习题 11—4　对面积的曲面积分

1. 设有一分布着质量的曲面Σ，在点(x,y,z)处它的面密度为$\mu(x,y,z)$，用对面积的曲面积分表示这曲面对于x轴的转动惯量.

【解析】 假设$\mu(x,y,z)$在曲线Σ上连续，应用元素法，在曲面Σ上任取一直径很小的曲面块$\mathrm{d}S$(它的面积也记作$\mathrm{d}S$). 设(x,y,z)是曲面块$\mathrm{d}S$内的任一点，则由$\mu(x,y,z)$在Σ上连续可知，曲面块$\mathrm{d}S$的质量近似等于$\mu(x,y,z)\mathrm{d}S$. 这部分质量可近似看作集中在点(x,y,z)上，该点到x轴的距离等于y^2+z^2，于是曲面Σ对于x轴的转动惯量元素为$\mathrm{d}I_x=(y^2+z^2)\mu(x,y,z)\mathrm{d}S$，因而曲面$\Sigma$对于$x$轴的转动惯量为

$$I_x=\iint\limits_{\Sigma}(y^2+z^2)\mu(x,y,z)\mathrm{d}S.$$

2. 按对面积的曲面积分定义证明公式

$$\iint\limits_{\Sigma}f(x,y,z)\mathrm{d}S=\iint\limits_{\Sigma_1}f(x,y,z)\mathrm{d}S+\iint\limits_{\Sigma_2}f(x,y,z)\mathrm{d}S,$$

其中Σ是由Σ_1和Σ_2组成的.

【证明】 由于$f(x,y,z)$在曲面Σ上可积，故不论把Σ如何分割，积分和的极限总是不变的. 因此在分割Σ时，可以把Σ_1和Σ_2的公共边界曲线作为一条分割线. 这样，$f(x,y,z)$在$\Sigma=\Sigma_1+\Sigma_2$上的积分和等于Σ_1上的积分和加上Σ_2上的积分和，记为

$$\sum_{\Sigma_1+\Sigma_2}f(\xi_i,\eta_i,\gamma_i)\Delta S_i=\sum_{\Sigma_1}f(\xi_i,\eta_i,\gamma_i)\Delta S_i+\sum_{\Sigma_2}f(\xi_i,\eta_i,\gamma_i)\Delta S_i.$$

令$\lambda=\max\{\Delta S_i\text{ 的直径}\}\to0$，上式两端同时取极限，即得

$$\iint\limits_{\Sigma_1+\Sigma_2} f(x,y,z)\mathrm{d}S=\iint\limits_{\Sigma_1} f(x,y,z)\mathrm{d}S+\iint\limits_{\Sigma_2} f(x,y,z)\mathrm{d}S.$$

3. 当 Σ 是 xOy 面内的一个闭区域时，曲面积分 $\iint\limits_{\Sigma} f(x,y,z)\mathrm{d}S$ 与二重积分有什么关系？

【解析】 当 Σ 是 xOy 面内的一个闭区域 D 时，Σ 在 xOy 面上的投影区域即为 D，Σ 上的 $f(x,y,z)$ 恒等于 $f(x,y,0)$，$z'_x=z'_y=0$.

所以 $\iint\limits_{\Sigma} f(x,y,z)\mathrm{d}S=\iint\limits_{D} f(x,y,0)\mathrm{d}x\mathrm{d}y$，这说明曲面积分与上述二重积分相等.

4. 计算曲面积分 $\iint\limits_{\Sigma} f(x,y,z)\mathrm{d}S$，其中 Σ 为抛物面 $z=2-(x^2+y^2)$ 在 xOy 面上方的部分，$f(x,y,z)$ 分别如下：

(1) $f(x,y,z)=1$；

(2) $f(x,y,z)=x^2+y^2$；

(3) $f(x,y,z)=3z$.

【解析】(1) $D_{xy}: x^2+y^2\leqslant 2$，

$$\mathrm{d}S=\sqrt{1+z'^2_x+z'^2_y}\,\mathrm{d}x\mathrm{d}y=\sqrt{1+4(x^2+y^2)}\,\mathrm{d}x\mathrm{d}y,$$

则

$$\iint\limits_{\Sigma}\mathrm{d}S=\iint\limits_{D_{xy}}\sqrt{1+4(x^2+y^2)}\,\mathrm{d}x\mathrm{d}y=\int_0^{2\pi}\mathrm{d}\theta\int_0^{\sqrt{2}}\sqrt{1+4\rho^2}\cdot\rho\mathrm{d}\rho$$
$$=\frac{13}{3}\pi.$$

(2)
$$\iint\limits_{\Sigma}(x^2+y^2)\mathrm{d}S=\iint\limits_{D_{xy}}(x^2+y^2)\sqrt{1+4(x^2+y^2)}\,\mathrm{d}x\mathrm{d}y$$
$$=\int_0^{2\pi}\mathrm{d}\theta\int_0^{\sqrt{2}}\rho^2\sqrt{1+4\rho^2}\cdot\rho\mathrm{d}\rho$$
$$=\frac{149}{30}\pi.$$

(3)
$$\iint\limits_{\Sigma}3z\mathrm{d}S=\iint\limits_{D_{xy}}3(2-x^2-y^2)\sqrt{1+4(x^2+y^2)}\,\mathrm{d}x\mathrm{d}y$$
$$=\int_0^{2\pi}\mathrm{d}\theta\int_0^{\sqrt{2}}3(2-\rho^2)\sqrt{1+4\rho^2}\cdot\rho\mathrm{d}\rho$$
$$=\frac{111}{10}\pi.$$

5. 计算 $\iint\limits_{\Sigma}(x^2+y^2)\mathrm{d}S$，其中 Σ 是：

(1) 锥面 $z=\sqrt{x^2+y^2}$ 及平面 $z=1$ 所围成的区域的整个边界曲面；

(2) 锥面 $z^2=3(x^2+y^2)$ 被平面 $z=0$ 和 $z=3$ 所截得的部分.

【解析】(1) Σ 由 Σ_1 和 Σ_2 组成，其中 Σ_1 为平面 $z=1$ 上被圆柱 $x^2+y^2=1$ 所围的部分；Σ_2 为锥面 $z=\sqrt{x^2+y^2}\,(0\leqslant z\leqslant 1)$.

在 Σ_1 上，$\mathrm{d}S=\mathrm{d}x\mathrm{d}y$；

在 Σ_2 上，$\mathrm{d}S=\sqrt{1+z'^2_x+z'^2_y}\,\mathrm{d}x\mathrm{d}y=\sqrt{2}\,\mathrm{d}x\mathrm{d}y$.

Σ_1 和 Σ_2 在 xOy 面上的投影区域 D_{xy} 均为 $x^2+y^2\leqslant 1$.

因此
$$\iint_{\Sigma}(x^2+y^2)\mathrm{d}S=\iint_{\Sigma_1}(x^2+y^2)\mathrm{d}S+\iint_{\Sigma_2}(x^2+y^2)\mathrm{d}S$$
$$=\iint_{D_{xy}}(x^2+y^2)\mathrm{d}x\mathrm{d}y+\iint_{D_{xy}}(x^2+y^2)\sqrt{2}\,\mathrm{d}x\mathrm{d}y$$
$$\xlongequal{\text{极坐标}}\int_0^{2\pi}\mathrm{d}\theta\int_0^1\rho^3\mathrm{d}\rho+\sqrt{2}\int_0^{2\pi}\mathrm{d}\theta\int_0^1\rho^3\mathrm{d}\rho$$
$$=\frac{\pi}{2}+\frac{\sqrt{2}}{2}\pi=\frac{1+\sqrt{2}}{2}\pi.$$

(2) 由题设，Σ 的方程为 $z=\sqrt{3(x^2+y^2)}$，
$$\mathrm{d}S=\sqrt{1+z_x'^2+z_y'^2}\,\mathrm{d}x\mathrm{d}y$$
$$=\sqrt{1+\frac{9x^2}{3(x^2+y^2)}+\frac{9y^2}{3(x^2+y^2)}}\,\mathrm{d}x\mathrm{d}y=2\mathrm{d}x\mathrm{d}y.$$
又由 $z^2=3(x^2+y^2)$ 和 $z=3$ 消去 z，得 $x^2+y^2=3$，故 Σ 在 xOy 面上的投影区域 D_{xy} 为 $x^2+y^2\leqslant 3$. 于是
$$\iint_{\Sigma}(x^2+y^2)\mathrm{d}S=\iint_{D_{xy}}(x^2+y^2)\cdot 2\mathrm{d}x\mathrm{d}y\xlongequal{\text{极坐标}}2\int_0^{2\pi}\mathrm{d}\theta\int_0^{\sqrt{3}}\rho^2\cdot\rho\mathrm{d}\rho=9\pi.$$

6. 计算下列对面积的曲面积分：

(1) $\iint_{\Sigma}\left(z+2x+\frac{4}{3}y\right)\mathrm{d}S$，其中 Σ 为平面 $\frac{x}{2}+\frac{y}{3}+\frac{z}{4}=1$ 在第一卦限中的部分；

(2) $\iint_{\Sigma}(2xy-2x^2-x+z)\mathrm{d}S$，其中 Σ 为平面 $2x+2y+z=6$ 在第一卦限中的部分；

(3) $\iint_{\Sigma}(x+y+z)\mathrm{d}S$，其中 Σ 为球面 $x^2+y^2+z^2=a^2$ 上 $z\geqslant h(0<h<a)$ 的部分；

(4) $\iint_{\Sigma}(xy+yz+zx)\mathrm{d}S$，其中 Σ 为锥面 $z=\sqrt{x^2+y^2}$ 被柱面 $x^2+y^2=2ax$ 所截得的有限部分.

【解析】(1) 在 Σ 上，$z=4-2x-\frac{4}{3}y$. Σ 在 xOy 面上的投影区域 D_{xy} 为由 x 轴、y 轴和直线 $\frac{x}{2}+\frac{y}{3}=1$ 所围成的三角形闭区域. 因此
$$\iint_{\Sigma}\left(z+2x+\frac{4}{3}y\right)\mathrm{d}S$$
$$=\iint_{D_{xy}}\left[\left(4-2x-\frac{4}{3}y\right)+2x+\frac{4}{3}y\right]\sqrt{1+(-2)^2+\left(-\frac{4}{3}\right)^2}\,\mathrm{d}x\mathrm{d}y$$
$$=\iint_{D_{xy}}4\times\frac{\sqrt{61}}{3}\mathrm{d}x\mathrm{d}y=\frac{4\sqrt{61}}{3}S_D$$
$$=\frac{4\sqrt{61}}{3}\times\left(\frac{1}{2}\times 2\times 3\right)=4\sqrt{61}.$$

(2) 在 Σ 上，$z=6-2x-2y$. Σ 在 xOy 面上的投影区域为由 x 轴，y 轴和直线 $x+y=3$ 所围成的三角形闭区域. 因此
$$\iint_{\Sigma}(2xy-2x^2-x+z)\mathrm{d}S$$

$$= \iint_{D_{xy}} [2xy-2x^2-x+(6-2x-2y)]\sqrt{1+(-2)^2+(-2)^2}\,dxdy$$

$$= 3\int_0^3 dx\int_0^{3-x}(6-3x-2x^2+2xy-2y)dy$$

$$= 3\int_0^3 [(6-3x-2x^2)(3-x)+x(3-x)^2-(3-x)^2]dx$$

$$= 3\int_0^3 (3x^3-10x^2+9)dx = \frac{27}{4}.$$

(3)在Σ上：$z=\sqrt{a^2-x^2-y^2}$，则Σ在xOy面上的投影为$D_{xy}: x^2+y^2\leqslant a^2-h^2$，故

$$dS=\sqrt{1+\left(\frac{-2x}{2\sqrt{a^2-x^2-y^2}}\right)^2+\left(\frac{-2y}{2\sqrt{a^2-x^2-y^2}}\right)^2}\,dxdy$$

$$=\frac{a}{\sqrt{a^2-x^2-y^2}}dxdy.$$

$$\iint_{\Sigma}(x+y+z)dS=\iint_{D_{xy}}(x+y+\sqrt{a^2-x^2-y^2})\frac{a}{\sqrt{a^2-x^2-y^2}}dxdy$$

$$\xlongequal{\text{对称性}}\iint_{D_{xy}} a\,dxdy=\pi a(a^2-h^2).$$

(4)Σ如图11－10所示，Σ在xOy面上的投影区域D_{xy}为圆域$x^2+y^2\leqslant 2ax$. 由于Σ关于xOz面对称，而函数xy和yz关于y均为奇函数，故

$$\iint_{\Sigma}xydS=0,\quad \iint_{\Sigma}yzdS=0.$$

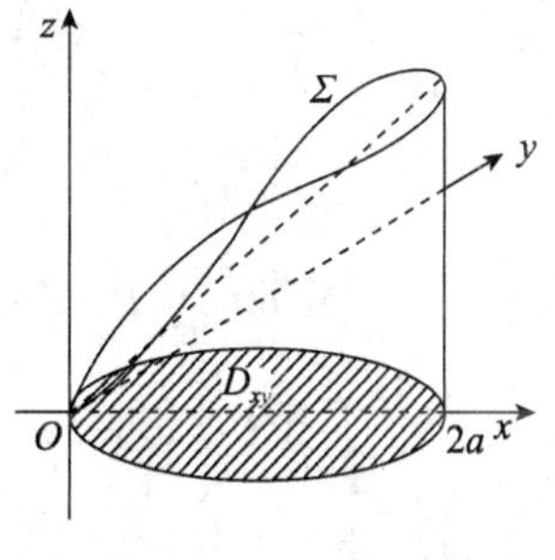

图 11－10

于是

$$\iint_{\Sigma}(xy+yz+zx)dS=\iint_{\Sigma}zxdS$$

$$=\iint_{D_{xy}}x\sqrt{x^2+y^2}\sqrt{1+\frac{x^2+y^2}{x^2+y^2}}\,dxdy$$

$$=\sqrt{2}\iint_{D_{xy}}x\sqrt{x^2+y^2}\,dxdy$$

$$\xlongequal{\text{极坐标}}\sqrt{2}\int_{-\frac{\pi}{2}}^{\frac{\pi}{2}}d\theta\int_0^{2a\cos\theta}\rho\cos\theta\cdot\rho\cdot\rho d\rho$$

$$=8\sqrt{2}a^4\int_0^{\frac{\pi}{2}}\cos^5\theta d\theta$$

$$=8\sqrt{2}a^4\cdot\frac{4}{5}\cdot\frac{2}{3}=\frac{64}{15}\sqrt{2}a^4.$$

7. 求抛物面壳$z=\frac{1}{2}(x^2+y^2)(0\leqslant z\leqslant 1)$的质量，此壳的面密度为$\mu=z$.

【解析】$dS=\sqrt{1+z_x'^2+z_y'^2}\,dxdy=\sqrt{1+x^2+y^2}\,dxdy$，

$$M=\iint_{\Sigma}\mu dS=\iint_{x^2+y^2\leqslant 2}\frac{1}{2}(x^2+y^2)\sqrt{1+x^2+y^2}\,dxdy$$

$$=\int_0^{2\pi}d\theta\int_0^{\sqrt{2}}\frac{1}{2}\rho^2\sqrt{1+\rho^2}\cdot\rho d\rho$$

$$=\frac{2\pi}{15}(6\sqrt{3}+1).$$

8. 求面密度为 μ_0 的均匀半球壳 $x^2+y^2+z^2=a^2(z\geqslant 0)$ 对于 z 轴的转动惯量.

【解析】 当 $z\geqslant 0$ 时，$z=\sqrt{a^2-x^2-y^2}$，$\mathrm{d}S=\sqrt{1+z_x'^2+z_y'^2}\,\mathrm{d}x\mathrm{d}y=\dfrac{a}{\sqrt{a^2-x^2-y^2}}\mathrm{d}x\mathrm{d}y$，

$$I_z=\iint_{\Sigma}\mu_0(x^2+y^2)\mathrm{d}S=\iint_{x^2+y^2\leqslant a^2}\mu_0(x^2+y^2)\frac{a}{\sqrt{a^2-x^2-y^2}}\mathrm{d}x\mathrm{d}y$$

$$=\int_0^{2\pi}\mathrm{d}\theta\int_0^a\mu_0\rho^2\frac{a}{\sqrt{a^2-\rho^2}}\cdot\rho\mathrm{d}\rho=\frac{4}{3}\mu_0\pi a^4.$$

习题 11－5 对坐标的曲面积分

1. 按对坐标的曲面积分的定义证明公式

$$\iint_{\Sigma}[P_1(x,y,z)\pm P_2(x,y,z)]\mathrm{d}y\mathrm{d}z=\iint_{\Sigma}P_1(x,y,z)\mathrm{d}y\mathrm{d}z\pm\iint_{\Sigma}P_2(x,y,z)\mathrm{d}y\mathrm{d}z.$$

【证明】 把 Σ 任意分成 n 块小曲面 ΔS_i（其面积也记为 ΔS_i），ΔS_i 在 yOz 面上的投影为 $(\Delta S_i)_{yz}$. 在 ΔS_i 上任意取一定点 (ξ_i,η_i,γ_i)，设 λ 是各小块曲面直径的最大值，则

$$\iint_{\Sigma}[P_1(x,y,z)\pm P_2(x,y,z)]\mathrm{d}y\mathrm{d}z$$

$$=\lim_{\lambda\to 0}\sum_{i=1}^{n}[P_1(\xi_i,\eta_i,\gamma_i)\pm P_2(\xi_i,\eta_i,\gamma_i)](\Delta S_i)_{yz}$$

$$=\lim_{\lambda\to 0}\sum_{i=1}^{n}P_1(\xi_i,\eta_i,\gamma_i)(\Delta S_i)_{yz}\pm\lim_{\lambda\to 0}\sum_{i=1}^{n}P_2(\xi_i,\eta_i,\gamma_i)(\Delta S_i)_{yz}$$

$$=\iint_{\Sigma}P_1(x,y,z)\mathrm{d}y\mathrm{d}z\pm\iint_{\Sigma}P_2(x,y,z)\mathrm{d}y\mathrm{d}z.$$

2. 当 Σ 为 xOy 面内的一个闭区域时，曲面积分 $\iint_{\Sigma}R(x,y,z)\mathrm{d}x\mathrm{d}y$ 与二重积分有什么关系？

【解析】 因为 $\iint_{\Sigma}R(x,y,z)\mathrm{d}x\mathrm{d}y$ 中的积分曲面 Σ 为有向曲面，所以

$$\iint_{\Sigma}R(x,y,z)\mathrm{d}x\mathrm{d}y=\pm\iint_{D_{xy}}R(x,y,0)\mathrm{d}x\mathrm{d}y.$$

当曲面取 Σ 的上侧时为正号，取 Σ 的下侧时为负号，D_{xy} 为 Σ 在 xOy 面的投影.

3. 计算下列对坐标的曲面积分：

(1) $\iint_{\Sigma}x^2y^2z\mathrm{d}x\mathrm{d}y$，其中 Σ 是球面 $x^2+y^2+z^2=R^2$ 的下半部分的下侧；

(2) $\iint_{\Sigma}z\mathrm{d}x\mathrm{d}y+x\mathrm{d}y\mathrm{d}z+y\mathrm{d}z\mathrm{d}x$，其中 Σ 是柱面 $x^2+y^2=1$ 被平面 $z=0$ 及 $z=3$ 所截得的在第一卦限内的部分的前侧；

(3) $\iint_{\Sigma}[f(x,y,z)+x]\mathrm{d}y\mathrm{d}z+[2f(x,y,z)+y]\mathrm{d}z\mathrm{d}x+[f(x,y,z)+z]\mathrm{d}x\mathrm{d}y$，其中 $f(x,y,z)$ 为连续函数，Σ 是平面 $x-y+z=1$ 在第四卦限部分的上侧；

(4) $\oint\!\!\!\oint_{\Sigma}xz\mathrm{d}x\mathrm{d}y+xy\mathrm{d}y\mathrm{d}z+yz\mathrm{d}z\mathrm{d}x$，其中 Σ 是平面 $x=0,y=0,z=0,x+y+z=1$ 所围成的空间区

域的整个边界曲面的外侧.

【解析】(1)由于$\Sigma: z=-\sqrt{R^2-x^2-y^2}$(取下侧),$\Sigma$在$xOy$平面上的投影区域为$D_{xy}: x^2+y^2\leqslant R^2$,于是有

$$\iint_{\Sigma} x^2y^2z\mathrm{d}x\mathrm{d}y=-\iint_{D_{xy}} x^2y^2(-\sqrt{R^2-x^2-y^2})\mathrm{d}x\mathrm{d}y=\iint_{D_{xy}} x^2y^2\sqrt{R^2-x^2-y^2}\mathrm{d}x\mathrm{d}y$$

$$\overset{*}{=\!=}4\int_0^{\frac{\pi}{2}}\mathrm{d}\theta\int_0^R \sin^2\theta\cos^2\theta\sqrt{R^2-\rho^2}\cdot\rho^5\mathrm{d}\rho=4\int_0^{\frac{\pi}{2}}\sin^2\theta\cos^2\theta\mathrm{d}\theta\int_0^R\rho^5\sqrt{R^2-\rho^2}\mathrm{d}\rho$$

$$=\frac{\pi}{4}\int_0^R\rho^5\sqrt{R^2-\rho^2}\mathrm{d}\rho\xlongequal{令\rho=R\sin t}\frac{2}{105}\pi R^7.$$

其中(*)处采用极坐标并利用二重积分对称性.

(2)由于柱面$x^2+y^2=1$在xOy面上的投影面积为零,因此$\iint\limits_{\Sigma}z\mathrm{d}x\mathrm{d}y=0$. 又$D_{yz}=\{(y,z)\mid 0\leqslant y\leqslant 1,0\leqslant z\leqslant 3\}$,$D_{zx}=\{(x,z)\mid 0\leqslant z\leqslant 3,0\leqslant x\leqslant 1\}$(如图11-11所示),因$\Sigma$取前侧,所以

$$原式=\iint_{\Sigma}x\mathrm{d}y\mathrm{d}z+\iint_{\Sigma}y\mathrm{d}z\mathrm{d}x$$
$$=\iint_{D_{yz}}\sqrt{1-y^2}\mathrm{d}y\mathrm{d}z+\iint_{D_{zx}}\sqrt{1-x^2}\mathrm{d}z\mathrm{d}x$$
$$=\int_0^3\mathrm{d}z\int_0^1\sqrt{1-y^2}\mathrm{d}y+\int_0^3\mathrm{d}z\int_0^1\sqrt{1-x^2}\mathrm{d}x$$
$$=2\cdot 3\left[\frac{y}{2}\sqrt{1-y^2}+\frac{1}{2}\arcsin y\right]_0^1$$
$$=\frac{3}{2}\pi.$$

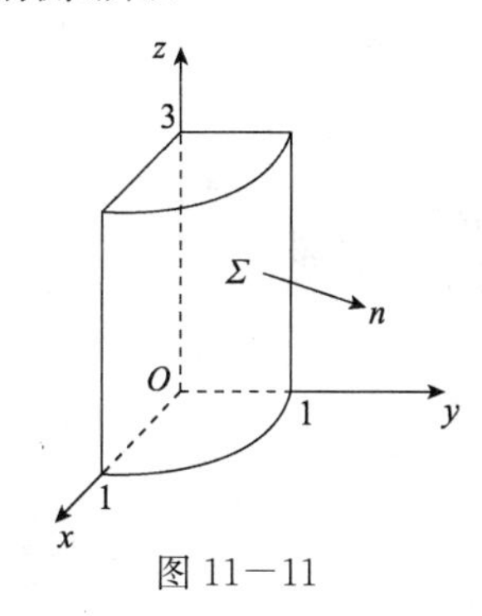

图 11-11

(3)平面$x-y+z=1$上侧的法向量为$\boldsymbol{n}=(1,-1,1)$,其方向余弦为:$\cos\alpha=\frac{1}{\sqrt{3}}$,$\cos\beta=-\frac{1}{\sqrt{3}}$,$\cos\gamma=\frac{1}{\sqrt{3}}$. 由两类曲面积分的关系得

$$\iint_{\Sigma}[f(x,y,z)+x]\mathrm{d}y\mathrm{d}z+[2f(x,y,z)+y]\mathrm{d}z\mathrm{d}x+[f(x,y,z)+z]\mathrm{d}x\mathrm{d}y$$
$$=\iint_{\Sigma}[(f+x)\cos\alpha+(2f+y)\cos\beta+(f+z)\cos\gamma]\mathrm{d}S$$
$$=\frac{1}{\sqrt{3}}\iint_{\Sigma}[(f+x)-(2f+y)+(f+z)]\mathrm{d}S$$
$$=\frac{1}{\sqrt{3}}\iint_{\Sigma}(x-y+z)\mathrm{d}S=\frac{1}{\sqrt{3}}\iint_{\Sigma}\mathrm{d}S=\frac{1}{\sqrt{3}}\times\frac{\sqrt{3}}{2}=\frac{1}{2}.$$

(4)在坐标面$x=0$,$y=0$和$z=0$上,积分值均为零,因此只需计算在$\Sigma': x+y+z=1$(取上侧)上的积分值(如图11-12所示). 下面用两种方法计算.

方法一
$$\iint_{\Sigma'}xz\mathrm{d}x\mathrm{d}y=\iint_{D_{xy}}x(1-x-y)\mathrm{d}x\mathrm{d}y$$
$$=\int_0^1x\mathrm{d}x\int_0^{1-x}(1-x-y)\mathrm{d}y=\frac{1}{24},$$

由被积函数和积分曲面关于积分变量的对称性,可得

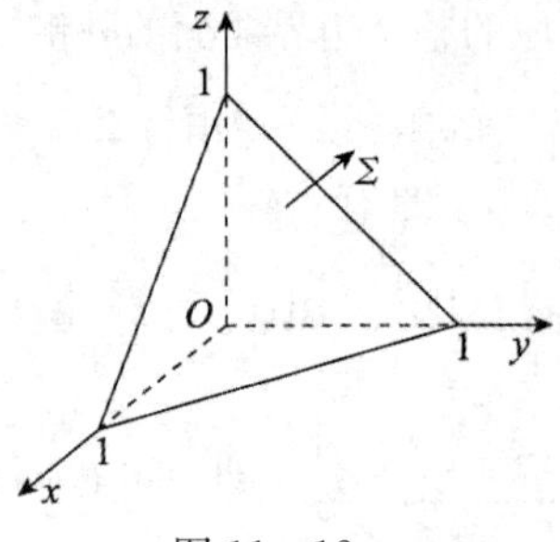

图 11－12

$$\iint_{\Sigma'} xy\mathrm{d}y\mathrm{d}z=\iint_{\Sigma'} yz\mathrm{d}z\mathrm{d}x=\iint_{\Sigma'} xz\mathrm{d}x\mathrm{d}y=\frac{1}{24},$$

因此 $$\oiint_{\Sigma} xz\mathrm{d}x\mathrm{d}y+xy\mathrm{d}y\mathrm{d}z+yz\mathrm{d}z\mathrm{d}x=3\times\frac{1}{24}=\frac{1}{8}.$$

方法二 利用两类曲面积分的联系,将$\iint\limits_{\Sigma'} xy\mathrm{d}y\mathrm{d}z$和$\iint\limits_{\Sigma'} yz\mathrm{d}z\mathrm{d}x$均化为关于坐标$x$和$y$的曲面积分计算.

由于$\Sigma':x+y+z=1$取上侧,故Σ'在任一点处的单位法向量

$$\boldsymbol{n}=(\cos\alpha,\cos\beta,\cos\gamma)=\left(\frac{1}{\sqrt{3}},\frac{1}{\sqrt{3}},\frac{1}{\sqrt{3}}\right),$$

于是
$$\iint_{\Sigma'} xy\mathrm{d}y\mathrm{d}z=\iint_{\Sigma'} xy\cos\alpha\mathrm{d}S=\iint_{\Sigma'} xy\frac{\cos\alpha}{\cos\gamma}\mathrm{d}x\mathrm{d}y=\iint_{\Sigma'} xy\mathrm{d}x\mathrm{d}y,$$
$$\iint_{\Sigma'} yz\mathrm{d}z\mathrm{d}x=\iint_{\Sigma'} yz\cos\beta\mathrm{d}S=\iint_{\Sigma'} yz\frac{\cos\beta}{\cos\gamma}\mathrm{d}x\mathrm{d}y=\iint_{\Sigma'} yz\mathrm{d}x\mathrm{d}y.$$

因此
$$\begin{aligned}&\iint_{\Sigma'} xz\mathrm{d}x\mathrm{d}y+xy\mathrm{d}y\mathrm{d}z+yz\mathrm{d}z\mathrm{d}x\\&=\iint_{\Sigma'}(xz+xy+yz)\mathrm{d}x\mathrm{d}y\\&=\iint_{D_{xy}}[x(1-x-y)+xy+y(1-x-y)]\mathrm{d}x\mathrm{d}y\\&=\int_0^1\mathrm{d}x\int_0^{1-x}(-x^2-y^2-xy+x+y)\mathrm{d}y=\frac{1}{8},\end{aligned}$$

于是原式$=\frac{1}{8}$.

【注】计算本题最方便的方法是利用下节的高斯公式:

$$\begin{aligned}\oiint_{\Sigma} xz\mathrm{d}x\mathrm{d}y+xy\mathrm{d}y\mathrm{d}z+yz\mathrm{d}z\mathrm{d}x&=\iiint_{\Omega}(y+z+x)\mathrm{d}v\\&\xlongequal{\text{对称性}}3\iiint_{\Omega}z\mathrm{d}v=3\int_0^1\mathrm{d}x\int_0^{1-x}\mathrm{d}y\int_0^{1-x-y}z\mathrm{d}z\\&=3\int_0^1\mathrm{d}x\int_0^{1-x}\frac{(1-x-y)^2}{2}\mathrm{d}y\\&=3\int_0^1\frac{(1-x)^3}{6}\mathrm{d}x=3\times\frac{1}{24}=\frac{1}{8}.\end{aligned}$$

4. 把对坐标的曲面积分

$$\iint_{\Sigma} P(x,y,z)\mathrm{d}y\mathrm{d}z+Q(x,y,z)\mathrm{d}z\mathrm{d}x+R(x,y,z)\mathrm{d}x\mathrm{d}y$$

化成对面积的曲面积分,其中:

(1)Σ是平面$3x+2y+2\sqrt{3}z=6$在第一卦限部分的上侧;

(2)Σ是抛物面$z=8-(x^2+y^2)$在xOy面上方的部分的上侧.

【解析】(1)平面$F(x,y,z)=3x+2y+2\sqrt{3}z-6=0$,上侧的法向量为:$\boldsymbol{n}=(F'_x,F'_y,F'_z)=(3,2,2\sqrt{3})$,故

$$e_n=\left(\frac{3}{5},\frac{2}{5},\frac{2}{5}\sqrt{3}\right)=(\cos\alpha,\cos\beta,\cos\gamma),$$

因此 $\iint\limits_{\Sigma}P\mathrm{d}y\mathrm{d}z+Q\mathrm{d}z\mathrm{d}x+R\mathrm{d}x\mathrm{d}y=\iint\limits_{\Sigma}(P\cos\alpha+Q\cos\beta+R\cos\gamma)\mathrm{d}S$

$$=\iint\limits_{\Sigma}\left(\frac{3}{5}P+\frac{2}{5}Q+\frac{2\sqrt{3}}{5}R\right)\mathrm{d}S.$$

(2)在Σ上:$F(x,y,z)=z+x^2+y^2-8=0$,Σ上侧的法向量$\boldsymbol{n}=(F_x',F_y',F_z')=(2x,2y,1)$,

$$e_n=\left(\frac{2x}{\sqrt{1+4(x^2+y^2)}},\frac{2y}{\sqrt{1+4(x^2+y^2)}},\frac{1}{\sqrt{1+4(x^2+y^2)}}\right)$$

$$=(\cos\alpha,\cos\beta,\cos\gamma).$$

故

$$\iint\limits_{\Sigma}P\mathrm{d}y\mathrm{d}z+Q\mathrm{d}z\mathrm{d}x+R\mathrm{d}x\mathrm{d}y=\iint\limits_{\Sigma}(P\cos\alpha+Q\cos\beta+R\cos\gamma)\mathrm{d}S$$

$$=\iint\limits_{\Sigma}\frac{2xP+2yQ+R}{\sqrt{1+4(x^2+y^2)}}\mathrm{d}S.$$

习题 11－6 高斯公式 *通量与散度

1. 利用高斯公式计算曲面积分:

(1)$\oiint\limits_{\Sigma}x^2\mathrm{d}y\mathrm{d}z+y^2\mathrm{d}z\mathrm{d}x+z^2\mathrm{d}x\mathrm{d}y$,其中$\Sigma$为平面$x=0,y=0,z=0,x=a,y=a,z=a$所围成的立体的表面的外侧;

*(2)$\oiint\limits_{\Sigma}x^3\mathrm{d}y\mathrm{d}z+y^3\mathrm{d}z\mathrm{d}x+z^3\mathrm{d}x\mathrm{d}y$,其中$\Sigma$为球面$x^2+y^2+z^2=a^2$的外侧;

*(3)$\oiint\limits_{\Sigma}xz^2\mathrm{d}y\mathrm{d}z+(x^2y-z^3)\mathrm{d}z\mathrm{d}x+(2xy+y^2z)\mathrm{d}x\mathrm{d}y$,其中$\Sigma$为上半球体$0\leqslant z\leqslant\sqrt{a^2-x^2-y^2}$,$x^2+y^2\leqslant a^2$的表面的外侧;

(4)$\oiint\limits_{\Sigma}x\mathrm{d}y\mathrm{d}z+y\mathrm{d}z\mathrm{d}x+z\mathrm{d}x\mathrm{d}y$,其中$\Sigma$是界于$z=0$和$z=3$之间的圆柱体$x^2+y^2\leqslant 9$的整个表面的外侧;

(5)$\oiint\limits_{\Sigma}4xz\mathrm{d}y\mathrm{d}z-y^2\mathrm{d}z\mathrm{d}x+yz\mathrm{d}x\mathrm{d}y$,其中$\Sigma$是平面$x=0,y=0,z=0,x=1,y=1,z=1$所围成的立方体的全表面的外侧.

【解析】(1)原式$=\iiint\limits_{\Omega}\left(\frac{\partial P}{\partial x}+\frac{\partial Q}{\partial y}+\frac{\partial R}{\partial z}\right)\mathrm{d}v=2\iiint\limits_{\Omega}(x+y+z)\mathrm{d}v$

$$\xlongequal{\text{对称性}}6\iiint\limits_{\Omega}z\mathrm{d}v=6\int_0^a\mathrm{d}x\int_0^a\mathrm{d}y\int_0^a z\mathrm{d}z$$

$$=6\cdot a\cdot a\cdot\frac{a^2}{2}=3a^4.$$

(2)原式$=\iiint\limits_{\Omega}\left(\frac{\partial P}{\partial x}+\frac{\partial Q}{\partial y}+\frac{\partial R}{\partial z}\right)\mathrm{d}v=3\iiint\limits_{\Omega}(x^2+y^2+z^2)\mathrm{d}v$

$$\xlongequal{\text{球面坐标}}3\int_0^{2\pi}\mathrm{d}\theta\int_0^{\pi}\mathrm{d}\varphi\int_0^a r^2\cdot r^2\sin\varphi\mathrm{d}r$$

$=3\cdot 2\pi\cdot 2\cdot\dfrac{a^5}{5}=\dfrac{12}{5}\pi a^5.$

(3)原式$=\displaystyle\iiint_\Omega\left(\frac{\partial P}{\partial x}+\frac{\partial Q}{\partial y}+\frac{\partial R}{\partial z}\right)\mathrm{d}v=\iiint_\Omega(z^2+x^2+y^2)\mathrm{d}v$

$\xlongequal{\text{球面坐标}}\displaystyle\int_0^{2\pi}\mathrm{d}\theta\int_0^{\frac{\pi}{2}}\mathrm{d}\varphi\int_0^a r^2\cdot r^2\sin\varphi\mathrm{d}r$

$=2\pi\cdot 1\cdot\dfrac{a^5}{5}=\dfrac{2}{5}\pi a^5.$

(4)原式$=\displaystyle\iiint_\Omega\left(\frac{\partial P}{\partial x}+\frac{\partial Q}{\partial y}+\frac{\partial R}{\partial z}\right)\mathrm{d}v=\iiint_\Omega(1+1+1)\mathrm{d}v=3\iiint_\Omega\mathrm{d}v$

$=3\cdot\pi\cdot 3^2\cdot 3=81\pi.$

(5)原式$=\displaystyle\iiint_\Omega\left(\frac{\partial P}{\partial x}+\frac{\partial Q}{\partial y}+\frac{\partial R}{\partial z}\right)\mathrm{d}v=\iiint_\Omega(4z-2y+y)\mathrm{d}v$

$=\displaystyle\int_0^1\mathrm{d}x\int_0^1\mathrm{d}y\int_0^1(4z-y)\mathrm{d}z$

$=\displaystyle\int_0^1\mathrm{d}x\int_0^1(2-y)\mathrm{d}y=\frac{3}{2}.$

【注】在计算上面的积分$\displaystyle\iiint_\Omega(4z-2y+y)\mathrm{d}v$时，如果利用被积函数和积分区域关于积分变量的对称性，可知$\displaystyle\iiint_\Omega z\mathrm{d}v=\iiint_\Omega y\mathrm{d}v$，于是

$$\iiint_\Omega(4z-2y+y)\mathrm{d}v=\iiint_\Omega 3z\mathrm{d}v=3\int_0^1\mathrm{d}x\int_0^1\mathrm{d}y\int_0^1 z\mathrm{d}z=3\times\frac{1}{2}=\frac{3}{2},$$

从而可简化运算.

*2. 求下列向量$\boldsymbol{A}$穿过曲面Σ流向指定侧的通量：

(1)$\boldsymbol{A}=yz\boldsymbol{i}+xz\boldsymbol{j}+xy\boldsymbol{k}$，$\Sigma$为圆柱$x^2+y^2\leqslant a^2(0\leqslant z\leqslant h)$的全表面，流向外侧；

(2)$\boldsymbol{A}=(2x-z)\boldsymbol{i}+x^2y\boldsymbol{j}-xz^2\boldsymbol{k}$，$\Sigma$为立方体$0\leqslant x\leqslant a,0\leqslant y\leqslant a,0\leqslant z\leqslant a$的全表面，流向外侧；

(3)$\boldsymbol{A}=(2x+3z)\boldsymbol{i}-(xz+y)\boldsymbol{j}+(y^2+2z)\boldsymbol{k}$，$\Sigma$是以点$(3,-1,2)$为球心，半径$R=3$的球面，流向外侧.

【解析】(1)$\dfrac{\partial P}{\partial x}+\dfrac{\partial Q}{\partial y}+\dfrac{\partial R}{\partial z}=0+0+0=0$，由高斯公式得，所求通量为

$$\Phi=\oiint_\Sigma yz\mathrm{d}y\mathrm{d}z+xz\mathrm{d}z\mathrm{d}x+xy\mathrm{d}x\mathrm{d}y=0.$$

(2)通量$\Phi=\displaystyle\oiint_\Sigma\boldsymbol{A}\cdot\mathrm{d}\boldsymbol{S}=\iiint_\Omega\operatorname{div}\boldsymbol{A}\mathrm{d}v$

$=\displaystyle\iiint_\Omega\left[\frac{\partial(2x-z)}{\partial x}+\frac{\partial(x^2y)}{\partial y}+\frac{\partial(-xz^2)}{\partial z}\right]\mathrm{d}v$

$=\displaystyle\iiint_\Omega(2+x^2-2xz)\mathrm{d}v$

$=2a^3+\displaystyle\int_0^a\mathrm{d}x\int_0^a\mathrm{d}y\int_0^a(x^2-2xz)\mathrm{d}z$

$$=2a^3-\frac{a^5}{6}.$$

(3)通量 $\Phi=\oiint\limits_{\Sigma}\boldsymbol{A}\cdot\mathrm{d}\boldsymbol{S}=\iiint\limits_{\Omega}\mathrm{div}\,\boldsymbol{A}\mathrm{d}v$

$$=\iiint\limits_{\Omega}\left[\frac{\partial(2x+3z)}{\partial x}+\frac{\partial(-xz-y)}{\partial y}+\frac{\partial(y^2+2z)}{\partial z}\right]\mathrm{d}v$$

$$=\iiint\limits_{\Omega}(2-1+2)\mathrm{d}v=3\iiint\limits_{\Omega}\mathrm{d}v$$

$$=3\cdot\frac{4}{3}\pi\cdot 3^3=108\pi.$$

*3. 求下列向量场 $\boldsymbol{A}$ 的散度.

(1) $\boldsymbol{A}=(x^2+yz)\boldsymbol{i}+(y^2+xz)\boldsymbol{j}+(z^2+xy)\boldsymbol{k}$；

(2) $\boldsymbol{A}=\mathrm{e}^{xy}\boldsymbol{i}+\cos(xy)\boldsymbol{j}+\cos(xz^2)\boldsymbol{k}$；

(3) $\boldsymbol{A}=y^2\boldsymbol{i}+xy\boldsymbol{j}+xz\boldsymbol{k}$.

【解析】由散度的定义 $\mathrm{div}\,\boldsymbol{A}=\frac{\partial P}{\partial x}+\frac{\partial Q}{\partial y}+\frac{\partial R}{\partial z}$,易得：

(1) $\mathrm{div}\,\boldsymbol{A}=2(x+y+z)$；

(2) $\mathrm{div}\,\boldsymbol{A}=y\mathrm{e}^{xy}-x\sin(xy)-2xz\sin(xz^2)$；

(3) $\mathrm{div}\,\boldsymbol{A}=0+x+x=2x$.

4. 设 $u(x,y,z)$,$v(x,y,z)$是两个定义在闭区域 Ω 上的具有二阶连续偏导数的函数,$\frac{\partial u}{\partial n}$,$\frac{\partial v}{\partial n}$依次表示 $u(x,y,z)$,$v(x,y,z)$沿 Σ 的外法线方向的方向导数.

证明

$$\iiint\limits_{\Omega}(u\Delta v-v\Delta u)\mathrm{d}x\mathrm{d}y\mathrm{d}z=\oiint\limits_{\Sigma}\left(u\frac{\partial v}{\partial n}-v\frac{\partial u}{\partial n}\right)\mathrm{d}S,$$

其中 Σ 是空间闭区域 Ω 的整个边界曲面. 这个公式叫做格林第二公式.

【证明】由教材中本节例 3 证明的格林第一公式知：

$$\iiint\limits_{\Omega}u\Delta v\mathrm{d}x\mathrm{d}y\mathrm{d}z=\oiint\limits_{\Sigma}u\frac{\partial v}{\partial n}\mathrm{d}S-\iiint\limits_{\Omega}\left(\frac{\partial u}{\partial x}\frac{\partial v}{\partial x}+\frac{\partial u}{\partial y}\frac{\partial v}{\partial y}+\frac{\partial u}{\partial z}\frac{\partial v}{\partial z}\right)\mathrm{d}x\mathrm{d}y\mathrm{d}z.$$

在此公式中将函数 u 和 v 交换位置,得

$$\iiint\limits_{\Omega}v\Delta u\mathrm{d}x\mathrm{d}y\mathrm{d}z=\oiint\limits_{\Sigma}v\frac{\partial u}{\partial n}\mathrm{d}S-\iiint\limits_{\Omega}\left(\frac{\partial u}{\partial x}\frac{\partial v}{\partial x}+\frac{\partial u}{\partial y}\frac{\partial v}{\partial y}+\frac{\partial u}{\partial z}\frac{\partial v}{\partial z}\right)\mathrm{d}x\mathrm{d}y\mathrm{d}z.$$

将上面两个式子相减得

$$\iiint\limits_{\Omega}(u\Delta v-v\Delta u)\mathrm{d}x\mathrm{d}y\mathrm{d}z=\oiint\limits_{\Sigma}\left(u\frac{\partial v}{\partial n}-v\frac{\partial u}{\partial n}\right)\mathrm{d}S.$$

*5. 利用高斯公式推证阿基米德原理:浸没在液体中的物体所受液体的压力的合力(即浮力)的方向铅直向上,其大小等于此物体所排开的液体的重力.

【证明】取液面为 xOy 面,z 轴沿铅直向下,设液体的密度为 ρ,在物体表面 Σ 上取元素 $\mathrm{d}S$,点(x,y,z)为 $\mathrm{d}S$ 上一点,并设 Σ 在点(x,y,z)处的外法线的方向余弦为 $\cos\alpha$、$\cos\beta$、$\cos\gamma$,$\mathrm{d}S$ 所受液体的压力在坐标轴 x,y,z 上的分量分别为$-\rho z\cos\alpha\mathrm{d}S$,$-\rho z\cos\beta\mathrm{d}S$,$-\rho z\cos\gamma\mathrm{d}S$,$\Sigma$ 所受的压力利用高斯公式计算得

$$F_x=\oiint\limits_{\Sigma}-\rho z\cos\alpha\mathrm{d}S=\iiint\limits_{\Omega}0\mathrm{d}v=0;$$

$$F_y=\oiint\limits_{\Sigma}-\rho z\cos\beta\mathrm{d}S=\iiint\limits_{\Omega}0\mathrm{d}v=0;$$

$$F_z=\oiint\limits_{\Sigma}-\rho z\cos\gamma\mathrm{d}S=\iiint\limits_{\Omega}-\rho\mathrm{d}v=-\rho\iiint\limits_{\Omega}\mathrm{d}v=-\rho|\Omega|.$$

其中 F_x,F_y,F_z 为所受压力在各方向上的分力，$|\Omega|$ 为物体的体积，因此在液体中的物体所受液体的压力的合力，其方向铅直向上，大小等于这个物体所排开的液体所受的重力的大小，阿基米德原理得证.

习题 11－7　斯托克斯公式　* 环流量与旋度

1. 试对曲面 $\Sigma:z=x^2+y^2,x^2+y^2\leqslant1,P=y^2,Q=x,R=z^2$ 验证斯托克斯公式.

【证明】 按右手法则，Σ 取上侧，Σ 的边界 Γ 为圆周 $x^2+y^2=1,z=1$，从 z 轴正向看去，取逆时针方向.

$$\iint\limits_{\Sigma}\begin{vmatrix}\mathrm{d}y\mathrm{d}z & \mathrm{d}z\mathrm{d}x & \mathrm{d}x\mathrm{d}y\\ \dfrac{\partial}{\partial x} & \dfrac{\partial}{\partial y} & \dfrac{\partial}{\partial z}\\ y^2 & x & z^2\end{vmatrix}=\iint\limits_{\Sigma}(1-2y)\mathrm{d}S=\iint\limits_{D_{xy}}(1-2y)\mathrm{d}x\mathrm{d}y$$

$$\xlongequal{\text{极坐标}}\int_0^{2\pi}\mathrm{d}\theta\int_0^1(1-2\rho\sin\theta)\rho\mathrm{d}\rho=\int_0^{2\pi}\left[\frac{\rho^2}{2}-\frac{2}{3}\rho^3\sin\theta\right]_0^1\mathrm{d}\theta$$

$$=\int_0^{2\pi}\left(\frac{1}{2}-\frac{2}{3}\sin\theta\right)\mathrm{d}\theta=\pi;$$

Γ 的参数方程可取为 $x=\cos t,y=\sin t,z=1,t$ 从 0 变到 2π，故

$$\oint_{\Gamma}P\mathrm{d}x+Q\mathrm{d}y+R\mathrm{d}z=\int_0^{2\pi}(-\sin^3t+\cos^2t)\mathrm{d}t=\pi,$$

两者相等，斯托克斯公式得到验证.

*2. 利用斯托克斯公式，计算下列曲线积分：

(1) $\oint_{\Gamma}y\mathrm{d}x+z\mathrm{d}y+x\mathrm{d}z$，其中 Γ 为圆周 $x^2+y^2+z^2=a^2,x+y+z=0$，若从 x 轴的正向看去，此圆周是取逆时针方向；

(2) $\oint_{\Gamma}(y-z)\mathrm{d}x+(z-x)\mathrm{d}y+(x-y)\mathrm{d}z$，其中 Γ 为椭圆 $x^2+y^2=a^2,\dfrac{x}{a}+\dfrac{z}{b}=1\ (a>0,b>0)$，若从 x 轴正向看去，此椭圆是取逆时针方向；

(3) $\oint_{\Gamma}3y\mathrm{d}x-xz\mathrm{d}y+yz^2\mathrm{d}z$，其中 Γ 是圆周 $x^2+y^2=2z,z=2$，若从 z 轴正向看去，此圆周是取逆时针方向；

(4) $\oint_{\Gamma}2y\mathrm{d}x+3x\mathrm{d}y-z^2\mathrm{d}z$，其中 Γ 是圆周 $x^2+y^2+z^2=9,z=0$，若从 z 轴正向看去，此圆周是取逆时针方向.

【解析】 (1) 取 Σ 为平面 $x+y+z=0$ 的上侧被 Γ 所围成的部分，则 Σ 的面积为 πa^2，Σ 的单位法向量为

$$\boldsymbol{n}=(\cos\alpha,\cos\beta,\cos\gamma)=\left(\frac{1}{\sqrt{3}},\frac{1}{\sqrt{3}},\frac{1}{\sqrt{3}}\right)\text{（如图 11－13 所示）.}$$

由斯托克斯公式，

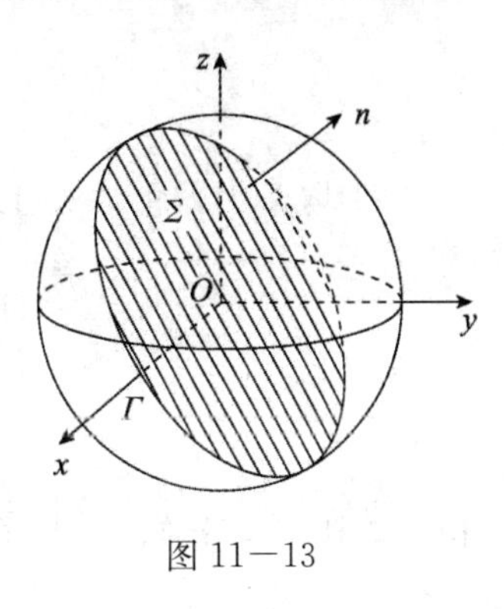

图 11—13

$$\oint_{\Gamma} y\mathrm{d}x+z\mathrm{d}y+x\mathrm{d}z=\iint_{\Sigma}\begin{vmatrix}\frac{1}{\sqrt{3}} & \frac{1}{\sqrt{3}} & \frac{1}{\sqrt{3}}\\ \frac{\partial}{\partial x} & \frac{\partial}{\partial y} & \frac{\partial}{\partial z}\\ y & z & x\end{vmatrix}\mathrm{d}S$$

$$=\iint_{\Sigma}\left(-\frac{1}{\sqrt{3}}-\frac{1}{\sqrt{3}}-\frac{1}{\sqrt{3}}\right)\mathrm{d}S=-\frac{3}{\sqrt{3}}\iint_{\Sigma}\mathrm{d}S$$

$$=-\sqrt{3}\pi a^2.$$

(2)如图 11—14 所示，取 Σ 为平面 $\frac{x}{a}+\frac{z}{b}=1$ 的上侧被 Γ 所围成的部分，Σ 的单位法向量 $\boldsymbol{n}=(\cos\alpha,\cos\beta,\cos\gamma)=\left(\frac{b}{\sqrt{a^2+b^2}},0,\frac{a}{\sqrt{a^2+b^2}}\right)$. 由斯托克斯公式

$$\oint_{\Gamma}(y-z)\mathrm{d}x+(z-x)\mathrm{d}y+(x-y)\mathrm{d}z=\iint_{\Sigma}\begin{vmatrix}\frac{b}{\sqrt{a^2+b^2}} & 0 & \frac{a}{\sqrt{a^2+b^2}}\\ \frac{\partial}{\partial x} & \frac{\partial}{\partial y} & \frac{\partial}{\partial z}\\ y-z & z-x & x-y\end{vmatrix}\mathrm{d}S$$

$$=\frac{-2(a+b)}{\sqrt{a^2+b^2}}\iint_{\Sigma}\mathrm{d}S, \qquad (*)$$

现用两种方法来求 $\iint_{\Sigma}\mathrm{d}S$.

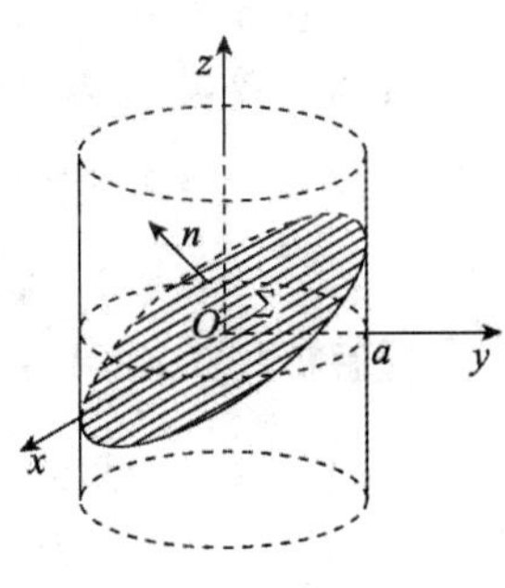

图 11—14

方法一　由于 $\iint_{\Sigma}\mathrm{d}S$ 等于 Σ 的面积 A，而 $A\cdot\cos\gamma=A\cdot\frac{a}{\sqrt{a^2+b^2}}$ 为 Σ 在 xOy 面上的投影区域的面积 πa^2，故

$$\iint_{\Sigma}\mathrm{d}S=\pi a^2\Big/\frac{a}{\sqrt{a^2+b^2}}=\pi a\sqrt{a^2+b^2}.$$

方法二　用曲面积分计算法.

由于在 Σ 上，$z=b-\frac{b}{a}x$，

$$\mathrm{d}S=\sqrt{1+z_x'^2+z_y'^2}\,\mathrm{d}x\mathrm{d}y$$

$$=\sqrt{1+\left(\frac{b}{a}\right)^2}\,\mathrm{d}x\mathrm{d}y$$

$$=\frac{\sqrt{a^2+b^2}}{a}\mathrm{d}x\mathrm{d}y,$$

又 $D_{xy}=\{(x,y)\mid x^2+y^2\leqslant a^2\}$，故

$$\iint_{\Sigma}\mathrm{d}S=\iint_{D_{xy}}\frac{\sqrt{a^2+b^2}}{a}\mathrm{d}x\mathrm{d}y=\frac{\sqrt{a^2+b^2}}{a}\cdot\pi a^2$$

$$=\pi a\sqrt{a^2+b^2}.$$

将所求得的 $\iint_{\Sigma}\mathrm{d}S$ 代入(＊)式，得

$$原式=\frac{-2(a+b)}{\sqrt{a^2+b^2}}\cdot\pi a\sqrt{a^2+b^2}=-2\pi a(a+b).$$

(3)取Σ为平面$z=2$上被Γ所围部分的上侧,则由斯托克斯公式,有

$$原式=\iint\limits_{\Sigma}\begin{vmatrix}\mathrm{d}y\mathrm{d}z & \mathrm{d}z\mathrm{d}x & \mathrm{d}x\mathrm{d}y\\ \frac{\partial}{\partial x} & \frac{\partial}{\partial y} & \frac{\partial}{\partial z}\\ 3y & -xz & yz^2\end{vmatrix}=\iint\limits_{\Sigma}(z^2+x)\mathrm{d}y\mathrm{d}z-(z+3)\mathrm{d}x\mathrm{d}y.$$

由于Σ在yOz平面上的投影区域为直线段,所以$\iint\limits_{\Sigma}(z^2+x)\mathrm{d}y\mathrm{d}z=0$.

又Σ在xOy平面上的投影区域为$D_{xy}:x^2+y^2\leqslant 4$,故

$$原式=\iint\limits_{\Sigma}-(z+3)\mathrm{d}x\mathrm{d}y=-\iint\limits_{D_{xy}}(2+3)\mathrm{d}x\mathrm{d}y=-5\iint\limits_{D_{xy}}\mathrm{d}x\mathrm{d}y=-20\pi.$$

(4)圆周$x^2+y^2+z^2=9,z=0$事实上就是xOy面上的圆$x^2+y^2=9$,取Σ为圆域$x^2+y^2\leqslant 9$的上侧. 由斯托克斯公式得:

$$\oint_{\Gamma}2y\mathrm{d}x+3x\mathrm{d}y-z^2\mathrm{d}z=\iint\limits_{\Sigma}\begin{vmatrix}\mathrm{d}y\mathrm{d}z & \mathrm{d}z\mathrm{d}x & \mathrm{d}x\mathrm{d}y\\ \frac{\partial}{\partial x} & \frac{\partial}{\partial y} & \frac{\partial}{\partial z}\\ 2y & 3x & -z^2\end{vmatrix}=\iint\limits_{\Sigma}\mathrm{d}x\mathrm{d}y=\iint\limits_{D_{xy}}\mathrm{d}x\mathrm{d}y=9\pi.$$

*3. 求下列向量场$\boldsymbol{A}$的旋度:

(1)$\boldsymbol{A}=(2z-3y)\boldsymbol{i}+(3x-z)\boldsymbol{j}+(y-2x)\boldsymbol{k}$;

(2)$\boldsymbol{A}=(z+\sin y)\boldsymbol{i}-(z-x\cos y)\boldsymbol{j}$;

(3)$\boldsymbol{A}=x^2\sin y\boldsymbol{i}+y^2\sin(xz)\boldsymbol{j}+xy\sin(\cos z)\boldsymbol{k}$.

【解析】(1)$\mathbf{rot}\,\boldsymbol{A}=\begin{vmatrix}\boldsymbol{i} & \boldsymbol{j} & \boldsymbol{k}\\ \frac{\partial}{\partial x} & \frac{\partial}{\partial y} & \frac{\partial}{\partial z}\\ 2z-3y & 3x-z & y-2x\end{vmatrix}=2\boldsymbol{i}+4\boldsymbol{j}+6\boldsymbol{k}$.

(2)$\mathbf{rot}\,\boldsymbol{A}=\begin{vmatrix}\boldsymbol{i} & \boldsymbol{j} & \boldsymbol{k}\\ \frac{\partial}{\partial x} & \frac{\partial}{\partial y} & \frac{\partial}{\partial z}\\ z+\sin y & -(z-x\cos y) & 0\end{vmatrix}=\boldsymbol{i}+\boldsymbol{j}+(\cos y-\cos y)\boldsymbol{k}=\boldsymbol{i}+\boldsymbol{j}$.

(3)$\mathbf{rot}\,\boldsymbol{A}=\begin{vmatrix}\boldsymbol{i} & \boldsymbol{j} & \boldsymbol{k}\\ \frac{\partial}{\partial x} & \frac{\partial}{\partial y} & \frac{\partial}{\partial z}\\ x^2\sin y & y^2\sin(xz) & xy\sin(\cos z)\end{vmatrix}$

$$=[x\sin(\cos z)-xy^2\cos(xz)]\boldsymbol{i}-y\sin(\cos z)\boldsymbol{j}+[y^2z\cos(xz)-x^2\cos y]\boldsymbol{k}.$$

*4. 利用斯托克斯公式把曲面积分$\iint\limits_{\Sigma}\mathbf{rot}\,\boldsymbol{A}\cdot\boldsymbol{n}\mathrm{d}S$化为曲线积分,并计算积分值,其中$\boldsymbol{A}$,$\Sigma$及$\boldsymbol{n}$分别如下:

(1)$\boldsymbol{A}=y^2\boldsymbol{i}+xy\boldsymbol{j}+xz\boldsymbol{k}$,$\Sigma$为上半球面$z=\sqrt{1-x^2-y^2}$的上侧,$\boldsymbol{n}$是$\Sigma$的单位法向量;

(2)$\boldsymbol{A}=(y-z)\boldsymbol{i}+yz\boldsymbol{j}-xz\boldsymbol{k}$,$\Sigma$为立方体$\{(x,y,z)\mid 0\leqslant x\leqslant 2,0\leqslant y\leqslant 2,0\leqslant z\leqslant 2\}$的表面外侧去掉$xOy$面上的那个底面的部分,$\boldsymbol{n}$是$\Sigma$的单位法向量.

【解析】(1)Σ 的正向边界曲线 Γ 为 xOy 面上的圆周 $x^2+y^2=1$，从 z 轴正向看去，Γ 取逆时针向，Γ 的参数方程为 $x=\cos t, y=\sin t, z=0, t$ 从 0 变到 2π.

由斯托克斯公式，

$$\begin{aligned}\iint_{\Sigma}\mathbf{rot}\,\boldsymbol{A}\cdot\boldsymbol{n}\mathrm{d}S&=\oint_{\Gamma}P\mathrm{d}x+Q\mathrm{d}y+R\mathrm{d}z\\&=\oint_{\Gamma}y^2\mathrm{d}x+xy\mathrm{d}y+xz\mathrm{d}z\\&=\int_0^{2\pi}[\sin^2 t\cdot(-\sin t)+\cos t\cdot\sin t\cdot\cos t]\mathrm{d}t\\&=\int_0^{2\pi}(1-2\cos^2 t)\mathrm{d}(\cos t)=0.\end{aligned}$$

(2)设 Σ 的边界 Γ 取逆时针方向，Γ 是 xOy 上的正方形，在 Γ 上，$z\equiv 0$. 由斯托克斯公式得

$$\begin{aligned}\iint_{\Sigma}\mathbf{rot}\,\boldsymbol{A}\cdot\boldsymbol{n}\mathrm{d}S&=\oint_{\Gamma}P\mathrm{d}x+Q\mathrm{d}y+R\mathrm{d}z\\&=\oint_{\Gamma}(y-z)\mathrm{d}x+yz\mathrm{d}y+(-xz)\mathrm{d}z\\&=\oint_{\Gamma}y\mathrm{d}x=\int_2^0 2\mathrm{d}x=-4.\end{aligned}$$

*5. 求下列向量场 $\boldsymbol{A}$ 沿闭曲线 Γ(从 z 轴正向看 Γ 依逆时针方向)的环流量：

(1)$\boldsymbol{A}=-y\boldsymbol{i}+x\boldsymbol{j}+c\boldsymbol{k}$($c$ 为常量)，Γ 为圆周 $x^2+y^2=1, z=0$；

(2)$\boldsymbol{A}=(x-z)\boldsymbol{i}+(x^3+yz)\boldsymbol{j}-3xy^2\boldsymbol{k}$，其中 Γ 为圆周 $z=2-\sqrt{x^2+y^2}, z=0$.

【解析】(1)Γ 的参数方程为 $x=\cos t, y=\sin t, z=0, t$ 从 0 变到 2π，于是所求环流量为

$$\begin{aligned}\oint_{\Gamma}\boldsymbol{A}\cdot\boldsymbol{\tau}\mathrm{d}s&=\oint_{\Gamma}P\mathrm{d}x+Q\mathrm{d}y+R\mathrm{d}z\\&=\oint_{\Gamma}(-y)\mathrm{d}x+x\mathrm{d}y+c\mathrm{d}z\\&=\int_0^{2\pi}[(-\sin t)(-\sin t)+\cos t\cos t]\mathrm{d}t\\&=\int_0^{2\pi}\mathrm{d}t=2\pi.\end{aligned}$$

(2)Γ 是 xOy 面上的圆周 $x^2+y^2=4$(从 z 轴正向看 Γ 依逆时针方向)，它的参数方程为 $x=2\cos t$, $y=2\sin t, z=0, t$ 从 0 变到 2π. 于是所求的环流量为

$$\begin{aligned}\oint_{\Gamma}\boldsymbol{A}\cdot\boldsymbol{\tau}\mathrm{d}s&=\oint_{\Gamma}P\mathrm{d}x+Q\mathrm{d}y+R\mathrm{d}z\\&=\oint_{\Gamma}(x-z)\mathrm{d}x+(x^3+yz)\mathrm{d}y-3xy^2\mathrm{d}z\quad(\text{代入 } z=0)\\&=\oint_{\Gamma}x\mathrm{d}x+x^3\mathrm{d}y\\&=\int_0^{2\pi}[2\cos t\cdot(-2\sin t)+8\cos^3 t\cdot 2\cos t]\mathrm{d}t\\&=-4\int_0^{2\pi}\sin t\cos t\mathrm{d}t+16\int_0^{2\pi}\cos^4 t\mathrm{d}t\\&=0+64\int_0^{\frac{\pi}{2}}\cos^4 t\mathrm{d}t^{[\text{注}]}\end{aligned}$$

$$=64\times\frac{3}{4}\times\frac{1}{2}\times\frac{\pi}{2}=12\pi.$$

【注】$\int_0^{2\pi}\cos^4 t\mathrm{d}t \xlongequal{\text{周期性}} 2\int_0^{\pi}\cos^4 t\mathrm{d}t=2\left(\int_0^{\frac{\pi}{2}}\cos^4 t\mathrm{d}t+\int_{\frac{\pi}{2}}^{\pi}\cos^4 t\mathrm{d}t\right)$，

由于
$$\int_{\frac{\pi}{2}}^{\pi}\cos^4 t\mathrm{d}t \xlongequal{u=\pi-t} -\int_{\frac{\pi}{2}}^{0}\cos^4 u\mathrm{d}u=\int_0^{\frac{\pi}{2}}\cos^4 u\mathrm{d}u,$$

故得
$$\int_0^{2\pi}\cos^4 t\mathrm{d}t=4\int_0^{\frac{\pi}{2}}\cos^4 t\mathrm{d}t.$$

*6. 证明 $\mathbf{rot}(\boldsymbol{a}+\boldsymbol{b})=\mathbf{rot}\,\boldsymbol{a}+\mathbf{rot}\,\boldsymbol{b}$.

【证明】设$\boldsymbol{a}=a_x\boldsymbol{i}+a_y\boldsymbol{j}+a_z\boldsymbol{k}$，$\boldsymbol{b}=b_x\boldsymbol{i}+b_y\boldsymbol{j}+b_z\boldsymbol{k}$，则

$$\boldsymbol{a}+\boldsymbol{b}=(a_x+b_x)\boldsymbol{i}+(a_y+b_y)\boldsymbol{j}+(a_z+b_z)\boldsymbol{k}.$$

故
$$\mathbf{rot}(\boldsymbol{a}+\boldsymbol{b})=\begin{vmatrix}\boldsymbol{i}&\boldsymbol{j}&\boldsymbol{k}\\ \frac{\partial}{\partial x}&\frac{\partial}{\partial y}&\frac{\partial}{\partial z}\\ a_x+b_x&a_y+b_y&a_z+b_z\end{vmatrix}=\begin{vmatrix}\boldsymbol{i}&\boldsymbol{j}&\boldsymbol{k}\\ \frac{\partial}{\partial x}&\frac{\partial}{\partial y}&\frac{\partial}{\partial z}\\ a_x&a_y&a_z\end{vmatrix}+\begin{vmatrix}\boldsymbol{i}&\boldsymbol{j}&\boldsymbol{k}\\ \frac{\partial}{\partial x}&\frac{\partial}{\partial y}&\frac{\partial}{\partial z}\\ b_x&b_y&b_z\end{vmatrix}$$
$$=\mathbf{rot}\,\boldsymbol{a}+\mathbf{rot}\,\boldsymbol{b}.$$

*7. 设 $u=u(x,y,z)$具有二阶连续偏导数，求 $\mathbf{rot}(\mathbf{grad}\,u)$.

【解析】$\mathbf{grad}\,u=\frac{\partial u}{\partial x}\boldsymbol{i}+\frac{\partial u}{\partial y}\boldsymbol{j}+\frac{\partial u}{\partial z}\boldsymbol{k}$，由于各二阶偏导数连续，

故
$$\mathbf{rot}(\mathbf{grad}\,u)=\begin{vmatrix}\boldsymbol{i}&\boldsymbol{j}&\boldsymbol{k}\\ \frac{\partial}{\partial x}&\frac{\partial}{\partial y}&\frac{\partial}{\partial z}\\ \frac{\partial u}{\partial x}&\frac{\partial u}{\partial y}&\frac{\partial u}{\partial z}\end{vmatrix}$$
$$=\left(\frac{\partial^2 u}{\partial z\partial y}-\frac{\partial^2 u}{\partial y\partial z}\right)\boldsymbol{i}+\left(\frac{\partial^2 u}{\partial x\partial z}-\frac{\partial^2 u}{\partial z\partial x}\right)\boldsymbol{j}+\left(\frac{\partial^2 u}{\partial y\partial x}-\frac{\partial^2 u}{\partial x\partial y}\right)\boldsymbol{k}$$
$$=0\boldsymbol{i}+0\boldsymbol{j}+0\boldsymbol{k}=\mathbf{0}.$$

总习题十一

1. 填空：

(1)第二类曲线积分$\int_\Gamma P\mathrm{d}x+Q\mathrm{d}y+R\mathrm{d}z$ 化成第一类曲线积分是________，其中 α,β,γ 为有向曲线弧 Γ 在点(x,y,z)处的________的方向角；

(2)第二类曲面积分$\iint_\Sigma P\mathrm{d}y\mathrm{d}z+Q\mathrm{d}z\mathrm{d}x+R\mathrm{d}x\mathrm{d}y$ 化成第一类曲面积分是________，其中 α,β 与 γ 为有向曲面 Σ 在点(x,y,z)处的________的方向角.

【解析】(1)由教材中本章第二节的公式(2－3)，可知第一个空格应填：$\int_\Gamma(P\cos\alpha+Q\cos\beta+R\cos\gamma)\mathrm{d}s$；第二个空格应填：切向量.

(2)由教材中本章第五节的公式(5－9)，可知第一个空格应填：$\iint_\Sigma(P\cos\alpha+Q\cos\beta+R\cos\gamma)\mathrm{d}S$；第二个空格应填：法向量.

2. 下题中给出了四个结论，从中选出一个正确的结论：

设曲面Σ是上半球面：$x^2+y^2+z^2=R^2(z\geqslant 0)$，曲面$\Sigma_1$是曲面$\Sigma$在第一卦限中的部分，则有(　　).

(A)$\iint\limits_{\Sigma} x\mathrm{d}S=4\iint\limits_{\Sigma_1} x\mathrm{d}S$　　(B)$\iint\limits_{\Sigma} y\mathrm{d}S=4\iint\limits_{\Sigma_1} x\mathrm{d}S$

(C)$\iint\limits_{\Sigma} z\mathrm{d}S=4\iint\limits_{\Sigma_1} x\mathrm{d}S$　　(D)$\iint\limits_{\Sigma} xyz\mathrm{d}S=4\iint\limits_{\Sigma_1} xyz\mathrm{d}S$

【解析】Σ关于yOz面对称，而x,xyz关于x是奇函数，故$\iint\limits_{\Sigma} x\mathrm{d}S=\iint\limits_{\Sigma} xyz\mathrm{d}S=0$.

同理$\iint\limits_{\Sigma} y\mathrm{d}S=0$. 又$\iint\limits_{\Sigma_1} x\mathrm{d}S>0$，$\iint\limits_{\Sigma_1} xyz\mathrm{d}S>0$，故(A)，(B)，(D)均不正确.

由对称性可知$\iint\limits_{\Sigma_1} x\mathrm{d}S=\iint\limits_{\Sigma_1} y\mathrm{d}S=\iint\limits_{\Sigma_1} z\mathrm{d}S$，又$\Sigma$关于$xOz$与$yOz$均对称，且$z$关于$x,y$均为偶函数，故$\iint\limits_{\Sigma} z\mathrm{d}S=4\iint\limits_{\Sigma_1} z\mathrm{d}S=4\iint\limits_{\Sigma_1} x\mathrm{d}S$，即(C)正确.

3. 计算下列曲线积分：

(1)$\oint_L \sqrt{x^2+y^2}\,\mathrm{d}s$，其中$L$为圆周$x^2+y^2=ax$；

(2)$\int_\Gamma z\mathrm{d}s$，其中Γ为曲线$x=t\cos t,y=t\sin t,z=t(0\leqslant t\leqslant t_0)$；

(3)$\int_L (2a-y)\mathrm{d}x+x\mathrm{d}y$，其中$L$为摆线$x=a(t-\sin t),y=a(1-\cos t)$上对应$t$从0到$2\pi$的一段弧；

(4)
$$\int_\Gamma (y^2-z^2)\mathrm{d}x+2yz\mathrm{d}y-x^2\mathrm{d}z,$$
其中Γ是曲线$x=t,y=t^2,z=t^3$上由$t_1=0$到$t_2=1$的一段弧；

(5)$\int_L (\mathrm{e}^x\sin y-2y)\mathrm{d}x+(\mathrm{e}^x\cos y-2)\mathrm{d}y$，其中$L$为上半圆周$(x-a)^2+y^2=a^2,y\geqslant 0$沿逆时针方向；

(6)$\oint_\Gamma xyz\mathrm{d}z$，其中$\Gamma$是用平面$y=z$截球面$x^2+y^2+z^2=1$所得的截痕，从$z$轴的正向看去，沿逆时针方向.

【解析】(1)**方法一**　L的方程即为$\left(x-\dfrac{a}{2}\right)^2+y^2=\dfrac{a^2}{4}$，故可取$L$的参数方程为$x=\dfrac{a}{2}+\dfrac{a}{2}\cos t$，$y=\dfrac{a}{2}\sin t,0\leqslant t\leqslant 2\pi$. 于是

$$\oint_L \sqrt{x^2+y^2}\,\mathrm{d}s=\int_0^{2\pi}\frac{\sqrt{2}a}{2}\sqrt{1+\cos t}\cdot\sqrt{\left(-\frac{a}{2}\sin t\right)^2+\left(\frac{a}{2}\cos t\right)^2}\,\mathrm{d}t$$
$$=\frac{\sqrt{2}a^2}{4}\int_0^{2\pi}\sqrt{1+\cos t}\,\mathrm{d}t=\frac{\sqrt{2}a^2}{4}\cdot\sqrt{2}\int_0^{2\pi}\left|\cos\frac{t}{2}\right|\mathrm{d}t$$
$$=2a^2\int_0^{\pi}\cos\frac{t}{2}\mathrm{d}\frac{t}{2}=2a^2.$$

方法二 L 的极坐标方程为 $\rho=a\cos\theta\left(-\frac{\pi}{2}\leqslant\theta\leqslant\frac{\pi}{2}\right)$，

$$ds=\sqrt{\rho^2+\rho'^2}\,d\theta=a\,d\theta,$$

因此 $\oint_L\sqrt{x^2+y^2}\,ds=\int_{-\frac{\pi}{2}}^{\frac{\pi}{2}}a\cos\theta\cdot a\,d\theta=2a^2$.

(2) $$\int_\Gamma z\,ds=\int_0^{t_0}t\sqrt{(\cos t-t\sin t)^2+(\sin t+t\cos t)^2+1}\,dt$$
$$=\int_0^{t_0}t\sqrt{2+t^2}\,dt=\frac{1}{2}\int_0^{t_0}\sqrt{2+t^2}\,d(2+t^2)$$
$$=\frac{1}{3}\left[(2+t^2)^{\frac{3}{2}}\right]_0^{t_0}=\frac{1}{3}\left[(2+t_0^2)^{\frac{3}{2}}-2\sqrt{2}\right].$$

(3) $$\int_L(2a-y)dx+x\,dy=\int_0^{2\pi}[(2a-a+a\cos t)\cdot a(1-\cos t)+a(t-\sin t)\cdot a\sin t]dt$$
$$=a^2\int_0^{2\pi}t\sin t\,dt=a^2\left[-t\cos t\right]_0^{2\pi}+a^2\int_0^{2\pi}\cos t\,dt$$
$$=-2\pi a^2+0=-2\pi a^2.$$

(4) $$\int_\Gamma(y^2-z^2)dx+2yz\,dy-x^2dz=\int_0^1[(t^4-t^6)\cdot 1+2t^2\cdot t^3\cdot 2t-t^2\cdot 3t^2]dt$$
$$=\int_0^1(3t^6-2t^4)dt=\frac{1}{35}.$$

(5)如图 11－15 所示，添加有向线段 OA：$y=0$，x 从 0 变到 $2a$，则在由 L 与 OA 所围成的闭区域 D 上应用格林公式可得

$$\oint_{L+OA}(e^x\sin y-2y)dx+(e^x\cos y-2)dy$$
$$=\iint_D\left(\frac{\partial Q}{\partial x}-\frac{\partial P}{\partial y}\right)dxdy$$
$$=\iint_D(e^x\cos y-e^x\cos y+2)dxdy$$
$$=2\iint_D dxdy=\pi a^2,$$

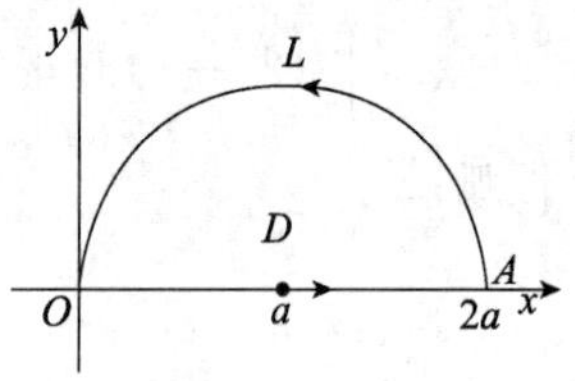

图 11－15

于是
$$\int_L(e^x\sin y-2y)dx+(e^x\cos y-2)dy$$
$$=\pi a^2-\int_{OA}(e^x\sin y-2y)dx+(e^x\cos y-2)dy$$
$$=\pi a^2-\int_0^{2a}(e^x\sin 0-2\times 0)dx=\pi a^2.$$

【注】本题通过添加辅助路径并利用格林公式，将难以直接计算的曲线积分化为一个易于计算的二重积分和另一个易于计算的曲线积分之差，从而方便地求得结果. 这是格林公式的用处之一，值得注意.

(6)平面 $y=z$ 与球面 $x^2+y^2+z^2=1$ 的截痕为 $\begin{cases}x^2+y^2+z^2=1,\\ y=z,\end{cases}$ 即 $\begin{cases}x^2+2z^2=1,\\ y=z.\end{cases}$

其参数方程为
$$\begin{cases}x=\cos t,\\ y=\dfrac{\sqrt{2}}{2}\sin t,\quad t:0\to 2\pi.\\ z=\dfrac{\sqrt{2}}{2}\sin t,\end{cases}$$

所以
$$\begin{aligned}\oint_{\Gamma} xyz\mathrm{d}z&=\int_0^{2\pi}\cos t\cdot\frac{\sqrt{2}}{2}\sin t\cdot\frac{\sqrt{2}}{2}\sin t\cdot\frac{\sqrt{2}}{2}\cos t\mathrm{d}t\\&=\int_0^{2\pi}\frac{\sqrt{2}}{4}\sin^2 t\cos^2 t\mathrm{d}t=\frac{\sqrt{2}}{16}\int_0^{2\pi}\sin^2 2t\mathrm{d}t\\&=\frac{\sqrt{2}}{16}\int_0^{2\pi}\frac{1-\cos 4t}{2}\mathrm{d}t=\frac{\sqrt{2}}{16}\pi.\end{aligned}$$

4. 计算下列曲面积分：

(1) $\iint\limits_{\Sigma}\dfrac{\mathrm{d}S}{x^2+y^2+z^2}$，其中 Σ 是介于平面 $z=0$ 及 $z=H$ 之间的圆柱面 $x^2+y^2=R^2$；

(2)
$$\iint\limits_{\Sigma}(y^2-z)\mathrm{d}y\mathrm{d}z+(z^2-x)\mathrm{d}z\mathrm{d}x+(x^2-y)\mathrm{d}x\mathrm{d}y,$$
其中 Σ 为锥面 $z=\sqrt{x^2+y^2}\ (0\leqslant z\leqslant h)$ 的外侧；

(3) $\iint\limits_{\Sigma}x\mathrm{d}y\mathrm{d}z+y\mathrm{d}z\mathrm{d}x+z\mathrm{d}x\mathrm{d}y$，其中 Σ 为半球面 $z=\sqrt{R^2-x^2-y^2}$ 的上侧；

(4) $\iint\limits_{\Sigma}xyz\mathrm{d}x\mathrm{d}y$，其中 Σ 为球面 $x^2+y^2+z^2=1\ (x\geqslant 0, y\geqslant 0)$ 的外侧.

【解析】(1) Σ 被 yOz 面分成前后两部分 $\Sigma_{前}$、$\Sigma_{后}$，且 $\Sigma_{前}$、$\Sigma_{后}$ 关于 yOz 面对称. 另外，被积函数是关于 x 的偶函数，故由对称性知
$$\iint\limits_{\Sigma}\frac{\mathrm{d}S}{x^2+y^2+z^2}=2\iint\limits_{\Sigma_{前}}\frac{\mathrm{d}S}{x^2+y^2+z^2}.$$
而 $\Sigma_{前}: x=\sqrt{R^2-y^2}$，$(y,z)\in D_{yz}=\{(y,z)\mid -R\leqslant y\leqslant R, 0\leqslant z\leqslant H\}$，

所以
$$\begin{aligned}\iint\limits_{\Sigma}\frac{\mathrm{d}S}{x^2+y^2+z^2}&=2\iint\limits_{D_{yz}}\frac{1}{R^2+z^2}\sqrt{1+\left(\frac{-y}{\sqrt{R^2-y^2}}\right)^2}\mathrm{d}y\mathrm{d}z\\&=2\iint\limits_{D_{yz}}\frac{1}{R^2+z^2}\cdot\frac{R}{\sqrt{R^2-y^2}}\mathrm{d}y\mathrm{d}z\\&=2\int_{-R}^{R}\frac{R}{\sqrt{R^2-y^2}}\mathrm{d}y\int_0^H\frac{\mathrm{d}z}{R^2+z^2}=2\pi\arctan\frac{H}{R}.\end{aligned}$$

(2) 添加辅助曲面 $\Sigma_1=\{(x,y,z)\mid z=h, x^2+y^2\leqslant h^2\}$，取上侧，则在由 Σ 和 Σ_1 所包围的空间闭区域 Ω 上应用高斯公式得
$$\begin{aligned}&\oiint\limits_{\Sigma+\Sigma_1}(y^2-z)\mathrm{d}y\mathrm{d}z+(z^2-x)\mathrm{d}z\mathrm{d}x+(x^2-y)\mathrm{d}x\mathrm{d}y\\&=\iiint\limits_{\Omega}\left[\frac{\partial(y^2-z)}{\partial x}+\frac{\partial(z^2-x)}{\partial y}+\frac{\partial(x^2-y)}{\partial z}\right]\mathrm{d}v=\iiint\limits_{\Omega}0\mathrm{d}v=0,\end{aligned}$$

于是
$$原式=-\iint\limits_{\Sigma_1}(y^2-z)\mathrm{d}y\mathrm{d}z+(z^2-x)\mathrm{d}z\mathrm{d}x+(x^2-y)\mathrm{d}x\mathrm{d}y$$

$$=-\iint_{\Sigma_1}(x^2-y)\mathrm{d}x\mathrm{d}y=-\iint_{D_{xy}}(x^2-y)\mathrm{d}x\mathrm{d}y,$$

其中 $D_{xy}=\{(x,y)\,|\,x^2+y^2\leqslant h^2\}$.

在计算 $\iint\limits_{D_{xy}}(x^2-y)\mathrm{d}x\mathrm{d}y$ 时,由对称性易知 $\iint\limits_{D_{xy}}y\mathrm{d}x\mathrm{d}y=0$,又 $\iint\limits_{D_{xy}}x^2\mathrm{d}x\mathrm{d}y=\iint\limits_{D_{xy}}y^2\mathrm{d}x\mathrm{d}y$,故

$$\iint_{D_{xy}}(x^2-y)\mathrm{d}x\mathrm{d}y=\frac{1}{2}\iint_{D_{xy}}(x^2+y^2)\mathrm{d}x\mathrm{d}y\xlongequal{\text{极坐标}}\frac{1}{2}\int_0^{2\pi}\mathrm{d}\theta\int_0^h\rho^2\cdot\rho\mathrm{d}\rho=\frac{\pi}{4}h^4.$$

从而得
$$\text{原式}=-\frac{\pi}{4}h^4.$$

【注】本题若用第二类曲面积分的计算公式直接计算,运算将十分繁复.现在通过添加辅助曲面并利用高斯公式,就将原积分化为辅助曲面上的一个容易计算的曲面积分,从而达到了化繁为简、化难为易的目的.这种做法与前面第3(5)题利用格林公式化简曲线积分计算的做法是类似的,请读者注意比较,并思考这样的问题:要使这种做法可行,所给的曲线积分(曲面积分)应具备什么条件?

(3)令 Σ_1 为 xOy 面上圆域 $x^2+y^2\leqslant R^2$ 的下侧,则由高斯公式得

$$\oiint_{\Sigma+\Sigma_1}x\mathrm{d}y\mathrm{d}z+y\mathrm{d}z\mathrm{d}x+z\mathrm{d}x\mathrm{d}y=\iiint_{\Omega}\left(\frac{\partial P}{\partial x}+\frac{\partial Q}{\partial y}+\frac{\partial R}{\partial z}\right)\mathrm{d}v=3\iiint_{\Omega}\mathrm{d}v=2\pi R^3,$$

又
$$\iint_{\Sigma_1}x\mathrm{d}y\mathrm{d}z+y\mathrm{d}z\mathrm{d}x+z\mathrm{d}x\mathrm{d}y=\iint_{\Sigma_1}z\mathrm{d}x\mathrm{d}y=0,$$

所以

$$\iint_{\Sigma}x\mathrm{d}y\mathrm{d}z+y\mathrm{d}z\mathrm{d}x+z\mathrm{d}x\mathrm{d}y=\left(\oiint_{\Sigma+\Sigma_1}-\iint_{\Sigma_1}\right)x\mathrm{d}y\mathrm{d}z+y\mathrm{d}z\mathrm{d}x+z\mathrm{d}x\mathrm{d}y=2\pi R^3.$$

(4)**方法一** 将 Σ 分成 Σ_1 和 Σ_2 两片,其中 Σ_1:$z=\sqrt{1-x^2-y^2}\,(x\geqslant0,y\geqslant0)$,取上侧;$\Sigma_2$:$z=-\sqrt{1-x^2-y^2}\,(x\geqslant0,y\geqslant0)$,取下侧.$\Sigma_1$ 和 Σ_2 在 xOy 面上的投影区域均为

$$D_{xy}=\{(x,y)\,|\,x^2+y^2\leqslant1,x\geqslant0,y\geqslant0\}\text{(如图 11-16 所示)}.$$

于是

$$\iint_{\Sigma_1}xyz\mathrm{d}x\mathrm{d}y=\iint_{D_{xy}}xy\sqrt{1-x^2-y^2}\,\mathrm{d}x\mathrm{d}y$$
$$\xlongequal{\text{极坐标}}\int_0^{\frac{\pi}{2}}\sin\theta\cos\theta\mathrm{d}\theta\cdot\int_0^1\rho^2\sqrt{1-\rho^2}\,\rho\mathrm{d}\rho$$
$$\xlongequal{\rho=\sin t}\frac{1}{2}\int_0^{\frac{\pi}{2}}\sin^3t\cdot\cos^2t\mathrm{d}t$$
$$=\frac{1}{2}\int_0^{\frac{\pi}{2}}(\sin^3t-\sin^5t)\mathrm{d}t$$
$$=\frac{1}{2}\left(\frac{2}{3}-\frac{4}{5}\times\frac{2}{3}\right)=\frac{1}{15};$$

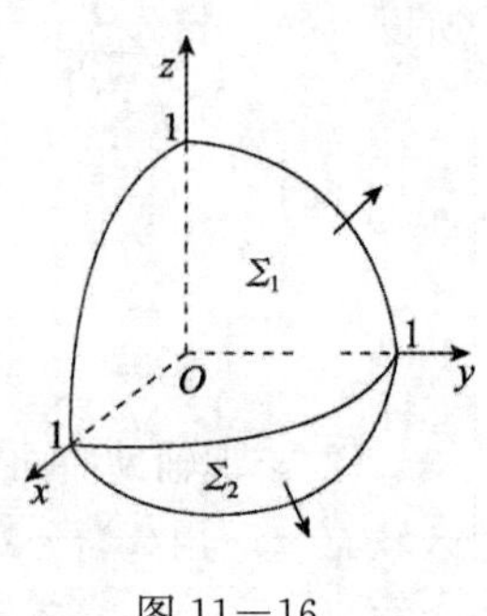

图 11-16

$$\iint_{\Sigma_2}xyz\mathrm{d}x\mathrm{d}y=-\iint_{D_{xy}}xy(-\sqrt{1-x^2-y^2})\mathrm{d}x\mathrm{d}y$$

$$=\iint_{D_{xy}} xy\sqrt{1-x^2-y^2}\,dxdy=\frac{1}{15},$$

因而
$$\iint_{\Sigma} xyzdxdy=\frac{1}{15}+\frac{1}{15}=\frac{2}{15}.$$

方法二　应用高斯公式计算.

添加辅助曲面 $\Sigma_3:x=0$(取后侧);$\Sigma_4:y=0$(取左侧),则有

$$\iint_{\Sigma_3} xyzdxdy=\iint_{\Sigma_4} xyzdxdy=0.$$

在由 Σ、Σ_3 和 Σ_4 所围成的空间闭区域 Ω 上应用高斯公式,得

$$\iint_{\Sigma} xyzdxdy=\oint\!\!\!\oint_{\Sigma+\Sigma_3+\Sigma_4} xyzdxdy=\iiint_{\Omega}\frac{\partial(xyz)}{\partial z}dv$$
$$=\iiint_{\Omega} xydv=\iint_{D_{xy}} xydxdy\int_{-\sqrt{1-x^2-y^2}}^{\sqrt{1-x^2-y^2}}dz$$
$$=2\iint_{D_{xy}} xy\sqrt{1-x^2-y^2}\,dxdy=\frac{2}{15}.$$

5. 证明:$\dfrac{xdx+ydy}{x^2+y^2}$在整个 xOy 平面除去 y 的负半轴及原点的区域 G 内是某个二元函数的全微分,并求出一个这样的二元函数.

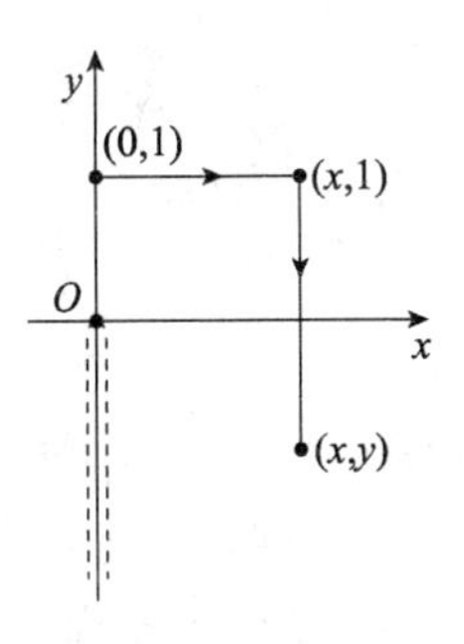

图 11－17

【证明】 由于$P=\dfrac{x}{x^2+y^2}$, $Q=\dfrac{y}{x^2+y^2}$,故在单连通区域 G 内有

$$\frac{\partial P}{\partial y}=-\frac{2xy}{(x^2+y^2)^2}=\frac{\partial Q}{\partial x},$$

所以 $Pdx+Qdy$ 在 G 内是某二元函数的全微分,且取图 11－17 所示的路线

$$u(x,y)=\int_{(0,1)}^{(x,y)} Pdx+Qdy=\int_{(0,1)}^{(x,y)}\frac{xdx+ydy}{x^2+y^2}$$
$$=\int_0^x\frac{x}{x^2+1}dx+\int_1^y\frac{y}{x^2+y^2}dy=\frac{1}{2}\ln(x^2+y^2).$$

6. 设在半平面 $x>0$ 内有力 $\boldsymbol{F}=-\dfrac{k}{\rho^3}(x\boldsymbol{i}+y\boldsymbol{j})$构成力场,其中 k 为常数,$\rho=\sqrt{x^2+y^2}$. 证明在此力场中场力所做的功与所取的路径无关.

【证明】 场力沿路径所做的功为

$$W=\int_L -\frac{k}{\rho^3}xdx-\frac{k}{\rho^3}ydy,P=-\frac{k}{\rho^3}x=-\frac{kx}{(x^2+y^2)^{\frac{3}{2}}},$$

$$Q=-\frac{k}{\rho^3}y=-\frac{ky}{(x^2+y^2)^{\frac{3}{2}}},\frac{\partial Q}{\partial x}=\frac{\frac{3}{2}kxy}{(x^2+y^2)^{\frac{5}{2}}}=\frac{\partial P}{\partial y},$$

由于右半平面为单连通区域,且$\dfrac{\partial P}{\partial y}\equiv\dfrac{\partial Q}{\partial x}$,所以场力做功与路径无关.

7. 设函数 $f(x)$在$(-\infty,+\infty)$内具有一阶连续导数,L 是上半平面$(y>0)$内的有向分段光滑曲线,其起点为(a,b),终点为(c,d). 记

$$I=\int_L \frac{1}{y}[1+y^2f(xy)]dx+\frac{x}{y^2}[y^2f(xy)-1]dy.$$

(1)证明曲线积分 I 与路径无关；

(2)当 $ab=cd$ 时，求 I 的值.

(1)【证明】因为

$$\frac{\partial}{\partial y}\left\{\frac{1}{y}[1+y^2f(xy)]\right\}=f(xy)-\frac{1}{y^2}+xyf'(xy)$$
$$=\frac{\partial}{\partial x}\left\{\frac{x}{y^2}[y^2f(xy)-1]\right\}$$

在上半平面这个单连通域内处处成立，所以在上半平面内曲线积分与路径 L 无关.

(2)【解析】由于 I 与路径无关，故可取积分路径 L 为由点 (a,b) 到点 (c,b) 再到点 (c,d) 的有向折线，从而得

$$\begin{aligned}I&=\int_a^c\frac{1}{b}[1+b^2f(bx)]\mathrm{d}x+\int_b^d\frac{c}{y^2}[y^2f(cy)-1]\mathrm{d}y\\&=\frac{c-a}{b}+\int_a^c bf(bx)\mathrm{d}x+\int_b^d cf(cy)\mathrm{d}y+\frac{c}{d}-\frac{c}{b}\\&=\frac{c}{d}-\frac{a}{b}+\int_{ab}^{bc}f(t)\mathrm{d}t+\int_{bc}^{cd}f(t)\mathrm{d}t\\&=\frac{c}{d}-\frac{a}{b}+\int_{ab}^{cd}f(t)\mathrm{d}t,\end{aligned}$$

当 $ab=cd$ 时，$\int_{ab}^{cd}f(t)dt=0$，由此得

$$I=\frac{c}{d}-\frac{a}{b}.$$

8. 求均匀曲面 $z=\sqrt{a^2-x^2-y^2}$ 的质心的坐标.

【解析】设质心位置为 $(\overline{x},\overline{y},\overline{z})$，曲面记为 Σ. 由对称性可知质心位于 z 轴上，故 $\overline{x}=\overline{y}=0$.

Σ 在 xOy 面上的投影区域 $D_{xy}=\{(x,y)\mid x^2+y^2\leqslant a^2\}$.

由于

$$\begin{aligned}\iint_\Sigma z\mathrm{d}S&=\iint_{D_{xy}}\sqrt{a^2-x^2-y^2}\cdot\sqrt{1+z_x'^2+z_y'^2}\,\mathrm{d}x\mathrm{d}y\\&=\iint_{D_{xy}}\sqrt{a^2-x^2-y^2}\cdot\sqrt{1+\frac{x^2+y^2}{a^2-x^2-y^2}}\,\mathrm{d}x\mathrm{d}y\\&=a\iint_{D_{xy}}\mathrm{d}x\mathrm{d}y=a\cdot\pi a^2=\pi a^3,\end{aligned}$$

又

$$\Sigma\text{ 的面积为 }A=2\pi a^2,$$

故

$$\overline{z}=\frac{\iint_\Sigma z\mathrm{d}S}{A}=\frac{\pi a^3}{2\pi a^2}=\frac{a}{2},$$

所求的质心为 $\left(0,0,\frac{a}{2}\right)$.

9. 设 $u(x,y)$ 与 $v(x,y)$ 在闭区域 D 上都具有二阶连续偏导数，分段光滑的曲线 L 为 D 的正向边界曲线. 证明：

(1) $\iint_D v\Delta u\mathrm{d}x\mathrm{d}y=-\iint_D(\mathbf{grad}\,u\cdot\mathbf{grad}\,v)\mathrm{d}x\mathrm{d}y+\oint_L v\frac{\partial u}{\partial n}\mathrm{d}s$；

(2) $\iint_D(u\Delta v-v\Delta u)\mathrm{d}x\mathrm{d}y=\oint_L\left(u\frac{\partial v}{\partial n}-v\frac{\partial u}{\partial n}\right)\mathrm{d}s$，

其中$\frac{\partial u}{\partial n},\frac{\partial v}{\partial n}$分别是$u$与$v$沿$L$的外法线向量$\boldsymbol{n}$的方向导数，符号$\Delta=\frac{\partial^2}{\partial x^2}+\frac{\partial^2}{\partial y^2}$称为二维拉普拉斯算子.

【证明】(1)如图11－18所示，$\boldsymbol{n}$为有向曲线L的外法线向量，$\boldsymbol{\tau}$为L的切线向量. 设x轴到$\boldsymbol{n}$和$\boldsymbol{\tau}$的转角分别为φ和α，则$\alpha=\varphi+\frac{\pi}{2}$，且$\boldsymbol{n}$的方向余弦为$\cos\varphi,\sin\varphi$；$\boldsymbol{\tau}$的方向余弦为$\cos\alpha,\sin\alpha$. 于是

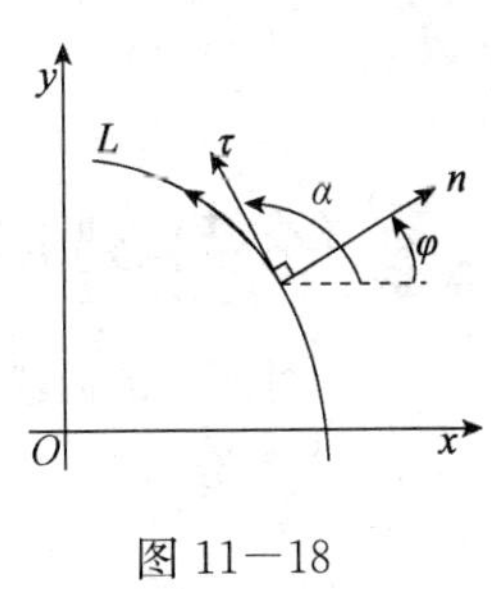

图11－18

$$\oint_L v\frac{\partial u}{\partial n}\mathrm{d}s=\oint_L v(u'_x\cos\varphi+u'_y\sin\varphi)\mathrm{d}s$$
$$=\oint_L v(u'_x\sin\alpha-u'_y\cos\alpha)\mathrm{d}s\ (\cos\alpha\mathrm{d}s=\mathrm{d}x,\sin\alpha\mathrm{d}s=\mathrm{d}y)$$
$$=\oint_L vu'_x\mathrm{d}y-vu'_y\mathrm{d}x$$
$$\xlongequal{\text{格林公式}}\iint_D\left[\frac{\partial(vu'_x)}{\partial x}-\frac{\partial(-vu'_y)}{\partial y}\right]\mathrm{d}x\mathrm{d}y$$
$$=\iint_D[(u'_xv'_x+vu''_{xx})+(u'_yv'_y+vu''_{yy})]\mathrm{d}x\mathrm{d}y$$
$$=\iint_D v(u''_{xx}+u''_{yy})\mathrm{d}x\mathrm{d}y+\iint_D(u'_xv'_x+u'_yv'_y)\mathrm{d}x\mathrm{d}y$$
$$=\iint_D v\Delta u\mathrm{d}x\mathrm{d}y+\iint_D(\mathbf{grad}\,u\cdot\mathbf{grad}\,v)\mathrm{d}x\mathrm{d}y,$$

把上式右端第二个积分移到左端即得所要证明的等式.

(2)由(1)可知

$$\iint_D v\Delta u\mathrm{d}x\mathrm{d}y=-\iint_D(\mathbf{grad}\,u\cdot\mathbf{grad}\,v)\mathrm{d}x\mathrm{d}y+\oint_L v\frac{\partial u}{\partial n}\mathrm{d}s,$$
$$\iint_D u\Delta v\mathrm{d}x\mathrm{d}y=-\iint_D(\mathbf{grad}\,v\cdot\mathbf{grad}\,u)\mathrm{d}x\mathrm{d}y+\oint_L u\frac{\partial v}{\partial n}\mathrm{d}s.$$

两式相减可得

$$\iint_D(u\Delta v-v\Delta u)\mathrm{d}x\mathrm{d}y=\oint_L\left(u\frac{\partial v}{\partial n}-v\frac{\partial u}{\partial n}\right)\mathrm{d}s.\text{ 证毕.}$$

*10. 求向量$\boldsymbol{A}=x\boldsymbol{i}+y\boldsymbol{j}+z\boldsymbol{k}$通过闭区域$\Omega=\{(x,y,z)\mid 0\leqslant x\leqslant 1,0\leqslant y\leqslant 1,0\leqslant z\leqslant 1\}$的边界曲面流向外侧的通量.

【解析】通量

$$\Phi=\iint_\Sigma\boldsymbol{A}\cdot\boldsymbol{n}\mathrm{d}S=\oiint_\Sigma x\mathrm{d}y\mathrm{d}z+y\mathrm{d}z\mathrm{d}x+z\mathrm{d}x\mathrm{d}y$$
$$\xlongequal{\text{高斯公式}}\iiint_\Omega\left(\frac{\partial x}{\partial x}+\frac{\partial y}{\partial y}+\frac{\partial z}{\partial z}\right)\mathrm{d}v$$
$$=\iiint_\Omega(1+1+1)\mathrm{d}v=3\iiint_\Omega\mathrm{d}v=3\times1=3.$$

11. 求力$\boldsymbol{F}=y\boldsymbol{i}+z\boldsymbol{j}+x\boldsymbol{k}$沿有向闭曲线$\Gamma$所做的功，其中$\Gamma$为平面$x+y+z=1$被三个坐标面所截成的三角形的整个边界，从$z$轴正向看去，沿顺时针方向.

【解析】令Σ为$x+y+z=1$在第一象限部分的下侧，则力场沿其边界Γ(顺时针方向)所做的功为：$W=\oint_\Gamma y\mathrm{d}x+z\mathrm{d}y+x\mathrm{d}z$.

Σ的单位法向量为$\boldsymbol{n}=-\frac{1}{\sqrt{3}}(1,1,1)$，所以方向余弦为：$\cos\alpha=\cos\beta=\cos\gamma=-\frac{\sqrt{3}}{3}$.

由斯托克斯公式得

$$W=\iint_{\Sigma}\begin{vmatrix}-\frac{1}{\sqrt{3}} & -\frac{1}{\sqrt{3}} & -\frac{1}{\sqrt{3}}\\ \frac{\partial}{\partial x} & \frac{\partial}{\partial y} & \frac{\partial}{\partial z}\\ y & z & x\end{vmatrix}\mathrm{d}S=\sqrt{3}\iint_{\Sigma}\mathrm{d}S=\frac{3}{2}.$$

经典例题选讲

1. 对弧长的曲线积分的计算

(1) 参数法：

设 $L:\begin{cases}x=x(t),\\ y=y(t),\end{cases}\alpha\leqslant t\leqslant\beta$,则

$$\int_L f(x,y)\mathrm{d}s=\int_\alpha^\beta f[x(t),y(t)]\sqrt{x'^2(t)+y'^2(t)}\,\mathrm{d}t.$$

特别地,设 $L:y=y(x),a\leqslant x\leqslant b$,则

$$\int_L f(x,y)\mathrm{d}s=\int_a^b f[x,y(x)]\sqrt{1+y'^2(x)}\,\mathrm{d}x.$$

(2) 简化运算方法：

① 若 L 关于 x 轴(或 y 轴) 对称,则

$$\int_L f(x,y)\mathrm{d}s=\begin{cases}0, & f(x,y)\text{ 是 }y(\text{或 }x)\text{ 的奇函数},\\ 2\int_{L_1}f(x,y)\mathrm{d}s, & f(x,y)\text{ 是 }y(\text{或 }x)\text{ 的偶函数},\end{cases}$$

其中 L_1 是 L 在 $y\geqslant 0$(或 $x\geqslant 0$) 的部分.

② 若 L 关于 $y=x$ 对称,则

$$\int_L f(x,y)\mathrm{d}s=\int_L f(y,x)\mathrm{d}s,$$

特别地,有 $\int_L f(x)\mathrm{d}s=\int_L f(y)\mathrm{d}s$.

③ 可以将 L 的表达式代入被积函数.

例 1 (1) 设 L 为椭圆 $\frac{x^2}{4}+\frac{y^2}{3}=1$,其周长记为 a,则 $\oint_L(2xy+3x^2+4y^2)\mathrm{d}s$.

(2) 计算 $I=\oint_L\frac{\sqrt{x^2+y^2}}{x^2+(y+1)^2}\mathrm{d}s$,其中 $L:x^2+y^2=-2y$.

(3) 计算 $\oint_L|y|\mathrm{d}s$,其中 $L:(x^2+y^2)^2=a^2(x^2-y^2)(a>0)$.

(4) 求 $\oint_L e^{\sqrt{x^2+y^2}}\mathrm{d}s$,其中 L 为圆周 $x^2+y^2=a^2$,直线 $y=x$,x 轴在第一象限内所围成的扇形的整个边界.

【解析】(1) 利用对称性和曲线方程简化计算.

由对称性知,$\oint_L 2xy\mathrm{d}s=0$.

L 的方程为 $\frac{x^2}{4}+\frac{y^2}{3}=1$,即 $3x^2+4y^2=12$,故

$$\oint_L (3x^2+4y^2)\mathrm{d}s = 12\oint_L \mathrm{d}s = 12a,$$

所以
$$\oint_L (2xy+3x^2+4y^2)\mathrm{d}s = 12a.$$

(2)$L:x^2+y^2=-2y$ 的参数方程为$\begin{cases}x=\cos t,\\ y=-1+\sin t,\end{cases}$ $0\leqslant t\leqslant 2\pi$,则有

$$I=\oint_L \frac{\sqrt{x^2+y^2}}{x^2+(y+1)^2}\mathrm{d}s=\oint_L \sqrt{x^2+y^2}\,\mathrm{d}s=\int_0^{2\pi}\sqrt{2(1-\sin t)}\,\mathrm{d}t$$

$$=\sqrt{2}\int_0^{2\pi}\left|\sin\frac{t}{2}-\cos\frac{t}{2}\right|\mathrm{d}t \xlongequal{\text{令}\frac{t}{2}=u} 2\sqrt{2}\int_0^{\pi}|\sin u-\cos u|\,\mathrm{d}u=8.$$

(3) 令 $x=\rho\cos\theta, y=\rho\sin\theta$,则 L 的极坐标方程为 $\rho^2=a^2\cos 2\theta$,即 $\rho=a\sqrt{\cos 2\theta}$.
因为 L 关于 x 轴和 y 轴都对称,则

$$\oint_L |y|\,\mathrm{d}s=4\int_{L_1}|y|\,\mathrm{d}s=4\int_{L_1}y\mathrm{d}s,$$

其中 L_1 是 L 在第一象限的部分. 因为

$$L_1:\begin{cases}x=\rho\cos\theta=a\sqrt{\cos 2\theta}\cos\theta,\\ y=\rho\sin\theta=a\sqrt{\cos 2\theta}\sin\theta,\end{cases}\quad 0\leqslant\theta\leqslant\frac{\pi}{4},$$

所以
$$\oint_L |y|\,\mathrm{d}s=4\int_{L_1}y\mathrm{d}s=4\int_0^{\frac{\pi}{4}}\rho(\theta)\sin\theta\sqrt{\rho^2(\theta)+\rho'^2(\theta)}\,\mathrm{d}\theta$$

$$=4\int_0^{\frac{\pi}{4}}a^2\sin\theta\mathrm{d}\theta=4a^2\left(1-\frac{\sqrt{2}}{2}\right).$$

(4) 由题意有 $L=L_1+L_2+L_3$,其中

$$L_1:x^2+y^2=a^2, x\in\left[\frac{a}{\sqrt{2}},a\right],$$

$$L_2:y=x, x\in\left[0,\frac{a}{\sqrt{2}}\right],$$

$$L_3:y=0, x\in[0,a].$$

于是
$$\int_{L_1}\mathrm{e}^{\sqrt{x^2+y^2}}\mathrm{d}s=\int_{L_1}\mathrm{e}^a\mathrm{d}s=\frac{\pi a}{4}\mathrm{e}^a,$$

$$\int_{L_2}\mathrm{e}^{\sqrt{x^2+y^2}}\mathrm{d}s=\int_0^{\frac{a}{\sqrt{2}}}\mathrm{e}^{\sqrt{2}x}\sqrt{1^2+1^2}\,\mathrm{d}x=\mathrm{e}^a-1,$$

$$\int_{L_3}\mathrm{e}^{\sqrt{x^2+y^2}}\mathrm{d}s=\int_0^a\mathrm{e}^x\sqrt{1^2+0^2}\,\mathrm{d}x=\mathrm{e}^a-1,$$

故
$$\oint_L \mathrm{e}^{\sqrt{x^2+y^2}}\mathrm{d}s=\frac{\pi a}{4}\mathrm{e}^a+2\mathrm{e}^a-2.$$

2. 对坐标的曲线积分的计算

(1) 参数法:

设 $L:\begin{cases}x=x(t),\\ y=y(t),\end{cases}$ 起点对应参数 $t=\alpha$,终点对应参数 $t=\beta$,则

$$\int_L P(x,y)\mathrm{d}x+Q(x,y)\mathrm{d}y=\int_\alpha^\beta\{P[x(t),y(t)]x'(t)+Q[x(t),y(t)]y'(t)\}\mathrm{d}t.$$

特别地,若 $L:y=y(x)$,$x=a$ 对应起点,$x=b$ 对应终点,则

$$\int_L P(x,y)\mathrm{d}x+Q(x,y)\mathrm{d}y=\int_a^b\{P[x,y(x)]+Q[x,y(x)]y'(x)\}\mathrm{d}x.$$

(2) 利用格林公式计算：

格林公式要求 L 为平面闭曲线，$P(x,y)$，$Q(x,y)$ 在 L 所围区域 D 上有连续的一阶偏导数，当不满足格林公式的条件时，有两种处理方法：

① 添加辅助线：

$$\begin{aligned}\int_L P(x,y)\mathrm{d}x+Q(x,y)\mathrm{d}y&=\oint_{L+L_1}P(x,y)\mathrm{d}x+Q(x,y)\mathrm{d}y-\int_{L_1}P(x,y)\mathrm{d}x+Q(x,y)\mathrm{d}y\\&=\iint_D\left(\frac{\partial Q}{\partial x}-\frac{\partial P}{\partial y}\right)\mathrm{d}\sigma-\int_{L_1}P\mathrm{d}x+Q\mathrm{d}y,\end{aligned}$$

其中 $L+L_1$ 构成正向闭曲线，$P(x,y)$，$Q(x,y)$ 在 $L+L_1$ 所围区域 D 上有连续的一阶偏导数.

② 挖洞法：

设 $P(x,y)$，$Q(x,y)$ 在以 L 为边界线的闭区域 D 内除 $P_0(x_0,y_0)$ 点外有一阶连续偏导数，且 $\frac{\partial Q}{\partial x}\equiv\frac{\partial P}{\partial y}$，则 $\oint_L P\mathrm{d}x+Q\mathrm{d}y=\oint_{L_1}P\mathrm{d}x+Q\mathrm{d}y$，其中 L_1 是 L 内包围 $P_0(x_0,y_0)$ 的任一与 L 同向的闭曲线.

(3) 利用曲线积分与路径无关计算：

设 $P(x,y)$，$Q(x,y)$ 在包含 L 于其内的单连通域 D 内具有一阶连续偏导数，且 $\frac{\partial Q}{\partial x}\equiv\frac{\partial P}{\partial y}$，如图 11－19 所示，则

$$\int_L P\mathrm{d}x+Q\mathrm{d}y=\int_{x_1}^{x_2}P(x,y_1)\mathrm{d}x+\int_{y_1}^{y_2}Q(x_2,y)\mathrm{d}y.$$

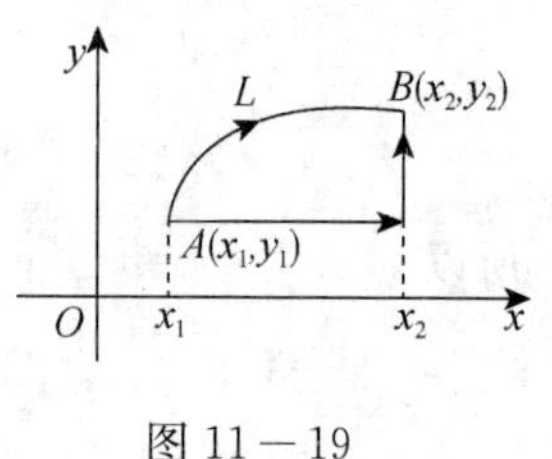

图 11－19

(4) 利用斯托克斯公式计算空间曲线积分：

$$\oint_L P\mathrm{d}x+Q\mathrm{d}y+R\mathrm{d}z=\iint_\Sigma\begin{vmatrix}\mathrm{d}y\mathrm{d}z & \mathrm{d}z\mathrm{d}x & \mathrm{d}x\mathrm{d}y\\ \frac{\partial}{\partial x} & \frac{\partial}{\partial y} & \frac{\partial}{\partial z}\\ P & Q & R\end{vmatrix}=\iint_\Sigma\begin{vmatrix}\cos\alpha & \cos\beta & \cos\gamma\\ \frac{\partial}{\partial x} & \frac{\partial}{\partial y} & \frac{\partial}{\partial z}\\ P & Q & R\end{vmatrix}\mathrm{d}S,$$

其中 L 的方向与 Σ 的侧（即法向量的指向）符合右手规则，$(\cos\alpha,\cos\beta,\cos\gamma)$ 是有向曲面在任一点 $P(x,y,z)$ 处法向量的方向余弦.

例 2 (1) 计算 $I=\int_L(x^2+y^2)\mathrm{d}x+(x^2-y^2)\mathrm{d}y$，其中 L 为曲线 $y=1-|1-x|$ $(0\leqslant x\leqslant 2)$ 上从点 $(0,0)$ 到点 $(2,0)$ 的一段.

(2) 在过点 $O(0,0)$ 和 $A(\pi,0)$ 的曲线族 $y=a\sin x(a>0)$ 中，求一条曲线 L，使得从 $O(0,0)$ 到 $A(\pi,0)$ 的积分 $\int_L(1+y^3)\mathrm{d}x+(2x+y)\mathrm{d}y$ 的值最小.

(3) 设 $M(\xi,\eta,\zeta)$ 是椭球面 $\frac{x^2}{a^2}+\frac{y^2}{b^2}+\frac{z^2}{c^2}=1$ 上第一卦限的点，在力 $\boldsymbol{F}=yz\boldsymbol{i}+zx\boldsymbol{j}+xy\boldsymbol{k}$ 的作用下，质点由原点沿直线运动到点 $M(\xi,\eta,\zeta)$，问当 ξ,η,ζ 取何值时，力 $\boldsymbol{F}$ 所作的功最大？并求功的最大值.

【解析】 (1) L 的参数方程分两段表示，较简单，故用参数法.

L 的图形如图 11－20 所示，$L=L_1+L_2$，其中

$$L_1:y=x,0\leqslant x\leqslant 1;\ L_2:y=2-x,1\leqslant x\leqslant 2,$$

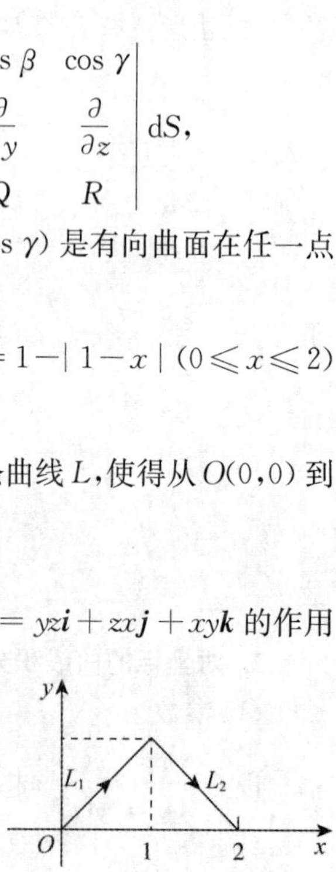

图 11－20

则 $$I=\int_{L_1}(x^2+y^2)\mathrm{d}x+(x^2-y^2)\mathrm{d}y+\int_{L_2}(x^2+y^2)\mathrm{d}x+(x^2-y^2)\mathrm{d}y$$
$$=\int_0^1 2x^2\mathrm{d}x+\int_1^2[x^2+(2-x)^2-x^2+(2-x)^2]\mathrm{d}x=\frac{2}{3}+\frac{2}{3}=\frac{4}{3}.$$

(2) 先利用参数方程计算曲线积分,再求最小值.

曲线 L 的参数方程为 $x=x,y=a\sin x,x\in[0,\pi]$,
$$I(a)=\int_L(1+y^3)\mathrm{d}x+(2x+y)\mathrm{d}y$$
$$=\int_0^\pi[1+a^3\sin^3 x+(2x+a\sin x)a\cos x]\mathrm{d}x$$
$$=\pi-4a+\frac{4}{3}a^3,$$
令 $I'(a)=4(a^2-1)=0$,解得
$$a=1\in(0,\pi),I''(1)=8>0,$$
故 $a=1$ 时,$I(a)$ 最小. 所求曲线为 $y=\sin x,x\in[0,\pi]$.

(3) 先利用第二类曲线积分求功,再求功的最大值.

从原点到点 M 的直线段 L 的参数方程为 $x=\xi t,y=\eta t,z=\zeta t,t$ 从 0 到 1.

力 $\boldsymbol{F}$ 所作的功 $W=\int_L\boldsymbol{F}\cdot\mathrm{d}\boldsymbol{r}=\int_L yz\mathrm{d}x+zx\mathrm{d}y+xy\mathrm{d}z=\int_0^1 3\xi\eta\zeta t^2\mathrm{d}t=\xi\eta\zeta$.

再求 $W=\xi\eta\zeta(\xi>0,\eta>0,\zeta>0)$ 在条件$\frac{\xi^2}{a^2}+\frac{\eta^2}{b^2}+\frac{\zeta^2}{c^2}=1$ 下的最大值.

令 $L(\xi,\eta,\zeta;\lambda)=\xi\eta\zeta+\lambda\left(\frac{\xi^2}{a^2}+\frac{\eta^2}{b^2}+\frac{\zeta^2}{c^2}-1\right)$,

解驻点方程$\begin{cases}L'_\xi=\eta\zeta+\frac{2\lambda\xi}{a^2}=0,\\L'_\eta=\xi\zeta+\frac{2\lambda\eta}{b^2}=0,\\L'_\zeta=\xi\eta+\frac{2\lambda\zeta}{c^2}=0,\\L'_\lambda=\frac{\xi^2}{a^2}+\frac{\eta^2}{b^2}+\frac{\zeta^2}{c^2}-1=0,\end{cases}$ 得唯一驻点 $\xi=\frac{a}{\sqrt{3}},\eta=\frac{b}{\sqrt{3}},\zeta=\frac{c}{\sqrt{3}}$.

由实际问题知,功的最大值存在. 故当$\xi=\frac{a}{\sqrt{3}},\eta=\frac{b}{\sqrt{3}},\zeta=\frac{c}{\sqrt{3}}$时,力 $\boldsymbol{F}$ 所作的功最大,功的最大值为 $W=\frac{\sqrt{3}}{9}abc$.

例 3 (1) 计算 $I=\int_L\frac{y^2}{2\sqrt{a^2+x^2}}\mathrm{d}x+y[xy+\ln(x+\sqrt{x^2+a^2})]\mathrm{d}y$,其中 L 是由 $O(0,0)$ 到 $A(2a,0)$ 沿 $x^2+y^2=2ax$ 的上半圆周的一段弧.

(2) 求 $I=\oint_L\frac{x\mathrm{d}y-y\mathrm{d}x}{4x^2+y^2}$,$L$ 是以 $(1,0)$ 为中心,$R(>1)$ 为半径的圆周,取逆时针方向.

【解析】(1) 如果直接用参数法将曲线积分转化为定积分,则被积函数会比较复杂.

设 $$P=\frac{y^2}{2\sqrt{a^2+x^2}},Q=y[xy+\ln(x+\sqrt{x^2+a^2})],$$

有 $$\frac{\partial Q}{\partial x}-\frac{\partial P}{\partial y}=y\left(y+\frac{1}{\sqrt{x^2+a^2}}-\frac{1}{\sqrt{x^2+a^2}}\right)=y^2,$$
故添加辅助曲线,然后利用格林公式来计算较简单.

如图 11－21 所示,添加有向线段AO:$y=0$,x 从 $2a$ 到 0,则有

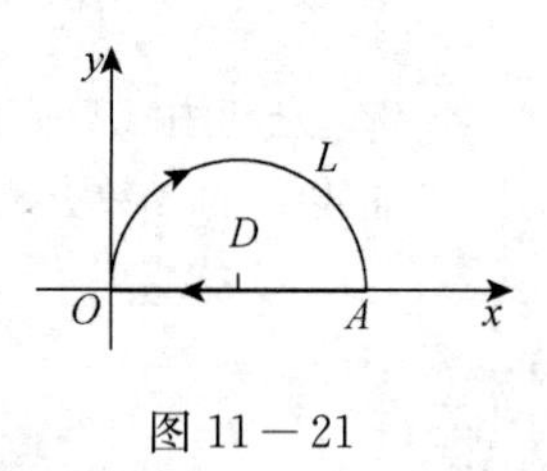

图 11－21

$$\begin{aligned}I&=\oint_{L+AO}P\mathrm{d}x+Q\mathrm{d}y-\int_{AO}P\mathrm{d}x+Q\mathrm{d}y\\&=-\iint_D\left(\frac{\partial Q}{\partial x}-\frac{\partial P}{\partial y}\right)\mathrm{d}\sigma-\int_{AO}P\mathrm{d}x+Q\mathrm{d}y\\&=-\iint_D y^2\mathrm{d}\sigma-\int_{2a}^{0}0\cdot\mathrm{d}x=-\iint_D y^2\mathrm{d}\sigma\\&=-\int_0^{\frac{\pi}{2}}\mathrm{d}\theta\int_0^{2a\cos\theta}\rho^2\sin^2\theta\cdot\rho\mathrm{d}\rho=-\frac{\pi}{8}a^4.\end{aligned}$$

(2) 从被积函数和积分曲线看,化为定积分计算较为困难,考虑用格林公式.
$$P=\frac{-y}{4x^2+y^2},Q=\frac{x}{4x^2+y^2},$$
$$\frac{\partial Q}{\partial x}=\frac{4x^2+y^2-x\cdot 8x}{(4x^2+y^2)^2}=\frac{y^2-4x^2}{(4x^2+y^2)^2},\frac{\partial P}{\partial y}=\frac{-(4x^2+y^2)+y\cdot 2y}{(4x^2+y^2)^2}=\frac{y^2-4x^2}{(4x^2+y^2)^2},$$
在 L 围成的区域内作椭圆 L_1:$4x^2+y^2=\varepsilon^2$,取顺时针方向,由格林公式得
$$I_1=\oint_{L+L_1}\frac{x\mathrm{d}y-y\mathrm{d}x}{4x^2+y^2}=\iint_D(\frac{\partial Q}{\partial x}-\frac{\partial P}{\partial y})\mathrm{d}\sigma=0,$$
$$\begin{aligned}I_2&=\oint_{L_1}\frac{x\mathrm{d}y-y\mathrm{d}x}{\varepsilon^2}=\frac{1}{\varepsilon^2}\oint_{L_1}x\mathrm{d}y-y\mathrm{d}x=-\frac{1}{\varepsilon^2}\iint_{D_1}[1-(-1)]\mathrm{d}\sigma\\&=-\frac{2}{\varepsilon^2}\iint_{D_1}\mathrm{d}\sigma=-\frac{2}{\varepsilon^2}\pi\frac{\varepsilon}{2}\varepsilon=-\pi,\end{aligned}$$
故 $I=I_1-I_2=\pi$.

例 4 (1) 设 $f(x)$ 具有二阶连续导数,且$\int_L[f'(x)+2f(x)+\mathrm{e}^x]y\mathrm{d}x+f'(x)\mathrm{d}y$ 与路径无关,又 $f(0)=0,f'(0)=1$,试计算
$$\int_{(0,0)}^{(1,1)}[f'(x)+2f(x)+\mathrm{e}^x]y\mathrm{d}x+f'(x)\mathrm{d}y.$$

(2) 设函数 $f(x)$ 具有二阶连续导数,$f(0)=0,f'(0)=1$,且
$$[xy(x+y)-f(x)y]\mathrm{d}x+[f'(x)+x^2y]\mathrm{d}y=0$$
为一全微分方程,求 $f(x)$ 及此全微分方程的通解.

【解析】(1) 设 $$P=[f'(x)+2f(x)+\mathrm{e}^x]y,Q=f'(x),$$
由积分与路径无关知$\frac{\partial Q}{\partial x}\equiv\frac{\partial P}{\partial y}$,即
$$f''(x)=f'(x)+2f(x)+\mathrm{e}^x,$$
可求得其通解为
$$f(x)=C_1\mathrm{e}^{2x}+C_2\mathrm{e}^{-x}-\frac{1}{2}\mathrm{e}^x,$$
由于 $f(0)=0,f'(0)=1$,所以 $C_1=\frac{2}{3},C_2=-\frac{1}{6}$,故
$$f(x)=\frac{2}{3}\mathrm{e}^{2x}-\frac{1}{6}\mathrm{e}^{-x}-\frac{1}{2}\mathrm{e}^x.$$

由于积分与路径无关,可选择沿平行于坐标轴的折线积分,所以

$$\int_{(0,0)}^{(1,1)}[f'(x)+2f(x)+\mathrm{e}^x]y\mathrm{d}x+f'(x)\mathrm{d}y=\int_0^1 f'(1)\mathrm{d}y=f'(1),$$

因为 $$f'(x)=\frac{4}{3}\mathrm{e}^{2x}+\frac{1}{6}\mathrm{e}^{-x}-\frac{1}{2}\mathrm{e}^x,$$

所以 $$f'(1)=\frac{4}{3}\mathrm{e}^2+\frac{1}{6\mathrm{e}}-\frac{1}{2}\mathrm{e},$$

故 $$\text{原式}=\frac{4}{3}\mathrm{e}^2+\frac{1}{6\mathrm{e}}-\frac{1}{2}\mathrm{e}.$$

(2) 由题设知 $P=xy(x+y)-f(x)y,Q=f'(x)+x^2y$,且$\dfrac{\partial Q}{\partial x}\equiv\dfrac{\partial P}{\partial y}$,即

$$x^2+2xy-f(x)=f''(x)+2xy,\text{即 } f''(x)+f(x)=x^2.$$

此方程的特征方程为 $r^2+1=0$,特征根为 $r_{1,2}=\pm\mathrm{i}$,求得它的一个特解为 $y^*=x^2-2$,其通解为 $f(x)=C_1\cos x+C_2\sin x+x^2-2$. 代入初值条件 $f(0)=0,f'(0)=1$,解得 $C_1=2,C_2=1$,故

$$f(x)=2\cos x+\sin x+x^2-2,$$

取积分路径为从 $(0,0)$ 到 $(x,0)$,再到 (x,y) 的折线段,则

$$\begin{aligned}u(x,y)&=\int_{(0,0)}^{(x,y)}P\mathrm{d}x+Q\mathrm{d}y=\int_0^y[f'(x)+x^2y]\mathrm{d}y\\&=f'(x)y+\frac{1}{2}x^2y^2=(-2\sin x+\cos x+2x)y+\frac{1}{2}x^2y^2,\end{aligned}$$

故全微分方程的通解为 $(-2\sin x+\cos x+2x)y+\dfrac{1}{2}x^2y^2=C$.

例 5　(1) 计算 $I=\oint_\Gamma(y-z)\mathrm{d}x+(z-x)\mathrm{d}y+(x-y)\mathrm{d}z$,其中 Γ 为 $\begin{cases}x^2+y^2=1,\\x+z=1,\end{cases}$ 方向是从 z 轴正向看为逆时针方向.

(2) 求 $\oint_C(z-y)\mathrm{d}x+(x-z)\mathrm{d}y+(x-y)\mathrm{d}z$,其中 C 是 $\begin{cases}x^2+y^2=1,\\x-y+z=2,\end{cases}$ 从 z 轴正向看,C 的方向是顺时针方向.

【解析】(1) 空间对坐标的曲线积分可考虑用斯托克斯公式.

取 Σ 为平面 $x+z=1$,方向为圆柱 $x^2+y^2=1$ 内部的上侧,则

$$I=\iint_\Sigma\begin{vmatrix}\mathrm{d}y\mathrm{d}z&\mathrm{d}z\mathrm{d}x&\mathrm{d}x\mathrm{d}y\\\dfrac{\partial}{\partial x}&\dfrac{\partial}{\partial y}&\dfrac{\partial}{\partial z}\\y-z&z-x&x-y\end{vmatrix}=-2\iint_\Sigma\mathrm{d}y\mathrm{d}z+\mathrm{d}z\mathrm{d}x+\mathrm{d}x\mathrm{d}y.$$

由于 Σ 指向上侧,法向量 $\boldsymbol{n}=(1,0,1)$,所以

$$\begin{aligned}I&=-2\iint_\Sigma\mathrm{d}y\mathrm{d}z+\mathrm{d}z\mathrm{d}x+\mathrm{d}x\mathrm{d}y=-2\iint_D(1\times1+0\times1+1\times1)\mathrm{d}x\mathrm{d}y\\&=-4\iint_D\mathrm{d}x\mathrm{d}y=-4\pi,\end{aligned}$$

其中 D 为 Σ 在 xOy 面上的投影,即 $D=\{(x,y)\mid x^2+y^2\leqslant1\}$.

(2) 利用斯托克斯公式化为第二类曲面积分计算或者利用参数方程化为定积分计算.

方法一　利用斯托克斯公式化为对面积的曲面积分计算.

取 Σ 为平面 $x-y+z=2$ 的下侧，单位法向量 $\boldsymbol{e}_n=\left(-\frac{1}{\sqrt{3}},\frac{1}{\sqrt{3}},-\frac{1}{\sqrt{3}}\right)$，投影域为

$$D=\{(x,y)\mid x^2+y^2\leqslant 1\},$$

由斯托克斯公式，得

$$\oint_C(z-y)\mathrm{d}x+(x-z)\mathrm{d}y+(x-y)\mathrm{d}z=\iint_\Sigma\begin{vmatrix}-\frac{1}{\sqrt{3}} & \frac{1}{\sqrt{3}} & -\frac{1}{\sqrt{3}}\\ \frac{\partial}{\partial x} & \frac{\partial}{\partial y} & \frac{\partial}{\partial z}\\ z-y & x-z & x-y\end{vmatrix}\mathrm{d}S$$

$$=\iint_\Sigma\left(-\frac{2}{\sqrt{3}}\right)\mathrm{d}S=-\frac{2}{\sqrt{3}}\iint_D\sqrt{1+z'^2_x+z'^2_y}\,\mathrm{d}\sigma=-\frac{2}{\sqrt{3}}\iint_D\sqrt{3}\,\mathrm{d}\sigma=-2\pi.$$

方法二　利用参数方程化为定积分计算.

曲线 C 的参数方程为：$x=\cos t,y=\sin t,z=2-\cos t+\sin t$，$t$ 从 2π 到 0.

$$\oint_C(z-y)\mathrm{d}x+(x-z)\mathrm{d}y+(x-y)\mathrm{d}z$$

$$=\int_{2\pi}^0[(2-\cos t)(-\sin t)+(2\cos t-2-\sin t)\cos t+(\cos t-\sin t)(\sin t+\cos t)]\mathrm{d}t$$

$$=\int_0^{2\pi}[2(\sin t+\cos t)-2\cos 2t-1]\mathrm{d}t=-2\pi.$$

3. 对面积的曲面积分的计算

(1) 投影法：

设 $\Sigma:z=z(x,y)$，z 为单值函数，Σ 在 xOy 面上的投影为 D_{xy}，则

$$\iint_\Sigma f(x,y,z)\mathrm{d}S=\iint_{D_{xy}}f[x,y,z(x,y)]\sqrt{1+z'^2_x+z'^2_y}\,\mathrm{d}x\mathrm{d}y.$$

若 $\Sigma:z=z(x,y)$ 是多值函数，则需对 Σ 进行分割，使得在每一块上 Σ 的方程是单值函数.

(2) 若 Σ 关于 xOy 面（或 yOz 面，或 zOx 面）对称，则

$$\iint_\Sigma f(x,y,z)\mathrm{d}S=\begin{cases}0, & f(x,y,z)\text{ 是 } z(\text{或 } x,\text{或 } y)\text{ 的奇函数},\\ 2\iint_{\Sigma_1}f(x,y,z)\mathrm{d}S, & f(x,y,z)\text{ 是 } z(\text{或 } x,\text{或 } y)\text{ 的偶函数},\end{cases}$$

其中 Σ_1 是 Σ 在 $z\geqslant 0$（或 $x\geqslant 0$，或 $y\geqslant 0$）的部分.

(3) 若 Σ 的方程关于 x,y,z 具有轮换对称性，则

$$\iint_\Sigma f(x,y,z)\mathrm{d}S=\iint_\Sigma f(y,z,x)\mathrm{d}S=\iint_\Sigma f(z,x,y)\mathrm{d}S.$$

特别地，有

$$\iint_\Sigma f(x)\mathrm{d}S=\iint_\Sigma f(y)\mathrm{d}S=\iint_\Sigma f(z)\mathrm{d}S.$$

(4) 可将 Σ 的方程代入被积函数中.

例 6　(1) 计算 $\iint_\Sigma z\mathrm{d}S$，其中 Σ 为 $z=\sqrt{x^2+y^2}$ 在柱体 $x^2+y^2\leqslant 2x$ 内的部分.

(2) 计算 $\iint_\Sigma(x^2+y^2+z)\mathrm{d}S$，其中 Σ 为 $x^2+y^2+z^2=4$.

(3) 计算 $I=\oiint_\Sigma(x^2+y^2)\mathrm{d}S$，其中 Σ 为锥面 $z=\sqrt{x^2+y^2}$ 及平面 $z=1$ 围成的整个边界曲面.

(4) 求柱面 $y^2+z^2=2z$ 介于 yOz 面与曲面 $x=\frac{1}{2}(y^2+z^2)$ 之间部分的面积.

【解析】(1) 将对面积的曲面积分化为二重积分,首先要确定 Σ 的方程、投影域、$\sqrt{1+z'^2_x+z'^2_y}$.

Σ 为 $z=\sqrt{x^2+y^2}$,其投影域 D:$x^2+y^2\leqslant 2x$,

$$\sqrt{1+z'^2_x+z'^2_y}=\sqrt{1+\left(\frac{x}{\sqrt{x^2+y^2}}\right)^2+\left(\frac{y}{\sqrt{x^2+y^2}}\right)^2}=\sqrt{2},$$

故
$$\iint\limits_{\Sigma}z\,\mathrm{d}S=\sqrt{2}\iint\limits_{D}\sqrt{x^2+y^2}\,\mathrm{d}\sigma=2\sqrt{2}\iint\limits_{D_1}\sqrt{x^2+y^2}\,\mathrm{d}\sigma$$
$$=2\sqrt{2}\int_0^{\frac{\pi}{2}}\mathrm{d}\theta\int_0^{2\cos\theta}\rho^2\,\mathrm{d}\rho=2\sqrt{2}\int_0^{\frac{\pi}{2}}\frac{8}{3}\cos^3\theta\,\mathrm{d}\theta=\frac{32\sqrt{2}}{9},$$

其中 D_1 是 D 在 $y>0$ 的部分.

(2) 由于 Σ 具有对称性,可先进行化简.

由于 Σ 关于 xOy 面对称,故 $\iint\limits_{\Sigma}z\,\mathrm{d}S=0$.

又 Σ 关于 x,y,z 具有轮换对称性,所以

$$\iint\limits_{\Sigma}x^2\,\mathrm{d}S=\iint\limits_{\Sigma}y^2\,\mathrm{d}S=\iint\limits_{\Sigma}z^2\,\mathrm{d}S,$$

则有
$$\iint\limits_{\Sigma}(x^2+y^2+z)\,\mathrm{d}S=\iint\limits_{\Sigma}(x^2+y^2)\,\mathrm{d}S=\frac{2}{3}\iint\limits_{\Sigma}(x^2+y^2+z^2)\,\mathrm{d}S$$
$$=\frac{2}{3}\iint\limits_{\Sigma}4\,\mathrm{d}S=\frac{8}{3}\times4\pi\times4=\frac{128}{3}\pi.$$

(3)Σ 由两个曲面组成,要分别计算在这两个曲面上的积分.

由题意可知 $\Sigma=\Sigma_1+\Sigma_2$,其中

$$\Sigma_1:z=\sqrt{x^2+y^2},x^2+y^2\leqslant1;\Sigma_2:z=1,x^2+y^2\leqslant1.$$
$$I=\iint\limits_{\Sigma_1}(x^2+y^2)\,\mathrm{d}S+\iint\limits_{\Sigma_2}(x^2+y^2)\,\mathrm{d}S=I_1+I_2,$$

其中

$$I_1=\iint\limits_{\Sigma_1}(x^2+y^2)\,\mathrm{d}S=\iint\limits_{x^2+y^2\leqslant1}(x^2+y^2)\sqrt{1+\left(\frac{x}{\sqrt{x^2+y^2}}\right)^2+\left(\frac{y}{\sqrt{x^2+y^2}}\right)^2}\,\mathrm{d}x\mathrm{d}y$$
$$=\sqrt{2}\iint\limits_{x^2+y^2\leqslant1}(x^2+y^2)\,\mathrm{d}x\mathrm{d}y=\sqrt{2}\int_0^{2\pi}\mathrm{d}\theta\int_0^1\rho^2\cdot\rho\,\mathrm{d}\rho=\frac{\sqrt{2}}{2}\pi,$$
$$I_2=\iint\limits_{\Sigma_2}(x^2+y^2)\,\mathrm{d}S=\iint\limits_{x^2+y^2\leqslant1}(x^2+y^2)\sqrt{1+0^2+0^2}\,\mathrm{d}x\mathrm{d}y$$
$$=\iint\limits_{x^2+y^2\leqslant1}(x^2+y^2)\,\mathrm{d}x\mathrm{d}y=\int_0^{2\pi}\mathrm{d}\theta\int_0^1\rho^2\cdot\rho\,\mathrm{d}\rho=\frac{\pi}{2},$$

所以 $I=I_1+I_2=\frac{\sqrt{2}}{2}\pi+\frac{\pi}{2}=\frac{\sqrt{2}+1}{2}\pi$.

(4) 曲面 Σ 的面积 $A=\iint\limits_{\Sigma}\mathrm{d}S$.

记柱面 $y^2+z^2=2z$ 介于 yOz 面与曲面 $x=\frac{1}{2}(y^2+z^2)$ 之间的部分为 Σ,Σ 关于 xOz 面对称.

令 Σ_1 为 Σ 在第一卦限的部分，则所求面积 $A=2\iint\limits_{\Sigma_1}\mathrm{d}S$.

由于 $\Sigma_1: y=\sqrt{2z-z^2}$，所以

$$\mathrm{d}S=\sqrt{1+\left(\frac{\partial y}{\partial x}\right)^2+\left(\frac{\partial y}{\partial z}\right)^2}\,\mathrm{d}x\mathrm{d}z=\frac{1}{\sqrt{2z-z^2}}\mathrm{d}x\mathrm{d}z,$$

而 Σ_1 在 xOz 面上的投影区域 $D_{xz}: 0\leqslant z\leqslant 2, 0\leqslant x\leqslant z$，所以

$$\begin{aligned}A&=2\iint\limits_{\Sigma_1}\mathrm{d}S=2\iint\limits_{D_{xz}}\frac{1}{\sqrt{2z-z^2}}\mathrm{d}x\mathrm{d}z=2\int_0^2\mathrm{d}z\int_0^z\frac{1}{\sqrt{2z-z^2}}\mathrm{d}x\\&=2\int_0^2\frac{z}{\sqrt{1-(z-1)^2}}\mathrm{d}z\xlongequal{\text{令 }t=z-1}2\int_{-1}^1\frac{t+1}{\sqrt{1-t^2}}\mathrm{d}t\\&=4\int_0^1\frac{1}{\sqrt{1-t^2}}\mathrm{d}t=2\pi.\end{aligned}$$

4. 对坐标的曲面积分的计算

(1) 投影法：

① 若 $\Sigma: z=z(x,y)$，z 为单值函数，Σ 在 xOy 面上的投影区域为 D_{xy}，则

$$\iint\limits_{\Sigma}R(x,y,z)\mathrm{d}x\mathrm{d}y=\pm\iint\limits_{D_{xy}}R[x,y,z(x,y)]\mathrm{d}x\mathrm{d}y.$$

若 Σ 取上侧，则等号右边取“+”号；若 Σ 取下侧，则等号右边取“−”号.

② 若 $\Sigma: x=x(y,z)$，x 为单值函数，Σ 在 yOz 面上的投影区域为 D_{yz}，则

$$\iint\limits_{\Sigma}P(x,y,z)\mathrm{d}y\mathrm{d}z=\pm\iint\limits_{D_{yz}}P[x(y,z),y,z]\mathrm{d}y\mathrm{d}z.$$

若 Σ 取前侧，则等号右边取“+”号；若 Σ 取后侧，则等号右边取“−”号.

③ 若 $\Sigma: y=y(x,z)$，y 为单值函数，Σ 在 xOz 面上的投影区域为 D_{xz}，则

$$\iint\limits_{\Sigma}Q(x,y,z)\mathrm{d}x\mathrm{d}z=\pm\iint\limits_{D_{xz}}Q[x,y(x,z),z]\mathrm{d}x\mathrm{d}z.$$

若 Σ 取右侧，则等号右边取“+”号；若 Σ 取左侧，则等号右边取“−”号.

(2) 转换投影法：

设 $\Sigma: z=f(x,y)$，取上侧，则 Σ 的法向量 $\boldsymbol{n}=(-f'_x,-f'_y,1)$，$\Sigma$ 在 xOy 面上的投影区域为 D_{xy}，则

$$\iint\limits_{\Sigma}P\mathrm{d}y\mathrm{d}z+Q\mathrm{d}z\mathrm{d}x+R\mathrm{d}x\mathrm{d}y=\iint\limits_{D_{xy}}[(-f'_x\cdot P)+(-f'_y\cdot Q)+R]\Big|_{z=f(x,y)}\mathrm{d}x\mathrm{d}y.$$

若 Σ 取下侧，则 $\boldsymbol{n}=(f'_x,f'_y,-1)$，则

$$\iint\limits_{\Sigma}P\mathrm{d}y\mathrm{d}z+Q\mathrm{d}z\mathrm{d}x+R\mathrm{d}x\mathrm{d}y=\iint\limits_{D_{xy}}(P\cdot f'_x+Q\cdot f'_y-R)\Big|_{z=f(x,y)}\mathrm{d}x\mathrm{d}y.$$

(3) 高斯公式：

高斯公式要求 Σ 为空间有界闭区域 Ω 的边界曲面，$P(x,y,z)$，$Q(x,y,z)$，$R(x,y,z)$ 在 Ω 上有连续的一阶偏导数. 当不满足高斯公式的条件时，有两种处理方法：

① 添加辅助曲面构成闭曲面：

$$I=\iint\limits_{\Sigma}P\mathrm{d}y\mathrm{d}z+Q\mathrm{d}z\mathrm{d}x+R\mathrm{d}x\mathrm{d}y$$

$$=\oiint_{\Sigma+\Sigma_1} P\mathrm{d}y\mathrm{d}z+Q\mathrm{d}z\mathrm{d}x+R\mathrm{d}x\mathrm{d}y-\iint_{\Sigma_1} P\mathrm{d}y\mathrm{d}z+Q\mathrm{d}z\mathrm{d}x+R\mathrm{d}x\mathrm{d}y$$

$$=\pm\iiint_{\Omega}\left(\frac{\partial P}{\partial x}+\frac{\partial Q}{\partial y}+\frac{\partial R}{\partial z}\right)\mathrm{d}v-\iint_{\Sigma_1} P\mathrm{d}y\mathrm{d}z+Q\mathrm{d}z\mathrm{d}x+R\mathrm{d}x\mathrm{d}y,$$

其中Ω为Σ与Σ_1所围的空间区域. 当$\Sigma+\Sigma_1$的方向指向Ω外侧时,取“+”号;指向Ω内侧时,取“—”号.

② 挖洞法:

当P,Q,R在Σ所围闭区域Ω内除点$P_0(x_0,y_0,z_0)$外具有一阶连续偏导数,则

$$\oiint_{\Sigma} P\mathrm{d}y\mathrm{d}z+Q\mathrm{d}z\mathrm{d}x+R\mathrm{d}x\mathrm{d}y$$

$$=\oiint_{\Sigma+\Sigma_1} P\mathrm{d}y\mathrm{d}z+Q\mathrm{d}z\mathrm{d}x+R\mathrm{d}x\mathrm{d}y-\oiint_{\Sigma_1} P\mathrm{d}y\mathrm{d}z+Q\mathrm{d}z\mathrm{d}x+R\mathrm{d}x\mathrm{d}y$$

$$=\pm\iiint_{\Omega}\left(\frac{\partial P}{\partial x}+\frac{\partial Q}{\partial y}+\frac{\partial R}{\partial z}\right)\mathrm{d}v-\oiint_{\Sigma_1} P\mathrm{d}y\mathrm{d}z+Q\mathrm{d}z\mathrm{d}x+R\mathrm{d}x\mathrm{d}y,$$

其中Ω为Σ与Σ_1所围的空间区域. 当$\Sigma+\Sigma_1$的方向指向Ω外侧时,取“+”号;指向Ω内侧时,取“—”号.

例 7 (1) 计算曲面积分$I=\iint_{\Sigma} xyz\mathrm{d}x\mathrm{d}y$,其中$\Sigma$为$x^2+y^2+z^2=1(x>0,y>0)$的外侧.

(2) 计算曲面积分$I=\iint_{\Sigma}\frac{z^2+1}{\sqrt{1+x^2+y^2}}\mathrm{d}x\mathrm{d}y$,其中$\Sigma$为锥面$z^2=x^2+y^2$被两平面$z=1$, $z=2$所截部分的外侧.

【解析】(1) 用分片投影法计算.

将Σ分为Σ_1和Σ_2,其中Σ_1为$z=\sqrt{1-x^2-y^2}$的上侧,Σ_2为$z=-\sqrt{1-x^2-y^2}$的下侧,它们的投影域均为$D_{xy}:x^2+y^2\leqslant 1(x\geqslant 0,y\geqslant 0)$.

$$I=\iint_{\Sigma} xyz\mathrm{d}x\mathrm{d}y=\iint_{\Sigma_1} xyz\mathrm{d}x\mathrm{d}y+\iint_{\Sigma_2} xyz\mathrm{d}x\mathrm{d}y$$

$$=\iint_{D_{xy}} xy\sqrt{1-x^2-y^2}\mathrm{d}x\mathrm{d}y-\iint_{D_{xy}} xy(-\sqrt{1-x^2-y^2})\mathrm{d}x\mathrm{d}y$$

$$=2\iint_{D_{xy}} xy\sqrt{1-x^2-y^2}\mathrm{d}x\mathrm{d}y=\frac{2}{15}.$$

(2) 计算单个P,Q,R的积分,可用投影法直接化二重积分.

$\Sigma:z=\sqrt{x^2+y^2}$,取下侧,Σ在xOy面上的投影区域为$D:1\leqslant x^2+y^2\leqslant 4$,则有

$$I=\iint_{\Sigma}\frac{z^2+1}{\sqrt{1+x^2+y^2}}\mathrm{d}x\mathrm{d}y=-\iint_{D}\frac{x^2+y^2+1}{\sqrt{1+x^2+y^2}}\mathrm{d}x\mathrm{d}y$$

$$=-\int_0^{2\pi}\mathrm{d}\theta\int_1^2\frac{\rho^2+1}{\sqrt{1+\rho^2}}\rho\mathrm{d}\rho=-2\pi\int_1^2\sqrt{1+\rho^2}\cdot\rho\mathrm{d}\rho=\frac{2\pi}{3}(2\sqrt{2}-5\sqrt{5}).$$

例 8 (1) 计算$I=\iint_{\Sigma} x(1+x^2z)\mathrm{d}y\mathrm{d}z+y(1-x^2z)\mathrm{d}z\mathrm{d}x+z(1-x^2z)\mathrm{d}x\mathrm{d}y$,其中$\Sigma$为曲面$z=\sqrt{x^2+y^2}(0\leqslant z\leqslant 1)$的下侧.

(2) 设Σ为$x^2+\frac{y^2}{2^2}+\frac{z^2}{3^2}=1$的外侧,求$I=\oiint_{\Sigma}\frac{x\mathrm{d}y\mathrm{d}z+y\mathrm{d}z\mathrm{d}x+z\mathrm{d}x\mathrm{d}y}{(x^2+y^2+z^2)^{\frac{3}{2}}}$.

(3) 计算曲面积分 $I=\oiint\limits_{\Sigma}\dfrac{x\mathrm{d}y\mathrm{d}z+y\mathrm{d}z\mathrm{d}x+z\mathrm{d}x\mathrm{d}y}{(x^2+y^2+z^2)^{3/2}}$,其中 Σ 是曲面 $2x^2+2y^2+z^2=4$ 的外侧.

【解析】(1)$P=x(1+x^2z),Q=y(1-x^2z),R=z(1-x^2z)$,

则$\dfrac{\partial P}{\partial x}+\dfrac{\partial Q}{\partial y}+\dfrac{\partial R}{\partial z}=3$,故可以考虑添加辅助曲面构成封闭曲面.

设 $\Sigma_1:z=1,x^2+y^2\leqslant 1$,取上侧,则

$$\begin{aligned}I&=\oiint\limits_{\Sigma+\Sigma_1}P\mathrm{d}y\mathrm{d}z+Q\mathrm{d}z\mathrm{d}x+R\mathrm{d}x\mathrm{d}y-\iint\limits_{\Sigma_1}P\mathrm{d}y\mathrm{d}z+Q\mathrm{d}z\mathrm{d}x+R\mathrm{d}x\mathrm{d}y\\&=\iiint\limits_{\Omega}3\mathrm{d}v-\iint\limits_{\Sigma_1}(1-x^2)\mathrm{d}x\mathrm{d}y=3\int_0^{2\pi}\mathrm{d}\theta\int_0^1\rho\mathrm{d}\rho\int_\rho^1\mathrm{d}z-\iint\limits_{x^2+y^2\leqslant 1}(1-x^2)\mathrm{d}x\mathrm{d}y\\&=\pi-\int_0^{2\pi}\mathrm{d}\theta\int_0^1(1-\rho^2\cos^2\theta)\rho\mathrm{d}\rho=\frac{\pi}{4}.\end{aligned}$$

(2) 设 $P=\dfrac{x}{(x^2+y^2+z^2)^{\frac{3}{2}}},Q=\dfrac{y}{(x^2+y^2+z^2)^{\frac{3}{2}}},R=\dfrac{z}{(x^2+y^2+z^2)^{\frac{3}{2}}}$,

除点 $O(0,0,0)$ 外,$\dfrac{\partial P}{\partial x},\dfrac{\partial Q}{\partial y},\dfrac{\partial R}{\partial z}$ 均连续,且$\dfrac{\partial P}{\partial x}+\dfrac{\partial Q}{\partial y}+\dfrac{\partial R}{\partial z}\equiv 0$,故可考虑用挖洞法将 $O(0,0,0)$ 挖去,再用高斯公式.

设 $\Sigma_1:x^2+y^2+z^2=\dfrac{1}{4}$,指向内侧,则

$$\begin{aligned}I&=\oiint\limits_{\Sigma+\Sigma_1}P\mathrm{d}y\mathrm{d}z+Q\mathrm{d}z\mathrm{d}x+R\mathrm{d}x\mathrm{d}y-\oiint\limits_{\Sigma_1}P\mathrm{d}y\mathrm{d}z+Q\mathrm{d}z\mathrm{d}x+R\mathrm{d}x\mathrm{d}y\\&=\iiint\limits_{\Omega}0\mathrm{d}v+\oiint\limits_{\Sigma_1^-}\frac{x\mathrm{d}y\mathrm{d}z+y\mathrm{d}z\mathrm{d}x+z\mathrm{d}x\mathrm{d}y}{(x^2+y^2+z^2)^{\frac{3}{2}}}\\&=8\oiint\limits_{\Sigma_1^-}x\mathrm{d}y\mathrm{d}z+y\mathrm{d}z\mathrm{d}x+z\mathrm{d}x\mathrm{d}y\\&=8\iiint\limits_{\Omega_1}3\mathrm{d}v=8\times 3\times\frac{4}{3}\pi\times\frac{1}{8}=4\pi,\end{aligned}$$

其中 Ω_1 为球体 $x^2+y^2+z^2\leqslant\dfrac{1}{4}$.

【注】Σ_1 可以是任意包含原点 $O(0,0,0)$ 的闭曲面,且必须在 Σ 内. 由于后面要计算 Σ_1 上的曲面积分,根据曲面积分在计算时可以将 Σ_1 的方程先代入,故为简化计算,选择 $\Sigma_1:x^2+y^2+z^2=\dfrac{1}{4}$,代入可消去奇点,然后再用高斯公式计算在 Σ_1 上的积分.

(3) 本题不满足"连续性"条件.

作辅助曲面 $\Sigma_1:x^2+y^2+z^2=1$,取内侧,Ω 为 Σ 与 Σ_1 之间的部分,Ω_1 为 Σ_1 的内部. 由高斯公式,

$$\oiint\limits_{\Sigma+\Sigma_1}\frac{x\mathrm{d}y\mathrm{d}z+y\mathrm{d}z\mathrm{d}x+z\mathrm{d}x\mathrm{d}y}{(x^2+y^2+z^2)^{3/2}}=\iiint\limits_{\Omega}\left(\frac{\partial P}{\partial x}+\frac{\partial Q}{\partial y}+\frac{\partial R}{\partial z}\right)\mathrm{d}v=0,$$

$$\oiint\limits_{\Sigma_1}\frac{x\mathrm{d}y\mathrm{d}z+y\mathrm{d}z\mathrm{d}x+z\mathrm{d}x\mathrm{d}y}{(x^2+y^2+z^2)^{3/2}}=\oiint\limits_{\Sigma_1}x\mathrm{d}y\mathrm{d}z+y\mathrm{d}z\mathrm{d}x+z\mathrm{d}x\mathrm{d}y=-\iiint\limits_{\Omega_1}3\mathrm{d}v=-4\pi,$$

$$I=\oiint\limits_{\Sigma+\Sigma_1}\frac{x\mathrm{d}y\mathrm{d}z+y\mathrm{d}z\mathrm{d}x+z\mathrm{d}x\mathrm{d}y}{(x^2+y^2+z^2)^{3/2}}-\oiint\limits_{\Sigma_1}\frac{x\mathrm{d}y\mathrm{d}z+y\mathrm{d}z\mathrm{d}x+z\mathrm{d}x\mathrm{d}y}{(x^2+y^2+z^2)^{3/2}}=4\pi.$$

第十二章 无穷级数(数学二不要求)

章节同步导学

章节	教材内容	考纲要求	必做例题	必做习题
§12.1 常数项级数的概念和性质	常数项级数的概念	理解(数学一)了解(数学三)	例1,2	P258 习题12—1: 2,3(3)(5)
	收敛级数的基本性质	掌握(数学一)了解(数学三)		
	级数收敛的必要条件			
	等比级数(几何级数)收敛性的判别	掌握		
	柯西审敛原理	考研不作要求		
§12.2 常数项级数的审敛法	正项级数及其审敛法(正项级数收敛的充要条件,比较审敛法及其推论,比较审敛法的极限形式,比值审敛法,根值审敛法,极限审敛法)	掌握	例1～10	P271 习题12—2: 1(2)(4)(5) 2(2)(3)(4),3(2)(3) 4(2)(4)(5)
	p级数收敛性的判别	掌握		
	交错级数及其审敛法(莱布尼茨定理)	理解(数学一)了解(数学三)		5(1)(2)
	绝对收敛与条件收敛	理解		5(2)(4)(5)
	绝对收敛级数的性质	考研不作要求		
§12.3 幂级数	函数项级数的概念(收敛域,和函数)	了解	例1～6	
	幂级数及其收敛性(阿贝尔定理及其推论,幂级数的收敛半径)	掌握【重点】		P281 习题12—3: 1(2)(3)(4)(6)(8)
	幂级数的运算(幂级数的和函数的性质)	了解(乘或除不用看)		2
§12.4 函数展开成幂级数	函数展开为泰勒级数的充要条件	了解	例1～6	P289 习题12—4: 2(2)(4)(6)4,6
	函数展开成幂级数的步骤	理解		
	常见函数的麦克劳林展开式	掌握(数学一)了解(数学三)		
	利用麦克劳林展开式将一些简单函数间接展开为幂级数			

续表

章节	教材内容	考纲要求	必做例题	必做习题
§12.5 函数的幂级数展开式的应用		考研不作要求		
*§12.6 函数项级数的一致收敛性及一致收敛级数的基本性质		考研不作要求		
§12.7 傅里叶级数	三角级数	了解(仅数学一要求)	例 1～6	2(1)(2),4
	三解函数系的正交性	考研不作要求		
	函数展开成傅里叶级数(收敛定理，狄利克雷充分条件)	了解(仅数学一要求)		6
	正弦级数和余弦级数			
§12.8 一般周期函数的傅里叶级数	周期为 $2l$ 的周期函数的傅里叶级数	会(仅数学一要求)	例 1～2	P327 习题 12－8：1(2)(3),2(1)
	傅里叶级数的复数形式	考研不作要求		
总习题十二	总结归纳本章的基本概念、基本定理、基本公式、基本方法			P327 总习题十二：1,2,3(3)(5),5,6(1)(4),7(2),8(3)(4),9(2)(3),10(1),11(2),数学一再做:12,13

知识结构网图

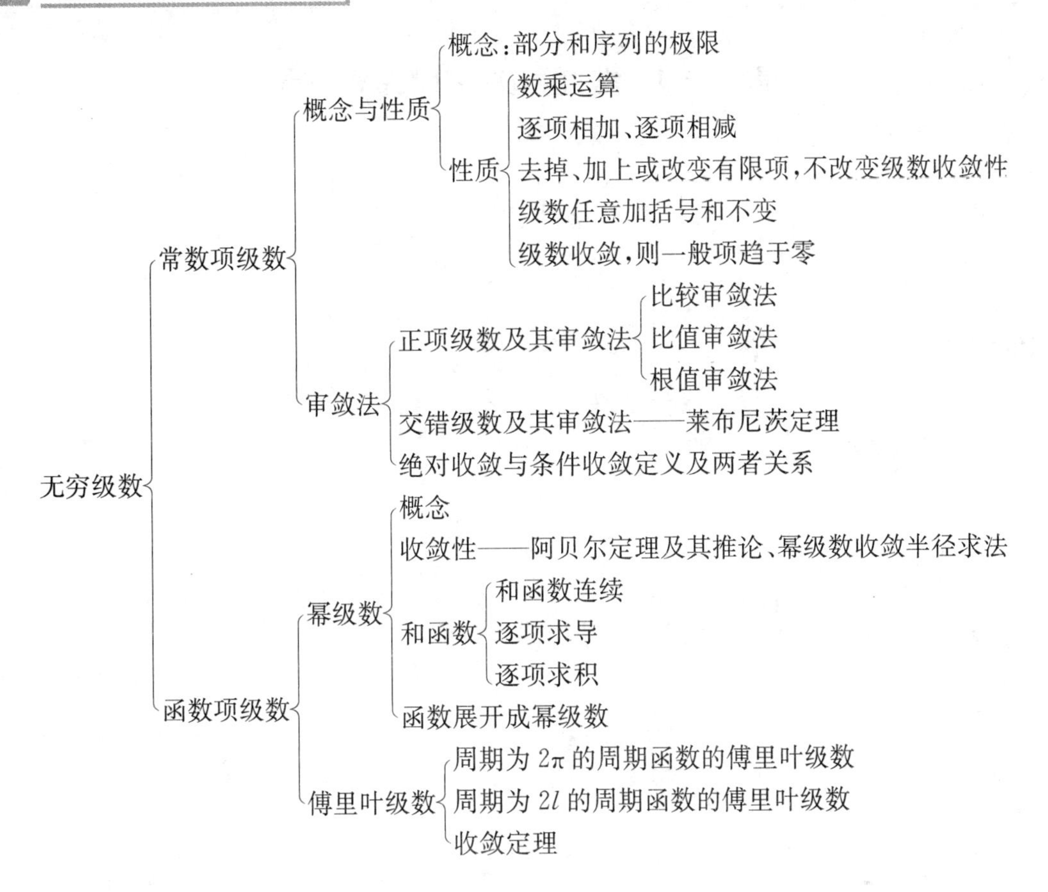

级数本质上是极限,级数的收敛性也就是极限的收敛性.无穷级数是高等数学的一个重要组成部分,它是表示函数、研究函数的性质以及进行数值计算的一种工具.本章先讨论常数项级数,介绍无穷级数的基本内容,然后讨论函数项级数,着重讨论如何将函数展开成幂级数和三角级数的问题.

课后习题全解

习题 12－1 常数项级数的概念和性质

1. 写出下列级数的前五项：

(1) $\sum\limits_{n=1}^{\infty}\dfrac{1+n}{1+n^2}$；　　(2) $\sum\limits_{n=1}^{\infty}\dfrac{1\cdot3\cdot\cdots\cdot(2n-1)}{2\cdot4\cdot\cdots\cdot2n}$；

(3) $\sum\limits_{n=1}^{\infty}\dfrac{(-1)^{n-1}}{5^n}$；　　(4) $\sum\limits_{n=1}^{\infty}\dfrac{n!}{n^n}$.

【解析】(1) $\dfrac{1+1}{1+1^2},\dfrac{1+2}{1+2^2},\dfrac{1+3}{1+3^2},\dfrac{1+4}{1+4^2},\dfrac{1+5}{1+5^2}$.

(2) $\dfrac{1}{2},\dfrac{1\times3}{2\times4},\dfrac{1\times3\times5}{2\times4\times6},\dfrac{1\times3\times5\times7}{2\times4\times6\times8},\dfrac{1\times3\times5\times7\times9}{2\times4\times6\times8\times10}$.

(3) $\dfrac{1}{5},-\dfrac{1}{5^2},\dfrac{1}{5^3},-\dfrac{1}{5^4},\dfrac{1}{5^5}$.

(4) $\dfrac{1!}{1},\dfrac{2!}{2^2},\dfrac{3!}{3^3},\dfrac{4!}{4^4},\dfrac{5!}{5^5}$.

2. 根据级数收敛与发散的定义判定下列级数的收敛性：

(1) $\sum\limits_{n=1}^{\infty}(\sqrt{n+1}-\sqrt{n})$；

(2) $\dfrac{1}{1\cdot3}+\dfrac{1}{3\cdot5}+\dfrac{1}{5\cdot7}+\cdots+\dfrac{1}{(2n-1)(2n+1)}+\cdots$；

(3) $\sin\dfrac{\pi}{6}+\sin\dfrac{2\pi}{6}+\cdots+\sin\dfrac{n\pi}{6}+\cdots$；

(4) $\sum\limits_{n=1}^{\infty}\ln\left(1+\dfrac{1}{n}\right)$.

【解析】设级数的部分和为 s_n.

(1)因为

$$s_n=(\sqrt{2}-1)+(\sqrt{3}-\sqrt{2})+\cdots+(\sqrt{n+1}-\sqrt{n})=\sqrt{n+1}-1,\lim_{n\to\infty}s_n=+\infty,$$

所以级数 $\sum\limits_{n=1}^{\infty}(\sqrt{n+1}-\sqrt{n})$ 发散.

$$\begin{aligned}(2)s_n&=\frac{1}{1\times3}+\frac{1}{3\times5}+\frac{1}{5\times7}+\cdots+\frac{1}{(2n-1)(2n+1)}\\&=\frac{1}{2}\left[\left(\frac{1}{1}-\frac{1}{3}\right)+\left(\frac{1}{3}-\frac{1}{5}\right)+\left(\frac{1}{5}-\frac{1}{7}\right)+\cdots+\left(\frac{1}{2n-1}-\frac{1}{2n+1}\right)\right]\\&=\frac{1}{2}\left(1-\frac{1}{2n+1}\right)\to\frac{1}{2}(n\to\infty),\end{aligned}$$

所以级数收敛.

(3)由于 $u_n=\sin\dfrac{n\pi}{6}=\dfrac{2\sin\dfrac{\pi}{12}\sin\dfrac{n\pi}{6}}{2\sin\dfrac{\pi}{12}}=\dfrac{\cos\dfrac{2n-1}{12}\pi-\cos\dfrac{2n+1}{12}\pi}{2\sin\dfrac{\pi}{12}}$,

从而

$$s_n=\frac{1}{2\sin\frac{\pi}{12}}\left[\left(\cos\frac{\pi}{12}-\cos\frac{3\pi}{12}\right)+\left(\cos\frac{3\pi}{12}-\cos\frac{5\pi}{12}\right)+\cdots+\left(\cos\frac{2n-1}{12}\pi-\cos\frac{2n+1}{12}\pi\right)\right]$$

$$=\frac{1}{2\sin\frac{\pi}{12}}\left(\cos\frac{\pi}{12}-\cos\frac{2n+1}{12}\pi\right),$$

因为当 $n\to\infty$ 时，$\cos\frac{2n+1}{12}\pi$ 的极限不存在，所以 s_n 的极限不存在，即级数发散.

(4) $s_n=\ln 2+\ln\frac{3}{2}+\ln\frac{4}{3}+\cdots+\ln\frac{n+1}{n}=\ln(n+1)$，因 $\lim\limits_{n\to\infty}s_n=+\infty$，故级数发散.

3. 判定下列级数的收敛性：

(1) $-\frac{8}{9}+\frac{8^2}{9^2}-\frac{8^3}{9^3}+\cdots+(-1)^n\frac{8^n}{9^n}+\cdots$；

(2) $\frac{1}{3}+\frac{1}{6}+\frac{1}{9}+\cdots+\frac{1}{3n}+\cdots$；

(3) $\frac{1}{3}+\frac{1}{\sqrt{3}}+\frac{1}{\sqrt[3]{3}}+\cdots+\frac{1}{\sqrt[n]{3}}+\cdots$；

(4) $\frac{3}{2}+\frac{3^2}{2^2}+\frac{3^3}{2^3}+\cdots+\frac{3^n}{2^n}+\cdots$；

(5) $\left(\frac{1}{2}+\frac{1}{3}\right)+\left(\frac{1}{2^2}+\frac{1}{3^2}\right)+\left(\frac{1}{2^2}+\frac{1}{3^3}\right)+\cdots+\left(\frac{1}{2^n}+\frac{1}{3^n}\right)+\cdots$.

【解析】(1) 此级数为公比 $q=-\frac{8}{9}$ 的等比级数，因 $|q|<1$，故该级数收敛.

(2) 一般项 $u_n=\frac{1}{3n}$，于是 $s_n=\sum\limits_{k=1}^{n}\frac{1}{3k}=\frac{1}{3}\sum\limits_{k=1}^{n}\frac{1}{k}$，而调和级数 $\sum\limits_{k=1}^{\infty}\frac{1}{k}$ 发散，故原级数发散.

(3) 此级数的一般项 $u_n=\frac{1}{\sqrt[n]{3}}$，有 $\lim\limits_{n\to\infty}u_n=\lim\limits_{n\to\infty}\left(\frac{1}{3}\right)^{\frac{1}{n}}=1$，不满足级数收敛的必要条件，故该级数发散.

(4) 此级数为公比 $q=\frac{3}{2}$ 的等比级数，因 $|q|>1$，故该级数发散.

(5) 设

$$s=\frac{1}{2}+\frac{1}{2^2}+\frac{1}{2^3}+\cdots,$$

$$\sigma=\frac{1}{3}+\frac{1}{3^2}+\frac{1}{3^3}+\cdots,$$

因为 s 为公比 $q=\frac{1}{2}$ 的等比级数，σ 为公比 $q=\frac{1}{3}$ 的等比级数，故 s,σ 均收敛，故原级数收敛.

*4. 利用柯西审敛原理判定下列级数的收敛性：

(1) $\sum\limits_{n=1}^{\infty}\frac{(-1)^{n+1}}{n}$；

(2) $1+\frac{1}{2}-\frac{1}{3}+\frac{1}{4}+\frac{1}{5}-\frac{1}{6}+\cdots+\frac{1}{3n-2}+\frac{1}{3n-1}-\frac{1}{3n}+\cdots$；

(3) $\sum\limits_{n=1}^{\infty}\frac{\sin nx}{2^n}$；

(4) $\sum\limits_{n=0}^{\infty}\left(\frac{1}{3n+1}+\frac{1}{3n+2}-\frac{1}{3n+3}\right)$.

【解析】(1)当 p 为偶数时，不妨设 n 为偶数.

$$\begin{aligned}|s_{n+p}-s_n|&=\left|\sum_{k=n+1}^{n+p}u_k\right|=\left|\frac{1}{n+1}-\frac{1}{n+2}+\frac{1}{n+3}-\frac{1}{n+4}+\cdots-\frac{1}{n+p}\right|\\&\leqslant\left|\frac{1}{n+1}-\frac{1}{n+2}+\left(\frac{1}{n+2}-\frac{1}{n+3}\right)+\frac{1}{n+3}-\frac{1}{n+4}+\left(\frac{1}{n+4}-\frac{1}{n+5}\right)+\cdots+\right.\\&\quad\left.\frac{1}{n+p-1}-\frac{1}{n+p}+\left(\frac{1}{n+p}-\frac{1}{n+p+1}\right)\right|\\&=\frac{1}{n+1}-\frac{1}{n+p+1}<\frac{1}{n+1}<\frac{1}{n}.\end{aligned}$$

同理可证当 p 为奇数时，$\left|\sum_{k=n+1}^{n+p}u_k\right|<\frac{1}{n}.$

所以 $\forall\varepsilon>0$，取 $N=\left[\frac{1}{\varepsilon}\right]$，当 $n>N$ 时，对 $\forall p\in\mathbf{N}_+$，有 $\left|\sum_{k=n+1}^{n+p}u_k\right|<\varepsilon.$

根据柯西审敛原理知 $\sum_{n=1}^{\infty}\frac{(-1)^{n+1}}{n}$ 收敛.

(2)取 $p=3n$，

$$\begin{aligned}|s_{3n+p}-s_{3n}|&=\left|\sum_{k=3n+1}^{3n+p}u_k\right|\\&=\left|\frac{1}{3n+1}+\frac{1}{3n+2}-\frac{1}{3n+3}+\cdots+\frac{1}{6n-2}+\frac{1}{6n-1}-\frac{1}{6n}\right|\\&>\left|\frac{1}{3n+1}+\frac{1}{3n+4}+\cdots+\frac{1}{6n-2}\right|\\&>\frac{1}{6n-2}+\frac{1}{6n-2}+\cdots+\frac{1}{6n-2}=\frac{n}{6n-2}>\frac{1}{6},\end{aligned}$$

只要取 $\varepsilon=\frac{1}{6}$，则对 $\forall n\in\mathbf{N}_+$，存在 $p=3n$ 使 $|s_{3n+p}-s_{3n}|>\varepsilon$，故由柯西审敛原理知级数发散.

(3)

$$\begin{aligned}|s_{n+p}-s_n|&=|u_{n+1}+u_{n+2}+\cdots+u_{n+p}|\\&=\left|\frac{\sin(n+1)x}{2^{n+1}}+\frac{\sin(n+2)x}{2^{n+2}}+\cdots+\frac{\sin(n+p)x}{2^{n+p}}\right|\\&\leqslant\frac{1}{2^{n+1}}+\frac{1}{2^{n+2}}+\cdots+\frac{1}{2^{n+p}}=\frac{1}{2^{n+1}}\cdot\frac{1-\frac{1}{2^p}}{1-\frac{1}{2}}<\frac{1}{2^n}.\end{aligned}$$

由此可知，对任意给定的正数 ε，取正整数 $N\geqslant\log_2\frac{1}{\varepsilon}$，当 $n>N$ 时，对一切正整数 p，都有 $|s_{n+p}-s_n|<\varepsilon$. 由柯西审敛原理，该级数收敛.

(4)本题与(2)类同，因 $u_n=\frac{1}{3n+1}+\left(\frac{1}{3n+2}-\frac{1}{3n+3}\right)>\frac{1}{3n+1}>\frac{1}{9n}$，对 $\varepsilon_0=\frac{1}{9}$，不论 n 取什么正整数，取 $p=n$ 时，就有 $|s_{n+p}-s_n|>\frac{1}{9}$. 因此该级数发散.

习题 12－2 常数项级数的审敛法

1. 用比较审敛法或极限形式的比较审敛法判定下列级数的收敛性：

(1)$1+\frac{1}{3}+\frac{1}{5}+\cdots+\frac{1}{2n-1}+\cdots$；

(2)$1+\frac{1+2}{1+2^2}+\frac{1+3}{1+3^2}+\cdots+\frac{1+n}{1+n^2}+\cdots$;

(3)$\frac{1}{2\times5}+\frac{1}{3\times6}+\cdots+\frac{1}{(n+1)(n+4)}+\cdots$;

(4)$\sin\frac{\pi}{2}+\sin\frac{\pi}{2^2}+\sin\frac{\pi}{2^3}+\cdots+\sin\frac{\pi}{2^n}+\cdots$;

(5)$\sum\limits_{n=1}^{\infty}\frac{1}{1+a^n}(a>0)$.

【解析】(1)**方法一**　$u_n=\frac{1}{2n-1}>\frac{1}{2n}(n=1,2,\cdots)$,由于级数$\sum\limits_{n=1}^{\infty}\frac{1}{n}$发散,故级数$\sum\limits_{n=1}^{\infty}\frac{1}{2n}$也发散,由比较审敛法知原级数$\sum\limits_{n=1}^{\infty}\frac{1}{2n-1}$发散.

方法二　因$\lim\limits_{n\to\infty}\frac{\frac{1}{2n-1}}{\frac{1}{n}}=\frac{1}{2}$,而$\sum\limits_{n=1}^{\infty}\frac{1}{n}$发散,故由极限形式的比较审敛法知原级数发散.

(2)$u_n=\frac{1+n}{1+n^2}\geqslant\frac{1+n}{n+n^2}=\frac{1}{n}$,而$\sum\limits_{n=1}^{\infty}\frac{1}{n}$发散,由比较审敛法知原级数发散.

(3)因$\lim\limits_{n\to\infty}\frac{\frac{1}{(n+1)(n+4)}}{\frac{1}{n^2}}=1$,而$\sum\limits_{n=1}^{\infty}\frac{1}{n^2}$收敛,由极限形式的比较审敛法知原级数收敛.

(4)因$\lim\limits_{n\to\infty}\frac{\sin\frac{\pi}{2^n}}{\frac{1}{2^n}}=\lim\limits_{n\to\infty}\pi\cdot\frac{\sin\frac{\pi}{2^n}}{\frac{\pi}{2^n}}=\pi$,而$\sum\limits_{n=1}^{\infty}\frac{1}{2^n}$收敛,故由极限形式的比较审敛法知原级数收敛.

(5)当$0<a\leqslant1$时,$\frac{1}{1+a^n}\geqslant\frac{1}{2}$,一般项不趋于零,故$\sum\limits_{n=1}^{\infty}\frac{1}{1+a^n}$发散;

当$a>1$时,$\frac{1}{1+a^n}<\frac{1}{a^n}$,而$\sum\limits_{n=1}^{\infty}\frac{1}{a^n}$收敛,故由比较审敛法知$\sum\limits_{n=1}^{\infty}\frac{1}{1+a^n}$收敛.

2.用比值审敛法判定下列级数的收敛性:

(1)$\frac{3}{1\cdot2}+\frac{3^2}{2\cdot2^2}+\frac{3^3}{3\cdot2^3}+\cdots+\frac{3^n}{n\cdot2^n}+\cdots$;　　(2)$\sum\limits_{n=1}^{\infty}\frac{n^2}{3^n}$;

(3)$\sum\limits_{n=1}^{\infty}\frac{2^n\cdot n!}{n^n}$;　　(4)$\sum\limits_{n=1}^{\infty}n\tan\frac{\pi}{2^{n+1}}$.

【解析】(1)因$\lim\limits_{n\to\infty}\frac{u_{n+1}}{u_n}=\lim\limits_{n\to\infty}\frac{3^{n+1}}{(n+1)\cdot2^{n+1}}\cdot\frac{n\cdot2^n}{3^n}=\lim\limits_{n\to\infty}\frac{3}{2}\cdot\frac{n}{n+1}=\frac{3}{2}>1$,故级数发散.

(2)因$\lim\limits_{n\to\infty}\frac{u_{n+1}}{u_n}=\lim\limits_{n\to\infty}\frac{(n+1)^2}{3^{n+1}}\Big/\frac{n^2}{3^n}=\lim\limits_{n\to\infty}\frac{1}{3}\cdot\frac{(n+1)^2}{n^2}=\frac{1}{3}<1$,故级数收敛.

(3)因$\lim\limits_{n\to\infty}\frac{u_{n+1}}{u_n}=\lim\limits_{n\to\infty}\frac{2^{n+1}(n+1)!}{(n+1)^{n+1}}\Big/\frac{2^n n!}{n^n}=\lim\limits_{n\to\infty}2\left(\frac{n}{1+n}\right)^n=\frac{2}{\mathrm{e}}<1$,故级数收敛.

(4)因$\lim\limits_{n\to\infty}\frac{u_{n+1}}{u_n}=\lim\limits_{n\to\infty}(n+1)\tan\frac{\pi}{2^{n+2}}\Big/n\tan\frac{\pi}{2^{n+1}}$

$$=\lim_{n\to\infty}\frac{n+1}{n}\cdot\frac{\frac{\pi}{2^{n+2}}}{\frac{\pi}{2^{n+1}}}=\lim_{n\to\infty}\frac{n+1}{n}\cdot\frac{1}{2}=\frac{1}{2}<1,$$

故级数收敛.

*3. 用根值审敛法判定下列级数的收敛性:

(1) $\sum\limits_{n=1}^{\infty}\left(\frac{n}{2n+1}\right)^n$;　　(2) $\sum\limits_{n=1}^{\infty}\frac{1}{[\ln(n+1)]^n}$;　　(3) $\sum\limits_{n=1}^{\infty}\left(\frac{n}{3n-1}\right)^{2n-1}$;

(4) $\sum\limits_{n=1}^{\infty}\left(\frac{b}{a_n}\right)^n$,其中 $a_n\to a(n\to\infty)$,a_n,b,a 均为正数.

【解析】(1)因 $\lim\limits_{n\to\infty}\sqrt[n]{u_n}=\lim\limits_{n\to\infty}\frac{n}{2n+1}=\frac{1}{2}<1$,故级数收敛.

(2)因 $\lim\limits_{n\to\infty}\sqrt[n]{u_n}=\lim\limits_{n\to\infty}\frac{1}{\ln(n+1)}=0<1$,故级数收敛.

(3)因 $\lim\limits_{n\to\infty}\sqrt[n]{u_n}=\lim\limits_{n\to\infty}\left(\frac{n}{3n-1}\right)^{\frac{2n-1}{n}}=\exp\left\{\lim\limits_{n\to\infty}\left(2-\frac{1}{n}\right)\cdot\ln\left(\frac{n}{3n-1}\right)\right\}=e^{2\ln\frac{1}{3}}=\left(\frac{1}{3}\right)^2<1$,故级数收敛.

(4) $\lim\limits_{n\to\infty}\sqrt[n]{u_n}=\lim\limits_{n\to\infty}\frac{b}{a_n}=\frac{b}{a}$.

当 $b<a$ 时,因 $\lim\limits_{n\to\infty}\sqrt[n]{u_n}<1$,级数收敛;

当 $b>a$ 时,因 $\lim\limits_{n\to\infty}\sqrt[n]{u_n}>1$,级数发散;

当 $b=a$ 时,级数的收敛性不能确定.

4. 判定下列级数的收敛性:

(1) $\frac{3}{4}+2\left(\frac{3}{4}\right)^2+3\left(\frac{3}{4}\right)^3+\cdots+n\left(\frac{3}{4}\right)^n+\cdots$;

(2) $\frac{1^4}{1!}+\frac{2^4}{2!}+\frac{3^4}{3!}+\cdots+\frac{n^4}{n!}+\cdots$;

(3) $\sum\limits_{n=1}^{\infty}\frac{n+1}{n(n+2)}$;

(4) $\sum\limits_{n=1}^{\infty}2^n\sin\frac{\pi}{3^n}$;

(5) $\sqrt{2}+\sqrt{\frac{3}{2}}+\cdots+\sqrt{\frac{n+1}{n}}+\cdots$;

(6) $\frac{1}{a+b}+\frac{1}{2a+b}+\cdots+\frac{1}{na+b}+\cdots(a>0,b>0)$.

【解析】(1) $u_n=n\left(\frac{3}{4}\right)^n$,$\lim\limits_{n\to\infty}\frac{u_{n+1}}{u_n}=\lim\limits_{n\to\infty}\frac{n+1}{n}\cdot\frac{3}{4}=\frac{3}{4}<1$,由比值审敛法知级数收敛.

(2) $u_n=\frac{n^4}{n!}$,$\lim\limits_{n\to\infty}\frac{u_{n+1}}{u_n}=\lim\limits_{n\to\infty}\frac{(n+1)^4}{(n+1)!}\Big/\frac{n^4}{n!}=\lim\limits_{n\to\infty}\left(\frac{n+1}{n}\right)^4\cdot\frac{1}{n+1}=0<1$,由比值审敛法知级数收敛.

(3) $\lim\limits_{n\to\infty}\frac{u_n}{\frac{1}{n}}=\lim\limits_{n\to\infty}\frac{n+1}{n(n+2)}\Big/\frac{1}{n}=1$,而级数 $\sum\limits_{n=1}^{\infty}\frac{1}{n}$ 发散,由极限形式的比较审敛法知原级数发散.

(4) **方法一**　$u_n=2^n\cdot\sin\frac{\pi}{3^n}\sim 2^n\cdot\frac{\pi}{3^n}=\pi\cdot\left(\frac{2}{3}\right)^n\quad(n\to\infty)$,

而 $\sum\limits_{n=1}^{\infty}\pi\cdot\left(\frac{2}{3}\right)^n$ 收敛,故 $\sum\limits_{n=1}^{\infty}2^n\cdot\sin\frac{\pi}{3^n}$ 收敛.

方法二 $\lim\limits_{n\to\infty}\frac{u_{n+1}}{u_n}=\lim\limits_{n\to\infty}\frac{2^{n+1}\cdot\sin\frac{\pi}{3^{n+1}}}{2^n\cdot\sin\frac{\pi}{3^n}}=\lim\limits_{n\to\infty}2\cdot\frac{\sin\frac{\pi}{3^{n+1}}}{\sin\frac{\pi}{3^n}}$

$$=2\lim_{n\to\infty}\frac{\sin\frac{\pi}{3^{n+1}}}{\frac{\pi}{3^{n+1}}}\cdot\frac{\frac{\pi}{3^n}\cdot\frac{1}{3}}{\sin\frac{\pi}{3^n}}=\frac{2}{3}<1,$$

由达朗贝尔判别法知级数 $\sum\limits_{n=1}^{\infty}2^n\sin\frac{\pi}{3^n}$ 收敛.

(5)因 $\lim\limits_{n\to\infty}u_n=\lim\limits_{n\to\infty}\left(\frac{n+1}{n}\right)^{\frac{1}{2}}=1\neq0$,故级数发散.

(6)因 $\lim\limits_{n\to\infty}\frac{1}{na+b}\Big/\frac{1}{n}=\lim\limits_{n\to\infty}\frac{1}{a+\frac{b}{n}}=\frac{1}{a}$,而级数 $\sum\limits_{n=1}^{\infty}\frac{1}{n}$ 发散,故由极限形式的比较审敛法知原级数发散.

5.判定下列级数是否收敛?如果是收敛的,是绝对收敛还是条件收敛?

(1)$1-\frac{1}{\sqrt{2}}+\frac{1}{\sqrt{3}}-\frac{1}{\sqrt{4}}+\cdots+\frac{(-1)^{n-1}}{\sqrt{n}}+\cdots$;

(2)$\sum\limits_{n=1}^{\infty}(-1)^{n-1}\frac{n}{3^{n-1}}$;

(3)$\frac{1}{3}\times\frac{1}{2}-\frac{1}{3}\times\frac{1}{2^2}+\frac{1}{3}\times\frac{1}{2^3}-\frac{1}{3}\times\frac{1}{2^4}+\cdots+(-1)^{n-1}\frac{1}{3}\cdot\frac{1}{2^n}+\cdots$;

(4)$\frac{1}{\ln 2}-\frac{1}{\ln 3}+\frac{1}{\ln 4}-\frac{1}{\ln 5}+\cdots+(-1)^{n-1}\frac{1}{\ln(n+1)}+\cdots$;

(5)$\sum\limits_{n=1}^{\infty}(-1)^{n+1}\frac{2^{n^2}}{n!}$.

【解析】(1) $\sum\limits_{n=1}^{\infty}|u_n|=\sum\limits_{n=1}^{\infty}\frac{1}{n^{\frac{1}{2}}}$ 发散,而 $\sum\limits_{n=1}^{\infty}(-1)^{n-1}\frac{1}{n^{\frac{1}{2}}}$ 是交错级数,满足莱布尼茨定理,故级数条件收敛.

(2) 由于 $\lim\limits_{n\to\infty}\left|\frac{u_{n+1}}{u_n}\right|=\lim\limits_{n\to\infty}\frac{\frac{n+1}{3^n}}{\frac{n}{3^{n-1}}}=\frac{1}{3}<1$,故绝对收敛.

(3) $\sum\limits_{n=1}^{\infty}|u_n|=\sum\limits_{n=1}^{\infty}\frac{1}{3}\cdot\frac{1}{2^n}$ 收敛,故原级数绝对收敛.

(4)令 $f(x)=\ln(1+x)-x$,则

$$f'(x)=\frac{1}{1+x}-1=\frac{-x}{1+x}<0\quad(\text{当 }x>0\text{ 时}),$$

所以当 $x>0$ 时 $f(x)$ 单调下降,故当 $x>0$ 时,

有 $$f(x)<f(0)=0,\text{即 }\ln(1+x)<x,$$

从而有 $$\ln(1+n)<n,\frac{1}{\ln(1+n)}>\frac{1}{n},$$

而 $\sum\limits_{n=1}^{\infty}\frac{1}{n}$ 发散,故 $\sum\limits_{n=1}^{\infty}|u_n|=\sum\limits_{n=1}^{\infty}\frac{1}{\ln(1+n)}$ 发散.

由莱布尼茨定理知$\sum\limits_{n=1}^{\infty}(-1)^{n-1}\dfrac{1}{\ln(1+n)}$收敛且是条件收敛.

(5)由于$\lim\limits_{n\to\infty}\left|\dfrac{u_{n+1}}{u_n}\right|=\lim\limits_{n\to\infty}\dfrac{\dfrac{2^{(n+1)^2}}{(n+1)!}}{\dfrac{2^{n^2}}{n!}}=\lim\limits_{n\to\infty}\dfrac{2^{2n+1}}{n+1}=\infty$,故一般项极限$\lim\limits_{n\to\infty}u_n\neq 0$,从而级数发散.

习题 12－3　幂级数

1.求下列幂级数的收敛区间:

(1)$x+2x^2+3x^3+\cdots+nx^n+\cdots$;

(2)$1-x+\dfrac{x^2}{2^2}+\cdots+(-1)^n\dfrac{x^n}{n^2}+\cdots$;

(3)$\dfrac{x}{2}+\dfrac{x^2}{2\cdot 4}+\dfrac{x^3}{2\cdot 4\cdot 6}+\cdots+\dfrac{x^n}{2\cdot 4\cdot\cdots\cdot(2n)}+\cdots$;

(4)$\dfrac{x}{1\cdot 3}+\dfrac{x^2}{2\cdot 3^2}+\dfrac{x^3}{3\cdot 3^3}+\cdots+\dfrac{x^n}{n\cdot 3^n}+\cdots$;

(5)$\dfrac{2}{2}x+\dfrac{2^2}{5}x^2+\dfrac{2^3}{10}x^3+\cdots+\dfrac{2^n}{n^2+1}x^n+\cdots$;

(6)$\sum\limits_{n=1}^{\infty}(-1)^n\dfrac{x^{2n+1}}{2n+1}$;

(7)$\sum\limits_{n=1}^{\infty}\dfrac{2n-1}{2^n}x^{2n-2}$;

(8)$\sum\limits_{n=1}^{\infty}\dfrac{(x-5)^n}{\sqrt{n}}$.

【解析】(1)$\lim\limits_{n\to\infty}\left|\dfrac{a_{n+1}}{a_n}\right|=\lim\limits_{n\to\infty}\dfrac{n+1}{n}=1$,故收敛半径为1,收敛区间为$(-1,1)$.

(2)$\lim\limits_{n\to\infty}\left|\dfrac{a_{n+1}}{a_n}\right|=\lim\limits_{n\to\infty}\left(\dfrac{n}{n+1}\right)^2=1$,故收敛半径为1,收敛区间为$(-1,1)$.

(3)$\lim\limits_{n\to\infty}\left|\dfrac{a_{n+1}}{a_n}\right|=\lim\limits_{n\to\infty}\dfrac{1}{2(n+1)}=0$,故收敛半径为$+\infty$,收敛区间为$(-\infty,+\infty)$.

(4)$\lim\limits_{n\to\infty}\left|\dfrac{a_{n+1}}{a_n}\right|=\lim\limits_{n\to\infty}\dfrac{1}{(n+1)3^{n+1}}\cdot\dfrac{n\cdot 3^n}{1}=\dfrac{1}{3}$,故收敛半径为3,收敛区间为$(-3,3)$.

(5)$\lim\limits_{n\to\infty}\left|\dfrac{a_{n+1}}{a_n}\right|=\lim\limits_{n\to\infty}\dfrac{2^{n+1}}{(n+1)^2+1}\cdot\dfrac{n^2+1}{2^n}=2$,故收敛半径为$\dfrac{1}{2}$,收敛区间为$\left(-\dfrac{1}{2},\dfrac{1}{2}\right)$.

(6)按比值审敛法

$$\lim_{n\to\infty}\left|\frac{u_{n+1}}{u_n}\right|=\lim_{n\to\infty}\left|\frac{x^{2n+3}}{2n+3}\cdot\frac{2n+1}{x^{2n+1}}\right|=|x|^2.$$

当$|x|^2<1$,即$|x|<1$时,级数收敛;当$|x|>1$时,级数发散,所以$R=1$.故收敛区间为$(-1,1)$.

(7)
$$\lim_{n\to\infty}\left|\frac{u_{n+1}}{u_n}\right|=\frac{1}{2}|x|^2.$$

当$\dfrac{1}{2}|x|^2<1$,即$|x|<\sqrt{2}$时,级数收敛;当$x>\sqrt{2}$时,级数发散,所以$R=\sqrt{2}$.

故原级数收敛区间为$(-\sqrt{2},\sqrt{2})$.

(8) $\lim\limits_{n\to\infty}\left|\dfrac{a_{n+1}}{a_n}\right|=\lim\limits_{n\to\infty}\dfrac{\sqrt{n}}{\sqrt{n+1}}=1$，故收敛半径为 1.

当 $|x-5|<1$ 时，级数收敛；当 $|x-5|>1$ 时，级数发散. 故级数的收敛区间为(4,6).

2. 利用逐项求导或逐项积分，求下列级数的和函数：

(1) $\sum\limits_{n=1}^{\infty} nx^{n-1}$；

(2) $\sum\limits_{n=1}^{\infty} \dfrac{x^{4n+1}}{4n+1}$；

(3) $x+\dfrac{x^3}{3}+\dfrac{x^5}{5}+\cdots+\dfrac{x^{2n-1}}{2n-1}+\cdots$；

(4) $\sum\limits_{n=1}^{\infty}(n+2)x^{n+3}$.

【解析】(1) 由 $\int_0^x \sum\limits_{n=1}^{\infty} nx^{n-1}\mathrm{d}x=\sum\limits_{n=1}^{\infty}\int_0^x nx^{n-1}\mathrm{d}x=\sum\limits_{n=1}^{\infty}x^n=\dfrac{x}{1-x}\quad(|x|<1)$，

得
$$\sum_{n=1}^{\infty} nx^{n-1}=\left(\frac{x}{1-x}\right)'=\frac{1}{(1-x)^2}\quad(-1<x<1).$$

又原级数在 $x=\pm 1$ 处发散，故它的和函数 $s(x)=\dfrac{1}{(1-x)^2}(-1<x<1)$.

(2) 由 $\left(\sum\limits_{n=1}^{\infty}\dfrac{x^{4n+1}}{4n+1}\right)'=\sum\limits_{n=1}^{\infty}\left(\dfrac{x^{4n+1}}{4n+1}\right)'=\sum\limits_{n=1}^{\infty}x^{4n}=\dfrac{x^4}{1-x^4}$，

得
$$\begin{aligned}\sum_{n=1}^{\infty}\frac{x^{4n+1}}{4n+1}&=\int_0^x\frac{x^4}{1-x^4}\mathrm{d}x\\&=\int_0^x\left(-1+\frac{1}{2}\cdot\frac{1}{1-x^2}+\frac{1}{2}\cdot\frac{1}{1+x^2}\right)\mathrm{d}x\\&=-x+\frac{1}{4}\ln\frac{1+x}{1-x}+\frac{1}{2}\arctan x\quad(-1<x<1).\end{aligned}$$

又原级数在 $x=\pm 1$ 处均发散，故它的和函数 $s(x)=\dfrac{1}{4}\ln\dfrac{1+x}{1-x}+\dfrac{1}{2}\arctan x-x(-1<x<1)$.

(3) $\left(\sum\limits_{n=1}^{\infty}\dfrac{x^{2n-1}}{2n-1}\right)'=\sum\limits_{n=1}^{\infty}\left(\dfrac{x^{2n-1}}{2n-1}\right)'=\sum\limits_{n=1}^{\infty}x^{2n-2}=\dfrac{1}{1-x^2}\quad(|x|<1)$，

从而
$$\sum_{n=1}^{\infty}\frac{x^{2n-1}}{2n-1}=\int_0^x\frac{1}{1-x^2}\mathrm{d}x=\frac{1}{2}\ln\frac{1+x}{1-x}\quad(-1<x<1).$$

又原级数在 $x=\pm 1$ 处均发散，故它的和函数 $s(x)=\dfrac{1}{2}\ln\dfrac{1+x}{1-x}\quad(-1<x<1)$.

(4)容易求得此级数的收敛半径为 1，收敛域为(−1,1). 当 $x\in(-1,1)$ 时，

$$\sum_{n=1}^{\infty}(n+2)x^{n+3}=x^2\sum_{n=1}^{\infty}(n+2)x^{n+1}=x^2\left(\sum_{n=1}^{\infty}x^{n+2}\right)',$$

其中 $\sum\limits_{n=1}^{\infty}x^{n+2}=x^3\sum\limits_{n=0}^{\infty}x^n=\dfrac{x^3}{1-x}$. 又 $\left(\sum\limits_{n=1}^{\infty}x^{n+2}\right)'=\left(\dfrac{x^3}{1-x}\right)'=\dfrac{3x^2-2x^3}{(1-x)^2}$，故原级数的和函数

$$s(x)=x^2\cdot\frac{3x^2-2x^3}{(1-x)^2}=\frac{3x^4-2x^5}{(1-x)^2}\quad(-1<x<1).$$

习题 12－4　函数展开成幂级数

1. 求函数 $f(x)=\cos x$ 的泰勒级数，并验证它在整个数轴上收敛于这函数.

【解析】
$$f^{(n)}(x)=\cos\left(x+n\cdot\frac{\pi}{2}\right)\quad(n=1,2,\cdots),$$

故
$$f^{(n)}(x_0)=\cos\left(x_0+n\cdot\frac{\pi}{2}\right)\quad(n=1,2,\cdots),$$

从而 $f(x)$ 在 x_0 处的泰勒级数为

$$\cos x_0+\cos\left(x_0+\frac{\pi}{2}\right)(x-x_0)+\frac{\cos(x_0+\pi)}{2!}(x-x_0)^2+\cdots+\frac{\cos\left(x_0+\frac{n\pi}{2}\right)}{n!}(x-x_0)^n+\cdots.$$

$f(x)=s_n(x)+R_n(x)$，其中 $s_n(x)$ 为泰勒级数的前 n 项部分和，$R_n(x)$ 为余项.

$$|R_n(x)|=\left|\frac{\cos\left[x_0+\theta(x-x_0)+\frac{n+1}{2}\pi\right]}{(n+1)!}(x-x_0)^{n+1}\right|$$
$$\leqslant\frac{|x-x_0|^{n+1}}{(n+1)!}\quad(0\leqslant\theta\leqslant1).$$

由于对任意 $x\in(-\infty,+\infty)$，$\sum\limits_{n=1}^{\infty}\frac{|x-x_0|^{n+1}}{(n+1)!}$ 收敛，故由级数收敛的必要条件知

$$\lim_{n\to\infty}\frac{|x-x_0|^{n+1}}{(n+1)!}=0,$$

从而 $\lim\limits_{n\to\infty}|R_n(x)|=0$.

因此 $f(x)=\cos x=\cos x_0+\cos\left(x_0+\frac{\pi}{2}\right)(x-x_0)+\cdots+\frac{\cos\left(x_0+\frac{n\pi}{2}\right)}{n!}(x-x_0)^n+\cdots$，$x\in(-\infty,+\infty)$.

2. 将下列函数展开成 x 的幂级数，并求展开式成立的区间：

(1) $\operatorname{sh}x=\frac{e^x-e^{-x}}{2}$；　　(2) $\ln(a+x)\quad(a>0)$；

(3) a^x；　　(4) $\sin^2 x$；

(5) $(1+x)\ln(1+x)$；　　(6) $\frac{x}{\sqrt{1+x^2}}$.

【解析】(1) 因为 $e^x=\sum\limits_{n=0}^{\infty}\frac{x^n}{n!}$，$x\in(-\infty,+\infty)$，所以

$$e^{-x}=\sum_{n=0}^{\infty}(-1)^n\frac{x^n}{n!},\quad x\in(-\infty,+\infty),$$

故
$$\operatorname{sh}x=\frac{1}{2}\left[\sum_{n=0}^{\infty}\frac{x^n}{n!}-\sum_{n=0}^{\infty}(-1)^n\frac{x^n}{n!}\right]=\frac{1}{2}\sum_{n=1}^{\infty}\frac{x^n}{n!}[1-(-1)^n]$$
$$=\sum_{n=1}^{\infty}\frac{x^{2n-1}}{(2n-1)!},\quad x\in(-\infty,+\infty).$$

(2) $\ln(a+x)=\ln a+\ln\left(1+\frac{x}{a}\right)$，利用

$$\ln(1+x)=\sum_{n=1}^{\infty}\frac{(-1)^{n-1}}{n}x^n,\quad x\in(-1,1],$$

得

$$\ln(a+x)=\ln a+\sum_{n=1}^{\infty}\frac{(-1)^{n-1}}{n}\left(\frac{x}{a}\right)^n,\quad x\in(-a,a].$$

(3)利用 $e^x=\sum\limits_{n=0}^{\infty}\dfrac{x^n}{n!},x\in(-\infty,+\infty)$,得

$$a^x=e^{x\ln a}=\sum_{n=0}^{\infty}\frac{(x\ln a)^n}{n!}=\sum_{n=0}^{\infty}\frac{(\ln a)^n}{n!}x^n,\quad x\in(-\infty,+\infty).$$

(4)
$$\sin^2 x=\frac{1-\cos 2x}{2}=\frac{1}{2}-\frac{1}{2}\cos 2x.$$

因为
$$\cos x=\sum_{n=0}^{\infty}(-1)^n\frac{x^{2n}}{(2n)!}\quad(-\infty<x<+\infty),$$

所以
$$\sin^2 x=\frac{1}{2}-\frac{1}{2}\sum_{n=0}^{\infty}(-1)^n\frac{2^{2n}x^{2n}}{(2n)!}$$
$$=\sum_{n=1}^{\infty}(-1)^{n-1}\frac{2^{2n-1}x^{2n}}{(2n)!}\quad(-\infty<x<+\infty).$$

(5)因为 $\ln(1+x)=\sum\limits_{n=0}^{\infty}(-1)^n\dfrac{x^{n+1}}{n+1}\quad(-1<x\leqslant 1)$,

所以
$$(1+x)\ln(1+x)=(1+x)\sum_{n=0}^{\infty}(-1)^n\frac{x^{n+1}}{n+1}$$
$$=\sum_{n=0}^{\infty}(-1)^n\frac{x^{n+1}}{n+1}+\sum_{n=0}^{\infty}(-1)^n\frac{x^{n+2}}{n+1}$$
$$=x+\sum_{n=1}^{\infty}(-1)^n\frac{x^{n+1}}{n+1}+\sum_{n=1}^{\infty}(-1)^{n-1}\frac{x^{n+1}}{n}$$
$$=x+\sum_{n=1}^{\infty}\left[\frac{(-1)^n n+(-1)^{n-1}(n+1)}{n(n+1)}\right]x^{n+1}$$
$$=x+\sum_{n=1}^{\infty}\frac{(-1)^{n-1}}{n(n+1)}x^{n+1}\quad(-1<x\leqslant 1).$$

(6)**方法一** 利用 $\sqrt{1+x}=1+\dfrac{1}{2}x-\dfrac{1}{2\times 4}x^2+\dfrac{1\times 3}{2\times 4\times 6}x^3-\cdots,x\in[-1,1]$,并因为

$$\int_0^x\frac{x}{\sqrt{1+x^2}}dx=\sqrt{1+x^2}-1,$$

以 x^2 替换上面幂级数中的 x,得

$$\int_0^x\frac{x}{\sqrt{1+x^2}}dx=\sqrt{1+x^2}-1$$
$$=\frac{1}{2}x^2-\frac{1}{2\times 4}x^4+\frac{1\times 3}{2\times 4\times 6}x^6-\cdots+(-1)^{n-1}\frac{1\times 3\times 5\cdot\cdots\cdot(2n-3)}{2\times 4\times 6\cdot\cdots\cdot(2n)}x^{2n}+\cdots.$$

在 $(-1,1)$ 内将上式两端对 x 求导,得

$$\frac{x}{\sqrt{1+x^2}}=x-\frac{1}{2}x^3+\frac{1\times 3}{2\times 4}x^5-\cdots+(-1)^{n-1}\frac{1\times 3\times 5\cdot\cdots\cdot(2n-3)}{2\times 4\times 6\cdot\cdots\cdot(2n-2)}x^{2n-1}+\cdots$$
$$=x+\sum_{n=2}^{\infty}(-1)^{n-1}\frac{1\times 3\times 5\cdot\cdots\cdot(2n-3)}{2\times 4\times 6\cdot\cdots\cdot(2n-2)}x^{2n-1}$$
$$=x+\sum_{n=1}^{\infty}(-1)^n\frac{2(2n)!}{(n!)^2}\left(\frac{x}{2}\right)^{2n+1},x\in(-1,1).$$

在 $x=\pm1$ 处上式右端的级数均收敛且函数$\dfrac{x}{\sqrt{1+x^2}}$连续,故

$$\frac{x}{\sqrt{1+x^2}}=x+\sum_{n=1}^{\infty}(-1)^n\frac{2(2n)!}{(n!)^2}\left(\frac{x}{2}\right)^{2n+1},x\in[-1,1].$$

方法二 将 x^2 替换展开式

$$\frac{1}{\sqrt{1+x}}=1+\sum_{n=1}^{\infty}(-1)^n\frac{1\times3\times5\cdot\cdots\cdot(2n-1)}{2\times4\times6\cdot\cdots\cdot(2n)}x^n,x\in(-1,1]$$

中的 x,得

$$\frac{1}{\sqrt{1+x^2}}=1+\sum_{n=1}^{\infty}(-1)^n\frac{1\times3\times5\cdot\cdots\cdot(2n-1)}{2\times4\times6\cdot\cdots\cdot(2n)}x^{2n},x\in[-1,1],$$

从而得

$$\begin{aligned}\frac{x}{\sqrt{1+x^2}}&=x+\sum_{n=1}^{\infty}(-1)^n\frac{1\times3\times5\cdot\cdots\cdot(2n-1)}{2\times4\times6\cdot\cdots\cdot(2n)}x^{2n+1}\\&=x+\sum_{n=1}^{\infty}(-1)^n\frac{2(2n)!}{(n!)^2}\left(\frac{x}{2}\right)^{2n+1},x\in[-1,1].\end{aligned}$$

3.将下列函数展开成$(x-1)$的幂级数,并求展开式成立的区间:

(1) $\sqrt{x^3}$;　　　　(2) $\lg x$.

【解析】(1)因为$(1+x)^m=1+mx+\dfrac{m(m-1)}{2!}x^2+\cdots+\dfrac{m(m-1)\cdots(m-n+1)}{n!}x^n+\cdots$,

其中$-1<x<1$,所以

$$\begin{aligned}\sqrt{x^3}&=[1+(x-1)]^{\frac{3}{2}}\\&=1+\frac{3}{2}(x-1)+\frac{\frac{3}{2}\left(\frac{3}{2}-1\right)}{2!}(x-1)^2+\cdots+\frac{\frac{3}{2}\left(\frac{3}{2}-1\right)\cdots\left(\frac{3}{2}-n+1\right)}{n!}(x-1)^n+\cdots,\end{aligned}$$

其中$-1\leqslant x-1\leqslant1$.

即

$$\begin{aligned}\sqrt{x^3}&=1+\frac{3}{2}(x-1)+\frac{3\times1}{2^2\times2!}(x-1)^2+\frac{3\times1\times(-1)}{2^3\times3!}(x-1)^3+\cdots+\\&\quad\frac{3\times1\times(-1)\times(-3)\cdots(-2n+5)}{2^n\cdot n!}(x-1)^n+\cdots\\&=1+\frac{3}{2}(x-1)+\sum_{n=0}^{\infty}\frac{(-1)^n\cdot3}{(n+1)(n+2)2^n}\cdot\frac{(2n)!}{(n!)^2}\left(\frac{x-1}{2}\right)^{n+2}\quad(0\leqslant x\leqslant2).\end{aligned}$$

(2) $\lg x=\dfrac{\ln x}{\ln 10}=\dfrac{1}{\ln 10}\ln[1+(x-1)]$,利用

$$\ln(1+x)=\sum_{n=1}^{\infty}(-1)^{n-1}\frac{x^n}{n},x\in(-1,1],$$

将上式中的 x 换成$(x-1)$,得

$$\lg x=\frac{1}{\ln 10}\sum_{n=1}^{\infty}(-1)^{n-1}\frac{(x-1)^n}{n},x\in(0,2].$$

4.将函数 $f(x)=\cos x$ 展开成$\left(x+\dfrac{\pi}{3}\right)$的幂级数.

【解析】$\cos x=\cos\left[\left(x+\dfrac{\pi}{3}\right)-\dfrac{\pi}{3}\right]=\dfrac{1}{2}\cos\left(x+\dfrac{\pi}{3}\right)+\dfrac{\sqrt{3}}{2}\sin\left(x+\dfrac{\pi}{3}\right)$

$$=\frac{1}{2}\sum_{n=0}^{\infty}(-1)^n\frac{1}{(2n)!}\left(x+\frac{\pi}{3}\right)^{2n}+\frac{\sqrt{3}}{2}\sum_{n=0}^{\infty}(-1)^n\cdot\frac{1}{(2n+1)!}\left(x+\frac{\pi}{3}\right)^{2n+1}$$

$\left(-\infty<x+\frac{\pi}{3}<+\infty\right)$,

即
$$\cos x=\frac{1}{2}\left[\sum_{n=0}^{\infty}(-1)^n\cdot\frac{1}{(2n)!}\left(x+\frac{\pi}{3}\right)^{2n}+\sum_{n=0}^{\infty}(-1)^n\cdot\frac{\sqrt{3}}{(2n+1)!}\left(x+\frac{\pi}{3}\right)^{2n+1}\right]$$
$$=\frac{1}{2}\sum_{n=0}^{\infty}(-1)^n\left[\frac{1}{(2n)!}\left(x+\frac{\pi}{3}\right)^{2n}+\frac{\sqrt{3}}{(2n+1)!}\left(x+\frac{\pi}{3}\right)^{2n+1}\right]\quad(-\infty<x<+\infty).$$

5.将函数 $f(x)=\frac{1}{x}$展开成$(x-3)$的幂级数.

【解析】 $\frac{1}{x}=\frac{1}{3+x-3}=\frac{1}{3}\cdot\frac{1}{1+\frac{x-3}{3}}$

$$=\frac{1}{3}\sum_{n=0}^{\infty}(-1)^n\left(\frac{x-3}{3}\right)^n\quad\left(-1<\frac{x-3}{3}<1\right).$$

即
$$\frac{1}{x}=\frac{1}{3}\sum_{n=0}^{\infty}(-1)^n\left(\frac{x-3}{3}\right)^n\quad(0<x<6).$$

6.将函数 $f(x)=\frac{1}{x^2+3x+2}$展开成$(x+4)$的幂级数.

【解析】 $\frac{1}{x^2+3x+2}=\frac{1}{(x+1)(x+2)}=\frac{1}{1+x}-\frac{1}{2+x}$

$$=\frac{1}{-3+(x+4)}-\frac{1}{-2+(x+4)}$$
$$=-\frac{1}{3}\frac{1}{1-\frac{x+4}{3}}+\frac{1}{2}\frac{1}{1-\frac{x+4}{2}}$$
$$=\sum_{n=0}^{\infty}\left(\frac{1}{2^{n+1}}-\frac{1}{3^{n+1}}\right)(x+4)^n,$$

由$\left|\frac{x+4}{3}\right|<1$,$\left|\frac{x+4}{2}\right|<1$,得展开式成立的区间为$(-6,-2)$.

习题 12－5　函数的幂级数展开式的应用

1.利用函数的幂级数展开式求下列各数的近似值:

(1)$\ln 3$(误差不超过 0.0001);

(2)$\sqrt{e}$(误差不超过 0.001);

(3)$\sqrt[9]{522}$(误差不超过 0.00001);

(4)$\cos 2^\circ$(误差不超过 0.0001).

【解析】 (1)$\ln\frac{1+x}{1-x}=2\left(x+\frac{x^3}{3}+\frac{x^5}{5}+\cdots+\frac{x^{2n-1}}{2n-1}+\cdots\right)$,$x\in(-1,1)$.

令$\frac{1+x}{1-x}=3$,可得 $x=\frac{1}{2}$.从而

$$\ln 3=\ln\frac{1+\frac{1}{2}}{1-\frac{1}{2}}=2\left[\frac{1}{2}+\frac{1}{3\times 2^3}+\frac{1}{5\times 2^5}+\cdots+\frac{1}{(2n-1)\cdot 2^{2n-1}}+\cdots\right].$$

$$\begin{aligned}|r_n|&=2\left[\frac{1}{(2n+1)\cdot 2^{2n+1}}+\frac{1}{(2n+3)2^{2n+3}}+\cdots\right]\\&=\frac{2}{(2n+1)2^{2n+1}}\left[1+\frac{(2n+1)2^{2n+1}}{(2n+3)2^{2n+3}}+\frac{(2n+1)2^{2n+1}}{(2n+5)2^{2n+5}}+\cdots\right]\\&<\frac{2}{(2n+1)2^{2n+1}}\cdot\left(1+\frac{1}{2^2}+\frac{1}{2^4}+\cdots\right)\\&=\frac{2}{(2n+1)2^{2n+1}}\cdot\frac{1}{1-\frac{1}{4}}=\frac{1}{3(2n+1)2^{2n-2}},\end{aligned}$$

$$|r_5|<\frac{1}{3\times 11\times 2^8}\approx 0.00012,$$

$$|r_6|<\frac{1}{3\times 13\times 2^{10}}\approx 0.00003<10^{-4},$$

故取 $n=6$，则 $\ln 3\approx 2\left(\frac{1}{2}+\frac{1}{2\times 3^3}+\frac{1}{5\times 2^5}+\cdots+\frac{1}{11\times 2^{11}}\right)$，考虑到舍入误差，计算时应取五位小数，从而得 $\ln 3\approx 1.0986$.

(2) $e^x=\sum\limits_{n=0}^{\infty}\frac{x^n}{n!}$，令 $x=\frac{1}{2}$，得

$$\sqrt{e}=\sum_{n=0}^{\infty}\frac{1}{n!}\left(\frac{1}{2}\right)^n,$$

$$r_n=\sum_{k=n+1}^{\infty}\frac{1}{k!}\left(\frac{1}{2}\right)^k<\frac{1}{(n+1)!}\left(\frac{1}{2}\right)^{n+1}\sum_{k=0}^{\infty}\left(\frac{1}{2}\right)^k=\frac{1}{(n+1)!2^n},$$

$$r_4<\frac{1}{5!\times 2^4}\approx 0.0005<10^{-3},$$

故取 $n=4$，计算时取四位小数可得

$$\sqrt{e}\approx 1+\frac{1}{2}+\frac{1}{2!\times 2^2}+\frac{1}{3!\times 2^3}+\frac{1}{4!\times 2^4}\approx 1.648.$$

(3)
$$\begin{aligned}\sqrt[9]{522}&=\sqrt[9]{2^9+10}=2\left(1+\frac{10}{2^9}\right)^{\frac{1}{9}}\\&=2\left[1+\frac{1}{9}\times\frac{10}{2^9}+\frac{\frac{1}{9}\times\left(\frac{1}{9}-1\right)}{2!}\left(\frac{10}{2^9}\right)^2+\cdots+\right.\\&\left.\frac{\frac{1}{9}\times\left(\frac{1}{9}-1\right)\cdots\left(\frac{1}{9}-n+1\right)}{n!}\cdot\frac{10^n}{2^{9n}}+\cdots\right],\end{aligned}$$

这是交错级数，故

$$|r_n|<|u_{n+1}|=\left|\frac{\frac{1}{9}\times\left(\frac{1}{9}-1\right)\cdots\left(\frac{1}{9}-n\right)}{(n+1)!}\cdot\frac{10^{n+1}}{2^{9(n+1)}}\right|.$$

又因为 $|r_3|<0.000001$，取 $n=3$，

$$\frac{1}{9}\times\frac{10}{2^9}=0.002170,\ \frac{1}{2!}\times\frac{1}{9}\times\frac{8}{9}\times\frac{100}{2^{18}}=0.000019,$$

所以
$$\begin{aligned}\sqrt[9]{522}&\approx 2(1+0.002170-0.000019)\\&=2\times 1.00215\approx 2.00430.\end{aligned}$$

(4) $\cos 2°=\cos\frac{\pi}{90}=1-\frac{1}{2!}\left(\frac{\pi}{90}\right)^2+\frac{1}{4!}\left(\frac{\pi}{90}\right)^4-\cdots$,

$$|r_2|\leqslant u_3=\frac{1}{4!}\left(\frac{\pi}{90}\right)^4\approx 10^{-7},$$

故取两项并在计算时取五位小数,可得

$$\cos 2°\approx 1-\frac{1}{2!}\left(\frac{\pi}{90}\right)^2\approx 0.9994.$$

2.利用被积函数的幂级数展开式求下列定积分的近似值:

(1) $\int_0^{0.5}\frac{1}{1+x^4}\mathrm{d}x$(误差不超过 0.0001);

(2) $\int_0^{0.5}\frac{\arctan x}{x}\mathrm{d}x$(误差不超过 0.001).

【解析】(1)
$$\int_0^x\frac{1}{1+x^4}\mathrm{d}x=\sum_{n=0}^{\infty}\frac{(-1)^n}{4n+1}x^{4n+1}\quad(|x|<1),$$
$$\int_0^{0.5}\frac{1}{1+x^4}\mathrm{d}x=\sum_{n=0}^{\infty}\frac{(-1)^n}{4n+1}\left(\frac{1}{2}\right)^{4n+1}.$$

计算得

$$\frac{1}{5}\times\frac{1}{2^5}\approx 0.00625,\frac{1}{9}\times\frac{1}{2^9}\approx 0.00028,\frac{1}{13}\times\frac{1}{2^{13}}\approx 0.000009,$$

从而
$$\int_0^{0.5}\frac{1}{1+x^4}\mathrm{d}x\approx\frac{1}{2}-0.00625+0.00028\approx 0.494.$$

(2) $(\arctan x)'=\frac{1}{1+x^2}=1-x^2+x^4-\cdots$,

所以
$$\arctan x=\int_0^x\frac{1}{1+x^2}\mathrm{d}x=x-\frac{x^3}{3}+\frac{x^5}{5}+\cdots\quad(|x|<1),$$

$$\int_0^{0.5}\frac{\arctan x}{x}\mathrm{d}x=\int_0^{0.5}\left[1-\frac{x^2}{3}+\frac{x^4}{5}-\cdots+(-1)^n\frac{x^{2n}}{2n+1}+\cdots\right]\mathrm{d}x$$
$$=\left[x-\frac{x^3}{9}+\frac{x^5}{25}-\frac{x^7}{49}+\cdots\right]_0^{0.5}$$
$$=\frac{1}{2}-\frac{1}{9}\times\frac{1}{2^3}+\frac{1}{25}\times\frac{1}{2^5}-\frac{1}{49}\times\frac{1}{2^7}+\cdots.$$

因为$\frac{1}{9}\times\frac{1}{2^3}\approx 0.0139,\frac{1}{25}\times\frac{1}{2^5}\approx 0.0013,\frac{1}{49}\times\frac{1}{2^7}\approx 0.0002$.且该级数为交错级数,$|r_n|<|u_{n+1}|$,所以取 $n=2$.因此有

$$\int_0^{0.5}\frac{\arctan x}{x}\mathrm{d}x\approx 0.5-0.0139+0.0013\approx 0.487.$$

3.试用幂级数求下列各微分方程的解:

(1) $y'-xy-x=1$;

(2) $y''+xy'+y=0$;

(3) $(1-x)y'=x^2-y$.

【解析】(1)设方程的解为:$y=\sum_{n=0}^{\infty}a_nx^n$($a_0$ 为任意常数),则 $y'=\sum_{n=1}^{\infty}na_nx^{n-1}$,代入方程得

$$\sum_{n=1}^{\infty}na_nx^{n-1}-x\sum_{n=0}^{\infty}a_nx^n-x=1,$$

即 $$a_1+(2a_2-a_0-1)x+\sum_{n=1}^{\infty}[-a_n+(n+2)a_{n+2}]x^{n+1}=1.$$

所以 $$a_1=1,2a_2-a_0-1=0,-a_n+(n+2)a_{n+2}=0\quad(n\geqslant 1),$$

即 $$a_1=1,a_2=\frac{1+a_0}{2},a_{n+2}=\frac{a_n}{n+2}\quad(n\geqslant 1).$$

所以 $$a_1=1,a_3=\frac{1}{3},a_5=\frac{1}{3\times 5},\cdots,a_{2n-1}=\frac{1}{1\times 3\times 5\cdots(2n-1)},$$

$$a_2=\frac{1+a_0}{2},a_4=\frac{1+a_0}{2\times 4},a_6=\frac{1+a_0}{2\times 4\times 6},$$

……

$$a_{2n}=\frac{1+a_0}{2\times 4\times 6\cdot\cdots\cdot(2n)}.$$

故 $$y=a_0+\left[x+\frac{x^3}{3!!}+\frac{x^5}{5!!}+\cdots+\frac{x^{2n-1}}{(2n-1)!!}+\cdots\right]+$$

$$\left[\frac{1+a_0}{2}x^2+\frac{1+a_0}{4!!}x^4+\cdots+\frac{1+a_0}{(2n)!!}x^{2n}+\cdots\right]$$

$$=a_0-(1+a_0)+(1+a_0)e^{\frac{x^2}{2}}+\left[x+\frac{x^3}{3!!}+\frac{x^5}{5!!}+\cdots+\frac{x^{2n-1}}{(2n-1)!!}+\cdots\right]$$

$$=Ce^{\frac{x^2}{2}}+\left[-1+x+\frac{x^3}{3!!}+\frac{x^5}{5!!}+\cdots+\frac{x^{2n-1}}{(2n-1)!!}+\cdots\right],x\in(-\infty,+\infty).$$

(2)设 $y=\sum\limits_{n=0}^{\infty}a_nx^n$ 是方程的解,其中 a_0,a_1 是任意常数,则

$$y'=\sum_{n=1}^{\infty}na_nx^{n-1},$$

$$y''=\sum_{n=2}^{\infty}n(n-1)a_nx^{n-2}=\sum_{n=0}^{\infty}(n+2)(n+1)a_{n+2}x^n,$$

代入方程 $y''+xy'+y=0$,得

$$\sum_{n=0}^{\infty}[(n+2)(n+1)a_{n+2}+na_n+a_n]x^n=0.$$

故必有

$$(n+2)(n+1)a_{n+2}+(n+1)a_n=0,$$

即 $$a_{n+2}=-\frac{a_n}{n+2}\quad(n=0,1,2,\cdots).$$

可见,当 $n=2(k-1)$ 时,

$$a_{2k}=\left(-\frac{1}{2k}\right)a_{2k-2}=\left(-\frac{1}{2k}\right)\left(-\frac{1}{2k-2}\right)\cdots\left(-\frac{1}{2}\right)a_0$$

$$=\frac{a_0(-1)^k}{k!\,2^k}.$$

当 $n=2k-1$ 时,

$$a_{2k+1}=\left(-\frac{1}{2k+1}\right)a_{2k-1}=\left(-\frac{1}{2k+1}\right)\left(-\frac{1}{2k-1}\right)\cdots\left(-\frac{1}{3}\right)a_1$$

$$=\frac{a_1(-1)^k}{(2k+1)!!}.$$

由于 $\sum\limits_{n=0}^{\infty} a_{2n}x^{2n}$ 与 $\sum\limits_{n=0}^{\infty} a_{2n+1}x^{2n+1}$ 的收敛域均为$(-\infty,+\infty)$,故

$$y=\sum_{n=0}^{\infty} a_nx^n=\sum_{n=0}^{\infty} a_{2n}x^{2n}+\sum_{n=0}^{\infty} a_{2n+1}x^{2n+1}$$
$$=\sum_{n=0}^{\infty} \frac{a_0(-1)^n}{n!\,2^n}x^{2n}+\sum_{n=0}^{\infty} \frac{a_1(-1)^n}{(2n+1)!!}x^{2n+1},$$

即
$$y=a_0\mathrm{e}^{-\frac{x^2}{2}}+a_1\sum_{n=0}^{\infty} \frac{(-1)^n}{(2n+1)!!}x^{2n+1},x\in(-\infty,+\infty).$$

(3)设 $y=\sum\limits_{n=0}^{\infty} a_nx^n$ 是方程的解,代入方程,得

$$(1-x)\sum_{n=1}^{\infty} na_nx^{n-1}=x^2-\sum_{n=0}^{\infty} a_nx^n,$$

有
$$\sum_{n=1}^{\infty} na_nx^{n-1}-\sum_{n=1}^{\infty} na_nx^n+\sum_{n=0}^{\infty} a_nx^n=x^2,$$

将上式左边第一个级数写成 $\sum\limits_{n=1}^{\infty} na_nx^{n-1}=\sum\limits_{n=0}^{\infty} (n+1)a_{n+1}x^n$,则有

$$\sum_{n=0}^{\infty} [(n+1)a_{n+1}+(1-n)a_n]x^n=x^2.$$

比较系数,得

$$a_1+a_0=0,2a_2=0,3a_3-a_2=1,$$
$$(n+1)a_{n+1}+(1-n)a_n=0\quad(n\geqslant3).$$

即
$$a_1=-a_0,a_2=0,a_3=\frac{1}{3},a_{n+1}=\frac{n-1}{n+1}a_n\quad(n\geqslant3),$$

或写成

$$a_n=\frac{n-2}{n}a_{n-1}=\frac{n-2}{n}\cdot\frac{n-3}{n-1}\cdot\frac{n-4}{n-2}\cdot\cdots\cdot\frac{2}{4}\cdot\frac{1}{3}=\frac{2}{n(n-1)}\quad(n\geqslant4).$$

于是
$$y=a_0-a_0x+\frac{1}{3}x^3+\frac{1}{6}x^4+\frac{1}{10}x^5+\cdots+\frac{2}{n(n-1)}x^n+\cdots,$$

或写成

$$y=a_0(1-x)+x^3\left[\frac{1}{3}+\frac{1}{6}x+\frac{1}{10}x^2+\cdots+\frac{2}{(n+2)(n+3)}x^n+\cdots\right].$$

4.试用幂级数求下列方程满足所给初值条件的特解:

(1)$y'=y^2+x^3,y|_{x=0}=\dfrac{1}{2}$;

(2)$(1-x)y'+y=1+x,y|_{x=0}=0$.

【解析】(1)因 $y|_{x=0}=\dfrac{1}{2}$,故设方程的特解为 $y=\dfrac{1}{2}+\sum\limits_{n=1}^{\infty} a_nx^n$,则

$$y'=\sum_{n=1}^{\infty}na_nx^{n-1}=a_1+\sum_{n=1}^{\infty}(n+1)a_{n+1}x^n.$$

代入方程,有

$$a_1+\sum_{n=1}^{\infty}(n+1)a_{n+1}x^n=x^3+\left(\frac{1}{2}+\sum_{n=1}^{\infty}a_nx^n\right)^2$$

$$=x^3+\frac{1}{4}+\sum_{n=1}^{\infty}a_nx^n+\left(\sum_{n=1}^{\infty}a_nx^n\right)^2$$

$$=x^3+\frac{1}{4}+\sum_{n=1}^{\infty}a_nx^n+\Big[a_1^2x^2+2a_1a_2x^3+(a_2^2+2a_1a_3)x^4+$$

$$\Big(\sum_{i+j=n}a_ia_j\Big)x^n+\cdots\Big].$$

即
$$a_1+(2a_2-a_1)x+(3a_3-a_2-a_1^2)x^2+(4a_4-a_3-2a_1a_2)x^3+\cdots+$$
$$\Big[(n+1)a_{n+1}-a_n-\sum_{i+j=n}a_ia_j\Big]x^n+\cdots=\frac{1}{4}+x^3.$$

比较系数，得 $a_1=\frac{1}{4},2a_2-a_1=0,3a_3-a_2-a_1^2=0,4a_4-a_3-2a_1a_2=1,\cdots,$

$$(n+1)a_{n+1}-a_n-\sum_{i+j=n}a_ia_j=0\quad(n\geqslant 4).$$

依次解得
$$a_1=\frac{1}{4},a_2=\frac{1}{8},a_3=\frac{1}{16},a_4=\frac{9}{32},\cdots.$$

故
$$y=\frac{1}{2}+\frac{1}{4}x+\frac{1}{8}x^2+\frac{1}{16}x^3+\frac{9}{32}x^4+\cdots.$$

(2) 设方程的解为
$$y=\sum_{n=0}^{\infty}a_nx^n,$$

由初值条件 $y|_{x=0}=0$ 可知 $a_0=0$，把 $y=\sum\limits_{n=1}^{\infty}a_nx^n$ 代入原方程得

$$(1-x)\sum_{n=1}^{\infty}na_nx^{n-1}+\sum_{n=1}^{\infty}a_nx^n=1+x,$$

即
$$a_1+\sum_{n=1}^{\infty}[(n+1)a_{n+1}-(n-1)a_n]x^n=1+x.$$

比较同次幂的系数，得 $a_1=1,2a_2=1,(n+1)a_{n+1}=(n-1)a_n,n\geqslant 2,$

即 $a_1=1,a_2=\frac{1}{2}=\frac{1}{1\times 2},\cdots,a_n=\frac{1}{(n-1)n},\cdots$

故得

$$y=x+\frac{1}{1\times 2}x^2+\frac{1}{2\times 3}x^3+\frac{1}{3\times 4}x^4+\cdots.$$

5. 验证函数 $y(x)=1+\frac{x^3}{3!}+\frac{x^6}{6!}+\cdots+\frac{x^{3n}}{(3n)!}+\cdots(-\infty<x<+\infty)$ 满足微分方程 $y''+y'+y=\mathrm{e}^x$，并利用此结果求幂级数 $\sum\limits_{n=0}^{\infty}\frac{x^{3n}}{(3n)!}$ 的和函数.

【解析】① 因为

$$y(x)=1+\frac{x^3}{3!}+\frac{x^6}{6!}+\cdots+\frac{x^{3n}}{(3n)!}+\cdots,$$

$$y'(x)=\frac{x^2}{2!}+\frac{x^5}{5!}+\cdots+\frac{x^{3n-1}}{(3n-1)!}+\cdots,$$

$$y''(x)=x+\frac{x^4}{4!}+\cdots+\frac{x^{3n-2}}{(3n-2)!}+\cdots,$$

以上三式相加得

$$y''(x)+y'(x)+y(x)=\sum_{n=0}^{\infty}\frac{x^n}{n!}=\mathrm{e}^x,$$

所以函数 $y(x)$ 满足微分方程 $y''+y'+y=e^x$.

②$y''+y'+y=e^x$ 对应的齐次方程 $y''+y'+y=0$ 的特征方程为

$$r^2+r+1=0,$$

根为 $r_{1,2}=-\frac{1}{2}\pm\frac{\sqrt{3}}{2}i$,因此齐次方程的通解为

$$Y=e^{-\frac{x}{2}}\left(C_1\cos\frac{\sqrt{3}}{2}x+C_2\sin\frac{\sqrt{3}}{2}x\right).$$

设非齐次微分方程的特解为 $y^*=Ae^x$,代入方程 $y''+y'+y=e^x$,得 $A=\frac{1}{3}$,于是 $y^*=\frac{1}{3}e^x$,且非齐次微分方程的通解为

$$y=Y+y^*=e^{-\frac{x}{2}}\left(C_1\cos\frac{\sqrt{3}}{2}x+C_2\sin\frac{\sqrt{3}}{2}x\right)+\frac{1}{3}e^x.$$

由 ① 知,幂级数的和函数 $y(x)$ 满足:$y(0)=1,y'(0)=0$,由此定出上式中的 C_1 与 C_2. 令

$$y(0)=1=C_1+\frac{1}{3},$$

$$y'(0)=0=-\frac{1}{2}C_1+\frac{\sqrt{3}}{2}C_2+\frac{1}{3},$$

解得 $C_1=\frac{2}{3},C_2=0$. 于是由微分方程初值问题解的唯一性,可得所求幂级数的和函数为

$$y(x)=\frac{2}{3}e^{-\frac{x}{2}}\cos\frac{\sqrt{3}}{2}x+\frac{1}{3}e^x\quad(-\infty<x<+\infty).$$

6. 利用欧拉公式将函数 $e^x\cos x$ 展开成 x 的幂级数.

【解析】由欧拉公式有 $e^{ix}=\cos x+i\sin x,e^{(1+i)x}=e^x\cos x+ie^x\sin x$.

但

$$e^{(1+i)x}=e^z=1+z+\frac{1}{2!}z^2+\cdots+\frac{1}{n!}z^n+\cdots\quad(|z|<+\infty),$$

其中 $z=x+ix=\sqrt{2}\left(\cos\frac{\pi}{4}+i\sin\frac{\pi}{4}\right)x$,于是

$$\begin{aligned}e^{(1+i)x}&=1+x+ix+\frac{1}{2!}(1+i)^2x^2+\cdots+\frac{1}{n!}(1+i)^nx^n+\cdots\\&=\sum_{n=0}^{\infty}\frac{1}{n!}\cdot2^{\frac{n}{2}}\left(\cos\frac{n\pi}{4}+i\sin\frac{n\pi}{4}\right)x^n\quad(-\infty<x<+\infty).\end{aligned}$$

取其实部即得 $e^x\cos x=\sum_{n=0}^{\infty}2^{\frac{n}{2}}\cos\frac{n\pi}{4}\cdot\frac{1}{n!}x^n\quad(-\infty<x<+\infty)$.

*习题 12－6　函数项级数的一致收敛性及一致收敛级数的基本性质

1. 已知函数序列 $s_n(x)=\sin\frac{x}{n}(n=1,2,3,\cdots)$在$(-\infty,+\infty)$上收敛于 0:

(1)问 $N(\varepsilon,x)$取多大,能使当 $n>N$ 时,$s_n(x)$与其极限之差的绝对值小于正数 ε;

(2)证明 $s_n(x)$在任一有限区间$[a,b]$上一致收敛.

(1)**【解析】**由于$|s_n(x)-0|=\left|\sin\frac{x}{n}\right|\leqslant\frac{|x|}{n}$,故 $\forall\varepsilon>0$,取 $N(\varepsilon,x)=\left[\frac{|x|}{\varepsilon}\right]+1$,则当 $n>N$ 时,

$$|s_n(x)-0|\leqslant\left|\frac{x}{n}\right|<\varepsilon.$$

(2)【证明】令 $l=\max\{|a|,|b|\}$，从而有

$$|s_n(x)-0|=\left|\sin\frac{x}{n}\right|\leqslant\frac{|x|}{n}<\frac{l}{n},$$

因此，$\forall\varepsilon>0,\exists N=\left[\frac{l}{\varepsilon}\right]+1$，当 $n>N$ 时，有 $|s_n(x)-0|<\varepsilon$. 所以 $s_n(x)$ 在 $[a,b]$ 上是一致收敛的.

2. 已知级数 $x^2+\frac{x^2}{1+x^2}+\frac{x^2}{(1+x^2)^2}+\cdots$ 在 $(-\infty,+\infty)$ 上收敛：

(1)求出该级数的和；

(2)问 $N(\varepsilon,x)$ 取多大，能使当 $n>N$ 时，级数的余项 r_n 的绝对值小于正数 ε；

(3)分别讨论级数在区间 $[0,1]$，$\left[\frac{1}{2},1\right]$ 上的一致收敛性.

【解析】(1)设该级数的和函数为 $s(x)$，当 $x=0$ 时，$s(0)=0$；当 $x\neq0$ 时，该级数是公比为 $\frac{1}{1+x^2}$ 的等比级数，且 $\frac{1}{1+x^2}<1$，故

$$s(x)=\frac{x^2}{1-\frac{1}{1+x^2}}=1+x^2.$$

于是

$$s(x)=\begin{cases}1+x^2, & x\neq0,\\ 0, & x=0.\end{cases}$$

(2)
$$\begin{aligned}r_n(x)&=\frac{x^2}{(1+x^2)^n}+\frac{x^2}{(1+x^2)^{n+1}}+\frac{x^2}{(1+x^2)^{n+2}}+\cdots\\&=\frac{x^2}{(1+x^2)^n}\left[1+\frac{1}{1+x^2}+\frac{1}{(1+x^2)^2}+\cdots\right].\end{aligned}$$

当 $x=0$ 时，$r_n(x)=0$，$\forall\varepsilon>0$，取 $N=1$，则当 $n>N$ 时，就有

$$|r_n(x)|<\varepsilon;$$

当 $x\neq0$ 时，$r_n(x)=\frac{x^2}{(1+x^2)^n}\cdot\frac{1}{1-\frac{1}{1+x^2}}=\frac{1}{(1+x^2)^{n-1}}$，$\forall\varepsilon>0$，取

$$N=\left[\frac{\ln\frac{1}{\varepsilon}}{\ln(1+x^2)}\right]+1,$$

则 $n>N$ 时，
$$|r_n(x)|=\frac{1}{(1+x^2)^{n-1}}<\frac{1}{(1+x^2)^{N-1}}=\varepsilon.$$

(3)该级数的各项 $u_n(x)=\frac{x^2}{(1+x^2)^n}(n=0,1,2,\cdots)$ 在区间 $[0,1]$ 上是连续的，如果 $\sum\limits_{n=0}^{\infty}u_n(x)$ 在 $[0,1]$ 上一致收敛，则由定理 1 知，其和函数 $s(x)$ 在 $[0,1]$ 上连续. 今 $s(x)$ 在 $[0,1]$ 有间断点 $x=0$，由此推知该级数在 $[0,1]$ 上不一致收敛.

在区间 $\left[\frac{1}{2},1\right]$ 上，因为

$$|r_n(x)|=\frac{1}{(1+x^2)^{n-1}}\leqslant\frac{1}{\left[1+\left(\frac{1}{2}\right)^2\right]^{n-1}}=\left(\frac{4}{5}\right)^{n-1},$$

所以，$\forall \varepsilon>0$，取 $N=[\log_{\frac{4}{5}}\varepsilon]+1$，当 $n>N$ 时，对一切 $x\in\left[\frac{1}{2},1\right]$，有

$$|r_n(x)|\leqslant\left(\frac{4}{5}\right)^{n-1}<\left(\frac{4}{5}\right)^{N-1}=\varepsilon,$$

即级数在 $\left[\frac{1}{2},1\right]$ 上一致收敛.

3. 按定义讨论下列级数在所给区间上的一致收敛性：

(1) $\sum\limits_{n=1}^{\infty}(-1)^{n-1}\frac{x^2}{(1+x^2)^n},-\infty<x<+\infty$；

(2) $\sum\limits_{n=0}^{\infty}(1-x)x^n,0<x<1$.

【解析】(1)由于此级数为交错级数，故

$$|r_n(x)|\leqslant\frac{x^2}{(1+x^2)^{n+1}}\leqslant\frac{x^2}{(1+x^2)^n}=\frac{x^2}{1+nx^2+\cdots+x^{2n}}<\frac{1}{n},$$

从而 $\forall\varepsilon>0$，存在 $N=\left[\frac{1}{\varepsilon}\right]+1$，则当 $n>N$ 时，恒有 $|r_n(x)|<\varepsilon$，即此级数是一致收敛的.

(2)设部分和函数为 $s_n(x)$，和函数为 $s(x)$，显然 $s_n(x)=1-x^{n+1}$，故

$$s(x)=\lim_{n\to\infty}s_n(x)=1\quad(0<x<1).$$

故 $|r_n(x)|=x^{n+1}$. 令 $x_n=\left(\frac{1}{2}\right)^{\frac{1}{n+1}}$，则 $|r_n(x_n)|=\frac{1}{2}$，因此对 $\varepsilon_0=\frac{1}{3}$，不论 n 多大，总存在 $x_n=\left(\frac{1}{2}\right)^{\frac{1}{n+1}}\in(0,1)$，使

$$|r_n(x_n)|=\frac{1}{2}>\frac{1}{3}=\varepsilon_0,$$

因此级数在 $(0,1)$ 内不一致收敛.

4. 利用魏尔斯特拉斯判别法证明下列级数在所给区间上的一致收敛性：

(1) $\sum\limits_{n=1}^{\infty}\frac{\cos nx}{2^n},-\infty<x<+\infty$；

(2) $\sum\limits_{n=1}^{\infty}\frac{\sin nx}{\sqrt[3]{n^4+x^4}},-\infty<x<+\infty$；

(3) $\sum\limits_{n=1}^{\infty}x^2\mathrm{e}^{-nx},0\leqslant x<+\infty$；

(4) $\sum\limits_{n=1}^{\infty}\frac{\mathrm{e}^{-nx}}{n!},|x|<10$；

(5) $\sum\limits_{n=1}^{\infty}\frac{(-1)^n(1-\mathrm{e}^{-nx})}{n^2+x^2},0\leqslant x<+\infty$.

【证明】(1)由于 $\left|\frac{\cos nx}{2^n}\right|\leqslant\frac{1}{2^n},x\in(-\infty,+\infty)$，而 $\sum\limits_{n=0}^{\infty}\frac{1}{2^n}$ 收敛，故所给级数在 $(-\infty,+\infty)$ 上一致收敛.

(2) $\forall x\in(-\infty,+\infty)$，因为 $|\sin nx|\leqslant1$，所以

$$\left|\frac{\sin nx}{\sqrt[3]{n^4+x^4}}\right|\leqslant\frac{1}{(n^4+x^4)^{\frac{1}{3}}}\leqslant\frac{1}{n^{\frac{4}{3}}},$$

而级数 $\sum_{n=1}^{\infty}\frac{1}{n^{\frac{4}{3}}}$收敛，从而原级数在$(-\infty,+\infty)$上一致收敛.

(3) $\sum_{n=1}^{\infty}x^2e^{-nx}=\sum_{n=1}^{\infty}\frac{x^2}{e^{nx}}$，由于当 $x\in[0,+\infty)$时，

$$e^{nx}=1+nx+\frac{1}{2!}(nx)^2+\frac{1}{3!}(nx)^3+\cdots>\frac{1}{2!}(nx)^2=\frac{n^2x^2}{2},$$

故

$$\left|\frac{x^2}{e^{nx}}\right|<\frac{2}{n^2},$$

而级数 $\sum_{n=1}^{\infty}\frac{2}{n^2}$收敛，故原级数在$[0,+\infty)$上一致收敛.

(4) 由于$\left|\frac{e^{-nx}}{n!}\right|\leqslant\frac{(e^{10})^n}{n!}$，$x\in(-10,10)$，又$\sum_{n=1}^{\infty}\frac{(e^{10})^n}{n!}$收敛，故$\sum_{n=1}^{\infty}\frac{e^{-nx}}{n!}$在$(-\infty,+\infty)$上一致收敛.

(5) $\forall x\in[0,+\infty)$，由于$0<e^{-nx}\leqslant1$，故

$$\left|\frac{(-1)^n(1-e^{-nx})}{n^2+x^2}\right|=\frac{1-e^{-nx}}{n^2+x^2}<\frac{1}{n^2},$$

而级数 $\sum_{n=1}^{\infty}\frac{1}{n^2}$收敛，从而原级数在$[0,+\infty)$上一致收敛.

习题 12－7　傅里叶级数

1. 下列周期函数 $f(x)$的周期为 2π，试将 $f(x)$展开成傅里叶级数，如果 $f(x)$在$[-\pi,\pi)$上的表达式为：

(1) $f(x)=3x^2+1\quad(-\pi\leqslant x<\pi)$；

(2) $f(x)=e^{2x}\quad(-\pi\leqslant x<\pi)$；

(3) $f(x)=\begin{cases}bx, & -\pi\leqslant x<0,\\ ax, & 0\leqslant x<\pi.\end{cases}$ (a,b 为常数，且 $a>b>0$)

【解析】(1) $f(x)$的傅里叶系数为

$$a_0=\frac{1}{\pi}\int_{-\pi}^{\pi}(3x^2+1)dx=2(\pi^2+1);$$

$$a_n=\frac{1}{\pi}\int_{-\pi}^{\pi}(3x^2+1)\cos nx\,dx=(-1)^n\frac{12}{n^2}\quad(n=1,2,3,\cdots);$$

$$b_n=\frac{1}{\pi}\int_{-\pi}^{\pi}(3x^2+1)\sin nx\,dx=0\quad(n=1,2,3,\cdots).$$

由于 $f(x)$ 连续，因此

$$f(x)=\pi^2+1+12\sum_{n=1}^{\infty}\frac{(-1)^n}{n^2}\cos nx\quad(-\infty<x<+\infty).$$

(2) $a_0=\frac{1}{\pi}\int_{-\pi}^{\pi}e^{2x}dx=\frac{e^{2\pi}-e^{-2\pi}}{2\pi}$；

$$\begin{aligned}a_n&=\frac{1}{\pi}\int_{-\pi}^{\pi}e^{2x}\cos nx\,dx=\frac{1}{2\pi}\left(e^{2x}\cos nx\,\Big|_{-\pi}^{\pi}+\int_{-\pi}^{\pi}e^{2x}\cdot n\sin nx\,dx\right)\\&=\frac{(-1)^n(e^{2\pi}-e^{-2\pi})}{2\pi}+\frac{n}{4\pi}\left(e^{2x}\sin nx\,\Big|_{-\pi}^{\pi}-\int_{-\pi}^{\pi}e^{2x}\cdot n\cos nx\,dx\right)\\&=\frac{(-1)^n(e^{2\pi}-e^{-2\pi})}{2\pi}-\frac{n^2}{4}a_n,\end{aligned}$$

故

$$a_n=\frac{2(-1)^n(e^{2\pi}-e^{-2\pi})}{(n^2+4)\pi}\quad(n=1,2,\cdots);$$

用分部积分法得

$$b_n=\frac{1}{\pi}\int_{-\pi}^{\pi}e^{2x}\sin nx\mathrm{d}x=-\frac{n}{2}a_n=-\frac{n(-1)^n(e^{2\pi}-e^{-2\pi})}{(n^2+4)\pi}\quad(n=1,2,\cdots).$$

$f(x)$满足收敛定理的条件，而在$x=(2k+1)\pi(k\in\mathbf{Z})$处不连续，故

$$f(x)=\frac{e^{2\pi}-e^{-2\pi}}{\pi}\left[\frac{1}{4}+\sum_{n=1}^{\infty}\frac{(-1)^n}{n^2+4}(2\cos nx-n\sin nx)\right],$$
$$x\neq(2k+1)\pi,k\in\mathbf{Z}.$$

(3)$f(x)$的傅里叶系数为

$$a_0=\frac{1}{\pi}\int_{-\pi}^{0}bx\mathrm{d}x+\frac{1}{\pi}\int_{0}^{\pi}ax\mathrm{d}x=\frac{\pi}{2}(a-b);$$

$$\begin{aligned}a_n&=\frac{1}{\pi}\int_{-\pi}^{0}bx\cos nx\mathrm{d}x+\frac{1}{\pi}\int_{0}^{\pi}ax\cos nx\mathrm{d}x\\&=\frac{b}{\pi n^2}(1-\cos n\pi)+\frac{a}{\pi n^2}(\cos n\pi-1)=\frac{b-a}{\pi n^2}[1-(-1)^n]\quad(n=1,2,\cdots);\end{aligned}$$

$$\begin{aligned}b_n&=\frac{1}{\pi}\int_{-\pi}^{0}bx\sin nx\mathrm{d}x+\frac{1}{\pi}\int_{0}^{\pi}ax\sin nx\mathrm{d}x\\&=\frac{b}{\pi}\left(-\frac{\pi}{n}\cos n\pi\right)+\frac{a}{\pi}\left(-\frac{\pi}{n}\cos n\pi\right)=(a+b)\frac{(-1)^{n+1}}{n}\quad(n=1,2,\cdots).\end{aligned}$$

因此$f(x)$的傅里叶级数展开式为

$$f(x)=\frac{\pi}{4}(a-b)+(b-a)\sum_{n=1}^{\infty}\frac{[1-(-1)^n]}{n^2\pi}\cos nx+(a+b)\sum_{n=1}^{\infty}\frac{(-1)^{n+1}}{n}\sin nx,$$
$$x\neq(2k+1)\pi,k\in\mathbf{Z}.$$

2. 将下列函数$f(x)$展开成傅里叶级数：

(1)$f(x)=2\sin\frac{x}{3}\quad(-\pi\leqslant x\leqslant\pi)$；

(2)$f(x)=\begin{cases}e^x, & -\pi\leqslant x<0,\\1, & 0\leqslant x\leqslant\pi.\end{cases}$

【解析】(1)设$F(x)$为将$f(x)$周期延拓而得到的新函数，$F(x)$在$(-\pi,\pi)$中连续，$x=\pm\pi$是$f(x)$的间断点，且

$$\frac{[F(-\pi^-)+F(-\pi^+)]}{2}\neq f(-\pi),\frac{[F(\pi^-)+F(\pi^+)]}{2}\neq f(\pi),$$

故在$(-\pi,\pi)$中，$F(x)$的傅里叶级数收敛于$f(x)$，在点$x=\pm\pi$处，$F(x)$的傅里叶级数不收敛于$f(x)$. 下面计算傅里叶系数：

因为$2\sin\frac{x}{3}(-\pi<x<\pi)$是奇函数，所以$a_n=0(n=0,1,2,\cdots)$.

$$\begin{aligned}b_n&=\frac{2}{\pi}\int_0^{\pi}2\sin\frac{x}{3}\sin nx\mathrm{d}x=\frac{2}{\pi}\int_0^{\pi}\left[\cos\left(n-\frac{1}{3}\right)x-\cos\left(\frac{1}{3}+n\right)x\right]\mathrm{d}x\\&=\frac{2}{\pi}\left[\frac{\sin\left(n-\frac{1}{3}\right)\pi}{n-\frac{1}{3}}-\frac{\sin\left(n+\frac{1}{3}\right)\pi}{n+\frac{1}{3}}\right]\end{aligned}$$

$$=\frac{6}{\pi}\left(\frac{-\cos n\pi\cdot\frac{\sqrt{3}}{2}}{3n-1}-\frac{\cos n\pi\cdot\frac{\sqrt{3}}{2}}{3n+1}\right)$$

$$=(-1)^{n+1}\cdot\frac{18\sqrt{3}}{\pi}\cdot\frac{n}{9n^2-1}\quad(n=1,2,\cdots).$$

因此
$$f(x)=\frac{18\sqrt{3}}{\pi}\sum_{n=1}^{\infty}(-1)^{n+1}\frac{n\sin nx}{9n^2-1}\quad(-\pi<x<\pi).$$

(2)设 $\varphi(x)$ 是 $f(x)$ 经周期延拓而得的函数，它在 $(-\pi,\pi)$ 内连续，$x=\pm\pi$ 是 $\varphi(x)$ 的间断点. 又 $\varphi(x)$ 满足收敛定理的条件，故在 $(-\pi,\pi)$ 内它的傅里叶级数收敛于 $f(x)$.

$$a_0=\frac{1}{\pi}\left(\int_{-\pi}^{0}e^x\mathrm{d}x+\int_0^{\pi}\mathrm{d}x\right)=\frac{1+\pi-e^{-\pi}}{\pi};$$

$$a_n=\frac{1}{\pi}\left(\int_{-\pi}^{0}e^x\cos nx\mathrm{d}x+\int_0^{\pi}\sin nx\mathrm{d}x\right)=\frac{1-(-1)^ne^{-\pi}}{\pi(1+n^2)}\quad(n=1,2,\cdots);$$

$$b_n=\frac{1}{\pi}\left(\int_{-\pi}^{0}e^x\sin nx\mathrm{d}x+\int_0^{\pi}\sin nx\mathrm{d}x\right)$$

$$=\frac{1}{\pi}\left\{\frac{-n[1-(-1)^ne^{-\pi}]}{1+n^2}+\frac{1-(-1)^n}{n}\right\}\quad(n=1,2,\cdots).$$

故
$$f(x)=\frac{1+\pi-e^{-\pi}}{2\pi}+\frac{1}{\pi}\sum_{n=1}^{\infty}\left\{\left[\frac{1-(-1)^ne^{-\pi}}{1+n^2}\right]\cos nx+\left[\frac{-n+(-1)^nne^{-\pi}}{1+n^2}+\frac{1-(-1)^n}{n}\right]\sin nx\right\},x\in(-\pi,\pi).$$

3.将函数 $f(x)=\cos\frac{x}{2}(-\pi\leqslant x\leqslant\pi)$ 展开成傅里叶级数.

【解析】 $f(x)=\cos\frac{x}{2}$ 是偶函数，故 $b_n=0(n=1,2,\cdots)$；

$$a_n=\frac{2}{\pi}\int_0^{\pi}\cos\frac{x}{2}\cos nx\mathrm{d}x$$

$$=\frac{1}{\pi}\int_0^{\pi}\left[\cos\left(n-\frac{1}{2}\right)x+\cos\left(n+\frac{1}{2}\right)x\right]\mathrm{d}x$$

$$=\frac{1}{\pi}\left[\frac{\sin\left(n-\frac{1}{2}\right)\pi}{n-\frac{1}{2}}+\frac{\sin\left(n+\frac{1}{2}\right)\pi}{n+\frac{1}{2}}\right]$$

$$=\frac{2}{\pi}\left(\frac{-\cos n\pi}{2n-1}+\frac{\cos n\pi}{2n+1}\right)=(-1)^{n+1}\frac{2}{\pi}\left(\frac{1}{2n-1}-\frac{1}{2n+1}\right)$$

$$=(-1)^{n+1}\frac{4}{\pi(4n^2-1)}\quad(n=0,1,2,\cdots).$$

因 $f(x)$ 满足收敛定理的条件，且在 $[-\pi,\pi]$ 上连续，故

$$f(x)=\frac{2}{\pi}+\frac{4}{\pi}\sum_{n=1}^{\infty}(-1)^{n+1}\frac{1}{4n^2-1}\cos nx,x\in[-\pi,\pi].$$

4.设 $f(x)$ 是周期为 2π 的周期函数，它在 $[-\pi,\pi)$ 上的表达式为

$$f(x)=\begin{cases}-\frac{\pi}{2}, & -\pi\leqslant x<-\frac{\pi}{2},\\ x, & -\frac{\pi}{2}\leqslant x<\frac{\pi}{2},\\ \frac{\pi}{2}, & \frac{\pi}{2}\leqslant x<\pi.\end{cases}$$

将 $f(x)$ 展开成傅里叶级数.

【解析】 $f(x)$ 是奇函数,故 $a_n=0(n=0,1,2,\cdots)$;

$$b_n=\frac{2}{\pi}\int_0^{\pi}f(x)\sin nx\mathrm{d}x=\frac{2}{\pi}\left(\int_0^{\frac{\pi}{2}}x\sin nx\mathrm{d}x+\int_{\frac{\pi}{2}}^{\pi}\frac{\pi}{2}\sin nx\mathrm{d}x\right)$$

$$=\frac{2}{\pi}\left[\frac{-x\cos nx}{n}\right]_0^{\frac{\pi}{2}}+\frac{2}{\pi n}\int_0^{\frac{\pi}{2}}\cos nx\mathrm{d}x+\int_{\frac{\pi}{2}}^{\pi}\sin nx\mathrm{d}x$$

$$=\frac{-\cos\frac{n\pi}{2}}{n}+\frac{2\sin\frac{n\pi}{2}}{\pi n^2}+\frac{\cos\frac{n\pi}{2}-\cos n\pi}{n}$$

$$=\frac{2}{n^2\pi}\sin\frac{n\pi}{2}+\frac{(-1)^{n+1}}{n}\quad(n=1,2,\cdots).$$

又 $f(x)$ 的间断点为 $x=(2k+1)\pi,k=0,\pm1,\pm2,\cdots$, 所以

$$f(x)=\sum_{n=1}^{\infty}\left[\frac{(-1)^{n+1}}{n}+\frac{2}{n^2\pi}\sin\frac{n\pi}{2}\right]\sin nx\ ,x\neq(2k+1)\pi,k=0,\pm1,\pm2,\cdots.$$

5. 将函数 $f(x)=\frac{\pi-x}{2}(0\leqslant x\leqslant\pi)$ 展开成正弦级数.

【解析】 对 $f(x)$ 作奇延拓得 $F(x)$,则 $F(x)=\begin{cases}\frac{\pi-x}{2}, & 0<x\leqslant\pi,\\ 0, & x=0,\\ -\frac{\pi+x}{2}, & -\pi<x<0.\end{cases}$

再对 $F(x)$ 作周期延拓得 $G(x)(-\infty<x<+\infty)$,则

$$G(x)\equiv f(x)(0<x\leqslant\pi),\text{且 }G(0)=F(0)=0\neq\frac{\pi}{2}=f(0).$$

下面求傅里叶系数:

$$a_0=0;a_n=0(n=1,2,\cdots);$$

$$b_n=\frac{2}{\pi}\int_0^{\pi}\frac{\pi-x}{2}\sin nx\mathrm{d}x=\frac{2}{\pi}\left[\frac{x-\pi}{2n}\cos nx-\frac{1}{2n^2}\sin nx\right]_0^{\pi}$$

$$=\frac{1}{n}\quad(n=1,2,\cdots).$$

因此所求正弦级数为 $f(x)=\frac{\pi-x}{2}=\sum_{n=1}^{\infty}\frac{1}{n}\sin nx(0<x\leqslant\pi)$.

上述级数在 $x=0$ 处收敛于 $\frac{1}{2}[G(0^-)+G(0^+)]=\frac{1}{2}\left(-\frac{\pi}{2}+\frac{\pi}{2}\right)=0$.

6. 将函数 $f(x)=2x^2(0\leqslant x\leqslant\pi)$ 分别展开成正弦级数和余弦级数.

【解析】 ①将 $f(x)$ 展开为正弦级数,对 $f(x)$ 作奇延拓得:

$$F(x)=\begin{cases}2x^2, & 0\leqslant x\leqslant\pi,\\ -2x^2, & -\pi<x<0.\end{cases}$$

再将 $F(x)$ 作周期延拓,得 $G(x)(-\infty<x<+\infty)$,易见 $x=\pi$ 是 $G(x)$ 的一个间断点.

下面计算 $G(x)$ 的傅里叶系数:

$$a_0=0;a_n=0(n=1,2,\cdots);$$

$$b_n=\frac{2}{\pi}\int_0^{\pi}G(x)\sin nx\mathrm{d}x=\frac{2}{\pi}\int_0^{\pi}f(x)\sin nx\mathrm{d}x=\frac{2}{\pi}\int_0^{\pi}2x^2\sin nx\mathrm{d}x$$

$$=\frac{4}{\pi}\left[-\frac{1}{n}x^2\cos nx+\frac{2}{n^2}x\sin nx+\frac{2}{n^3}\cos nx\right]_0^{\pi}$$

$$=\frac{4}{\pi}\left(-\frac{\pi^2}{n}\cos n\pi+\frac{2}{n^3}\cos n\pi-\frac{2}{n^3}\right)$$

$$=\frac{4}{\pi}\left[(-1)^n\left(\frac{2}{n^3}-\frac{\pi^2}{n}\right)-\frac{2}{n^3}\right]\quad(n=1,2,\cdots).$$

由于在 $x=\pi$ 处有 $f(\pi)=2\pi^2\neq\frac{1}{2}[G(\pi^-)+G(\pi^+)]$，因此所求傅里叶级数展开式为

$$2x^2=\frac{4}{\pi}\sum_{n=1}^{\infty}\left[(-1)^n\left(\frac{2}{n^3}-\frac{\pi^2}{n}\right)-\frac{2}{n^3}\right]\sin nx\quad(0\leqslant x<\pi).$$

②将 $f(x)$ 展开为余弦级数，对 $f(x)$ 作偶延拓，得 $F(x)=2x^2(-\pi<x\leqslant\pi)$.

再对 $F(x)$ 作周期延拓，得 $G(x)$，$x\in(-\infty,+\infty)$，易见 $G(x)$ 在 $(-\infty,+\infty)$ 内处处连续，且

$$G(x)\equiv f(x)=2x^2,x\in[0,\pi].$$

计算其傅里叶系数如下：

$$a_0=\frac{2}{\pi}\int_0^{\pi}2x^2\mathrm{d}x=\frac{4}{3}\pi^2;$$

$$a_n=\frac{2}{\pi}\int_0^{\pi}2x^2\cos nx\mathrm{d}x=\frac{4}{\pi}\int_0^{\pi}x^2\cos nx\mathrm{d}x$$

$$=\frac{4}{\pi}\left[\frac{1}{n}x^2\sin nx+\frac{2}{n^2}x\cos nx-\frac{2}{n^3}\sin nx\right]_0^{\pi}=(-1)^n\frac{8}{n^2}\quad(n=1,2,\cdots);$$

$$b_n=0\quad(n=1,2,\cdots).$$

因此所求余弦级数为 $f(x)=\frac{2}{3}\pi^2+8\sum_{n=1}^{\infty}\frac{(-1)^n}{n^2}\cos nx(0\leqslant x\leqslant\pi)$.

7. 设周期函数 $f(x)$ 的周期为 2π. 证明：

(1)若 $f(x-\pi)=-f(x)$，则 $f(x)$ 的傅里叶系数 $a_0=0,a_{2k}=0,b_{2k}=0\quad(k=1,2,\cdots)$；

(2)若 $f(x-\pi)=f(x)$，则 $f(x)$ 的傅里叶系数 $a_{2k+1}=0,b_{2k+1}=0\quad(k=0,1,2,\cdots)$.

【证明】(1)

$$a_0=\frac{1}{\pi}\left[\int_{-\pi}^{0}f(x)\mathrm{d}x+\int_0^{\pi}f(x)\mathrm{d}x\right]$$

$$=\frac{1}{\pi}\left\{\int_{-\pi}^{0}f(x)\mathrm{d}x+\int_0^{\pi}[-f(x-\pi)]\mathrm{d}x\right\},$$

在上式第二个积分中令 $x-\pi=u$，则

$$a_0=\frac{1}{\pi}\left[\int_{-\pi}^{0}f(x)\mathrm{d}x-\int_{-\pi}^{0}f(u)\mathrm{d}u\right]=0,$$

同理可得

$$a_n=\frac{1}{\pi}\left[\int_{-\pi}^{0}f(x)\cos nx\mathrm{d}x+\int_0^{\pi}f(x)\cos nx\mathrm{d}x\right]$$

$$=\frac{1}{\pi}\left\{\int_{-\pi}^{0}f(x)\cos nx\mathrm{d}x+\int_0^{\pi}-[f(x-\pi)]\cos nx\mathrm{d}x\right\}$$

$$=\frac{1}{\pi}\left[\int_{-\pi}^{0}f(x)\cos nx\mathrm{d}x-\int_{-\pi}^{0}f(u)\cos(n\pi+nu)\mathrm{d}u\right],$$

及

$$b_n=\frac{1}{\pi}\left[\int_{-\pi}^{0}f(x)\sin nx\mathrm{d}x-\int_{-\pi}^{0}f(u)\sin(n\pi+nu)\mathrm{d}u\right].$$

当 $n=2k(k\in\mathbf{N}^*)$ 时，$\cos(n\pi+nu)=\cos nu,\sin(n\pi+nu)=\sin nu$，

于是有

$$a_{2k}=\frac{1}{\pi}\left[\int_{-\pi}^{0}f(x)\cos 2kx\mathrm{d}x+\int_{0}^{\pi}f(x)\cos 2kx\mathrm{d}x\right]$$
$$=\frac{1}{\pi}\left[\int_{-\pi}^{0}f(x)\cos 2kx\mathrm{d}x-\int_{-\pi}^{0}f(u)\cos 2ku\mathrm{d}u\right]=0,$$

及

$$b_{2k}=0\quad(k\in\mathbf{N}^*).$$

(2)与(1)的做法类似,有

$$a_n=\frac{1}{\pi}\left[\int_{-\pi}^{0}f(x)\cos nx\mathrm{d}x+\int_{-\pi}^{0}f(u)\cos(n\pi+nu)\mathrm{d}u\right];$$
$$b_n=\frac{1}{\pi}\left[\int_{-\pi}^{0}f(x)\sin nx\mathrm{d}x+\int_{-\pi}^{0}f(u)\sin(n\pi+nu)\mathrm{d}u\right].$$

当 $n=2k+1(k\in\mathbf{N})$ 时,

$$\cos(n\pi+nu)=-\cos nu,$$
$$\sin(n\pi+nu)=-\sin nu,$$

故有

$$a_{2k+1}=0,b_{2k+1}=0\quad(k\in\mathbf{N}).$$

习题 12-8　一般周期函数的傅里叶级数

1. 将下列各周期函数展开成傅里叶级数(下面给出函数在一个周期内的表达式):

(1) $f(x)=1-x^2\quad\left(-\frac{1}{2}\leqslant x<\frac{1}{2}\right)$;

(2) $f(x)=\begin{cases}x, & -1\leqslant x<0,\\ 1, & 0\leqslant x<\frac{1}{2},\\ -1, & \frac{1}{2}\leqslant x<1;\end{cases}$

(3) $f(x)=\begin{cases}2x+1, & -3\leqslant x<0,\\ 1, & 0\leqslant x<3.\end{cases}$

【解析】(1)函数 $f(x)$ 是半周期 $l=\frac{1}{2}$ 的偶函数,故

$$b_n=0\quad(n=1,2,\cdots);$$
$$a_0=\frac{2}{\frac{1}{2}}\int_0^{\frac{1}{2}}(1-x^2)\mathrm{d}x=\frac{11}{6};$$
$$a_n=\frac{2}{\frac{1}{2}}\int_0^{\frac{1}{2}}(1-x^2)\cos\frac{n\pi x}{\frac{1}{2}}\mathrm{d}x=4\int_0^{\frac{1}{2}}(1-x^2)\cos 2n\pi x\mathrm{d}x$$
$$=4\left[\frac{1-x^2}{2n\pi}\sin 2n\pi x-\frac{2x}{4n^2\pi^2}\cos 2n\pi x+\frac{2}{8n^3\pi^3}\sin 2n\pi x\right]_0^{\frac{1}{2}}$$
$$=\frac{(-1)^{n+1}}{n^2\pi^2}\quad(n=1,2,\cdots).$$

因 $f(x)$ 满足收敛定理的条件且处处连续,故有

$$f(x)=\frac{11}{12}+\frac{1}{\pi^2}\sum_{n=1}^{\infty}\frac{(-1)^{n+1}}{n^2}\cos 2n\pi x,x\in(-\infty,+\infty).$$

(2)函数 $f(x)$ 的半周期 $l=1$.

$$a_0=\int_{-1}^{1} f(x)\mathrm{d}x=\int_{-1}^{0} x\mathrm{d}x+\int_{0}^{\frac{1}{2}} \mathrm{d}x+\int_{\frac{1}{2}}^{1} (-1)\mathrm{d}x=-\frac{1}{2};$$

$$\begin{aligned}a_n&=\int_{-1}^{1} f(x)\cos(n\pi x)\mathrm{d}x\\&=\int_{-1}^{0} x\cos(n\pi x)\mathrm{d}x+\int_{0}^{\frac{1}{2}} \cos(n\pi x)\mathrm{d}x-\int_{\frac{1}{2}}^{1} \cos(n\pi x)\mathrm{d}x\\&=\left[\frac{x}{n\pi}\sin(n\pi x)+\frac{1}{n^2\pi^2}\cos(n\pi x)\right]_{-1}^{0}+\left[\frac{1}{n\pi}\sin(n\pi x)\right]_{0}^{\frac{1}{2}}+\left[\frac{1}{n\pi}\sin(n\pi x)\right]_{1}^{\frac{1}{2}}\\&=\frac{1}{n^2\pi^2}[1-(-1)^n]+\frac{2}{n\pi}\sin\frac{n\pi}{2}\quad(n=1,2,\cdots);\end{aligned}$$

$$\begin{aligned}b_n&=\int_{-1}^{1} f(x)\sin(n\pi x)\mathrm{d}x\\&=\int_{-1}^{0} x\sin(n\pi x)\mathrm{d}x+\int_{0}^{\frac{1}{2}} \sin(n\pi x)\mathrm{d}x-\int_{\frac{1}{2}}^{1} \sin(n\pi x)\mathrm{d}x\\&=-\frac{2}{n\pi}\cos\frac{n\pi}{2}+\frac{1}{n\pi}\quad(n=1,2,\cdots).\end{aligned}$$

因 $f(x)$满足收敛定理的条件，其间断点为 $x=2k,2k+\frac{1}{2}(k\in\mathbf{Z})$，故有

$$f(x)=-\frac{1}{4}+\sum_{n=1}^{\infty}\left\{\left[\frac{1-(-1)^n}{n^2\pi^2}+\frac{2}{n\pi}\sin\frac{n\pi}{2}\right]\cos(n\pi x)+\frac{1}{n\pi}\left(1-2\cos\frac{n\pi}{2}\right)\sin(n\pi x)\right\},$$

$$x\in\mathbf{R}\backslash\{2k,2k+\frac{1}{2}\mid k\in\mathbf{Z}\}.$$

(3) $a_0=\frac{1}{3}\int_{-3}^{3} f(x)\mathrm{d}x=\frac{1}{3}\left[\int_{-3}^{0}(2x+1)\mathrm{d}x+\int_{0}^{3}\mathrm{d}x\right]=-1$；

$$\begin{aligned}a_n&=\frac{1}{3}\int_{-3}^{3} f(x)\cos\frac{n\pi x}{3}\mathrm{d}x=\frac{1}{3}\int_{-3}^{0}(2x+1)\cos\frac{n\pi x}{3}\mathrm{d}x+\frac{1}{3}\int_{0}^{3}\cos\frac{n\pi x}{3}\mathrm{d}x\\&=\frac{6}{n^2\pi^2}[1-(-1)^n]\quad(n=1,2,\cdots);\end{aligned}$$

$$\begin{aligned}b_n&=\frac{1}{3}\int_{-3}^{3} f(x)\sin\frac{n\pi x}{3}\mathrm{d}x=\frac{1}{3}\int_{-3}^{0}(2x+1)\sin\frac{n\pi x}{3}\mathrm{d}x+\frac{1}{3}\int_{0}^{3}\sin\frac{n\pi x}{3}\mathrm{d}x\\&=\frac{6}{n\pi}(-1)^{n+1}\quad(n=1,2,\cdots).\end{aligned}$$

而在$(-\infty,+\infty)$上 $f(x)$ 的间断点为 $x=3(2k+1),k=0,\pm1,\pm2,\cdots$.

故
$$f(x)=-\frac{1}{2}+\sum_{n=1}^{\infty}\left\{\frac{6}{n^2\pi^2}[1-(-1)^n]\cos\frac{n\pi x}{3}+(-1)^{n+1}\frac{6}{n\pi}\sin\frac{n\pi x}{3}\right\},$$

$$x\in\mathbf{R}\backslash\{3(2k+1)\mid k\in\mathbf{Z}\}.$$

2. 将下列函数分别展开成正弦级数和余弦级数：

(1) $f(x)=\begin{cases}x, & 0\leqslant x<\frac{l}{2},\\ l-x, & \frac{l}{2}\leqslant x\leqslant l;\end{cases}$

(2) $f(x)=x^2\quad(0\leqslant x\leqslant 2)$.

【解析】(1)展开为正弦级数：

将 $f(x)$作奇延拓得 $\varphi(x)$，又将 $\varphi(x)$作周期延拓得 $\Phi(x)$，则 $\Phi(x)$是以 $2l$ 为周期的奇函数，$\Phi(x)$处处连续，又满足收敛定理的条件，且在$[0,l]$上，$\Phi(x)\equiv f(x)$.

$$a_n=0\quad(n=0,1,2,\cdots);$$

$$b_n=\frac{2}{l}\left[\int_0^{\frac{l}{2}}x\sin\frac{n\pi x}{l}\mathrm{d}x+\int_{\frac{l}{2}}^{l}(l-x)\sin\frac{n\pi x}{l}\mathrm{d}x\right],$$

在上式第二个积分中令 $l-x=t$，则有

$$\int_{\frac{l}{2}}^{l}(l-x)\sin\frac{n\pi x}{l}\mathrm{d}x=-\int_0^{\frac{l}{2}}t\cos n\pi\sin\frac{n\pi t}{l}\mathrm{d}t=(-1)^{n-1}\int_0^{\frac{l}{2}}t\sin\frac{n\pi t}{l}\mathrm{d}t,$$

于是

$$b_n=\frac{2}{l}[1+(-1)^{n-1}]\int_0^{\frac{l}{2}}x\sin\frac{n\pi x}{l}\mathrm{d}x.$$

当 $n=2k$ 时，$b_{2k}=0$；当 $n=2k-1$ 时，

$$b_{2k-1}=\frac{4}{l}\int_0^{\frac{l}{2}}x\sin\frac{(2k-1)\pi x}{l}\mathrm{d}x=\frac{4l}{(2k-1)^2\pi^2}(-1)^{k-1}\quad(k=1,2,\cdots).$$

故

$$f(x)=\frac{4l}{\pi^2}\sum_{k=1}^{\infty}\frac{(-1)^{k-1}}{(2k-1)^2}\sin\frac{(2k-1)\pi x}{l},x\in[0,l].$$

展开为余弦级数：

将 $f(x)$ 作偶延拓得 $\varphi(x)$，再将 $\varphi(x)$ 作周期延拓得 $\Psi(x)$，则 $\Psi(x)$ 是以 $2l$ 为周期的周期函数. $\Psi(x)$ 处处连续又满足收敛定理的条件，且在 $[0,l]$ 上 $\Psi(x)\equiv f(x)$.

$$a_0=\frac{2}{l}\left[\int_0^{\frac{l}{2}}x\mathrm{d}x+\int_{\frac{l}{2}}^{l}(l-x)\mathrm{d}x\right]=\frac{l}{2};$$

$$a_n=\frac{2}{l}\left[\int_0^{\frac{l}{2}}x\cos\frac{n\pi x}{l}\mathrm{d}x+\int_{\frac{l}{2}}^{l}(l-x)\cos\frac{n\pi x}{l}\mathrm{d}x\right].$$

在上式第二个积分中令 $l-x=t$，则有

$$\int_{\frac{l}{2}}^{l}(l-x)\cos\frac{n\pi x}{l}\mathrm{d}x=(-1)^n\int_0^{\frac{l}{2}}t\cos\frac{n\pi t}{l}\mathrm{d}t,$$

于是

$$\begin{aligned}a_n&=\frac{2}{l}[1+(-1)^n]\int_0^{\frac{l}{2}}x\cos\frac{n\pi x}{l}\mathrm{d}x\\&=\frac{2}{l}[1+(-1)^n]\left(\frac{l}{\pi}\right)^2\left(\frac{\pi}{2n}\sin\frac{n\pi}{2}+\frac{1}{n^2}\cos\frac{n\pi}{2}-\frac{1}{n^2}\right).\end{aligned}$$

当 $n=2m-1$ 时，$a_{2m-1}=0$；当 $n=2m$ 时，

$$\begin{aligned}a_{2m}&=\frac{4l}{\pi^2}\cdot\frac{1}{(2m)^2}[(-1)^m-1]\\&=\begin{cases}0, & m=2k,\\ \dfrac{l}{\pi^2}\cdot\dfrac{-2}{(2k-1)^2}, & m=2k-1\end{cases}\quad(k=1,2,\cdots).\end{aligned}$$

故

$$f(x)=\frac{l}{4}-\frac{2l}{\pi^2}\sum_{k=1}^{\infty}\frac{1}{(2k-1)^2}\cos\frac{2(2k-1)\pi x}{l},x\in[0,l].$$

(2)展开为正弦级数：

将 $f(x)$ 作奇延拓得 $\varphi(x)$，再将 $\varphi(x)$ 作周期延拓，得以 4 为周期的周期函数 $\Phi(x)$，则 $\Phi(x)$ 满足收敛定理的条件，除了间断点 $x=2(2k+1)(k\in\mathbf{Z})$ 外处处连续，且在 $[0,2)$ 上，$\Phi(x)\equiv f(x)$.

$$a_n=0\quad(n=0,1,2,\cdots);$$

$$b_n=\frac{2}{2}\int_0^2 x^2\sin\frac{n\pi x}{2}\mathrm{d}x=\left[-\frac{2}{n\pi}x^2\cos\frac{n\pi x}{2}\right]_0^2+\frac{4}{n\pi}\int_0^2 x\cos\frac{n\pi x}{2}\mathrm{d}x$$

$$=(-1)^{n+1}\frac{8}{n\pi}+\frac{8}{(n\pi)^2}\left[x\sin\frac{n\pi x}{2}\right]_0^2+\frac{16}{(n\pi)^3}\left[\cos\frac{n\pi x}{2}\right]_0^2$$

$$=(-1)^{n+1}\frac{8}{n\pi}+\frac{16}{(n\pi)^3}[(-1)^n-1]\quad(n=1,2,\cdots).$$

故

$$f(x)=\frac{8}{\pi}\sum_{n=1}^{\infty}\left\{\frac{(-1)^{n+1}}{n}+\frac{2}{n^3\pi^2}[(-1)^n-1]\right\}\sin\frac{n\pi x}{2},x\in[0,2).$$

展开为余弦级数:

将 $f(x)$ 作偶延拓得 $\psi(x)$,再将 $\psi(x)$ 作周期延拓,得以 4 为周期的周期函数 $\Psi(x)$,则 $\Psi(x)$ 处处连续又满足收敛定理的条件. 且在$[0,2]$上,$\Psi(x)\equiv f(x)$.

$$a_0=\frac{2}{2}\int_0^2 x^2\mathrm{d}x=\frac{8}{3};$$

$$a_n=\frac{2}{2}\int_0^2 x^2\cos\frac{n\pi x}{2}\mathrm{d}x=\frac{2}{n\pi}\left[x^2\sin\frac{n\pi x}{2}\right]_0^2-\frac{4}{n\pi}\int_0^2 x\sin\frac{n\pi x}{2}\mathrm{d}x$$

$$=\frac{8}{(n\pi)^2}\left[x\cos\frac{n\pi x}{2}-\frac{2}{n\pi}\sin\frac{n\pi x}{2}\right]_0^2$$

$$=(-1)^n\frac{16}{(n\pi)^2}\quad(n=1,2,\cdots);$$

$$b_n=0\quad(n=1,2,\cdots).$$

故

$$f(x)=\frac{4}{3}+\frac{16}{\pi^2}\sum_{n=1}^{\infty}\frac{(-1)^n}{n^2}\cos\frac{n\pi x}{2},x\in[0,2].$$

*3. 设 $f(x)$ 是周期为 2 的周期函数,它在$[-1,1)$上的表达式为 $f(x)=\mathrm{e}^{-x}$. 试将$f(x)$展开成复数形式的傅里叶级数.

【解析】 $c_n=\frac{1}{2}\int_{-1}^{1}\mathrm{e}^{-x}\mathrm{e}^{-\mathrm{i}n\pi x}\mathrm{d}x=\frac{1}{2}\int_{-1}^{1}\mathrm{e}^{-(1+n\pi\mathrm{i})x}\mathrm{d}x$

$$=\frac{1}{2}\left[\frac{1}{-(1+n\pi\mathrm{i})}\cdot\mathrm{e}^{-(1+n\pi\mathrm{i})x}\right]_{-1}^{1}=-\frac{1}{2}\cdot\frac{1-n\pi\mathrm{i}}{1+n^2\pi^2}(\mathrm{e}^{-1}\cos n\pi-\mathrm{e}\cos n\pi)$$

$$=(-1)^n\frac{1-n\pi\mathrm{i}}{1+n^2\pi^2}\mathrm{sh}\,1,$$

因而 $f(x)=\sum_{n=-\infty}^{\infty}(-1)^n\frac{1-n\pi\mathrm{i}}{1+n^2\pi^2}\mathrm{sh}\,1\cdot\mathrm{e}^{\mathrm{i}n\pi x}\quad(x\neq 2k+1,k=0,\pm1,\pm2,\cdots).$

*4. 设 $u(t)$是周期为 T 的周期函数. 已知它的傅里叶级数的复数形式为(参阅本节例题)

$$u(t)=\frac{h\tau}{T}+\frac{h}{\pi}\sum_{\substack{n=-\infty\\ n\neq0}}^{\infty}\frac{1}{n}\sin\frac{n\pi\tau}{T}\mathrm{e}^{\frac{2n\pi t}{T}\mathrm{i}}\quad(-\infty<t<+\infty),$$

试写出 $u(t)$的傅里叶级数的实数形式(即三角形式).

【解析】 由题设知
$$c_n=\frac{h}{n\pi}\sin\frac{n\pi\tau}{T}\quad(n=\pm1,\pm2,\cdots).$$

因

$$c_n=\frac{a_n-\mathrm{i}b_n}{2},c_{-n}=\frac{a_n+\mathrm{i}b_n}{2}=\overline{c_n}\quad(n=1,2,\cdots),$$

可见 $$a_n=\mathrm{Re}(2\overline{c_n}),b_n=\mathrm{Im}(2\overline{c_n}).$$

而 c_n 为实数,故

$$a_n=\frac{2h}{n\pi}\sin\frac{n\pi\tau}{T},b_n=0\quad(n=1,2,\cdots),$$

故

$$u(t)=\frac{h\tau}{T}+\frac{2h}{\pi}\sum_{n=1}^{\infty}\frac{1}{n}\sin\frac{n\pi\tau}{T}\cdot\cos\frac{2n\pi t}{T}\quad(-\infty<t<+\infty).$$

总习题十二

1. 填空:

(1)对级数 $\sum\limits_{n=1}^{\infty}u_n$,$\lim\limits_{n\to\infty}u_n=0$ 是它收敛的________条件,不是它收敛的________条件;

(2)部分和数列 $\{s_n\}$ 有界是正项级数 $\sum\limits_{n=1}^{\infty}u_n$ 收敛的________条件;

(3)若级数 $\sum\limits_{n=1}^{\infty}u_n$ 绝对收敛,则级数 $\sum\limits_{n=1}^{\infty}u_n$ 必定________;若级数 $\sum\limits_{n=1}^{\infty}u_n$ 条件收敛,则级数 $\sum\limits_{n=1}^{\infty}|u_n|$ 必定________.

【解析】(1)必要,充分; (2)充要; (3)收敛,发散.

2. 下题中给出了四个结果,从中选出一个正确的结果.

设 $f(x)$是以 2π 为周期的周期函数,它在$[-\pi,\pi)$上的表达式为$|x|$,则 $f(x)$的傅里叶级数为( ).

(A)$\frac{\pi}{2}-\frac{4}{\pi}\left[\cos x+\frac{1}{3^2}\cos 3x+\frac{1}{5^2}\cos 5x+\cdots+\frac{1}{(2n-1)^2}\cos(2n-1)x+\cdots\right]$

(B)$\frac{2}{\pi}\left[\frac{1}{2^2}\sin 2x+\frac{1}{4^2}\sin 4x+\frac{1}{6^2}\sin 6x+\cdots+\frac{1}{(2n)^2}\sin 2nx+\cdots\right]$

(C)$\frac{4}{\pi}\left[\cos x+\frac{1}{3^2}\cos 3x+\frac{1}{5^2}\cos 5x+\cdots+\frac{1}{(2n-1)^2}\cos(2n-1)x+\cdots\right]$

(D)$\frac{1}{\pi}\left[\frac{1}{2^2}\cos 2x+\frac{1}{4^2}\cos 4x+\frac{1}{6^2}\cos 6x+\cdots+\frac{1}{(2n)^2}\cos 2nx+\cdots\right]$

【解析】偶函数 $f(x)$的傅里叶级数是余弦级数,故排除(B).

又因为

$$a_0=\frac{2}{\pi}\int_0^{\pi}f(x)\mathrm{d}x=\frac{2}{\pi}\int_0^{\pi}x\mathrm{d}x=\pi\neq 0,$$

所以排除(C)与(D),从而选(A).

3. 判定下列级数的收敛性:

(1) $\sum\limits_{n=1}^{\infty}\frac{1}{n\sqrt[n]{n}}$; (2) $\sum\limits_{n=1}^{\infty}\frac{(n!)^2}{2n^2}$; (3) $\sum\limits_{n=1}^{\infty}\frac{n\cos^2\frac{n\pi}{3}}{2^n}$;

(4) $\sum\limits_{n=2}^{\infty}\frac{1}{\ln^{10}n}$; (5) $\sum\limits_{n=1}^{\infty}\frac{a^n}{n^s}\quad(a>0,s>0)$.

【解析】(1)$u_n=\frac{1}{n\sqrt[n]{n}}$,因$\lim\limits_{n\to\infty}\frac{u_n}{\frac{1}{n}}=\lim\limits_{n\to\infty}\frac{1}{\sqrt[n]{n}}=1$. 而级数 $\sum\limits_{n=1}^{\infty}\frac{1}{n}$发散,故由极限形式的比较审敛法知

原级数发散.

(2)$u_n=\frac{(n!)^2}{2n^2}=\frac{[(n-1)!]^2}{2}\to+\infty(n\to\infty)$，由于一般项不趋于零，故级数发散.

(3)$u_n=\frac{n\cos^2\frac{n\pi}{3}}{2^n}\leqslant\frac{n}{2^n}=v_n$，而级数 $\sum\limits_{n=1}^{\infty}\frac{n}{2^n}$ 是收敛的(事实上，$\lim\limits_{n\to\infty}\frac{v_{n+1}}{v_n}=\lim\limits_{n\to\infty}\frac{n+1}{n}\cdot\frac{1}{2}=\frac{1}{2}<1$，据比值审敛法知 $\sum\limits_{n=1}^{\infty}\frac{n}{2^n}$ 收敛)，故由比较审敛法知原级数收敛.

(4)$u_n=\frac{1}{\ln^{10}n}$，因 $\lim\limits_{n\to\infty}\frac{u_n}{\frac{1}{n}}=\lim\limits_{n\to\infty}\frac{n}{\ln^{10}n}=+\infty$，而级数 $\sum\limits_{n=1}^{\infty}\frac{1}{n}$ 发散，故由极限形式的比较审敛法知原级数发散.

【注】求极限 $\lim\limits_{n\to\infty}\frac{n}{\ln^{10}n}$ 时，可考虑极限 $\lim\limits_{n\to\infty}\frac{\ln^{10}n}{n}$.

因 $\lim\limits_{x\to\infty}\frac{\ln^{10}x}{x}\xlongequal{\text{洛必达法则}}\lim\limits_{x\to\infty}\frac{10\ln^9x}{x}=\cdots=\lim\limits_{x\to\infty}\frac{10!}{x}=0$，

故

$$\lim_{n\to\infty}\frac{\ln^{10}n}{n}=0,$$

从而

$$\lim_{n\to\infty}\frac{n}{\ln^{10}n}=+\infty.$$

(5) $\lim\limits_{n\to\infty}\sqrt[n]{u_n}=\lim\limits_{n\to\infty}\frac{a}{\sqrt[n]{n^s}}=a$.

当 $a<1$ 时，级数收敛；当 $a>1$ 时，级数发散；

当 $a=1$ 时，级数为 $\sum\limits_{n=1}^{\infty}\frac{1}{n^s}$，由 p 级数的结论知，当 $s>1$ 时，级数收敛；当 $s\leqslant1$ 时，级数发散.

4. 设正项级数 $\sum\limits_{n=1}^{\infty}u_n$ 和 $\sum\limits_{n=1}^{\infty}v_n$ 都收敛，证明级数 $\sum\limits_{n=1}^{\infty}(u_n+v_n)^2$ 也收敛.

【证明】因级数 $\sum\limits_{n=1}^{\infty}u_n$，$\sum\limits_{n=1}^{\infty}v_n$ 都收敛，所以 $\sum\limits_{n=1}^{\infty}(u_n+v_n)$ 收敛，又 $\lim\limits_{n\to\infty}\frac{(u_n+v_n)^2}{u_n+v_n}=\lim\limits_{n\to\infty}(u_n+v_n)=0$，由比较审敛法知 $\sum\limits_{n=1}^{\infty}(u_n+v_n)^2$ 也收敛.

5. 设级数 $\sum\limits_{n=1}^{\infty}u_n$ 收敛，且 $\lim\limits_{n\to\infty}\frac{v_n}{u_n}=1$. 问级数 $\sum\limits_{n=1}^{\infty}v_n$ 是否也收敛？试说明理由.

【解析】不一定. 例如 $\sum\limits_{n=1}^{\infty}u_n=\sum\limits_{n=1}^{\infty}(-1)^n\frac{1}{\sqrt{n}}$ 收敛，令 $v_n=(-1)^n\frac{1}{\sqrt{n}}+\frac{1}{n}$，

则

$$\lim_{n\to\infty}\frac{v_n}{u_n}=\lim_{n\to\infty}\frac{(-1)^n\frac{1}{\sqrt{n}}+\frac{1}{n}}{(-1)^n\frac{1}{\sqrt{n}}}=1,$$

但级数 $\sum\limits_{n=1}^{\infty}v_n=\sum\limits_{n=1}^{\infty}\left[(-1)^n\frac{1}{\sqrt{n}}+\frac{1}{n}\right]$ 发散.

6. 讨论下列级数的绝对收敛性与条件收敛性：

(1) $\sum_{n=1}^{\infty}(-1)^n\frac{1}{n^p}$；　　(2) $\sum_{n=1}^{\infty}(-1)^{n+1}\frac{\sin\frac{\pi}{n+1}}{\pi^{n+1}}$；

(3) $\sum_{n=1}^{\infty}(-1)^n\ln\frac{n+1}{n}$；　　(4) $\sum_{n=1}^{\infty}(-1)^n\frac{(n+1)!}{n^{n+1}}$.

【解析】(1) $u_n=\frac{(-1)^n}{n^p}$，$|u_n|=\frac{1}{n^p}$，当 $p>1$ 时，级数 $\sum_{n=1}^{\infty}|u_n|$ 收敛；当 $0<p\leqslant 1$ 时，级数 $\sum_{n=1}^{\infty}\frac{(-1)^n}{n^p}$ 是交错级数，且满足莱布尼茨定理的条件，因而收敛且为条件收敛；当 $p\leqslant 0$ 时，由于 $u_n\not\to 0(n\to\infty)$，此时级数发散. 综上可知，当 $p>1$ 时，级数绝对收敛，当 $0<p\leqslant 1$ 时，级数条件收敛，当 $p\leqslant 0$ 时，级数发散.

(2) $u_n=\frac{(-1)^{n+1}}{\pi^{n+1}}\sin\frac{\pi}{n+1}$，$|u_n|\leqslant\left(\frac{1}{\pi}\right)^{n+1}$，而级数 $\sum_{n=1}^{\infty}\left(\frac{1}{\pi}\right)^{n+1}$ 收敛，由比较审敛法知 $\sum_{n=1}^{\infty}|u_n|$ 收敛，即原级数绝对收敛.

(3) $u_n=(-1)^n\ln\frac{n+1}{n}$，$\lim\limits_{n\to\infty}\frac{|u_n|}{\frac{1}{n}}=\lim\limits_{n\to\infty}n\cdot\ln\left(1+\frac{1}{n}\right)=\lim\limits_{n\to\infty}\ln\left(1+\frac{1}{n}\right)^n=1$，

而级数 $\sum_{n=1}^{\infty}\frac{1}{n}$ 发散，由极限形式的比较审敛法知 $\sum_{n=1}^{\infty}|u_n|$ 发散. 而 $\sum_{n=1}^{\infty}u_n$ 是交错级数且满足莱布尼茨定理的条件，因而收敛，故该级数条件收敛.

(4) $u_n=(-1)^n\frac{(n+1)!}{n^{n+1}}$，

$$\lim_{n\to\infty}\frac{|u_{n+1}|}{|u_n|}=\lim_{n\to\infty}\frac{(n+2)n^{n+1}}{(n+1)^{n+2}}=\lim_{n\to\infty}\frac{n+2}{n+1}\cdot\frac{1}{\left(1+\frac{1}{n}\right)^{n+1}}=\frac{1}{e}<1.$$

由比值审敛法知 $\sum_{n=1}^{\infty}|u_n|$ 收敛，即原级数绝对收敛.

7. 求下列极限：

(1) $\lim\limits_{n\to\infty}\frac{1}{n}\sum_{k=1}^{n}\frac{1}{3^k}\left(1+\frac{1}{k}\right)^{k^2}$；

(2) $\lim\limits_{n\to\infty}[2^{\frac{1}{3}}\cdot 4^{\frac{1}{9}}\cdot 8^{\frac{1}{27}}\cdot\cdots\cdot(2^n)^{\frac{1}{3^n}}]$.

【解析】(1) 由根值审敛法知级数 $\sum_{n=1}^{\infty}\frac{1}{3^n}\left(1+\frac{1}{n}\right)^{n^2}$ 收敛，故

$$\lim_{n\to\infty}\frac{1}{n}\sum_{k=1}^{n}\frac{1}{3^k}\left(1+\frac{1}{k}\right)^{k^2}=0.$$

(2) $\lim\limits_{n\to\infty}[2^{\frac{1}{3}}\cdot 4^{\frac{1}{9}}\cdot\cdots\cdot(2^n)^{\frac{1}{3^n}}]=\lim\limits_{n\to\infty}2^{\frac{1}{3}+\frac{2}{9}+\cdots+\frac{n}{3^n}}$，

考查幂级数 $$s(x)=1+2x+3x^2+\cdots+nx^{n-1}+\cdots,$$

则 $$\int_0^x s(x)\mathrm{d}x=x+x^2+\cdots+x^n+\cdots=\frac{x}{1-x}\quad(|x|<1),$$

故 $$s(x)=\left(\frac{x}{1-x}\right)'=\frac{1}{(1-x)^2},s\left(\frac{1}{3}\right)=\frac{9}{4}.$$

得
$$\lim_{n\to\infty}2^{\frac{1}{3}+\frac{2}{3^2}+\cdots+\frac{n}{3^n}}=2^{\lim\limits_{n\to\infty}\left(\frac{1}{3}+\frac{2}{3^2}+\cdots+\frac{n}{3^n}\right)}=2^{\frac{1}{3}\lim\limits_{n\to\infty}\left(1+\frac{2}{3}+\cdots+\frac{n}{3^{n-1}}\right)}$$
$$=2^{\frac{1}{3}s\left(\frac{1}{3}\right)}=2^{\frac{3}{4}}=\sqrt[4]{8}.$$

8. 求下列幂级数的收敛区间：

(1) $\sum\limits_{n=1}^{\infty}\frac{3^n+5^n}{n}x^n$；　　(2) $\sum\limits_{n=1}^{\infty}\left(1+\frac{1}{n}\right)^{n^2}x^n$；

(3) $\sum\limits_{n=1}^{\infty}n(x+1)^n$；　　(4) $\sum\limits_{n=1}^{\infty}\frac{n}{2^n}x^{2n}$.

【解析】(1)$u_n=a_nx^n,a_n=\frac{3^n+5^n}{n}$.因
$$\lim_{n\to\infty}\left|\frac{a_{n+1}}{a_n}\right|=\lim_{n\to\infty}\frac{n}{n+1}\cdot\frac{3^{n+1}+5^{n+1}}{3^n+5^n}=\lim_{n\to\infty}\frac{n}{n+1}\cdot\frac{3\left(\frac{3}{5}\right)^n+5}{\left(\frac{3}{5}\right)^n+1}=5,$$
故收敛半径为$R=\frac{1}{5}$,收敛区间为$\left(-\frac{1}{5},\frac{1}{5}\right)$.

(2)$u_n=a_nx^n,a_n=\left(1+\frac{1}{n}\right)^{n^2}$.因
$$\lim_{n\to\infty}\left|\frac{a_{n+1}}{a_n}\right|=\lim_{n\to\infty}\frac{\left(1+\frac{1}{n+1}\right)^{(n+1)^2}}{\left(1+\frac{1}{n}\right)^{n^2}}=\lim_{n\to\infty}\frac{e^{(n+1)^2\cdot\ln\left(1+\frac{1}{n+1}\right)}}{e^{n^2\cdot\ln\left(1+\frac{1}{n}\right)}}$$
$$=\lim_{n\to\infty}e^{(n+1)^2\cdot\ln\left(1+\frac{1}{n+1}\right)-n^2\cdot\ln\left(1+\frac{1}{n}\right)}=e\text{（可利用泰勒公式）}.$$
故收敛半径为$R=\frac{1}{e}$,收敛区间为$\left(-\frac{1}{e},\frac{1}{e}\right)$.

(3)$u_n=n(x+1)^n,\lim\limits_{n\to\infty}\frac{|u_{n+1}|}{|u_n|}=\lim\limits_{n\to\infty}\left|\frac{(n+1)(x+1)^{n+1}}{n(x+1)^n}\right|=\lim\limits_{n\to\infty}\frac{n+1}{n}|x+1|=|x+1|$,
故由比值审敛法知,当$|x+1|<1$时幂级数绝对收敛;而当$|x+1|>1$时,幂级数发散.

当$x=0$时,幂级数成为$\sum\limits_{n=1}^{\infty}n$,由于$\lim\limits_{n\to\infty}n\neq 0$,所以级数发散;当$x=-2$时,幂级数成为$\sum\limits_{n=1}^{\infty}(-1)^nn$,由于$\lim\limits_{n\to\infty}(-1)^nn\neq 0$,所以级数发散,因而收敛区间为$(-2,0)$.

(4)$u_n=\frac{n}{2^n}x^{2n},\lim\limits_{n\to\infty}\sqrt[n]{|u_n|}=\lim\limits_{n\to\infty}\frac{\sqrt[n]{n}}{2}x^2=\frac{x^2}{2}$,由根值审敛法知,当$\frac{x^2}{2}<1$,即$|x|<\sqrt{2}$时,幂级数绝对收敛;当$\frac{x^2}{2}>1$,即$|x|>\sqrt{2}$时,幂级数发散.而当$x=\pm\sqrt{2}$时,幂级数成为$\sum\limits_{n=1}^{\infty}n$,发散.因此该幂级数的收敛区间为$(-\sqrt{2},\sqrt{2})$.

9. 求下列幂级数的和函数：

(1) $\sum\limits_{n=1}^{\infty}\frac{2n-1}{2^n}x^{2(n-1)}$；　　* (2) $\sum\limits_{n=1}^{\infty}\frac{(-1)^{n-1}}{2n-1}x^{2n-1}$；

(3) $\sum\limits_{n=1}^{\infty}n(x-1)^n$；　　* (4) $\sum\limits_{n=1}^{\infty}\frac{x^n}{n(n+1)}$.

【解析】(1)
$$u_n(x)=\frac{2n-1}{2^n}x^{2(n-1)},$$

$$\lim_{n\to\infty}\frac{|u_{n+1}(x)|}{|u_n(x)|}=\lim_{n\to\infty}\frac{2n+1}{2n-1}\cdot\frac{|x|^2}{2}=\frac{|x|^2}{2}.$$

当$\frac{|x|^2}{2}<1$时，原级数收敛；当$\frac{|x|^2}{2}\geqslant 1$时，因级数的一般项$u_n(x)\not\to 0(n\to\infty)$，故级数发散. 因此原级数的收敛域为$\frac{|x|^2}{2}<1$，即$(-\sqrt{2},\sqrt{2})$.

设和函数为$s(x)$，即$s(x)=\sum\limits_{n=1}^{\infty}\frac{2n-1}{2^n}x^{2(n-1)}$，从0到$x$积分并逐项积分：

$$\int_0^x s(x)\mathrm{d}x=\sum_{n=1}^{\infty}\frac{1}{2^n}x^{2n-1}=\sum_{n=0}^{\infty}\frac{1}{2^{n+1}}x^{2n+1}=\frac{x}{2}\sum_{n=0}^{\infty}\left(\frac{x^2}{2}\right)^n$$
$$=\frac{x}{2}\cdot\frac{1}{1-\frac{x^2}{2}}=\frac{x}{2-x^2},x\in(-\sqrt{2},\sqrt{2}).$$

上式两端对x求导，得

$$s(x)=\left(\frac{x}{2-x^2}\right)'=\frac{2+x^2}{(2-x^2)^2},x\in(-\sqrt{2},\sqrt{2}).$$

*(2)
$$u_n(x)=\frac{(-1)^{n-1}}{2n-1}x^{2n-1},$$
$$\lim_{n\to\infty}\frac{|u_{n+1}(x)|}{|u_n(x)|}=\lim_{n\to\infty}\frac{2n-1}{2n+1}x^2=x^2.$$

当$|x|<1$时，级数收敛；当$|x|>1$时，因级数一般项$u_n(x)\not\to 0(n\to\infty)$，故级数发散；当$x=\pm 1$时，级数$\sum\limits_{n=1}^{\infty}\frac{(-1)^{n-1}}{2n-1}$与$\sum\limits_{n=1}^{\infty}\frac{(-1)^n}{2n-1}$是收敛的交错级数，因此原级数的收敛域为$[-1,1]$. 设和函数为$s(x)$，则

$$s(x)=\sum_{n=1}^{\infty}\frac{(-1)^{n-1}}{2n-1}x^{2n-1},\text{且 } s(0)=0.$$

在$(-1,1)$内，上式两端对x求导，得

$$s'(x)=\sum_{n=1}^{\infty}(-1)^{n-1}x^{2n-2}=\sum_{n=0}^{\infty}(-1)^n x^{2n}=\sum_{n=0}^{\infty}(-x^2)^n=\frac{1}{1+x^2}.$$

于是

$$s(x)=s(x)-s(0)=\int_0^x s'(x)\mathrm{d}x=\int_0^x\frac{1}{1+x^2}\mathrm{d}x=\arctan x.$$

又由于幂级数在$x=\pm 1$处收敛，且$\arctan x$在$x=\pm 1$处连续，故

$$s(x)=\arctan x,x\in[-1,1].$$

(3)令$x-1=t$，幂级数$\sum\limits_{n=1}^{\infty}nt^n$的收敛域为$(-1,1)$. 记其和函数为$\varphi(t)$，即有

$$\varphi(t)=\sum_{n=1}^{\infty}nt^n=t\sum_{n=1}^{\infty}nt^{n-1}=t\left(\sum_{n=1}^{\infty}t^n\right)'$$
$$=t\left(\frac{t}{1-t}\right)'=\frac{t}{(1-t)^2},t\in(-1,1).$$

于是原级数的和函数

$$s(x)=\varphi(x-1)=\frac{x-1}{(2-x)^2},x\in(0,2).$$

*(4)
$$u_n(x)=a_n x^n,a_n=\frac{1}{n(n+1)}.$$

由 $\lim\limits_{n\to\infty}\left|\dfrac{a_{n+1}}{a_n}\right|=\lim\limits_{n\to\infty}\dfrac{n}{n+2}=1$，得幂级数的收敛半径 $R=1$. 当 $x=\pm1$ 时，级数 $\sum\limits_{n=1}^{\infty}\dfrac{1}{n(n+1)}$ 与 $\sum\limits_{n=1}^{\infty}\dfrac{(-1)^n}{n(n+1)}$ 均收敛，故幂级数的收敛域为$[-1,1]$.

设和函数为 $s(x)$，即
$$s(x)=\sum_{n=1}^{\infty}\frac{x^n}{n(n+1)}.$$

当 $x=0$ 时，$s(0)=0$；

当 $0<|x|<1$ 时，
$$xs(x)=\sum_{n=1}^{\infty}\frac{x^{n+1}}{n(n+1)},$$

上式两端对 x 求导，得
$$[xs(x)]'=\sum_{n=1}^{\infty}\frac{x^n}{n},$$

再求导，得
$$[xs(x)]''=\sum_{n=1}^{\infty}x^{n-1}=\frac{1}{1-x}.$$

注意到 $[xs(x)]'\big|_{x=0}=0$，上式两端从 0 到 x 积分，得
$$[xs(x)]'=\int_0^x\frac{\mathrm{d}x}{1-x}=-\ln(1-x),$$

再积分，得
$$xs(x)=-\int_0^x\ln(1-x)\mathrm{d}x=(1-x)\ln(1-x)+x,$$

于是
$$s(x)=\frac{1-x}{x}\ln(1-x)+1,x\in(-1,0)\cup(0,1).$$

由于幂级数在 $x=\pm1$ 处收敛，故和函数分别在 $x=\pm1$ 处左连续与右连续，于是
$$s(1)=\lim_{x\to1^-}\frac{1-x}{x}\ln(1-x)+1=1.$$

因此
$$s(x)=\begin{cases}1+\left(\dfrac{1}{x}-1\right)\ln(1-x), & x\in[-1,0)\cup(0,1),\\ 0, & x=0,\\ 1, & x=1.\end{cases}$$

10. 求下列数项级数的和：

(1) $\sum\limits_{n=1}^{\infty}\dfrac{n^2}{n!}$；　　(2) $\sum\limits_{n=0}^{\infty}(-1)^n\dfrac{n+1}{(2n+1)!}$.

【解析】(1)因为 $\sum\limits_{n=1}^{\infty}\dfrac{n^2}{n!}=\sum\limits_{n=1}^{\infty}\dfrac{n(n-1)}{n!}+\sum\limits_{n=1}^{\infty}\dfrac{n}{n!}$，又
$$\sum_{n=1}^{\infty}\frac{n}{n!}=\sum_{n=1}^{\infty}\frac{1}{(n-1)!}=\sum_{k=0}^{\infty}\frac{1}{k!}=\mathrm{e},$$
$$\sum_{n=1}^{\infty}\frac{n(n-1)}{n!}=\sum_{n=2}^{\infty}\frac{n(n-1)}{n!}=\sum_{n=2}^{\infty}\frac{1}{(n-2)!}=\sum_{k=0}^{\infty}\frac{1}{k!}=\mathrm{e},$$

故 $\sum\limits_{n=1}^{\infty}\dfrac{n^2}{n!}=2\mathrm{e}$.

(2)因 $\sum\limits_{n=0}^{\infty}\dfrac{(-1)^n}{(2n+1)!}x^{2n+1}=\sin x$，$\sum\limits_{n=0}^{\infty}\dfrac{(-1)^n}{(2n)!}x^{2n}=\cos x, x\in(-\infty,+\infty)$，

故取 $x=1$，有

$$\sum_{n=0}^{\infty}\frac{(-1)^n}{(2n+1)!}=\sin 1,\ \sum_{n=0}^{\infty}\frac{(-1)^n}{(2n)!}=\cos 1.$$

于是

$$\begin{aligned}\sum_{n=0}^{\infty}(-1)^n\frac{n+1}{(2n+1)!}&=\frac{1}{2}\sum_{n=0}^{\infty}(-1)^n\frac{2n+2}{(2n+1)!}\\&=\frac{1}{2}\left[\sum_{n=0}^{\infty}(-1)^n\frac{2n+1}{(2n+1)!}+\sum_{n=0}^{\infty}(-1)^n\frac{1}{(2n+1)!}\right]\\&=\frac{1}{2}\left[\sum_{n=0}^{\infty}\frac{(-1)^n}{(2n)!}+\sum_{n=0}^{\infty}\frac{(-1)^n}{(2n+1)!}\right]\\&=\frac{1}{2}(\cos 1+\sin 1).\end{aligned}$$

11. 将下列函数展开成 x 的幂级数：

(1)$\ln(x+\sqrt{x^2+1})$；　　　　(2)$\dfrac{1}{(2-x)^2}$.

【解析】(1)$\ln(x+\sqrt{x^2+1})=\displaystyle\int_0^x\frac{1}{\sqrt{1+t^2}}\mathrm{d}t=\int_0^x(1+t^2)^{-\frac{1}{2}}\mathrm{d}t$

$$\begin{aligned}&=\int_0^x\left[1+\sum_{n=1}^{\infty}(-1)^n\frac{(2n-1)!!}{(2n)!!}t^{2n}\right]\mathrm{d}t\\&=x+\sum_{n=1}^{\infty}(-1)^n\frac{(2n-1)!!}{(2n)!!}\frac{1}{2n+1}x^{2n+1},\end{aligned}$$

在端点 $x=\pm1$ 处收敛，$\ln(x+\sqrt{1+x^2})$在 $x=\pm1$ 处有定义且连续，故展开式成立区间为 $x\in[-1,1]$.

(2) $\dfrac{1}{2-x}=\dfrac{1}{2}\cdot\dfrac{1}{1-\dfrac{x}{2}}=\dfrac{1}{2}\cdot\sum\limits_{n=0}^{\infty}\left(\dfrac{x}{2}\right)^n$，

$$\begin{aligned}\frac{1}{(2-x)^2}&=\left(\frac{1}{2-x}\right)'=\left[\frac{1}{2}\sum_{n=0}^{\infty}\left(\frac{x}{2}\right)^n\right]'\\&=\frac{1}{2}\cdot\sum_{n=1}^{\infty}n\cdot\left(\frac{x}{2}\right)^{n-1}\cdot\frac{1}{2}=\sum_{n=1}^{\infty}\frac{n}{2^{n+1}}x^{n-1}.\end{aligned}$$

故 $\dfrac{1}{(2-x)^2}=\sum\limits_{n=1}^{\infty}\dfrac{n}{2^{n+1}}x^{n-1}, x\in(-2,2)$.

12. 设 $f(x)$是周期为 2π 的函数，它在$[-\pi,\pi)$上的表达式为

$$f(x)=\begin{cases}0, & x\in[-\pi,0),\\ \mathrm{e}^x, & x\in[0,\pi).\end{cases}$$

将 $f(x)$展开成傅里叶级数.

【解析】$f(x)$满足收敛定理的条件，且除了 $x=k\pi(k\in\mathbf{Z})$外处处连续.

$$a_0=\frac{1}{\pi}\int_{-\pi}^{\pi}f(x)\mathrm{d}x=\frac{1}{\pi}\int_0^{\pi}\mathrm{e}^x\mathrm{d}x=\frac{\mathrm{e}^{\pi}-1}{\pi};$$

$$\begin{aligned}a_n&=\frac{1}{\pi}\int_{-\pi}^{\pi}f(x)\cos nx\mathrm{d}x=\frac{1}{\pi}\int_0^{\pi}\mathrm{e}^x\cos nx\mathrm{d}x=\frac{1}{\pi}\int_0^{\pi}\cos nx\mathrm{d}\mathrm{e}^x\\&=\frac{1}{\pi}\left(\mathrm{e}^x\cos nx\Big|_0^{\pi}+n\int_0^{\pi}\mathrm{e}^x\sin nx\mathrm{d}x\right)\end{aligned}$$

$$= \frac{(-1)^n e^{\pi} - 1}{\pi} + \frac{n}{\pi}\left(e^x \sin nx \Big|_0^{\pi} - n\int_0^x e^x \cos nx \, dx\right)$$

$$= \frac{(-1)^n e^{\pi} - 1}{\pi} - n^2 a_n,$$

故

$$a_n = \frac{(-1)^n e^{\pi} - 1}{(n^2+1)\pi} \quad (n=1,2,\cdots);$$

而

$$b_n = \frac{1}{\pi}\int_{-\pi}^{\pi} f(x)\sin nx \, dx = \frac{1}{\pi}\int_0^{\pi} e^x \sin nx \, dx = \frac{1}{\pi}\int_0^{\pi} \sin nx \, de^x$$

$$= \frac{1}{\pi}\left(e^x \sin nx \Big|_0^{\pi} - n\int_0^{\pi} e^x \cos nx \, dx\right) = -na_n \quad (n = 1,2,\cdots).$$

于是

$$f(x) = \frac{e^{\pi} - 1}{2\pi} + \frac{1}{\pi}\sum_{n=1}^{\infty}\left[\frac{(-1)^n e^{\pi} - 1}{n^2+1}\cos nx + \frac{(-1)^{n+1} e^{\pi} + 1}{n^2+1} n\sin nx\right],$$

$$x \in \mathbf{R} \setminus \{k\pi \mid k \in \mathbf{Z}\}.$$

13. 将函数

$$f(x) = \begin{cases} 1, & 0 \leqslant x \leqslant h, \\ 0, & h < x \leqslant \pi. \end{cases}$$

分别展开成正弦级数和余弦级数.

【解析】①将 $f(x)$ 展开成正弦级数. 对 $f(x)$ 在区间$[-\pi,\pi]$上作奇延拓得奇函数$F(x)$，且

$$F(x) = \begin{cases} f(x), & x \in (0,\pi], \\ 0, & x = 0, \\ -f(-x), & x \in [-\pi, 0). \end{cases}$$

于是傅里叶系数为

$$a_n = 0 \quad (n=0,1,2,\cdots);$$

$$b_n = \frac{2}{\pi}\int_0^{\pi} f(x)\sin nx \, dx = \frac{2}{\pi}\int_0^{h} \sin nx \, dx = -\frac{2}{\pi n}\left[\cos nx\right]_0^h$$

$$= \frac{2}{\pi n}(1 - \cos nh) \quad (n = 1,2,\cdots).$$

因为 $F(x)$ 在$[-\pi,\pi]$上满足狄利克雷条件，但是 $f(x)$ 在 $x=0$ 及 $x=h$ 两点处不连续，故所求正弦级数为

$$f(x) = \frac{2}{\pi}\sum_{n=1}^{\infty}\frac{1-\cos nh}{n}\sin nx, x \in (0,h) \cup (h,\pi].$$

在 $x=0$ 及 $x=h$ 两点处级数分别收敛于 0 和$\frac{1}{2}$.

②展开成余弦级数：

将 $f(x)$ 作偶延拓，得 $\psi(x) = \begin{cases} f(x), & x \in [0,\pi], \\ f(-x), & x \in (-\pi, 0]. \end{cases}$ 再将 $\psi(x)$ 作周期延拓得$\Psi(x)$，则 $\Psi(x)$ 满足收敛定理的条件，在$[0,\pi]$上 $\Psi(x) \equiv f(x)$，且有间断点 $x=h$.

$$a_0 = \frac{2}{\pi}\int_0^h dx = \frac{2h}{\pi};$$

$$a_n=\frac{2}{\pi}\int_0^h \cos nx\mathrm{d}x=\frac{2\sin nh}{n\pi}\quad(n=1,2,\cdots);$$

$$b_n=0\quad(n=1,2,\cdots).$$

故

$$f(x)=\frac{h}{\pi}+\frac{2}{\pi}\sum_{n-1}^{\infty}\frac{\sin nh}{n}\cos nx, x\in[0,h)\cup(h,\pi].$$

经典例题选讲

1. 判断正项级数的收敛性

正项级数$\sum\limits_{n=1}^{\infty}u_n(u_n\geqslant 0)$的部分和数列$\{s_n\}$是递增的，由此可得：

正项级数$\sum\limits_{n=1}^{\infty}u_n(u_n\geqslant 0)$收敛的充要条件是它的部分和数列$\{s_n\}$有界.

在此基础上，可以推出正项级数的比较审敛法、比较审敛法的极限形式、比值审敛法、根值审敛法.

【注】(1) 上述审敛法仅适用于正项级数；

(2) 要根据级数一般项的特点，选择适当的审敛法(如$\sum\limits_{n=1}^{\infty}\frac{n!}{n^n}$用比值审敛法，$\sum\limits_{n=1}^{\infty}\frac{1}{\sqrt{n^3+2n}}$用比较审敛法等).

例 1　判定下列级数的收敛性：

(1)$\sum\limits_{n=1}^{\infty}\frac{1}{1+a^n}(a>0)$；　　(2)$\sum\limits_{n=1}^{\infty}(\sqrt[n]{2}-1)$；　　(3)$\sum\limits_{n=1}^{\infty}\frac{\ln n}{2^n}$.

【解析】(1)$u_n=\frac{1}{1+a^n}>0$，是正项级数.

当$0<a<1$时，$\lim\limits_{n\to\infty}u_n=1\neq 0$，当$a=1$时，$\lim\limits_{n\to\infty}u_n=\frac{1}{2}\neq 0$，

故$0<a\leqslant 1$时，级数$\sum\limits_{n=1}^{\infty}\frac{1}{1+a^n}$发散；

当$a>1$时，$u_n=\frac{1}{1+a^n}<\left(\frac{1}{a}\right)^n$，又因级数$\sum\limits_{n=1}^{\infty}\left(\frac{1}{a}\right)^n$收敛，故当$a>1$时级数$\sum\limits_{n=1}^{\infty}\frac{1}{1+a^n}$收敛.

(2)$u_n=\sqrt[n]{2}-1>0$，是正项级数.

当$u_n=\mathrm{e}^{\frac{1}{n}\ln 2}-1\sim\frac{1}{n}\ln 2(n\to\infty)$，而级数$\sum\limits_{n=1}^{\infty}\frac{1}{n}\ln 2$发散，故级数$\sum\limits_{n=1}^{\infty}(\sqrt[n]{2}-1)$发散.

(3)$u_n=\frac{\ln n}{2^n}>0$，是正项级数. 又$\lim\limits_{n\to\infty}\frac{u_{n+1}}{u_n}=\lim\limits_{n\to\infty}\frac{\ln(n+1)/2^{n+1}}{\ln n/2^n}=\frac{1}{2}\lim\limits_{n\to\infty}\frac{\ln(n+1)}{\ln n}=\frac{1}{2}<1$，

由比值审敛法知，级数$\sum\limits_{n=1}^{\infty}\frac{\ln n}{2^n}$收敛.

2. 判定级数$\sum\limits_{n=1}^{\infty}a_n$的收敛性

判定级数$\sum\limits_{n=1}^{\infty}a_n$的收敛性的步骤如下：

① 判定$\lim\limits_{n\to\infty}a_n$是否为零;若不是,则级数发散;若是,则进入下一步;

② 判定$\sum\limits_{n=1}^{\infty}|a_n|$是否收敛,若是,则级数绝对收敛:若不是,则进入下一步;

③ 判定$\sum\limits_{n=1}^{\infty}a_n$是否为交错级数,若是,则用莱布尼茨定理判定其收敛性;若不是交错级数或者是交错级数但不满足莱布尼茨定理的条件,则进入下一步;

④ 用收敛级数定义、性质和已知结论判定收敛性.

【注】 并非每个级数都要按部就班地进行,关键是根据级数的特点选择适当的方法.

例 2 (1) 设$\{u_n\}$是数列,则下列命题正确的是(　　);

(A) 若$\sum\limits_{n=1}^{\infty}u_n$收敛,则$\sum\limits_{n=1}^{\infty}(u_{2n-1}+u_{2n})$收敛

(B) 若$\sum\limits_{n=1}^{\infty}(u_{2n-1}+u_{2n})$收敛,则$\sum\limits_{n=1}^{\infty}u_n$收敛

(C) 若$\sum\limits_{n=1}^{\infty}u_n$收敛,则$\sum\limits_{n=1}^{\infty}(u_{2n-1}-u_{2n})$收敛

(D) 若$\sum\limits_{n=1}^{\infty}(u_{2n-1}-u_{2n})$收敛,则$\sum\limits_{n=1}^{\infty}u_n$收敛

(2) 下列命题中正确的是(　　);

(A) 若$\sum\limits_{n=1}^{\infty}a_n$,$\sum\limits_{n=1}^{\infty}b_n$均收敛,则$\sum\limits_{n=1}^{\infty}a_nb_n$收敛

(B) 若$\sum\limits_{n=1}^{\infty}a_n$收敛,$\sum\limits_{n=1}^{\infty}b_n$发散,则$\sum\limits_{n=1}^{\infty}a_nb_n$发散

(C) 若$\sum\limits_{n=1}^{\infty}a_n$条件收敛,$\sum\limits_{n=1}^{\infty}b_n$绝对收敛,则$\sum\limits_{n=1}^{\infty}a_nb_n$绝对收敛

(D) 若$\sum\limits_{n=1}^{\infty}a_n$条件收敛,$\sum\limits_{n=1}^{\infty}b_n$绝对收敛,则$\sum\limits_{n=1}^{\infty}a_nb_n$条件收敛

(3) 设级数$\sum\limits_{n=1}^{\infty}u_n$收敛,则必收敛的级数为(　　);

(A) $\sum\limits_{n=1}^{\infty}(-1)^n\dfrac{u_n}{n}$　　(B) $\sum\limits_{n=1}^{\infty}u_n^2$

(C) $\sum\limits_{n=1}^{\infty}(u_{2n-1}-u_{2n})$　　(D) $\sum\limits_{n=1}^{\infty}(u_n+u_{n+1})$

(4) 下列命题中正确的是(　　).

(A) 若$\lim\limits_{n\to\infty}\dfrac{a_n}{b_n}=1$,则级数$\sum\limits_{n=1}^{\infty}a_n$、$\sum\limits_{n=1}^{\infty}b_n$同敛散

(B) 设$\dfrac{a_{n+1}}{a_n}<1$,则级数$\sum\limits_{n=1}^{\infty}a_n$收敛

(C) 设$\dfrac{a_{n+1}}{a_n}>1$,则级数$\sum\limits_{n=1}^{\infty}a_n$发散

(D) 设级数$\sum\limits_{n=1}^{\infty}a_n$收敛,则级数$\sum\limits_{n=1}^{\infty}a_n^2$收敛

【解析】 (1) 本题考查收敛级数的性质.

方法一 利用收敛级数的性质:如果级数收敛,则对级数的项任意添加括号后所成的级数仍收敛,所以选项(A) 正确.

方法二 利用排除法,举反例.

选项(B):取 $u_n=(-1)^n$,这时级数 $\sum\limits_{n=1}^{\infty}(u_{2n-1}+u_{2n})=\sum\limits_{n=1}^{\infty}0$ 收敛,但级数 $\sum\limits_{n=1}^{\infty}u_n=\sum\limits_{n=1}^{\infty}(-1)^n$ 发散,故选项(B) 错误;

选项(C):取 $u_n=\dfrac{(-1)^{n-1}}{n}$,这时级数 $\sum\limits_{n=1}^{\infty}u_n=\sum\limits_{n=1}^{\infty}\dfrac{(-1)^{n-1}}{n}$ 收敛,但级数 $\sum\limits_{n=1}^{\infty}(u_{2n-1}-u_{2n})=\sum\limits_{n=1}^{\infty}\dfrac{4n-1}{2n(2n-1)}$ 发散,故选项(C) 错误;

选项(D):取 $u_n=1$,这时级数 $\sum\limits_{n=1}^{\infty}(u_{2n-1}-u_{2n})=\sum\limits_{n=1}^{\infty}0$ 收敛,但级数 $\sum\limits_{n=1}^{\infty}u_n=\sum\limits_{n=1}^{\infty}1$ 发散,故选项(D) 错误. 所以选项(A) 正确.

(2) 若级数 $\sum\limits_{n=1}^{\infty}a_n$ 条件收敛,则有 $\lim\limits_{n\to\infty}a_n=0$,那么当 n 充分大时 $|a_n|\leqslant 1$,从而 $|a_nb_n|\leqslant|b_n|$,由比较审敛法知,若级数 $\sum\limits_{n=1}^{\infty}b_n$ 绝对收敛,则级数 $\sum\limits_{n=1}^{\infty}a_nb_n$ 绝对收敛,所以选项(C) 正确,(D) 不正确.

选项(A)、(B) 也不正确. 若取 $a_n=b_n=(-1)^{n-1}\dfrac{1}{\sqrt{n}}$,则级数 $\sum\limits_{n=1}^{\infty}(-1)^{n-1}\dfrac{1}{\sqrt{n}}$ 收敛,而级数 $\sum\limits_{n=1}^{\infty}a_nb_n=\sum\limits_{n=1}^{\infty}\dfrac{1}{n}$ 发散,故选项(A) 不正确;又取 $a_n=\dfrac{1}{n^2}$,$b_n=\dfrac{1}{n}$,则级数 $\sum\limits_{n=1}^{\infty}a_n=\sum\limits_{n=1}^{\infty}\dfrac{1}{n^2}$ 收敛,级数 $\sum\limits_{n=1}^{\infty}b_n=\sum\limits_{n=1}^{\infty}\dfrac{1}{n}$ 发散,但级数 $\sum\limits_{n=1}^{\infty}a_nb_n=\sum\limits_{n=1}^{\infty}\dfrac{1}{n^3}$ 收敛,故选项(B) 不正确.

(3) 由级数 $\sum\limits_{n=1}^{\infty}u_n$ 收敛知级数 $\sum\limits_{n=1}^{\infty}u_{n+1}$ 收敛.

又由收敛级数的性质知级数 $\sum\limits_{n=1}^{\infty}u_n+\sum\limits_{n=1}^{\infty}u_{n+1}=\sum\limits_{n=1}^{\infty}(u_n+u_{n+1})$ 收敛,故选项(D) 正确.

对于选项(A)、(B)、(C),可通过举反例来说明各级数发散.

对于选项(A),取 $u_n=\dfrac{(-1)^{n-1}}{\ln(n+1)}$,则级数 $\sum\limits_{n=1}^{\infty}u_n=\sum\limits_{n=1}^{\infty}\dfrac{(-1)^{n-1}}{\ln(n+1)}$ 收敛,但是级数 $\sum\limits_{n=1}^{\infty}(-1)^n\cdot\dfrac{u_n}{n}=-\sum\limits_{n=1}^{\infty}\dfrac{1}{n\ln(n+1)}$ 发散,故选项(A) 错误.

对于选项(B),取 $u_n=\dfrac{(-1)^{n-1}}{\sqrt{n}}$,则级数 $\sum\limits_{n=1}^{\infty}\dfrac{(-1)^{n-1}}{\sqrt{n}}$ 收敛,但级数 $\sum\limits_{n=1}^{\infty}u_n^2=\sum\limits_{n=1}^{\infty}\dfrac{1}{n}$ 发散,故选项(B) 错误.

对于选项(C),取 $u_n=\dfrac{(-1)^{n-1}}{\sqrt{n}}$,则

$$\begin{aligned}\sum_{n=1}^{\infty}(u_{2n-1}-u_{2n})&=\sum_{n=1}^{\infty}\left(\frac{1}{\sqrt{2n-1}}+\frac{1}{\sqrt{2n}}\right)\\&=\left(1+\frac{1}{\sqrt{2}}\right)+\left(\frac{1}{\sqrt{3}}+\frac{1}{\sqrt{4}}\right)+\cdots+\left(\frac{1}{\sqrt{2n-1}}+\frac{1}{\sqrt{2n}}\right)+\cdots\end{aligned}$$

$$=\sum_{n=1}^{\infty}\frac{1}{\sqrt{n}}$$

也是发散的，故选项(C) 错误.

【注】 应注意题中级数 $\sum_{n=1}^{\infty}u_n$ 是任意项级数. 若 $\sum_{n=1}^{\infty}u_n$ 改为正项级数，则选项(A)、(B) 和(C) 中级数均收敛，这是因为当正项级数 $\sum_{n=1}^{\infty}u_n$ 收敛时，由 $\left|\frac{(-1)^n u_n}{n}\right|\leqslant u_n$，知 $\sum_{n=1}^{\infty}(-1)^n\frac{u_n}{n}$ 收敛且绝对收敛；又由 $\lim\limits_{n\to\infty}u_n=0$ 知存在正整数 N，当 $n>N$ 时 $0\leqslant u_n<1$，则 $u_n^2<u_n$，于是 $\sum_{n=1}^{\infty}u_n^2$ 收敛；而由分解法知 $\sum_{n=1}^{\infty}(u_{2n-1}-u_{2n})=\sum_{n=1}^{\infty}u_{2n-1}-\sum_{n=1}^{\infty}u_{2n}$ 也收敛.

(4) 选项(A) 错，因为比较审敛法的极限形式只对正项级数成立，对含有负数项的常数项级数不成立，例如 $\sum_{n=1}^{\infty}a_n=\sum_{n=1}^{\infty}\left[\frac{(-1)^n}{\sqrt{n}}+\frac{1}{n}\right]$ 发散，$\sum_{n=1}^{\infty}b_n=\sum_{n=1}^{\infty}\frac{(-1)^n}{\sqrt{n}}$ 收敛，而 $\lim\limits_{n\to\infty}\frac{a_n}{b_n}=1$；

选项(B) 错，因为当 $a_n=\frac{1}{n}$ 时，$\frac{a_{n+1}}{a_n}<1$，而 $\sum_{n=1}^{\infty}a_n$ 发散；

选项(C) 正确，$\frac{a_{n+1}}{a_n}>1\Rightarrow\left|\frac{a_{n+1}}{a_n}\right|>1\Rightarrow|a_{n+1}|>|a_n|\Rightarrow\{|a_n|\}$ 为递增的正数列 $\Rightarrow\lim\limits_{n\to\infty}|a_n|\neq 0\Rightarrow\lim\limits_{n\to\infty}a_n\neq 0$，所以 $\sum_{n=1}^{\infty}a_n$ 发散；

选项(D) 错，因为当 $a_n=(-1)^{n-1}\frac{1}{\sqrt{n}}$ 时，$\sum_{n=1}^{\infty}a_n=\sum_{n=1}^{\infty}(-1)^{n-1}\frac{1}{\sqrt{n}}$ 收敛，但 $\sum_{n=1}^{\infty}a_n^2=\sum_{n=1}^{\infty}\frac{1}{n}$ 发散.

所以(A)、(B)、(D) 不正确，选择(C).

例 3 (1) 设常数 $k>0$，则 $\sum_{n=1}^{\infty}(-1)^n\frac{n+k}{n^2}$(　　)；

(A) 发散　　(B) 绝对收敛

(C) 条件收敛　　(D) 收敛性与 k 的取值有关

(2) 设常数 $\lambda>0$，而级数 $\sum_{n=1}^{\infty}a_n^2$ 收敛，则 $\sum_{n=1}^{\infty}(-1)^n\frac{|a_n|}{\sqrt{n^2+\lambda}}$(　　)；

(A) 发散　　(B) 条件收敛

(C) 绝对收敛　　(D) 收敛性与 λ 有关

(3) 设 $u_n\neq 0$，且 $\lim\limits_{n\to\infty}\frac{n}{u_n}=1$，则级数 $\sum_{n=1}^{\infty}(-1)^{n+1}\left(\frac{1}{u_n}+\frac{1}{u_{n+1}}\right)$(　　)；

(A) 发散　　(B) 条件收敛

(C) 绝对收敛　　(D) 收敛性不能确定

(4) 设 $a_n>0(n=1,2,\cdots)$，且级数 $\sum_{n=1}^{\infty}a_n$ 收敛，常数 $\lambda\in\left(0,\frac{\pi}{2}\right)$，则级数 $\sum_{n=1}^{\infty}(-1)^n\left(n\tan\frac{\lambda}{n}\right)a_{2n}$(　　).

(A) 绝对收敛　　(B) 条件收敛

(C) 发散　　(D) 收敛性与 λ 有关

【解析】(1) 因为 $u_n=(-1)^n\frac{n+k}{n^2}=(-1)^n\frac{1}{n}+(-1)^n\frac{k}{n^2}$，而级数 $\sum\limits_{n=1}^{\infty}(-1)^n\frac{1}{n}$ 条件收敛，级数 $\sum\limits_{n=1}^{\infty}(-1)^n\frac{k}{n^2}$ 绝对收敛，故级数 $\sum\limits_{n=1}^{\infty}(-1)^n\frac{n+k}{n^2}$ 条件收敛，故选择(C).

(2) 因为
$$|u_n|=\left|(-1)^n\frac{|a_n|}{\sqrt{n^2+\lambda}}\right|=|a_n|\frac{1}{\sqrt{n^2+\lambda}}\leqslant\frac{1}{2}\left(a_n^2+\frac{1}{n^2+\lambda}\right),$$
而 $\sum\limits_{n=1}^{\infty}a_n^2,\sum\limits_{n=1}^{\infty}\frac{1}{n^2+\lambda}$ 收敛，故 $\sum\limits_{n=1}^{\infty}|u_n|$ 绝对收敛，选择(C).

(3) 用特例法，取 $u_n=n$，则级数 $\sum\limits_{n=1}^{\infty}(-1)^{n+1}\left(\frac{1}{n}+\frac{1}{n+1}\right)$ 条件收敛，故选择(B).

证明：$\lim\limits_{n\to\infty}\frac{n}{u_n}=\lim\limits_{n\to\infty}\frac{1/u_n}{1/n}=1\Rightarrow\lim\limits_{n\to\infty}\frac{1}{u_n}=0$，且当 n 充分大时 $u_n>0$.
$$\begin{aligned}s_n&=\left(\frac{1}{u_1}+\frac{1}{u_2}\right)-\left(\frac{1}{u_2}+\frac{1}{u_3}\right)+\left(\frac{1}{u_3}+\frac{1}{u_4}\right)-\cdots+(-1)^{n+1}\left(\frac{1}{u_n}+\frac{1}{u_{n+1}}\right)\\&=\frac{1}{u_1}+(-1)^{n+1}\frac{1}{u_{n+1}}\to\frac{1}{u_1}(n\to\infty),\end{aligned}$$
故此级数收敛. 又 $\left|(-1)^{n+1}\left(\frac{1}{u_n}+\frac{1}{u_{n+1}}\right)\right|=\frac{1}{u_n}+\frac{1}{u_{n+1}}\sim\frac{2}{n}(n\to\infty)$，而 $\sum\limits_{n=1}^{\infty}\frac{2}{n}$ 发散，故此级数不绝对收敛，所以此级数条件收敛.

(4) 用比较审敛法的极限形式.

因为 $|u_n|=\left|(-1)^n\left(n\tan\frac{\lambda}{n}\right)a_{2n}\right|=\left(n\tan\frac{\lambda}{n}\right)a_{2n}\sim\lambda a_{2n}(n\to\infty)$，$a_n>0(n=1,2,\cdots)$，且级数 $\sum\limits_{n=1}^{\infty}a_n$ 收敛，则 $\sum\limits_{n=1}^{\infty}a_{2n}$ 收敛，$\sum\limits_{n=1}^{\infty}\lambda a_{2n}$ 收敛，所以级数 $\sum\limits_{n=1}^{\infty}(-1)^n\left(n\tan\frac{\lambda}{n}\right)a_{2n}$ 绝对收敛，选(A).

例 4 (1) 设 $u_n=\int_0^{\frac{1}{n}}\frac{\sqrt{x}}{1+x^2}dx$，判定级数 $\sum\limits_{n=1}^{\infty}u_n$ 的收敛性；

(2) 设 $u_n=\int_{n\pi}^{(n+1)\pi}\frac{\sin^2x}{x}dx$，判定级数 $\sum\limits_{n=1}^{\infty}u_n$ 的收敛性；

(3) 设 $\{x_n\}$ 是单调递增而且有界的正数列，判定级数 $\sum\limits_{n=1}^{\infty}\left(1-\frac{x_n}{x_{n+1}}\right)$ 的收敛性；

(4) 设 $\{a_n\}$ 是单调递减的正数列，且 $\sum\limits_{n=1}^{\infty}(-1)^na_n$ 发散，问级数 $\sum\limits_{n=1}^{\infty}\left(\frac{1}{a_n+1}\right)^n$ 是否收敛?并说明理由.

【解析】(1) 因为 $0\leqslant u_n=\int_0^{\frac{1}{n}}\frac{\sqrt{x}}{1+x^2}dx\leqslant\int_0^{\frac{1}{n}}\sqrt{x}dx=\frac{2}{3}\cdot\frac{1}{n^{3/2}}$，又级数 $\sum\limits_{n=1}^{\infty}\frac{2}{3}\cdot\frac{1}{n^{3/2}}$ 收敛，由比较审敛法知级数 $\sum\limits_{n=1}^{\infty}u_n$ 收敛.

(2) 因为
$$u_n=\int_{n\pi}^{(n+1)\pi}\frac{\sin^2x}{x}dx\geqslant0,$$
$$\frac{1}{(n+1)\pi}\int_{n\pi}^{(n+1)\pi}\sin^2xdx\leqslant u_n=\int_{n\pi}^{(n+1)\pi}\frac{\sin^2x}{x}dx\leqslant\frac{1}{n\pi}\int_{n\pi}^{(n+1)\pi}\sin^2xdx,$$
又
$$\int_{n\pi}^{(n+1)\pi}\sin^2xdx=\int_0^{\pi}\sin^2xdx=\int_0^{\pi}\frac{1-\cos2x}{2}dx=\frac{\pi}{2},$$

故 $u_n \geqslant \frac{1}{2(n+1)}$，而 $\sum_{n=1}^{\infty} \frac{1}{2(n+1)}$ 发散，所以 $\sum_{n=1}^{\infty} u_n$ 发散.

(3) $\{x_n\}$ 是单调递增且有界的正数列，则 $\lim_{n\to\infty} x_n$ 存在且大于 0，记作 a.

又
$$0 \leqslant u_n = 1 - \frac{x_n}{x_{n+1}} = \frac{x_{n+1} - x_n}{x_{n+1}} \leqslant \frac{x_{n+1} - x_n}{x_1} = v_n,$$

$$s_n = v_1 + v_2 + \cdots + v_n = \frac{1}{x_1}[(x_2 - x_1) + (x_3 - x_2) + \cdots + (x_{n+1} - x_n)]$$
$$= \frac{1}{x_1}(x_{n+1} - x_1) \to \frac{1}{x_1}(a - x_1) \quad (n \to \infty),$$

故 $\sum_{n=1}^{\infty} v_n$ 收敛，由比较审敛法知 $\sum_{n=1}^{\infty}\left(1 - \frac{x_n}{x_{n+1}}\right)$ 收敛.

(4) $\{a_n\}$ 是单调递减的正数列，则 $\lim_{n\to\infty} a_n$ 存在且大于等于 0，记作 a.

若 $\lim_{n\to\infty} a_n = a = 0$，由莱布尼茨审敛法，交错级数 $\sum_{n=1}^{\infty}(-1)^n a_n$ 收敛，与已知条件矛盾，故
$$\lim_{n\to\infty} a_n = a > 0, u_n = \left(\frac{1}{a_n + 1}\right)^n > 0, \lim_{n\to\infty} \sqrt[n]{u_n} = \lim_{n\to\infty} \frac{1}{a_n + 1} = \frac{1}{a+1} < 1.$$

因此，级数 $\sum_{n=1}^{\infty}\left(\frac{1}{a_n + 1}\right)^n$ 收敛.

3. 幂级数的收敛半径和收敛域的求法

(1) 概念.

若 $\sum_{n=0}^{\infty} a_n x^n$ 当 $|x| < R$ 时绝对收敛；当 $|x| > R$ 时发散，则称 R 为 $\sum_{n=0}^{\infty} a_n x^n$ 的收敛半径，并称 $(-R, R)$ 为它的收敛区间.

(2) 收敛半径的求法.

若 $\lim_{n\to\infty}\left|\frac{a_{n+1}}{a_n}\right| = \rho$（或 $\lim_{n\to\infty} \sqrt[n]{|a_n|} = \rho$），则 $\sum_{n=0}^{\infty} a_n x^n$ 的收敛半径 $R = \frac{1}{\rho}$，特别地，
$$\rho = 0, R = +\infty; \rho = +\infty, R = 0.$$

对于缺项级数，不能用上述公式求收敛半径，只能用比值法求收敛半径.

(3) 求幂级数收敛域的步骤是：

① 求幂级数的收敛半径；

② 判断幂级数在收敛区间端点的收敛性；

③ 写出收敛域.

例 5 (1) 下面有四个命题：

① 若 $\sum_{n=0}^{\infty} a_n x^n$ 的收敛域为 $[-R, R]$，则幂级数 $\sum_{n=1}^{\infty} n a_n x^{n-1}$ 的收敛域为 $[-R, R]$；

② 设幂级数 $\sum_{n=0}^{\infty} a_n x^n$ 在 $x = -2$ 处条件收敛，则它的收敛半径 $R = 2$；

③ 设幂级数 $\sum_{n=0}^{\infty} a_n x^n$，$\sum_{n=0}^{\infty} b_n x^n$ 的收敛半径分别为 R_1, R_2，则 $\sum_{n=0}^{\infty}(a_n + b_n)x^n$ 的收敛半径为 $R = \min\{R_1, R_2\}$；

④ 设 $a_n > 0$，且满足 $\frac{a_{n+1}}{a_n} < 1 (n = 1, 2, 3, \cdots)$，则 $\sum_{n=0}^{\infty} a_n$ 收敛.

这些命题中正确的是________.

(2) 设幂级数 $\sum_{n=0}^{\infty} a_n(x+1)^n$ 的收敛域为 $(-4,2)$，则幂级数 $\sum_{n=0}^{\infty} na_n(x-3)^n$ 的收敛区间为 ________.

【解析】(1) 关于命题①，取级数 $\sum_{n=0}^{\infty} a_n x^n = \sum_{n=1}^{\infty} \frac{x^n}{n\sqrt{n}}$，其收敛域为 $[-1,1]$，但级数 $\sum_{n=1}^{\infty} na_n x^{n-1}$ 的收敛域为 $[-1,1)$，所以①不正确.

关于命题②，设幂级数 $\sum_{n=0}^{\infty} a_n x^n$ 的收敛半径为 R. 若 $R>2$，由于对满足 $|x|<R$ 的任意 x，级数 $\sum_{n=0}^{\infty} a_n x^n$ 绝对收敛，从而推出 $\sum_{n=0}^{\infty} a_n(-2)^n$ 绝对收敛，这与已知矛盾；若 $R<2$，由于对满足 $|x|>R$ 的任意 x，级数 $\sum_{n=0}^{\infty} a_n x^n$ 发散，从而推出 $\sum_{n=0}^{\infty} a_n(-2)^n$ 发散，也与已知矛盾. 因此 $R=2$，②正确.

关于命题③，当 $R_1 \neq R_2$ 时，$R=\min\{R_1,R_2\}$，于是只要考查 $R_1=R_2$ 的情形. 设有两个级数 $\sum_{n=1}^{\infty}\left(\frac{1}{n}+\frac{1}{2^n}\right)x^n$，$\sum_{n=1}^{\infty}\frac{(-1)}{n}x^n$，易求得它们的收敛半径为 $R_1=R_2=1$，但 $\sum_{n=1}^{\infty}\left[\left(\frac{1}{n}+\frac{1}{2^n}\right)x^n+\frac{(-1)}{n}x^n\right]=\sum_{n=1}^{\infty}\frac{1}{2^n}x^n$ 的收敛半径为 $R=2$，因此③不正确.

关于命题④，对于正项级数 $\sum_{n=0}^{\infty} a_n$，若极限 $\lim_{n\to\infty}\frac{a_{n+1}}{a_n}$ 存在，且 $\lim_{n\to\infty}\frac{a_{n+1}}{a_n}<1$，则级数 $\sum_{n=0}^{\infty} a_n$ 收敛. 但 $\frac{a_{n+1}}{a_n}<1$ 与 $\lim_{n\to\infty}\frac{a_{n+1}}{a_n}<1$ 有本质区别，由 $\frac{a_{n+1}}{a_n}<1$ 可能得 $\lim_{n\to\infty}\frac{a_{n+1}}{a_n}=1$，这时比值审敛法失效. 例如：取 $a_n=\frac{1}{n}$，则 $\frac{a_{n+1}}{a_n}=\frac{n}{n+1}<1$，但 $\sum_{n=0}^{\infty} a_n$ 发散，因此命题④不正确.

综上所述，应填②.

(2) 设 $t=x+1$，则由题设知幂级数 $\sum_{n=0}^{\infty} a_n t^n$ 的收敛半径为 3. 由幂级数的性质知和函数 $\sum_{n=1}^{\infty} na_n t^{n-1}$ 的收敛半径也是 3，显然，幂级数 $\sum_{n=0}^{\infty} na_n(x-3)^n$ 有相同的收敛半径 3.

由 $|x-3|<3$，可得幂级数 $\sum_{n=0}^{\infty} na_n(x-3)^n$ 的收敛区间为 $(0,6)$.

例 6　(1) 求幂级数 $\sum_{n=1}^{\infty}\frac{1}{3^n+(-2)^n}\frac{x^n}{n}$ 的收敛区间和收敛域；

(2) 求幂级数 $\sum_{n=1}^{\infty}\frac{(-1)^n}{n}(x-1)^n$ 的收敛域；

(3) 求级数 $\sum_{n=1}^{\infty}\frac{(-1)^n 8^n}{n\ln(n^3+n)}x^{3n-2}$ 的收敛域；

(4) 求幂级数 $\sum_{n=1}^{\infty}\frac{(x-1)^{2n-1}}{n\cdot 4^n}$ 的收敛半径、收敛区间及收敛域.

【解析】(1) 收敛半径 $R=\lim_{n\to\infty}\left|\frac{a_n}{a_{n+1}}\right|=\lim_{n\to\infty}\frac{n+1}{n}\cdot\frac{3^{n+1}+(-2)^{n+1}}{3^n+(-2)^n}=3$，

故收敛区间为 $(-3,3)$；

当 $x=3$ 时，级数为 $\sum_{n=1}^{\infty}\frac{1}{3^n+(-2)^n}\frac{3^n}{n}$，而 $\frac{1}{3^n+(-2)^n}\frac{3^n}{n}>\frac{1}{2n}$，级数发散.

当 $x=-3$ 时，级数为 $\sum_{n=1}^{\infty}\frac{1}{3^n+(-2)^n}\frac{(-3)^n}{n}$，

而 $\frac{1}{3^n+(-2)^n}\frac{(-3)^n}{n}=\frac{(-1)^n[3^n+(-2)^n-(-2)^n]}{3^n+(-2)^n}\frac{1}{n}=(-1)^n\frac{1}{n}-\frac{1}{3^n+(-2)^n}\frac{2^n}{n}$，

且 $\sum_{n=1}^{\infty}(-1)^n\frac{1}{n}$，$\sum_{n=1}^{\infty}\frac{1}{3^n+(-2)^n}\frac{2^n}{n}$ 都收敛，级数收敛，故收敛域为$[-3,3)$.

(2) 令 $t=x-1$，级数化为 $\sum_{n=1}^{\infty}\frac{(-1)^n}{n}t^n$，

$$\rho=\lim_{n\to\infty}\left|\frac{a_{n+1}}{a_n}\right|=\lim_{n\to\infty}\frac{1/(n+1)}{1/n}=1,$$

收敛半径 $R=1$.

当 $t=1$ 时，级数 $\sum_{n=1}^{\infty}\frac{(-1)^n}{n}$ 收敛；当 $t=-1$ 时，级数 $\sum_{n=1}^{\infty}\frac{1}{n}$ 发散.

所以级数 $\sum_{n=1}^{\infty}\frac{(-1)^n}{n}t^n$ 的收敛域为$(-1,1]$，故级数 $\sum_{n=1}^{\infty}\frac{(-1)^n}{n}(x-1)^n$ 的收敛域为$(0,2]$.

(3) $\lim_{n\to\infty}\left|\frac{u_{n+1}(x)}{u_n(x)}\right|=\lim_{n\to\infty}\left|\frac{(-1)^{n+1}8^{n+1}\cdot n\ln(n^3+n)\cdot x^{3n+1}}{(-1)^n8^n\cdot(n+1)\ln[(n+1)^3+(n+1)]\cdot x^{3n-2}}\right|=8|x^3|$，

故当 $-\frac{1}{2}<x<\frac{1}{2}$ 时，原级数绝对收敛；

又当 $x=\frac{1}{2}$ 时，有

$$\sum_{n=1}^{\infty}\frac{(-1)^n8^n}{n\ln(n^3+n)}x^{3n-2}=\sum_{n=1}^{\infty}\frac{(-1)^n\cdot 4}{n\ln(n^3+n)},$$

此级数满足交错级数收敛的条件，故原级数在 $x=\frac{1}{2}$ 处条件收敛.

当 $x=-\frac{1}{2}$ 时，原级数化为 $\sum_{n=1}^{\infty}\frac{4}{n\ln(n^3+n)}$，此级数是发散的，故该级数的收敛域为 $\left(-\frac{1}{2},\frac{1}{2}\right]$.

(4) 因题设的幂级数是缺项幂级数，对缺项幂级数可直接用比值审敛法法讨论其收敛性.

当 $x-1=0$ 即 $x=1$ 时级数收敛.

当 $x\neq 1$ 时，

$$\lim_{n\to\infty}\left|\frac{(x-1)^{2n+1}}{(n+1)4^{n+1}}\cdot\frac{n4^n}{(x-1)^{2n-1}}\right|=\frac{(x-1)^2}{4}\lim_{n\to\infty}\frac{n}{n+1}=\frac{(x-1)^2}{4},$$

令 $\frac{(x-1)^2}{4}<1$，可知当 $0<|x-1|<2$，即 $-1<x<3$ 时级数绝对收敛.

又当 $x=-1$ 和 $x=3$ 时得调和级数 $\sum_{n=1}^{\infty}\frac{1}{n}$ 是发散的，综上可得级数的收敛域是$(-1,3)$.

4. 求幂级数的和函数

求幂级数的和函数是常考题型之一，务必熟练掌握求和函数的方法. 求幂级数和函数的方法有：

(1) 利用幂级数的运算和性质（逐项求导、逐项积分）将级数化为已知的五个函数 e^x、$\sin x$、$\cos x$、$\ln(1+x)$ 及 $(1+x)^{\alpha}$ 的麦克劳林展开式，求出和函数.

特别是化为等比级数，如

$$\sum_{n=1}^{\infty} nx^{n-1} = (\sum_{n=1}^{\infty} x^n)', \sum_{n=1}^{\infty} \frac{x^n}{n} = \int_0^x (\sum_{n=1}^{\infty} t^{n-1}) \mathrm{d}t.$$

(2) 先求和函数满足的微分方程，再通过解微分方程求出和函数.

例 7 (1) 求幂级数 $\sum_{n=1}^{\infty} \frac{n^2+1}{n} x^n$ 的和函数 $S(x)$；

(2) 设 $I_n = \int_0^{\frac{\pi}{4}} \sin^n x \cos x \mathrm{d}x (n = 0,1,2,\cdots)$，求 $\sum_{n=0}^{\infty} I_n$；

(3) 设级数 $\frac{x^4}{2\times 4} + \frac{x^6}{2\times 4\times 6} + \frac{x^8}{2\times 4\times 6\times 8} + \cdots$ 的和函数为 $S(x)$，求：① $S(x)$ 所满足的一阶微分方程；② $S(x)$ 的表达式；

(4) 求幂级数 $\sum_{n=0}^{\infty} \frac{n^2+1}{2^n n!} x^n$ 的收敛区间及和函数；

(5) 求幂级数 $\sum_{n=1}^{\infty} \frac{(-1)^{n-1}}{n(2n-1)} x^{2n}$ 的收敛域及和函数 $f(x)$.

【解析】(1)

$$\begin{aligned} S(x) &= \sum_{n=1}^{\infty} \frac{n^2+1}{n} x^n = \sum_{n=1}^{\infty} nx^n + \sum_{n=1}^{\infty} \frac{1}{n} x^n \\ &= x\sum_{n=1}^{\infty} nx^{n-1} + \sum_{n=1}^{\infty} \frac{1}{n} x^n = x(\sum_{n=1}^{\infty} x^n)' + \int_0^x (\sum_{n=1}^{\infty} t^{n-1}) \mathrm{d}t \\ &= x\left(\frac{x}{1-x}\right)' + \int_0^x \frac{1}{1-t} \mathrm{d}t = \frac{x}{(1-x)^2} - \ln(1-x), |x| < 1. \end{aligned}$$

(2) 利用幂级数求数项级数的和.

$$I_n = \int_0^{\frac{\pi}{4}} \sin^n x \cos x \mathrm{d}x = \int_0^{\frac{\pi}{4}} \sin^n x \mathrm{d}(\sin x) = \left[\frac{\sin^{n+1} x}{n+1}\right]_0^{\frac{\pi}{4}} = \frac{1}{n+1}\left(\frac{\sqrt{2}}{2}\right)^{n+1},$$

$$\sum_{n=0}^{\infty} I_n = \sum_{n=0}^{\infty} \frac{1}{n+1}\left(\frac{\sqrt{2}}{2}\right)^{n+1},$$

$$S(x) = \sum_{n=0}^{\infty} \frac{1}{n+1} x^{n+1} = \int_0^x (\sum_{n=0}^{\infty} t^n) \mathrm{d}t = \int_0^x \frac{1}{1-t} \mathrm{d}t = -\ln|1-x| (|x| < 1),$$

故

$$\sum_{n=0}^{\infty} I_n = \sum_{n=0}^{\infty} \frac{1}{n+1}\left(\frac{\sqrt{2}}{2}\right)^{n+1} = S\left(\frac{\sqrt{2}}{2}\right) = -\ln\left(1-\frac{\sqrt{2}}{2}\right) = \ln(2+\sqrt{2}).$$

(3)①

$$S(x) = \frac{x^4}{2\times 4} + \frac{x^6}{2\times 4\times 6} + \frac{x^8}{2\times 4\times 6\times 8} + \cdots,$$

$$S'(x) = \frac{x^3}{2} + \frac{x^5}{2\times 4} + \frac{x^7}{2\times 4\times 6} + \cdots = \frac{x^3}{2} + x\left(\frac{x^4}{2\times 4} + \frac{x^6}{2\times 4\times 6} + \cdots\right) = \frac{x^3}{2} + xS(x),$$

故 $S(x)$ 所满足的一阶微分方程为 $S'(x) = \frac{x^3}{2} + xS(x), S(0) = 0$.

② $S(x) = \mathrm{e}^{-\int (-x)\mathrm{d}x}\left(\int \frac{x^3}{2} \mathrm{e}^{\int (-x)\mathrm{d}x} \mathrm{d}x + C\right) = -\frac{x^2}{2} + C\mathrm{e}^{\frac{x^2}{2}} - 1$，由 $S(0) = 0$ 得 $C = 1$，

故 $S(x) = -\frac{x^2}{2} + \mathrm{e}^{\frac{x^2}{2}} - 1$.

(4) 因为 $\lim_{n\to\infty}\left|\frac{a_{n+1}}{a_n}\right| = \lim_{n\to\infty} \frac{(n+1)^2+1}{2^{n+1}(n+1)!} \cdot \frac{2^n n!}{n^2+1} = \lim_{n\to\infty} \frac{1}{2(n+1)} \cdot \frac{(n+1)^2+1}{n^2+1} = 0$，

故收敛区间为$(-\infty, +\infty)$.

令
$$S(x)=\sum_{n=0}^{\infty}\frac{n^2+1}{2^n n!}x^n=\sum_{n=0}^{\infty}\frac{n^2+1}{n!}\left(\frac{x}{2}\right)^n$$
$$=\sum_{n=0}^{\infty}\frac{n(n-1)+n+1}{n!}\left(\frac{x}{2}\right)^n$$
$$=\sum_{n=2}^{\infty}\frac{1}{(n-2)!}\left(\frac{x}{2}\right)^n+\sum_{n=1}^{\infty}\frac{1}{(n-1)!}\left(\frac{x}{2}\right)^n+\sum_{n=0}^{\infty}\frac{1}{n!}\left(\frac{x}{2}\right)^n$$
$$=\left(\frac{x}{2}\right)^2\sum_{n=0}^{\infty}\frac{1}{n!}\left(\frac{x}{2}\right)^n+\frac{x}{2}\sum_{n=0}^{\infty}\frac{1}{n!}\left(\frac{x}{2}\right)^n+\sum_{n=0}^{\infty}\frac{1}{n!}\left(\frac{x}{2}\right)^n$$
$$=\left(\frac{x^2}{4}+\frac{1}{2}x+1\right)\sum_{n=0}^{\infty}\frac{1}{n!}\left(\frac{x}{2}\right)^n$$
$$=\left(\frac{x^2}{4}+\frac{1}{2}x+1\right)e^{\frac{x}{2}}\quad(-\infty<x<+\infty).$$

(5) 先求收敛半径，由此可确定收敛区间，再讨论区间端点的收敛性，得到收敛域. 和函数可利用逐项求导再逐项积分得到.

因为 $$\lim_{n\to\infty}\left|\frac{(-1)^n x^{2n+2}/[(n+1)(2n+1)]}{(-1)^{n-1}x^{2n}/[n(2n-1)]}\right|=\lim_{n\to\infty}\left|\frac{n(2n-1)}{(n+1)(2n+1)}x^2\right|=x^2,$$
所以当 $x^2<1$ 时，原级数绝对收敛；当 $x^2>1$ 时原级数发散，因此原级数的收敛半径为1，收敛区间为 $(-1,1)$.

当 $x=-1$ 时，原级数为 $\sum\limits_{n=1}^{\infty}\frac{(-1)^{n-1}}{n(2n-1)}$，此级数收敛；当 $x=1$ 时，原级数为 $\sum\limits_{n=1}^{\infty}\frac{(-1)^{n-1}}{n(2n-1)}$，此级数也收敛，故题中幂级数的收敛域为 $[-1,1]$.

记
$$S(x)=\sum_{n=1}^{\infty}\frac{(-1)^{n-1}}{2n(2n-1)}x^{2n},x\in[-1,1],$$
$$S'(x)=\sum_{n=1}^{\infty}\frac{(-1)^{n-1}}{2n-1}x^{2n-1},x\in[-1,1],$$
则
$$S''(x)=\sum_{n=1}^{\infty}(-1)^{n-1}x^{2n-2}=\frac{1}{1+x^2},x\in(-1,1).$$

由 $S(0)=0,S'(0)=0$，所以
$$S'(x)=\int_0^x S''(t)\mathrm{d}t=\int_0^x\frac{1}{1+t^2}\mathrm{d}t=\arctan x,$$
$$S(x)=\int_0^x S'(t)\mathrm{d}t=\int_0^x\arctan t\mathrm{d}t=x\arctan x-\frac{1}{2}\ln(1+x^2),$$
从而原幂级数的和函数为 $f(x)=2S(x)=2x\arctan x-\ln(1+x^2),x\in[-1,1]$.

【注】 本题是求级数的收敛域，是基本题型. 应注意的是，收敛域不同于收敛区间，收敛区间为开区间，而收敛域要继续讨论区间端点处的收敛性. 对幂级数求和时，应尽量转化为形如 $\sum\limits_{n=1}^{\infty}\frac{x^n}{n}$ 或 $\sum\limits_{n=1}^{\infty}nx^{n-1}$ 的幂级数，再通过逐项求导或逐项积分求和函数.

5. 求数项级数的和

数项级数的求和问题，一般都是先构造幂级数，转化为求幂级数和函数的问题. 应设法对数项级数变形，以便构造易于求和的幂级数形式.

例 8　(1) 求级数$\sum\limits_{n=1}^{\infty} n\left(\frac{2}{3}\right)^{n-1}$；

(2) 求级数$\sum\limits_{n=0}^{\infty}\frac{n+2}{n!}$的和；

(3) 求级数$\sum\limits_{n=2}^{\infty}\frac{1}{(n^2-1)3^n}$的和.

【解析】(1) 令$S(x)=\sum\limits_{n=1}^{\infty} nx^{n-1}$,则有

$$S(x)=\sum_{n=1}^{\infty} nx^{n-1}=\left(\sum_{n=1}^{\infty} x^n\right)'=\left(\frac{x}{1-x}\right)'=\frac{1}{(1-x)^2}\quad(-1<x<1),$$

因此
$$\sum_{n=1}^{\infty} n\left(\frac{2}{3}\right)^{n-1}=S\left(\frac{2}{3}\right)=9.$$

(2)
$$\sum_{n=0}^{\infty}\frac{n+2}{n!}=\sum_{n=0}^{\infty}\frac{n}{n!}+\sum_{n=0}^{\infty}\frac{2}{n!}=\sum_{n=1}^{\infty}\frac{1}{(n-1)!}+2\sum_{n=0}^{\infty}\frac{1}{n!}$$
$$=\sum_{n=0}^{\infty}\frac{1}{n!}+2\mathrm{e}=\mathrm{e}+2\mathrm{e}=3\mathrm{e}.$$

(3) 对于级数$\sum\limits_{n=2}^{\infty}\frac{1}{(n^2-1)3^n}$,一般先将其转化为幂级数$\sum\limits_{n=2}^{\infty}\frac{x^n}{n^2-1}$,然后通过幂级数的代数运算和逐项求导、逐项积分等性质化为两类典型的幂级数求和问题：$\sum\limits_{n=1}^{\infty} nx^{n-1}$与$\sum\limits_{n=1}^{\infty}\frac{x^n}{n}$.

令$S(x)=\sum\limits_{n=2}^{\infty}\frac{x^n}{n^2-1}$,则有

$$S(x)=\sum_{n=2}^{\infty}\frac{x^n}{n^2-1}=\frac{1}{2}\left(\sum_{n=2}^{\infty}\frac{x^n}{n-1}-\sum_{n=2}^{\infty}\frac{x^n}{n+1}\right)$$
$$=\frac{x}{2}\sum_{n=2}^{\infty}\frac{x^{n-1}}{n-1}-\frac{1}{2x}\sum_{n=2}^{\infty}\frac{x^{n+1}}{n+1}$$
$$=\frac{x}{2}\sum_{n=1}^{\infty}\frac{x^n}{n}-\frac{1}{2x}\left(\sum_{n=1}^{\infty}\frac{x^n}{n}-x-\frac{1}{2}x^2\right)\quad(x\neq 0).$$

因为
$$\sum_{n=1}^{\infty}\frac{x^n}{n}=\sum_{n=1}^{\infty}\int_0^x t^{n-1}\mathrm{d}t=\int_0^x\left(\sum_{n=1}^{\infty} t^{n-1}\right)\mathrm{d}t$$
$$=\int_0^x\frac{1}{1-t}\mathrm{d}t=-\ln(1-x)\quad(-1\leqslant x<1),$$

所以
$$S(x)=-\frac{x}{2}\ln(1-x)+\frac{1}{2}+\frac{1}{4}x+\frac{1}{2x}\ln(1-x)\quad(x\neq 0),$$

因此
$$\sum_{n=2}^{\infty}\frac{1}{(n^2-1)3^n}=S\left(\frac{1}{3}\right)=\frac{4}{3}\ln\frac{2}{3}+\frac{7}{12}.$$

6. 用间接法将函数展成幂级数

关于函数展开成幂级数,有如下定理：

设函数$f(x)$在点x_0的某一邻域$U(x_0,r)$内具有各阶导数,则$f(x)$在该邻域内可展开成泰勒级数$f(x)=\sum\limits_{n=0}^{\infty}\frac{f^{(n)}(x_0)}{n!}(x-x_0)^n$的充要条件是$f(x)$的泰勒公式

$$f(x)=\sum_{k=0}^{n}\frac{f^{(k)}(x_0)}{k!}(x-x_0)^k+R_n(x)=P_n(x)+R_n(x)$$

中的余项 $R_n(x)\to 0(n\to\infty, x\in U(x_0,r))$.

读者必须熟练掌握利用 e^x、$\sin x$、$\cos x$、$\ln(1+x)$ 及 $(1+x)^\alpha$ 的麦克劳林展开式和幂级数的四则运算和逐项求导、逐项积分以及变量替换,将函数间接展开为幂级数的方法.

例 9 (1) 将 $f(x)=\dfrac{1}{4}\ln\dfrac{1+x}{1-x}+\dfrac{1}{2}\arctan x$ 展开成 x 的幂级数,并求 $f^{(101)}(0)$;

(2) 将函数 $f(x)=\sum\limits_{n=0}^{\infty}(-1)^n\dfrac{x^{2n+1}}{4^{2n}(2n+1)!}$ 展开成 $(x-1)$ 的幂级数;

(3) 设 $f(x)=\begin{cases}\dfrac{1+x^2}{x}\arctan x, & x\neq 0,\\ 1, & x=0.\end{cases}$ 试将 $f(x)$ 展开成 x 的幂级数,并求级数 $\sum\limits_{n=1}^{\infty}\dfrac{(-1)^n}{1-4n^2}$ 的和.

【解析】(1) 本题可以通过逐项积分的方法把 $f(x)$ 的导数的幂级数还原为 $f(x)$ 的幂级数.

方法一 由于 $(\arctan x)'=\dfrac{1}{1+x^2}=\sum\limits_{n=0}^{\infty}(-1)^n x^{2n}\quad(-1<x<1)$,

所以
$$\arctan x=\sum_{n=0}^{\infty}(-1)^n\frac{1}{2n+1}x^{2n+1}\quad(-1\leqslant x\leqslant 1).$$

由于 $\ln\dfrac{1+x}{1-x}=\ln(1+x)-\ln(1-x)$,而

$$\ln(1+x)=\sum_{n=0}^{\infty}(-1)^n\cdot\frac{x^{n+1}}{n+1}\quad(-1<x\leqslant 1),$$

$$\ln(1-x)=-\sum_{n=0}^{\infty}\frac{x^{n+1}}{n+1}\quad(-1\leqslant x<1),$$

所以 $\ln\dfrac{1+x}{1-x}=\ln(1+x)-\ln(1-x)=\sum\limits_{n=0}^{\infty}[1+(-1)^n]\dfrac{x^{n+1}}{n+1}=2\sum\limits_{k=0}^{\infty}\dfrac{x^{2k+1}}{2k+1}\quad(-1<x<1)$.

因此
$$\begin{aligned}f(x)&=\frac{1}{2}\sum_{n=0}^{\infty}\frac{x^{2n+1}}{2n+1}+\frac{1}{2}\sum_{n=0}^{\infty}(-1)^n\frac{1}{2n+1}x^{2n+1}\\&=\frac{1}{2}\sum_{n=0}^{\infty}[1+(-1)^n]\frac{1}{2n+1}x^{2n+1}\\&=\sum_{k=0}^{\infty}\frac{x^{4k+1}}{4k+1}\quad(-1<x<1),\end{aligned}$$

由此可得
$$f^{(101)}(0)=101!\times\frac{1}{101}=100!.$$

方法二 由于 $f'(x)=\dfrac{1}{4}\left(\dfrac{1}{1+x}+\dfrac{1}{1-x}\right)+\dfrac{1}{2}\cdot\dfrac{1}{1+x^2}=\dfrac{1}{1-x^4}=\sum\limits_{n=0}^{\infty}x^{4n}\quad(-1<x<1)$,

所以 $f(x)-f(0)=\displaystyle\int_0^x f'(t)\mathrm{d}t=\int_0^x\sum_{n=0}^{\infty}t^{4n}\mathrm{d}t=\sum_{n=0}^{\infty}\frac{x^{4n+1}}{4n+1}\quad(-1<x<1)$,

即
$$f(x)=\sum_{n=0}^{\infty}\frac{x^{4n+1}}{4n+1}\quad(-1<x<1).$$

由此可得
$$f^{(101)}(0)=101!\times\frac{1}{101}=100!.$$

(2) $f(x)=\sum\limits_{n=0}^{\infty}(-1)^n\dfrac{x^{2n+1}}{4^{2n}(2n+1)!}=4\sum\limits_{n=0}^{\infty}(-1)^n\dfrac{1}{(2n+1)!}\left(\dfrac{x}{4}\right)^{2n+1}=4\sin\dfrac{x}{4}$

$=4\sin\left(\dfrac{1}{4}+\dfrac{x-1}{4}\right)=4\sin\dfrac{1}{4}\cos\dfrac{x-1}{4}+4\cos\dfrac{1}{4}\sin\dfrac{x-1}{4}$

$$= 4\sin\frac{1}{4}\sum_{n=0}^{\infty}(-1)^n\frac{1}{(2n)!}\left(\frac{x-1}{4}\right)^{2n} + 4\cos\frac{1}{4}\sum_{n=0}^{\infty}(-1)^n\frac{1}{(2n+1)!}\left(\frac{x-1}{4}\right)^{2n+1}$$

$$= 4\sin\frac{1}{4}\sum_{n=0}^{\infty}\frac{(-1)^n}{4^{2n}(2n)!}(x-1)^{2n} + 4\cos\frac{1}{4}\sum_{n=0}^{\infty}\frac{(-1)^n}{4^{2n+1}(2n+1)!}(x-1)^{2n+1}, x\in(-\infty,+\infty).$$

(3) 通过求导得到新的函数，对新函数的幂级数展开式积分得到原来函数的幂级数展开式.

设 $\varphi(x) = \arctan x$，求导得

$$\varphi'(x) = \frac{1}{1+x^2} = \sum_{n=0}^{\infty}(-1)^n x^{2n}, x\in(-1,1).$$

积分得
$$\arctan x = \sum_{n=0}^{\infty}\frac{(-1)^n}{2n+1}x^{2n+1}, x\in[-1,1].$$

于是
$$f(x) = 1 + \sum_{n=1}^{\infty}\frac{(-1)^n}{2n+1}x^{2n} + \sum_{n=0}^{\infty}\frac{(-1)^n}{2n+1}x^{2n+2}$$

$$= 1 + \sum_{n=1}^{\infty}\frac{(-1)^n}{2n+1}x^{2n} + \sum_{n=1}^{\infty}\frac{(-1)^{n-1}}{2n-1}x^{2n}$$

$$= 1 + \sum_{n=1}^{\infty}\frac{2(-1)^n}{1-4n^2}x^{2n}, x\in[-1,1].$$

因此
$$\sum_{n=1}^{\infty}\frac{(-1)^n}{1-4n^2} = \frac{1}{2}[f(1)-1] = \frac{\pi}{4} - \frac{1}{2}.$$

7. 展开为正弦级数与余弦级数(仅数学一要求)

(1) 将定义在 $[0,l]$ 上的函数 $f(x)$ 展开为正弦级数的步骤是：

① 将 $f(x)$ 奇延拓、周期延拓，并求 $f(x)$ 的傅里叶系数，公式如下：

$$b_n = \frac{2}{l}\int_0^l f(x)\sin\frac{n\pi x}{l}\mathrm{d}x \quad (n=1,2,\cdots);$$

② 写出展开式 $f(x) = \sum_{n=1}^{\infty} b_n \sin\frac{n\pi x}{l}$ 及展开式成立的范围($f(x)$ 的连续点).

此正弦级数的和函数 $S(x)$ 是定义在 $(-\infty, +\infty)$ 上的以 $2l$ 为周期的奇函数.

(2) 将定义在 $[0,l]$ 上的函数 $f(x)$ 展开为余弦级数的步骤是：

① 将 $f(x)$ 偶延拓、周期延拓，并求 $f(x)$ 的傅里叶系数，公式如下：

$$a_n = \frac{2}{l}\int_0^l f(x)\cos\frac{n\pi x}{l}\mathrm{d}x \quad (n=0,1,2,\cdots);$$

② 写出展开式 $f(x) = \frac{a_0}{2} + \sum_{n=1}^{\infty} a_n\cos\frac{n\pi x}{l}$ 及展开式成立的范围($f(x)$ 的连续点).

此余弦级数的和函数 $S(x)$ 是定义在 $(-\infty, +\infty)$ 上的以 $2l$ 为周期的偶函数.

例 10　(1) 设函数 $f(x) = \begin{cases} -x^2, & 0\leqslant x\leqslant \frac{1}{2}, \\ 2-2x, & \frac{1}{2}<x<1. \end{cases}$ 将 $f(x)$ 展开成周期 $T=2$ 的余弦级数. 设 $S(x)$ 是该级数的和函数，则 $S\left(-\frac{5}{2}\right)$ 为________；

(2) 设函数 $f(x) = |x| + \sin x\ (-\pi\leqslant x\leqslant\pi)$ 的傅里叶级数展开式为

$$\frac{a_0}{2} + \sum_{n=1}^{\infty}(a_n\cos nx + b_n\sin nx),$$

则其中系数 $a_3 =$ ________；

(3) 设 $f(x)=\begin{cases}e^x, & -\pi\leqslant x<0,\\ 1, & 0\leqslant x<\pi.\end{cases}$ 则其以 2π 为周期的傅里叶级数在 $x=\pi$ 处收敛于________，在 $x=2\pi$ 处收敛于________；

【解析】(1) 将 $f(x)$ 延拓成 $(-1,1)$ 上的偶函数 $F(x)$. 由于 $S(x)$ 是周期为 2 的偶函数，所以 $S\left(-\frac{5}{2}\right)=S\left(-\frac{1}{2}\right)=S\left(\frac{1}{2}\right)$.

根据狄利克雷定理，有

$$S\left(\frac{1}{2}\right)=\frac{f\left(\frac{1}{2}^-\right)+f\left(\frac{1}{2}^+\right)}{2}=\frac{-\frac{1}{4}+1}{2}=\frac{3}{8}.$$

(2) $a_3=\frac{1}{\pi}\int_{-\pi}^{\pi}f(x)\cos 3x\mathrm{d}x=\frac{2}{\pi}\int_0^{\pi}x\cos 3x\mathrm{d}x=-\frac{4}{9\pi}$.

(3) 根据狄利克雷定理，知 $f(x)$ 的以 2π 为周期的傅里叶级数在 $x=\pi$ 处收敛于

$$S(\pi)=\frac{f(\pi^-)+f(-\pi^+)}{2}=\frac{1+e^{-\pi}}{2};$$

$f(x)$ 以 2π 为周期的傅里叶级数在 $x=2\pi$ 处收敛于

$$S(2\pi)=S(0)=\frac{f(0^-)+f(0^+)}{2}=\frac{1+1}{2}=1.$$

例 11 将 $f(x)=2+|x|\ (|x|\leqslant 1)$ 展成以 2 为周期的傅里叶级数，并求级数 $\sum\limits_{n=1}^{\infty}\frac{1}{n^2}$ 的和.

【解析】$f(x)=2+|x|$ 为偶函数，$b_n=0$.

$$\begin{aligned}a_n&=\frac{2}{1}\int_0^1 f(x)\cos(n\pi x)\mathrm{d}x=\frac{2}{n\pi}\int_0^1(2+x)\mathrm{d}[\sin(n\pi x)]\\&=\frac{2}{n\pi}[(2+x)\sin(n\pi x)]_0^1-\frac{2}{n\pi}\int_0^1\sin(n\pi x)\mathrm{d}x\\&=\frac{2}{n\pi}\left[\frac{1}{n\pi}\cos(n\pi x)\right]_0^1=\frac{2}{n^2\pi^2}[(-1)^n-1],\end{aligned}$$

$$a_{2n}=0,a_{2n+1}=-\frac{4}{n^2\pi^2},a_0=\frac{2}{1}\int_0^1(2+x)\mathrm{d}x=5,$$

故
$$f(x)=\frac{5}{2}-\frac{4}{\pi^2}\sum_{n=0}^{\infty}\frac{\cos(2n+1)\pi x}{(2n+1)^2}\quad(|x|\leqslant 1),$$

令 $x=0$，得
$$2=\frac{5}{2}-\frac{4}{\pi^2}\sum_{n=0}^{\infty}\frac{1}{(2n+1)^2}\Rightarrow\sum_{n=0}^{\infty}\frac{1}{(2n+1)^2}=\frac{\pi^2}{8},$$

$$s=\sum_{n=1}^{\infty}\frac{1}{n^2},s_1=\sum_{n=0}^{\infty}\frac{1}{(2n+1)^2},s_2=\sum_{n=1}^{\infty}\frac{1}{(2n)^2}=\frac{1}{4}\sum_{n=1}^{\infty}\frac{1}{n^2}=\frac{1}{4}s,$$

故 $s=s_1+s_2=\frac{\pi^2}{8}+\frac{1}{4}s\Rightarrow s=\frac{\pi^2}{6}$.